最詳細學術科試題解析，
一次考取技術士證照

營造工程管理
全攻略

【全新修訂三版】

陳佑松、江軍——著

Construction Engineering Management

營造工程管理經典題庫解析

陳佑松

合作邀約信箱
uing1211@gmail.com

▌ **學歷**

1. 朝陽科技大學 營建工程系
   結構及材料組 碩士
2. 朝陽科技大學 營建工程系 學士

▌ **經歷與資格**

1. 潤弘精密工程股份有限公司 主任工程師
2. 潤泰水泥股份有限公司 研發工程師
3. 內政部營建署建築物室內裝修施工人員登記證
4. 內政部營建署工地主任
5. 文化部古蹟修復工程工地負責人
6. 公共工程品質管理人員
7. 行政院勞動部營造工程管理甲級技術士
8. 行政院勞動部建築工程管理甲級技術士
9. 行政院勞動部建築工程管理乙級技術士
10. 行政院勞動部混凝土丙級技術士
11. 行政院勞動部造園景觀丙級技術士
12. 行政院勞動部營建防水丙級技術士 – 塗膜系
13. 行政院勞動部建築手繪圖丙級技術士
14. 行政院勞動部中餐烹調丙級技術士 – 葷食
15. 行政院勞動部西餐烹調丙級技術士
16. 行政院勞動部飲料調製丙級技術士
17. 營建署無障礙設施及設備勘驗專業人員
18. 環保署室內空氣品質維護管理專責人員
19. 環保署乙級廢棄物清理專業技術人員
20. 內政部營建署公寓大廈管理服務人員
21. 施工安全評估人員
22. 勞工安全衛生管理員
23. 日本 SICK HOUSE 二級診斷士
24. 中國大陸國家職業資格一級室內裝飾師
25. 考試院專門職業及技術人員導遊
26. 考試院專門職業及技術人員領隊

歡迎加入
營造工程管理同學會
LINE 群組

江軍

合作邀約信箱
gem6004@gmail.com

▌**學歷**

1. 國立台灣科技大學 建築學博士
2. 英國劍橋大學 (University of Cambridge) 跨領域環境設計研究所碩士
3. 國立台灣大學 土木工程所營建工程與管理 碩士
4. 國立台灣科技大學 建築研究所 物業與設施管理學程
5. 國立台灣科技大學 設計學院建築系學士 / 工程學院營建工程系學士雙學位 / 輔修應用外語系
6. 美國加州州立理工大學 (Cal Poly, Pomona) 建築系交換學生
7. 南非開普敦大學 土地開發與投資文憑
8. 日本早稻田大學 日本語教育研究科 修畢

▌**經歷與資格**

1. 力聚建設有限公司 總經理
2. 力信建設集團 董事長特助
3. 中華工程股份有限公司 工程師
4. 英國皇家工藝學會 院士 (Fellow of the Royal Society of the Arts)
5. 英國皇家特許測量師 (MRICS)
6. 致理科技大學 業界專家講師
7. 教育部青年發展署 青年委員
8. 台北市政府第三屆青年諮詢委員會 委員
9. 宜蘭縣政府第三屆青年諮詢委員會 委員
10. 教育部 青年諮詢會 委員
11. 內政部營建署建築物室內裝修施工人員登記證
12. 內政部營建署建築物公共安全檢查人員認可證
13. 行政院勞動部建築工程管理甲級技術士
14. 行政院勞動部營造工程管理甲級技術士
15. 行政院勞動部建築工程管理乙級技術士
16. 行政院勞動部營造工程管理乙級技術士
17. 行政院勞動部建築物室內裝修工程管理乙級技術士
18. 行政院勞動部裝潢木工乙級技術士
19. 行政院勞動部混凝土丙級技術士
20. 行政院勞動部建築手繪圖丙級技術士
21. 行政院勞動部建築電腦繪圖丙級技術士
22. 行政院勞勞動部測量丙級技術士
23. 營建署無障礙設施及設備勘驗專業人員
24. 環保署室內空氣品質維護管理專責人員
25. 中國大陸國家職業資格一級室內裝飾設計師
26. 中國大陸國家職業資格一級房地產策畫師
27. 中國大陸國家職業資格一級項目管理師
28. 考試院專門職業及技術人員消防設備士
29. 國際專案管理師 PMP/ 中華專案管理師 CPPM/ 經濟部 ITE 專案管理甲級
30. 日本 Sick-House 建築二級診斷士
31. 甲種營造業職業安全衛生業務主管

營造業的種類繁多，凡從事建築及土木工程之興建、改建、修繕等及其專門營造之行業均屬之。更包含建築工程、土木工程業與專門營造。營造業可以說是包山包海，也是社會發展的基礎行業，帶動著許多相關產業的發展。隨著社會的進步與演進，大型的公共工程至私人建築工程皆蓬勃發展，營造工程的水準也日益增高，複雜度與難度也顯著提升。

爲了有效的培養營建工程管理的人才，內政部營建署更制定了營造工程管理技術士技能檢定 (代號 18000)，藉由專業考試的方式來提高營造業技術水準，確保工程施工品質與施工安全，並依營造工程實際需要，本職類規範依技能之工作範圍及專精程度，分甲、乙級兩級。以下簡述甲級工作範圍：從事營造業法第 32 條及 41 條所訂工地主任應負責辦理工作。乙級工作範圍則爲：從事營造工程施工操作，品質控管及管理工作。而詳細的報名資訊與資格，請見勞動部技能檢定中心網站或簡章查詢 (https://www.wdasec.gov.tw/)。

根據營造業法第三十一條，工地主任應符合下列資格之一，並另經中央主管機關評定合格或**取得中央勞工行政主管機關依技能檢定法令辦理之營造工程管理甲級技術士證**，由中央主管機關核發工地主任執業證者，始得擔任：

一、專科以上學校土木、建築、營建、水利、環境或相關系、科畢業，並於畢業後有二年以上土木或建築工程經驗者。

二、職業學校土木、建築或相關類科畢業，並於畢業後有五年以上土木或建築工程經驗者。

三、高級中學或職業學校以上畢業，並於畢業後有十年以上土木或建築工程經驗者。

四、普通考試或相當於普通考試以上之特種考試土木、建築或相關類科考試及格，並於及格後有二年以上土木或建築工程經驗者。

五、領有建築工程管理甲級技術士證或建築工程管理乙級技術士證，並有三年以上土木或建築工程經驗者。

六、專業營造業，得以領有該項專業甲級技術士證或該項專業乙級技術士證，並有三年以上該項專業工程經驗者為之。

本法施行前符合前項第五款資格者，得經完成中央主管機關規定時數之職業法規講習，領有結訓證書者，視同評定合格。

取得工地主任執業證者，每逾四年，應再取得最近四年內回訓證明，始得擔任營造業之工地主任。

也因此，取得營造工程管理甲級技術士是成本最低、時間最快取得工地主任的手段，但由於營造工程範圍極廣，包含工地職業安全衛生、結構體施工、測量放樣、建築法規等各類考題，且考題難度相較於工地主任訓練班更加困難，所以往往考生在準備術科考試會感到無所適從，在準備起來需要閱讀大量文獻及相關書籍，而讓考生難以通盤了解，本書的撰寫模式即按照勞動部之命題大綱，將內容精華重點編排為測量與放樣、結構體工程、契約規範、施工計畫與管理、地下工程（含基礎工程）、工程管理、假設工程與施工機具、勞工安全與衛生、基本法令、機電與設備、土方工程、一般土建工程圖說之判讀與繪製等章節，並涵蓋甲乙級十多年來之考古題及解析，由於甲乙級之試題內容差異不大，且與國營考試及高普考、技師考試之施工法科目雷同，希望能將本書提供給在準備考試的考生一個完整的輪廓，通盤了解內容並順利通過考試，本書之撰寫過程雖秉持兢兢業業不敢大意，但疏漏難免，本書之中若有錯誤或不完整之處，請各位讀者多多包涵並繼續提供指正或建議予出版社或作者，在此致上十二萬分的感謝！

作者群
江軍　陳佑松　謹誌
民國 112 年初秋　於台北

一．營造工程管理技術士的用途

根據營造業法第三十一條，工地主任應符合下列資格之一，並另經中央主管機關評定合格或取得中央勞工行政主管機關依技能檢定法令辦理之營造工程管理甲級技術士證，由中央主管機關核發工地主任執業證者，始得擔任。另外由於本考科從民國九十年開辦以來，營造工程管理技術士僅發放約 1000 餘張，乃由於範圍較廣，考試題型一般考生較不易掌握。不過以本項考試內容與題型來說，營建工程的施工技術與重點大同小異、考科的內容變化不大，筆者將本書拆分成 12 項技術重點並分章撰述。期許本書的出版可以提供考生一個較爲完整的教材以便準備此考試，也在此先預祝各位讀者順利取得證照。

二．營造工程管理測驗重點

筆者根據歷年術科之出題範圍分析，考試內容多數以法規爲主，且範圍主要鎖定於以下範圍，若時間允可，最好至以下網址將法規下載並閱讀瀏覽，能有效提升學習成效：

1. 營造業法
2. 建築技術規則（高樓、廠房篇）
3. 建築技術規則（建築設計與施工、建築設備篇）
4. 屋內線路裝置規則
5. 建築物基樁設計與施工規範
6. 公共工程施工品質管理作業要點
7. 職業安全相關法規（職業安全安全衛生設施規則、營造安全衛生設施標準、危險性機械及設備安全檢查規則）
8. 政府採購法及施行細則
9. 公共工程施工規範
10. 公共工程契約
11. 空氣汙染防制法
12. 公共工程履約管理
13. 建築法
14. 公寓大廈管理條例
15. 鋼構造施工規範

相關法規查詢可參考全國法規資料庫：https://law.moj.gov.tw/

年度	職類	類群	級別	報名 人數	到檢 人數	通過 人數	通過率
111	18000 營造工程管理	營造類群	甲級	72	58	21	36%
111	18000 營造工程管理	營造類群	乙級	46	33	5	15%
110	18000 營造工程管理	營造類群	甲級	78	46	25	54%
110	18000 營造工程管理	營造類群	乙級	43	19	6	32%
109	18000 營造工程管理	營造類群	甲級	62	52	11	21%
109	18000 營造工程管理	營造類群	乙級	16	13	3	23%
108	18000 營造工程管理	營造類群	甲級	34	31	4	13%
108	18000 營造工程管理	營造類群	乙級	25	23	3	13%
107	18000 營造工程管理	營造類群	甲級	46	41	7	17%
107	18000 營造工程管理	營造類群	乙級	36	26	1	4%
106	18000 營造工程管理	營造類群	甲級	52	45	11	24%
106	18000 營造工程管理	營造類群	乙級	33	29	4	14%
105	18000 營造工程管理	營造類群	甲級	40	34	6	18%
105	18000 營造工程管理	營造類群	乙級	34	28	5	18%
104	18000 營造工程管理	營造類群	甲級	87	68	21	31%
104	18000 營造工程管理	營造類群	乙級	33	22	2	9%
103	18000 營造工程管理	營造類群	甲級	107	87	35	40%
103	18000 營造工程管理	營造類群	乙級	51	40	10	25%
102	18000 營造工程管理	營造類群	甲級	149	125	44	35%
102	18000 營造工程管理	營造類群	乙級	32	25	4	16%
101	18000 營造工程管理	營造類群	甲級	205	169	72	43%
101	18000 營造工程管理	營造類群	乙級	28	24	3	13%
100	18000 營造工程管理	營造類群	甲級	284	224	32	14%
100	18000 營造工程管理	營造類群	乙級	35	30	4	13%

表：營造工程管理技術士錄取率統計

說明：本表數據係以參加技能檢定年度、非以報名年度進行統計

三. 考試提醒及應考技巧

第一部分：營造工程管理技術士考試提醒

1. 全國技能檢定之營造工程管理技術士(18000)考試，分為學科及術科考試，學科通常在7月的週日舉行，考80題選擇題（目前為60題單選及20題複選。術科考試（通常在9～10月的週末舉行），學術科均達60分才算通過合格。自104年學科不保留，術科合格可保留3年。

2. 學科考試從104年起已有公告之學科題庫（甲乙級之學科題庫本書採重點精析之方式編錄其中），另外尚有90006~90009四科之跨領域之共同科目，是所有職類技術士學科都會從中抽題，但題目較為簡單，可至勞動部之網站或本書之附錄之網址下載，熟讀即可過關。根據筆者之經驗，幾乎參加學科考試的同學90%都會及格，真是想不及格都蠻難的。

3. 能不能拿到這張證照的重點還是在術科，營造工程管理基本上術科都是在寫字，術科考試分為四張考卷，自早上八點半寫到下午五點，早上考A卷、B卷，下午考C卷、D卷，各占100分鐘。最後的總成績為四張考卷分數平均後的結果，成績通常於考後一個月左右公告（可至 https://www.wdasec.gov.tw/）網站查詢。

4. 考題的內容一張考卷約為4～6題題目，而題型為簡答題，申論題，繪圖題，少數的計算題等。（乙級較多簡答、甲級則申論內容稍為多一點），每個考試的答案卷都是一本A4大小的方格紙，讓你可以把答案寫在上面。

5. 考試時可以攜帶三角板、鉛筆、量角器、圓規與計算機等自備工具進場（請見附錄之應檢人之須知），考試時建議繪圖先以鉛筆定稿後再以原子筆描繪。

6. 筆試要考得好，除了平日紮實的準備功夫之外，答題時的技巧亦非常重要。不同的題型：填充、簡答、申論題答題技巧各自不同。同樣具有五分實力的不同考生，在答是非選擇題時的表現可能差不多（四～六分）。但在答申論題時的表現可能就差很多，以下將介紹一些基本的答題原則。

第二部分：答題的原則與技巧

申論題答題時最好兼顧到答案的內在面與外在面，以下針對組織性、均衡性、專業性與美觀性幾個重點項目，分述如下：

1. 組織性

(一) 架構與標題層次分明：可以按一、(一)、1、(1)、A、a……等
自訂一個層次逐次地鋪展下去（請注意必須貫通全部試卷）。以
條列式分布可以有效的掌握重點。

(二) 標題與內容相呼應：要注意每個標題與其下的內容是否有呼應。

2. 均衡性

(一) 事先分配好做答時間與空間：以四題 100 分鐘為例，每題分配
時間是 25 分鐘，但第一輪做答以 20 分鐘為原則，等四題全部
答完後，再回頭做檢查與補充。此外，做答前也宜根據題數將
答案紙空間分配好，筆者的建議是一頁一題，並且如果有留設
標號的話，把還有可能作答的題目預留空行。

(二) 由較有把握的題目先做：可以先快速瀏覽一次試題，挑選自己
較把握或能迅速做答的題目先做，做答時不一定要依題號順序。
若做答時如果該題分配的時間已快結束，則應先將未完成的答
案標題先寫好後，強迫換另外一題。等全部做完一遍後，再利
用剩餘的時間做補充或修正。

3. 專業性

答題時儘可能的多使用所學過的專業術語或概念來陳述，有些專有名
詞也可以採用英文的附註來說明，加強專業感。以邏輯推演，最好
有某種理論或專業概念做為支撐與依據，這時我們所呈現出來的答題
實質內涵就有不一樣的東西，也可以再時間許可的狀況下，將題目所
相關的專業知識寫出，不止是停留在用語不一樣或普通常識的層次而
已，當然這樣專業性的呈現應可獲得到較高的分數。

4. 美觀性

(一) 字跡工整易讀：不一定要求寫得漂亮（畢竟這短時間內難以辦
到），以此工程管理類的考試來說，如果能夠寫出漂亮的工程字
（方正圓滿）則絕對要寫漂亮，而且一定要求工整，容易閱讀辨
識，不可龍飛鳳舞。

（二）字形大小適當：答案紙上印有一行一行的線，大約是一平方公分，可以貼著線來書寫，讓字緊靠著線的上面或是左右任何一側，如此看起來會更加美觀。

（三）修正時注意整潔美觀：考試只能使用黑筆或藍筆作答，寫錯如須修正時，最好使用修正液、修正帶等覆蓋性的方式，不要用筆來直接畫掉。而且避免大面積的修改，所以在一開始就需要把要書寫的內容先行計畫。

（四）需不需要「寫好寫滿」，把答案紙寫很多寫很滿嗎？

就事論事，考試時間100分鐘，扣除一開始的10分鐘看題目，交卷前的10分鐘檢查，真正作答的時間只有80分鐘，將這100分鐘平均分配給四～六個題目，也就是說每一個題目只有20分鐘來作答，您告訴我，短短的20分鐘您可以寫幾個字？您也可以利用空白的紙張練習看看自己寫作的速度，筆者的建議為先將答案做架構化整理，寫在答案卷上的每一「行」，至少寫上十個「標題」先拿個幾分入袋，多餘的時間再針對各「標題」去舉例說明，這樣子的答題方式是筆者認為比較好的答題方式。

（五）請問不會寫的，需要掰一些東西上去嗎？

如果是不會寫的「計算題或繪圖題」就把題目抄一遍在答案卷上，留下適當的「空白」，或是寫上您記得的任何公式或簡圖，看看會不會有一些分數。至於不會寫的「非計算題的部分」筆者則強烈建議一定要寫一些「東西」上去，不管會不會，努力的去「掰」吧！看看能否加減拿一些筆墨分數也好！

5. 俗話說「一分耕耘，一分收穫」，但申論題的準備與答題是有技巧的，應當把它好好注意，而透過考試經驗的累積，相信可以彌補考試的緊張情緒與效果，必可使平日「一分的耕耘」，在考試時換來「大於一分的收穫」！

工作範圍：從事營造業法第三十二條所訂工地主任應負責辦理工作

應具知能：應具備下列各項工作項目、技能種類、技能標準及相關知識。

工作項目	技能種類	技能標準	相關知識
一、一般土木建築工程圖說之判讀與繪製	(一)土木建築工程圖說之判讀	1. 能正確地識別各種土木建築工程圖示符號。 2. 能熟悉工程圖內容之用意。 3. 能判別一般構材之用料、尺寸及構造方式。 4. 能熟悉施工相關說明之內容。	(1) 瞭解一般土木建築工程圖符號。 (2) 瞭解基層公共工程基本圖。 (3) 瞭解土木建築工程圖。 (4) 瞭解一般土木建築構造各種基本學理。 (5) 瞭解施工說明書之一般規定。
	(二)給排水、衛生、消防、設備管線工程圖說判讀	1. 能正確地識別給排水、衛生設備、消防設備之各種配管管線、管件、器具、計器等主要之符號。 2. 能依瞭解之管線配置與土木建築配合，而不影響土木建築結構，並將不合理之管線位置，預先加以建議改善。	(1) 瞭解土木建築工程給排水、衛生、消防工程管線圖。 (2) 瞭解給排水、衛生、消防設備符號。 (3) 瞭解給排水配管與土木建築空間的相互關係。
	(三)電氣管線工程圖說判讀	1. 能正確地識別：（1）室內照明系統、（2）普通插座、（3）動力插座、（4）動力配管、（5）幹線系統配管、配線等主要符號。 2. 能依工程圖說之管線配置指導電氣工程人員與土木建築工程人員配合施工。	(1) 瞭解電氣配線的種類及其表示符號。 (2) 瞭解電氣配管與土木建築空間的關係。

工作項目	技能種類	技能標準	相關知識
一、一般土木建築工程圖說之判讀與繪製	（四）裝修工程圖說判讀	1. 能識別裝修工程圖說。 2. 能依裝修工程圖之需要，預先於建築施工中安排預埋配件。	(1) 瞭解建築裝修工程圖說。 (2) 瞭解土木建築透視圖。
	（五）工程圖繪製	1. 能依土木建築工程圖繪製合宜之模版施工圖。 2. 能依土木建築工程圖及相關技術規則或規範之規定繪製鋼筋施工圖。 3. 能依工程需要繪製工作架施工圖。	(1) 瞭解模版施工圖繪製法。 (2) 瞭解鋼筋施工圖繪製法。 (3) 瞭解工作架之種類、規格、架構方式及施工圖繪製法。
	（六）弱電系統管線	能督導工程人員依工程圖說完成工程並檢核。	瞭解弱電系統管線等相關知識。
二、基本法令	（一）營造業法及有關法令	能依營造業法之相關規定從事工地主任之工作。	瞭解營造業法之相關法令。
	（二）建築工程有關基本法令	能依建築法及建築技術規則相關規定從事工地主任之工作。	(1) 瞭解建築法等有關法令。 (2) 瞭解建築技術規則及其規範相關規定。
	（三）政府採購法及公共工程有關法令	能依政府採購法有關公共工程採購、品管及相關施工規範規定從事工地主任之工作。	瞭解政府採購法有關公共工程及其採購、品管及相關施工規範之法令。
	（四）其他與營建工程相關之基本法令		瞭解交通、消防法規與環境衛生及其他與工地主任執行業務相關法令之架構。

工作項目	技能種類	技能標準	相關知識
三、測量與放樣	（一）高程測量	1. 能督導工程人員使用水準儀作直接水準測量，且不逾規定誤差。 2. 能督導工程人員以經緯儀作三角高程測量，且在規定精度以內。 3. 能督導工程人員作高程測量之計算。	(1)瞭解水準點之分佈要領及設置方法。 (2)瞭解高程控制測量所需之精度。 (3)瞭解各項誤差發生的原因及避免或消除誤差的方法。 (4)瞭解高程測量之計算。
	（二）地物點之平面位置及高程測量	1. 能督導工程人員使用各類儀器，以適當之方法，依平面控制測量成果，測量地物點之平面位置及依據已知點，測點地物點之高程。 2. 能督導工程人員明確判讀地形圖的各種圖示及內容。	(1)瞭解測量地物點位置及高程之各種方式。 (2)瞭解測量地物點位置及高程所需之精度。 (3)瞭解地形圖之繪製方法。
	（三）路線測量	1. 能督導工程人員完成路線之中線測量，且不逾規定誤差。 2. 能督導工程人員作縱橫斷面測量，且不逾規定誤差。 3. 能督導工程人員配合地面情況，能以不同方法，佈設各種曲線，且不逾規定誤差。 4. 能督導工程人員佈設坡度椿及邊坡椿，且不逾規定誤差。 5. 能督導工程人員完成土方計算。	(1)瞭解路線工程圖說。 (2)瞭解各種曲線佈設之計算方法。 (3)瞭解曲線佈設之測設方法。 (4)瞭解曲線佈設所需之精度。 (5)瞭解曲線測設發誤差之原因及其消除或避免之方法。 (6)瞭解土方之各種計算方法。

工作項目	技能種類	技能標準	相關知識
三、測量與放樣	（四）工程放樣	1. 能督導工程人員以儀器按工程圖樣，正確釘出施工標的物位置及樁位，且達所需精度。 2. 能督導工程人員釘設板樁，確定施工標的物（房屋、橋梁、跑道、溝渠等）之位置及高度。	(1) 瞭解工程圖說。 (2) 瞭解工程放樣方法。 (3) 瞭解工程放樣所需之精度。 (4) 瞭解相關法令。
	（五）施工中檢測	能督導工程人員依工程圖說的已知數據使用適當儀器及正確測量方法，對施作中的標的物進行檢核測量，並能計算是否合於規定的精度。	(1) 瞭解工程圖說。 (2) 瞭解工程檢測方法。 (3) 瞭解工程測量所需之精度。 (4) 瞭解相關法令。
四、假設工程與施工機具	（一）安全圍籬、安全走廊及安全護欄	能依營建工程工地之需要設置各項安全圍籬、安全走廊及安全護欄及相關設施。	瞭解營建工地之各項安全圍籬、安全走廊、安全護欄設施及配置。
	（二）臨時建築物及危險物儲藏所	能依營建工程之屬性設置各項工程中所需之臨時性建築物（工務所、工寮）及營建材料儲藏空間。	瞭解臨時性建物及各項儲藏室所需空間及設置標準。
	（三）臨時施工通路、便道、通道。	能依政府採購法有關公共工程採購、品管及相關施工規範規定從事工地主任之工作。	瞭解工程施工之各項動線及機能。
	（四）緊急避難及墜落物之防護	能配合工程之所需規劃及設置預防物體墜落及緊急避難設施。	瞭解緊急避難及墜落物工程相關實務及法令之相關規定。

工作項目	技能種類	技能標準	相關知識
四、假設工程與施工機具	（五）臨時水電及各項支援設備工程	能依工地之條件及工程需要規劃配置各項臨時水電工程及相關支援設備。	瞭解臨時性之水電及相關支援設備之作業規定。
	（六）公共設施遷移及鄰近構造物之保護措施	能依相關規定及作業程序指導有關工程人員完成公共設施遷移及鄰近構造物之保護措施等工作。	瞭解各項設施物遷移作業程序、規定、鄰近構造物鑑定及敦親睦鄰等工作。
	（七）公共衛生設施及清潔	能依各工地位址法令之規定規劃完成及配置各項工地衛生清潔管理。	瞭解營建工程衛生及清潔等事宜。
	（八）工作架（含鷹架及施工架）	配合工程施工及監造管理需要，設置各項施工架及工作台等。	瞭解施工架、工作架等支撐之結構安全作業。
	（九）吊裝工程施工機具	能適度安排各項營建工程所需吊裝（輪吊、塔吊、施工電梯）機具之操作管理及規定等作業安全。	瞭解吊裝各項機具之性能、特殊條件、操作程序、檢查標準等規定。
五、結構體工程	（一）木構造工程	能依建築法規及施工規範之規定，督導工作人員完成各項木構造設施物材料結合及各項檢測等工作。	瞭解木構造之結構要求，材料結合及木材之相關知識。

工作項目	技能種類	技能標準	相關知識
五、結構體工程	（二）磚構造工程（含加強磚造、混凝土空心磚造）	能依建築法規及施工規範之規定，督導工作人員完成各項磚構造設施物各項檢測等工作。	瞭解磚構造、加強磚造及混凝土空心磚造等之結構要求，黏結材料及磚材之相關知識。
	（三）鋼結構工程材料	能依建築法規及鋼結構工程施工規範之規定，督導工作人員依圖說材料之規定完成工作。	(1) 瞭解鋼構造之規範、規格及各項作業標準。 (2) 瞭解鋼構作業之各項材料切斷、鑽孔、接合等專業知識。
	（四）鋼結構工程製造、吊裝及組立	1. 能依鋼構施工圖說進行查驗工程所需之鋼構材品質。 2. 能督導鋼構作業人員依圖總規定進行製造。 3. 能督導施工人員依設計圖說之規定進行各項按裝作業。 4. 能督導工程人員做好各項安全預防措施。	(1) 瞭解鋼構造之規範、規則及各項作業標準。 (2) 瞭解鋼構作業之各項放樣、裁切、鑽孔及各式結合等專業知識。
	（五）鋼結構工程檢測	1. 能依鋼構工程圖說安排工程所需之各項檢測。 2. 能督導鋼構工程人員依圖說規定進行各項檢測。	瞭解鋼構造之規範、規則及各項作業標準。
	（六）混凝土工程材料及配比	1. 能督導工程人員依圖說之規定從事混凝土各項材料（水泥、摻料、水、粒料）等之使用及儲存、檢驗。 2. 能督導工程人員依合約及圖說之規定配比製作符合規範之混凝土。	(1) 瞭解混凝土材料之一般規定及水泥、摻料、水、粒料等之管制、儲存。 (2) 能督導工程人員依合約及圖說之規定配比製作符合規範規定之混凝土。

工作項目	技能種類	技能標準	相關知識
五、結構體工程	（七）混凝土模板工程	1. 能督導工程人員依施工圖說之規定完成模板材料之選用及模板組立。 2. 能督導工程人員完成檢驗、拆模，再撐等工作。	⑴ 瞭解各種模板之強度使用時機、種類，拆模時機及相關工作。 ⑵ 瞭解各種模板組立及檢核。
	（八）混凝土鋼筋工程	能督導技術人員進行鋼筋、鋼線之加工、續接、組立、支墊等作業及檢核。	⑴ 瞭解各種鋼筋工程材料特性。 ⑵ 瞭解各項鋼筋續接器之特性及接續時機、作業安全等。
	（九）混凝土工程之接縫與埋設物	能督導混凝土工程人員按圖做好各項工作接縫、埋設物之置放及檢核等作業。	瞭解混凝土工程中各項接縫及埋設物等設置及作業方法。
	（十）混凝土工程之輸送與澆置	能依工程需要督導工程人員選用適當之澆置機具、工具、方法及輸送機具，並做好相關安全設施。	瞭解混凝土澆置、運輸機具、運用及相關安全作業。
	（十一）混土工程缺陷修補與修飾	能按圖說之規定有效督導工程人員完成各項缺陷之補強及各項表面之修飾作業。	瞭解混凝土各項缺陷之修補及檢驗方式。
	（十二）混凝土之養護及檢驗	能依法規及規範之要求標準，督導混凝土工程人員完成各項混凝土養護及檢驗工作。	瞭解各項混凝土之養護方式、期程及品質之檢驗。

工作項目	技能種類	技能標準	相關知識
五、結構體工程	（十三）預力混凝土工程	能督導及規劃完成預力混凝土工程各項施工及檢驗。	瞭解預力混凝土之施工程序、步驟及各項工法之運用。
	（十四）特殊（其他）混凝土工程	有效督導工程人員依規定完成各種特殊（巨積混凝、預鑄混凝土等）混凝土之施作及檢驗。	瞭解特殊（其他）混凝土之施工程序、步驟及工法運用及品質檢驗。
六、工程管理	（一）進度管理	能有效督導工程人員瞭解作業定義、作業排序、作業期間估算、專案時程擬定及專案時程控制。	⑴瞭解土木建築工程作業定義。 ⑵瞭解土木建築工程各項作業排序及作業期間估算。 ⑶瞭解土木建築工程時程擬定以及時程控制之程序。
	（二）成本管理	能有效督導工程人員瞭解資源規劃、成本估算並完成預算編列及做好成本控制。	⑴瞭解土木建築工程各項資源編碼。 ⑵瞭解及分析土木建築工程各項成本。 ⑶瞭解及編列各項土木建築工程之預算。 ⑷瞭解及掌握土木建築工程各項工料之成本。
	（三）採購管理	能有效督導工程人員瞭解採購規劃、邀商規劃、邀商作業並做好供應商選舉、履約保證及合約稽查。	⑴瞭解供應商採購制之建立。 ⑵瞭解供應商選擇及滿意度評鑑機制。 ⑶瞭解採購契約內容，做好履約管理。 ⑷瞭解及掌控工程進料之品質。

工作項目	技能種類	技能標準	相關知識
六、工程管理	(四)品質管理	能有效督導工程人員做好品質規劃、品質保證及品質控制。	(1) 瞭解各種模板之強度使用時機、種類,拆模時機及相關工作。 (2) 瞭解各種模板組立及檢核。
	(五)人力資源管理	能有效督導工程人員做好工程組織及職掌、作業績效、工程介面管理及人力調配。	(1) 瞭解土木建築工程之組織結構及職掌功能。 (2) 瞭解溝通及統御領導能力提昇工作績效。 (3) 瞭解施工協調會之重要性進行工程界面管理。 (4) 瞭解緊急應變措施掌握人力資源調配。
	(六)工程風險管理及爭議處理	能有效督導工程人員做風險分析及工程保險。	(1) 瞭解土木建築工程之風險進行危機處理。 (2) 瞭解辦理工程保險及工程保證相關事宜。
七、施工計畫與管理	(一)施工計畫擬定及執行	1. 能編寫土木、建築工程施工計畫及執行。 2. 能依各縣市建築管理自治條例編寫有關施工計畫及執行。	瞭解土木、建築工程施工技術、施工方法及施工程序並能加以整合。
	(二)時程網狀圖	能編製土木、建築工程網狀圖之繪製及分析,有效地管理工程。	瞭解工作網狀圖之製作法及應用。

工作項目	技能種類	技能標準	相關知識
七、施工計畫與管理	（三）工程報表	能編寫各類工程報表並督導各類工程人員填記，以便有效控制工程進度情形。	瞭解各項工程報表編寫方式及其功能。
	（四）估驗與計價	能編寫各類工程估驗計價單，依合約書規定做為工程每期計價款領放之依據。	瞭解估驗計價單之編寫之方法。
	（五）品質計畫	能有效督導工程人員瞭解作業定義、作業排序、作業期間估算、專案時程擬定及專案時程控制。	瞭解工程品質控管流程等相關作業程序。
	（六）環境保護及執行計畫	能督導工程人員依環境保護等相關規定完程作業及檢核。	瞭解環境保護及執行計畫等相關作業程序。
	（七）防災計畫	能製定緊急及災害搶救、災害預防等措施。	瞭解各地防災單位及建立工地組織及任務編組。
八、契約與規範	（一）合約之編寫	能依投標須知、工程圖說、估價單，以及有關法令之規定編寫合約書。	瞭解編寫合約書各種法令之規定及法律上注意事項。
	（二）合約之執行	能依合約書中之規定辦理工程開工、計價、驗收等工作。	瞭解合約中之規定做為工程執行之依據。
	（三）各類小包之契約	能參予工程各類小包訂立合情合理之工程契約做為工程管制之依據。	瞭解一般工程習慣與各類小包訂立契約之方法。

工作項目	技能種類	技能標準	相關知識
八、契約與規範	（四）爭議處理與仲裁	能瞭解工程糾紛可以調解、和解、仲裁或訴訟方式來處理。	瞭解仲裁條款或爭議處理之擬訂方法及注意事項。
	（五）工程保證款及工程保險	能瞭解各種工程保證款及工程保險所代表的意義。	瞭解辦理工程保證款及工程保險之相關事宜。
	（六）施工規範	能瞭解合約書中施工規範之規定，並安排施工程序及材料檢驗。	瞭解合約中相關規範之規定。
九、土方工程	（一）整地	1. 能依據工程之需要完成整地計劃。 2. 能依各項施工機具之性能督導施工人員之使用。	⑴瞭解土木建築工程之土方測量準則。 ⑵瞭解土木建築工程之放樣程序。 ⑶瞭解土木建築工程之挖填土計劃。
	（二）開挖	1. 能依據工程之需要擬定開挖計劃。 2. 能有效計算工程開挖數量。 3. 能依工程之需要決定開挖方式及督導工程人員施工。	⑴瞭解土木建築工程之土方開挖施工方法及應注意事項。 ⑵瞭解土木建築工程之施工機具之應用、檢核及相關注意事項。
	（三）運土	1. 能依據工程之需要規劃裝載選擇、計算及運距之評估。 2. 能完成運土能量之計算。	⑴瞭解裝運土機具之應用及注意事項。 ⑵瞭解裝運費用之計算。

工作項目	技能種類	技能標準	相關知識
九、土方工程	(四)剩餘土及棄土	1. 能完成剩餘土及棄土地點之選擇。 2. 能熟悉廢剩餘土及棄土處理法規。 3. 能依規定做好剩餘土及棄土作業之。	(1) 瞭解相關剩餘土石方相關規定。 (2) 瞭解相關管理制度。
	(五)回填	能依規定督導工程人員完成回填。	(1) 瞭解相關施工規範。 (2) 瞭解夯壓及預壓原理。 (3) 瞭解密度試驗等相關規定。
	(六)查核試驗	能依規定督導工程人員完成高程之檢測、密度之檢測及數量之查核。	(1) 瞭解載重試驗等相關規定。 (2) 瞭解密度試驗等相關規定。 (3) 瞭解數量與測驗。
十、地下工程（含基礎工程）	(一)地質調查	1. 能判讀地質鑽探報告書。 2. 能完成地質調查作業程序。 3. 能督導完成土壤、岩石試驗程序及載重試驗。	(1) 瞭解土壤力學等相關規定。 (2) 瞭解岩石力學等相關規定。 (3) 瞭解地工試驗等相關規定。
	(二)擋土措施	1. 能督導完成各種擋土工法之計算及判讀。 2. 能完成各種擋土工法之施工技能。 3. 能完成擋土災害之預防及搶救。	(1) 瞭解地錨等相關規定。 (2) 瞭解支撐等相關規定。 (3) 瞭解各種工法。 (4) 瞭解灌漿等相關規定。 (5) 瞭解地盤改良等相關規定。

工作項目	技能種類	技能標準	相關知識
十、地下工程（含基礎工程）	（三）抽排水措施	1. 能督導完成地下水之研判。 2. 能督導完成抽排水計劃及施工技術。 3. 能督導有效運用各種抽、排水機具設備完成工程需要之各項抽、排水工程工作。	(1) 瞭解水力學等相關規定。 (2) 瞭解抽排水原理等相關規定。
	（四）直接基礎	1. 能督導完成承載力分析及檢討。 2. 能督導完成沉陷量分析及檢討。	(1) 瞭解結構學等相關規定。 (2) 瞭解土壤力學等相關規定。 (3) 瞭解鋼筋混凝土設計等相關規定。
	（五）樁基礎	1. 能督導完成單樁施工與檢核。 2. 能督導完成群樁施工與檢核。 3. 能與檢核樁之載重試驗。	(1) 瞭解土壤力學等相關規定。 (2) 瞭解樁之設計理論等相關規定。
	（六）墩基礎與沉箱	能完成沉箱及墩基之設計圖判讀與施工。	(1) 瞭解沉箱及墩基相關理論與技術。 (2) 瞭解地工監測等相關規定。
	（七）連續壁工程	能完成連續壁之設計圖判讀與施工。	(1) 瞭解連續壁相關理論與技術。 (2) 瞭解地工監測等相關規定。

工作項目	技能種類	技能標準	相關知識
十、地下工程（含基礎工程）	（八）隧道工程	1. 能完成隧道工法之檢討及指導施工。 2. 能完成監測紀錄及應變救災指揮。	⑴ 瞭解隧道相關理論與技術。 ⑵ 瞭解地工監測等相關規定。
	（九）共同管道	1. 能完成共同管道各項工法之檢討及指導施工。 2. 能完成共同管道監測紀錄及應變救災指揮。	⑴ 瞭解共同管道相關理論與技術。 ⑵ 瞭解共同管道監測等相關規定。
	（十）地下管線	1. 能完成地下管線各項工法之檢討及指導施工。 2. 能完成地下管線監測紀錄及應變救災指揮。	⑴ 瞭解地下管線相關理論與技術。 ⑵ 瞭解地下管線監測等相關規定。
十一、機電與設備	（一）給排水衛生工程	1. 能督導配管工程人員做好給排水配管及試水檢查等工作。 2. 能督導工程人員做好衛生、廚房設備之按裝工作。	⑴ 瞭解配管試水檢查之方法。 ⑵ 瞭解各類衛生廚房設備之說明書及一般按裝應注意事項。
	（二）機電工程	1. 能督導電氣工程人員做好配管穿線、接地等工作。 2. 能督導工程人員做好電機設備按裝工作。 3. 能督導工程人員做好弱電設備配管、按裝等工作。	⑴ 瞭解地錨等相關規定。 ⑵ 瞭解支撐等相關規定。 ⑶ 瞭解各種工法。 ⑷ 瞭解灌漿等相關規定。 ⑸ 瞭解地盤改良等相關規定。

工作項目	技能種類	技能標準	相關知識
十一、機電與設備	(三)昇降機、電扶梯	1. 能依電扶梯廠商提供之資料施工時預留施工空間。 2. 能督導工程人員做好昇降機之按裝工作。	⑴ 瞭解電扶梯之按裝說明要點。 ⑵ 瞭解有關電扶梯電氣配管及機電設備應注意事項。 ⑶ 瞭解昇降機之種類。 ⑷ 瞭解昇降機廠家之說明及規定。 ⑸ 瞭解昇降機及昇降標準。
	(四)空調工程	能督導冷凍空調工程人員做好中央冷氣系統之配管、機器吊裝、風管按裝等工作。	瞭解中央冷氣系統之配管、機器吊裝、風管按裝之工作方式。
	(五)消防及警報系統工作	能督導水電工程人員做好消防設備配管及警報系統配線等工作。	瞭解消防設備配管及警報系統配線之工作方式。

乙級　工作範圍：從事營造工程施工操作，品質控管及管理工作。

應具知能：應具備下列各項工作項目、技能種類、技能標準及相關知識。

工作項目	技能種類	技能標準	相關知識
一、工程管理	（一）進度管理	1.能看懂作業工期、排序、作業估算及工程進度桿狀圖、網狀圖。 2.能計算進度完成百分比。 3.能比較預定進度與實際進度的差異。	(1)瞭解進度的規劃與控制觀念。 (2)瞭解進度管理工具、進度計算。 (3)瞭解整體進度差異之計算方法。
	（二）成本管理	1.能看懂成本估算、預算編列、人力、機具、材料之組成。 2.能粗略估算成本、分析工料，及比較實際與預計成本。	(1)瞭解成本規劃與控制觀念。 (2)瞭解工程預算編列，工料分析，資源組成。
	（三）品質管理	能協助或執行品管組織、材料及設備檢驗、施工自主檢查、不合格品之管制、矯正與預防措施。	(1)瞭解品質規劃及控制觀念。 (2)瞭解品質管理相關作業程序。
	（四）施工計畫書。	1.能看懂施工計畫書的內容。 2.能使用或協助執行，如施工方法、技術及程序。	瞭解施工計畫書的目的，及使用方法。
	（五）施工日誌	1.能協助填寫施工日報。 2.能協助處理施工日報的資料、執行程序的要求。	瞭解施工日報填寫內容及重要性。

工作項目	技能種類	技能標準	相關知識
一、工程管理	（六）人工、機具、材料管理	1.能協助執行人工、機具、材料管理。 2.能判斷人、機、料執行過程之缺失與管理的優劣。	瞭解人工、機具、材料管理的觀念。
	（七）工地行政及相關報表	1.能協助處理開工通知、會議紀錄、月報告、資料送交、變更設計等行政工作。 2.能協助填寫工程估驗計價單。 3.能協助填寫上述行政相關報表。	⑴瞭解工地行政的意義與內容。 ⑵瞭解估驗程序及計價單之填寫方法。 ⑶瞭解工程相關報表的功能與內容。
二、基本法令、契約、規範	（一）營造業法及相關法令	能依營造業法之相關規定協助辦理各項工作。	瞭解營造業法之相關法令。
	（二）建築工程有關基本法令	能依建築法及建築技術規則相關規定之工作。	⑴瞭解建築法等有關法令。 ⑵瞭解建築技術規則及其規範相關規定。
	（三）契約之執行	能依契約書之規定辦理工程開工、計價、驗收等工作。	瞭解契約中之規定做為工程執行之依據。

工作項目	技能種類	技能標準	相關知識
二、基本法令、契約、規範	(四)專業分包之契約	能依各不同專業分包之施工特性,訂立適宜之契約。	瞭解一般專業施工方式與工程習慣,做爲訂立契約之依據。
	(五)施工規範	能瞭解合約書之施工規範規定,並安排施工程序及材料檢驗。	瞭解合約中相關規範之規定。
三、土木建築工程圖之判讀與繪製。	(一)土木建築工程圖說之判讀	1. 能識別各種土木、建築相關之工程圖示符號。 2. 能瞭解設計與施工工程圖內容之用意。 3. 能判別一般構材之用料、尺寸及構造方式。 4. 能熟悉施工相關圖說之內容。 5. 能判讀竣工圖及使用執照圖說。	(1)瞭解中國國家標準(CNS)建築製圖標準之規定。 (2)瞭解土木、建築工程圖繪製要領。 (3)瞭解土木、建築構造各種基本學理。 (4)瞭解建築技術規則與施工說明書之一般規定。
	(二)給排水、衛生、消防、設備管線工程圖說判讀	1. 能正確地識別給排水、衛生設備、消防、設備之各種配管管線、管件、器具、計器等主要符號。 2. 能瞭解各類管線配置與土木、建築構造或施工程序之配合性,分辨對土木建築結構之影響性,並將不合理之管線位置,預先向工地主管反應。	(1)瞭解土木、建築工程給排水、衛生、消防工程管線圖。 (2)瞭解給排水、衛生、消防設備符號內容。 (3)瞭解給排水配管與土木建築空間的相互關係。

工作項目	技能種類	技能標準	相關知識
三、土木建築工程圖之判讀與繪製。	（三）電氣及弱電系統管線工程圖說判讀	1. 能正確地識別： （1）室內照明系統 （2）普通插座 （3）動力插座 （4）動力配管 （5）幹線系統配管、配線等主要符號。 2. 能正確檢驗工程圖所示內容與管線配置之正確性。 3. 能正確檢驗弱電系統之管線工程圖所示內容與管線配置之正確性。	⑴ 瞭解電氣配線的種類及其表示符號。 ⑵ 瞭解電氣配管與土木建築空間的關係。 ⑶ 瞭解弱電系統管線等相關知識。
	（四）裝修工程圖說判讀	1. 能識別裝修工程圖說。 2. 能依裝修工程圖之需要，預先於建築施工中安排預埋配件。	⑴ 瞭解裝修工程圖說之各符號意義與標示法。 ⑵ 瞭解透視圖。 ⑶ 瞭解建材之種類、規格性質與施工方法。 ⑷ 瞭解室內裝修圖說審核及竣工查驗之步驟及相關文件等。
	（五）工程圖繪製	1. 能依土木建築工程圖繪製合宜之模版施工圖。 2. 能依土木、建築工程圖及相關技術規則或規範之規定繪製結構及配筋圖。 3. 能依工程需要繪製工作架及各類安全維護設施施工圖。	⑴ 瞭解模版施工圖繪製法。 ⑵ 瞭解鋼筋施工圖繪製法。 ⑶ 瞭解安全設施之種類及工作架之種類、規格、架構方式及施工圖繪製法。

工作項目	技能種類	技能標準	相關知識
四、測量與假設工程。	（一）距離測量	1. 能正確使用布捲尺、鋼捲尺、鋼鋼尺、垂球、測仟等工具實施平距、斜距、支距測量。 2. 能協助安置電子測距儀與反射稜鏡進行觀測。	⑴ 瞭解斜距換算為平距之原理。 ⑵ 瞭解不同工具組合量測距離的方法。 ⑶ 瞭解電子測距儀各部位之名稱及
	（二）高程測量	1. 能協助以水準儀作直接水準測量。 2. 能協助做高程測量之平差計算。 3. 能協助做雷射水準儀測量。	⑴ 瞭解高程測量的方法與原理。 ⑵ 瞭解高程測量平差計算與精度之原理。 ⑶ 瞭解雷射水準儀之性能與原理。
	（三）角度儀測量	1. 能協助整置經緯儀，進行操作觀測。 2. 能協助實施各種觀測法，測讀水平角，及垂直角並作紀錄及計算。	⑴ 瞭解經緯儀各部位之名稱及其功能。 ⑵ 瞭解經緯儀之構造及各軸相互關係。
	（四）應用測量	1. 能協助作路線測量。 2. 能協助作縱橫斷面測量。 3. 能協助作工程放樣。	⑴ 瞭解路線設計圖及測量方法。 ⑵ 瞭解坡度邊樁測設發生誤差之原因及消除方法。 ⑶ 瞭解放樣的方法與儀器的應用。

工作項目	技能種類	技能標準	相關知識
四、測量與假設工程。	（五）安全措施、臨時建築物、施工架、工作台、走道、階梯、鷹架及踏板	1. 能協助選擇適當的位置、場所佈設假設工程。 2. 能協助依建技術規則設計施工篇規定檢視工地設置施工架、工作台、走道及階梯。 3. 能判斷安全措施、臨時建築物、施工架、工作台、走道、階梯、鷹架及踏板設施之設置缺失與提出改善之建議。	(1) 瞭解建築技術規則設計施工篇第 150 條、152 條法令規定，設置安全措施的方法。 (2) 瞭解建築技術規則設計施工篇 155 條至 157 條，對於施工架、工作台、走道及階梯之設置標準及方法。
	（六）施工臨時水電設備	能協助依據設計施工圖申請臨時水電及自備發電設備。	瞭解工程用水、工程用電、工程排水等施工方法及應注意事項。
五、結構工程	（一）圬工工程	能依建築法規及施工規範之規定，協助督導工作人員完成各項圬工構造設施物及各項檢測等工作。	瞭解磚造、加強磚造及混凝土空心磚造等構造之施工技術要求，黏結材料及磚材之相關知識。
	（二）鋼構工程	1. 能依建築法規及鋼構工程施工規範之規定，協助督導工作人員依施工圖說進行查驗鋼構材料品質。 2. 能協助督導工作人員依施工圖說進行鋼構製造、安裝及組立。 3. 能協助督導工程人員做好鋼構施工之各項安全預防措施。 4. 能依鋼構工程圖說協助執行各項鋼構施工之檢驗作業。	(1) 瞭解鋼構技術及各項作業標準。 (2) 瞭解鋼構作業之各項材料切斷、鑽孔、接合等專業技術。 (3) 瞭解鋼構作業之各項檢驗專業技術。

工作項目	技能種類	技能標準	相關知識
五、結構工程	(三)混凝土工程	1. 能協助督導工程人員依圖說之規定執行混凝土各項材料之儲存、檢驗、及依規定配比製作符合規範之混凝土。 2. 能協助督導工程人員依施工圖說之規定完成模板之組立、檢驗、拆模,及再撐等工作。 3. 能協助督導技術人員進行鋼筋、鋼線之加工、續接、組立、支墊等作業及檢核。 4. 能依工程需要協助督導工程人員以適當之澆置機具、工具、方法及輸送機具,並做好相關安全設施,執行混凝土澆置,及各種缺陷之補強及表面之修飾作業。 5. 能依法規及規範之要求標準,協助督導混凝土工程人員完成各項混凝土養護及檢驗工作。	(1) 瞭解混凝土材料之一般規定及水泥、摻料、水、粒料等之管制、儲存、配比等。 (2) 瞭解各種模板之強度、種類、組立、檢核、拆模時機及相關工作。 (3) 瞭解各種鋼筋材料、鋼筋續接器特性及接續時機、作業安全等。 (4) 瞭解混凝土澆置、運輸機具、相關安全作業、接縫及埋設物設置及各項缺陷之修補及檢驗方式。 (5) 瞭解各項混凝土之養護方式、期程及品質之檢驗。
六、大地工程	(一)地質判讀	1. 能判讀地質柱狀圖。 2. 能執行或協助地質調查作業程序。 3. 能執行或協助載重試驗。	(1) 瞭解土壤力學基本原理(土壤的物理性質及工程分類、土體的應力及側向土壓力理論)。 (2) 瞭解工程地質基本學理(地質材料、地質構造及台灣地質應用)。 (3) 瞭解地工試驗等相關規定。

工作項目	技能種類	技能標準	相關知識
六、大地工程	(二)擋土工程	1.能執行或協助各種擋土工法之施工技能。 2.能執行或協助擋土災害之預防及搶救。	(1)瞭解地錨等相關規定。 (2)瞭解安全支撐等相關規定。 (3)瞭解各種擋土工法。 (4)瞭解灌漿等相關規定。 (5)瞭解地盤改良等相關規定。
	(三)土方與抽排水措施	1.能執行或協助土方開挖、運棄及回填計劃。 2.能執行或協助抽排水計劃及有效運用各種抽、排水機具設備完成工程需要之各項抽、排水工程工作。	(1)瞭解土木建築工程之土方開挖運棄及回填施工方法及所需機具設備。 (2)瞭解水力學等相關規定。 (3)瞭解抽排水原理等相關規定。
	(四)基礎及地下管線工程。	1.能執行或協助基礎施作程序。 2.能執行或協助地下管線工法之施工技能。	(1)瞭解各種基礎形式之施工等相關規定。 (2)瞭解地下管線工法等相關規定。
	(五)安全監測工程。	能執行或協助安全監測工程。	瞭解安全監測工程施作程序。
七、機電設備	(一)給排水衛生工程。	1.能協助或督導現場配管工程人員完成給排水配管裝配及試水檢查等工作。 2.能協助或督導工程人員做好衛生、廚房設備之按裝組配工作。	(1)瞭解配管、試水檢查之方法。 (2)瞭解各類衛生、廚房設備之說明書安裝作業應注意事項。

工作項目	技能種類	技能標準	相關知識
七、機電設備	（二）機電工程	1. 能協助或督導電氣工程人員完成配管穿線、接地等組配工作。 2. 能協助或督導工程人員做好機電設備按裝等組配工作。 3. 能協助督導工程人員做好弱電設備配管、按裝等組配工作。	⑴瞭解電氣配管、穿線、接地之作業方式。 ⑵瞭解機電設備之施工說明規定。 ⑶瞭解弱電設備之施工規定。
	（三）昇降機、電扶梯	1. 能協助依昇降機（電扶梯）廠商提供之資料督導施工單位於施工時預留施工空間。 2. 能協助督導機電工程單位人員完成昇降機之按裝工作。	⑴瞭解昇降機（電扶梯）之安裝作業說明要點。 ⑵瞭解有關電扶梯電氣配管及機電設備應注意事項。
	（四）空調工程	能協助或督導空調工程系統之配管、機器吊裝、風管按裝等工作。	瞭解空調系統之配管、機器吊裝、風管按裝之工作方式。
	（五）消防及警報系統工作	能協助或督導消防設備配管及警報系統配線等工作。	瞭解消防設備配管及警報系統配線之工作方式。

試題編號：18000
審定日期：100 年 08 月 18 日
修訂日期：101 年 09 月 06 日
102 年 03 月 20 日
103 年 04 月 29 日
106 年 08 月 04 日
107 年 04 月 20 日
110 年 01 月 25 日
111 年 09 月 26 日

壹、營造工程管理甲級技術士技能檢定術科測試應檢人須知

一、本測試採用一般教室 35cm×55cm 以上課桌、測試用紙由術科測試辦理單位統一提供，應檢人請依自備工具表攜帶測試用具。

二、應檢人員須攜帶**附有照片足資證明身分之國民身分證、護照、全民健康保險卡或駕駛執照之身分證明文件、准考證、術科測試通知單及規定之自備工具**應檢，請於 8 時 25 分依預備鈴聲或監場人員指示進場準備應檢，檢定 A 卷測試開始後超過 15 分鐘到場或其餘各卷未準時入場之應檢人員，不得參加該卷測試，並以零分計算；測試開始後 45 鐘以內應檢人不得離場。

三、應檢人於進入測試場地後，依檢定位置之術科測試編號就位，並應將**身分證明文件、准考證、術科測試通知單、自備工具及計算機**等置於桌面左上角或監場人員指定位置以供檢查核對；並將非自備工具表列物品外之書籍或物品（手機請關機）放置試場前方或指定場所。

四、應檢人應自行核對答案卷姓名與術科測試編號是否相符，檢定開始後並請核對試題或答案卷印製是否缺漏或不清楚，有前述情形應即告知監場人員處理補發或更換，核對無誤後，請於試題卷指定位置處書寫姓名及術科測試編號。

五、應檢人如對試場環境外部等聲音較為敏感者，可自行評估攜帶耳塞，惟戴耳塞應經監場人員同意，檢查後方可使用，並請注意測試時間；試場依當時環境情況溫度有所差異，可自行斟酌攜帶長袖衣物。

六、檢定場地內禁止吸煙及互相借用工具儀器，亦不得互相討論及影響或干擾他人答題之行為。

七、檢定時間之開始與停止，悉聽鈴聲或監場人員通知，不得自行提前開始或延後結束；應檢人於測試中途放棄、身體不適離場，應向監場人員報告，依指示後始可離場，離場均不可夾帶試題及試場發放影印計算用紙，否則自行負責評分結果。

八、應檢人術科到考證明，於最後一節監場人員檢查准考證或術科測試通知單時，確認後蓋章發還。

九、測試完畢後，應檢人應將試題、答案卷及草稿紙等交由監場人員一併收回，不得攜出場外。

十、應檢人應維護術科測試辦理單位提供場地設備、器具及公共服務設施，如有損壞，應負賠償責任。

十一、檢定進行中如遇有停電、其他重大事故足以影響檢定繼續進行時，悉聽監場人員指示辦理。

十二、應檢人於測試前或測試進行中，有下列各款情事之一者，取消其應檢資格，予以扣考，不得繼續應檢：
（一）冒名頂替。
（二）持用偽造或變造之應檢證件。

應檢人於測試前或測試進行中，有下列各款情事之一者，予以扣考，不得繼續應檢，其術科測試成績以零分計算：
（一）互換座位或試題、答案卷（卡）。
（二）在試場內使用行動電話、呼叫器、穿戴式裝置或其他具資訊傳輸、感應、拍攝、記錄功能之器材及設備。
（三）未遵守技術士技能檢定作業及試場規則，不接受監場人員勸導，擾亂試場內外秩序。

應檢人有前二項各款所定情事之一者，應於規定可離之時間後，始得離場。
應檢人有下列各款情事之一者，其術科測試成績以零分計算：
（一）傳遞文稿、參考資料、書寫有關文字之物件或有關信號。
（二）隨身夾帶書籍文件、參考資料、有關文字之物件或有關信號。
（三）不繳交試題、答案卷（卡）。

（四）使用非試題規定之工具。

（五）窺視他人答案卷（卡）、故意讓人窺視其答案或相互交談。

（六）在桌椅、文具、肢體、准考證或其他處所，書（抄）寫有關文字、符號。

測試結束後，發現應檢人有第一項或第二項各款所定情事之一者，其術科測試成績以零分計算。

術科測試經第一項或第二項規定予以扣考者，不得再參加各分節測試，其術科測試成績以不及格論。

十三、答案卷上註記不應有之文字、符號或標記者，該卷測試成績以零分計算。

十四、應檢人有下列各款情事之一者，該卷測試成績扣二十分。

（一）測試完後，發現誤坐他人座位致誤用他人答案卷（卡）作答。

（二）拆開或毀損答案卷彌封角、裁割答案卷（卡）用紙或污損答案卷（卡）。

（三）測試時間開始未滿四十五分鐘離場。

（四）測試中將行動電話、呼叫器、穿戴式裝置或其他具資訊傳輸、感應、拍攝、記錄功能之器材及設備隨身攜帶、置於抽屜、桌椅或座位旁。

（五）使用未經中央主管機關公告之電子計算器。

（六）自備工具等物品，未依監場人員之指示辦理。

十五、應檢人有下列各款情事之一者，扣該卷測試成績十分。（技術士技能檢定作業及試場規則第 36 條之 1）

（一）測試開始鈴響前，即擅自翻閱試題內容、在答案卷（卡）上書寫。

（二）測試時間結束後，仍繼續作答，或繳卷後未即離場。

（三）測試進行中，發現誤坐他人座位致誤用他人答案卷（卡）作答，並即時更正。

（四）自備稿紙進場。

（五）離場後，未經監場人員許可，再進入試場。

（六）在測試場地吸菸、嚼食口香糖、檳榔或飲用含酒精之飲料。

（七）每節測試時間結束前將試題或答案抄寫夾帶離場。

十六、應檢人作答規定事項：

（一）除繪（製）圖可使用鉛筆外，其餘題目均應使用黑或藍原子筆、鋼

筆作答，以鉛筆作答者，該卷測試成績扣 5 分。

（二）作答如有塗改時，可使用修正液（帶）或橡皮擦擦拭乾淨，卷面應
　　　保持整潔，塗改答案之劃記模糊不清無法辨識者，該題不計分。

十七、應檢人依鈴聲或監場人員指示進入試場，並於各節測試完畢繳交試題
　　　及答案卷後應離開檢定試場，待監場人員確認試卷完畢離場後，始得
　　　再進場。

十八、基於維持全國同一日測試，檢定當日如遇颱風或天災不可抗拒事故，
　　　全國有一承辦本職類術科測試辦理單位，所在地縣市政府宣布停止上
　　　課，全國統一停止測試，另擇期辦理，並以中央主管機關網站公告為
　　　準。

十九、術科測試方式採紙筆測試，試題包含繪圖題、計算題及問答題，檢定
　　　時間共計 5 小時 20 分鐘，分上午 A、B 卷，下午 C、D 卷計四卷，
　　　各為測試 1 小時 20 分鐘。

二十、各卷測試內容為命題範圍之例示，實際試題並不完全以此為限，仍可
　　　命擬相關之綜合性試題，並依中央主管機關網站公告之「建築工程管
　　　理」技能檢定規範為準。

二十一、術科測試成績評分方式採正列給分，每卷總分為 100 分，A、B、C、
　　　　D 計四卷評定分數，總平均成績達 60 分以上合格，成績計算四捨
　　　　五入取至小數點以後第二位。

二十二、本須知未規定者依技術士技能檢定作業及試場規則及技術士技能檢
　　　　定及發證辦法辦理。

壹、營造工程管理甲級技術士技能檢定術科測試應檢人自備工具表

單位：人

項次	工具名稱	規 格	單 位	數量	備 註
1	三角板	30 度及 45 度各一支	組	1	數量僅供參考，應檢人可視個人需要酌予增加，增加攜入之工具需經監場人員同意。
2	直尺（公制）	45cm 長	支	1	
3	比例尺（公製）	30cm 長	支	1	
4	製圖用鉛筆	含筆蕊	支	1	
5	工程用計算機	一般用	台	1	
6	藍(黑)鋼筆、原子筆或鉛筆	鉛筆僅限於繪圖題	套	1	
7	圈圈板	視個人需要準備	張	1	
8	修正液(帶)或橡皮擦		只	1	
9	墊 板	視個人需要可自行攜帶	只	1	

貳、營造工程管理甲級技術士技能檢定術科測試時間配當表

時間	內容	實測時間	配分
08:25	應檢人入場		
08:25～08:35	測試注意事項說明		
08:35～09:55	A 卷試題 （基本法令、契約及規範）	1 小時 20 分鐘	100 分
09:55～10:35	休息		
10:35	應檢人入場		
10:35～10:40	測試注意事項說明		
10:40～12:00	B 卷試題 （測量及放樣、土方工程、 地下工程（含基礎工程））	1 小時 20 分鐘	100 分
12:00～13:30	休息		
13:30	應檢人入場		
13:30～13:35	測試注意事項說明		
13:35～14:55	C 卷試題 （工程管理、施工計畫及管理、機電及設備）	1 小時 20 分鐘	100 分
14:55～15:35	休息		
15:35	應檢人入場		
15:35～15:40	測試注意事項說明		
15:40～17:00	D 卷試題 （一般土木建築工程圖說之判讀及繪製、 假設工程及施工機具、結構體工程）	1 小時 20 分鐘	100 分

各卷測試內容為命題範圍之例示，實際試題並不完全以此為限，仍可命擬相關之綜合性試題，並依中央主管機關網站公告之「營造工程管理」技能檢定規範為準。

試題編號：18000
審定日期：100 年 08 月 18 日
修訂日期：101 年 09 月 06 日
　　　　　102 年 03 月 20 日
　　　　　103 年 04 月 29 日
　　　　　106 年 08 月 04 日
　　　　　107 年 04 月 20 日
　　　　　110 年 01 月 25 日
　　　　　111 年 09 月 26 日

壹、營造工程管理乙級技術士技能檢定術科測試應檢人須知

一、本測試採用一般教室 35cm×55cm 以上課桌、測試用紙由術科測試辦理
　　單位統一提供，應檢人請依自備工具表攜帶測試用具。

二、應檢人員須攜帶附有照片足資證明身分之國民身分證、護照、全民健康
　　保險卡或駕駛執照之身分證明文件、准考證、術科測試通知單及規定之
　　自備工具應檢，請於 8 時 25 分依預備鈴聲或監場人員指示進場準備應
　　檢，檢定 A 卷測試開始後超過 15 分鐘到場或其餘各卷未準時入場之應
　　檢人員，不得參加該卷測試，並以零分計算；測試開始後 45 分鐘以內
　　應檢人不得離場。

三、應檢人於進入測試場地後，依檢定位置之術科測試編號就位，並應將身
　　分證明文件、准考證、術科測試通知單、自備工具及計算機等置於桌面
　　左上角或監場人員指定位置以供 檢查核對；並將非自備工具表列物品
　　外之書籍或物品（手機請關機）放置試場前方或指定場所。

四、應檢人應自行核對答案卷姓名與術科測試編號是否相符，檢定開始後並
　　請核對試題或答案卷印製是否缺漏或不清楚，有前述情形應即告知監場
　　人員處理補發或更換，核對無誤後，請於試題卷指定位置處書寫姓名及
　　術科測試編號。

五、應檢人如對試場環境外部等聲音較爲敏感者，可自行評估攜帶耳塞，惟
　　戴耳塞應經監場人員同意，檢查後方可使用，並請注意測試時間；試場
　　依當時環境情況溫度有所差異，可自行斟酌攜帶長袖衣物。

六、檢定場地內禁止吸煙及互相借用工具儀器，亦不得互相討論及影響或干擾他人答題之行為。

七、檢定時間之開始與停止，悉聽鈴聲或監場人員通知，不得自行提前開始或延後結束；應檢人於測試中途放棄、身體不適離場，應向監場人員報告，依指示後始可離場，離場均 不可夾帶試題及試場發放影印計算用紙，否則自行負責評分結果。

八、應檢人術科到考證明，於最後一節監場人員檢查准考證或術科測試通知單時，確認後蓋章發還。

九、測試完畢後，應檢人應將試題、答案卷及草稿紙等交由監場人員一併收回，不得攜出場外。

十、應檢人應維護術科測試辦理單位提供場地設備、器具及公共服務設施，如有損壞，應負賠償責任。

十一、檢定進行中如遇有停電、其他重大事故足以影響檢定繼續進行時，悉聽監場人員指示辦理。

十二、應檢人於測試前或測試進行中，有下列各款情事之一者，取消其應檢資格，予以扣考，不得繼續應檢：
（一）冒名頂替。
（二）持用偽造或變造之應檢證件。

應檢人於測試前或測試進行中，有下列各款情事之一者，予以扣考，不得繼續應檢，其術科測試成績以零分計算：
（一）互換座位或試題、答案卷（卡）。
（二）在試場內使用行動電話、呼叫器、穿戴式裝置或其他具資訊傳輸、感應、拍攝、記錄功能之器材及設備。
（三）未遵守技術士技能檢定作業及試場規則，不接受監場人員勸導，擾亂試場內外秩序。

應檢人有前二項各款所定情事之一者，應於規定可離場之時間後，始得離場。
應檢人有下列各款情事之一者，其術科測試成績以零分計算：
（一）傳遞文稿、參考資料、書寫有關文字之物件或有關信號。

（二）隨身夾帶書籍文件、參考資料、有關文字之物件或有關信號。

（三）不繳交試題、答案卷（卡）。

（四）使用非試題規定之工具。

（五）窺視他人答案卷（卡）、故意讓人窺視其答案或相互交談。

（六）在桌椅、文具、肢體、准考證或其他處所，書（抄）寫有關文字、符號。

測試結束後，發現應檢人有第一項或第二項各款所定情事之一者，其術科測試成績以零分計算。

術科測試經第一項或第二項規定予以扣考者，不得再參加各分節測試，其術科測試成績以不及格論。

十三、答案卷上註記不應有之文字、符號或標記者，該卷測試成績以零分計算。

十四、應檢人有下列各款情事之一者，該卷測試成績扣二十分。

（一）測試完後，發現誤坐他人座位致誤用他人答案卷（卡）作答。

（二）拆開或毀損答案卷彌封角、裁割答案卷（卡）用紙或污損答案卷（卡）。

（三）測試時間開始未滿四十五分鐘離場。

（四）測試中將行動電話、呼叫器、穿戴式裝置或其他具資訊傳輸、感應、拍攝、記錄功能之器材及設備隨身攜帶、置於抽屜、桌椅或座位旁。

（五）使用未經中央主管機關公告之電子計算器。

（六）自備工具等物品，未依監場人員之指示辦理。

十五、應檢人有下列各款情事之一者，扣該卷測試成績十分。（技術士技能檢定作業及試場規則第 36 條之 1）

（一）測試開始鈴響前，即擅自翻閱試題內容、在答案卷（卡）上書寫。

（二）測試時間結束後，仍繼續作答，或繳卷後未即離場。

（三）測試進行中，發現誤坐他人座位致誤用他人答案卷（卡）作答，並即時更正。

（四）自備稿紙進場。

（五）離場後，未經監場人員許可，再進入試場。

（六）在測試場地吸菸、嚼食口香糖、檳榔或飲用含酒精之飲料。

（七）每節測試時間結束前將試題或答案抄寫夾帶離場。

十六、應檢人作答規定事項：

　　（一）除繪（製）圖可使用鉛筆外，其餘題目均應使用黑或藍原子筆、
　　　　　鋼筆作答，以鉛筆作答者，該卷測試成績扣 5 分。

　　（二）作答如有塗改時，可使用修正液（帶）或橡皮擦擦拭乾淨，卷面
　　　　　應保持整潔，塗改答案之劃記模糊不清無法辨識者，該題不計
　　　　　分。

十七、應檢人依鈴聲或監場人員指示進入試場，並於各節測試完畢繳交試題
　　　及答案卷後應離開檢定試場，待監場人員確認試卷完畢離場後，始得
　　　再進場。

十八、基於維持全國同一日測試，檢定當日如遇颱風或天災不可抗拒事故，
　　　全國有一承辦本職類術科測試辦理單位，所在地縣市政府宣布停止上
　　　課，全國統一停止測試，另擇期辦理，並以中央主管機關網站公告爲
　　　準。

十九、術科測試方式採紙筆測試，試題包含繪圖題、計算題及問答題，檢定
　　　時間共計 5 小時 20 分鐘，分上午 A、B 卷，下午 C、D 卷計四卷，
　　　各爲測試 1 小時 20 分鐘。

二十、各卷測試內容爲命題範圍之例示，實際試題並不完全以此爲限，仍可
　　　命擬相關之綜合性試題，並依中央主管機關網站公告之「建築工程管
　　　理」技能檢定規範爲準。

二十一、術科測試成績評分方式採正列給分，每卷總分爲 100 分，A、B、C、
　　　　D 計四卷評定分數，總平均成績達 60 分以上合格，成績計算四捨
　　　　五入取至小數點以後第二位。

二十二、本須知未規定者依技術士技能檢定作業及試場規則及技術士技能檢
　　　　定及發證辦法辦理。

壹、營造工程管理乙級技術士技能檢定術科測試應檢人自備工具表

單位：人

項次	工具名稱	規　格	單　位	數量	備　註
1	三角板	30 度及 45 度各一支	組	1	數量僅供參考，應檢人可視個人需要酌予增加，增加攜入之工具需經監場人員同意。
2	直尺（公制）	45cm 長	支	1	
3	比例尺（公製）	30cm 長	支	1	
4	製圖用鉛筆	含筆蕊	支	1	
5	工程用計算機	一般用	台	1	
6	藍（黑）鋼筆、原子筆或鉛筆	鉛筆僅限於繪圖題	套	1	
7	圈圈板	視個人需要準備	張	1	
8	修正液（帶）或橡皮擦		只	1	
9	墊 板	視個人需要可自行攜帶	只	1	

貳、營造工程管理乙級技術士技能檢定術科測試時間配當表

時間	內容	實測時間	配分
08:25	應檢人入場		
08:25 ～ 08:35	測試注意事項說明		
08:35 ～ 09:55	A 卷試題 （基本法令、契約及規範）	1 小時 20 分鐘	100 分
09:55 ～ 10:35	休息		
10:35	應檢人入場		
10:35 ～ 10:40	測試注意事項說明		
10:40 ～ 12:00	B 卷試題 （測量及假設工程、大地工程）	1 小時 20 分鐘	100 分
12:00 ～ 13:30	休息		
13:30	應檢人入場		
13:30 ～ 13:35	測試注意事項說明		
13:35 ～ 14:55	C 卷試題 （工程管理、機電設備）	1 小時 20 分鐘	100 分
14:55 ～ 15:35	休息		
15:35	應檢人入場		
15:35 ～ 15:40	測試注意事項說明		
15:40 ～ 17:00	D 卷試題 （土木建築工程圖之判讀及繪製、結構工程）	1 小時 20 分鐘	100 分

各卷測試內容為命題範圍之例示，實際試題並不完全以此為限，仍可命擬相關之綜合性試題，並依中央主管機關網站公告之「營造工程管理」技能檢定規範為準。

1. (1) 下列何者為建築法所規定之設計人 ①建築師 ②工程技術顧問公司 ③營造業 ④工地主任 。

解析

本法所稱建築物設計人及監造人為建築師，以依法登記開業之建築師為限。但有關建築物結構及設備等專業工程部分，除五層以下非供公眾使用之建築物外，應由承辦建築師交由依法登記開業之專業工業技師負責辦理，建築師並負連帶責任。

公有建築物之設計人及監造人，得由起造之政府機關、公營事業機構或自治團體內，依法取得建築師或專業工業技師證書者任之。

2. (1) 下列何者為建築法所規定之監造人 ①建築師 ②工程技術顧問公司 ③營造業 ④工地主任 。

3. (3) 下列何者為建築法所規定之承造人 ①建築師 ②工程技術顧問公司 ③營造業 ④工地主任 。

4. (2)「建築法」規定之建築執照共計四種，其中不包括下列何項？ ①建造執照 ②改建執照 ③拆除執照 ④雜項執照 。

5. (3) 依建築法第 54 條規定，起造人自領得建造執照之日起，在未申請展期的情況下，應於多久內開工： ①一年 ②九個月 ③六個月 ④三個月 。

解析

起造人自領得建造執照或雜項執照之日起，應於六個月內開工；並應於開工前，會同承造人及監造人將開工日期，連同姓名或名稱、住址、證書字號及承造人施工計畫書，申請該管主管建築機關備查。起造人因故不能於前項期限內開工時，應敘明原因，申請展期一次，期限為三個月。未依規定申請展期，或已逾展期期限仍未開工者，其建造執照或雜項執照自規定得展期之期限屆滿之日起，失其效力。

6. (4) 所謂綠建材,係指經中央主管建築機關認可符合生態性、再生性、環保性、健康性及 ①低污染性 ②低透水性 ③高透水性 ④高性能 之建材。

7. (3) 依建築法第 58 條規定,下列何者不是建築物在施工中,縣市政府得通 知承造人或起造人或監造人,勒令停工或修改,必要時,得強制拆除的情形:①妨礙區域計畫者 ②危害公共安全者 ③妨礙消費者權益者 ④主要構造與核定工程圖樣及說明書不符者 。

解析

建築物在施工中,直轄市、縣(市)(局)主管建築機關認有必要時,得隨時加以勘驗,發現下列情事之一者,應以書面通知承造人或起造人或監造人,勒令停工或修改;必要時,得強制拆除:
一、妨礙都市計畫者。
二、妨礙區域計畫者。
三、危害公共安全者。
四、妨礙公共交通者。
五、妨礙公共衛生者。
六、主要構造或位置或高度或面積與核定工程圖樣及說明書不符者。
七、違反本法其他規定或基於本法所發布之命令者。

8. (2) 二層以上建築物施工時,其施工部分距離道路境界線或基地境界線不足多少公尺時應設置防止物體墜落之適當圍籬: ①一公尺半 ②二公尺半 ③三公尺半 ④四公尺半 。

9. (2) 承造人在建築物施工中,如有損壞道路之必要時,應經下列那個單位之核准 ①主管建築機關 ②該道路之主管機關 ③交通主管機關 ④都市計畫主管機關 。

10. (2) 於原建築物增加其面積或高度者,稱爲 ①新建 ②增建 ③改建 ④修建。

11. (4) 雇主對於沉箱、沉筒、井筒等內部從事開挖作業時,爲防止其急速沉陷危害勞工,於刃口至頂版或梁底之淨距應在多少公尺以上? ① 1.0 ② 1.2 ③ 1.5 ④ 1.8 。

12. (4) 下列建築物室內裝修應遵守之規定，何者為非 ①供公眾使用之建築物之室內裝修應申請審查許可 ②裝修材料應符合於建築技術規則之規定 ③不得妨害或破壞防火避難設施 ④綜合營造業不得從事建築物室內裝修之施工業務 。

13. (3) 建築物室內裝修申請竣工查驗時應檢附的圖說文件，下列何者為非：①申請書 ②原領室內裝修審核合格文件 ③施工計畫書 ④室內裝修竣工圖說 。

14. (3) 基樁以整支應用為原則，樁必須接合施工時，其接頭應不得在基礎版面下① 10 公尺以內 ② 6 公尺以內 ③ 3 公尺以內 ④ 1 公尺以內 。

15. (1) 以磚造、石造及混凝土造之建築物，其建築物高度不得超過 ① 9 ② 12 ③ 15 ④ 18 公尺。

16. (2) 冷軋型鋼構造建築物之簷高不得超過 ① 12 公尺 ② 14 公尺 ③ 15 公尺 ④ 16 公尺 。

17. (1) 甲等綜合營造業資本額為新台幣 ①二千二佰伍拾萬元以上 ②一億元以上 ③一仟伍佰萬元以上 ④一仟萬元以上 。

解析

綜合營造業之資本額，於甲等綜合營造業為新臺幣二千二百五十萬元以上；乙等綜合營造業為新臺幣一千二百萬元以上；丙等綜合營造業為新臺幣三百六十萬元以上。

18. (3) 營造業聯合承攬工程時，其聯合承攬協議書之內容包括工作範圍、權利義務及 ①出工比率 ②股份比率 ③出資比率 ④獲利分配比率 。

19. (2) 上上綜合營造業登記為甲等營造業，今變更公司名稱為大源綜合營造業其等級為 ①土木包工業 ②甲等 ③乙等 ④丙等 。

20. (3)「旺神綜合營造廠」為乙等營造業，今依公司法變更為「旺神綜合營造股份有限公司」，其等級為 ①土木包工業 ②丙等 ③乙等 ④甲等。

21. (2) 營造業承攬工程，應依其承攬造價限額及工程規模範圍辦理，其一定期間承攬總額，不得超過淨值 ①十倍 ②二十倍 ③三十倍 ④四十倍。

解析

營造業法第 23 條：
營造業承攬工程，應依其承攬造價限額及工程規模範圍辦理；其一定期間承攬總額，不得超過淨值二十倍。

前項承攬造價限額之計算方式、工程規模範圍及一定期間之認定等相關事項之辦法，由中央主管機關定之。

22. (3) 營造業承攬金額為 ① 3000 ② 4000 ③ 5000 ④ 6000 萬元以上，施工期間應於工地置工地主任。

營造業法第 30 條所定應置工地主任之工程金額或規模如下：

1. 承攬金額新臺幣 5000 萬元以上之工程。
2. 建築物高度 36 公尺以上之工程。
3. 建築物地下室開挖 10 公尺以上之工程。
4. 橋梁柱跨距 25 公尺以上之工程。

23. (2) 工地主任應符合營造業法規定資格，並經中央主管機關評定合格或取得中央勞工行政主管機關依技能檢定法令辦理之營造工程管理甲級技術士証由中央主管機關核發工地主任執業証者，始得擔任。中央主管機關及中央勞工主管機關係指 ①公共工程委員會、勞動部 ②內政部、勞動部 ③交通部、勞動部 ④交通部、經濟部 。

24. (2) 工地遇緊急異常狀況時，工地主任應通知下列何者處理工地緊急異常狀況？ ①定作人 ②專任工程人員 ③設計者 ④監造者 。

25. (1) 工程主管或主辦機關於勘驗、查驗或驗收工程時，營造業除專任工程人員外尚需何人應在現場說明 ①工地主任 ②負責人 ③設計者 ④會計人員 。

26. (3) 中央主管機關對綜合營造業就其工程實績、施工品質等六項定期予以評鑑，評鑑結果分為 ①一級 ②二級 ③三級 ④四級 。

27. (4) 營造業之專任工程人員於工程圖樣及施工說明書內容發現有公共危險之虞時，應向營造業負責人報告，營造業負責人應即告知定作人，並依 ①專任工程人員 ②營造廠負責人 ③監造者 ④定作人 提出之改善計畫作適當處理。

28. (2) 取得營造業工地主任執業証者，每逾四年，應再取得近四年多少小時回訓証明 ① 12 ② 32 ③ 40 ④ 80 。

29. (1) 受聘於營造業，擔任其所承攬工程之施工技術指導及施工安全之人員為 ①專任工程人員 ②工地主任 ③技術士 ④負責人 。

30. (1)「某綜合營造股份有限公司」為甲等營造業，因違反營造業法被撤銷登記，但該公司已施工而未完成之工程，可委由何等級綜合營造業施工。 ① 甲等 ②乙等 ③丙等 ④土木包工業 。

31. (2) 營建工程應於開工、竣工報告檔及工程查報表簽名或蓋章者為何人 ①負責人 ②專任工程人員 ③工地主任 ④監造者 。

解析

營造業之專任工程人員應負責辦理下列工作：
一、查核施工計畫書，並於認可後簽名或蓋章。
二、於開工、竣工報告文件及工程查報表簽名或蓋章。
三、督察按圖施工、解決施工技術問題。
四、依工地主任之通報，處理工地緊急異常狀況。
五、查驗工程時到場說明，並於工程查驗文件簽名或蓋章。
六、營繕工程必須勘驗部分赴現場履勘，並於申報勘驗文件簽名或蓋章。
七、主管機關勘驗工程時，在場說明，並於相關文件簽名或蓋章。
八、其他依法令規定應辦理之事項。

32. (4) 下列何者非政府採購招標方式？ ①公開招標 ②選擇性招標 ③限制性招標 ④個別招標 。

33. (3) 機關辦理招標，應於招標文件中規定投標廠商須繳納押標金。下列何者不屬押標金之規定 ①現金 ②郵局匯票 ③公司支票 ④無記名政府公債 。

34. (2) 得標廠商履約，違反契約轉包之規定時，機關得解除契約，終止契約或沒收保證金，並得要求損害賠償。保證金係指 ①押標金 ②履約保證金 ③保固保證金 ④工程保留款 。

35. (1) 工程辦理驗收時應由機關首長或其授權人指派適當人員主驗，通知下列何單位會驗 ①使用單位 ②監造單位 ③施工單位 ④實驗單位 。

36. (4) 營建工地空氣污染防制費徵收對象為 ①承包商 ②設計者 ③監造者 ④業主 。

37. (2) 依空氣污染防制相關規定，營建工地標示牌內容應包含營建工程空氣污染防制費徵收管制編號、工地負責人姓名、電話及下列何者公害檢舉電話 ① 警察局 ②環保機關 ③消防隊 ④工程主辦單位 。

38. (4) 下列何者非營建工地事業廢棄物處理方式 ①自行清除、處理 ②共同清除、處理 ③委託清除、處理 ④就地燃燒或掩埋 。

39. (4) 依下水道用戶排水設備標準規定，於寬度 6 公尺以上道路，埋設管渠之覆土深度應達 ① 50 ② 75 ③ 100 ④ 120 cm 以上。

解析

污水管渠埋設覆土深度規定如下：

管渠位置	覆土深度（公分）
建築基地內	20 以上
後巷或側巷	40 以上
私設通路	60 以上
人行道	75 以上
寬度六公尺以下道路	100 以上
寬度超過六公尺道路	120 以上

40. (3) 營建工程空氣污染防制設施管理辦法所稱第一級營建工程中橋梁工程之施工規模每月達 ① 218000 ② 418000 ③ 618000 ④ 818000 平方公尺以上者屬之。

41. (3) 營建工程空氣污染防制設施管理辦法所稱第一級營建工程中建築工程施工規模每月達 ① 2600 ② 3600 ③ 4600 ④ 5600 平方公尺以上者屬之。

42. (4) 營建工程空氣污染防制設施管理辦法所稱第一級營建工程者，其圍籬高度不得低於 ① 1.8 ② 2.0 ③ 2.2 ④ 2.4 公尺。

解析

營建業主於營建工程進行期間，應於營建工地周界設置定著地面之全阻隔式圍籬及防溢座。屬第一級營建工程者，其圍籬高度不得低於 2.4 公尺；屬第二級營建工程者，其圍籬高度不得低於 1.8 公尺。但其圍籬座落於道路轉角或轉彎處 10 公尺以內者，得設置半阻隔式圍籬。

前項營建工程臨接道路寬度 8 公尺以下或其施工工期未滿三個月之道路、隧道、管線或橋梁工程，得設置連接之簡易圍籬。

前二項營建工程之周界臨接山坡地、河川、湖泊等天然屏障或其他具有與圍籬相同效果者，得免設置圍籬。第二項以外之營建工程，屬第二級營建工程。

43. (2) 依營造業法所定乙等綜合營造業之資本額為新臺幣 ① 800 ② 1000 ③ 1500 ④ 2000 萬元以上。

解析

製造業法第 7 條第一項第二款所定綜合營造業之資本額，於甲等綜合營造業為新臺幣 2250 萬元以上；乙等綜合營造業為新臺幣 1200 萬元以上；丙等綜合營造業為新臺幣 360 萬元以上。

44. (3) 依營造業法所定丙等綜合營造業之資本額為新臺幣 ① 200 ② 300 ③ 400 ④ 500 萬元以上。

45. (3) 依營造業法所定，建築物高度超過 ① 24 ② 30 ③ 36 ④ 40 公尺以上之工程，應置工地主任。

46. (2) 依營造業法所定，建築物地下室開挖深度超過 ① 6 ② 10 ③ 12 ④ 20 公尺以上之工程，應置工地主任。

47. (1) 依營造業法所定，橋梁柱跨距超過 ① 25 ② 35 ③ 45 ④ 50 公尺以上之工程，應置工地主任。

48. (2) 自室內經由陽臺或排煙室始得進入之樓梯稱為 ①安全梯 ②特別安全梯 ③ 避難梯 ④消防梯 。

49. (2) 私設通路為連通建築線，得穿越同一基地建築物之地面層；穿越之深度不得超過 ① 10 ② 15 ③ 20 ④ 25 公尺。

解析

基地應與建築線相連接，其連接部份之最小長度應在 2 公尺以上。
基地內私設通路之寬度不得小於下列標準：
一、長度未滿 10 公尺者為 2 公尺。
二、長度在 10 公尺以上未滿 20 公尺者為 3 公尺。
三、長度大於 20 公尺為 5 公尺。
四、基地內以私設通路為進出道路之建築物總樓地板面積合計在
　　1000 平方公尺以上者，通路寬度為 6 公尺。
五、前款私設通路為連通建築線，得穿越同一基地建築物之地面
　　層；穿越之深度不得超過 15 公尺；該部份淨寬並應依前四款
　　規定，淨高至少 3 公尺，且不得小於法定騎樓之高度。

50. (2) 私設通路為連通建築線，得穿越同一基地建築物之地面層；穿越處之淨高至少為 ① 2.5 ② 3 ③ 3 .5 ④ 4 公尺，且不得小於法定騎樓之高度。

51. (3) 低於十層之建築物，設置於露臺、陽臺、室外走廊、室外樓梯、平屋頂及室內天井部分等之欄桿扶手高度，不得小於 ① 90 ② 100 ③ 110 ④ 120 公分。

52. (3) 騎樓地面應與人行道齊平，無人行道者，應高於道路邊界處 10 公分至 20 公分，表面鋪裝應平整，不得裝置任何台階或阻礙物，並應向道路境界線作成 ① 1/20 ② 1/30 ③ 1/40 ④ 1/50 之洩水坡度。

53. (2) 騎樓淨高，不得小於 ① 2.7 ② 3.0 ③ 3.2 ④ 3.3 公尺。

解析

凡經指定在道路兩旁留設之騎樓或無遮簷人行道，其寬度及構造

由市、縣（市）主管建築機關參照當地情形，並依照左列標準訂定之：

1. 寬度：自道路境界線至建築物地面層外牆面，不得小於 3.5 公尺，但建築物有特殊用途或接連原有騎樓或無遮簷人行道，且其建築設計，無礙於市容觀瞻者，市、縣（市）主管建築機關，得視實際需要，將寬度酌予增減並公布之。
2. 騎樓地面應與人行道齊平，無人行道者，應高於道路邊界處 10 公分至 20 公分，表面鋪裝應平整，不得裝置任何台階或阻礙物，並應向道路境界線作成四十分之一瀉水坡度。
3. 騎樓淨高，不得小於 3 公尺。
4. 騎樓柱正面應自道路境界線退後 15 公分以上，但騎樓之淨寬不得小於 2.5 公尺。

54. (2) 建築技術規則所稱高層建築物，係指高度在 ① 40 ② 50 ③ 60 ④ 70 公尺以上之建築物。

55. (2) 高層建築物超過 ① 50 ② 60 ③ 70 ④ 80 公尺以上時，應設置光源俯角十五度以上，三百六十度方向皆可視認之航空障礙燈。

解析

建築技術規則建築設計施工編第 252 條：
60 公尺以上之高層建築物應設置光源俯角 15 度以上 360 度方向皆可視認之航空障礙燈。

56. (1) 以花格磚或玻璃磚疊砌之牆，不得承受載重，最大面積不得超過 10 平方公尺。最高不得超過 ① 3 ② 3.3 ③ 3.6 ④ 4.5 公尺。

解析

以花格磚或玻璃磚疊砌之牆，不得承受載重，最大面積不得超過 10 平方公尺。最高不得超過 3 公尺，崁入牆壁中使用，視同開口面積，四周之任一邊不能嵌入牆壁中使用，均應以鋼筋混凝土梁或柱予以補強。

57. (2) 磚造圍牆高度不得超過 ① 1.5 ② 1.7 ③ 3.0 ④ 3.5 公尺。

58. (3) 超過 1.2 公尺以上之磚造圍牆厚度應大於 ① 12 ② 15 ③ 20 ④ 25 公分。

59. (2) 木構造建築物不得超過 ① 3 ② 4 ③ 5 ④ 6 層樓。

60. (2) 冷軋型鋼構材建造之建築物不得超過 ① 3 ② 4 ③ 5 ④ 6 層樓。

61. (3) 土木包工業承攬小型綜合營繕工程，承攬工程規模範圍應符合相關規定外，造價限額為新臺幣 ① 1200 ② 1000 ③ 600 ④ 500 萬元。

62. (2) 甲等綜合及專業營造業之工程規模不受限制，但承攬造價限額為其資本額之 ① 5 ② 10 ③ 15 ④ 20 倍。

63. (4) 職業安全衛生設施規則所稱特高壓，係指超過 ① 10000 ② 15000 ③ 20000 ④ 22800 伏特之電壓。

解析

本規則所稱特高壓，係指超過 22800 伏特之電壓；高壓，係指超過 600 伏特至 22800 伏特之電壓；低壓，係指 600 伏特以下之電壓。

64. (3) 職業安全衛生設施規則所稱之低壓，係指未超過 ① 1000 ② 800 ③ 600 ④ 400 伏特之電壓。

65. (2) 雇主對於室內工作場所，通道應有適應其用途之寬度，其主要人行道不得小於 ① 80 ② 100 ③ 150 ④ 180 公分。

66. (2) 供營建使用之階梯，當高度超過 8 公尺以上時，應於每隔 ① 5 ② 7 ③ 9 ④ 11 公尺內設置平臺一處。

解析

雇主架設之通道及機械防護跨橋，應依下列規定：
一、具有堅固之構造。

二、傾斜應保持在 30 度以下。但設置樓梯者或其高度未滿 2 公尺
而設置有扶手者，不在此限。

三、傾斜超過 15 度以上者，應設置踏條或採取防止溜滑之措施。

四、有墜落之虞之場所，應置備高度 75 公分以上之堅固扶手。在
作業上認有必要時，得在必要之範圍內設置活動扶手。

五、設置於豎坑內之通道，長度超過 15 公尺者，每隔 10 公尺內
應設置平台一處。

六、營建使用之高度超過 8 公尺以上之階梯，應於每隔 7 公尺內
設置平台一處。

七、通道路用漏空格條製成者，其縫間隙不得超過 3 公分，超過
時，應裝置鐵絲網防護。

67. (2) 遮護金屬電弧銲接（手銲、又稱被覆電弧銲接）之代號為 ① SAW
② SMAW ③ GMAW ④ ESW 。

解析

一般常用之電弧焊焊接方式：
1.SMAW — shield metal arc welding（遮護金屬電弧焊接）
2.GMAW — gas metal arc welding（MIG.MAG）（氣體遮護電
弧焊接）
3.GTAW — inert gas tungsten arc welding（TIG）（惰氣鎢極
電弧焊）（氬焊）
4.FCAW — flux cofred arc welding（包藥焊線電弧焊）
5.SAW — submerged arc welding（潛弧焊）
6.ESW — electroslag welding（電渣焊）
7.EGW — electrogas welding（電氣焊）

68. (3) 氣體遮護金屬電弧銲接之代號為 ① SAW ② SMAW ③ GMAW
④ ESW 。

69. (4) 植釘銲接之代號為 ① SAW ② SMAW ③ GMAW ④ SW 。

70. (1) 下列何種系列之鋼材不適於需銲接之主要結構使用 ① SS ② SM ③ SN
④ TMCP（熱機處理鋼材）。

71. (4) 鋼板厚板於軋至過程中易有夾層缺陷，因此對於 ① 10 ② 15 ③ 20 ④ 25 mm 以上之鋼板，應以超音波或其他可靠方法檢驗。

72. (4) 一般鋼材加熱整型或彎曲加工之溫度不得超過攝氏 ① 500 ② 550 ③ 600 ④ 650 度。

73. (1) 一般鋼材表面溫度超過攝氏 ① 50 ② 80 ③ 100 ④ 120 度時，不得進行塗裝作業。

74. (2) 營造業工地主任經警告處分三次者，予以三個月以上一年以下停止執行營造業業務之處分；受停止執行營造業業務處分期間累計滿 ① 2 ② 3 ③ 4 ④ 5 年者，廢止其工地主任執業證。

75. (2) 興建圍牆大門應申領何種執照 ①建造執照 ②雜項執照 ③變更執照 ④免申請執照 。

76. (1) f_y=2800 kgf/cm² 係指鋼筋之 ①降伏強度 ②剪力強度 ③彎曲強度 ④抗壓強度。

77. (3) 構造物之組成構材預先在設備完善之工廠內以混凝土澆築完成者稱爲 ① 預力混凝土 ②預壘混凝土 ③預鑄混凝土 ④預拌混凝土 。

78. (3) 粉刷作業中不需使用刮尺之位置是 ①牆面 ②柱體 ③天花 ④地坪。

79. (2) 冷軋型鋼構造建築物施工規範，在鋼對鋼接合中考慮螺絲的有效性，螺絲中心到中心間距與其中心到構材邊距應大於幾倍的螺絲標稱直徑 ① 2 ② 3 ③ 4 ④ 5 。

解析

在鋼對鋼接合中考慮螺絲的有效性，螺絲中心到中心間距與其中心到構材邊距應大於 3 倍的螺絲標稱直徑，但如邊距與構材受力方向平行，其螺絲中心點到邊距之距離可以 1.5 倍標稱直徑爲基本要求。

80. (3) 冷軋型鋼構造建築物施工規範,設計圖、加工製作詳圖、現場施工圖之比例,以能明確標示各項資料為原則。但對於結構全圖之平面、立面以不小於多少為原則 ① 1／30 ② 1/50 ③ 1/100 ④ 1/200 。

81. (1) 冷軋型鋼構造建築物施工規範,設計圖、加工製作詳圖、現場施工圖之比例,以能明確標示各項資料為原則;但對結構詳細圖之立面、剖面不小於 多少為原則 ① 1/20 ② 1/30 ③ 1/50 ④ 1/100 。

解析

設計圖、加工製作詳圖、現場施工圖之比例,以能明確標示各項資料為原則。但對於結構全圖之平面、立面以不小於 1/100 為原則,而結構詳細圖之立面、剖面不小於 1/20 為原則。

82. (2) 冷軋型鋼構造建築物施工規範,以英文字母代表之 "S" ①支撐立柱 ②立柱 ③加強立柱 ④承載立柱 。

83. (1) 冷軋型鋼構造建築物施工規範,以英文字母代表之 "SJ" ①支撐立柱 ②天花板格柵梁 ③加強立柱 ④承載立柱 。

84. (1) 冷軋型鋼構造建築物施工規範,以英文字母代表之 "SC" 為 ①加強立柱 ② 承載立柱 ③天花板格柵梁 ④立柱 。

解析

依下列規定以英文字母代表之:(以下 85 ～ 93 題同此題解析)
(S) 代表立柱,(SJ) 代表支撐立柱,(SC) 代表加強立柱,
(SK) 代表承載立柱,(JF) 代表地板格柵梁,(JC) 代表天花板格柵梁,
(H) 代表框梁,(R) 代表屋頂椽條,(UU) 代表上弦構材,(LL) 代表下弦構材,(BS) 代表斜撐構材,(BH) 代表橫撐繫條。

85. (4) 冷軋型鋼構造建築物施工規範,以英文字母代表之 "SK" ①加強立柱 ②立柱 ③天花板格柵梁 ④承載立柱 。

86. (2) 冷軋型鋼構造建築物施工規範,以英文字母代表之 "JF" ①加強立柱 ②地板格柵梁 ③天花板格柵梁 ④承載立柱 。

87. (1) 冷軋型鋼構造建築物施工規範，以英文字母代表之 "JC" ①天花板格柵梁 ② 框梁 ③屋頂椽條 ④承載立柱 。

88. (2) 冷軋型鋼構造建築物施工規範，以英文字母代表之 "H" ①上弦構材 ②框梁 ③屋頂椽條 ④承載立柱 。

89. (3) 冷軋型鋼構造建築物施工規範，以英文字母代表之 "R" ①下弦構材 ②斜撐構材 ③屋頂椽條 ④框梁 。

90. (1) 冷軋型鋼構造建築物施工規範，以英文字母代表之 "UU" ①上弦構材 ②下弦構材 ③屋頂椽條 ④承載立柱 。

91. (3) 冷軋型鋼構造建築物施工規範，以英文字母代表之 "LL" ①屋頂椽條 ②斜撐構材 ③下弦構材 ④框梁 。

92. (3) 冷軋型鋼構造建築物施工規範，以英文字母代表之 "BS" ①天花板格柵梁 ②下弦構材 ③斜撐構材 ④框梁 。

93. (4) 冷軋型鋼構造建築物施工規範，以英文字母代表之 "BH" ①屋頂椽條 ②斜撐構材 ③下弦構材 ④橫撐繫條 。

94. (3) 冷軋型鋼構造之結構體組裝，同軸構架框組構材的對齊指結構牆立柱、樓板格柵梁、屋桁架下弦桿件、必須互相垂直高齊成一直線使構材與其下方支撐構材之中心線（寬度中間）對齊，其偏心距離不得超過 ① 10 ② 16 ③ 19 ④ 22 mm。

95. (4) 冷軋型鋼樓板是結構體中重要的水準構件，功能為傳遞垂直載重與維持樓板水準勁度。除結構功能外，樓板尚須符合隔音、防震、耐久、防災、觸感等基本性能， 樓板非由下列何項組構而成 ①樓板框組 ②樓板底材 ③完成面材 ④覆面板材 。

96. (4) 冷軋型鋼表面處理過程何者為非 ①表面前處理（基材處理）②防鏽塗層 ③ 表面塗裝 ④表面鑽孔 。

97. (2) 冷軋型鋼構造建築物施工規範，運用熔射技術將鋅處理於鋼鐵表面之工法稱為 ①鍍鋅電鍍法 ②鍍鋅噴覆法 ③鍍鋅塗裝法 ④鍍鋅熱浸法。

98. (2) 冷軋型鋼框組架與構材的堆置場應平整，一般框組架與構材應平放，堆放應嚴防發生碰撞、彎曲、扭曲等損害並注意框組架與構材之平衡、高度限制與防滑傾覆，且屋架應採何排列的堆放方法 ①水準 ② 垂直 ③ 45°角斜放 ④ 60°角斜放 。

99. (2) 冷軋型鋼吊運長度超過幾公尺以上整構材時，須以二條鋼繩捆縛 ① 4 ② 6 ③ 8 ④ 12 。

解析

吊運長度超過 6 公尺以上之構材時，須以二條鋼繩捆縛，人員避免暴露於吊放物下方或起重機作業範圍內，吊運之構材端部並以穩定索附於構材尾端以使之穩定。

100. (4)「建築技術規則」中對於雜項工作物之規定，煙囪高度超過幾公尺，應為鋼筋混凝土造或鋼鐵造？ ① 7 ② 7.5 ③ 8 ④ 10 。

解析

煙囪應依下列規定辦理：
1. 磚構造及無筋混凝土構造應補強設施，未經補強之煙囪，其高度應依本編第 52 條第一款之規定。
2. 石棉管、混凝土管等煙囪，在管之搭接處應以鐵管套連接，並應加設支撐用框架或以斜拉線固定。
3. 高度超過 10 公尺之煙囪應為鋼筋混凝土造或鋼鐵造。
4. 鋼筋混凝土造煙囪之鋼筋保護層厚度應為 5 公分以上。

101. (4) 建築技術規則雜項工作物之規定，鋼筋混凝土造煙囪之鋼筋保護層厚度應為幾公分以上 ① 2 ② 3 ③ 4 ④ 5 。

102. (2) 建築技術規則雜項工作物之規定，利用滑車昇降之纜車等設備者。其鋼纜應為幾條以上，並應為防止鋼纜與滑車脫離之安全構造 ① 1 ② 2 ③ 3 ④ 4 。

103. (2) 凡從事新建、增建、改建及拆除等建築行為時，應於施工場所之周圍，利用鐵板木板等適當材料設置高度在幾公尺以上之圍籬或有同等效力之其他防護設施，但其周圍環境無礙於公共安全及觀瞻者不在此限 ① 1.5 ② 1.8 ③ 2.1 ④ 2.4 。

解析

1. 施工場所之安全預防措施：凡從事建築物之新建、增建、改建、修建及拆除等行為時，應於其施工場所設置適當之防護圍籬、擋土設備、施工架等安全措施，以預防人命之意外傷亡、地層下陷、建築物之倒塌等而危及公共安全。

2. 圍籬之設置：凡從事上述規定之建築行為時，應於施工場所之周圍，利用鐵板木板等適當材料設置高度在 1.8 公尺以上之圍籬或有同等效力之其他防護設施，但其周圍環境無礙於公共安全及觀瞻者不在此限。

104. (1) 為防止高處墜落物體發生危害，自地面高度幾公尺以上投下垃圾或其他容易飛散之物體時，應用垃圾導管或其他防止飛散之有效設施 ① 3 ② 4 ③ 5 ④ 6 。

105. (3) 挖土深度在幾公尺以上者，除地質良好，不致發生崩塌或其周圍狀況無安全之慮者外，應有適當之擋土設備，並符合「建築技術規則」建築構造編中有關規定設置 ① 0.5 ② 1 ③ 1.5 ④ 3 。

解析

擋土設備：凡進行挖土、鑽井及沉箱等工程時，應依下列規定採取必要安全措施：

1. 應設法防止損壞地下埋設物如瓦斯管、電纜，自來水管及下水道管渠等。

2. 應依據地層分布及地下水位等資料所計算繪製之施工圖施工。

3. 靠近鄰房挖土，深度超過其基礎時，應依本規則建築構造編中有關規定辦理。

4. 挖土深度在 1.5 公尺以上者，除地質良好，不致發生崩塌或其周圍狀況無安全之慮者外，應有適當之擋土設備，並符合本規則建築構造編中有關規定設置。

5. 施工中應隨時檢查擋土設備，觀察周圍地盤之變化及時予以補強，並採取適當之排水方法，以保持穩定狀態。

6. 拔取板樁時，應採取適當之措施以防止周圍地盤之沉陷。

106. (3) 建築工程之施工架等之容許載重量，應按所用材料分別核算，懸吊工作架（台）所使用鋼索、鋼線之安全係數不得小於多少 ① 2.5 ② 5 ③ 10 ④ 15 。

107. (2) 建築工程之施工架使用鋼管時，其接合處應以下列何種方式固定？ ①銲接 ②零件緊結 ③鐵絲 ④麻繩 。

108. (3) 建築工程之工作臺之設置凡離地面或樓地板面幾公尺以上之工作臺應舖以密接之板料 ① 1 ② 1.5 ③ 2 ④ 3 。

109. (2) 建築工程之工作臺之設置固定式板料之寬度不得小於 40 公分，板縫不得大於三公分，其支撐點至少應有幾處以上 ① 1 ② 2 ③ 3 ④ 4 。

解析

雇主使勞工於高度 2 公尺以上施工架上從事作業時，應依下列規定辦理：

1. 應供給足夠強度之工作臺。

2. 工作臺寬度應在 40 公分以上並舖滿密接之踏板，其支撐點應有二處以上，並應綁結固定，使其無脫落或位移之虞，踏板間縫隙不得大於 3 公分。

3. 活動式踏板使用木板時，其寬度應在 20 公分以上，厚度應在 3.5 公分以上，長度應在 3.6 公尺以上；寬度大於 30 公分時，厚度應在 6 公分以上，長度應在 4 公尺以上，其支撐點應有三處以上，且板端突出支撐點之長度應在 10 公分以上，但不得大於板長十八分之一，踏板於板長方向重疊時，應於支撐點處重疊，重疊部分之長度不得小於 20 公分。

4. 工作臺應低於施工架立柱頂點 1 公尺以上。

前項第三款之板長，於狹小空間場所得不受限制。

110. (2) 工作臺之設置活動板之寬度不得小於 20 公分，厚度不得小於 3.6 公分，長度不得小於 3.5 公尺，其支撐點至少有三處以上，板端突出支撐點之長度不得少於幾公分，但不得大於板長十八分之一 ① 5 ② 10 ③ 15 ④ 20 。

解析同上題。

111. (4) 工作臺之設置二重板重疊之長度不得小於幾公分 ① 5 ② 10 ③ 15 ④ 20 。

112. (3) 工作臺之設置工作臺至少應低於施工架立柱頂幾公尺以上 ① 0.75 ② 0.9 ③ 1 ④ 1.2 。

113. (2) 工作臺之設置工作臺上四周應設置扶手護欄，護欄下之垂直空間不得超過幾公尺，扶手如非斜放，其斷面積不得小於 30 平方公分 ① 0.75 ② 0.9 ③ 1 ④ 1.2 。

114. (3) 建築工程走道及階梯之架設，坡度應為 30 度以下，其為 15 度以上者應加釘間距小於幾公分之止滑板條，並應裝設適當高度之扶手 ① 20 ② 25 ③ 30 ④ 40 。

走道及階梯之架設應依下列規定：
1. 坡度應為 30 度以下，其為 15 度以上者應加釘間距小於 30 公分之止滑板條，並應裝設適當高度之扶手。
2. 高度在 8 公尺以上之階梯，應每 7 公尺以下設置平台一處。
3. 走道木板之寬度不得小於 30 公分，其兼為運送物料者，不得小於 60 公分。

115. (2) 建築工程走道及階梯之架設，走道木板之寬度不得小於 30 公分，其兼為運送物料者，不得小於幾公分 ① 45 ② 60 ③ 75 ④ 90 。

116. (1) 工程材料之堆積不得危害行人或工作人員及不得阻塞巷道，堆積在擋土設備之周圍或支撐上者，不得超過 ①設計荷重 ②施工荷重 ③積載荷重 ④額 定荷重 。

117. (1) 山坡地基地與岩層面或其他規則而具延續性之不連續面大致同向之坡面，爲 ①順向坡 ②逆向坡 ③自由端 ④活動斷層 。

118. (3) 山坡地基，地岩層面或不連續面裸露邊坡，爲 ①順向坡 ②逆向坡 ③自由端 ④活動斷層 。

119. (4) 山坡地基地人工移置或自然崩塌之土石而未經工程壓密或處理者 ①岩石品質指標 ②坑道覆蓋層 ③活動斷層 ④廢土堆 。

120. (2) 建築基地應具備原裸露基地涵養或貯留滲透雨水之能力，其建築基地保水指標應達多少以上 ① 0.3 ② 0.5 ③ 1 ④ 1.2 。

解析

　　建築基地應具備原裸露基地涵養或貯留滲透雨水之能力，其建築基地保水指標應大於 0.5 與基地內應保留法定空地比率之乘積。

121. (2) 建築物構造之設計圖，須明確標示全部構造設計之平面、立面、剖面及各構材斷面、尺寸、用料規格、相互接合關係：並能達到明細周全，依圖施 工無疑義。繪圖應依公制標準，一般構造尺度，以何者爲單位 ①公釐 ② 公分 ③公尺 ④英呎 。

122. (1) 建築物構造施工，須詳細說明施工品質之需要，除設計圖及詳細圖能以表明者外，所有爲達成設計規定之施工品質要求，均應詳細載明於何處 ①施工說明書 ②監工日報表 ③工程標單 ④施工圖 。

123. (4) 建築物構造施工期中，監造人須隨工作進度，依 CNS 標準，取樣試驗證明所用材料及工程品質符合規定，特殊試驗得依國際通行試驗方法，施工期間工程疑問不能解釋時，得以何種方法證明之 ①出廠證明書 ②甲方認定 ③設計人說明 ④試驗方法 。

124. (1) 建築物本身各部份之重量及固定於建築物構造上各物之重量,如牆壁、隔牆、梁柱、樓板及屋頂等,為 ①靜載重 ②活載重 ③衝擊載重 ④浮動載重 。

解析

靜載重為建築物本身各部份之重量及固定於建築物構造上各物之重量,如牆壁、隔牆、梁柱、樓板及屋頂等,可移動隔牆不作為靜載重。

125. (2) 建築物室內人員、傢俱、設備、貯藏物品、活動隔間等,為 ①靜載重 ②活載重 ③衝擊載重 ④浮動載重 。

126. (2) 建築基地應依據建築物之規劃及設計辦理地基調查,並提出調查報告,以取得與建築物基礎設計及施工相關之資料。幾層以上或供公眾使用建築物之地基調查,應進行地下探勘 ① 3 ② 5 ③ 7 ④ 10 。

解析

建築基地應依據建築物之規劃及設計辦理地基調查,並提出調查報告,以取得與建築物基礎設計及施工相關之資料。地基調查方式包括資料蒐集、現地踏勘或地下探勘等方法,其地下探勘方法包含鑽孔、圓錐貫入孔、探查坑及基礎構造設計規範中所規定之方法。
5 層以上或供公眾使用建築物之地基調查,應進行地下探勘。

127. (2) 供公眾使用建築物之地基調查,應進行地下探勘。同一基地之調查點數不得少於幾點 ① 1 ② 2 ③ 3 ④ 5 。

128. (3) 基樁以整支應用為原則,樁必須接合施工時,其接頭應不得在基礎版面下幾公尺以內,樁接頭不得發生脫節或彎曲之現象 ① 1 ② 2 ③ 3 ④ 5 。

129. (3) 木構造建築物之簷高不得超過幾公尺,並不得超過四層樓。但供公眾使用而非供居住用途之木構造建築物,結構安全經中央主管建築機關審核認可者,簷高得不受限制 ① 12 ② 13 ③ 14 ④ 15 。

130. (2) 木構造建築物之地基，須先清除花草樹根及表土深幾公分以上 ① 15 ② 30 ③ 45 ④ 60 。

131. (1) 依建築物磚構造設計及施工規範磚造建築物，簷高不得超過幾公尺？ ① 7 ② 8 ③ 10 ④ 12 公尺。

132. (2) 依建築物磚構造設計及施工規範，磚造、加強磚造、混凝土空心磚造之建築物，建築物高度超過幾層樓以上時，除地面層之樓板外，樓板及屋頂應為鋼筋混凝土造或與之相等或更佳剛度之剛性樓板？ ① 1 ② 2 ③ 3 ④ 4 樓。

133. (3) 依建築物磚構造設計及施工規範，磚造、加強磚造、混凝土空心磚造之建築物，除平房且牆身高度不超過 3 公尺者外，磚造或石造牆頂上應用鋼筋混凝土梁，梁寬至少與牆厚相同，梁深不得小於梁寬，梁內主鋼筋不得少於斷面積百分之一，且應平均分配於梁之上下左右，梁內主鋼筋之直徑不得小於幾號鋼筋？ ① D10 ② D13 ③ D16 ④ D19 。

134. (3) 依建築物磚構造設計及施工規範，建築物牆壁所用紅磚，結構牆用者之最小抗壓強度不得低於 ① 100 kgf/cm² ② 200 kgf/cm² ③ 300 kgf/cm² ④ 400 kgf/cm²。

解析

建築物牆壁所用紅磚，結構牆用者之最小抗壓強度不得低於 300kgf/cm²（29.4MPa），吸水率不得超過 13%；非結構牆用者之最小抗壓強度不得低於 200kgf/cm²（19.6MPa），吸水率不得超過 15%。該抗壓強度及吸水率試驗方式應依國家標準 CNS 382 之規定辦理。

135. (2) 依建築物磚構造設計及施工規範，建築物牆壁所用紅磚，結構牆用者，吸水率不得超過 ① 10% ② 13% ③ 15% ④ 19% 。

136. (2) 依「建築物磚構造設計及施工規範」，屋頂欄杆牆、陽臺欄杆牆、壓簷牆及屋頂二側之山牆，均不得單獨以磚砌造，須以鋼筋混凝土梁柱補強設計。屋頂欄杆牆高度不得超過多少公尺 ① 1 ② 1.2 ③ 1.5 ④ 1.8 。

137. (1) 依建築物磚構造設計及施工規範，磚造建築物結構牆開口規定單片牆壁牆身開口長度之總和不得超過牆身長度 ①二分之一 ②三分之一 ③三分之二 ④四分之三 。

138. (1) 依建築物磚構造設計及施工規範，磚造建築物結構牆開口規定開口部上應設置鋼筋混凝土楣梁，但開口長度在幾公尺以下者，開口部上緣可改為平拱或弧拱 ① 1 ② 1.2 ③ 1.5 ④ 1.8 。

139. (2) 依建築物磚構造設計及施工規範，圍牆規定基礎應為鋼筋混土造連續牆基礎，基礎底面距地表面不得小於 40 公分，有基礎版時，版厚應在幾公分以上？ ① 10 ② 20 ③ 30 ④ 40 。

140. (2) 依建築物磚構造設計及施工規範，混凝土空心磚圍牆結構，圍牆高度自地表面算起不得大於多少公尺 ① 1.5 ② 2 ③ 2 .5 ④ 4 。

解析

混凝土空心磚圍牆結構：
1. 圍牆高度自地表面算起不得大於 2 公尺，但圍牆兩側地表面有高低差時，以低者為準。側面臨接溝渠之圍牆高度及基礎埋入深度，應由側溝底面算起。
2. 圍牆厚度不得小於 14 公分。

141. (2) 依建築物磚構造設計及施工規範，混凝土空心磚圍牆厚度不得小於多少公分 ① 9 ② 14 ③ 19 ④ 23 。

142. (3) 依 CNS 或建築物磚構造設計及施工規範，建築用普通磚之尺度須符合其尺寸為 ① 230 mm ×110mm ×60 mm ② 210 ×100mm × 55mm ③ 200 mm ×95 mm × 53mm ④ 190mm × 90 mm × 50 mm 。

143. (2) 依建築物磚構造設計及施工規範，砂漿層之舖置厚度應予以控制，最少應有幾公分？ ① 1 ② 1.5 ③ 2 ④ 2.5 。

144. (1) 依建築物磚構造設計及施工規範，砌磚時應四週同時並進，每日所砌高度不得超過幾公尺 ① 1 ② 1.2 ③ 1.5 ④ 2 。

145. (2) 依建築物磚構造設計及施工規範，建築用普通紅磚之尺度須符合 CNS 之標準，其長度為 ① 190 mm ② 200mm ③ 210 mm ④ 230mm 。

146. (3) 依建築物磚構造設計及施工規範，磚造結構牆開口部上緣應設置鋼筋混凝土楣梁，但開口長度在 1 公尺以下者，開口部上緣可改為平拱或弧拱。楣梁兩端伸入牆壁長度應至少在 ① 10 ② 15 ③ 20 ④ 25 公分以上。

147. (2) 依建築物磚構造設計及施工規範，用於紅磚牆體與砂灰磚牆體之水泥砂漿，水泥、石灰、砂漿其設計抗壓強度不得低於 ① 70 ② 100 ③ 120 ④ 150 kgf/cm² 。

解析

用於混凝土空心磚牆之水泥砂漿其設計抗壓強度不得低於 180kgf/cm²（17.6MPa）。用於紅磚牆體與砂灰磚牆體之水泥砂漿、水泥石灰砂漿其設計抗壓強度不得低於 100kgf/cm²（9.8MPa）。

148. (2) 鋼構造建築物鋼結構施工規範，對於結構全圖之平面、立面不宜小於 1/100，而結構詳細圖之立面、剖面不宜小於多少 ① 1/ 10 ② 1/20 ③ 1/ 30 ④ 1/50 。

149. (2) 鋼構造建築物鋼結構施工規範，鋼板之機械冷彎加工其內側半徑應大於幾倍板厚 ① 1 ② 2 ③ 3 ④ 6 。

150. (1) 鋼構造建築物鋼結構施工規範，高強度螺栓孔，應以適當之機械鑽孔，孔中心軸應垂直鋼板面。因管線或其他需要而在構件上進行之穿孔，須經何人審查認可 ①設計人 ②起造人 ③建管單位 ④使用人。

151. (3) 鋼構造建築物鋼結構施工規範，塞孔銲之最小中心間距應為孔徑之幾倍 ① 2 ② 3 ③ 4 ④ 5 。

152. (1) 鋼構造建築物鋼結構施工規範，使用被覆銲藥之電銲條銲接，又稱 ①手銲 ②電漿銲接 ③雷射銲接 ④電子束銲接 。

153. (2) 鋼構造建築物鋼結構施工規範，銲接程式規範書 (WPS) 之紀錄，承造人須有效保存試驗結果紀錄，其期限至少至契約規定之 ①施工期 ②保固期 ③ 使用期 ④報廢期 。

154. (3) 鋼構造建築物鋼結構施工規範，植釘作業剪力釘端座邊緣至鋼板邊緣之最小距離為釘桿直徑加 3mm 以上，惟不可小於 ① 25 mm ② 32 mm ③ 38mm ④ 45mm 。

解析

植釘作業：

1. 銲接時剪力釘不可有銹皮、油污、潮濕或其它有害銲接操作之物質。
2. 銲接時剪力釘端座不可有塗漆。
3. 母材之銲接處，不可有銹皮、油漆、潮濕或有害銲接性質之物質。
4. 電弧保護罩必須保持乾燥。表面有潮濕現象時，使用前須於 120℃中烘烤 2 小時。
5. 剪力釘端座邊緣至鋼板邊緣之最小距離為釘桿直徑加 3mm 以上，惟不可小於 38mm。
6. 植釘銲接後不可有任何裂紋或有妨礙其設計功能之物質。且須有全週銲道凸緣。但銲道凸緣上銲腳處之表面不完全熔融或收縮微裂亦可接受。

155. (1) 鋼構造建築物鋼結構施工規範，銲接構件曝露於雨水中時，不可施銲。但構件表面受潮其相對濕度高於多少 % 時，須先烘乾或其他除溼措施，始可施銲 ① 85 % ② 90% ③ 95 % ④ 100 % 。

156. (1) 鋼構造建築物鋼結構施工規範，對接銲道表面於磨平時，較薄之母材與銲道處不得磨凹超過 1mm 深或 5% 厚度，但也不能凸出銲道表面 ① 1mm ② 2mm ③ 3 mm ④ 4 mm 。

157. (1) 鋼構造建築物鋼結構施工規範，全滲透銲道之非破壞檢測，以超音波檢測或是以何為主 ①射線檢測 ②目視檢測 ③液滲檢測 ④超音波直束檢測 。

158. (1) 鋼構造建築物鋼結構施工規範，鋼材厚度超過幾公分且承受垂直於厚度方向銲接冷縮應變之處，須在接頭銲接完成後進行超音波檢驗 ① 4 ② 5 ③ 6 ④ 7 公分。

159. (2) 鋼構造建築物鋼結構施工規範，大梁以橫向 90 °傾倒，卽結構物之側向爲上下，其預裝方式爲全體之構件組立稱爲 ①整體式預裝 ②橫向式預裝 ③ 逆向式預裝 ④分段式預裝 。

160. (3) 鋼構造建築物鋼結構施工規範，構件之工地螺栓接合部位，原則上接合孔數應達何種比例以上，使其結構緊固結合 ① 10 % ② 20% ③ 30% ④ 40 % 。

解析

1. 預裝場地需平坦且具足夠之承載力，其面積至少能容納預組結構物，並預留搬運或吊車作業之空間。
2. 預裝支架應使用堅固材料，支架及預裝結構物之支撐點應具足夠強度或加以適當補強，惟若須於結構物內進行補強，應經設計人書面核可。
3. 結構物須以多點支撐及穩固平衡爲原則，並應避免因構件自重導致變形，使構件之預裝應力減到最低。
4. 構件之工地螺栓接合部位，原則上接合孔數應達 30% 以上，使各結構緊固結合。

161. (3) 鋼構造建築物鋼結構施工規範，塗料應存放於陰涼處，並依塗料的特性控制儲放區之溫度且應低於 ① 30°C ② 35°C ③ 40°C ④ 43°C 。

162. (2) 鋼構造建築物鋼結構施工規範，塗料塗裝應在表面處理完成後幾小時內進行防銹底漆之塗裝 ① 2 ② 4 ③ 6 ④ 8 小時。

163. (4) 下列何項非鋼構造建築物鋼結構施工規範中不得進行塗裝作業規定？ ①塗裝場所溫度在 5°C 以下或相對濕度在 85% 以上 ②鋼材表面溫度未高於露點 3°C 以上 ③塗裝時或塗膜乾燥前有下雨或強風、結露等情況，致水滴、塵埃等容易附著在塗膜上時 ④鋼材表面溫度在 45°C 以上 。

164. (2) 鋼構造建築物鋼結構施工規範，油漆膜厚之檢測應使用適當之膜厚測定儀，且需於油漆完全乾燥時實施，測定時應在每一施工點或每 10m² 的面積範圍內，任意測定幾點，其平均值不得小於規定值 ① 3 ② 5 ③ 7 ④ 9 點。

165. (2) 鋼構造建築物鋼結構施工規範，高空作業時之高強度螺栓及銲材保溫箱暫存地點亦應於施工前做好妥善的規劃，高空作業之高強度螺栓及銲材存放 量以多少量為原則 ① 0.5 ② 1 ③ 2 ④ 7 天。

166. (1) 鋼構造建築物鋼結構施工規範，安裝精度鋼柱底板基準面高程誤差值最大不得超過 ① 3 ② 5 ③ 7 ④ 10 mm。

解析

1. 鋼柱底板基準面高程誤差值最大不得超過 3mm。
2. 單節鋼柱之允許傾斜值最大不得超過柱長之 1/700，且不得超過 15mm。
3. 多節柱之累積傾斜值，內柱不得超過 25mm ～ 50mm，外柱傾向建築線不得超過 25mm，遠離建築線不得超過 50mm，向建築線方向之最大累積位移量不得超過 50mm，遠離建築線者不得超過 75mm。
4. 相鄰柱頂端之高度誤差不得超過 3mm。
5. 鋼柱頂對角線誤差值，內柱不超過 3mm，外柱不超過 6mm。

167. (2) 營繕工程若採用比價，其參加廠商至少須有 ①一家 ②兩家 ③三家 ④三家以上 。

168. (3) 雇主對於建築物之工作室，其樓地板至天花板淨高應在多少公尺？ ① 1.5 ② 1.8 ③ 2.1 ④ 2.4 。

169. (23) 營造業法中所稱之主管機關，下列敘述何者正確？ ①在中央為工程會 ②在直轄市為直轄市政府 ③在縣（市）為縣（市）政府 ④在鄉（鎮）為鄉（鎮）公所 。

170. (13) 升等為乙等綜合營造業之要件為 ①必須由丙等綜合營造業有三年以上業績 ②五年內其承攬工程竣工累計達新臺幣三億元以上 ③經評鑑二年列為第一級者 ④負責人應具有三年以上土木或建築經驗。

解析

1. 乙等綜合營造業必須由丙等綜合營造業有三年業績，五年內其承攬工程竣工累計達新臺幣二億元以上，並經評鑑二年列為第一級者。
2. 甲等綜合營造業必須由乙等綜合營造業有三年業績，五年內其承攬工程竣工累計達新臺幣三億元以上，並經評鑑三年列為第一級者。

171. (134) 營造業負責人不得為其他營造業之 ①負責人 ②股東 ③專任工程人員 ④工地主任 。

172. (234) 工地主任違反規定者處分之類別，按其情節輕重，有 ①予以申誡 ②予以警告 ③三個月以上一年以下停止執行營造業業務之處分 ④廢止其工地主任執業證 。

解析

營造業工地主任違反營造業法第 30 條第二項、第 31 條第五項、第 32 條第一項第一款至第五款或第 41 條第一項規定之一者，按其情節輕重，予以警告或三個月以上一年以下停止執行營造業工地主任業務之處分。

營造業工地主任經依前項規定受警告處分三次者，予以三個月以上一年以下停止執行營造業工地主任業務之處分；受停止執行營造業工地主任業務處分期間累計滿三年者，廢止其工地主任執業證。

173. (14) 有關綜合營造業之資本額，下列敍述何者正確？ ①甲等綜合營造業為新臺幣二千二百五十萬元以上 ②乙等綜合營造業為新臺幣一千五百萬元以上③丙等綜合營造業為新臺幣三百萬元以上 ④土木包工業之資本額為新臺幣一百萬元以上 。

174. (124) 有關建築法所稱建築物之主要構造為 ①基礎 ②主要梁柱 ③陽台 ④樓地板 。

175. (124) 有關建築法所稱雜項工作物為 ①招牌廣告 ②瞭望台 ③隔間牆 ④圍牆。

176. (234) 承包商品管人員工作重點包括下列哪些項目？ ①審核品質計畫 ②品管統計分析 ③執行內部品質稽核 ④品質文件、記錄之管理 。

177. (234) 查核金額以上工程之品質計畫內容包括下列哪些項目？ ①品質計畫審查作業程式 ②品質管理標準 ③材料及施工檢驗程式 ④自主檢查表 。

178. (234) 下列何項工程屬丁類危險性工作場所？ ①建築物頂樓樓板高度在30 公尺以上之建築工程 ②橋墩中心與橋墩中心之距離在 50 公尺以上之橋梁工程 ③採用壓氣施工作業之工程 ④長度 1000 公尺以上或需開挖 15 公尺以上豎坑之隧道工程 。

解析

本題之法規已經修正，依危險性工作場所審查暨檢查辦法（中華民國一百零六年十二月一日修正），因此正確答案應有誤 (但本題依照技檢中心答案提供)。丁類危險性工作場所，係指下列之營造工程：
1. 建築物高度在 80 公尺以上之建築工程。
2. 單跨橋梁之橋墩跨距在 75 公尺以上或多跨橋梁之橋墩跨距在 50 公尺以上之橋梁工程。
3. 採用壓氣施工作業之工程。
4. 長度 1000 公尺以上或需開挖 15 公尺以上豎坑之隧道工程。
5. 開挖深度達 18 公尺以上，且開挖面積達 500 平方公尺之工程。
6. 工程中模板支撐高度 7 公尺以上、面積達 330 平方公尺以上者。

179. (124) 依採購法規定驗收結果與規定不符減價驗收之要件，下列敘述何者正確？①不妨礙安全及使用需求 ②無減少通常效用 ③減少契約預定效用有限 ④ 經機關檢討不必拆換或拆換確實有困難者 。

解析

有關辦理驗收部分，驗收結果與規定不符時，請依政府採購法第 72 條第 2 項之規定，分析檢討是否符合「不妨礙安全及使用需求」、「無減少通常效用或契約預定效用」及「經機關檢討不必拆換或拆換確有困難」等要件後，再行確認續辦減價收受事宜。

180. (123) 下列何者屬於營造業主管機關輔導措施之範圍？ ①健全人力培訓機制 ②改善產業環境 ③市場調查與開發 ④確保採購品質 。

181. (124) 下列何者非爲工地主任應負責辦理之工作？ ①充任丙等營造業之專業工程人員 ②督察施工計畫書，解決施工技術問題 ③按日填報施工日誌 ④查核施工計畫書，並於認可後簽名 。

182. (124) 下列何者爲專任工程人員之職責？ ①解決施工技術問題 ②於開工報告文件上簽名或蓋章 ③依施工計畫書執行按圖施工 ④查核施工計畫書，並於認可後簽名 。

183. (124) 依營造業法第八條，下列何者爲專業營造業可登記之專業工程項目？ ①擋土支撐及土方工程 ②預拌混凝土工程 ③水電空調工程 ④庭園、景觀工程 。

184. (12) 依營造業法之規定，下列何項工程無需設置工地主任？ ①承攬之工程造價爲新台幣五千五百萬元 ②承攬之建築物高度爲 40 公尺高 ③建築物地下室開挖深度爲 10 公尺 ④承攬橋梁之柱跨距爲 20 公尺 。

解析

請參考 187 題之解析。

185. (13) 下列敍述何者正確？ ①營造業承攬工程其一定期間承攬總額，不得超過淨值 20 倍 ②營造業之承攬手冊之內容包括技術士人數記載 ③營造業被評鑑爲第三等級者，不得承攬公共工程 ④工地主任執業證如經廢止，3 年內不得重新申請 。

186. (23) 下列敍述何者正確？ ①營造業每 3 年應申請複查 ②營造業承攬金額新台幣 5 千萬元以上之工程，其施工期間應於工地置工地主任 ③工地主任取得執業證者，每逾 4 年應再取得最近之回訓證明，始得擔任營造業之工地主任 ④營造業評鑑證書有效期限爲 5 年 。

187. (134) 下列何者爲營造業法所規定應置工地主任之工程金額或規模？ ①承攬金額新臺幣五千萬元以上之工程 ②建築物高度 30 公尺以上之工程 ③建築物地下室開挖 10 公尺以上之工程 ④橋梁柱跨距 25 公尺以上之工程 。

營造業法第 30 條所定應置工地主任之工程金額或規模如下：

1. 承攬金額新臺幣 5000 萬元以上之工程。
2. 建築物高度 36 公尺以上之工程。
3. 建築物地下室開挖 10 公尺以上之工程。
4. 橋梁柱跨距 25 公尺以上之工程。

188. (34) 工地主任係指受聘於營造業，為擔任其所承攬工程下列何項工作之人員？①施工安全 ②施工技術指導 ③工地事務 ④施工管理 。

1. 專任工程人員：係指受聘於營造業之技師或建築師，擔任其所承攬工程之施工技術指導及施工安全之人員。其為技師者，應稱主任技師；其為建築師者，應稱主任建築師。
2. 工地主任：係指受聘於營造業，擔任其所承攬工程之工地事務及施工管理之人員。
3. 技術士：係指領有建築工程管理技術士證或其他土木、建築相關技術士證人員。

189. (234) 下列何者不屬營造業？ ①專業營造業 ②冷凍 ③空調 ④室內裝修業。

190. (234) 綜合營造業於下列何項工作時需參加營造業評鑑？ ①變更營業地址 ②升等 ③參加優良營造業評選 ④承攬公共工程 。

191. (134) 下列何者為品管人員設置之工作重點？ ①依據工程契約、設計圖說、規範、相關技術法規及參考品質計畫製作綱要 ②填寫日報表及自主檢查表 ③稽核自主檢查表之檢查項目、檢查結果是否詳實記錄 ④矯正與預防措施之提出及追蹤改善 。

1. (2) 政府工程契約所含各種檔之內容如有不一致之處，下列處理方式何爲不適當？ ①檔經機關審定之日期較新者優於審定日期較舊者 ②小比例尺圖者優於大比例尺圖者 ③施工補充說明書優於施工規範 ④決標記錄之內容優於開標記錄之內容 。

2. (1) 採購契約價金總額結算給付者，工程之實作數量如較契約所定數量增減達百分之十以上時，其逾百分之十部分，得以契約變更增減契約價金。今一棟建築工程合約鋼筋量爲 1000 公噸，完工結算爲 1150 噸，依規定可變更追加 ① 50 噸 ② 100 噸 ③ 150 噸 ④ 200 噸 。

解析

採契約價金總額結算給付者，工程之個別項目實作數量較契約所定數量增減達 10% 以上時，其逾 10% 之部分，得依原契約單價以契約變更增減契約價金。未達 10% 者，契約價金不予增減。本案原合約鋼筋量爲 1000 公噸，因此超出 10% 部分爲 100 公噸，只採計超出 100 公噸之後的數量，因此爲 50 公噸。

3. (4) 依「政府採購法」規定，得標廠商其於國內員工總人數逾一百人者，應於履約期間僱用身心障礙者及原住民人數不得低於總人數之百分之 ①五 ②四 ③三 ④二 。

解析

契約應訂明得標廠商其於國內員工總人數逾一百人，履約期間僱用身心障礙者及原住民人數各應達國內員工總人數百分之一，並均以整數爲計算標準，未達整數部分不予計入。

4. (3) 工期之計算較爲常用有下列幾種：如限期完工、日曆天、工作天等，其中較不容易預估完工日期者爲 ①限期完工 ②日曆天 ③工作天 ④月曆天 。

5. (3) 廠商投保營造綜合保險，一般保險期限自開工日起至何時截止 ①完工日 ②初驗日 ③驗收合格 ④無規定 。

6. (1) 營造綜合保險附加增加項目如第三人意外責任險，鄰屋龜裂倒塌責任險，鄰近財物險等，業主應於何時載明以便承商估算成本， ①招標時 ②決標時 ③簽約時 ④投保時 。

7. (2) 廠商未依契約規定辦理保險、保險金不足或未能自保險人獲得足額理賠者，其損失或損害賠償，由 ①業主 ②廠商 ③設計者 ④監造者負擔。

8. (4) 政府採購法規定履約保證金最多得依工程進度分幾期發還？ ①一期 ②二期 ③三期 ④四期 。

9. (1) 依「營造業法」規定營造業經評鑑為 ①第一等級 ②第二等級 ③第三等級 ④ 無等級可參加優良營造評選。

解析

• 中央主管機關對綜合營造業及認有必要之專業營造業得就其工程實績、施工品質、組織規模、管理能力、專業技術研究發展及財務狀況等，定期予以評鑑，評鑑結果分為三級。

• 依營造業法第43條規定評鑑為第一級之營造業，經主管機關或經中央主管機關認可之相關機關（構）辦理複評合格者，為優良營造業。

10. (1) 營造業依營造業法規定評鑑為第幾等級者，可參加優良營造評選 ①第一等級 ②第二等級 ③第三等級 ④無規定 。

11. (4) 機關辦理工程採購，依押標金保證金暨其他擔保作業辦法得於招標檔中規定具有一定條件之優良廠商，履約保證金或保固保證金額得予減收，減收金額最高為百分之 ①二十 ②三十 ③四十 ④五十 。

解析

依營造業法第43條規定評鑑為第一級之營造業，經主管機關或經中央主管機關認可之相關機關（構）辦理複評合格者，為優良營造業；並為促使其健全發展，以提升技術水準，加速產業升級，應依下列方式獎勵之：

一、頒發獎狀或獎牌，予以公開表揚。

二、承攬政府工程時，押標金、工程保證金或工程保留款，得降低百分之五十以下；申領工程預付款，增加百分之十。

12. (1) 綜合營造業應結合依法且具有規劃及 ①設計 ②分析 ③施工 ④試驗者，始得以統包方式承攬。

13. (1) 廠商未依契約規定期限履約或因可歸責於廠商之事由，致無法於保證書、保險單等有效期限內完成履約，需辦理延長期限，其增加之費用由下列何者負擔？ ①廠商 ②業主 ③設計者 ④監造者 。

14. (2) 工程自完工後之保固期限及保固金額，應載明於下列何種文件，讓廠商得知以便估算價金？ ①契約文件 ②邀標文件 ③驗收證明 ④查驗記錄 。

15. (3) 依照工程採購契約範本規定，因非可歸責於廠商之情形，政府機關通知廠商部分或全部工程暫停執行，暫停執行期限累計逾幾個月，廠商得通知機關終止或解除部分或全部契約 ①四個月 ②五個月 ③六個月 ④七個月 。

16. (1) 依「政府採購法」之規定，工程竣工後，除契約另有規定者外，監造單位應於竣工後 ① 7 日內 ② 8 日內 ③ 10 日內 ④ 30 日內 ，將圖表、工程算明細表及其他資料，送請機關審核。

解析

廠商應於工程預定竣工日前或竣工當日，將竣工日期書面通知監造單位及機關。除契約另有規定者外，機關應於收到該書面通知之日起七日內會同監造單位及廠商，依據契約、圖說或貨樣核對竣工之項目及數量，確定是否竣工；廠商未依機關通知派代表參加者，仍得予確定。

工程竣工後，除契約另有規定者外，監造單位應於竣工後七日內，將竣工圖表、工程結算明細表及契約規定之其他資料，送請機關審核。有初驗程序者，機關應於收受全部資料之日起三十日內辦理初驗，並作成初驗紀錄。

17. (3) 政府採購押標金之額度，得為一定金額或標價一定比率，一定比率採總額之百分之五為原則，一定價金不得逾新台幣 ① 3000 ② 4000 ③ 5000 ④ 6000 萬元。

解析

押標金保證金暨其他擔保作業辦法第 9 條：
押標金之額度，得為一定金額或標價之一定比率，由機關於招標文件中擇定之。
前項一定金額，以不逾預算金額或預估採購總額之百分之五為原則；一定比率，以不逾標價之百分之五為原則。但不得逾新臺幣五千萬元。採單價決標之採購，押標金應為一定金額。

18. (4) 廠商應在工地設置適當之工地管理組織，負責品管作業之執行，其執行項目不含 ①訂定施工要領 ②訂定施工品質管理標準 ③訂定自主施工檢查表 ④ 施工進度表 。

19. (1) 下列何者因素不成為展延工期之理由 ①市場材料價格飆漲 ②延遲提供工地 ③颱風日 ④契約變更 。

20. (4) 承攬人完成之工作，應無瑕疵，除合約另有規定，應準用民法買賣之規定，下列何者不是買賣之瑕疵擔保情形？ ①品質 ②價值 ③效用 ④美觀。

21. (2) 契約為法律行為，我國民法第一條規定法律、習慣、法理，其優先順序為 ①習慣、法理、法律 ②法律、習慣、法理 ③法理、法律、習慣 ④法律、法理、習慣 。

22. (4) 契約中為明文規定之特別指示及要求，該項條款適用於某特定計畫，稱謂 ① 一般條款 ②技術規範 ③標準規範 ④特訂條款 。

23. (1) 契約中得要求承包商提出模板工程之施工圖及計畫書，必要時應實地試作樣品，以確定混凝土面之 ①美觀、質感 ②尺寸大小 ③形狀 ④施工順序 。

24. (2) 施工規範規定鋼筋之續接可採搭接、銲接、機械式續接器或瓦斯壓接，但大於 D36 之鋼筋不得 ①銲接 ②搭接 ③瓦斯壓接 ④機械式續接器。

解析

鋼筋搭接在我國結構混凝土設計規範有下列的規定；大於 D36 之鋼筋，除規範另有規定者外，不得搭接。

25. (3) 下列何種止水帶材質價昂易受損，不常見於施工規範中 ①合成橡膠 ②不銹鋼 ③銅 ④塑膠材料 。

26. (2) 招標文件允許投標廠商提出同等品，並規定應於投標文件內預先提出，投標廠商不須於投標文件內敘明同等品之 ①廠牌 ②出產地 ③功能 ④價格 。

27. (4) 政府辦理採購，契約文件若有相互衝突或不一致之情形時，其優先順序以何文件為主？ ①開標記錄 ②投標書及附件 ③補充說明 ④契約主文 。

28. (4) 承包商承攬統包工程，下列何項不屬於統包工程工作範圍？ ①設計 ②施工 ③測試、 操作 ④營運 。

29. (12) 依據營造業法第 27 條規定，下述何者為營繕工程之承攬契約中應記載事項？ ①契約之當事人 ②承攬金額 ③施工停止日期 ④契約廢止之規定 。

30. (24) 依據民法第 153 條，契約之成立要件為何？ ①當事人各自表示意思一致者 ② 當事人互相表示意思一致者 ③工程主辦機關同意 ④當事人明示或默示 。

解析

民法第 153 條：
當事人互相表示意思一致者，無論其為明示或默示，契約即為成立。當事人對於必要之點，意思一致，而對於非必要之點，未經表示意思者，推定其契約為成立，關於該非必要之點，當事人意思不一致時，法院應依其事件之性質定之。

31. (13) 依據勞務採購契約範本第 3 條「契約價金之給付」有下述種類？ ①總包價法 ②單位元計演算法 ③建造費用百分比法 ④服務成本加工費法 。

32. (14) 依據國家賠償法第 3 條規定，公有公共設施因何者有欠缺，致人民生命、身體或財產受損害者，國家應負損害賠償責任？ ①設置 ②人員 ③督導 ④管理 。

33. (14) 所謂統包，係將下述採購中之設計、施工、供應、安裝或維修等併於同一採購契約辦理招標？ ①工程 ②人員 ③管理 ④財物 。

解析

政府採購法第 24 條：
- 機關基於效率及品質之要求，得以統包辦理招標。
- 前項所稱統包，指將工程或財物採購中之設計與施工、供應、安裝或一定期間之維修等併於同一採購契約辦理招標。
- 統包實施辦法，由主管機關定之。

34. (24) 由 2 家以上廠商共同具名投標，得標後共同具名簽約，共同負履約之責任，稱為 ①合作投標 ②共同投標 ③一起承攬 ④聯合承攬 。

35. (12) 共同投標包括 ①同業共同投標及 ②異業共同投標 ③一起投標 ④三業共同投標 。

解析

- 機關得視個別採購之特性，於招標文件中規定允許一定家數內之廠商共同投標。
- 前一項所稱共同投標，指二家以上之廠商共同具名投標，並於得標後共同具名簽約，連帶負履行採購契約之責，以承攬工程或提供財物、勞務之行為。
- 共同投標以能增加廠商之競爭或無不當限制競爭者為限。
- 同業共同投標應符合公平交易法第 15 條第一項但書各款之規定。
- 共同投標廠商應於投標時檢附共同投標協議書。
- 共同投標辦法，由主管機關定之。

36. (12) 下述何者為政府採購法第 7 條對於「工程」定義？ ①新建 ②增建 ③修改 ④ 變更 。

解析

- 政府採購法所稱工程，指在地面上下新建、增建、改建、修建、拆除構造物與其所屬設備及改變自然環境之行為，包括建築、土木、水利、環境、交通、機械、電氣、化工及其他經主管機關認定之工程。
- 政府採購法所稱財物，指各種物品（生鮮農漁產品除外）、材料、設備、機具與其他動產、不動產、權利及其他經主管機關認定之財物。
- 政府採購法所稱勞務，指專業服務、技術服務、資訊服務、研究發展、營運管理、維修、訓練、勞力及其他經主管機關認定之勞務。
- 採購兼有工程、財物、勞務二種以上性質，難以認定其歸屬者，按其性質所占預算金額比率最高者歸屬之。

37. (14) 承攬人因下列事項未能履行工程契約時，保險人不負賠償責任 ①罷工 ②共同投標 ③一起承攬 ④戰爭 。

38. (34) 清水模板及防水結構物之模板應採用下述材料繫固？ ①鐵條 ②鋼筋 ③錨錐 ④螺桿 。

39. (14) 建築基地週圍如有建築物及公共設施時，施工前應如何處理？ ①依核定之保護計畫予以保護 ②依審定後予以保護 ③依施工計畫予以拆除 ④依相關規定辦理遷移 。

40. (12) 已整修完成之路基頂面應採取下述方式以免遭受損壞？ ①妥加保護 ②妥加養護 ③堆放範本保護 ④堆放木樁保護 。

41. (23) 基樁施工時鋼筋籠變形會造成下述問題？ ①吊放容易 ②孔壁崩坍 ③保護層不足 ④鋼筋籠下沉 。

42. (14) 混凝土拆模後，若有下述事項應儘快完成修補？ ①表面不平整 ②表面混凝土顏色呈黑暗 ③混凝土表面塊狀呈白褐色 ④蜂窩 。

43. (23) 承攬營造業應隨時監測被拆除之構造物、鄰近建築物或其他構造物之情況，若有下述何種情況應立即停工？ ①突起 ②隆起 ③沉陷 ④砂漏 。

解析

施工期間，承攬營造業應隨時監測被拆除之構造物、鄰近建築物或其他構造物之情況，有傾斜、隆起、沉陷、龜裂或其他不正常之危險現象者，應立即停工、通知業主、疏散與隔離非工作人員，並儘速加固、支撐、回填、灌漿或採取其他必要之因應措施。待構造物情況穩定後，始得繼續施工。

44. (14) 下列何者非營造業法中所稱專業營造業？ ①範本工程 ②防水工程 ③擋土支撐及土方工程 ④混凝土澆置工程 。

解析

營造業法第 8 條：
專業營造業登記之專業工程項目如下：
一、鋼構工程。
二、擋土支撐及土方工程。
三、基礎工程。
四、施工塔架吊裝及模版工程。
五、預拌混凝土工程。
六、營建鑽探工程。
七、地下管線工程。
八、帷幕牆工程。
九、庭園、景觀工程。
十、環境保護工程。
十一、防水工程。
十二、其他經中央主管機關會同主管機關增訂或變更，並公告之項目。

45. (13) 下述何者為營繕工程之承攬契約，應記載事項？ ①工程名稱 ②契約改變方式 ③違約之損害賠償 ④所屬團體 。

解析

營繕工程之承攬契約，應記載事項如下：

一、契約之當事人。

二、工程名稱、地點及內容。

三、承攬金額、付款日期及方式。

四、工程開工日期、完工日期及工期計算方式。

五、契約變更之處理。

六、依物價指數調整工程款之規定。

七、契約爭議之處理方式。

八、驗收及保固之規定。

九、工程品管之規定。

十、違約之損害賠償。

十一、契約終止或解除之規定。

46. (23) 下述何者為營造業之工地主任應負責辦理工作？ ①查核施工計畫書 ②依施工計畫書執行按圖施工 ③工地遇緊急異常狀況之通報 ④督察按圖施工 。

1. (4) 建照請照圖中下列何者應塗紅色？ ①騎樓 ②現有巷道 ③計劃道路 ④
   新建房屋 。

解析

CNS 規定配置圖中之圖例及著色顏色如下：

圖例	意義	顏色
— · · — · · —	土地界限	深綠色
— · — · —	建築線	紅色線
＝＝＝＝	計劃道路	兩旁褐色線
⊠	停車位	黃色線
▬▬	現有巷道	褐色
▨▨	騎樓	黃色底斜紅色線
▬▬	新(改、修、增)建房屋	紅色
⊠⊠	防空地下室	紅色對角虛線
■■	基地內現有房屋	藍色
▨▨	鄰近房屋	不著色
▬▬	空地	綠色
▬▬	防火間隔	草綠色
≈≈	河、川、溝渠	藍色
▭	退縮地	黃色
▬▬	保留地	橙色
○	樁位	

2. (1) 在結構圖上 8G3，其中之「G」係表示 ①梁 ②版 ③柱 ④基礎 。

3. (3) 建築圖上，「#3@25cm」係表示 ① 3 支 25 公分長之鋼筋 ②一支長 25 公分之 3 號鋼筋 ③ 3 號鋼筋每 25 公分紮一道 ④一支 75 公分長之鋼筋 。

4. (3) 下列建築圖中之圖名符號，何者為錯誤？ ① S– 結構圖 ② A– 建築圖 ③ F– 給水排水衛生設備圖 ④ E– 電器設備圖 。

解析

圖號之英文代號原則如下：

1. A 代表建築圖。

2. S 代表結構圖。　　　　　　　6. M 代表空調及機械設備圖。

3. F 代表消防設備圖。　　　　　7. L 代表環境景觀植栽圖。

4. E 代表電器設備圖。　　　　　8. W 代表汙水處理設施圖。

5. P 代表給水、排水及衛生設備圖。　9. G 代表瓦斯設備圖。

5. (2) 下列何者為磚牆剖面符號？① ② ③ ④ 。

6. (3) 平面圖符號「  」係表示：①自由門 ②自動門 ③雙開門 ④雙開窗 。

7. (2) 平面圖符號「 」係表示：①拉門 ②單開門 ③自由門 ④旋轉門 。

8. (4) 平面圖符號「 」係表示：①自由門 ②自動門 ③雙開門 ④旋轉門 。

9. (4) 平面圖符號「 」係表示：①單開窗 ②固定窗 ③紗窗 ④雙拉窗 。

10. (3)平面圖符號「 」係表示：①雙開門 ②雙開窗 ③雙向門 ④迴轉門 。

11. (4)比例尺為 1/500 之圖上，有一矩形物，長短邊分別為 8cm 及 5cm，則此地物實際面積為多少平方公尺？ ① 40 ② 200 ③ 400 ④ 1000 。

解析

長邊換算 8*500 與 5*500，實際為 4000cm，短邊為 2500cm，分別為 40、25m，相乘而得實際面積為 1000 平方公尺。

12. (3)一般工程圖之標題欄多設於圖面下方或右側以載明圖樣內容，一般而言較少包含以下何者？ ①工程名稱與圖名 ②圖樣編號日期 ③業主姓名及工程造價 ④比例尺及單位。

13. (3)於工程上，可由下列何種圖量算土方？①地籍圖 ②平面圖 ③地形圖 ④街道圖 。

14. (3)於電腦輔助繪圖（CAD）中，下列敘述何者不正確？ ①傳統製圖與 CAD 的目的一致，只是製圖方法不太一樣 ②傳統製圖之原稿保存較佔空間 ③ CAD 之繪圖技巧訓練方式不同，不需具備傳統的工程圖學基本原理與概念 ④ CAD 圖面比傳統製圖易於修改與複製 。

15. (4)以下四種圖中，各有不同的比例要求，請問何者採用之比例最小？ ①剖面圖 ②平面圖 ③地籍圖 ④全國性地形圖 。

16. (2)建築圖樣分為建築圖、結構圖及 ①剖面圖 ②設備圖 ③架構圖 ④配筋圖。

解析

建築繪圖包括建築圖、結構圖、設備圖等三大類，每大類又分設計圖及施工圖，圖樣之編號應依圖樣內容區分編號。

17. (4)建築繪圖準則規定機械設備圖之代號為 ① A ② P ③ G ④ M 。

解析

圖號之英文代號原則如下：

1. A 代表建築圖。
2. S 代表結構圖。
3. F 代表消防設備圖。
4. E 代表電器設備圖。
5. P 代表給水、排水及衛生設備圖。
6. M 代表空調及機械設備圖。
7. L 代表環境景觀植栽圖。
8. W 代表汙水處理設施圖。
9. G 代表瓦斯設備圖。

18. (1) 工程圖代號中，GL 係表示 ①地盤線 ②樓板線 ③地坪線 ④中心線。

19. (4) 依 CNS 規定，建築圖上之基準線，應採用 ①虛線 ②鏈線 ③剖面線 ④細實線。

20. (1) 建築圖中，標註 W 符號可表示：①窗 ②深度 ③高度 ④標準 I 型鋼。

21. (3) 依請照圖要求，下列何者非平面圖應表達之主要內容？ ①牆身構造及厚度 ②各部尺度 ③建築線及高度限制線 ④新舊溝渠及排水方向。

22. (4) 依請照圖要求，下列何者為立面圖主要內容？ ①各部尺度 ②各部分之用途 ③剖面狀況 ④外表材料 。

23. (2) 結構平面圖中，以 FS 表示 ①繫梁 ②基礎板 ③獨立基礎 ④樓梯梯板。

解析

FS（Foot Slab）基礎板，FS 與 BS 兩個都是結構平面圖中的代號，S 是 slab 就是樓板。
BS 指的是地面層以下（地下室樓層）的樓板。
FS 指的是與土壤接觸的基礎版。

24. (2) 就圖學而言，平面圖是屬於 ①三視圖 ②剖面圖 ③展開圖 ④等角圖。

25. (1)門窗之位置、符號、編號及開啟方向應繪於何種圖上？ ①平面圖 ②立面圖 ③剖面圖 ④現況圖 。

26. (4)天花板淨高，可由下列何種圖樣得知？ ①立面圖 ②平面圖 ③現況圖 ④剖面圖 。

27. (3)自室內某層樓地板面至其直上層地板面之垂直距離稱為 ①簷高 ②地板面高度 ③樓層高度 ④天花板高度。

28. (3)建築物之立面圖係屬於：①透視圖 ②斜投影圖 ③正投影圖 ④剖面圖。

29. (1)下列何者非申請建照執照申請圖之範圍？ ①草圖 ②建築圖 ③施工圖 ④水電圖 。

30. (3) 消防設備圖"◎"符號係表示 ①消防送水口 ②緊急照明燈 ③滅火器 ④消防栓 。

31. (2) 建築符號「GIP」係表示 ①鑄鐵管 ②鍍鋅鐵管 ③不鏽鋼管 ④紫銅管。

32. (3) 若一棟建築物的施工圖數量太多，為方便施工人員讀圖，應製作全套圖說之 ①一覽表 ②統計表 ③索引表 ④裝修表 。

33. (4) 下面哪些建築圖，通常使用相同之比例尺？ ①平面、配置圖 ②位置、現況圖 ③日照、設備圖 ④平面、立面圖 。

34. (4) 建造執照申請圖中，法定空地應著什麼顏色？ ①紅 ②黃 ③灰 ④綠 。

解析

> 請參考第 1 題之解析。

35. (3) 若前視圖表示物件的高度與寬度，則俯視圖可表示物件的那兩個主要方向的尺寸？ ①高度和深度 ②高度和寬度 ③長度和寬度 ④長度和高度 。

36. (2) 銲接符號中，「‖」符號代表 ①角銲 ②對銲 ③壓銲 ④塞銲。

37. (23) 在結構圖上之符號「$7C_5$」，下列敘述哪些正確？ ① 7 為所有結構圖圖的第 7 張圖 ② 7 為第 7 層樓 ③ C_5 為編號 5 的柱子 ④ $7C_5$ 為第 7 區編號 5 的柱子。

解析

> 結構符號 = 樓層 + 構材 + 編號，以下為常見之構材編號。
>
> 1. C（Column）：柱。
> 2. G（Girder）：構架梁、大梁。
> 3. B（Beam）：非構架梁、梁。
> 4. F（Footing）：基腳。
> 5. T（Truss）：桁架。

38. (23) 在結構圖上之符號「RB_3」，下列敘述哪些正確？ ① B_3 代表編號 3 的 RC 柱 ② B 代表梁 ③ R 代表頂層 ④ R 為標準層代號 。

39. (123) 在結構圖上之符號「$8G_7$」，下列敘述哪些正確？ ①其中之「G」係表示梁 ② 8 為樓層別 ③ 7 表示構體編號 ④「G」係表示基礎版 。

40. (14) 下列哪些為建築物之配管？ ①排水管 ②冷凝管 ③空壓管 ④熱水管。

41. (14) 工程圖中，有關「GL」與「FL」之代號，下列敘述哪些正確？ ①「GL」是地盤線 ②「GL」是地界線 ③「GL」是地坪線 ④「GL」樓板線 。

42. (23) 水電圖中，下列敘述哪些正確？ ①鑄鐵管之代號為 GIP ②鑄鐵管之代號為 CIP ③塑膠管之代號為 PVC ④不鏽鋼管之代號為 STC 。

43. (123) 下列材料剖面符號，哪些敘述正確？ ① ▨▨▨ 為混凝土符號 ② ▨▨▨ 為石材符號 ③ ▨▨▨ 為土壤符號 ④ ▨▨▨ 為金屬符號 。

44. (13) 水電圖中，下列縮寫符號敘述哪些正確？ ① HW 為熱水管 ② WP 熱水管 ③ CW 為冷水管 ④ S 為 S 形彎管 。

45. (134) 在結構圖，下列敘述哪些為正確？ ① L 代表角鋼 ② L 代表 L 型型鋼 ③ PL 代表鋼板 ④ FB 代表鋼條 。

46. (234) 下列材料剖面符號，下列敘述哪些正確？ ① ▨▨▨ 為銅材符號 ② ▨▨▨為不鏽鋼材符號 ③ ▨▨▨ 為鋁材符號 ④ ▨▨▨ 為水泥砂漿符號 。

47. (124) 台灣常用電壓為 ① 110V ② 220V ③ 240V ④ 380V 。

48. (123) 有關電氣符號下列敘述哪些正確？ ① ─◠─ 為無熔絲斷路器符號 ② ◣ 為電燈及插座開關箱符號 ③ ◤◥ 為電力開關箱符號 ④ △ 為水箱浮球符號 。

49. (123) 下列哪些為弱電系統？ ①避雷系統 ②電信系統 ③視聽系統 ④廣播系統 。

50. (14) 下列敘述哪些正確？ ①人類日常生活排放的水或工廠生產過程使用過的廢水及雨水總稱為下水 ②未達上水水質標準，僅可用於清掃、灌溉之用的水稱下水 ③再處理後飲用的水為中水 ④常生活飲用的自來水為上水 。

51. (13) 有關給水圖說常用符號，下列敘述哪些正確？ ① ⊠ BV 為球塞凡而符號 ② ⊗ PRV 為減壓凡而符號 ③ ⊠ GV 為閘門凡而符號 ④ ⊠ MV 為逆止凡而符號 。

52. (124) 有關給水圖說常用符號，下列敘述哪些正確？ ① ⊠ FLCV 為球塞凡而符號 ② FV 為減壓凡而符號 ③ ▷ 為閘門凡而符號 ④ CV 為逆止凡而符號 。

53. (134) 有關排水系統中，下列敘述哪些正確？ ①標示污水之管線顏色慣用橘紅色 ② SP 為特殊排水管之代號 ③雨水供水管於露明處應採用淺綠色或漆塗淺綠色作為區別 ④污水以外的生活排水稱為雜排水。

解析

水管管路代號：
1. RP – 雨水管（雨排）。
2. WP – 廢水管（地排）。
3. WVP – 廢水管的透氣。

4. SP – 污水管（糞管）。
5. SVP – 污水管的透氣。
6. VP – 透氣管。

54. (124) 建築請照圖依據著色標準，下列敘述哪些為正確？ ①土地界線為深綠色 ②建築線為紅色 ③現有巷道塗黃色 ④空地塗綠色 。

解析

請參考第 1 題之解析。

1. (1) 供應商為管理材料品質宜訂定 ①品保計劃 ②監造計劃 ③督工計劃 ④管理計劃 。

2. (1) 規定產品、過程或服務所需符合之技術要求檔稱為 ①技術規格 ②作業規範 ③契約 ④補充說明 。

解析

> 技術規格是招標文件和合約文件的重要組成部分，它規定所購貨物、設備的性能和標準。技術規格也是評標的關鍵依據之一，如果技術規格制定得不明確或不全面，就會增加採購風險，不僅會影響採購品質，也會增加評標難度，甚至導致廢標。

3. (3) 承商在材料設備的管理立場是 ①建立品管計劃 ②訂立品質規定 ③確認材料符合契約規定 ④做好元件生產之品管 。

4. (1) 承商在材料設備的品管標的為 ①產品品質 ②供應商的材料品質 ③監造者能力 ④自主施工檢查 。

5. (3) 依「政府採購法」之規定，驗收人對工程、財物隱蔽部分，於必要時得拆驗或 ①檢驗 ②試驗 ③化驗 ④實驗 。

解析

> 驗收結果與規定不符，而不妨礙安全及使用需求，亦無減少通常效用或契約預定效用，經機關檢討不必拆換或拆換確有困難者，得於必要時減價收受。其在查核金額以上之採購，應先報經上級機關核准；未達查核金額之採購，應經機關首長或其授權人員核准。
> 驗收人對工程、財物隱蔽部分，於必要時得拆驗或化驗。

6. (1) 供應商在品質管理制度上應建立 ①生管計劃 ②監造計劃 ③抽驗計劃 ④應變計劃 。

7. (2) 承商在品質管理制度上應建立 ①生管計劃 ②品管計劃 ③監造計劃 ④品保計劃 。

8. (3) 監造單位在品質管理制度上應建立 ①生管計劃 ②品管計劃 ③監造計劃 ④ 成本計劃 。

9. (4) 一般而言施工計畫未包含下列計畫 ①安衛計畫 ②品質計畫 ③安裝計畫 ④成本計畫 。

10. (1)監造單位應填寫 ①監工日誌 ②試驗報告 ③出廠證明 ④品質保證 。

11. (2)建立之材料採購制度不包括 ①協力廠商（分包商）之評估 ②查證或驗廠 ③檢驗制度與程式 ④檢驗規格及議價說明 。

12. (3)業主應依下列何者驗收材料設備？ ①工廠規格 ②訂貨價格 ③合約規格 ④監工日誌 。

13. (1)業主對材料設備抽驗的目的是 ①工程管理 ②合約監督 ③採購管制 ④出廠證明 。

解析

執行者	目的	內涵
業主	工程管理	確認工程進行符合計畫需求
監造單位	契約監督	確認承包商契約執行成效與品質
承包商	採購管制	確認材料品質符合採購契約規定
供應商	出廠驗證	確認出廠材料符合 訂貨規格與放行廠規

14. (3) 承商對材料設備之抽驗是基於 ①工程管理 ②合約監督 ③採購管制 ④出廠證明 。

15. (4)供應商對於生產過程的材料設備檢驗是基於 ①工程品管 ②合約監督 ③採購管制 ④出廠驗證 。

16. (3)業主供應材料時承包商不需 ①配合工程進度 ②抽驗 ③另訂規格 ④檢點數量 。

17. (3)自主檢查表之紀錄，屬於 PDCA 品質管理循環中，那一步驟之工作項目？ ①擬定計劃 ②計劃執行 ③查驗檢核 ④改善處理 。

18. (1)結構混凝土材料及施工品質應符合設計規範及 ①施工規範 ②工程規範 ③營造規範 ④技術規範 之規定。

19. (3)有關建築工程之權責分工，統籌訂定品質計劃書、召集組成稽核小組、品質缺失之統計分析、不合格材料處理及追蹤等工作內容，屬於下列何者人員之職掌？ ①專案經理 ②工地主任 ③品管人員 ④主任技師 。

20. (3)有關建築工程之權責分工，訂定施工管理相關作業、施工進度電腦化作業、綜理一般分包作業、施工計畫編擬及施工圖繪製與送審等工作內容，屬於下列何者之職掌？ ①安衛組 ②測量組 ③施工組 ④品管組 。

21. (2)專案管理中所稱要徑 (Critical path) 係為整個專案所需時間為 ①最短的路徑（時間）②最長的路徑（時間）③最佳化的路徑（時間）④業主決定的路徑（時間）。

解析

關鍵路徑法 (Critical Path Method，CPM)，也稱為要徑法，是計劃項目活動中常用到的一種計算方法。對於有效的計劃管理而言，關鍵路徑是一個十分重要的工具。在網狀圖的各種路線中尋找其最長的可能路徑稱之為要徑 (Critical Path)。而對一個專案而言在專案網路圖中最長且耗最多資源的活動路線完成之後，專案才能結束，這個最長活動的活動線路就是要徑。

22. (1)某項作業自開始至完成所需的時間，係指專案管理中所稱 ①作業時間 ②等待時間 ③候補時間 ④工作時間 。

23. (3)專案管理中所稱資源平準 (Resource leveling) 係指 ①材料堆放平整 ②動線調整 ③資源調整 ④預拌廠材料調整 。

24. (4)專案管理中所稱最樂觀時間 (Optimistic time) 係指 ①最長時間 ②最適中時間 ③最易完成工作 ④最短時間 。

解析

計畫評核術 (Program Evaluation and Review Technique，簡稱「PERT」) 該評核術的主軸為「樂觀時間」、「最有可能時間」及「悲觀時間」，PERT 已經定義了完成一活動所需時間的四種類型：

- 樂觀時間：假設一切都比通常預期的要好的時間。
- 悲觀時間：完成專案所需的最長可能時間，假設一切都出錯（但不包括重大災難）。
- 最可能的時間：假設一切正常進行，完成活動或路徑所需時間的最佳估計。
- 最核心公式為「專案期望時間」＝（樂觀時間＋4（最有可能時間）＋悲觀時間）/6。

25. (2)專案管理中所稱最可能時間 (Most likely time) 係指 ①最長時間 ②最適中時間 ③最易完成工作 ④最短時間 。

26. (3)專案管理中所稱最悲觀時間 (Pessimistic time) 係指 ①最易完成工作 ②最適中時間 ③最長時間 ④最短時間 。

27. (1)專案管理中對工時採三時估計法，分別為最樂觀時間、最悲觀時間及 ①最可能時間 ②最長時間 ③最易完成時間 ④最短時間 。

28. (2)營建工地堆置具逸散性粉塵之工程材料、砂石土方或廢棄物時，所應採用下述之防制設施 ①覆蓋防蠅桶 ②覆蓋防塵布 ③覆蓋防蟲網 ④覆蓋防水網 。

29. (4)下列何者非為營建工地車行路徑所採用之防制設施？ ①鋪設粗級配 ②鋪設瀝青混凝土 ③鋪設混凝土 ④鋪設軟土 。

30. (3)下列何者非為營建工地裸露地表所採用之防制設施？ ①鋪設瀝青混凝土 ② 鋪設混凝土 ③地面噴灑化學油脂劑 ④鋪設粗級配 。

31. (2)防溢座之功能在於防止工區內何者溢流至工區外造成污染？ ①廢土 ②廢水 ③土方 ④廢棄物 。

32. (3)以工程數量計算工程進度為 ①完成金額／完成數量 ②完成數量／完成金額 ③ 完成數量／總數量 ④完成金額／完成金額 。

解析

以數量／工作日／出工／工時來計算時，都是以總（人）（時）（量）為分母，目前完成量為分母計算而得。

33. (2)以工作天計算工程進度為 ①已施工天數／完成數量 ②已施工天數／總工期 ③完成數量／總工期 ④完成金額／總預算 。

34. (3)以工作時數計算工程進度為 ①已施工天數／完成數量 ②已施工天數／總工期 ③已耗工時／總工時 ④已耗工時／總工期 。

35. (1)以出工人數計算工程進度為 ①已出工數／總出工數 ②已出工數／總工期 ③已耗工時／總出工數 ④總出工數／總工期 。

36. (1)以工程價款計算工程進度為 ①完成估驗價款／總工程價款 ②當期估驗價值／總工程價款 ③當期估驗價值／總工程價值 ④完成估驗價值／總預算 。

37. (3)施工網圖中，所謂浮時係指在不影響工期之條件下，其作業 ①不可延遲開始或不可延遲完成之時間 ②不可延遲開始或可延遲完成之寬裕時間 ③可延遲開始或延遲完成之寬裕時間 ④可延遲開始或不可延遲完成之時間 。

38. (1)施工網圖中之箭線式網圖係用以表示作業間之前後關係，而作業時間為零之作業，稱為 ①虛作業 ②零作業 ③虛工作業 ④臨時作業 。

「虛作業 (Dummy Activity)」一詞，表示該項作業並非實際工作，不須耗費人力、機具及材料等資源，虛箭線僅表達了作業間的關係。

39. (1)最精確估算施工機具折舊費之方法為 ①工作小時法 ②工作日時間法 ③平均法 ④定率遞減法 。

40. (1)正常的總預定進度曲線應趨近於 ① S 型 ② M 型 ③直線型 ④ Z 型 。

41. (2)總浮時 (TF)、自由浮時 (FF) 和幹擾浮時 (IF) 之關係為 ① TF+ FF= IF ② TF-FF=IF ③ TF+ IF=FF ④ FF-IF ≦ TF 。

42. (2)以結點來表示作業，以直線來連結並表現作業間的先後關係，此種網狀圖技術稱為 ①時間標尺 ②結點式網狀圖 ③橫線式進度圖 ④箭線式網狀圖 。

43. (4)最早完成時間為 ①總寬裕時間減去最早完成時間 ②最遲完成時間減去作業時間 ③最遲開始時間減去作業時間 ④最早開始時間加上作業時間。

44. (2)有關箭線式網狀圖之敘述，下列何者錯誤？ ①以箭線來表示作業 ②不能有虛箭線 ③一律由左向右畫 ④可在結點上加註編號 。

45. (4)有關浮時之描述，下列何者正確？ ①要徑作業的總浮時小於 0 ②總浮時與自由浮時的和為幹擾浮時 ③不影響後續作業最早開始時間的浮時為總浮時 ④自由浮時的最小值為 0 。

浮時的定義乃是施工作由時程分析所得施工時間之寬裕量，來源乃是由於作業之最遲與最早兩種施工時程之差異。總浮時是一作業項目，在影響整個工程之完工期限下，其所能允許不會延誤之最長時間。自由浮時是一作業項目，在致影響下一作業之最早開工時間，其允許不延誤之時間。幹擾浮時 (干擾浮時)= 總浮時 − 自由浮時。

46. (1)營建工程用來描述決策時機與工程造價之間的相對關係之曲線為 ①工程影響線 ②價值影響線 ③成本影響線 ④品質影響線 。

47. (1)一作業項目在不影響下一作業之最早開工時間,其所能允許延誤之時間稱為 ①自由寬裕時間 ②幹擾寬裕時間 ③總寬裕時間 ④工作延時 。

48. (2)一作業項目所能延緩的時間,雖不影響整個作業之完成時間,但卻影響後續作業之寬裕時間稱為 ①自由寬裕時間 ②干擾寬裕時間 ③總寬裕時間 ④工作延時 。

49.(3) 一作業項目在不影響整個工程之完工期限內,其所允許延誤之最長時間稱為 ①自由寬裕時間 ②幹擾寬裕時間 ③總寬裕時間 ④工作延時 。

50.(4) 任何一種作業,不管其直接成本費增加到何種程度,總有一個不能再縮短的日程限界時間存在,此最短時間稱為 ①最佳時間 ②延長時間 ③開工時間 ④ 趕工時間 。

51.(2) 總寬裕時間為 ①自由寬裕時間減去最遲完成時間 ②最遲完成時間減去最早完成時間 ③最早完成時間減去最遲完成時間 ④後續作業最早開始時間減去最早完成時間 。

52.(1) 在 PERT 作業中有關關鍵路線 (CPM) 之敍述,下列何者錯誤? ①工作路徑最短 ②總餘裕時間為零 ③自由浮時為零 ④可能不只一條 。

解析

> 關鍵路線(Critical Path)是 PERT 網路圖中花費時間最長的事件和活動的排序。

53.(1) 總浮時中非屬於自由浮時者,稱為 ①干擾浮時 ②獨立浮時 ③關係浮時 ④自由浮時 。

54.(2) 作業與作業之間的空閒時間,即使將此一時間用掉了,也不會影響工期以及後續作業的最早開始時間,稱為 ①幹擾浮時 ②獨立浮時 ③關係浮時 ④自由浮時 。

55.(1) 作業結點在時程上，必需於先行作業全部完成後，後續的作業方可進行，並繪製成一箭線，其前後均由結點包圍，稱為 ①基本作業 ②依附作業 ③不相干作業 ④合併作業 。

56.(3) 兩個作業可以同時發生，但不需同時開始或同時結束，且作業之間也沒有相互之依附關係，一個作業的延誤，並不影響另一作業之運作，稱為 ①基本作業 ②依附作業 ③不相干作業 ④合併作業 。

57.(2) 品質管理所使用之各種圖表中，其用途主要區分群體，尋求其因果對應之關係者為 ①管制圖 ②層別 ③圖表 ④直方圖 。

58.(4) 依「公共工程施工品質管理作業要點」之規定，品質計畫得視工程規模及性質，分整體品質計畫與 ①施工品質計畫 ②環境品質計畫 ③機電品質計畫 ④分項品質計畫 。

解析

品質計畫得視工程規模及性質，分整體品質計畫與分項品質計畫二種。整體品質計畫應依契約規定提報，分項品質計畫得於各分項工程施工前提報。未達新臺幣一千萬元之工程僅需提送整體品質計畫。

59.(1) 依「公共工程施工品質管理作業要點」之規定，機關辦理公告金額以上工程，應於招標檔中明訂廠商應提報 ①品質計畫 ②施工計畫 ③執行計畫 ④工安計畫 。

解析

機關辦理新臺幣一百萬元以上（公告金額以上）工程，應於招標文件內訂定廠商應提報品質計畫。

60.(2) 依「公共工程施工品質管理作業要點」之規定，機關辦理查核金額以上之工程，應於工程招標檔中依工程規模及性質訂定巨額採購工程之品管人員至少需有 ①1人 ②2人 ③3人 ④5人 。

61.(4) 依「公共工程施工品質管理作業要點」之規定，分項品質計畫之內容除機關及監造單位另有規定外，不包含之項目爲 ①施工要領 ②品質管理標準 ③材料及施工檢驗程式 ④進度檢查表 。

解析

整體品質計畫之內容，除機關及監造單位另有規定外，應包括：
新臺幣五千萬元以上工程：計畫範圍、管理權責及分工、施工要領、品質管理標準、材料及施工檢驗程序、自主檢查表、不合格品之管制、矯正與預防措施、內部品質稽核及文件紀錄管理系統等。

62.(4) 依「公共工程施工品質管理作業要點」之規定，監造計畫之內容除機關另有規定外，不包括 ①監造範圍 ②監造組織 ③品質計畫審查作業程式 ④自主檢查 。

63.(2) 爲達成工程品質目標，依「公共工程施工品質管理制度」之規定，應由下列何者建立施工品質管制系統？ ①監造單位 ②承包商 ③工程顧問 ④材料供應商 。

64.(2) 工程管理中能滿足施工管理基本條件（工期、品質、經濟及安全）且在不趕工作業情形下之工程曲線的變化區域， 稱爲容許安全區域，亦稱爲 ①正常曲線 ②控制曲線 ③變化曲線 ④安全曲線 。

65.(1) 應用工程品質管制圖時，於施工過程、製程或成品不合乎標準時，可採用下列何種方式找出變異之原因？ ①特性要因圖 ②直方圖 ③查驗表 ④散佈圖 。

解析

魚骨圖又名特性因素圖是由日本管理大師石川馨先生所發展出來的，故又名石川圖。魚骨圖是一種發現問題"根本原因"的方法，它也可以稱之爲"因果圖"。魚骨圖也屬於品質管理七大手法之一。因爲問題的特性總是受到各種因素的影響，透過腦力激盪找出這些因素，並將它們與特性按相互關聯性整理而成的層次分明並標出重要因素的圖形就叫特性要因圖。

66.(12) 外牆吊線之目的爲何？ ①配合磁磚分割計畫 ②爲確認外牆垂直精度 ③爲確認打石的成效 ④爲確認範本板材的精度 。

67.(12) 磁磚計畫無法整塊磚時應如何調整？ ①調整磁磚尺寸 ②調整磁磚縫 ③減少外牆厚度 ④減少結構柱尺寸 。

68.(12) 揚重計畫主要目的是 ①垂直移動工地材料 ②整體調配材料堆置計畫 ③整體品質計畫 ④分項施工計畫 。

69.(13) 工地現場有四棟建築 物，其中 A 棟爲住宅樓高 15 層、B 棟爲住宅樓高 17 層、C 棟爲住宅樓高 5 層、D 棟爲住宅樓高 10 層，今因材料短缺，故應先施作哪兩棟樓較爲符合要徑？ ①B 棟 ②C 棟 ③A 棟 ④D 棟 。

70.(24) 逆打工法比順打工法較具有下述哪些特點？ ①工期較長 ②成本較多 ③成本較低 ④工期較短 。

71.(12) 爲地震、颱風、連續暴雨等天災緊急搶救之需，承包商須於工地貯備下述防災應變器材，以供緊急救災使用？ ①砂包 ②照明器 ③滅水器 ④泡麵 。

72.(13) 品質計畫係確保施工成果能符合下述之品質目標？ ①規範 ②規劃 ③設計 ④計價 。

73.(12) 營建工程執行環境維護管理計畫其內容應包含下列哪些項目？ ①現場環境背景調查報告表 ②主要機具設備配置圖 ③現場人員休憩位置圖 ④鄰房養殖動植物位置圖 。

74.(24) 下述何者爲營建管理之五要素之一？ ①經濟 ②人員 ③環境 ④資金 。

75.(12) 下述何者爲施工計畫之目標？ ①品質如式 ②環境如昔 ③預算追加 ④安全如昔 。

76.(12) 若業主停止計價，工地主任應採取下述事項爲最適宜？ ①仲裁 ②調解 ③立即停工 ④立即撤場 。

77.(23) 特性要因圖係分析及整理，下述哪些事項？ ①要素 ②原因 ③結果 ④資料 。

78.(34) 下述何者為品質管制之七大手法？ ①直橫圖 ②交叉分佈圖 ③散佈圖 ④）管制圖 。

品管七大手法：

1. 魚骨圖（石川圖、因果圖、特性要因圖）：可找出問題的源頭及原因。

2. 管制圖：以樣本平均值為中心，上下各三個標準差為控制上下限（6 sigma），須注意連續七個點落在平均值上方或下方的規則。

3. 直方圖：以統計的方式呈現分布之中間趨向及散布的形狀，並不考慮時間的影響。

4. 查檢表：也稱為檢核表，資料蒐集、再統計的數量再以圖形呈現。

5. 柏拉圖：以發生的頻率累計排序的呈現，大多應用於 80/20 法則。

6. 散布圖（相關圖）：呈現兩個變數間彼此的相關程度（正相關、負相關及零相關）的圖形。

7. 層別法：將資料分類找出其趨勢或特性。

79.(12) 品質管制中柏拉圖又稱 ① ABC 圖 ②重點分析圖 ③直方圖 ④資訊圖 。

80.(13) 為瞭解混凝土之品質，可採用下述哪些品質管制的手法較為適宜？ ①管制圖 ②莫非圖 ③散佈圖 ④直交圖 。

1. (1) 施工日誌的資料主要不做下列何者之用？ ①品質控制 ②進度控制 ③ 成本控制 ④索賠 。

2. (4) 專案工程中，營造商編列執行預算之際，下述何者無需考量？ ①工程 數量 ②施工位置 ③管理費 ④業主 。

3. (2) 要徑法是 ① PERT ② CPM ③ Network ④ Schedule 。

解析

關鍵路徑法（Critical Path Method，CPM），也稱為要徑法，是 計劃項目活動中常用到的一種計算方法。 對於有效的計劃管理而 言，關鍵路徑是一個十分重要的工具。在網狀圖的各種路線中尋 找其最長的可能路徑稱之為要徑（Critical Path）。而對一個專案而 言在專案網路圖中最長且耗最多資源的活動路線完成之後，專案 才能結束，這個最長活動的活動線路就是要徑。

4. (1) 一工程網圖的要徑是指 ①各項作業自由浮時皆為 0 的路徑 ②總浮時 小於某一數字的路徑 ③唯一的路徑 ④總浮時為負值的路徑 。

5. (2) 總浮時為 ①自由浮時減去最遲完成時間 ②最遲完成時間減去最早完 成時間 ③最早完成時間減去最遲開始時間 ④後續作業最早開始時間 減去最早完成時間 。

解析

總浮時：不影響整個計畫之最大寬裕的時間。因此為最遲完成時 間減去最早完成時間。

6. (1) 自由浮時等於 ①一作業完成後不影響其後續作業開始的等待時間 ②一 作業開始前的等待時間 ③一作業的最早開始時間減其後續作業的最早 開始時間 ④一作業的最早開始時間減其前置作業的最早開始時間 。

解析

自由浮時：最開始作業時間至後續作業時間之寬裕的時間。所以 為一作業完成後不影響其後續作業開始的等待時間。

7. (2) 施工 P – D – C – A 循環（又稱戴明循環）中，若執行後應先採取何者動作？ ①計畫 ②檢核 ③處置 ④變更 。

8. (2) 在分析進度時，浮時通常是指 ①自由浮時 ②總浮時 ③關鍵浮時 ④幹擾浮時 。

9. (2) 若施工進度落後與預定進度差異過大，此時應採取何者計畫為宜？ ①分工計畫 ②趕工計畫 ③轉包計畫 ④重新發包計畫 。

10. (4) 做成本報告時，下列何者非主要資料？ ①完成數量 ②出工人數 ③使用材料 ④自主檢查表 。

11. (2) 工率包括的意思，下列何者為非？ ①生產力 ②每日工人的價格 ③每單位數量所需的工人時間 ④每日可完成的數量 。

12. (3) 成本工程中，下列何者較不是關鍵的工作 ①估價正確 ②要有執行預算 ③要常估驗 ④要做預測 。

13. (4) 品管成本不包括下列哪一項？ ①檢查成本 ②失敗成本 ③預防成本 ④隱藏成本 。

14. (4) 品管步驟包括檢查 (Check, C)、改正措施 (Action, A)、規劃 (Plan, P)、執行 (Do, D)，其執行程式為 ① ADPC ② ACDP ③ PADC ④ PDCA 。

解析

PDCA 循環，也稱戴明循環，是由美國著名品質管理專家戴明 (W‧E‧Deming) 首先提出的。這個循環主要包括四個階段 PDCA：計劃 (Plan)、實施 (Do)、檢查 (Check) 和處理 (Action)。

15. (3) 品保制度的第一級執行單位為 ①業主機關 ②監造單位 ③承包商 ④主管機關 。

16. (3) 公家機關編列品管費用，其標準以施工費用的多少百分比為原則？ ① 0.1 ～ 0.5 ② 0.6 ～ 1.0 ③ 0.6 ～ 2.0 ④ 1.0 ～ 2.0 。

公共工程施工品質管理作業要點：機關辦理公告金額以上工程應於招標文件內，依工程規模及性質編列品管費用。其編列標準以發包施工費之百分之零點六至百分之二為原則。

17. (2) 品管人員每四年回訓，總時數至少為幾小時？ ① 24 ② 36 ③ 48 ④ 60。

解析

公共工程品質管理人員回訓大綱：以 36 小時為一單元課程，課程得包括建築、土木、結構、水利、環工、機水電、水土保持、消防安全、營建管理、一般管理、財務管理、勞安環保、人力資源、專案管理、材料實驗等相關專業領域，由代訓機構自行規劃單元課程及各科別時數。課程內容應符合「公共工程施工品質管理作業要點」第三點及第八點之規定。「永續公共工程－節能減碳」及「工程倫理」單元並列為回訓單元必讀課目（共同課目），訓練時數各 1.5 小時，共計 3 小時，教材內容由主管機關統一編撰提供。

18. (1) 為防止高處墜落物體發生危害，依「建築技術規則」之規定應設置適當 ①防護措施 ②工作網 ③安全網 ④工作架 。

19. (3) 承包商施工需與其他單位協調，下列何者為其主要負責對象？ ①關聯承包商 ②工程相關單位元 ③分包商或供應商 ④利害關係人 。

20. (3) 一般而言，下列何種溝通方式的成本最高？ ①規定 ②程式 ③會議 ④報告 。

21. (3) 建築專案工程中，若採取統包方式，下述何者並非統包必需之成員？ ①營造商 ②建築師 ③建設公司 ④結構技師 。

22. (1) 組織結構一般不包括 ①工作目標 ②層級 ③管理幅度 ④部門分類 。

23. (3) 下列何者比較無法提高生產力？ ①改變施作方法 ②使用替代技術 ③增加材料 ④良好的規劃 。

24. (4) 下列何者敘述不正確？ ①資源負載進度表(Resource loading diagram) 是很重要的成本與進度控制工具 ②國內使用進度軟體通常只用到一

小部分的功能 ③學好進度軟體是作好進度控制的一環 ④施工進度表的作業數目應越多越好 。

25. (2) 下列何者非風險管理之一環？ ①確認 ②躲避 ③移轉 ④控制 。

26. (2) 針對大型工程之保險，下列何者爲非？ ①業主全保較便宜 ②保險責任較難界定 ③保險期間較易計算 ④保險範圍協調空間大 。

27. (1) 下列何者非施工廠商的保險 ①專業責任險 ②安裝綜合險 ③營建機具綜合險 ④營造綜合險 。

解析

專業責任險的對象是建築師或工程師，基於求償意識的普遍和風險意識的提高，建築師工程師專業責任保險協助建築師與工程師於提供定作人(政府機構或私人公司)專業服務時的責任風險轉移，同時能符合定作人之合約要求。

28. (2) 風險管理實施的步驟包括有 A. 分析 B. 確認 C. 移轉 D. 控制，其一般程式是 ① ABCD ② BADC ③ ABDC ④ DABC 。

29. (2) 工地主任爲有效執行風險管理，應督導工程人員做風險分析及 ①工程保證 ②工程保險 ③工程施工 ④工程發包 。

30. (3) 業主爲確保工程能依契約完成，通常會要求承包商提供何種保證？ ①押標金 ②保固保證 ③履約保證 ④預付款保證 。

解析

工程履約保證擔保就是保證合約的完成，即根據業主爲一方、承包商爲另一方所簽訂的施工合約，保證承包商承擔合約義務去實施並完成某項工程。

31. (1) 機關訂定底價，得基於技術品質、功能、履約地、商業條款、評分或 ①使用效益 ②使用功能 ③操作效益 ④操作功能 等差異，訂定不同之底價。

解析

政府採購法施行細則第 52 條：
機關訂定底價，得基於技術、品質、功能、履約地、商業條款、評分或使用效益等差異，訂定不同之底價。

32.(4) 風險管理的主要觀念是 ①設法轉嫁風險 ②業主應承擔較多風險 ③承包商應承擔較多風險 ④由對該事情最有能力者承擔該項風險 。

33.(3) 工程人員而言，「工程倫理」之首要意義在建立專業工程人員應有的認知與實踐的原則，及工程人員之間或與團體、社會其他成員互動時，應遵循的 ①行為動力 ②技術規範 ③行為規範 ④行為互動 。

34.(1) 對於工程人員之社會責任而言，其義務發生對象包括「人文社會」及 ①自然環境 ②工地環境 ③自然規範 ④自然社會 。

35.(2) 在品質管理中，下列何者為變異數之計算公式 ① $S^2 = \dfrac{\sum\limits_{i=1}^{n}(x_i - \bar{x})^2}{n}$ ② $\sigma^2 = \dfrac{\sum\limits_{i=1}^{N}(x_i - \mu)^2}{N}$ ③ $S^2 = \dfrac{\sum\limits_{i=1}^{n}(x_i - \mu)^2}{n-1}$ ④ $S^2 = \dfrac{\sum\limits_{i=1}^{n}(x_i - \bar{X})^3}{(n-1)}$ 。

解析

變異數（coefficient of variation）為標準差對平均數之比值。工程品管上常以標準差或變異係數表示工程品質之不均勻性，其值愈大均表示愈不均勻。至於採用標準差或變異係數表示，需視所應用之情況下何者較能反應品質水準而定。標準差可視為離散程度之絕對值，而變異係數則為離散程度對平均數之相對值，若變異係數保持一定，平均數大者其相對應之標準差亦大。

36.(1) 在品質管理中，散佈圖上若有偏離其他聚集點甚遠，此偏離點稱為 ①異常點 ②標示點 ③檢核點 ④警示點 。

37.(2) 在品質管理中，引起品質特性有嚴重變異的主因，通常有作業員、物料、機具設備及 ①成本 ②作業方法 ③安全 ④衛生 。

38.(3) 在品質管理中，自母體中隨機抽取的樣本，只要數量夠大，樣本的平均數之分配就會趨於常態分配，稱為 ①常態定理 ②偏峰定理 ③中央極限定理 ④趨勢定理 。

39. (4) 在品質管理中,任意的兩事件無重疊性,就集合而言指二者無交集或無共同的樣本點,意即 $P(A \cap B) = 0$,則稱為 ①獨立性 ②偏峰事件 ③極限事件 ④ 互斥事件 。

40. (1) 在品質管理中,兩個或以上的事件彼此之間發生與否毫不相關,亦即一事件的發生不受其他事件是否發生的影響,則稱為 ①獨立性 ②偏峰事件 ③極限事件 ④互斥事件 。

41. (2) 在品質管理中,某預拌廠有 A、B、C 三台攪拌機同時攪拌混凝土,其產量分別為總產量的 50%、30% 和 20%,而產品不良率分別為 2%、4% 和 5%;今若從所有產品中抽出一個樣品,此樣品正好為不良品,試問其由 C 機器 製造的機率為何 (提示:應用貝氏定理)? ① 0.215 ② 0. 3125 ③ 0 .145 ④ 0.5125 。

42. (1) 在品質管理中,以數字代表順序關係者之衡量尺度為 ①順序尺度 ②區間尺度 ③名目尺度 ④比例尺度 。

解析

尺度包含名目尺度、順序尺度、區間尺度、比率尺度 4 種。以名目尺度或順序尺度檢測的資料稱為定性資料,以區間尺度或比率尺度檢測的資料則稱定量資料。
順序尺度是指可依喜好程度排列順序,順序尺度所獲得的數值,可進行中位數 (依序排列各個選項所獲得的數值後,取最中間的數值) 或順序相關係數。

43. (3) 在品質管理中,以數字或名稱來確認對象者之衡量尺度為 ①順序尺度 ②區間尺度 ③名目尺度 ④比例尺度 。

44. (2) 在品質管理中,具有距離運算與順序關係者;無天然原點,不具比例關係之衡量尺度為 ①順序尺度 ②區間尺度 ③名目尺度 ④比例尺度 。

45. (3) 在品質管理中,就數學操作度而言,任何數學運算皆無意義,唯有統計上的眾數與次數計算是合理的,是哪一種尺度? ①順序尺度 ②區間尺度 ③名目尺度 ④比例尺度 。

解析

名目尺度只能用來比較相等或者不相等,而不能比較大小,更不能用來進行四則算術運算。對一個油漆的顏色進行測量,其可能的結果為白、黃、藍等不同的顏色類。

46. (1) 在品質管理中，就數學操作度而言，統計上的衆數與次數計算，中位數、百分位數，以及順序關係是允許的，是哪一種尺度？ ①順序尺度 ②區間尺度 ③名目尺度 ④比例尺度 。

47. (4) 在品質管理中，就數學操作度而言，所有數學與統計運算皆成立，是哪一種尺度？ ①順序尺度 ②區間尺度 ③名目尺度 ④比例尺度 。

解析

比例尺度也稱比率尺度。等比變量具有等距變量的所有特點，同時它也允許乘除運算。大多數物理量，如質量，長度、絕對溫度或者能量等等都是等比尺度。

48. (2) 在品質管理中，就數學操作度而言，統計上的衆數與次數計算、平均數、標準差，中位數、百分位數等皆具有意義，但相關係數例外，是哪一種尺度？ ①順序尺度 ②區間尺度 ③名目尺度 ④比例尺度 。

49. (2) 在品質管理中，品管大師裘蘭博士 (Dr. Juran) 就對品質下的定義爲 ①符合生產者之目的 ②是適合使用 ③符合大衆的需求 ④符合國外客戶使用 。

50. (1) 在品質管理中， 若混凝土抗壓強度設計爲 210 kgf/cm^2，乙方施工時採用 350 kgf/cm^2 澆置，其品質是否符合且適當？ ①不符合，但強度合格 ②符合且適當 ③符合但不適當 ④符合且可向業主追加預算 。

51. (2) 在品質管理中，資料中最大值和最小值之差，稱爲 ①常距 ②全距 ③差距 ④偶距 。

52. (2) 在品質管理中， 下列何者爲樣本算術平均數？ ① $S = \frac{\sum_{i=1}^{n}(x_i - \bar{x})^2}{n}$ ② $\bar{x} = \frac{\sum_{i=1}^{N} x_i}{n}$ ③ $s = \frac{\sum_{i=1}^{n}(x_i - \mu)^2}{n-1}$ ④ $x^2 = \frac{\sum_{i=1}^{n}(x_i - \bar{X})^3}{(n-1)}$ 。

53. (3) 在品質管理中，將資料中所有的觀測值依大小排列，正中間值稱爲 ①中間數 ②中間值 ③中位數 ④中測值 。

54. (1) 將專案的工作項目由上而下的邏輯劃分解之技術，藉以有效控制進度、成本及品質稱爲 ①分工結構圖 ②成本表 ③分工計畫表 ④成本預算 。

55. (3) 將專案的工作項目由上而下綜合成為一個條款，藉以有效管理進度、成本及品質稱為 ①上工條款 ②進場須知 ③分工條款 ④成本支出條款 。

56. (4) 不希望發生之事件的機率，及其事件發生影響的程度，稱為 ①或然率 ②保險 ③概率 ④風險 。

57. (4) 專案合約管理重點在於成本、時間及 ①環保 ②進度 ③預算 ④品質。

58. (1) 工程發包時，業主為保障其權益，常要求承包商提出第三團體之保證，此保證稱為 ①工程保證 ②團體保證 ③互助保證 ④小心保證 。

59. (2) 承包商於施工前，應將施工計畫書、施工圖等相關資料送請業主審核，待業主核定後始得施工，此過程稱為 ①送照 ②送審 ③過照 ④勘驗 。

60. (1) 下述何者為風險規避策略中，最簡單也是最有效的方式？ ①風險避免 ②風險降低 ③風險預防 ④風險轉移 。

61. (3) 營建工程中有許多風險是無法避免的，故須採取適當的規避措施以降低風險發生的可能與造成之損失，此方式稱為 ①風險避免 ②風險轉移 ③風險預防 ④風險降低 。

62. (2) 營建工程中有許多風險是無法避免的，若採取保險的方式，此方式稱為 ① 風險避免 ②風險轉移 ③風險預防 ④風險降低 。

63. (2) 政府機關為防止廠商得標後，未能履行諾言時，備作損失之用，多要求承商需繳交 ①得標金 ②押標金 ③廢標金 ④履標金 。

解析

機關辦理招標，應於招標文件中規定投標廠商須繳納押標金；得標廠商須繳納保證金或提供或併提供其他擔保。押標金及保證金應由廠商以現金、金融機構簽發之本票或支票、保付支票、郵政匯票、無記名政府公債、設定質權之金融機構定期存款單、銀行開發或保兌之不可撤銷擔保信用狀繳納，或取具銀行之書面連帶保證、保險公司之連帶保證保險單為之。

64. (1) 政府機關為防止驗收時之疏失，若將來使用有問題，可要求承商在一定時期間內修復，稱為 ①保固保證 ②保修保證 ③保漏保證 ④保證保修 。

65. (3) 營造工程綜合損失，未包含之項目為 ①營造工程主體 ②營造工程之臨時工程 ③僱主意外 ④營造工程之外牆施工架 。

66. (1) 依據行政院公共工程委員會「監造計畫製作綱要」中，監造單位對於不同之抽查方式，應訂定不同之作業流程及相對使用之 ①抽查紀錄表單 ②抽查自主表單 ③定期抽查表單 ④定點抽查表單 。

解析

監造單位之施工抽查時機，分為檢驗停留點（hold point，又稱限止點）抽查與不定期抽查兩類，對於不同之抽查方式（檢驗停留點或不定期抽查），應訂定不同之作業流程及相對使用之抽查紀錄表單。

67. (3) 下列何者非行政院公共工程委員會「監造計畫製作綱要」中，RC 結構體施工檢驗停留點？ ①基地壓實度 ②集水坑及機坑深度 ③紅磚牆粉光灰誌 ④水電是否配合施作 。

68. (3) 依據行政院公共工程委員會「監造計畫製作綱要」中，監造單位之施工抽查時機，分為檢驗停留點檢驗與 ①週期抽查 ②定期抽查 ③隨機抽查 ④定點抽查兩類。

69. (2)　依據行政院公共工程委員會「監造計畫製作綱要」中，監造單位的施工品質抽查紀錄表的內容應包含監造單位審查廠商相關品質檔紀錄，以及 ①定期檢測結果 ②赴現場抽測結果 ③現場定測結果 ④自主檢測結果 。

70. (4)　依據「監造計畫製作綱要」中，監造單位在抽查施工品質時， 查核結果如發現仍有不符合狀況時，即應檢討 ①廠商品管單位 ②業主品管人員 ③業主品管單位 ④廠商品管人員的適任性。

71. (4)　依行政院公共工程委員會「監造計畫製作綱要」，對廠商提送之整體品質計畫審查重點，不包括下列哪一項？ ①管理責任 ②自主檢查表 ③內部品質稽核 ④施工規範 。

解析

品質計畫審查意見表之工程品質計畫審查意見表包含：一.計畫範圍、二.管理責任、三.施工要領、四.品質管理標準、五.材料及施工檢驗程序、六.自主檢查表、七.不合格品之管制、八.矯正與預防措施、九.內部品質稽核、十.文件紀錄管理系統。

72. (12)　工程施工查核機制為何？ ①為確認工程品質管理工作執行之成效 ②為確認工程品質 ③為確認營造商成本 ④為確認使用單位之成本 。

73. (23)　公共工程施工品質管理作業要點旨在規範下述單位之施工品質所應執行之事項？ ①使用單位 ②監造單位 ③工程主辦機關 ④區公所營繕組 。

74. (13)　品質計畫得視工程規模及性質訂定，可分為哪些種類？ ①分項品質計畫 ②整體勞安計畫 ③整體品質計畫 ④分項施工計畫。

75. (14)　機關辦理公告金額以上工程，應於招標檔內訂定有關營造廠商專任工程人員之工作事項為何？ ①督導按圖施工、解決施工技術問題 ②督導按圖施作、解決設計問題 ③督導品管人員及業主人員 ④督導品管人員及現場施工人員 。

解析

營造業之專任工程人員應負責辦理下列工作：

一、查核施工計畫書，並於認可後簽名或蓋章。

二、於開工、竣工報告文件及工程查報表簽名或蓋章。

三、督察按圖施工、解決施工技術問題。

四、依工地主任之通報，處理工地緊急異常狀況。

五、查驗工程時到場說明，並於工程查驗文件簽名或蓋章。

六、營繕工程必須勘驗部分赴現場履勘，並於申報勘驗文件簽名或蓋章。

七、主管機關勘驗工程時，在場說明，並於相關文件簽名或蓋章。

八、其他依法令規定應辦理之事項。

76. (13) PDCA 品質管理循環是指 ①計畫、執行、確認及行動 ②執行、計畫、檢核及行動 ③計畫、執行、檢核及行動 ④行動、執行、計畫及檢核 。

77. (23) 於施工前，針對工程主要施工項目及其相關之預防措施，分別訂定施工要領，其目的在使現場施工管理人員均能充分瞭解工程中要求事項？ ①使用單位需求 ②各項作業之品質需求 ③施工機具與施工方法 ④本工程未來使用需求 。

78. (12) 計算浮時的目的，主要在探討 ①整體工期 ②對後續作業的影響程度 ③施工安全 ④環境保護 。

79. (12) 下述何者為作業浮時？ ①總浮時 ②干擾浮時 ③前浮時 ④暫時浮時。

80. (13) 「浮時」之定義，係指 ①寬裕的時間 ②總工期 ③容許延誤的時間 ④暫時的時間 。

81. (23) 干擾浮時 (Interfering Float Time)，係指當一個作業自由浮時為 ① 1 ②零 ③耗盡 ④最大 。

82. (12) 機關與廠商因履約爭議未能達成協議者，得以下列何種方式處理？ ①向採購申訴審議委員會申請調解 ②向仲裁機構提付仲裁 ③向法院申請調解 ④ 向工程會申請仲裁 。

83. (134) 工程保險之投保要點包含下列哪些事項？ ①確認被保險人 ②保險人所在地 ③確認保險期限 ④協議保險費 。

84. (23) 下列何者爲營造綜保險之附加責任險？ ①鍋爐保險 ②第三人意外責任險 ③鄰房龜裂倒塌責任險 ④電子設備綜合保險 。

85. (12) 下列何者爲機關辦理公共工程，承攬廠商品管人員之規定？ ①新臺幣二千萬元以上未達巨額採購之工程，至少一人 ②巨額採購之工程，至少二人 ③新台幣二千萬元以上未達查核金額之工程品管人員得跨越其他標案 ④新台幣二千萬元以上未達查核金額之工程品管人員不得擔任其他職務 。

解析

機關辦理新臺幣二千萬元以上之工程，應於工程招標文件內依工程規模及性質，訂定下列事項。但性質特殊之工程，得報經工程會同意後不適用之：

（一）品質管理人員（以下簡稱品管人員）之資格、人數及其更換規定；每一標案最低品管人員人數規定如下：
　　　1. 新臺幣二千萬元以上未達二億元之工程，至少一人。
　　　2. 新臺幣二億元以上之工程，至少二人。

（二）新臺幣五千萬元以上之工程，品管人員應專職，不得跨越其他標案，且契約施工期間應在工地執行職務；新臺幣二千萬元以上未達五千萬元之工程，品管人員得同時擔任其他法規允許之職務，但不得跨越其他標案，且契約施工期間應在工地執行職務。

（三）廠商應於開工前，將品管人員之登錄表報監造單位審查，並於經機關核定後，由機關填報於工程會資訊網路系統備查；品管人員異動或工程竣工時，亦同。

機關辦理未達新臺幣二千萬元之工程，得比照前項規定辦理。

86. (123) 依現行「施工查核小組品質缺失懲罰性違約金機制」罰款額度之規定，若施工廠商每扣 1 點，下列敍述何者正確？ ①巨額採購以上之工程採購案，處以 8,000 元罰款 ②查核金額以上未達巨額採購以上之工程採購案，處以 4,000 元罰鍰 ③ 1,000 萬元以上未達查核金額以上之工程採購案，處以 2,000 元罰款 ④未達 1,000 萬元之工程採購案，處以 500 元罰款 。

解析

1. 巨額採購以上之工程採購案：施工廠商扣 1 點處以 8,000 元罰款，專案管理廠商及監造廠商扣 1 點處以 2,000 元罰款。
2. 查核金額以上未達巨額採購之工程採購案：施工廠商扣 1 點處以 4,000 元罰款，專案管理廠商及監造廠商扣 1 點處以 1,000 元罰款。
3. 1,000 萬元以上未達查核金額之工程採購案：施工廠商扣 1 點處以 2,000 元罰款，專案管理廠商及監造廠商扣 1 點處以 500 元罰款。
4. 未達 1,000 萬元之工程採購案：施工廠商扣 1 點處以 1,000 元罰款，專案管理廠商及監造廠商扣 1 點處以 250 元罰款。

87. (14) 依採購法規定機關辦理驗收人員之分工，下列敘述何者正確？ ①主驗人員爲主持驗收程序 ②會驗人員爲設計、監造、承辦採購人員 ③協驗人員爲接管或使用機關人員 ④監驗人員爲監視驗收程序人員。

88. (234) 下列何者爲採購契約要項規定，契約價金之給付方式？ ①依預算總價給付 ②依實際施作或供應之項目及數量給付 ③部分依契約標示之價金給付，部分依實際施作或供應之項目及數量給付 ④其他必要之方式。

解析

契約價金之給付，得爲下列方式之一，由機關載明於契約：

1. 依契約總價給付。
2. 依實際施作或供應之項目及數量給付。
3. 部分依契約標示之價金給付，部分依實際施作或供應之項目及數量給付。
4. 其他必要之方式。

89. (124) 下列何者爲財務採購契約範本，訂定履約期限展延之事由？ ①發生契約規定不可抗力之事故 ②因天候影響無法施工 ③因施工材料短缺、承商購料進場延宕 ④非可歸責於廠商之情形，經機關認定者。

1.(4) 水準測量中，某測點兼後視及前視者，稱爲 ①三角點 ②中間點 ③水準點 ④轉點 。

2.(2) 關於水準測量的後視，下列敍述何者正確？ ①未知高度點的高度 ②水準標尺立於已知點上，以水準儀觀測此標尺所得之讀數 ③以水準標尺立於未知點上，以水準儀觀測此標尺所得之讀數 ④已知高度點之高度 。

3.(4) 水準測量中，觀測未知點標尺的讀數稱爲 ①高程 ②高程差 ③後視 ④前視 。

4.(4) 直接水準測量中，下列那一項是屬於人爲誤差？ ①水準標尺不合標準長度 ②圓盒水準器的氣泡呆滯 ③大氣折光差 ④水準標尺豎立時向前後傾斜 。

5.(2) 水準筆記如下表，則 BM_2 之高程爲 ① 990.51 呎 ② 999.51 呎 ③ 1000.492 呎 ④ 1001.23 呎 。

測站	B.S	F.S.	高程
BM_1	3.42		1000.00 呎
TP_1	4.10	8.29	
TP_2	6.24	9.46	
TP_3	8.32	1.60	
BM_2			

解析

根據高程測量基本爲（後視 – 前視），B.S 後視值總和爲
3.42+4.10+6.24+8.32=22.08。
F.S 前視總和爲 8.29+9.46+3.22+1.60=22.57。
22.08 – 22.57=–0.49，加上已知高程 1000.00 呎得答案 999.51 呎。

6.(1) 在二個水準點間，逐站擺設水準儀觀測前後標尺，最後計算得兩水準點之高程差，是爲 ①直接水準測量 ②視距水準測量 ③面積水準測量 ④橫斷面水準測量 。

7. (3) 測量工作可分爲 ①平面、大地測量 ②定線、測角 ③內業、外業 ④量距、測角 。

8. (1) 已知高程爲 10 公尺，今測得後視讀數爲 1.52 公尺，前視和 1.94 公尺，則未知點高程爲 ① 9.58 ② 10.42 ③ 13.46 ④ 15 .98 公尺。

解析

> 未知高程 = 已知高程 +（後視 − 前視）。1.52−1.94=−0.42，加上 10 公尺 =9.58 公尺。

9. (4) 水準儀觀測，已知點高程爲200.010公尺，後視(F.S)標尺讀數爲 1.990 公尺，則儀器高爲 ① 198.020 公尺 ② 200.000 公尺 ③ 201.980 公尺 ④ 202.000 公尺 。

解析

> 儀器高 = 已知高程 + 後視。
> 未知高程 = 已知高程 +（後視 − 前視）。
> 200.010+1.990=202.000 公尺 。

10. (1)以下何者精度最高？ ①直接水準測量 ②視距高程測量 ③間接水準測量 ④氣壓高程測量 。

11. (2)水準測量手簿紀錄如下表，則 D 點之高程爲 ① 108.44 ② 108.56 ③ 111.44 ④ 111.56 m。

水準點	後視	前視	高程
A	3.52		110.00M
B	5.13	4.67	
C	4.11	3.28	
D		6.25	

根據高程測量基本為（後視 – 前視），B.S 後視值總和為 3.52+5.13 + 4.11=12.76。F.S 前視總和為 4.67+3.28+6.25=14.20。
12.76−14.20=−1.44，加上已知高程 110.00 得答案 108.56m。

12. (4) 木樁校正法是用以校正 ①十字絲 ②水準軸 ③垂直軸 ④視準軸 與水準軸平行。

13. (3) 木樁校正法是用以校正 ①經緯儀 ②平板儀 ③水準儀 ④測距儀。

14. (1) 水準測量中，水準儀到水準標尺之距離保持相等，其目的在於消除水準儀之 ①視準軸誤差 ②水準軸誤差 ③直立軸誤差 ④水準尺分劃誤差 。

若儀器視準線非真正水平時，即產生視準軸誤差，前後視距離保持相等時，可將視準軸誤差減低。

15. (2) 下列有關水準測量之敘述何者錯誤 ①已校正好之水準儀，測量時須使水準氣泡居中 ②坡地設置水準儀時，為求穩固應使腳架之二腳在坡上，一腳在坡下 ③泥土平地設置水準儀時，腳架尖須插入土中 ④整置自動水準水準儀時，使圓盒水準氣泡居中即可達到定平之目的 。

16. (4) 水準儀之整置須 ①定平後再定心 ②定心後再定平 ③定心即可 ④定平即可 。

17. (3) 測量 BAC 角及量 AC 之距離，求得 C 點，稱為 ①二邊測量 ②四角測量 ③ 導線測量 ④三角測量 。

18. (4) 在傾斜坡地做水準測量，若後視點 A 標尺讀數為 1.802m，前視點 B 標尺讀數為 1.976m，已知 A 點高程為 200.000m，則 B 點之高程為 ① 201.802m ② 201.766m ③ 200.174m ④ 199.826m 。

解析

後視點 1.802 m– 前視點 1.976 m，加上已知 A 點高程 200.000m
=199.826m。

19. (3) 坡度之表示法爲 ①距離 ÷ 角度 ②角度 ÷ 距離 ③垂直距離 ÷ 水準
距離 ④水準距離 ÷ 垂直距離 。

20. (3) 於隧道坑內作水準測量，其記錄如下，則樁號 O^k+060 之高程爲 ①
422.011m ② 423.124m ③ 424.525m ④ 426.547m 。

樁號	後視	前視	高程
O^k+040	–1.511		424.779M
O^k+060		–1.257	

解析

後視點 (–1.511)– 前視 (–1.257)= –0.254m，加上 O^k+040 之高程
424.779m=424.525m。

21. (3) 以下何者介於 0 °～ 90° 角？ ①眞方位角 ②方位角 ③方向角 ④磁方
位角 。

解析

方向角（Bearing）是一種平面角，由一直線與南北方向線間所夾
之角，也是用來標出兩點方位之一法。與方位角不同是，方向角
係分由南北起算，角度值在零度及 90°之間。方向角之表出方式乃
是在角度值之前冠以南北字樣，其後則書出東西字樣。

22. (2) 距離測量在求得兩點間之 ①垂直距離 ②水準距離 ③斜距 ④差距 。

23. (4) 方位角 260°改爲方向角爲 ① N 60° E ② S30° E ③ S80° E ④ S80° W 。

解析

260° –180° = 80°，代表由南向西，因此爲 S80° W 。

24. (2) 某測點與水準基面之垂直距離，稱爲 ①比高 ②標高 ③假定標高 ④基準高 。

25. (4) 水準測量中，已知點高程加後視讀數等於 ①前視 ②間視 ③地盤高 ④儀器高 。

26. (3) 道路、鐵路、管道，及運河之中心線上各點高度，以何種測量最爲適當 ①過河水準測量 ②對向水準測量 ③縱斷面水準測量 ④橫斷面水準測量 。

27. (3) 整置水準儀器時，首先應 ①定心 ②調焦 ③定平 ④照準目標 。

28. (2) 水準儀置於 C 點，調整水準，觀測 A 點讀數爲 1.250m，觀測 B 點讀數爲 1.000m，兩點比較 ① A 點較高 ② B 點較高 ③ A、B 同高 ④ A 點高 B 點 25 公分。

29. (3) 水準測量如遇濕地、深溝、河流，不能平衡照準距離時，可採用 ①間接 ② 直接 ③對向 ④木樁 水準測量。

30. (4) 水準儀加裝平行玻璃板之目的乃在 ①調整十字絲 ②使氣泡易於集中 ③可代替符合讀法 ④精密讀定標尺讀數 。

31. (3) 水準測量中，一個已知高度之永久固定基點，稱爲 ①假定標高 ②儀器高 ③水準標點 ④比高 。

32. (2) 已知點高程爲 60 公尺，儀器高爲 1.5 公尺，測得未知點標尺讀數爲 2.5 公尺，則未知點之高程爲 ① 56 ② 59 ③ 61.5 ④ 64 公尺。

解析

已知點高程爲 60 公尺 + 儀器高 1.5 公尺 = 視準高度 =61.5 公尺，減去 2.5 公尺 = 未知點高程 =59 公尺。

33. (2) 威特 T2 經緯儀觀測一目標，正鏡時垂直度盤讀數爲 94° 12'44 "，倒鏡時讀數爲 265° 47'24"，垂直角爲 ① –4° 12'44 " ② –4° 12' 40 " ③ +4° 12' 44 " ④ +4° 12'40 " 。

解析

94°12'44"+265°47'24"=360°00'08"，並修正多出來的 8"，
平均分配正倒鏡各 4"，因此實際値爲 94°12'40"，垂直角之算
法爲 90°爲基準，因此從天頂具往下 94°12'40"，得到俯角爲
-4°12'40"。

34. (2) 以「半半改正法」校正經緯儀，可消除經緯儀之 ①視準軸誤差 ②水準
軸誤差 ③橫軸誤差 ④度盤分劃誤差 。

35. (4) 一方位角爲 145°，則其反方位角爲 ① 45° ② 55° ③ 235° ④ 325°。

解析

反方位角爲原方位角加（減）180 度所得的水平夾角。因此反方
位角爲 145°+180°=325°。

36. (3) 水準測量中，一個已知高度之固定基點，稱爲 ①假定標高 ②儀器高
③水準標點 ④比高 。

37. (3) 方向角爲 S30°W，則方位角爲 ① 60° ② 150° ③ 210° ④ 300°。

解析

S30°W= 南向西 30 度 =180°+30°=210°。

38. (3) 方位角 62° 改爲反方位角爲 ① 232° ② 238° ③ 242° ④ 332°。

39. (2) 方位角 40°改爲方向角爲 ① S40°E ② N40°E ③ S40°W ④ N40°W 。

40. (2) 經緯儀觀測水準角度時，觀測者常變換度盤位置，其作用爲消除 ①
偏心誤差 ②度盤刻劃誤差 ③視準誤差 ④人爲誤差。

41. (2) 方向角 S20°E 換算成方位角爲 ① 110° ② 160° ③ 200° ④ 250°。

42. (3) 下列何者不是經緯儀之主要用途？ ①測水平角及垂直角（縱角） ②定直線 ③必要時可代替水準儀進行水準測量 ④可進行後方交會觀測 。

43. (2) AB 之方向角 N41°E，BA 之方位角為 ① 319° ② 221° ③ 139° ④ 41° 。

44. (3) 視距測量中，已知 K ＝ 100 ，C ＝ 0 ，縱角為 0° 00'00"，視距絲所對應標尺 之讀數，上絲為 2.0m，中絲為 1.75m，下絲為 1.50m，則兩點間之水準距離為 ① 15m ② 25m ③ 50m ④ 100m 。

解析

在視線水平時，視距測量公式可表示為 S = Ka +C，其中，S 為儀器到水準尺之距離，K 為乘常數 100，C 為加常數 0，a 為儀器上下絲所夾之間距。因此 S = 100*0.5+0=50(m)。

45. (4) 在斜坡地實施視距測量，測得上絲讀數為 3.225 m，下絲讀數為 2.875 m， 垂直角 30°，K ＝ 100，C ＝ 0， 則兩點間之水準距離為： ① 50 m ② 35m ③ 30.31 m ④ 26.25 m 。

解析

水平時的視距測量公式可表示為 S= Ka+C。S=100*(3.225–2.875)+0=35，有角度之公式為 100*(上絲－下絲)*cos(角度)平方，35*(cos30°)^2=26.25。

46. (3) 導線之縱線閉合差為 8 公分，橫線閉合差為 6 公分，則平面閉合差為 ① 0.14m ② 0.12m ③ 0.10m ④ 0.08 m 。

解析

導線閉合差又稱為平面閉合差。導線之橫距（△x）及縱距（△y）之代數和。因此根據畢氏定理：$\sqrt{(0.06)^2+(0.08)^2}$=0.10m。

47. (4) 甲、乙測線長 250m，方位角 210°，則橫距是 ① –176.777m ② +176.777m ③ +125m ④ –125m 。

解析

因此求得 B 點之 X 距應爲：250*sin30°=125，
由於位於第三象限因此是 −125m。

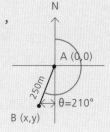

48. (4)精度最高之量距尺爲 ①測繩 ②布捲尺 ③鋼捲尺 ④錏鋼尺 。

49. (4)測站 A 至測站 B 之方位角爲 100°，求測站 B 至測站 A 之方位角爲 ① 50 ° ② 200 ° ③ 230 ° ④ 280° 。

50. (4)有一正五角形之導線 A，B，C，D，E，各內角皆爲 108°，AB 邊之方位角爲 50°，試求 CD 邊之方位角 ① 72° ② 122° ③ 158 ° ④ 194° 。

51. (2)以六邊形之閉合導線實施內角觀測，其內角總和應爲？ ① 600° ② 720° ③ 1080° ④ 1440° 。

解析

導線閉合差又稱爲平面閉合差。導線之橫距（△ x）及縱距（△ y）之代數和。因此根據畢氏定理：$\sqrt{(0.06)^2+(0.08)^2}=0.10m$。

52. (3) 九邊形之閉合導線，理論上之內折角總合應爲 ① 560 ° ② 810 ° ③ 1260° ④ 1620 ° 。

53. (1) 在一均勻斜坡地量距，量得傾斜角 α，斜距 L，則水準距離＝ ① L×cos α ② L×sinα ③ L×tanα ④ L×cotα 。

54. (1) 水準器之校正法爲 ①半半校正法 ②中數法 ③符合法 ④木椿法 。

55. (2) 錏鋼水準標尺適用於 ①普通水準測量 ②精密水準測量 ③山地測量 ④地形測量 。

56. (4) 蔡司 Ni2 水準儀用於 ①斜坡水準測量 ②間接水準測量 ③地形測量 ④精密水準測量 。

57. (2) 水準測量時，標尺豎立之轉點位置最好在 ①堅硬的斜坡上 ②堅硬的突出點 ③鬆軟的斜坡上 ④鬆軟的突出點 。

58. (4) 望遠鏡之物鏡與目鏡的主點連線稱為 ①鏡軸 ②直立軸 ③視準軸 ④光軸 。

59. (1) 水準測量對未知點標尺上之讀數稱為 ① F. S. ② B. S. ③ H. I. ④ F. M. 。

60. (2) 水準測量對已知點標尺上之讀數稱為 ① F. S. ② B. S. ③ H. I. ④ F. M. 。

61. (3) 水準測量後視讀數為 1.832m，前視讀為 1.232m，其高程差為 ① +0.700 ② –0.700 ③ +0.600 ④ –0.600 。

解析

後視 1.832m– 前視讀 1.232m= 高程差 +0.600m。

62. (1) 從 A 點向 B 點作間接高程測量，若 A 點之儀器高為 i，AB 間之水準距離為 D，B 點之標高為 Z，觀測之垂直角為 α，則 AB 兩點之高程差為 ① D×tanα+i–Z ② D×tanα+i+Z ③ D×sinα+i–Z ④ D×sinα+i+Z 。

63. (4) 水準測量時常用 ①高程差 ②視距差 ③儀器差 ④閉合差 來表示精度。

64. (1) 水準測量中，後視和與前視和之差，為兩點之 ①高程差 ②視距差 ③球差 ④閉合差 。

65. (3) 利用三角高程測量一大樓頂之高程，已知地面測站 A 之高程為 100.00 公尺，儀器高 1.60 公尺，大樓頂 B 點上稜鏡高為 1.60 公尺，測得垂直角 0 度，斜距 100.00 公尺，sin 30°= 0.5，則大樓頂 B 點之高程為 ① 50.00 公尺 ② 100.00 公尺 ③ 150.00 公尺 ④ 200.00 公尺 。

解析

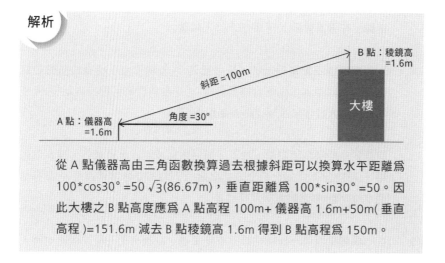

從 A 點儀器高由三角函數換算過去根據斜距可以換算水平距離爲
100*cos30°=50 √3(86.67m)，垂直距離爲 100*sin30°=50。因
此大樓之 B 點高度應爲 A 點高程 100m+ 儀器高 1.6m+50m(垂直
高程)=151.6m 減去 B 點稜鏡高 1.6m 得到 B 點高程爲 150m。

66. (3) 有關經緯儀電子度盤的敍述，下列何者正確？ ①採遊標方式讀數 ②
直接刻劃讀數 ③採用編碼方式或光柵刻劃 ④折射稜鏡組可將度盤讀
數折射於讀數窗 。

67. (2) 測量三層樓高房屋的傾斜問題時，觀測者由地面測站觀測樓頂測站之
稜鏡，在未加任何改正的情況下，電子測距儀所直接顯示之距離爲
①垂直距 ②斜距 ③水準距 ④視距 。

68. (2)A、B 兩點之水準距離爲 100 公尺，高程差爲 4 公尺，則 A、B 兩點
之坡度爲 ① 0.4% ② 4% ③ 5% ④ 6.5% 。

解析

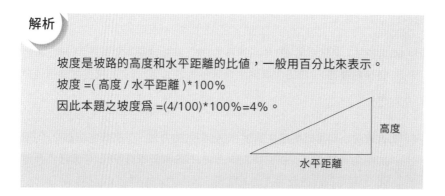

坡度是坡路的高度和水平距離的比值，一般用百分比來表示。
坡度 =(高度 / 水平距離)*100%
因此本題之坡度爲 =(4/100)*100%=4%。

69. (2)導線測量外業所得之角度與距離觀測量，經過導線計算，所求得最終
成果爲導線點的 ①天頂距 ②坐標 ③內角 ④水準距 。

70. (4)下列有關全測站 (Total Station) 經緯儀的敘述，何者錯誤？ ①一種結合電子測距功能的電子經緯儀 ②可量測距離和角度 ③測量結果可直接顯示在儀器螢幕上 ④使用水準尺讀數 。

71. (3)下列有關視距測量的敘述，何者正確？ ①常使用在精度較高的量距 ②正常的視距測量要配合捲尺量距 ③配合視距絲可間接測距 ④常使用在距離大於 1 公里以上的長距離量距 。

72. (1)道路實施縱橫斷面測量，除了能提供路面坡度設計參考外，還有下列哪 一項功能？ ①能計算土方挖填量 ②可以校正水準儀誤差 ③具有衛星定位功能 ④消除水準管軸誤差 。

73. (4)在結構體工程某一層樓地板完成施工後，欲組構上一層梁版範本時，有時會在柱鋼筋離樓地一公尺位置作水準記號，主要目的在控制結構體的①方位 ②面積 ③鋼筋用量 ④高程 。

74. (4)某平坦地採用視距測量觀測，若不計儀器和人為等誤差，此時標尺讀數為上絲 1.584m 與下絲 1.219m，已知儀器視距乘常數為 100，視距加常數為 0，則測站距標尺有多遠？ ① 140.15m ② 136.50m ③ 40.15m ④ 36.50m。

解析

上絲 1.584m – 下絲 1.219m 乘上視距乘常數為 100，
(1.584 – 1.219)*100=36.50m。

75. (4)定樁法 (又稱木樁法) 的用途為 ①校正經緯儀視準軸誤差 ②校正經緯儀橫軸誤差 ③校正水準儀水準管不垂直於直立軸 ④校正水準儀視準軸誤差 。

76. (3)有關防止測量成果產生錯誤 (Mistake) 的方法，下列何者錯誤？ ①增加觀測次數，以加強檢核工作 ②小心讀數及檢核記錄 ③進行尺長改正 ④利用快速的証明方法，譬如三角形內角 180°。

77. (2)以布捲尺測量某段距離，經三次量測得觀測值分別為 134.014m、134.018m 及 134.013m，求此段距離之最或是值為多少？ ① 132.893 ② 134.015 ③ 135.832 ④ 136.785 m。

解析

將三次量測的距離加總後除以量測次數：(134.014m+134.018m + 134.013m)/3=134.015m。

78. (2)八邊形閉合導線，其內角和應等於多少？ ① 1000° ② 1080 ° ③ 1200° ④ 1800 °。

79. (2)自子午線北端或南端起算，順時鐘方向 (或逆時鐘方向) 旋轉至某測線所夾之角度 (其值不超過 90°)，稱為 ①折角 ②方向角 ③方位角 ④偏角 。

80. (1)溫度變化所造成鋼捲尺之長度誤差，屬於下列何者？ ①自然誤差 ② 人為誤差 ③儀器誤差 ④錯誤 。

81. (1)以水準儀 A、B、C 三點間進行水準測量，已知 A 點高程為 54.388m，後視 A 點水準尺得讀數為 1.524m，前視 B 點水準尺得讀數為 1.116m，前視 C 點水準尺得讀數為 0.857m，則下列敍述何者正確？ ① B 點比 C 點低 0.259m ②視準軸高程為 52.864m ③ C 點高程為 53.721m ④ B 點高程為 53.980m 。

解析

多點之水準測量可以先求出視準軸高度後再比較不同點位高度。
A 點為後視，因此為視準軸為 54.388m+1.524m=55.912m。
B 點之高程為 55.912m–1.116m(水準尺讀數)=54.796m，
C 點為 55.912m–0.857m=55.055m。
比較三點高程可得 A(54.388m)<B(54.796m)<C(55.055m)，
C 點比 B 點高 0.259m。

82. (2)以具天頂式度盤之經緯儀 (縱角度盤刻劃為全周式，度盤 0°位於天頂) 進行縱角測量，正鏡讀數為 82° 42'15 "，倒鏡讀數 277° 17'15 "， 則視準軸垂直角度為多少？ ①仰角 7° 17'15 " ②仰角 7° 17'30 " ③仰角 82° 42'15 " ④仰角 82° 42'30 " 。

正鏡 82° 42' 15"，倒鏡 277° 17'15" 之和為 359° 59' 30"，閉合差為 -30"，因此改正數為 +30"，平均分配至正倒鏡 (+15") 得正鏡 82° 42' 30"，倒鏡 277° 17'30"，垂直角已水平位置為 0°，正鏡 82° 42' 30" 即等於仰角 7° 17'30"(90° 00'00"–82° 42' 30")。

83. (4) 方向角 S37° E 換為方位角時，其值為下列何者？ ① 37° ② 53° ③ 127° ④ 143°。

84. (2) 某五邊形閉合導線測量，各內角觀測成果分別為 103° 37' 50"、115° 21'10"、104° 30' 25"、132° 15' 40"、84° 14' 40"，求內角之閉合差為？ ① 15" ② –15" ③ 45" ④ –45"。

五邊形之內角和應為 (5–2)*180° =540°。
103° 37'50"+115° 21'10"+104° 30'25"+132° 15'40"+84° 14'40"=359° 59'45"，與實際應該獲得的值的差異稱為閉合差為 -15"。
而改正數為 +15"，若平均分配每個觀測值須 +3"。

85. (4) 經緯儀各軸間之關係，下列何者正確？ ①視準軸應垂直直立軸 ②視準軸應平行直立軸 ③水準管軸應平行直立軸 ④水準軸 (橫軸) 應垂直直立軸 。

86. (2) 測量造成大氣折光差的最主要原因 ①在望遠鏡視界中之光線分佈不均勻②大氣使得光線彎曲 ③望遠鏡調焦不準確 ④觀測係在地面而非地心 。

87. (4) 下列敘述，何者錯誤？ ①導線測量時，前後點位應互相通視 ②引起導線測量誤差的主要原因，為距離與角度不夠準確 ③導線測量之精確需分等級 ④閉合導線外角和為 360 度 。

88. (2) 水準儀置於 A、B 兩點之間，觀測得 A、B 兩點水準尺讀數分別為 1.328m 及 1.425m，若 B 點高程為 21.830m，則 A 點高程為若干？ ① 21.733m ② 21.927m ③ 22.733m ④ 22.927m 。

解析

已知點高程 = 後視。因此 B 點高程爲 21.830 m+1.425 m(B 點讀數)= 視準高程，減去 1.328 m 得到 A 點高程 =21.927m。

89. (3) 以全周式經緯儀觀測一塔頂之天頂距，正鏡讀數爲 83° 23' 08"，倒鏡讀數爲 276° 36'56"，則此儀器之指標差爲多少？ ① +4" ② –4" ③ +2" ④ –2" 。

90. (2) 二次縱轉法主要是用來檢校經緯儀的何種誤差？ ①水準軸誤差 ②視準軸誤差 ③水準軸誤差 ④直立軸誤差 。

91. (4) 有一閉合導線共 7 個導線點，今測得各外角總和爲 1620° 00'42"，則各點之角度閉合差改正值爲若干？ ① +7" ② –7" ③ +6" ④ –6" 。

92. (1) 觀測一水準夾角，若∠ ABC=156° 28' 38"，則 BC 測線之偏角值爲多少？ ① –23° 31' 22" ② +23° 31'22" ③ –66° 28'38" ④ +66° 28'38" 。

解析

前一測線之延長線與後一測線所成之夾角稱爲偏角。偏角之值最大不超過 180°，其在延長線之右者稱爲右偏角，以「＋」或 R 示之；其在延長線之左者，稱爲左偏角，以「－」或 L 示之。本題爲 180°-156° 28' 38" 之夾角，延長線在左邊因此爲左偏角，角度爲 –23° 31' 22"。

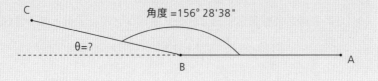

93. (4)AB 的方向角爲 S35° 25' 52"E，則 AB 的反方位角爲若干？ ① 125° 25'52" ② 144° 34' 08" ③ 215° 25' 52" ④ 324° 34' 08" 。

94. (3)已知一閉合導線之縱距閉合差 W_N= +0.16 m，橫距閉合差 W_E = –0.20m，閉合導線之總長爲 1780.00m，則閉合比數爲多少？ ① 1 / 2950 ② 1/5000 ③ 1/ 6950 ④ 1/ 27100 。

95. (2)地表某點與水準基面的垂直距離稱為該點之 ①高差 ②高程 ③壓力 ④儀器高 。

96. (3)由水準儀觀測已知標高點上標尺讀數,此項動作稱為 ①校正 ②前視 ③後視 ④間視 。

解析

1. 後視:將標尺置於已知高程之點,以望遠鏡照準尺上讀數,以測儀器高程。
2. 前視:將標尺置於未知高之點,以望遠鏡照準,以求該點之高程,此動作謂之負視。
3. 間視:僅對一點施行前視而不行後視。
4. 轉點(Turning Point):為水準測量施測過程中,用作前視及後視之點,該點之高程常由已知點測得而為求他點高程之媒介,故亦稱臨時水準點,通常以"T.P."表示之。
5. 中間點(Intermediate Point):凡水準尺所立之點,對某點僅施行前視而不施行後視者,皆稱為中間點,通常以"I.P."表示之。

97. (3)水準測量中對某點僅施行前視而不施行後視者,稱為 ①轉點 ②水準點 ③中間點 ④正視點 。

98. (4)水準測量中,未知高程點之標尺讀數稱為 ①高程 ②高程差 ③後視 ④前視 。

99. (1)高程差又稱為 ①比高 ②高程度 ③比角 ④平差 。

100. (1)某導線之縱線閉合差為 8 公分,橫線閉合差 6 公分,其平面閉合差為 ① 0.1 ② 0.01 ③ 0.14 ④ 0.20 m。

101. (2)有一導線長 500m,其方向角 N60° E,其緯距為 ① 200 ② 250 ③ 334 ④ 433 m。

102. (1)一般使用於公路或狹長地區之平面測量控制時常用 ①展開導線 ②三角點 ③三角網 ④基線網 。

103. (3) 測量各測點間之距離及各邊與邊所夾之折角,求得測點位置之方法,稱為 ①三角測量 ②三邊測量 ③導線測量 ④交會法測量 。

104. (3) 測距尺中間下垂,使量得之距離 ①減少 ②不變 ③增加 ④增加或減少均可能 。

105. (24) 有關水準測量之敘述,下列何者正確? ①水準儀安置只需定心,不需定平 ②水準儀主要用途為高程測量 ③微傾水準儀只要視準軸傾斜不超過 ±20,即可進行測量 ④一般水準測量可配合水準標尺同時使用 。

106. (1234) 經緯儀可用於下列何種用途? ①測水平角 ②測垂直角 ③定直線 ④觀測柱體是否垂直 。

107. (124) 導線測量選點原則,下列敘述何者正確? ①前後兩點應能互相通視 ②能提供後續測量之有效控制 ③緊靠建築物以求穩固 ④導線之邊長應大約相等 。

108. (12) 有關等高線性質,下列敘述何者正確? ①同一等高線各點之高程相等 ②等高線多條重疊處為斷崖 ③二等高線之間距愈大,表示坡度愈陡 ④二等高線之間距愈小,表示坡度愈平坦 。

解析

等高線是假想連結地面上高度相同的各點,投影在基準水準面而成的封閉曲線,因此同一等高線各點之高程相等,而等高線越密間距越小,坡度越大,若多條重疊處為垂直,可能是斷崖。

---

109. (123) 已知單曲線外偏角 $\triangle$ =40°20'30 ",半徑 R=300m,I. P. 樁號 3k+210.098,I.P. 坐標 (1000,3000),B. C. 至 I.P. 方位角 100°20'30",下列敘述哪些為正確? ① B.C. 橫坐標 891.585 ② M.C. 縱坐標 3019.314 ③ E.C. 縱坐標 3055.103 ④ E.C. 樁號 3k+ 320.303 。

110. (124) 已知單曲線外偏角 $\triangle$ =+40°30' 20",半徑 R=200 m,B.C. 樁號為 2k+300.456,下列敘述哪些為正確? ① I.P. 樁號 2k+ 374.251 ② 2k+320 弦切角 2°47' 58 " ③ 2k+ 340 到 B.C. 距離 30.960m ④ 2k+ 360 到 B.C. 距離 59.324 m 。

111. (124) 已知單曲線外偏角 △ =+20°30'40 "，半徑 R= 200m，I. P. 樁號爲 2k+300.456，下列敘述哪些爲正確？ ① B.C. 樁號 2k+264.270 ② M.C. 樁號 2k+300.069 ③ E.C. 樁號 2k+336.642 ④ E.C. 樁號 2k+335.867 。

112. (34) 如下圖所示一直角三角形 ABC，下列敘述哪些爲正確？ ① B.C. 距離 4.580m ② α 角爲 19°23'05" ③ B.C. 距離 5.890m ④ β 角爲 60°36' 15" 。

解析

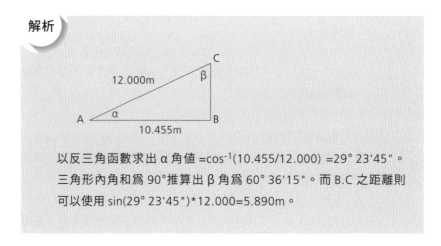

以反三角函數求出 α 角值 =cos⁻¹(10.455/12.000) =29°23'45" 。
三角形內角和爲 90°推算出 β 角爲 60°36'15" 。而 B.C 之距離則可以使用 sin(29°23'45")*12.000=5.890m 。

113. (134) 已知克羅梭緩和曲線，半徑 R=1800m，克羅梭曲率通徑 A=900 m，下列敘述哪些爲正確？ ①克羅梭曲線長 L=450m ②克羅梭曲線長 L=50m 時，半徑 R=10000m ③克羅梭曲線長 L=100m 時，半徑 R=8100m ④克羅梭曲線長 L=250m 時，半徑 R=3240m 。

114. (34) 如下圖所示，AB 斜距 223.456m，坡度 +3.41%，下列敘述何者正確？ ①水準距離 323.666m ② AB 高差 5.516m ③垂直角 =1°57'11" ④ AB 高差 7.615m 。

解析

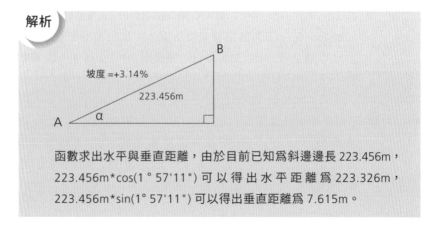

函數求出水平與垂直距離，由於目前已知爲斜邊邊長 223.456m，223.456m*cos(1°57'11") 可以得出水平距離爲 223.326m，223.456m*sin(1°57'11") 可以得出垂直距離爲 7.615m。

1. (3) 水工程施工前應依照工程圖說進行建築用地測量，下列何者非為其建築用地之工作內容 ①地界 ②面積 ③預算 ④高程 。

2. (4) 建築工程施工場所如樓板開口、坑洞及工作臺高度在 ① 1 ② 1.2 ③ 1.5 ④ 2 公尺以上者應設置安全護欄。

解析

雇主對於高度 2 公尺以上之屋頂、鋼梁、開口部分、階梯、樓梯、坡道、工作臺、擋土牆、擋土支撐、施工構臺、橋梁墩柱及橋梁上部結構、橋臺等場所作業，勞工有遭受墜落危險之虞者，應於該處設置護欄、護蓋或安全網等防護設備。

雇主設置前項設備有困難，或因作業之需要臨時將護欄、護蓋或安全網等防護設備拆除者，應採取使勞工使用安全帶等防止墜落致勞工遭受危險之措施。

3. (3) 自地面高度 ① 2 ② 2.5 ③ 3 ④ 4 公尺以上投下垃圾或容易飛散之物體時，應使用垃圾導管或其他有效防止飛散之設施。

4. (1) 產生粉塵之作業應配合設置 ①灑水 ②消毒 ③消防 ④消音 設備。

5. (3) 各類磚、瓦、石材、木料及箱裝建材等放置高度不得超過 ① 1. 2 ② 1.5 ③ 1.8 ④ 2.1 公尺。

6. (1) 竹材施工架使用之孟宗竹，其末梢之外徑最小為 ① 4 ② 7 ③ 10 ④ 15 公分，且不得有裂隙等情況。

解析

雇主對於高度 2 公尺以上之屋頂、鋼梁、開口部分、階梯、樓梯、坡道、工作臺、擋土牆、擋土支撐、施工構臺、橋梁墩柱及橋梁上部結構、橋臺等場所作業，勞工有遭受墜落危險之虞者，應於該處設置護欄、護蓋或安全網等防護設備。

雇主設置前項設備有困難，或因作業之需要臨時將護欄、護蓋或安全網等防護設備拆除者，應採取使勞工使用安全帶等防止墜落致勞工遭受危險之措施。

7. (2) 使用之施工架應於 ①每天 ②每週 ③每月 ④每季 至少檢查一次，並作成記錄妥為保存。

8. (1) 起重設備之吊索、吊鉤、鉤環等吊掛用具，對於有無扭曲、腐蝕、變形或斷裂等情形之檢查應 ①每日 ②每週 ③每月 ④每季 實施。

9. (2) 機械基本操作過程是將齒狀尖頭之鏟斗，向前方伸出，而後朝下方刺挖，然後再拉回動力源前頭，此等動作之機械為 ①堆土機 ②挖土機 ③捲揚機 ④吊升機 。

10. (1) 吊車之吊桿前端備有蛤形挖斗之機械稱為 ①蛤形挖土機 ②蛤形推土機 ③ 蛤形吊升機 ④蛤形拖斗挖土機 。

11. (2) 用於將預鑄混凝土塊推進、鼻梁水準與垂直方向之調整、換裝永久性支承，及範本系統操作等作業之油壓千斤頂應附有壓力計，其精密度需在多少範圍以內？ ① ±1 % ② ± 2% ③ ± 3% ④ ±4% 。

12. (1) 下列何項機械對於架設有支撐及擋土壁設施之市區建築地下室開挖及積水地點等之挖掘特別有效？ ①蛤形挖土機 ②蛤形推土機 ③蛤形吊升機 ④蛤形拖斗挖土機 。

13. (1) 能運用於淺挖，簡易之整地、運土、回填及夯實等廣泛性作業能力之機械為 ①鏟裝機 ②夯實機 ③振動機 ④蛤形挖土機 。

14. (3) 推土機主要是使用在多少公尺以內效能較高？ ① 30 ② 50 ③ 80 ④ 120 。

15. (1) 點井法其打設間距以下列何者最適宜？ ① 1～3m ② 3～5m ③ 6～10m ④ 10～12m 。

16. (4) 各項吊裝機具，其吊裝角度原則上以 ① 10° ② 20° ③ 40° ④ 60° 爲佳。

17. (1) 懸吊工作架（台）所使用懸吊鋼索之安全係數應在多少以上？ ① 10 ② 4 ③ 5 ④ 2 。

解析

雇主對於懸吊式施工架，應依下列規定辦理：

一、懸吊架及其他受力構件應具有充分強度，並確實安裝及繫固。

二、工作臺寬度不得小於 40 公分，且不得有隙縫。但於工作臺下方及側方已裝設安全網及防護網等，足以防止勞工墜落或物體飛落者，不在此限。

三、吊纜或懸吊鋼索之安全係數應在 10 以上，吊鉤之安全係數應在 5 以上，施工架下方及上方支座之安全係數，其爲鋼材者應在 2.5 以上；其爲木材者應在五以上。

18. (4) 工地的採用之機械一般爲 ①雙相 220V ②三相 330V ③單相 110V ④三相 220V 之電力。

19. (4) 安裝起重機之底部必須隨時保持 ①微傾 ②有彈性 ③自由滑動 ④水準穩定 。

20. (4) 下列有關吊裝機具操作之敘述，何者爲誤？ ①起吊前先行警告施工範圍附近人員躲避 ②尖銳起重物應詳加保護 ③吊放時應使吊裝物靜止後再行徐緩下降 ④吊放角度以 90 度爲宜 。

21. (3) 刮運機 (Scraper) 係屬於何種機械？ ①起重 ②運貨 ③整地 ④挖溝槽。

22. (3) 勞工所使用之移動梯，下列敘述何者有誤？ ①應有堅固之構造 ②材質不得有顯著之損傷、腐蝕 ③寬度應在 20 公分以上 ④應安置防止溜滑或其他防止轉動之必要設備 。

雇主對於使用之移動梯，應符合下列之規定：

一、具有堅固之構造。

二、其材質不得有顯著之損傷、腐蝕等現象。

三、寬度應在 30 公分以上。

四、應採取防止滑溜或其他防止轉動之必要措施。

23. (2) 凡離地面或樓地板面 2 公尺以上之工作臺，應舖以密接之板料，若二板重疊時，其重疊之長度不得小於 ① 10 ② 20 ③ 30 ④ 40　公分。

雇主使勞工於高度 2 公尺以上施工架上從事作業時，應依下列規定辦理：

一、應供給足夠強度之工作臺。

二、工作臺寬度應在 40 公分以上並舖滿密接之踏板，其支撐點應有二處以上，並應綁結固定，使其無脫落或位移之虞，踏板間縫隙不得大於 3 公分。

三、活動式踏板使用木板時，其寬度應在 20 公分以上，厚度應在 3.5 公分以上，長度應在 3.6 公尺以上；寬度大於 30 公分時，厚度應在 6 公分以上，長度應在 4 公尺以上，其支撐點應有三處以上，且板端突出支撐點之長度應在 10 公分以上，但不得大於板長十八分之一，踏板於板長方向重疊時，應於支撐點處重疊，重疊部分之長度不得小於 20 公分。

四、工作臺應低於施工架立柱頂點 1 公尺以上。

24. (3) 工作臺四周應設置扶手護欄，護欄下之垂直空間不得超過 ① 70 ② 80 ③ 90 ④ 100 公分。

25. (2) 一般土方工程除岩磐或堅硬之黏土層外，凡開挖高度在 2～5 公尺者，其開挖面傾斜度不得超過 ① 90 度 ② 75 度 ③ 60 度 ④ 45 度 。

解析

岩磐（可能引致崩塌或岩石飛落之龜裂岩磐除外）或堅硬之粘土構成之地層，及穩定性較高之其他地層之開挖面之傾斜度，應依下表之規定：

地層之種類	開挖面高度	開挖面傾斜度
岩盤或堅硬之黏土構成之地層	未滿 5 公尺	90 度以下
	5 公尺以上	75 度以下
其他	未滿 2 公尺	90 度以下
	2 公尺以上未滿 5 公尺	75 度以下
	5 公尺以上	60 度以下

若開挖面含有不同地層時，應採取較安全之開挖傾斜度，如依統一土壤分類法細分之各種地質計算出其所允許開挖深度及開挖角度施工者，得依其方式施工。

26. (4) 下列何者不屬假設工程？ ①點井 ②圍堰 ③導坑支保 ④基樁工程 。

27. (2) 下列施工機械中，何者屬於回填用夯實機械？ ①挖土機 ②夯實機 ③搬運機 ④履帶輸送機 。

28. (4) 打設點井排水點井間距一般為 1～3m，抽水深大約 6～8m，若排水深度超過 ① 14m ② 12m ③ 10m ④ 8m 者應分段裝設。

29. (3) 最適合在陷坑、低窪地點及水池中作業之機具為 ①鏟土機 ②挖土機 ③撈土機 ④抓土機 。

30. (2) 裝運石塊時，應儘量將大石頭裝載於車鬥何處以減少車輛之損耗 ① 前方 ② 後方 ③側方 ④中央 。

31. (1) 施工前及施工中為有效控制地下水位高漲，所使用之動力用機具及附屬品稱之 ①抽水機具 ②吊裝機具 ③挖土機具 ④夯實機具 。

32. (1) 通過繩輪及捲筒中心的線與捲筒邊緣間之夾角，稱為滑動角度。於無槽溝捲筒時，滑動角度應在 1.5 度以內；有槽溝時，應在幾度以內，避免鋼纜與繩輪的摩擦？ ① 2 ② 4 ③ 6 ④ 8 。

33. (3) 鋼纜應充分塗布油脂妥作保管，並不要直接存置於地面上，不得已要置於室外時，應以枕木等墊高約離地 ① 20 ② 25 ③ 30 ④ 40 公分以上。

34. (2) 「職業安全衛生設施規則」規定，鋼索一撚間有多少百分比以上素線截斷者，不得使用？ ① 7 ② 10 ③ 13 ④ 15 %。

解析

第 99 條：雇主不得以下列任何一種情況之吊掛之鋼索作為起重升降機具之吊掛用具：
一、鋼索一撚間有 10% 以上素線截斷者。
二、直徑減少達公稱直徑 7% 以上者。
三、有顯著變形或腐蝕者。
四、已扭結者。

35. (1) 關於起重升降機具吊掛用之鋼索直徑減少達公稱直徑百分之多少以上時，不得使用？ ① 7 ② 10 ③ 13 ④ 15 %。

36. (4) 塔式起重機每日的檢查工作不包括 ①無負載情況下的煞車情形 ②過負荷或過捲揚裝置的運作情形 ③護圍及護罩是否定位 ④吊纜及捲筒。

37. (3) 塔式起重機每週檢查工作不包括 ①吊纜及捲筒 ②懸臂及平衡臂的支撐索 ③動力來源及電氣部分的接地性 ④基礎及螺絲 。

38. (1) 皮帶輸送機之帶槽角度，係決定於運搬物之性質與形狀，一般採用角度為何？ ① 20 ② 25 ③ 30 ④ 45 。

39. (3) 挖土機挖臂的挖掘角度約與地面成幾度時，挖土力量為最佳？ ① 30 ② 45 ③ 70 ④ 135 。

40. (1) 挖土機最佳挖掘範圍應在挖臂中心線兩側各幾度角之內，挖土量為最快速，以增加產量？ ① 15 ② 30 ③ 45 ④ 60 。

41. (4) 合梯及移動梯架設時，單梯、伸縮梯或折梯之架設角度不得超過幾度？
① 30 ② 45 ③ 60 ④ 75 。

解析

雇主對於使用之合梯，應符合下列規定：

1. 具有堅固之構造。

2. 其材質不得有顯著之損傷、腐蝕等。

3. 梯腳與地面之角度應在 75 度以內，且兩梯腳間有金屬等硬質繫材扣牢，腳部有防滑絕緣腳座套。

4. 有安全之防滑梯面。

5. 雇主不得使勞工以合梯當作二工作面之上下設備使用，並應禁止勞工站立於頂板作業。

移動梯作業注意事項：

1. 移動梯支柱間淨寬度應在 30 公分以上。

2. 移動梯踏板應等間隔設置，垂直間隔建議 30 公分至 35 公分為宜。

3. 移動梯梯柱和地板建議在 75°(4:1 之比) 以內使用。

4. 移動梯之頂端應突出板面 60 ～ 100 公分以上為宜。

5. 移動梯不得搭接使用。

6. 移動梯應設置防止翻轉傾倒之設備，梯腳採取防止滑溜設備。

42. (4) 就模板支撐及施工架結構來看，涉及倒塌的因素，下列何者影響較小？
①結構設計是否正確 ②工地是否按圖施工 ③構材品質是否確保 ④施工時程 。

43. (4) 從事鋼構吊裝作業時需注意之事項，下列何者錯誤？ ①起重機作業半徑內設置警告標示 ②嚴禁人員進入吊舉物下方 ③吊舉物應設置控制繩索，以利控制方向 ④指揮人員以對講機聯繫，不需站通視位置 。

44. (3) 半阻隔式圍籬是指離地高度多少公分以上，使用網狀鏤空材料，其餘使用非鏤空材料製作之圍籬？ ① 60 ② 70 ③ 80 ④ 90 。

45. (3) 營建工程臨接道路寬度在 8 公尺以下之道路、隧道、管線或橋梁工程，得設置下列何種圍籬？ ①半阻隔式 ②全阻隔式 ③簡易式 ④交通錐 。

46. (3) 屬於一級營建工程者，其圍籬高度不得低於 ① 1.2 公尺 ② 1.8 公尺 ③ 2.4 公尺 ④沒限制 。

47. (2) 屬於二級營建工程者，其圍籬高度不得低於 ① 1.2 公尺 ② 1.8 公尺 ③ 2.4 公尺 ④沒限制 。

48. (1) 圍籬坐落於道路轉角或轉彎處 10 公尺以內者，得設置下列何種圍籬？ ①半阻隔式 ②全阻隔式 ③簡易式 ④交通錐 。

49. (1) 營建業主於營建工程進行期間，應於營建工地結構體施工架外緣，放置有效抑制粉塵之 ①防塵網 ②防溢座 ③粒料 ④運送機具 。

50. (4) 營建業主於營建工程進行拆除期間，應採用抑制粉塵之防制設施，下列何者不是有效設施？ ①設置加壓噴水設施 ②結構體外包覆防塵布 ③設置防風屏 ④設置紐澤西護欄 。

51. (3) 雇主對於隧道、坑道開挖作業，如其豎坑深度達多少公尺以上，應設專供人員緊急出坑之安全吊升設備？ ① 10 ② 15 ③ 20 ④ 25 。

52. (3) 雇主以一般鋼管為模板支撐之支柱時，高度每隔多少公尺內應設置足夠強度之縱向、橫向之水準繫條，以防止支柱之移動？ ① 1 公尺 ② 1.5 公尺 ③ 2.0 公尺 ④ 2.5 公尺 。

53. (2) 以可調鋼管支柱為樓板支撐之支柱時，高度超越 3.5 公尺時，高度每多少公尺內應設置足夠強度之縱向、橫向之水準繫條，以防止支柱之移動？ ① 1.5 ② 2.0 ③ 2.5 ④ 3.0 。

54. (2) 雇主對於室內工作場所，應設置足夠勞工使用之通道，其人行通道寬度不得小於 ① 0.8 公尺 ② 1.0 公尺 ③ 1.2 公尺 ④ 1.5 公尺 。

55. (2) 超過 8 公尺以上之階梯，應每隔多少公尺設置一處平臺？ ① 3 ② 7 ③ 10 ④ 12 。

56. (2) 雇主架設之通道，其傾斜應保持在幾度以下？ ① 15 ② 30 ③ 45 ④ 60 。

57. (3) 雇主設置之固定梯子，其平臺如用漏空格條製成，其縫間隙不得超過多少公釐？ ① 10 ② 20 ③ 30 ④ 40 。\

58. (4) 雇主對於起重機具所使用之吊掛構件，其斷裂荷重與所承受之最大荷重比之安全係數應為多少？ ① 2 ② 2.5 ③ 3.5 ④ 4 。

59. (3) 對於高壓氣體之貯存，下列敘述何者錯誤？ ①應安穩置放並加固定 ②貯存處應考慮於緊急時便於搬出 ③貯存比空氣輕之氣體應注意其通風 ④貯存周圍 2 公尺內不得放置引火性物品 。

60. (3) 對於乙炔熔接裝置距離多少公尺範圍內，應禁止吸菸，使用煙火並加標示？ ① 1 公尺 ② 2 公尺 ③ 3 公尺 ④ 4 公尺 。

61. (4) 雇主對於使用之合梯，其梯腳與地面之角度應在多少度以內？ ① 30 ② 45 ③ 60 ④ 75 。

62. (2) 雇主對於 600 伏特以下之電氣設備前方，至少應有多少公分以上之水準工作空間？ ① 60 ② 80 ③ 100 ④ 120 。

63. (3) 雇主對於自高度在幾公尺以上之場所投下物體有危害勞工之虞時，應設置適當之滑槽、承受設備，並指派監視人員？ ① 2 ② 2.5 ③ 3 ④ 5 。

64. (3) 雇主對營建用提升機之鋼索有無損傷，應多久就該機械整體定期實施檢查一次？ ①每週 ②每 2 週 ③每月 ④每 2 個月 。

65. (3) 雇主對升降機，應多久就該機械整體定期實施檢查一次？ ①每月 ②每 6 個月 ③每年 ④每 3 年 。

66. (3) 雇主對於堆高機應多久就該機械之整體定期實施檢查一次？ ①每月 ②每 6 個月 ③每年 ④每 3 年 。

67. (24) 有關營建工地行人安全走廊設置之規定，下列哪些為正確？ ①行人安全走廊應設於安全圍籬內 ②安全走廊之淨寬至少 1.2 公尺、淨高至少 2.4 公尺 ③安全走廊上方加設之臨時工房其層高不得超過 6 公尺 ④安全走廊內應設置照明設備。

68. (24) 根據營造安全衛生設施標準規定，有關安全護欄設置之敍述，下列哪些正確？ ①高度應在 120 公分以上 ②應包括上欄杆、中欄杆、腳趾板及桿柱等構材 ③桿柱間距不得超過 3 公尺 ④腳趾板或金屬網應密接於地面舖設。

解析

雇主依規定設置之護欄，應依下列規定辦理：

一. 具有高度 90cm 以上之上欄杆、高度在 35cm 以上，55cm 以下之中間欄杆或等效設備（以下簡稱中欄杆）、腳趾板及桿柱等構材。

二. 以木材構成者，其規格如下：

（一）上欄杆應平整，且其斷面應在 30cm^2 以上。

（二）中間欄杆斷面應在 25cm² 以上。

（三）腳趾板高度應在 10cm 以上，厚度在 1cm 以上，並密接
於地盤面或樓板面舖設。

（四）杆柱斷面應在 30cm² 以上，相鄰間距不得超過 2m。

三.以鋼管構成者，其上欄杆、中間欄杆及杆柱之直徑均不得小於
3.8cm，杆柱相鄰間距不得超過 2.5m。

四.採用前二款以外之其他材料或型式構築者，應具同等以上之強
度。

五.任何型式之護欄，其杆柱、杆件之強度及錨錠，應使整個護
欄具有抵抗於上欄杆之任何一點，於任何方向加以 75kg 之荷
重，而無顯著變形之強度。

六.除必須之進出口外，護欄應圍繞所有危險之開口部分。

七.護欄前方 2m 內之樓板、地板，不得堆放任何物料、設備，並
不得使用梯子、合梯、踏凳作業及停放車輛機械供勞工使用。
但護欄高度超過物料、設備、梯、凳及車輛機械之最高部達
90cm 以上，或已採取適當安全設施足以防止墜落者，不在此
限。

八.以金屬網、塑膠網遮覆上欄杆、中欄杆與樓板或地板間之空隙
者，依下列規定辦理：

（一）得不設腳趾板。但網應密接於樓板或地板，且杆柱之間
距不得超過 1.5m。

（二）網應確實固定於上欄杆、中欄杆及杆柱。

（三）網目大小不得超過 15cm²。

（四）固定網時，應有防止網之反彈設施。

69. (234) 有關營造安全衛生設施之敘述，下列哪些為正確？ ①雇主對於高度
在 1.5m 以上之作業場所，應架設施工架 ②露天開挖作業，其垂直
開挖深度在 1.5m 上者應設擋土支撐 ③雇主對於高度在 2m 以上之
橋墩作業應設防護設備 ④高差超過 1.5m 以上之作業場所，雇主應
設置能使勞工安全上下之設備 。

70. (123) 吊車 (起重機) 進場前要求一機三證，下列哪些屬之？ ①吊掛作業人
員訓練合格證 ②操作人員訓練合格證 ③檢查合格證 ④原廠證明 。

71. (134) 下列何種狀況可定義為「呆料」？ ①物料因工程結束、計畫變更或規
範更改而剩餘又無法移轉給其他工地使用者 ②物料一年內無耗用
記錄者 ③物料若繼續存儲半年可能變質，且半年內又無利用規劃者
④製成品及半成品因市場發生變化無法出售，經專案報准轉列呆料
處理者 。

72. (124) 下列何種狀況可定義為「廢料」？ ①物料因變質或毀損等原因而呈准報廢者 ②呆料經變賣仍是無人承購而呈准報廢者 ③物料一年內無耗用記錄者 ④各工地所建臨時房屋及木料等因工程結束無法再利用經呈准報廢者 。

73. (14) 水泥倉庫之水泥堆積高度依規定不得超過 10 包，其主要考量下列哪些因素？ ①考慮水泥堆置與取出 ②方便檢驗人員查驗 ③方便管理人員盤點 ④防止物料堆置過高 。

74. (124) 下列哪些為工程中常用來降低機具噪音的設施？ ①滅音器 ②隔音罩或隔音屏 ③降低機具功率 ④消音器 。

75. (234) 下列哪些係屬於棄土計畫內容？ ①施工步驟 ②運輸路線 ③棄土場經營單位同意之棄土契約 ④水土保持方法 。

76. (134) 下列哪些係屬於工程施工或安裝所需之臨時設施？ ①工程用水 ②吊車 ③ 工程用電 ④照明 。

77. (13) 施工場所出入口、建築物施工場所四周明顯處、及車輛出入口處除應設置安全警示燈外， 另須遵守下列哪些規定？ ①提醒行人車輛注意之警示標誌 ②車輛進出之際應派身著工作服，手持旗號之引導者，在場整理交通 ③車輛進出口位置應距離道路交叉口 5m 以上 ④車輛進出口位置應距離消防栓 3m 以上 。

解析

施工場所出入口：建築物施工場所四周明顯處及車輛出入口處應設置安全警示燈、警示標誌，以提醒行人車輛注意，車輛進出之際應派身著銘黃色衣服，手持旗號之引導者，在場整理交通。車輛進出口位置應距離道路交叉口、轉角、行人穿越道、消防栓 5m 以上，火警警報器 3m 以上。

78. (12) 搭建工寮應注意下列哪些事項？ ①避免搭建於危險物堆置或貯藏所附近 ②避免搭建於噪音或振動頻繁的地方 ③寢室有效採光面積須為地板面積的四分之一以上 ④四周應架設安全護欄 。

79. (13) 依營造安全衛生設施標準規定，為防止人員墜落所設置之護欄，下列敘述何者正確？ ①上欄杆高度應在 90 公分以上 ②中欄杆高度應在

30 公分以上，在 45 公分以下 ③鋼管欄杆之杆柱相鄰間距不得超過 2.5 公尺 ④護欄前方 2 公尺內之地板可堆放任何雜件 。

80.(124) 有關使用合梯作業，下列敘述何者正確？ ①合梯須有堅固之構造 ②合梯材質不可有顯著損傷 ③梯角與地面應在 80 度以內，且兩梯腳間有繫材扣牢 ④有安全梯面 。

81.(234) 下列敘述何者正確？ ①雇主對於高度在 1.5 公尺以上之作業場所，應架設施工架 ②露天開挖作業，其垂直開挖深度在 1.5 公尺上者應設擋土支撐 ③雇主對於高度在 2 公尺以上之橋墩作業應設防護設備 ④高差超過 1.5 公尺以上之作業場所，雇主應設置能使勞工安全上下之設備 。

82. (34) 下列敘述何者正確？ ①雇主使勞工於高度二公尺以上施工架上從事作業時，工作臺寬度應在 30 公分以上並舖滿密接之板料 ②雇主為維持施工架之穩定，施工架在適當之垂直、水準距離處與構造物妥實連接，其間隔在垂直方向以不超過 7.5 公尺 ③雇主僱用勞工從事露天開挖作業，其垂直開挖最大深度應妥為設計，如其深度在 1.5 公尺以上者，應設擋土支撐 ④雇主僱用勞從事擋土支撐之構築作業，應選擋土支撐作業主管 。

83. (23) 下列敘述何者正確？ ①雇主對於置放於高處，位能超過 15 公斤 / 公尺之物件有飛落之虞者，應予以固定之 ②安全網及其組件應每週檢查一次 ③安全母索得由鋼索、尼龍繩索或合成纖維之材質構成，其最小斷裂強度應在 2300 公斤以上 ④安全母索其中間杆柱間距應在 3.5 公尺以下 。

84. (13) 下列敘述何者正確？ ①移動梯其寬度應為 30 公分 ②雇主對於在高 1.5 公尺以上之處所進行作業，勞工有墜落之虞者，應以架設施工架或其他方法設置工作臺 ③雇主對於使用之合梯，梯腳與地面之角度應在 75 度以內，且兩梯腳間有繫材扣牢 ④雇主對勞工於高差超過 2 公尺以上之場所作業時，應設置能使勞工安全上下之設備 。

1. (4) 標準貫入試驗貫入打擊數通常用 ① P ② Q ③ M ④ N 符號表示。

2. (3) 三軸試驗 CU 是指 ①不壓密、不排水 ②壓密、排水 ③壓密、不排水 ④不壓密、排水 試驗。

解析

土壤試驗中三種一般性之標準三軸試驗：
- 壓密－排水試驗（Consolidated Drained，CD；CD 試驗）
- 壓密－不排水試驗（Consolidated Undrained，CU；CU 試驗）
- 不壓密－不排水試驗（Unconsolidated Undrained，UU；UU 試驗）

壓密－不排水試驗是三軸試驗中最常用的。在此試驗中，飽和之試體首先用三軸容器內全方位之液體壓力加以壓密，造成排水。當圍壓增加所造成之孔隙水壓消散之後，再對試體增加軸差應力達到破壞。

3. (2) 土壤液化潛在可能發生於 ①岩質 ②砂質 ③黏土 ④礫石 地質基地。

4. (3) 方格法計算土方邊長為 2 公尺，各方格角挖深如下圖示，求土方為 ① 16.8m³ ② 18m³ ③ 18.8m³ ④ 19.2m³ 。

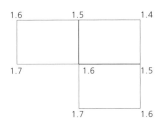

解析

根據計算共有三塊面積，每塊面積為 4 平方公尺。可以根據每一個點位之加權平均計算出平均開挖高程。

平均高程之計算 =1.6+(1.5*2)+1.4+1.7+(1.6*3)+(1.5*2)+1.7+1.6= 18.8。再除以點位數 12 得到 1.567(平均高程)，乘以面積 12 平方公尺得到 18.8m³。

5. (1) 被動土壓力之計算如下圖示，土壤 r = 1.8T/ m²，ϕ = 30°，C = 0 (地下水在 2m 以下) ，h = 2m，土壓力為 ① 1.2T/m ② 1.8T/m ③ 3.6T/m ④ 7.2T/m 。

擋土牆設計所考慮之被動土壓力係指擋土牆向內變位時，作用於牆背之最大側向土壓力，其值應依下列規定計算之。牆背 h 深度處之單位面積被動土壓力，可依下列式計算。

Op=Kp.γh

＝ 3(Kp=tan²[45°+∮/2]，∮ = 30°)* 土壓力 =(1.8 土壤)*(2m)，土壓力 =1. 2T/m。

6. (1) 孔隙比 (void ratio,e) 係指土壤孔隙體積 Vv 對 ①土粒實體積 Vs 之比 ②土壤總體積 V 之比 ③含水體積 Vw 之比 ④含氣體積 Va 之比 。

7. (4) 土壤分類中沉泥質砂用 ① GW ② ML ③ SC ④ SM 。

一般都是先讀後面字母再讀前面 2 個字母加起來解其中文意義。根據土壤分類法去組合、求得土壤之性質，一般土壤大該分類 G(gravel) 礫石 S(sand) 砂 M(Mud or Silt) 沉泥 C(Clay) 黏土，再細分土壤之特性 W(well-graded) 級配良好、P(poorly-graded) 貧級配，M(silty) 沉泥、L(Low-plasitiey) 低塑性、H(High-plasitiey) 高塑性。

- CL: 低塑性黏土。
- CH: 高塑性黏土。
- ML: 低塑性沉泥。
- GW: 優良級配礫石。
- SM: 沉泥質砂。

8. (2) 土壤分類中 CL 係指 ①優良級配砂 ②低壓縮性黏土 ③有機質黏土 ④不良級配礫石 。

9. (1) 土壤中水之滲流速度 ①與水頭成正比 ②與透水係數成反比 ③與水頭成反比 ④與水力坡降成反比 。

10. (2)地下室開挖，當軟弱黏土地盤因開挖背面土壤重量與支承該土重之下部黏土抵抗力不足，失去穩定而發生開挖底面土壤上升之現象稱為 ①管湧 ②隆起 ③砂湧 ④液化 。

11. (4)下列何者擋土工法之施作，正常情況下水密性最高者為 ①鋼板樁 ②水泥砂漿樁 ③鋼軌樁 ④連續壁 。

12. (3)在地下開挖中，於安全支撐上加強舖設鋼梁，供施工機具及車輛行駛之區域稱為 ①施工便道 ②控制臺 ③構台 ④支撐 。

13. (1)CBR 加州承載比試驗法係依據 ① AASHTO T193 ② AASHTO T191 ③ CNS ④ ACI 之規定辦理。

14. (4)填方最大粒徑尺寸，不得大於每層厚度 ① 1/4 ② 1/3 ③ 1/2 ④ 2/3 。

解析

填築的土料應符合設計要求。如設計無要求可按下列規定：

1. 級配良好的碎石類土、砂土和爆破石渣可作表層以下填料，但其最大粒徑不得超過每層舖墊厚度的 2/3。

2. 含水量符合壓實要求的粘性土，可用作各層填料。

3. 以礫石、卵石或塊石作填料時，分層夯實最大料徑不宜大於 400mm，分層壓實不得大於 200mm，儘量選用同類土填築。

15. (1)構造物回填，每層厚度不得大於 ① 15 公分 ② 25 公分 ③ 30 公分 ④ 40 公分 。

解析

填方及路堤區域內構造物回填，使用機械夯實時，每層實方厚度不得大於 15cm；若構造物周圍之空間足夠小型壓路機施工時（不得使用高性能之振動壓路機施工），則其每層壓實方厚度經工程司同意後可酌予增至 20cm。每層壓實度，須符合以 AASHTO T180 試驗求得最大乾密度之 95% 以上。

16. (2)構造物回填，每層壓實密度不得低於 AASHTO T-180 方法 C 所決定最大乾密度之 ① 90 % ② 95 % ③ 85% ④ 98 % 。

17. (3)構造物周圍回填材料，如用石塊或礫石摻料回填時，最大粒徑不得大於 ① 5 ② 8 ③ 10 ④ 12 公分。

解析

用於回填構造物周圍之認可材料，應爲 10cm 以下之粒料，且應級配良好易於壓實者。

18. (2)路堤土方分層填築，分層夯實時，每層厚度不得超過 ① 45 公分 ② 30 公分 ③ 20 公分 ④ 15 公分 。

解析

填築材料應分層壓實，每層鬆方厚度不得超過 30cm，但若有資料證明可行時，可增加每層鬆厚，惟須事先書面申請經核可後實施，用機動平土機或其他適當機具攤平後滾壓之，每層未滾壓至規定之密度前，不得在其上鋪築第二層。路堤應分層連續填築其整個斷面寬度，其長度應視所使用之機具調配而定，愈長愈佳。

19. (3)當粒料之含水量，達到某一限度時，則密度也達到最大此含水量稱爲 ①最大含水量 ②最少含水量 ③最佳含水量 ④平均含水量 。

20. (3)工地土壤之壓實度（%）爲下列何者？ ① $\dfrac{工地土壤乾燥密度}{實驗室可得最大乾燥密度}$ ② $\dfrac{實驗室可得最大乾燥密度}{工地土壤乾燥密度}$ ③ $\dfrac{工地土壤乾燥密度}{實驗室可得最大乾燥密度}\times100\%$ ④ $\dfrac{實驗室可得最大乾燥密度}{工地土壤乾燥密度}\times100\%$ 。

21. (4)用砂質土壤 100,000m³ 與硬岩 20,000m³ 做爲填方之用，假設砂質土壤之變化率爲 L = 1.2，C = 0.90，硬岩 L = 1.65，C = 1.4 其搬運爲 ① 118,000 ② 123,000 ③ 148,000 ④ 153,000 m³。

解析

開挖以自然方 (B.m^3) 計量計價、填方滾壓以壓實方 (C.m^3) 計量計價、開挖運輸以自然方 (B.m^3) 計量計價。借土之運輸以壓實方 (C.m^3) 計量計價。

由於本題計算搬運量，是以挖鬆後自然方的體積計算。

砂質土壤 100,000m^3＊砂質土 L ＝ 1.2 ＋ 20,000m^3＊硬岩 L ＝ 1.65=153,000m^3。

22. (4) 某路之填方爲 10000m^3，附近之借土區爲礫石，求其借土邊之體積應爲若干？假設礫石之變化率 L ＝ 1.15，C ＝ 0.9 ① 4,878 m^3 ② 8,696m^3 ③ 11,111 m^3 ④ 11,500m^3 。

解析

填方爲 10000m^3，礫石之變化率 L ＝ 1.15，因此需要借用 10000 m^3＊L ＝ 1.15=11,500m^3。

23. (3) 壓氣沉箱工法，因考量人類所能承受之最大氣壓限度，所以壓氣沉箱施工之深度極限約爲多少公尺以內爲限？ ① 15 ② 25 ③ 35 ④ 45 。

24. (3) 土積圖之性質，若曲線向下係表示 ①挖方 ②半塡半挖 ③塡方 ④維持不變 。

25. (3) 砂樁法之施工：在軟弱之基礎上先舖上一層厚約多少公分之透水砂層？ ① 30 ～ 60 ② 40 ～ 80 ③ 50 ～ 100 ④ 60 ～ 120 。

26. (1) 邊坡之傾斜度，常以水準距離與垂直高度之比表示之，例如 2：1 之邊坡，若水準距離爲 10 公尺，其垂直高度爲若干？ ① 5 公尺 ② 6 公尺 ③ 8 公尺 ④ 10 公尺 。

27. (2) 以下那一種土方計演算法較爲準確？ ①平均底面積法 ②稜柱體公式 ③稜柱體校正法 ④平均高度計演算法 。

28. (3) 邊坡高度超過多少公尺時，宜設計階段式邊坡及縱向排水？ ① 3 ② 4 ③ 5 ④ 6 。

29. (1) 土方計演算法中稜柱公式為 ① $V=\frac{l}{6}(A_0+4A_m+A_1)$ ② $V=\frac{l}{2}(A_0+A_1)$ ③ $V=A_m\times\frac{h_1+h_2+h_3+h_4}{4}$ ④ $V=(A\times B)/(4\times H)$ 。

30. (14)土方運棄時應考慮下列哪些事項？ ①防止污水溢出 ②土方量應越多越好 ③運送過程應加速行駛 ④運送時應防止土方外漏 。

31. (13)下述何者為土方開挖斷面計算方法？ ①等高線斷面法 ②三角線斷面法 ③方格法 ④平均等高法 。

32. (23)有關土石方開挖作業應注意重點，下列敘述何者正確？ ①挖方應自下而上順序開挖 ②開挖工作進行中應隨時保持良好排水狀況 ③邊坡有不穩定之材料均應予以挖除或移除 ④露天開挖作業應設作業主管 。

解析

①所有挖方除隧道外，應自上而下順序開挖，如由下開挖而意圖上部土石自行墜落以圖省工，因而引起崩坍事故者，概由承包商負責。④露天開挖作業，為防止土石崩塌，應指定專人，但垂直開挖深度達 1.5 公尺以上者，應指定露天開挖作業主管在場執行職務。本選項未清楚說明是哪一種作業主管。

33. (13)填土後需配合進行滾壓夯實作業，以達到規定之壓實密度，有關滾壓夯實施工管理重點，下列敘述何者不正確？ ①填土滾壓時，土質越濕越佳，以利滾壓作業之進行 ②所填土壤中，如含有硬土塊，須用適當之工具妥為打碎鋪平，並酌量灑水後用適當機具滾壓之 ③滾壓作業應沿路堤縱向進行，由中心線漸向外緣滾壓，務使每一部分均獲致相等之壓實效果 ④填方滾壓完成後應做工地密度試驗，如試驗結果未達規定壓實密度時，應繼續滾壓，或以翻鬆灑水或翻曬涼乾後重新滾壓之方法處理，務必達到規定壓實密度為止 。

解析

①填土滾壓時，土質不得過乾或過濕。過乾時應灑以適當之水份，過濕時應以適當方法，使其降至規定之含水量，方能滾壓。挖方時亦須於開挖至設計路基高程後，向下再翻鬆 15cm 後滾壓之。

③滾壓作業應沿路堤縱向進行，由外緣漸向中心線滾壓，務使每一部分均獲致相等之壓實效果。每層填築材料應壓實至規定壓實度，在未達規定壓實度前，或有其他不良情形未予改善前，不得在其上繼續鋪築第二層。

34. (124) 地下室開挖過程中，部分地層會因開挖面無法抵抗受壓水層之向上浮力，而造成開挖面隆起，連帶影響中間樁及內支撐系統之安全，此類型破壞不易發生於下列何種地質條件？ ①開挖面底部為一較薄之砂土層，且其下為受壓水層 ②開挖面底部為一較厚之黏土層，且其下為受壓水層 ③開挖面底部為一較薄之黏土層，且其下為受壓水層 ④開挖面底部為一較厚之砂土層，且其下為受壓水層。

35. (14) 有關土方工程施工的敘述，下列哪些為錯誤？ ①所有挖方除隧道外，應自下而上順序開挖 ②挖方除利用於填方外，其餘棄土之遠運及棄置地點，除另有規定外，由承包商自覓，日後如有損害他人權益發生糾紛或違反環保規定，概由承包商自行負責 ③斜坡開挖期間視土質情況需要於開挖坡面鋪設防水帆布或噴漿護坡，以避免崩塌 ④鋤土機與拖斗挖泥機開挖土方的方式為前進形式。

解析

①所有挖方除隧道外，應自上而下順序開挖，如由下開挖而意圖使上部土石自行墜落以圖省工，因而引起崩坍事故者，概由承包商負責。
②挖方除利用於填方外，其餘棄土之遠運及棄置地點，除另有規定外，由承包商自覓，日後如有損害他人權益發生糾紛或違反環保規定，概由承包商自行負責。施工期間不論屬於無法避免之自然掉落或因疏忽超挖鄰地，所損害界樁外地上物概由承包商負責賠償或恢復原狀。
④鋤土機與拖斗挖泥機開挖土方的方式為後退形式。

36. (123) 有關土方工程施工之敘述，下列哪些為正確？ ①測定工地密度可使用砂錐法、橡皮薄膜法及核子密度法 ②各層滾壓完成後，應先作全面目視檢查，可利用 CBR 試驗或工地密度試驗 ③工地密度試

驗之地點應以隨機方法決定 ④當以石料爲主要材料填築路堤，以及填築至路基頂面、級配料頂面時，可採用工地密度檢驗來確認填築之壓實度 。

37. (234) 下列哪些爲土方挖方之土石分類？ ①軟泥土 ②普通土 ③間隔土 ④堅石 。

38. (124) 填築道路路堤所需之材料可取自下列哪些來源？ ①路幅開挖 ②基礎開挖 ③營建回收 ④借土 。

39. (234) 填築填方各層滾壓完成後應作壓實度檢驗，下列哪些試驗法可檢驗工地密度？ ①全面目視檢查 ②砂錐法 ③核子密度儀法 ④滾壓檢驗法 。

40. (124) 下列哪些爲地盤改良之主要目的？ ①增加地盤之承載力 ②抑制地盤之變形 ③增加地盤之透水性 ④維持與增進地盤之耐久性 。

解析

一般地盤改良目的在於改善物理及力學特性，包括：
1. 增加土壤的支承力、承載力。
2. 防止土壤的液化。
3. 防止坡地崩落、減少土層流失，增進耐久性。
4. 防止剪力破壞、減少剪力變形。

41. (14) 土壤分類中篩分析試驗所使用之篩號與混凝土細粒料篩分析之標準篩號不完全相同，下列哪些篩號是兩種試驗皆使用者？ ① #4 ② #16 ③ #40 ④ #100 。

42. (134) 土壤試驗使用之阿太堡試驗可獲得下列哪些土壤性質之指標？ ①液性限度 ②液性指數 ③縮性限度 ④塑性指數 。

解析

阿太堡限度（Atterberg limits），是指土壤的各個結持度階段間的分界點含水量，是利用科學的方法分析細粒土壤之液性限度 LL、塑性限度 PL 及縮性限度 SL。

43. (234) 下列哪些係屬於地質調查鑽孔作業內容？ ①地盤之承載力 ②擾動與原狀土壤之取得 ③水質樣本之採取 ④地下水位觀測井之安裝。

44. (14) 有關原狀土樣之敘述，下列哪些為正確？ ①採取原狀土樣之目的，為取得受到極少擾動，且最接近土壤實際狀況之土壤組成樣本 ②如套管係以錘擊方式打入地層，則取樣應於套管尖端以下 30cm 處進行 ③取樣器應緩慢放入套管底部，並使用夯錘打擊取樣器壓入土層，使土壤填塞薄管取樣器內之長度 ④加蓋密封後，土樣管應避免過度暴露於熱、振動、撞擊及其他不利情況 。

45. (123) 有關點井工法應用的原理、時機與適用性的敘述，下列哪些為正確？ ①採用高度真空排水的原理 ②適用於沉泥地盤的地層 ③使用於需要強制集中地盤水分的時機 ④採用重力排水的原理 。

46. (23) 下列哪些屬於直接基礎？ ①椿基礎 ②獨立基腳 ③聯合基腳 ④沉箱基礎 。

47. (134) 在地下水處理工法中，下列哪些屬於重力式排水工法？ ①西姆式深井排水 ②電氣滲透排水法 ③深井排水法 ④集水坑排水法 。

解析

排水原理	工法	適用環境
重力式	1. 集水坑排水工法	表面排水
	2. 深井排水工法	需大量排水之基地
	3. 西姆式深井排水	介於點井法與深井法之間的一種排水法
真空式	1. 點井 (Well-point)	黏土質，單段多段
	2. 真空式深井工法	深井，經常性抽水

1. (2) 反循環基樁施作之際，若吊放逆打鋼柱，應如何控制其測量精度？ ① 使用水中測量儀控制 ②使用臨時柱（導桿）輔助經緯儀控制 ③使用鋼 線調整控制 ④使用電子測距儀控制 。

2. (3) 建築基地於地下開挖階段，若發生土方開挖愈挖土方愈多的現象，係 發生什麼現象？ ①砂湧 ②湧水 ③隆起 ④上舉 。

> **解析**
>
> 於軟弱粘土層進行深開挖工程時，擋土壁體內側由於開挖土方壓 力減少，當擋土壁體外側土壤受到土壤自重及地表載重大於開挖 底面土壤之抗剪強度時，產生開挖面外側粘土向開挖面內側迂迴 滑動，引致開挖底面上拱現象，稱為隆起，因此內側的土壤會越 來越多。

3. (1) H 型鋼安全支撐為能事先達到土壓力平衡，於每一層水準支撐安裝完 成後會先施加壓力，稱之 ①預壓工法 ②減壓工法 ③土壓工法 ④土力 工法 。

4. (4) 因地表填土或降低地下水位，導致樁身周圍土壤的沉陷率大於基樁的 下沉率，基樁相對於土壤為向上運動，則土壤對樁產生向下的摩擦力 稱為 ①基樁正摩擦力 ②基樁副摩擦力 ③土壓正摩擦力 ④基樁負摩擦 力 。

5. (1) 依現行頒布之「建築物基礎構造設計規範」規定，擋土牆檢討穩定性 時，其中抗滑安全係數（FS）長期載重狀況應為多少？ ①≧ 1.5 ② = 1.2 ③≦ 1.2 ④≧ 1.2 。

> **解析**
>
> 擋土牆設計時應檢核沿擋土牆底部土層滑動之整體穩定性，其安 全係數於長期載重狀況時應大於 1.5，於地震時應大於 1.2，考慮 最高水位狀況之安全係數應大於 1.1。惟考慮最高水位狀況時，可 不同時考慮地震狀況。

6. (2) 依「建築物基礎構造設計規範」規定，擋土牆檢討穩定性時，應檢討抗滑安全係數、抗傾倒安全係數、牆底承載力安全係數、及 ①個別安全係數 ②整體滑動之穩定性 ③整體安全係數 ④個別滑動之穩定性。

7. (1) 連續壁單元數的劃分是依據下列何種因素決定？ ①機具每刀有效開挖範圍 ②連續壁厚度 ③連續壁深度 ④移動吊車車身長度。

8. (1) 地盤改良之目的為改善剪力特性、改善壓縮性、改善動態特性及 ①改善透水性 ②增加主動土壓力 ③增加側向土壓力 ④改善基樁承載力。

9. (2) 土壤平鈑載重試驗 (Plate Loading Test) 之目的在求取土壤的承載力及 ①滲透係數 ②沉陷量 ③土壓力 ④水壓力。

10. (4) 單樁的極限承載力係由樁底的承載力與下列何者之和？ ①樁底摩擦力 ②樁身承載力 ③樁身滲透係數 ④樁身摩擦力。

11. (2) 地錨 (Ground Anchors) 係藉由下列何者施加拉力傳遞至堅實的地層中，以達到穩定地盤之功能？ ①鋼筋 ②鋼鍵 ③鋼骨 ④混凝土 。

12. (2) 依「建築物基礎構造設計規範」規定，開挖隆起分析之安全係數（FS）應為 ①≧ 1.0 ②≧ 1.2 ③≧ 1.5 ④≧ 2.0 。

解析

安全係數：
1. 貫入安全係數 $FS = Pp/Pa$ 大於 1.5。
2. 隆起安全係數 $FS = Su*Nc/\gamma* \triangle H$ 大於 1.2。
3. 砂湧 $FS = \gamma\_sub*(D1+2*D2)/\gamma\_w* \triangle Hw$ 大於 2.0。
4. 上舉 $FS = (\gamma1*h1+\gamma2*h2)/\gamma\_w* \triangle Hw$ 大於 1.2。

13. (3) 依「建築物基礎構造設計規範」規定，開挖隆起分析之安全係數 (FS) 係由抗滑力距及下列何者之比？ ①抗傾力距 ②傾倒力距 ③滑動力距 ④抗剪力 。

14. (1) 依現行頒布之「建築物基礎構造設計規範」規定，擋土壁體之貫入度分析之安全係數 (FS) 係由主動土壓力與下列何者至最下層支撐力距之比 ①被動土壓力 ②抗剪力 ③滑動力 ④傾倒力距 。

擋土壁應有足夠之貫入深度，使其於兩側之側向壓力作用下，具足夠之穩定性。擋土壁之貫入深度 D，可依下列公式計算其安全性：

$$Fs = \frac{F_P L_P + M_S}{F_A L_A} \geq 1.5$$

式內

F_A ＝最下階支撐以下之外側作用側壓力（有效土壓力＋水壓力之淨值）之合力（tf/m）

L_A ＝作用點距最下階支撐之距離（m）

M_S ＝擋土設施結構體之容許彎矩值（tf-m/m）

F_P ＝最下階支撐以下之內側作用側土壓力之合力（tf/m）

L_P ＝作用點距最下階支撐之距離（m）

15. (4)依現行頒布之「建築物基礎構造設計規範」規定，擋土壁體之貫入度分析之安全係數 (FS) 應爲多少？ ①≧ 1.2 ②≦ 1.2 ③ =1.25 ④≧ 1. 5 。

16. (3)下列試驗無法求得現地土壤之強度？ ①標準貫入度試驗（SPT）②錐貫入試驗（CPT）③震波探測 ④孔內側向加壓試驗（PMT）。

17. (1)監視儀器中傾度儀是用來量測下列何者之側向變位？ ①擋土壁 ②中間柱③水準支撐 ④圍令 。

大地工程的現場調查可評估土壤的強度和穩定。傾度儀可監測位移，對於穩定性做直接的測量，一般傾度儀監測在明顯影響擋土牆前卽可發現牆後土壤的位移。

18. (4)由土壤中加入某種材料以強化土體，藉由該材料的抗拉強度以抵擋土體的側向變形所產生的應力，此種土壤稱爲？ ①主動土壤 ②被動土壤 ③抗拉土壤 ④加勁土壤 。

19. (2)擋土安全支撐施工時，圍令與擋土牆間之縫隙以何種材料填入並搗實？
① 砂 ②混凝土 ③土壤 ④岩石塊 。

20. (1)基樁完成後，依據建築技術規則規定必須靜置一定時間，其原因為基
樁施工時會產生或激發 ①超額孔隙水壓 ②負摩擦力 ③正摩擦力 ④反
水壓 。

21. (3)建築工程基礎開挖作業時，在有鄰房狀況下，地下開挖採用地下擋土工法
外，並應設置何種措施或設備來監測？ ①安全支撐 ②地盤改良 ③安全觀
測系統 ④抽水井 。

22. (4)下列何者不是裝設安全觀測系統之益處？ ①確實掌握施工情況之變化
②分析研判施工中所遭遇問題之癥結 ③提供實測結果以回饋原設計 ④
可以減少地盤（質）改良之費用 。

23. (2) 下列何者不是發生大地工程問題之主要因素？ ①資料不足 ②預算不
足 ③ 自然因素 ④分析及設計不完善 。

24. (3) 黏土層開挖在施工的過程中，無須分析下列哪一狀況？ ①貫入度之決
定 ②隆起破壞之分析 ③砂湧之分析 ④上舉力之分析 。

解析

如下方為透水性佳的砂質土壤，才需要特別注意砂湧的狀況，檢
核其安全性。在黏土性質的土壤，則要特別注意檢核的是隆起。

25. (4) 下列何者不是穩定液之功能？ ①防止開挖壁面崩坍 ②保持土砂懸浮
在穩定液中 ③避免地下水滲透進入溝槽之滲水現象 ④過濾水質 。

26. (4) 標準貫入度之夯錘落距為？ ① 6 吋 ② 12 吋 ③ 18 吋 ④ 30 吋 。

解析

標準貫入試驗 (SPT)：利用 63.5kg 重夯錘，以 76cm（30 吋）之
落距將劈管取樣器打入土層，記錄每貫入 15cm 所需之打擊數共
三次，取最後兩次打擊數之總和為稱為標準貫入 N 值。

27. (3) 土方開挖在施工的過程中，下列何者無須分析？ ①貫入深度之決定 ②隆起破壞之分析 ③基樁承載力分析 ④上舉力之分析 。

28. (1) 擋土壁體貫入在開挖底面下地盤內之深度，必須經由下列何項因素而決定？ ①確保開挖底面之穩定性 ②施工承商 ③工程預算 ④工程進度。

29. (1) 安全監測系統中管理值，為當監測儀器所測得之初始讀數與後來讀數之差，到達特定的極限值時，此時之值稱為 ①警戒值 ②行動值 ③報告值 ④保存值 。

解析

1. 警戒值 (alert level)：當監測儀器所測得之初始讀數與後來讀數之差，到達特定的極限時，此極限值定義為警戒值。觀測值若逼近警戒值時，應該提高警覺，並增加觀測頻率。
2. 行動值 (action level)：當監測儀器所測得之讀數超過設計極限，有危及安全時，此極限值定義為行動值。必須在觀測值尚未超過行動值前，立即採取緊急應變措施，否則會危及安全。

30. (2) 當監測儀器所量測之讀數會造成超過設計極限，有危及施工安全時，此極限值定義為？ ①警戒值 ②行動值 ③報告值 ④保存值 。

31. (2) 下列何者樁之目的為填補連續壁接頭之縫隙，防止漏砂、漏水並防止鄰房及附近公共設施之損壞，灌注期間應密切觀察鄰房安全並避免地下管線之阻塞？ ①預壘樁 ②高壓噴射止水樁 ③地錨 ④排樁 。

32. (2) 連續壁導溝開挖深度在多少公尺以上且有崩塌之虞者，應設擋土支撐？ ①一公尺 ②一‧五公尺 ③二公尺 ④二‧五公尺 。

33. (2) 露天開挖作業，其垂直深度達多少公尺以上，需設擋土支撐？ ① 1.0 ② 1.5 ③ 2.0 ④ 2.5 。

34. (23) 有關基樁單樁承載力之計算，下列何者為靜力學公式推估時應計算之事項？ ①樁底摩擦阻力 ②樁表面摩擦阻力 ③樁身之表面積 ④樁頂之表面積 。

35. (24) 反循環基樁施作時，若吊放逆打鋼柱，主要應以下列何種儀器（裝置）來控制或量測逆打鋼柱的精度？ ①使用水準儀 ②使用臨時柱（導桿） ③使用鋼線 ④經緯儀 。

36. (12) 基樁受到側向力作用時，應檢討下列哪些事項？ ①基樁周圍土壤是否產生剪力破壞 ②基樁所產生之水準變位大小 ③基樁所產生之垂直變位大小 ④基樁所產生之負摩擦力 。

37. (34) 依現行頒布之「建築物基礎構造設計規範」規定，開挖隆起分析之安全係數（FS）可爲多少？ ① 1.0 ② 1.1 ③ 1.2 ④ 1.3 。

解析

安全係數：
1. 貫入安全係數 FS = Pp/Pa 大於 1.5。
2. 隆起安全係數 FS = Su*Nc/γ* △ H 大於 1.2。
3. 砂湧 FS = γ_sub*(D1+2*D2)/γ_w* △ Hw 大於 2.0。
4. 上舉 FS = (γ1*h1+γ2*h2)/γ_w* △ Hw 大於 1.2。

38. (34) 下列哪些試驗無法求得現地土壤之剪力強度？ ①標準貫入度試驗 ②錐貫入試驗 ③孔外側向加壓試驗 ④震波探測 。

39. (124)黏土層開挖在施工的過程中，須分析下列哪些項目？ ①貫入度 ②隆起破壞 ③砂湧現象 ④上舉力 。

40. (12) 下列何項設施之目的，係爲填補連續壁接頭之縫隙以防止漏砂、漏水，並防止鄰房及附近公共設施之損壞？ ①低壓噴射止水樁 ②高壓噴射止水樁 ③地錨 ④預壘樁 。

解析

爲防止連續壁公、母單元連接斷面處產生滲水漏砂現象，目前較常採用的施工方法是於連續壁交接斷面外側鑽孔高低壓噴射灌漿形成止水樁(CCP 樁)。

41. (24) 地下工程若採潛盾工法施作時，下列哪些爲介面應注意事項？ ①施工水溫 ②鏡面破除時 ③現場人員休憩位置 ④環片接頭止水 。

42. (23) 型鋼支撐振弦式應變計可以直接量測下列哪些？ ①地震時動態之型鋼支撐應變量 ②靜態載重的型鋼支撐應變量 ③靜態載重的斜撐應變量 ④型鋼之彎矩 。

1. (2) 袋裝水泥之堆放高度不得超過多少袋（層）？ ① 8 ② 10 ③ 13 ④ 15 。

2. (2) 鋼熱處理中，可能降低原有硬度而提高韌性和塑性者，稱之 ①淬火 ②退火 ③回火 ④轉火 。

> **解析**
>
> 退火（Annealing）是一種改變材料微結構且進而改變如硬度和強度等機械性質的熱處理。過程為將金屬加溫到高於再結晶溫度的某一溫度並維持此溫度一段時間，再將其緩慢冷卻。退火的功用在於恢復該金屬因冷加工而降低的性質，增加柔軟性、延展性和韌性，並釋放內部殘留應力、以及產生特定的顯微結構。

3. (2) 波特蘭水泥中混凝土用水應為清水，其 pH 值不得小於 5.0 或者大於： ① 6 ② 8 ③ 10 ④ 12 。

4. (1) 為預防腐蝕，新拌混凝土中之水溶性氯離子含量，不得超 CNS 規定之限制。預力混凝土氯離子含量不得超出：① 0.15kg/m³ ② 0.3kg/m³ ③ 0.45kg/m³ ④ 0.6kg/m³ 。

> **解析**
>
> CNS 3090 A2042 新拌混凝土中最大水溶性氯離子含量標準於 104 年 1 月 13 日第五次修訂為：0.15 kg/m³（鋼筋混凝土、預力混凝土）。

5. (4) 巨積混凝土工程，以飛灰取代水泥量不得超過水泥重量之 ① 10% ② 15% ③ 20% ④ 25% 。

6. (3) 混凝土輸送設備泵送機應妥為操作，使混凝土得以連續流動。輸送管之出口端應儘可能置於澆置點附近，其間之距離不得大於 ① 60cm ② 120cm ③ 150cm ④ 200cm 。

解析

泵送機應妥為操作，使混凝土得以連續流動。輸送管之出口端應儘可能置於澆置點附近，其間之距離以不超過 150cm 為原則。

7. (1) 水泥及粒料卸入拌和機前，應先將部分（約 10%）之用水量注入。水之注入應均勻，且全部水量應在拌和時間之最初多少時間內全部注入拌和鼓？① 15 秒 ② 30 秒 ③ 60 秒 ④ 90 秒 。

8. (2) 混凝土拌和機容量小於 0.75m³ 者，拌和時間不得少於 60 秒；容量大於 1.5m³ 者，拌和時間不得少於 ① 75 秒 ② 90 秒 ③ 120 秒 ④ 150 秒 。

9. (3) 水中混凝土澆置後多少小時內，不得進行抽水？ ① 6 小時 ② 12 小時 ③ 24 小時 ④ 36 小時 。

10. (3) 範本澆置混凝土負重後之撓度不得大於構造物支撐間距之 ① 1／120 ② 1/240 ③ 1/360 ④ 1/ 480 。

11. (4) 混凝土完成面之坡度超過多少均應使用範本？ ① 1：2 ② 1：3 ③ 1：4 ④ 1：5 。

12. (3) 混凝土格柵鋼筋保護層之最小厚度為 ① 10mm ② 15mm ③ 20mm ④ 25mm 。

解析

混凝土格柵鋼筋保護層之最小厚度為 20mm，此 20mm 數據為最新之修訂值。

13. (1) 鋼筋混凝土構件之保護層厚度係指 ①混凝土外緣至最外層鋼筋外緣之距離 ②混凝土外緣至最外層鋼筋中心之距離 ③混凝土外緣至主鋼筋重心之距離 ④混凝土外緣至主鋼筋外緣之距離 。

14. (1)預力混凝土用螺旋套管施工中，相鄰套管間與端錨之接頭應緊密，使其絕不漏漿或受力脫開。接頭處應爲螺旋式，其施接長度應爲內徑之多少倍以上？ ① 1.5 ② 3 ③ 6 ④ 7.5 。

解析

相鄰套管間與端錨之接頭應緊密，使其絕不漏漿或受力脫開。接頭處應爲螺旋式，其施接長度應爲內徑之 1.5 倍以上並作水密性試驗，且不得接成折線，安裝時應特別注意，不得損及套管。相鄰套管上之接頭，應錯開至少 30cm 距離。

15. (2)煉鋼之熱處理程式中，下列何者可改善鋼材料之韌性？ ①淬火 ②回火 ③退火 ④正火 。

16. (2)下列有關水淬高拉力鋼筋之特性，何者不正確？ ①彎曲加工較容易 ②適宜銲接 ③火害後強度會變差 ④生產成本較低 。

17. (1)冷軋型鋼結構的構材強度通常是取決於鋼材之 ①降伏強度 ②極限強度 ③抗剪強度 ④抗壓強度 。

18. (3)以下何者不是溫度鋼筋的主要作用？ ①減少混凝土因溫度變化產生裂縫 ②減少混凝土因乾縮產生裂縫 ③調節混凝土之溫度 ④防止混凝土裂縫擴大 。

解析

從結構分析角度無關乎結構強度所需但考慮結構熱漲冷縮產生結構內部應力所配置之鋼筋稱爲溫度鋼筋，通常固定主筋於正確位置，並將應力均勻傳導至主筋。可以減少熱脹冷縮及乾縮等裂縫。

19. (4)冷軋型鋼結構於現場進料之鋼構材，其厚度(不含被覆之厚度)不得低於該構材設計時指定厚度之 ① 75 ② 80 ③ 85 ④ 95 %。

20. (4)下列何者爲粘土磚塊燒製後會呈紅色之原因？ ①因磚窯溫度達 1000°C 以上之故 ②因冷卻期間磚窯內注入了冷水之故 ③因窯燒時間超過 10 小時以上之故 ④因粘土磚塊含有氧化鐵之故 。

21. (4)有關鋼筋材料與含碳量的關係，下列敘述何種正確？ ①含碳量越高，鋼筋越軟，延性越小 ②含碳量越低，鋼筋越硬，延性越小 ③含碳量越低，鋼筋越硬，延性越大 ④含碳量越高，鋼筋越硬，延性越小 。

解析

含碳量越高表示鋼筋脆性越大，脆性越大則彈性就會減小，對鋼筋來說會增加其硬度。若使用於建築上搭配混凝土構成之建築物會變得比較脆，延展性縮小，失去鋼筋原有之效能。

22. (4)鋼構螺絲接合在承受拉力時，下列何者並非所可能產生破壞的情形？ ①拔出破壞 – 螺絲與其接合板脫離 ②穿刺破壞 – 接合物與其接近之螺絲頭或墊圈處脫離 ③螺絲本身的拉力破壞 ④承壓破壞。

23. (1)下列有關鋼筋與混凝土兩種性質不同之材料之所以能複合為良好結構材料之原因的敘述，何者不正確？ ①鋼筋與混凝土兩種材料之強度接近 ②混凝土具良好之握裹力 ③鋼筋與混凝土兩種材料之熱膨脹係數接近 ④混凝土可防止鋼筋銹蝕 。

24. (1)鋼材於熱浸鍍鋅後之乾燥過程中施以表面處理，以有效地防止 ①白銹 ②白華 ③龜裂 ④彎曲 。

25. (4)鋼骨鋼筋混凝土結構設計圖中，下列何者符號代表桁條 ① B ② C ③ F ④ P 。

解析

構材符號：
(B) 代表梁，(C) 代表柱，(F) 代表基腳，(G) 代表大梁，(J) 代表格柵，(P) 代表桁條，(UU) 代表上弦構材，(LL) 代表下弦構材，(UL) 代表腹構材，(S) 代表樓板，(W) 代表牆壁。

26. (4) 預力混凝土梁構件在施工及使用過程中皆會有預力損失，下列何者不會造成預力降低？ ①施拉預力後錨碇 ②混凝土之潛變與乾縮 ③預力鋼線疲勞鬆弛 ④梁承受載重向下撓曲 。

27. (3) 橋梁上部結構使用預力混凝土梁之工法中，下列何種工法之預力鋼腱最不適宜採用曲線方式佈置？ ①預鑄Ｉ型梁工法 ②場鑄箱型梁工法 ③預鑄節塊懸臂工法 ④支撐先進工法 。

28. (3) 鋼骨之最小保護層厚度應考慮鋼筋配置及施工之需要,當鋼板與主筋平行時,鋼骨之混凝土保護層厚度一般至少須為 ① 4cm ② 7.5cm ③ 10cm ④ 12.5cm 。

29. (4) 鋼骨鋼筋混凝土構材之主筋為 D22 (#7) 以上時,鋼骨之混凝土保護層須為 ① 4cm ② 7.5cm ③ 10cm ④ 12.5cm 。

解析

鋼骨之混凝土保護層厚度:
鋼骨之最小保護層厚度應考慮鋼筋配置及施工之需要,當鋼板與主筋平行時,鋼骨之混凝土保護層厚度一般須為 100mm 以上。
當鋼骨鋼筋混凝土構材之主筋為 D22(#7) 以上時,鋼骨之混凝土保護層須為 125mm 以上。

30. (2) 鋼骨鋼筋混凝土工程用混凝土之配比應具有適當之工作度,其粗骨材之用量得酌減 ① 5 % ② 10 % ③ 15% ④ 20 % 。

31. (1) 下列有關鋼結構銲接之銲道缺陷中,何者結構之危險性最高? ①銲道裂縫 ②銲道氣孔 ③銲道溶渣 ④銲道不平整 。

32. (1) 鋼骨鋼筋混凝土,梁之主筋續接,應距柱之混凝土面多少倍之梁深以上? ① 1.5 ② 2 ③ 3 ④ 6 。

解析

1. 鋼骨鋼筋混凝土梁之主筋續接應距柱之混凝土面 1.5 倍之梁深以上。
2. 鋼骨鋼筋混凝土柱之主筋續接應距梁之混凝土面 50cm 以上,且任一斷面之主筋續接面積百分比不得大於 50%。

33. (3) 使用氣體火燄切割鋼板應檢驗切割品質,下列何者不屬於檢驗項目? ①切割面粗糙度 ②切割面垂直度 ③切割損失量 ④熔渣 。

34. (4) 下列鋼結構銲道之檢驗方法,何者最不適用於銲道淺層缺陷之檢驗? ①磁粉探測法 ②超音波法 ③射線法 ④滲透法 。

35. (2) 鋼柱底板錨定螺栓預埋精度不良時，正確的補救方法為 ①現場校正錨定螺栓 ②依預埋螺栓位置變更鋼柱底板開孔位置 ③以植筋方式重植錨定螺栓 ④擴大鋼柱底板開孔 。

36. (2) 梁之箍筋在梁柱接頭交接面兩倍梁深內及可能發生塑鉸處左右各兩倍梁深須配置環箍筋。第一個環箍筋須配置在距梁柱接頭交接面幾公分以內？ ① 3 ② 5 ③ 10 ④ 20 。

37. (3) 鋼骨鋼筋混凝土柱構材同一斷面處最多只能隔根續接，且隔根續接處應相距 ① 20 ② 40 ③ 60 ④ 75 公分以上。

解析

柱之主筋：

1. 鋼骨鋼筋混凝土柱斷面各角落至少須設置一支主筋，且主筋斷面積與全斷面積之比不得大於百分之四。

2. 主筋之搭接僅容許在柱中央之一半構材長度內進行，且須以拉力搭接設計之，搭接長度內應配置適當之圍束箍筋。

3. 構材同一斷面處最多只能隔根續接，且隔根續接處應相距 60 公分以上。

38. (4) 鋼筋材料進場目視檢討時不包括 ①外觀品質 ②標誌 ③出廠證明 ④單位質量 。

39. (1) 鋼筋在混凝土中，一般而言，是很難生銹腐蝕的，因為混凝土具 ①高鹼性 ②中性 ③酸性 ④高酸性 所以在鋼筋表中面形成一層鈍態膜，可防有害物質入侵。

40. (4) 混凝土拌合時，常加入 AE 劑（空氣輸入劑）其使用目的為 ①增加強度 ② 減輕比重 ③增加耐水性 ④增加施工軟度 （稠度） 。

解析

使用 AE 劑於混凝土內，使它生成非常微細且獨立之氣泡，其空氣含量為 3 ～ 5% 者，稱為 AE 混凝土可增進工作性(workability)，並對冰凍融解增加其耐久性，可得水密性佳。

41. (3) 預拌混凝土之進場時現場檢驗不包括項目爲 ①進料單 ②氯離子測試 ③圓柱試體試驗 ④坍度測試 。

42. (4) 混凝土澆築計畫，不包括 ①澆築區之範圍及劃分 ②澆築順序 ③機具及人員組織配置 ④混凝土鑽心處理標準作業程式 。

43. (4) 混凝土澆置後，範本與露面之混凝土至少需連續保持潮濕多久 ① 24 小時 ② 48 小時 ③ 4 天 ④ 7 天 。

44. (2) 柱、牆等結構體之施工縫，爲防止混凝土蜂窩發生，在澆築混凝土前，可 ①澆水泥漿 ②鋪墊同水灰比水泥砂漿 3 ～ 5 公分厚 ③鋪墊一般水泥砂漿 3 ～ 5 公分 ④澆水潤濕 。

45. (2) 混擬土施工作業中，適當分區、分層或分段進行澆置之目的爲避免產生下列何者情況？ ①施工縫 ②冷縫 ③伸縮縫 ④隔離縫 。

46. (4) 模板工程中有再撐 (reshoring) 一詞，它的意義是 ①澆置混凝土之前，再檢查支撐是否確實 ②於範本支撐架之後，再補充部分支撐以確保安全 ③於混擬土澆置後，發現部分支撐鬆動，將鬆動部分再撐緊 ④混擬土拆模之後，把支撐再架設回去。

47. (2) 下列有關混凝土化學摻料之敍述，何者不正確？ ①添加輸氣劑可以增加混凝土之水密性 ②使用緩凝劑可以增加水泥之水化速率 ③工程上所稱之強塑劑，就是一種高性能減水劑 ④使用速凝劑可以提升混凝土之早期強度 。

48. (2) 金屬材料之延性，可用下列何者表示？ ①蒲松比 ②伸長率 ③彈性模數 ④降伏強度 。

49. (2) 下列有關水泥之性質，何者是用篩析法進行測試？ ①強度 ②細度 ③稠度 ④流度 。

解析

骨材篩分析可以得出粒料組合的狀況，並據以定出粗細骨材的細度模數，以爲混凝土強度設計之依據。由骨材的篩分析，可以了解粗骨材之最大粒徑，同時更可篩取適當尺寸、比例之粒料，以爲混凝土拌合之用。

50. (1) 下列何種岩石，最常用來作爲製成水泥之原料？ ①石灰岩 ②石英岩 ③玄武岩 ④花崗岩 。

51. (4) 下列有關混凝土骨材細度模數之敍述，何者不正確？ ①細度模數英 文學名簡稱爲 FM ②細度模數愈大，表示骨材愈粗 ③根據 CNS1240 之規定，粗骨材之細度模數在 5.5 ～ 7.5 之間爲最佳 ④不同級配之 骨材，其細度模數一定不相等 。

52. (123) 有關鋼結構工程，下列敍述哪些正確？ ①螺栓結合以強力螺栓爲 主 ②普通螺栓可用於假安裝或暫時性之構架固定 ③ CNSSM490 YA 係指高降伏強度且韌性 A 級銲接用鋼材 ④ CNSSM400 係指降 伏強度爲 400kgf/cm² 之銲接用鋼料 。

53. (12) 有關耐候性鋼，下列敍述哪些正確？ ① CNSSMA 490 屬耐候性鋼 ②鋼料表面形成堅硬鏽皮以延遲生鏽速率以達耐候效果稱爲耐候性 鋼 ③耐候性鋼作防火披覆前應將鏽皮磨除 ④耐候性鋼之耐腐蝕性 爲一般鋼料之 3 ～ 6 倍。

54. (14) 下列何種混凝土適於清水混凝土建築？ ①高性能混凝土 (HPC) ② 控制性低強度混凝土 (CLSM) ③滾壓混凝土 (RCC) ④自充塡混凝土 (SCC) 。

55. (124) 有關水泥漿體品質之敍述，下列哪些正確？ ①水膠比爲水的重量與 水泥和蔔作嵐組合膠結料之重量比值 ②水灰比爲水和水泥之重量比 值 ③可適當充分搗實的條件下，混凝土總含水量愈少則對混凝土品 質無影響 ④在相同材料及良好工作度情況下，減少水量會提高強度 及耐久性 。

56. (124) 下列哪些爲水泥的組成成份 (Cement Composition)？ ①矽酸三鈣 (C3S) ②鋁酸三鈣 (C3A) ③矽酸四鈣 (C4S) ④鋁鐵酸四鈣 (C4AF) 。

解析

水泥是由四種主要之單礦物 C3S、C2S、C3A、C4AF 及少量的次 要成分如 MgO、CaO……等所組成，當水泥與水拌合後立即產生 水化作用，生成各種水化產物及晶體而形成水泥漿體之工程性質。

57. (134) 標準葡特蘭水泥型別及名稱，下列敍述哪些正確？ ①Ⅰ型常用普通水泥 ②Ⅱ型高度抗硫水泥 ③Ⅲ型早強水泥 ④Ⅳ型低熱水泥 。

58. (1234) 有關混凝土之工作性，下列敍述哪些正確？ ①坍度測量以測定混凝土之剪力性質爲主 ②工作行爲與流變性沒太大關係 ③精確量測則利用流變儀量測爲佳 ④坍流度 (Slump flow Spread) 爲試體坍下擴散之直徑 。

59. (24) 有關坍度實驗，下列敍述哪些正確？ ①最後以堪刀刮平時，對混凝土應充分施加壓力 ②坍度試驗時，所取試驗應均勻分佈，不可偏於某處 ③當混凝土之溫度升高時，其坍度隨之增加 ④坍度測定完畢，若以搗棒輕擊混凝土側面時如不崩潰，而其頂面徐徐下沉者爲軟混 。

解析

本試驗乃以坍度錐測定新拌混凝土之稠度，間接決定混凝土之流動性，爲工地工作度良劣的品質依據，刮平後不可以再施加壓力影響結果，且溫度若較高會造成混凝土提早硬化，坍度降低。

60. (23) 有關混凝土之工作性，下列敍述哪些正確？ ①添加輸氣劑、起泡劑愈多，工作性愈佳 ②強塑劑、減水劑、或水泥分散劑，均可改良混凝土之工作度③添加適量之卜作嵐材料會增工作度 ④添加水泥愈多，其工作性愈好 。

61. (234) 有關鋼材性質，下列敍述哪些正確？ ①高碳鋼碳含量爲 0.5～4.5% ②低碳鋼碳含量爲 0.05～0.3% ③高碳鋼又稱爲硬鋼或工具鋼 ④中碳鋼主要使用於鋼筋 。

解析

高碳鋼：含碳量 0.6%～2% 稱爲高碳鋼，或稱硬鋼、工具鋼。
高碳鋼是指回火時間較長、含碳量高的鋼材，主用途爲一般軸承、刀具、鐵軌、鋼框模（用以將鋼材塑型）和鋼門等。

中碳鋼：含碳量 0.3%～0.6% 稱爲中碳鋼。
中碳鋼是指回火時間較高碳鋼爲短、含碳量適中，性質介於高碳鋼與低碳鋼之間的鋼材，主用途是製造不鏽鋼及鋼筋。

低碳鋼：含碳量 0.05%～ 0.3%稱為低碳鋼。

低碳鋼是回火時間短之碳鋼，質軟、耐衝壓及可延展，主用途為製造耐衝壓機件、特殊鋼材等。

62. (134) 影響銲接性的主要因素為 ①鋼材的碳含量 ②銲接時氣溫之高低 ③鋼材與 銲條種類之搭配 ④施工技術與施工環境 。

63. (13) 有關瀝青舖築作業，下列敘述哪些為正確？ ①分層舖築時，其各層縱橫接縫不得築在同一垂直面上，縱向接縫至少應相距 15cm，橫向接縫至少應相距 60cm ②機械舖築不能到達之處不可以人工舖築 ③舖築機舖築時瀝青混合料之溫度不得低於 120°C ④滾壓時應自車道中心開始，再逐漸移向外側邊緣，滾壓方向應與路中心線平行，每次滾壓應重疊後輪之半 。

64. (124) 一般樓板依材料及使用方式，襯板可分為 ①框式樓板 ②散板 ③角板 ④合板 。

65. (124) 下列哪些為模板之種類？ ①滑動模板 ②系統模板 ③雙套式模板 ④飛模 。

66. (13) 一般建築工程於混凝土澆置作業時，下列敘述哪些正確？ ①澆置時，施工架及工作架上不可放置範本等剩餘材料 ②澆置順序係依四周、樓梯然後向柱、梁、版、牆澆置 ③澆置混凝土應與跨梁成直角方向，使跨梁承受對稱之載重 ④澆置混凝土時如碰到下雨，應繼續儘速將現場所有預拌車的混凝土澆置完 。

67. (234) 下列哪些為水泥組成之單礦物？ ①鋁鐵酸三鈣 ②矽酸二鈣 ③矽酸三鈣 ④鋁酸三鈣 。

解析

參照第 56 題解析。

68. (123) 下列何種橋梁施作時，於施工中須進行施拉預力？ ①支撐先進工法 ②平衡懸臂工法 ③就地支撐箱型梁 ④鋼梁施工 。

69. (23) 預力梁在施拉預力階段需使用下列哪些設備？ ①電銲設備 ②油壓機 ③穿線機 ④震動機 。

70. (124) 下列何者為假設工程？ ①施工架 ②臨時抽排水 ③鋼骨施工 ④鋼板圍籬 。

71. (234) 混凝土所用粗骨材之標稱最大粒徑除另有規定外，不得大於下列規定之最小值 ①泵送機輸送管內徑之 1/3 ②模板間最小寬度之 1/5 ③混凝土板厚之 1/3 ④鋼筋、套管等最小淨間距之 3/4 。

解析

粗骨材之標稱最大粒徑除另有規定外，不得大於下列規定之最小值：
(1) 模板間最小寬度之 1/5 。
(2) 混凝土板厚之 1/3 。
(3) 鋼筋、套管等最小淨間距之 3/4 。
(4) 如使用泵送機泵送之混凝土尚應按第 8.2.4 節之規定，其骨材之標稱最大粒徑應小於輸送管內徑之 1/4 。

72. (1234) 下列何者為鋼構造非破壞性檢測法？ ①滲透液檢測法（PT）②磁粒檢測法（MT）③超音波檢測法（UT）④放射性檢測法（RT）。

解析

常見的非破壞檢測包括： 非破壞檢測如下：液滲檢測(PT)、磁粒檢測(MT)、放射線檢測(RT)、超音波檢測(UT)、目視檢測(VT)、洩漏試驗(LT) 等檢測方法。

73. (14) 有關混凝土鑽心試體合格標準，包含下列哪些要件？ ①同組試體之平均強度不低於規定強度 fc' 之 85% ②同組試體之平均強度不低於規定強度 fc' 之 75% ③任一試體之強度不低於 fc' 之 85% ④任一試體之強度不低於 fc' 之 75% 。

解析

鑽心試驗屬於破壞試驗，試體合格之標準爲同組試體之平均強度不低於規定強度 fc' 之 85%，且任一試體之強度不低於 fc' 之 75%。

74. (123) 混凝土澆置時現場取樣檢驗包括下列哪些項目？ ①抗壓強度試體取樣 ②坍度試驗 ③氯離子試驗 ④配比試驗 。

75. (34) 下列何者天候因素不得進行鋼構塗裝作業？ ①塗裝場所溫度在 15°C 以下 ②塗裝場所相對濕度在 65% 以上 ③下雨或強風、結露等情況時 ④鋼材表面溫度在 50°C 以上 。

76. (1234) 下列何者屬於鋼構塗裝作業之缺失？ ①漆膜龜裂 ②漆膜起皺 ③漆膜垂流 ④漆膜起泡 。

77. (23) 下列鋼材符號何者正確？ ① (AH) 代表銲接工型鋼 ② (C) 代表槽鋼 ③ (L) 代表角鋼 ④ (BL) 代表鋼鈑 。

78. (134) 下列何者爲鋼材切割主要施工機具？ ① CNC 切割機 ② NC 切割機 ③自動切割機 ④瓦斯切割機 。

79. (13) 有關新拌混凝土中最大水溶性氯離子含量，下列敘述何者正確？ ①預力混凝土 0.15kg/m^3 ②預力混凝土 0.015kg/m^3 ③鋼筋混凝土 0.3kg/m^3 ④鋼筋混凝土 0.03kg/m^3 。

解析

CNS 3090 A2042 新拌混凝土中最大水溶性氯離子含量標準於 104 年 1 月 13 日第五次修訂爲：0.15kg/m^3（鋼筋混凝土、預力混凝土）。③選項應是錯誤，因經濟部 104 年 1 月 13 日經授標字第 10420050011 號函中 CNS3090 將新拌混凝土最大氯離子含量由原本 0.30kg/m^3 修正爲 0.15kg/m^3。

80. (124) 下列何者爲一般混凝土構造物常用之接縫？ ①施工縫 ②伸縮縫 ③乾縮縫 ④收縮縫 。

1. (1) 建築物排水管之橫支管及橫主管管徑小於 75mm，坡度不得小於 ① 1
／50 ② 1/100 ③ 1/200 ④ 1/ 75 。

解析

排水管管徑及坡度，應依下列規定：
1. 橫支管及橫主管管徑小於 75mm（包括 75mm）時，其坡度不
得小於 1/50，管徑超過 75mm 時，不小於 1/100。
2. 因情形特殊，橫管坡度無法達到前款規定時，得予減小，但其
流速每秒不得小於 60cm。

2. (3) 給排水水壓局部測試不得小於 ① 20 ② 15 ③ 10 ④ 12 kg/cm^2。

3. (1) 排水系統應裝存水彎、清潔口、通氣管及 ①截流器 ②消毒器 ③過濾心
④ 蒸餾器 。

4. (3) 建築物內，在排水立管底端及管路轉向角度大於 ① 15 度 ② 30 度
③ 45 度 ④ 60 度，應設之清潔口 。

解析

建築物內排水系統之清潔口，其裝置應依下列規定：
1. 管徑 100 公厘以下之排水橫管，清潔口間距不得超過 15 公尺，
管徑 125 公厘以上者，不得超過 30 公尺。
2. 排水立管底端及管路轉向角度大於 45°處，均應裝設清潔口。
3. 隱蔽管路之清潔口應延伸與牆面或地面齊平，或延伸至屋外地
面。
4. 清潔口不得接裝任何設備或地板落水。
5. 清潔口口徑大於 75 公厘（包括 75 公厘）者，其周圍應保留 45
公分以上之空間，小於 75 公厘者，30 公分以上。
6. 排水管管徑小於 100 公厘（包括 100 公厘）者，清潔口口徑應
與管徑相同。大於 100 公厘時，清潔口口徑不得小於 100 公厘。
7. 地面下排水橫管管徑大於 300 公厘時，每 45 公尺或管路作 90°
轉向處，均應設置陰井代替清潔口。

5. (4) 依自來水用戶用水設備標準規定，埋設地下之用戶管線，排水或污水
管管渠之水準距離不得小於 ① 10 ② 15 ③ 20 ④ 30 公分。

6. (1) 衛浴設備最常用的不銹鋼材配件通常以 ANSI SUS ① 304 ② 316
③ 336 ④ 346 為主。

7. (2) 電度表裝設施工要點，離地面高度應在 ① 1.2 ～ 1.5 公尺 ② 1.8 ～ 2.0
公尺 ③ 2.1 ～ 2.4 公尺 ④ 60 ～ 90 公分 。

8. (1) 無熔線斷路器，英文簡稱為 ① NFB ② MCB ③ ACB ④ ELB 。

解析

無熔線斷路器（無熔絲開關），英文為 NFB (No Fuse Breaker)，
或是稱它 Breaker。

9. (4) 柴油引擎之裝備不包括 ①起動方式 ②冷卻系統 ③潤滑系統 ④空壓系
統。

10. (3)火警自動警報器有浸水之虞之配線，應採用電纜外套金屬管，並與電
力線保持 ① 30 ② 50 ③ 80 ④ 120 公分以上之間距。

解析

本題之標準答案應有誤。根據建築技術規則建築設備編第 77 條，
火警自動警報器之配線，應依下列規定：
埋設於屋外或有浸水之虞之配線，應採用電纜外套金屬管，並與
電力線保持 30 公分以上之間距。

11. (1)自動樓梯設有安全裝置，在樓梯運轉超過設計速度 ① 40% ② 30%
③ 20% ④ 10%能自動即時操作節速裝置。

12. (4)升降機中捲揚用鋼索之安全係數依 CNS10594 不得小於 ① 2 ② 4 ③ 6
④ 10 。

13. (3)升降機結構強度計算應考慮風力及 ①震動 ②噪音 ③地震 ④加速荷重。

14. (3)升降機在機廂超過額度速度 ① 1.1 ② 1.2 ③ 1.3 ④ 1.4 倍，屆時自動切斷電源。

15. (4)空調機空調處理裝置包括空氣過濾器、空氣冷卻器及 ①配管 ②冷卻水塔 ③油槽 ④空氣加熱設備 。

16. (4)中央空調系統可分成室內空氣、冰水、冷媒、冷卻水及 ①溼度 ②水氣 ③溫度 ④室外空氣 等五個循環。

17. (2)小型冷氣機有窗型、牆貫穿型及 ①水冷式 ②分離式 ③空冷式 ④冰冷式。

18. (4)火警受信總機應符合國家標準 ① CNS1240 ② CNS3090 ③ CNS61 ④ CNS8877 。

19. (3)火警探測器應離天花板之出風口在 ① 50 ② 75 ③ 100 ④ 150 公分以上。

20. (2) 自動灑水設備分密閉乾式、濕式、開放式及 ① 活動式 ②預動式 ③恆溫室 ④ 恆壓式 。

21. (1) 建築物各樓層消防栓接頭,任一點之水準距離不得超過 ① 25 公尺 ② 30 公尺 ③ 35 公尺 ④ 40 公尺 。

解析

消防栓之消防立管之裝置,應依下列規定:

一、 管徑不得小於 63 公厘,並應自建築物最低層直通頂層。

二、 在每一樓層每 25 公尺半徑範圍內應裝置一支。

三、 立管應裝置於不受外來損傷及火災不易殃及之位置。

四、 同一建築物內裝置立管在二支以上時,所有立管管頂及管底均應以橫管相互連通,每支管裝接處應設水閥,以便破損時能及時關閉。

22. (2) 緩降機接裝處需保有 0.5 平方公尺面積以上外,尚應考慮 ①美觀 ②安全 ③保養 ④價錢 。

23. (4) 緊急照明設備所用的蓄電池應有 ① 10 ② 15 ③ 20 ④ 30 分鐘持續動作容量。

24. (1) 用電設備之帶電部份與外殼間,若因絕緣不良或劣化而使外殼對地間有了電位差,稱為 ①漏電 ②通電 ③電壓 ④電阻 。

25. (2) 用電設備非帶電金屬部份之接地,包括金屬管、匯流排槽、電纜之鎧甲、出線匣、開關箱及馬達外殼等,稱為 ①內線系統接地 ②設備接地 ③低壓電源系統接地 ④設備與系統共同接地 。

26. (1) 屋內線路中被接地線之再行接地,其接地位置通常在接戶開關之電源側與瓦時計之負載側間,可以防止電力公司中性線斷路時電器設備被燒毀,亦能防止雷擊或接地故障時發生異常電壓,稱為 ①內線系統接地 ②設備接地 ③低壓電源系統接地 ④設備與系統共同接地 。

27. (3) 配電變壓器之二次側低壓線或中性線之接地,目的在穩定線路電壓,稱為 ①內線系統接地 ②設備接地 ③低壓電源系統接地 ④設備與系統共同接地。

解析

接地方式應符合下列規定之一：

1. 設備接地：高低壓用電設備非帶電金屬部份之接地。
2. 內線系統接地：屋內線路屬於被接地一線之再行接地。
3. 低壓電源系統接地：配電變壓器之二次側低壓線或中性線之接地。
4. 設備與系統共同接地：內線系統接地與設備接地共同一接地或同接地電極。

28. (4) 內線系統接地與設備接地，共用一條地線或同一接地電極，稱為 ①內線系統接地 ②設備接地 ③低壓電源系統接地 ④設備與系統共同接地 。

29. (4) 用電設備接地之規定，金屬盒、金屬箱或其他固定設備之非帶電金屬部份，在導線管內或電纜內多置一條地線與電路導線共同配裝，以供接地，該地線絕緣皮，應使用何種顏色？ ①紅 ②黑 ③白 ④綠 色。

30. (4) 接地系統施工規定，以銅板作接地極，其厚度應在 0.7 公釐以上，且與土地接觸之總面積不得小於 900 平方公分，並應埋入地下幾公尺以上？ ① 1 ② 1.2 ③ 1.3 ④ 1.5 。

31. (4) 接地施工規定，接地銅棒作接地極應垂直釘沒於地面下幾公尺以上？ ① 0.5 ② 0.7 ③ 0.9 ④ 1 。

解析

鐵管或鋼管作接地極，其內徑應在 19 公厘以上；接地銅棒作接地極，其直徑不得小於 15 公厘，且長度不得短於 0.9 公尺，並應垂直釘沒於地面下 1 公尺以上，如為岩石所阻，則可橫向埋設於地面下 1.5 公尺以上深度。

32. (2) 避雷器接地之規定，電阻應在幾歐以下？ ① 5 ② 10 ③ 15 ④ 20 。

33. (3) 依「建築技術規則」之規定，需裝設避雷針之針尖與地面所形成之圓錐體，即為避雷針之保護範圍，一般建築物之保護角不得超過幾度？ ① 30 ② 45 ③ 60 ④ 75 。

34. (2) 依「建築技術規則」之規定，需裝設避雷針針尖與地面所形成之圓錐體，即為避雷針之保護範圍，危險物品倉庫之保護角不得超過幾度？ ① 30 ② 45 ③ 60 ④ 75 。

解析

避雷設備受雷部之保護角及保護範圍，應依下列規定：
1. 受雷部採用富蘭克林避雷針者，其針體尖端與受保護地面周邊所形成之圓錐體即為避雷針之保護範圍，此圓錐體之頂角之一半即為保護角，除危險物品倉庫之保護角不得超過 45°外，其他建築物之保護角不得超過 60°。
2. 受雷部採用前款型式以外者，應依本規則總則編第四條規定，向中央主管建築機關申請認可後，始得運用於建築物。

35. (3) 依「建築技術規則」之規定，裝設避雷針時，一條接地線如並聯二個以上之接地極時，其相互距離不得小於幾公尺？ ① 1 ② 1.5 ③ 2 ④ 3 。

36. (1) 依「建築技術規則」之規定， 裝設避雷針時，避雷針接地導線與電源線、電話線、瓦斯管應離開幾公尺以上？ ① 1 ② 1.5 ③ 2 ④ 3 。

解析

避雷導線須與電燈電力線、電話線、瓦斯管離開 1 公尺以上，但避雷導線與電燈電線、電話線、瓦斯管間有靜電隔離者，不在此限。

37. (2) 依供電配管規定，金屬管彎曲時，其內側半徑不得小於管子內徑之幾倍？ ① 4 ② 6 ③ 10 ④ 12 。

38. (4) 依供電配管規定，兩出線盒間不得超過四個轉彎其內彎角不可小於幾度？ ① 45 ② 60 ③ 75 ④ 90 。

39. (2) 為減少金屬配管對建築物強度之影響，埋入混凝土之金屬管外徑，以不超過混凝土厚度多少為原則？ ① 1/ 2 ② 1/3 ③ 1/4 ④ 1 /5 。

40. (3) 在多少伏以下之電纜可裝於同一電纜架？ ① 220 ② 380 ③ 600 ④ 1200 。

41. (2) 一般金屬可撓導線管配線彎曲時，其彎曲內側半徑須為導線管內徑幾倍以上？ ① 3 ② 6 ③ 9 ④ 12 。

42. (2) 高壓配線，採用無遮蔽電纜時，應按金屬管或硬質非金屬管裝設，並須外包至少有幾公釐厚之混凝土？ ① 5 ② 7.5 ③ 10 ④ 15 。

43. (4) 高壓配線，彎曲電纜時，不可損傷其絕緣，其彎曲處內側半徑為電纜外徑之幾倍以上為原則？ ① 6 ② 8 ③ 10 ④ 12 。

44. (3) 高壓配電盤裝置不應使工作人員於工作情況下發生危險，否則應有適當防護設備，其通道原則上宜保持在幾公分以上？ ① 60 ② 70 ③ 80 ④ 90 。

45. (2) 設置蹲式馬桶時該空間之地板應墊高幾公分以上？ ① 15 ② 25 ③ 35 ④ 45 。

46. (2) 排水管橫支管及橫主管管徑小於 75 公釐（包括 75 公釐）時，其坡度不得小於？ ① 1/ 30 ② 1/ 50 ③ 1/ 75 ④ 1/ 100 。

47. (4) 排水管橫支管及橫主管管徑超過 75 公釐時，其坡度不得小於 ① 1/30 ② 1 /50 ③ 1/75 ④ 1/100 。

48. (3) 存水彎之位置及構造，應依規定設置，一般壁掛式洗手臺，設備落水口至存水彎堰口之垂直距離，不得大於幾公分？ ① 30 ② 45 ③ 60 ④ 75 。

49. (2) 建築物內排水系統通氣管，屋頂供遊憩或其他用途者，主通氣管伸出屋面高度不得小於幾公尺？ ① 1 ② 1.5 ③ 2 ④ 3 。

解析

1. 裝有衛生設備之建築物，應裝設一支以上通氣管直通屋頂，並伸出屋面 15 公分以上。
2. 屋頂供遊憩或其他用途者，終端通氣管伸出屋面高度不得小於 1.5 公尺，並不得兼任旗桿、電視天線等用途。
3. 通氣支管與通氣主管之接頭處，應高出最高溢水面 15 公分，橫向通氣管亦應高出溢水面 15 公分。

50. (3) 建築物內排水系統通氣管，通氣支管與通氣主管之接頭處，應高出最高溢水面 15 公分，橫向通氣管亦應高出溢水面幾公分？ ① 5 ② 10 ③ 15 ④ 25 。

51. (2) 埋設於地下之用戶管線，與排水或污水管溝渠之水準距離不得小於幾公分？ ① 15 ② 30 ③ 45 ④ 60 。

52. (2) 火警自動警報設備之配線，埋設於屋外或浸水之慮之配線，應採用電纜並穿於金屬管或塑膠導線，與電力線保持幾公分以上間距？ ① 15 ② 30 ③ 45 ④ 60 。

53. (3) 火警自動報警設備之緊急電源，應使用蓄電池設備，其容量能使其有效動作幾分鐘以上？ ① 1 ② 5 ③ 10 ④ 20 。

解析

各類場所消防安全設備設置標準第 128 條：
火警自動警報設備之緊急電源，應使用蓄電池設備，其容量能使其有效動作十分鐘以上。

54. (3) 火警探測器之裝置位置，天花板上設有出風口，除火焰式、差動式分佈型及光電式分離型探測器外，應距離該出風口幾公尺以上？ ① 0.5 ② 1 ③ 1.5 ④ 2 。

55. (2) 火警探測器之裝置位置，牆上設有出風口，應距離該出風口 1.5 公尺以上，但該出風口距天花板在幾公尺以上時則不在此限？ ① 0.5 ② 1 ③ 1.5 ④ 2 。

解析

各類場所消防安全設備設置標準第 115 條：
探測器之裝置位置，依下列規定：
1. 天花板上設有出風口時，除火焰式、差動式分布型及光電式分離型探測器外，應距離該出風口 1.5 公尺以上。
2. 牆上設有出風口時，應距離該出風口 1.5 公尺以上。但該出風口距天花板在 1 公尺以上時，不在此限。
3. 天花板設排氣口或回風口時，偵煙式探測器應裝置於排氣口或回風口周圍 1 公尺範圍內。
4. 局限型探測器以裝置在探測區域中心附近為原則。
5. 局限型探測器之裝置，不得傾斜 45 度以上。但火焰式探測器，不在此限。

56. (2) 火警探測器之裝置如為侷限型探測器，不得傾斜幾度以上，但火焰式探測器則不在此限？ ① 30 ② 45 ③ 60 ④ 75 。

57. (3) 火警發信機離地面之高度不得小於 1.2 公尺及大於幾公尺？ ① 1.3 ② 1.4 ③ 1.5 ④ 1.8 。

解析

各類場所消防安全設備設置標準第 132 條：
火警發信機、標示燈及火警警鈴，依下列規定裝置：
1. 裝設於火警時人員避難通道內適當而明顯之位置。
2. 火警發信機離地板面之高度在 1.2 公尺以上 1.5 公尺以下。
3. 標示燈及火警警鈴距離地板面之高度，在 2 公尺以上 2.5 公尺以下。但與火警發信機合併裝設者，不在此限。

4. 建築物內裝有消防立管之消防栓箱時，火警發信機、標示燈及火警警鈴裝設在消防栓箱上方牆上。

58. (4) 標示燈及火警警鈴距離地板面之高度，應在幾公尺至 2.5 公尺之間？ ① 0.5 ② 1 ③ 1.5 ④ 2 公尺，但與手動報警機合併裝設者，不在此限。

59. (3) 出口標示燈及避難方向指示燈之緊急電源應使用蓄電池設備，其容量應能使其有效動作幾分鐘以上？ ① 1 ② 10 ③ 20 ④ 30 但設於規定場所之主要避難路徑者，該容量應在 60 分鐘以上。

60. (4) 緊急照明設備所使用之蓄電池設備，應具有幾分鐘持續動作之容量？ ① 1 ② 10 ③ 20 ④ 30 。

61. (2) 排煙口位置應在天花板或天花板下方幾公分範圍內？ ① 60 ② 80 ③ 100 ④ 120 公分，但天花板高度在 3 公尺以上者，排煙口得設置於 2.1 公尺以上之 牆面。

解析

依防煙區劃之範圍內，任一位置至排煙口之水平距離在 30 公尺以下，排煙口設於天花板或其下方 80 公分範圍內，除直接面向戶外，應與排煙風管連接。但排煙口設在天花板下方，防煙壁下垂高度未達 80 公分時，排煙口應設在該防煙壁之下垂高度內。

62. (124) 有關給水系統之管材，下列敘述哪些正確？ ①自來水常用 PE 高密度聚乙烯塑膠管 ②自來水用 PVC 管之管壁厚應不小於相當 10.5kgf/cm² （約 150PSI）之壓力等級 ③自來水禁止使用 ABS 管 ④銲接用不鏽鋼之管壁厚應符合 Sch.10 S 以上 。

63. (234) 有關存水彎（Trap）之功用與設置，下列敘述哪些正確？ ①存水彎主要功能是減緩廢水及污水排水時產生水擊現象 ②存水彎能阻止大部分蟲類沿水管進入室內 ③毛細、噴出或虹吸等現象皆可能使存水彎失去水封 ④長時間未用水時會使存水彎功能失效 。

64. (13) 有關管路試驗，下列敘述哪些正確？ ①給水管水壓試驗，試驗壓力不得小於 10kg/cm² 或該管路通水復所承受最高水壓之 1.5 倍，並保持 60min 而無滲漏現象爲合格 ②排水及通氣管路加水壓試驗時應保持 30min 而無滲漏現象爲合格 ③水壓試驗得分層、分段或全部進行 ④分段試驗時，應將該段內除最高開口外之所有開口密封，並灌水使該段內管路最高接頭處有 5m 以上之水壓 。

65. (124) 有關給水排水管路之配置，下列敘述哪些正確？ ①不得配置於昇降機道內 ②給水管路不得埋設於排水溝內，與排水溝相交時，應在排水溝之頂上通過 ③貫穿防火區劃牆之管路，於貫穿處二側各 1.5m 範圍內，應爲不燃材料製作之管類 ④供飲用之給水管路不得與其他用途管路相連接 。

66. (234) 下列有關建築物給排水之敘述哪些正確？ ①橫支管及橫主管管徑小於 75mm（包括 75mm）時，其坡度不得小於 1/100 ②設備落水口至存水彎堰口之距離，不得大於 60cm ③水封深度不得小於 5cm，並不得大於 10cm ④埋設於地下有附設過濾網者，得免設清潔口 。

解析

橫支管及橫主管管徑小於 75 公厘（包括 75 公厘）時，其坡度不得小於 50 分之 1，管徑超過 75 公厘時，不小於百分之一。

存水彎之位置及構造，應依下列規定：

1. 設備落水口至存水彎堰口之垂直距離，不得大於 60 公分。
2. 存水彎管徑不得小於建築技術規則建築設備篇第 32 條第三款表列規定，並不得大於設備落水口。
3. 封水深度不得小於 5 公分，並不得大於 10 公分。
4. 應附有清潔口之構造，但埋設於地下而附有過濾網者，得免設清潔口。

67. (124) 高層建築給水配管設計施工應注意事項中，下列敘述哪些正確？ ①一般在立管中每 15～20m 處連接一個膨脹軟管作爲伸縮接頭（Expansion Joint）②配管的系統必須區域化 (zoning)，把最高給水壓力限制在 3.5kg／cm² 以下 (超過時應設減壓閥) ③壓力在 10kg／cm² 以上時，揚水管應採用碳素鋼管（S.G.P）④調壓式幫浦不需要裝設屋頂水箱，但每次用水時，幫浦均須起動，除耗能外亦增加設備維修更新費用 。

68. (234) 下列哪些為配電盤檢驗應測試之項目？ ①耐壓試驗 ②絕緣試驗 ③操作試驗 ④溫升試驗 。

69. (123) 下列哪些為應接地之低壓用電設備？ ①低壓電動機之外殼 ②金屬導線及其連結之金屬箱 ③對地電壓在 150 伏以下之潮濕處所之其他固定設備 ④ PVC 導線管 。

解析

低壓用電設備應加接地者如下：
1. 低壓電動機之外殼。
2. 金屬導線管及其連接之金屬箱。
3. 非金屬管連接之金屬配件如配線對地電壓超過 150 伏或配置於金屬建築物上或人可觸及之潮濕處所者。
4. 電纜之金屬外皮。
5. X 線發生裝置及其鄰近金屬體。
6. 對地電壓超過 150 伏之其他固定設備。
7. 對地電壓在 150 伏以下之潮濕危險處所之其他固定設備。
8. 對地電壓超過 150 伏移動性電具。但其外殼具有絕緣保護不為人所觸及者不在此限。
9. 對地電壓 150 伏以下移動性電具使用於潮濕處所或金屬地板上或金屬箱內者，其非帶電露出金屬部分需接地。

70. (123) 下列哪些項目為辦理公共工程有關機電工程管路施工圖繪製應考量的事項？ ①管路平面圖套繪 ②管路尺寸 ③管路高程 ④管路之廠牌。

71. (24) 有關機電管線施工之敘述，下列哪些為錯誤？ ①地下室管路高程最優先應考慮汙排水管 ②通氣分支管與汙排水橫幹管銜接之位置應在汙排水橫幹管之下方 ③穿越地下室外牆之管路其管圍要加設止水環 ④照明開關及插座之穿線應於粉刷後施作 。

72. (13) 下列有關水電工程之敘述哪些為正確？ ①水電圖中之鑄鐵管之代號為 CIP ②柱內配管應配設於鋼筋保護層範圍 ③管路穿梁施工應檢查相鄰穿梁管之間隔 ④馬桶之排水口位置應位於牆上 。

73. (23) 有危險氣體或蒸氣之場所，其配管不可使用下列哪些管材？ ①厚金屬管 ② PVC 管 ③ EMT 管 ④不銹鋼管。

74. (123) 低壓斷路器施工檢查時，應注意檢查之規格為 ①極數 ②電流容量 ③啟斷容量 ④價格 。

75. (123) 電梯升降設備安裝基本配備圖應包含下列哪些？ ①機坑之深度 ②頂部安全距離 (OH) ③升降路及機房之淨高 ④電梯之監視設備 。

76. (12) 有關接地之敘述，下列哪些為正確？ ①特種之接地電阻為 10 歐以下 ②第一種接地為適用於非接地系統供電之高壓用電設備 ③第二種之接地電阻為 100 歐以下 ④第二種接地適用低壓用電設備 。

解析

種類	適用場所	電阻值	接地導線
特種接地	三相四線多重接地系統供電地區之高壓用電設備接地	10 歐姆以下	(1) 變壓器容量 500 千伏特安以下應使用 22 平方公厘以上絕緣線。 (2) 變壓器容量超過 500 千伏安應使用 38 平方公厘以上絕緣線。
第一種接地	非接地系統之高壓用電設備接地	25 歐姆以下	第一種接地應使用 5.5 平方公厘以上絕緣線
第二種接地	三相三線式非接地系統供電用戶變壓器之低壓電源系統接地	50 歐姆以下	(1) 變壓器容量超過 20 千伏安應使用 22 平方公厘以上絕緣線。 (2) 變壓器容量 20 千伏安以下應使用 8 平方公厘以上絕緣線。
第三種接地	1. 低壓用電設備接地。 2. 支持低壓用電設備之金屬體接地 3. 內線系統接地。 4. 變比器二次線接地。	1. 對地電壓 150V 以下 ～ 100 歐姆以下。 2. 對地電壓 151V 至 300V ～ 50 歐姆以下。 3. 對地電壓 301V 以上 ～ 10 歐姆以下。	(1) 變比器二次線接地應使用 5.5 平方公厘以上絕緣線。 (2) 內線系統單獨接地或設備共同接地之接地引接線，按表二六之規定。 (3) 用電設備單獨接地之接地線或用電設備與內線系統共同接地之連接線按表二六之規定。

77. (13) 有關機電工程之敍述，下列哪些爲正確？ ①一般建築物高度超過
20 公尺需裝設避雷針 ②接地引接線應藉銲接使其與人工接地極妥
接，在該接地線上得加裝開關及保護設備 ③爲減少金屬配管對建築
物強度之影響，埋入混凝土之金屬管外徑，以不超過混凝土厚度三
分之一爲原則 ④接地管、棒及鐵板之表面以鍍鋅或包銅者爲宜，宜
塗漆或其他絕緣物質 。

78. (14) 有關機電工程之敍述，下列哪些爲正確？ ①管路穿梁施工時需檢查
預定高程是否適當 ②配電室內可由用戶自備管線穿過 ③配電室淨
高至少 2m 以上④相鄰穿梁管路之間隔需考慮是否適當 。

1. (3) 土木包工業可以承攬什麼地區的小型綜合營繕工程？ ①僅登記之當地 ②登記之毗鄰地區 ③登記之當地或毗鄰地區 ④任何地點 。

解析

營造業法第 11 條：土木包工業於原登記直轄市、縣（市）地區以外，越區營業者，以其毗鄰之直轄市、縣（市）爲限。前項越區營業者，臺北市、基隆市、新竹市及嘉義市，比照其所毗鄰直轄市、縣（市）；澎湖縣、金門縣比照高雄市，連江縣比照基隆市。

2. (3) 評鑑爲優良營造業承攬政府工程時，押標金、工程保證金或工程保留款，得降低百分之多少以下？ ① 30 ② 40 ③ 50 ④ 60 。

解析

營造業法第 51 條：依第 43 條規定評鑑爲第一級之營造業，經主管機關或經中央主管機關認可之相關機關（構）辦理複評合格者，爲優良營造業；並爲促使其健全發展，以提升技術水準，加速產業升級，應依下列方式獎勵之：

一、頒發獎狀或獎牌，予以公開表揚。

二、承攬政府工程時，押標金、工程保證金或工程保留款，得降低百分之五十以下；申領工程預付款，增加百分之十。

3. (1) 營造業應擔任其承攬工程之施工技術指導及施工安全之人員爲何人？ ①專任工程人員 ②工地主任 ③技術士 ④負責人 。

4. (2) 丙等綜合營造業五年內承攬工程累計金額達多少新台幣以上，才能申請升等？ ①一億元 ②二億元 ③三億元 ④四億元 。

解析

乙等綜合營造業必須由丙等綜合營造業有三年業績，五年內其承攬工程竣工累計達新臺幣二億元以上，並經評鑑二年列爲第一級者。

5. (3) 下列那一種專業工程不屬營造業法所明定之專業營造業？ ①鋼構工程業 ②景觀工程業 ③室內裝修業 ④防水工程業 。

6. (1) 專業營造業應具備之條件中，資本額在一定金額以上；選擇登記二項以上專業工程項目者，其資本額應如何認定之？ ①較高者為準 ②較低者為準 ③由主管機關審定之 ④由申請人申請之 。

解析

專業營造業應具下列條件：
一、置符合各專業工程項目規定之專任工程人員。
二、資本額在一定金額以上；選擇登記二項以上專業工程項目者，其資本額以金額較高者為準。

7. (1) 營造業自向各縣市主管機關申請許可至公司營業，其申請步驟為 ①營造業 許可→公司或商業登記→領取營造業登記證書及承攬工程手冊→加入公會 ②加入公會→營造業許可→領取營造業登記證書及承攬工程手冊→公司或商業登記 ③營造業許可→加入公會→公司或商業登記→領取營造業登記證書及承攬工程手冊 ④公司或商業登記→營造業許可→加入公會→領取營造業登記證書及承攬工程手冊 。

8. (2) 營造業工地主任受停止執行營造業務之處分期間累計滿幾年者，廢止其工地主任執業證？ ①4年 ②3年 ③2年 ④1年 。

解析

營造業工地主任經依前項規定受警告處分三次者，予以三個月以上一年以下停止執行營造業工地主任業務之處分；受停止執行營造業工地主任業務處分期間累計滿三年者，廢止其工地主任執業證。

9. (2) 營造業何者應負責辦理工地安全衛生事項之督導、公共環境與安全之維護及其他工地行政事務？ ①專任工程人員 ②工地主任 ③技術士 ④負責人 。

10. (3) 下列何者不屬於營造業申請複查時之複查項目？ ①營造業負責人之相關文件 ②專任工程人員之相關證明文件 ③公司執照 ④財務狀況 。

複查及抽查項目，包括營造業負責人、專任工程人員之相關
證明文件、財務狀況、資本額及承攬工程手冊之內容。

11. (4)「營造業法」之中央主管機關為 ①公共工程委員會 ②經濟部 ③法務
部 ④內政部 。

12. (4)營造業自領得營造業登記證書之日起，每滿多少年應申請複查，中央
主管機關或直轄市、縣(市)主管機關並得隨時抽查之，受抽查者，
不得拒絕、妨礙或規避？ ①2年 ②3年 ③4年 ④5年 。

營造業法第17條：營造業自領得營造業登記證書之日起，
每滿五年應申請複查，中央主管機關或直轄市、縣（市）主
管機關並得隨時抽查之；受抽查者，不得拒絕、妨礙或規避。
前項複查之申請，應於期限屆滿三個月前六十日內，檢附營
造業登記證書及承攬工程手冊或相關證明文件，向中央主管
機關或直轄市、縣（市）主管機關提出。

13. (1)營造業經撤銷登記、廢止登記或受停業之處分者，自處分書送達之多
少日起不得再承攬工程？ ①次日 ②10日 ③20日 ④30日 。

14. (1)營造業法對於綜合營造業區分為甲、乙、丙三個等級，土木包工業
則不設等級，有關各類公司之資本額規定下列何者正確？ ①甲等為
二千二百五十萬元以上 ②乙等為一千五百萬元以上 ③丙等為五百萬
元以上 ④土木包工業為一百萬元以上 。

綜合營造業之資本額，於甲等綜合營造業為新臺幣
二千二百五十萬元以上；乙等綜合營造業為新臺幣一千二百
萬元以上；丙等綜合營造業為新臺幣三百六十萬元以上。土
木包工業舊款規定為八十萬元以上，新法規已修正資本額為
新臺幣一百萬元以上，故本題建議選項4也為答案。

15. (4)營造業應於辦妥公司或商業登記之後幾個月內,檢附文件向中央主管機關或直轄市、縣(市)主管機關申請營造業登記、領取營造業登記證書及承攬工程手冊,始得營業? ① 3 個月 ② 4 個月 ③ 5 個月 ④ 6 個月 。

解析

> 營造業法第 15 條:營造業應於辦妥公司或商業登記後六個月內,檢附文件,向中央主管機關或直轄市、縣(市)主管機關申請營造業登記、領取營造業登記證書及承攬工程手冊,始得營業;屆期未辦妥者,由中央主管機關或直轄市、縣(市)主管機關廢止其許可。

16. (3)「大佳綜合營造股份有限公司」為甲等廠商,與「乙隆綜合營造股份有限公司」為乙等廠商,兩家公司合併為「順大綜合營造股份有限公司」,請問新合併的公司等級為 ①丙等 ②乙等 ③甲等 ④沒有規定 。

17. (2)營造業升等業績之採計,以承攬工程手冊工程記載之何項為準? ①契約造價 ②完工總價 ③使用執照上所記載工程造價 ④公定造價 。

18. (2)建築物高度多少公尺以上之工程應設置工地主任? ① 30 公尺 ② 36 公尺 ③ 40 公尺 ④ 50 公尺 。

解析

> 營造業法第 30 條所定應置工地主任之工程金額或規模如下:
> 一、承攬金額新臺幣 5000 萬元以上之工程。
> 二、建築物高度 36 公尺以上之工程。
> 三、建築物地下室開挖 10 公尺以上之工程。
> 四、橋梁柱跨距 25 公尺以上之工程。

19. (3)下列何者屬營造業? ①水電工程 ②冷凍空調業 ③土木包工業 ④顧問公司 。

20. (3)營造業自行停業、受停業處分或歇業時,應於停業或歇業日起,多少期限內,應赴主管機關辦理? ① 1 個月 ② 2 個月 ③ 3 個月 ④ 4 個月 。

21. (3)營造業被評鑑為第幾等級者，不得承攬公共工程？ ①一級 ②二級 ③三級 ④無限制 。

解析

承攬公共工程：須取得第一或二級評鑑證書。包含綜合營造業及認有必要之專業營造業，依營造業法43條第1項規定：定期予以評鑑分三級，第三級不得承攬公共工程。

22. (2)營造業承攬工程其一定期間承攬總額，不得超過淨值 ① 10 倍 ② 20 倍 ③ 30 倍 ④ 40 倍 。

解析

營造業承攬工程，應依其承攬造價限額及工程規模範圍辦理；其一定期間承攬總額，不得超過淨值 20 倍。

23. (2)營造業登記申請書，應記載事項如有變更時，應自事實發生之日起多少時間檢附有關證明文件向主管機關申請變更登記？ ① 1 個月 ② 2 個月 ③ 3 個月 ④ 4 個月 。

24. (2)營造業承攬一定金額或一定規模以上之工程，其施工期間應於工地置何種職務人員？ ①建築師 ②工地主任 ③技師 ④技術士 。

解析

營造業承攬一定金額或一定規模以上之工程，其施工期間，應於工地置工地主任。
前項設置之工地主任於施工期間，不得同時兼任其他營造工地主任之業務。

25. (1)施工中，專任工程人員發現工程圖樣在施工顯有困難，應即時向營造業負責人報告，並經其告知定作人，但定作人未及時提出改善計畫所造成之損害，由誰負責？ ①定作人 ②營造業 ③設計者 ④專任工程人員 。

26. (4)何人應於工地現場依其專長技能及作業規範進行施工操作或品質控管？ ① 專任工程人員 ②工地主任 ③負責人 ④技術士 。

27. (4) 依據「營造業法」之規定，下列何項不為營造業專任工程人員應負責辦理之工作？ ①查核施工計畫書，並於認可後簽名或蓋章 ②於開工、竣工報告文件及工程查報表簽名或蓋章 ③督察按圖施工、解決施工技術問題 ④工地勞工安全衛生事項之督導、公共環境與安全之維護及其他工地行政事務 。

解析

營造業法第 35 條：營造業之專任工程人員應負責辦理下列工作：

一、 查核施工計畫書，並於認可後簽名或蓋章。

二、 於開工、竣工報告文件及工程查報表簽名或蓋章。

三、 督察按圖施工、解決施工技術問題。

四、 依工地主任之通報，處理工地緊急異常狀況。

五、 查驗工程時到場說明，並於工程查驗文件簽名或蓋章。

六、 營繕工程必須勘驗部分赴現場履勘，並於申報勘驗文件簽名或蓋章。

七、 主管機關勘驗工程時，在場說明，並於相關文件簽名或蓋章。

八、 其他依法令規定應辦理之事項。

28. (3)營造業法中對「工地主任」用語之定義，下列何者正確？ ①係指領有建築工程管理技術士證或其他土木、建築相關技術士證人員 ②系指受聘於營造業之技師或建築師，擔任其所承攬工程之施工技術指導及施工安全之人員 ③係指受聘於營造業，擔任其所承攬工程之工地事務及施工管理之人員 ④並無明確定義 。

29. (4)依據營造業法之規定，下列何項不是工地主任應負責辦理之工作？ ①工地遇緊急異常狀況之通報 ②按日填報施工日誌 ③工地安全衛生事項之督道 ④督察按圖施工，解決施工技術問題 。

30. (3)祥和綜合營造股份有限公司為丙級營造廠，其專任工程人員為工地主任，祥和營造於 93 年 1 月 20 日換領綜合營造業，該公司之工地主任最晚可任用至何時？ ① 97 年 12 月 31 日 ② 98 年 12 月 31 日 ③ 98 年 1 月 19 日 ④ 99 年 1 月 19 日 。

31. (2)依營造業法營繕工程之承攬契約，應記載事項中有那一項不包括在內？ ①工程名稱、地點及內容 ②工程材料之性質 ③違約之損害賠償 ④契約變更之處理 。

解析

承攬工程手冊之內容，應包括下列事項：
一、營造業登記證書字號。
二、負責人簽名及蓋章。
三、專任工程人員簽名及加蓋印鑑。
四、獎懲事項。
五、工程記載事項。
六、異動事項。
七、其他經中央主管機關指定事項。

32. (4)土木包工業向主管機關申請營造業登記時，下列何項文件是免予檢附之文件？ ①申請書 ②原許可證件 ③公司或商業登記證明文件 ④專任工程人員 受聘同意書 。

33. (2)施工前或施工中何人應檢視工程圖樣及施工說明內容，如發現施工上顯有困難或公共危險之虞時，應即時向營造業負責人報告？ ①建築師 ②專任工程人員 ③工地主任 ④工程師 。

34. (3)營造業之專任工程人員離職或因故不能執行業務時，營造業應即報請中央主管機關備查，並應於何期間內依規定另聘之？ ① 1 個月 ② 2 個月 ③ 3 個月 ④ 4 個月 。

35. (2)依營造業法規定；一定金額以上工程，其施工期間應於工地置工地主任。其一定金額為 ①三千萬元 ②五千萬元 ③七千萬元 ④一億元 。

36. (4)營造業承攬之工程，其專業工程特定施工項目，應置一定種類、比率或人數之人員為 ①專任工程人員 ②工地主任 ③安衛人員 ④技術士。

解析

營造業承攬之工程,其專業工程特定施工項目,應置一定種
類、比率或人數之技術士。
前項專業工程特定施工項目及應置技術士之種類、比率或人
數,由中央主管機關會同中央勞工主管機關定之。

37. (2)下列何者負責人,應具有三年以上土木建築工程施工經驗? ①甲等綜
合營造業 ②土木包工業 ③專業營造業 ④丙等綜合營造業 。

解析

土木包工業應具備下列條件:
一、負責人應具有三年以上土木建築工程施工經驗。
二、資本額在一定金額以上。

38. (4)橋梁柱跨距 ① 10 ② 15 ③ 20 ④ 25 公尺以上之工程應設置工地主任。

39. (2)有關營造業審議委員會之工作職掌下列何者為非? ①營造業撤銷或廢
止之 ②營造業升等之審議 ③營造業獎懲事項之審議 ④專任工程人員
處分案件之審議 。

解析

營造業審議委員會職掌如下:
一、關於營造業撤銷或廢止登記事項之審議。
二、關於營造業獎懲事項之審議。
三、關於專任工程人員及工地主任處分案件之審議。

40. (4)營造業之專任工程人員離職或因故不能執行業務時,營造業於多少日
內依規定辦理? ① 15 日 ② 20 日 ③ 30 日 ④ 3 個月 。

41. (3)工程主管或主辦機關於勘驗、查驗或驗收工程時，營造業之專任工程人員及工地主任應在場說明，並由誰負責於勘驗、查驗或驗收文件上簽名或蓋章： ①負責人 ②工地主任 ③專任工程人員 ④監造人員 。

42. (3)中央主管機關對綜合營造業就工程實績、組織規模、管理能力、專業技術研究發展、財務狀況及 ①公司能力 ②公司技術人員 ③施工品質 ④施工計畫書，等項目定期予以評鑑。

43. (1)評鑑為第幾等級之營造業，經主管機關複評合格者，為優良營造業？ ①第一等級 ②第二等級 ③第三等級 ④沒規定 。

44. (3)營造業負責人知其專任工程人員在外兼任業務或職務者，而未通知其辭任，可對營造業予以 3 個月以上多少時間以下之停業處分？ ① 6 個月 ② 9 個月 ③ 1 年 ④ 2 年 。

45. (2)建築物地下室開挖多少公尺以上之工程應設置工地主任？ ① 8 公尺 ② 10 公尺 ③ 12 公尺 ④ 16 公尺 。

46. (3)營造業受警告處分幾次者，予以 3 個月以上 1 年以下停業處分？ ① 1 次 ② 2 次 ③ 3 次 ④ 4 次 。

47. (2) 依「營造業法」工地發生緊急事故時，工地主任應通報何人處理工地緊急異常狀況？ ①業主 ②專任工程人員 ③監造人員 ④消防救災單位 。

48. (2) 下列何項不屬於營造業法立法之宗旨？ ①為提高營造業技術水準 ②健全採購制度人員 ③確保營繕工程施工品質 ④促進營造業健全發展。

49. (2) 營造業之專任工程人員離職,營造業應於個月內依規定另聘之,若未補聘營造業予以警告或 3 個月以上多少時間以下停業處分? ①半年 ②1 年 ③2 年 ④3 年 。

50. (1) 依「營造業法」規定,營造業登記證書申請複查時應提出下列何項證明文件? ①營造業負責人身分證明文件 ②營業時間證明 ③公司人員名單 ④員工健康檢查紀錄 。

51. (3) 綜理營繕工程施工及管理等整體性工作之廠商為何? ①專業營造業 ②土木包工業 ③綜合營造業 ④工程行 。

52. (3) 乙等綜合營造業五年內承攬工程累計金額達多少新台幣以上,才能申請升等 ①一億元 ②二億元 ③三億元 ④四億元 。

解析

甲等綜合營造業必須由乙等綜合營造業有三年業績,五年內其承攬工程竣工累計達新臺幣三億元以上,並經評鑑三年列為第一級者。

53. (2) 承攬小型綜合營繕工程之廠商為何? ①專業營造業 ②土木包工業 ③綜合營造業 ④工程行 。

54. (1) 依營造業法規定:經向中央主管機關辦理許可、登記,從事專業工程之廠商為何? ①專業營造業 ②土木包工業 ③綜合營造業 ④工程行 。

55. (2) 下列何種適用於鋼構造接合設計的方式? ①剪力釘 ②高強度螺栓 ③搭接 ④續接器 。

56. (4) 混凝土材料不包括下列何者? ①水泥 ②骨材 ③水 ④穩定液 。

57. (3) 下列何項不是建築法所稱建築物之主要構造? ①承重牆壁 ②樓地板 ③樓梯 ④屋頂 。

解析

依據建築法第 8 條規定建築物之主要構造,為基礎、主要梁柱、承重牆壁、樓地板及屋頂之構造。

58. (1) 下列行爲不是建築法所稱建造？ ①拆除 ②改建 ③增建 ④修建 。

59. (4)「建築法」中所稱建築物之承造人爲何？ ①營造業負責人 ②專任工程人員 ③工地主任 ④營造業 。

60. (1) 建築物之改建應請領 ①建造執照 ②雜項執照 ③使用執照 ④拆除執照。

61. (2) 建築法規定幾層以上建築物施工時應設置防止物體墜落之適當圍籬？ ①4層 ②5層 ③6層 ④7層 。

解析

建築法第66條：
二層以上建築物施工時，其施工部分距離道路境界線或基地境界線不足二公尺半者，或五層以上建築物施工時，應設置防止物體墜落之適當圍籬。

62. (2) 起造人自領得建造執照或雜項執照之日起，應於幾個月內開工？ ①3個月 ②6個月 ③9個月 ④12個月 。

63. (3) 建築法規定起造人因故不能於開工期限內開工時，應敍明原因申請展期，但展期不得超過 ①1 ②2 ③3 ④6 個月，逾期執照作廢。

64. (2) 建築法規定建築期限，承造人因故未能如期完工時得申請展期多久，並以一次爲限？ ①半年 ②1年 ③2年 ④3年 。

解析

建築法第53條：
直轄市、縣（市）主管建築機關，於發給建造執照或雜項執照時，應依照建築期限基準之規定，核定其建築期限。
前項建築期限，以開工之日起算。承造人因故未能於建築期限內完工時，得申請展期一年，並以一次爲限。未依規定申請展期，或已逾展期期限仍未完工者，其建造執照或雜項執照自規定得展期之期限屆滿之日起，失其效力。

65. (1)建築工程完竣後，應由起造人會同承造人及監造人申請何項執照？ ① 使用執照 ②室內裝修執照 ③營業登記執照 ④竣工執照 。

66. (4)建築法中之建築主管機關在中央為何機關？ ①營建署 ②交通部 ③公共工程委員會 ④內政部 。

67. (3)下列何者不是建築法所稱建築物設備？ ①排水 ②給水 ③水塔 ④消防。

解析

建築法第 10 條：
本法所稱建築物設備，為敷設於建築物之電力、電信、煤氣、給水、污水、排水、空氣調節、昇降、消防、消雷、防空避難、污物處理及保護民眾隱私權等設備。

68. (2)建築法所稱建築物監造人為何者？ ①結構技師 ②建築師 ③專任工程人員 ④監工 。

69. (4)施工規範之各項文件不包括下列哪一種？ ①投標須知 ②設計圖 ③施工說明書 ④請款計價單 。

70. (2)預拌混凝土抗壓強度試驗，每組圓柱試體之數目有幾個？ ① 4 個 ② 6 個 ③ 8 個 ④ 10 個 。

解析

混凝土應依 CNS1230 混凝土試體在試驗室模製及養護，一次製作 6 只試體，分別於 7 天及 28 天各壓驗 3 只，證實齡期 28 天平均強度能符合要求平均抗壓強度 f'c 要求時，此配比方可用於工程。

71. (1)一般混凝土的養護時間應視水泥的水化作用及達成適當強度之需求儘可能延長，且不得少於幾天？ ① 7 天 ② 10 天 ③ 14 天 ④ 21 天 。

72. (4)一般混凝土規定抗壓強度 fc' 為混凝土幾日齡期之試驗強度？ ① 7 日 ② 14 日 ③ 21 日 ④ 28 日 。

73. (3)房屋柱及牆採用混凝土坍度設計之最大坍度爲幾公分？ ① 5 公分 ② 10 公分 ③ 15 公分 ④ 20 公分 。

74. (1)一般構造物使用波特蘭水泥爲何種類？ ①普通水泥 ②抗硫酸鹽水泥 ③早強水泥 ④低熱水泥 。

75. (4)竹節鋼筋標號 D32，標示代號爲 ① 3 ② 5 ③ 8 ④ 10 號。

解析

鋼筋號數 CNS	標稱直徑	標稱斷面積	單位重
#3 (D10)	0.953	0.71	0.56
#4 (D13)	1.27	1.27	0.994
#5 (D16)	1.588	1.99	1.56
#6 (D19)	1.905	2.87	2.25
#7 (D22)	2.223	3.87	3.04
#8 (D25)	2.54	5.07	3.98
#9 (D29)	2.865	6.47	5.08
#10 (D32)	3.226	8.14	6.39
#11 (D36)	3.581	10.07	7.9

76. (1)竹節鋼筋標號 D10，其單位重量約爲 ① 0.560 ② 0.994 ③ 1.56 ④ 2.25 kg/m。

77. (2)中華民國國家標準其英文代表爲何？ ① ACI ② CNS ③ JIS ④ ISO 。

78. (3)下列那一種不是鋼筋之續接方式？ ①搭接 ②焊接 ③彎鉤 ④續接器施工。

79. (3)下列何者是鋼筋材料檢驗項目？ ①氯離子含量 ②坍度試驗 ③降伏強度 ④鑽心試驗 。

80. (2)得標廠商如果違反禁止轉包的規定，擅自將工程轉包予其他廠商時，機關得如何處理？ ①同意報備 ②終止契約 ③停止估驗計價 ④暫停施工 。

81. (3) 經機關檢討認爲驗收結果不符部分非屬重要，而其他部分能先行使用，並認爲確有先行使用之必要者，可採用何者方式較適合？ ①減價收受 ②重爲驗收 ③部分驗收 ④先使用不驗收。

解析

政府採購法第 72 條：

機關辦理驗收時應製作紀錄，由參加人員會同簽認。驗收結果與契約、圖說、貨樣規定不符者，應通知廠商限期改善、拆除、重作、退貨或換貨。其驗收結果不符部分非屬重要，而其他部分能先行使用，並經機關檢討認為確有先行使用之必要者，得經機關首長或其授權人員核准，就其他部分辦理驗收並支付部分價金。

驗收結果與規定不符，而不妨礙安全及使用需求，亦無減少通常效用或契約預定效用，經機關檢討不必拆換或拆換確有困難者，得於必要時減價收受。其在查核金額以上之採購，應先報經上級機關核准；未達查核金額之採購，應經機關首長或其授權人員核准。

驗收人對工程、財物隱蔽部分，於必要時得拆驗或化驗。

82.(4) 雇主對於營造工作場所，應於勞工作業前，指派安全衛生人員或下列何者專業人員實施危害調查、評估，並採適當防護設施，以防止職業災害之發生？ ①土木技師 ②建築師 ③大地技師 ④專任工程人員 。

83.(3) 屬於一級營建工程者，其圍籬高度不得低於 ① 1.2 公尺 ② 1.8 公尺 ③ 2.4 公尺 ④沒限制 。

84.(2) 屬於二級營建工程者，其圍籬高度不得低於 ① 1.2 公尺 ② 1.8 公尺 ③ 2.4 公尺 ④沒限制 。

85.(1) 圍籬坐落於道路轉角或轉彎處 10 公尺以內者，得設置下列何種圍籬？ ①半阻隔式 ②全阻隔式 ③簡易式 ④交通錐 。

86.(3) 依「建築物磚構造設計及施工規範」規定，三層樓之加強磚造牆壁最小厚度，第一層應為 ① 11 公分 ② 29 公分 ③ 40 公分 ④ 47 公分 。

87.(12) 工程各項契約文件相互有衝突時，皆有適用之優先順序，下列哪些屬於正確的優先適用順序原則？ ①特別條款優先於一般條款 ②補充規定優先於一般規定 ③規範優先於圖面 ④工程價目單優先於規範 。

88.(13) 機關辦理工程查核時,依據工程施工查核小組作業辦法規定,下列哪些人員需到場說明? ①營造廠專任工程人員 ②營造廠負責人 ③監造單位建築師或技師 ④施工領班 。

89.(124) 下列哪些為建築法立法目的? ①實施建築管理 ②維護公共衛生 ③維護工地安全 ④增進市容觀瞻 。

90.(123) 工程施工查核小組主要查核下列哪些事項? ①機關之品質督導機制 ②監造計畫內容及執行情形 ③廠商之品質計畫內容及執行情形 ④分包商發包執行情形 。

91.(234) 下列哪些屬於查核金額以上之工程,其第一級品管(品質管制系統)應執行事項? ①填寫監工日報表 ②訂定品質管理標準 ③訂定不合格品之管制程序 ④執行矯正與預防措施 。

92.(123) 政府採購法中,採購之招標方式包含下列哪些? ①公開招標 ②選擇性招標 ③限制性招標 ④雙方協議 。

93.(24) 建築技術規則中關於建築用語定義,下列哪些為正確? ①建築基地是基地之垂直投影面積 ②建蔽率是指建築面積占基地面積之比例 ③直上方無任何頂遮蓋物之平臺稱為陽臺,直上方有遮蓋物者稱為露臺 ④防火時效是指建物之主要結構遭受火災時可耐火之時間 。

94.(134) 營造業法之立法宗旨在於 ①提高營造業技術水準 ②健全採購制度 ③確保營繕工程施工品質 ④促進營造業健全發展 。

95.(134) 下列有關固定梯使用應符合之條件,何者正確? ①踏條應等間隔 ②梯腳與地面之角度應在 75 度以上 ③不得有妨害工作人員通行的障礙物 ④應有防止梯子移位之措施 。

96.(123) 下列何者為吊車作業要求之「一機三證」? ①起重機檢查合格證 ②起重機吊掛作業人員證 ③吊車起重機操作人員訓練合格證 ④指揮作業主管 。

97.(24) 雇主使勞工於高空工作車升起之伸臂等下方從事修理、檢點等作業時，應使從事該作業勞工使用下列何項，以防止伸臂等之意外落下致危害勞工？①施工構台 ②安全支柱 ③施工架 ④安全塊 。

98.(124) 下列何者可為丁類危險性工作場所營造工程事業單位之施工安全評估人員？ ①工作場所負責人 ②職業安全衛生人員 ③業主 ④專任工程人員 。

99.(14) 雇主對於營造工作場所，應於勞工作業前，可指派下列何者專業人員實施危害調查、評估，並採適當防護設施，以防止職業災害之發生？ ①職業安全衛生人員 ②土木技師 ③建築師 ④專任工程人員 。

1. (2) 屋頂 RC 梁上鋼筋彎入柱內 40d 時，繪法應為 ① 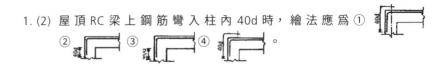 ② ③ ④ 。

2. (2) 建築材料剖面符號『 』係表示 ①磚材 ②混凝土 ③泥土 ④石材 。

3. (2) 平面圖符號中『 』係表示 ①自動門 ②雙開門 ③推開窗 ④防火門 。

4. (2) 依中華民國國家標準 CNS 給排水及衛生設備圖例，『 』係表示 ①單向凡而 ②閘閥 ③清除口 ④地板落水 。

5. (3) 建築圖符號中『 』係表示 ①牆面線 ②建築線 ③中心線 ④輪廓線。

解析

鏈線一般線長 20mm，中間為一點，間隔約 1mm，用來作為中心線、節線、假想線。

6. (2) 依中華民國國家標準 CNS 給排水及衛生設備圖例，『 』係表示 ①蹲式馬桶 ②坐式馬桶 ③小便斗 ④洗臉盆 。

7. (2) 建築圖中『 (B/A-4) 』此符號中之 B 表示 ①標準圖 ②詳細的編號 ③設備圖 ④門窗號碼 。

8. (1) 下列材料符號中，何者為磚材料？ ① ② ③ ④ 。

9. (2) 建築圖中『 (2/A-4) 』此符號中之 B 表示 ①該圖內之編號 ②圖號 ③張數編號 ④總編號 。

10. (1)材料符號中『 』係表示 ①地盤 ②磨石子 ③面磚 ④排卵石 。

11. (1)消防設備圖中，符號『 』係表示 ①消防送水口 ②緊急照明燈 ③滅火器 ④消防栓 。

12. (2)建築圖中，地界線之表示法爲 ① ——―…―――…――― ② ――― ―‥―― ―‥――③ ―――•―•―•――― ④ ― ― ― ― ― 。

13. (2)建照圖中，配置圖圖 例『▨▨▨（黃色底斜紅色線）』表示 ①鄰近房屋 ②騎樓 ③防空地下室 ④保留地 。

14. (1)消防平面圖上符號『◨ FHC』表示 ①消防栓箱 ②警鈴 ③緊急照明燈 ④太平門 。

15. (2)下列剖面材料符號何者錯誤？ ① ▦ 級配 ② ▨ 木材 ③ ▥ 卵石 ④ ▧ 地盤 。

16. (2)結構圖中，梁鋼筋主筋之錨定，下列何者正確？ ① [40d 圖] ② [40l 圖] ③ [40l 圖] ④ [40d 圖] 。

17. (2)依建築繪圖準則，下圖樓梯之數字意義爲 ①梯級深 16cm，級高 26cm ②梯級深 26cm，級高 16cm ③階數 16 階，級深 26cm ④階數 16 階，級高 26cm 。

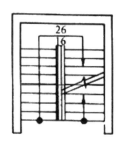

解析

樓梯之級高 (R) 需≦16cm，
級深 (T) 需≧26cm。

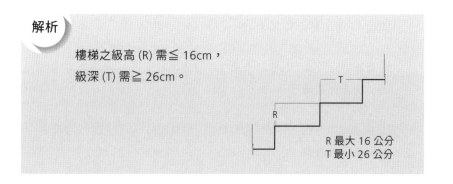

R 最大 16 公分
T 最小 26 公分

18. (3)比例尺 1/200 圖樣中，每邊 5 公分長的正方形圖形，其實際的面積應 為多少平方公尺 ① 10 ② 25 ③ 100 ④ 250 。

解析

依照比例尺 5cm 長度實際尺寸爲 5x200=1000cm=10m，因 此邊長 10m 之正方形，面積爲 $100m^2$。

19. (4)都市計畫使用分區圖中，文教區之著色是 ①淺黃加黃框 ②黃綠色 ③ 黃色 ④紫色 。

解析

都市計畫圖顏色標示：

1. 黃色：住宅區。

2. 紅色：商業區。

3. 咖啡色：工業區。

4. 淺藍色：機關用地。

5. 綠色：公園用地。

6. 橘色：停車場用地。

7. 紫色：文教區用地。

8. 白色：政府保留地。

20. (2)都市計畫使用分區圖中，塗藍色表示該範圍分區爲 ①文教區 ②工業 區 ③機關區 ④商業區 。

21. (2)依建築繪圖準則之規定，建照圖中，平面圖及立面圖之比例尺應爲 ① 1/30 ② 1/100 或 1/200 ③ 1/150 ④ 1/300 。

22. (1)建築基地面積狹小且不適合單獨申請建照者稱爲 ①畸零地 ②保留地 ③山坡地 ④禁建地 。

23. (2) 建築圖說可分爲三大類，卽建築圖、結構圖及 ①剖面圖 ②設備圖 ③ 地形圖 ④景觀圖 。

24. (1)都市計畫使用分區圖中，住宅區應著 ①黃框 ②紅框 ③淺藍框 ④褐色框 。

25. (4)水平標高記號，水準基點之代號是 ① GL ② FL ③ PM ④ BM 。

26. (3)在結構平面圖上，7B 2 中之 B 是表示 ①柱 ②板 ③梁 ④基礎 。

解析

結構平面圖中構材編號：(B) 代表梁，(C) 代表柱，(F) 代表基腳，(G) 代表大梁，(J) 代表欄柵，(L) 代表楣梁，(S) 代表樓版，(W) 代表牆壁。

27. (2)焊接符號中，符號『 || 』係代表 ①角焊 ②對焊 ③壓焊 ④塞焊 。

28. (2)繪製規模較小而複雜的平面圖，適用的比例尺為 ① 1/ 30 ② 1/ 50 ③ 1/150 ④ 1/200 。

29. (3)水電圖中，鑄鐵管之代號為 ① BIP ② GIP ③ CIP ④ PVC 。

30. (3)鋼構圖中，I 型鋼中符號『 I 450 ×175×13 ×10（單位 mm)』，其 13 係表示型鋼之 ①高 ②翼寬 ③腹厚 ④翼厚 。

31. (2)在建築結構圖中，代 號『 F 』是代表 下列何者？ ①地梁 ②基腳 ③小梁 ④柱 。

解析

構材編號：(B) 代表梁，(C) 代表柱，(F) 代表基腳，(G) 代表大梁，(J) 代表欄柵，(L) 代表楣梁，(S) 代表樓版，(W) 代表牆壁。

32. (2)水電圖中，代號 BIP 係表示 ①鑄鐵管 ②未經鍍鋅鐵管 ③不銹鋼水管 ④紫銅管 。

33. (3)消防設備圖中，符號『 © 』係表示 ①消防送水口 ②緊急照明燈 ③滅火器 ④消防栓 。

34. (2)建築請照圖中，門窗立面圖最常見之比例爲 ① 1/5 ② 1/10 ③ 1/30 ④ 1/50 。

35. (1)一般圖面中，代號『FL』係代表 ①地板面線 ②天花板 ③地盤 ④屋頂 。

解析

F.L：樓地板面線 (Floor Level)。地板面線 F.L，指的是未裝修的地板面，而地板裝飾面線則以 F.F.L (Finished Floor Level) 表示。

36. (2)申請建築執照書面圖說，計算面積時，應計算至小數點以下幾位？ ① 1 ② 2 ③ 3 ④ 4 。

37. (4)規模較大而簡單的建築物平面圖，適用的比例尺爲 ① 1 /50 ② 1/ 100 ③ 1/150 ④ 1/200 。

38. (3)下列結構圖符號所示之組合中，何者錯誤？ ① G- 大梁 ② S- 樓板 ③ F- 地梁 ④ J- 欄柵 。

解析

構材編號：(B) 代表梁，(C) 代表柱，(F) 代表基腳，(G) 代表大梁，(J) 代表欄柵，(L) 代表楣梁，(S) 代表樓版，(W) 代表牆壁。

39. (2)一般工程所使用的鋼筋，俗稱 3 分筋，其直徑尺寸約爲幾公厘？ ① 7 ② 10 ③ 13 ④ 16 。

40. (3)比例尺 1 /50 圖樣中，量取某一線段長爲 2 公分，其實際長度應爲多少公尺？ ① 0.25 ② 0.5 ③ l ④ 10 。

41. (4)建築圖中，尺寸之數字應標註於尺寸線之 ①左方 ②右方 ③下方 ④上方 。

42. (2)都市計畫使用分區圖中，機關用地應塗何種顏色？ ①紅 ②藍 ③灰 ④綠 。

> **解析**
>
> 都市計畫圖顏色標示：
> 1. 黃色：住宅區。 　　5. 綠色：公園用地。
> 2. 紅色：商業區。 　　6. 橘色：停車場用地。
> 3. 咖啡色：工業區。 　7. 紫色：文教區用地。
> 4. 淺藍色：機關用地。 8. 白色：政府保留地。

43. (2)剖面詳圖所採用的比例尺不得小於 ① l/100 ② 1 /50 ③ 1 /30 ④ 1 / 10 。

44. (3)依建築法規定申請建照剖面詳圖縮尺不得小於 ① 1/50 ② 1/40 ③ 1/30 ④ 1/20 。

45. (2) 都市計畫使用分區圖中，商業區範圍之邊框應塗何種顏色？ ①黃 ② 紅 ③淺藍 ④褐色 。

46. (4)未標示方位符號之地形圖，依一般習慣，圖之上端應為 ①東 ②西 ③ 南 ④北方位。

47. (4)結構圖中，梁之代號是？ ① C ② F ③ S ④ B 。

48. (3)依都市計畫樁測定及管理辦法之規定，樁位符號『○』表示 ①界樁 ② 副樁 ③道路中心樁 ④樁位 。

> **解析**
>
> 依都市計畫樁位圖圖式規格表：
>
> | 都市計畫資料 CAD 圖層名稱 | 圖元 類別 | 圖示尺寸 及基點 | 圖示 線號 | 圖示 顏色 | 備註 |
> |---|---|---|---|---|---|
> | 中心樁 | 1 | A2NO | 2 | 7 | 屬性文字圖層 為該係累圖層 加 TXT（字高 3 毫米） |
> | 虛樁 | 1 | A2NO | 2 | 7 | |
> | 副樁 | 1 | A2NO | 2 | 7 | |
> | 分區界樁 | 1 | A2NO | 2 | 7 | |
> | 都計範圍界樁 | 1 | A2NO | 2 | 7 | |

49. (2)為求慎重起見，工程開工放前應先鑑界，申請鑑界應向何種單位申請？ ① 都市計畫單位 ②地政單位 ③建築管理單位 ④代書事務所 。

50. (4)依中華民國國家標準 CNS 材料符號中，何者為木材構材？① ② ③ ④ 。

51. (1)剖面標記之編號『 』此符號中之 2 表示 ① A － 4 圖內之編號 ② 圖號 ③張數編號 ④總編號 。

52. (4)鋼結構圖中，縮寫符號『B』係代表 ①扁鋼 ②焊接 ③角鋼 ④螺栓 。

53. (4)鋼結構圖中，縮寫符號『W』係代表 ① W 型鋼 ②焊接 ③螺栓 ④寬緣 I 型鋼 。

解析

鋼材符號：型鋼之符號依下列規定，以英文字母代表之，如為輕型鋼應加註明：
(L) 代表角鋼，(C) 代表槽鋼，(W) 代表寬緣 I 型鋼，(S) 代表標準 I 型鋼，(WT) 代表寬緣 T 型鋼，(ST) 代表標準 T 型鋼，(Z) 代表 Z 型鋼，(PL) 代表鋼板，(中) 代表方棒鋼，(f) 代表圓棒鋼，(TS) 代表筒鋼，(PP) 代表鋼管，(HS) 代表空腹鋼。

54. (2)鋼結構圖中，縮寫符號『PL』係代表 ① L 型鋼 ②鋼板 ③角鋼 ④格柵。

55. (1)建築圖中，縮寫符號『RF』係代表 ①屋頂 ②閣樓 ③屋頂突出物 ④混凝土構造體 。

56. (3) 建築圖中，『M』代表夾層，而『MS』符號係代表 ①夾層梁 ②夾層柱 ③夾層板 ④夾層牆 。

57. (3)都市計畫使用分區圖中，市場預定地應塗何種顏色？ ①綠 ②黃 ③紅 ④橘 。

58. (2)建築構造中，簡寫文字『RC』係代表何種構造？ ①混凝土造 ②鋼筋混凝土造 ③鋼骨鋼筋混凝土造 ④預鑄混凝土造 。

解析

RC 鋼筋混凝土 (Reinforced Concrete)：以鋼筋加上混凝土興建，一般台灣最常用的結構。

59. (4)建築構造中，簡寫文字『S』係代表何種構造？ ①混凝土造 ②鋼筋混凝土造 ③鋼骨鋼筋混凝土造 ④鋼構造 。

解析

鋼骨（Steel Constructure；SC）構造，或也稱 SS 就是鋼骨結構（Steel Structure），鋼材強度比較高，且尺寸及重量都較傳統的混凝土來得輕巧許多。

60. (2)建築圖說中符號，『▱』係代表何種分電盤符號？ ①電力 ②電燈 ③電視 ④電信 。

61. (1)建築圖說中符號中，『⊠』係代表何種分電盤符號？ ①電力 ②電燈 ③電視 ④電信 。

62. (1)建築圖說中符號中，『◆』係代表何種總配電盤符號？ ①電力 ②電燈 ③ 電視 ④電信 。

63. (3)建築圖說中符號中，『⏚』係代表何種符號？ ①電纜 ②水頭 ③接地 ④導線 。

64. (4)建築圖說中符號中，『⊖』係代表何種插座符號？ ①電灶插座 ②三連插座 ③專用雙插座 ④雙連插座 。

65. (23)在結構圖上之符號「3B4」，下列敘述何者為正確？ ① 3 為所有結構圖的第 3 張圖 ② 3 為第 3 層樓之意 ③ B4 為編號 4 的梁 ④ 3B4 為第 3 區編號 4 的梁。

66. (23)工程圖中，有關「GL」與「FL」之建築圖符號，下列敘述哪些為正確？ ①「GL」是地坪線 ②「FL」地板面線 ③「GL」是地盤線 ④「GL」是地界線。

解析

F.L：樓地板面線 (Floor Level)；G.L：地盤線、地面線 (Ground Level)；結構符號 C：柱子 (Column)；G：大梁 (Girder)；B：小梁 (Beam)；F：基礎 (Foot)。

67. (14)水電圖中，哪些敘述為誤？ ①鍍鋅鋼管之代號為 GIS ②鑄鐵管之代號為 CIP ③鋼筋混凝土管之代號為 RCP ④不鏽鋼管之代號為 STC。

68. (123)下列材料剖面符號，哪些敘述為正確？ ① 為混凝土符號 ② 為石材符號 ③ 為土壤符號 ④ 為金屬符號。

69. (124)下列材料剖面符號，那些敘述為錯誤？ ① 為斬假石符號 ② 為磚材符號 ③ 為卵石符號 ④ 為銅材符號。

70. (23)在鋼結構圖中，下列敘述哪些為正確？ ① R 代表角鋼 ② W 係代表寬緣 I 型鋼 ③ PL 代表鋼板 ④ T 代表扁鋼。

解析

鋼材符號：型鋼之符號依下列規定，以英文字母代表之，如為輕型鋼應加註明：
(L) 代表角鋼，(C) 代表槽鋼，(W) 代表寬緣 I 型鋼，(S) 代表標準 I 型鋼，(WT) 代表寬緣 T 型鋼，(ST) 代表標準 T 型鋼，(Z) 代表 Z 型鋼，(PL) 代表鋼板，(中) 代表方棒鋼，(f) 代表圓棒鋼，(TS) 代表筒鋼，(PP) 代表鋼管，(HS) 代表空腹鋼。

71. (12)下列給水圖說常用符號，何者為正確？ ① ⊢⊲⊳FLCV為定水位閥符號 ② ⊢⊩⊸FV為高壓浮球凡而符號 ③ ⊕為一般水泵符號 ④ ⊲⊳M MV為逆止凡而符號 。

72. (12)有關結構符號之敘述，下列哪些為正確？ ① RC：鋼筋混凝土造 ② SRC：鋼骨鋼筋混凝土造 ③ S：磚構造 ④ SD：鋼構造 。

解析

- RC（Reinforced Concrete）鋼筋混凝土。
- SRC（Steel Reinforced Concrete）鋼骨鋼筋混凝土。
- SS（Steel Structure）=SC（Steel Construction）鋼骨結構。

1. (2) 某工地澆置混凝土時，工程師對某台預拌車抽磅，該車出貨單上載明 為 6M^3，經地磅量得重約為 14 噸（不含車重），試問該車數量是否符 合出貨單上所載明之數量？ ①不符合 ②符合 ③無法判斷 ④由預拌廠 出具證明即可 。

解析

一般所指的混凝土就是常重混凝土，單位重以每立方米 2300 公斤為基準。所以 6M^3 之重量應為 6x2.3(T)=13.8(T)，由於 本題地磅之結果不含車重，所以尚屬合理。

2. (1) 工程進度落後應作下列何種處置？ ①擬定趕工計畫並調整原進度表 ②停工等業主指示 ③向業主報告，要求解約 ④依原計畫繼續施工。

3. (3) 工程網圖中，要徑是 ①成本最高 ②總浮時最大 ③總浮時最小 ④業主 決定之施工路徑。

解析

要徑是一連串排定的活動，這些活動會決定專案計劃或疊代 計劃的持續時間。要徑是貫穿整個專案或疊代的最長路徑， 並且決定完成計劃中之活動可能的最短時間。

4. (2) 縮短工期較可節省 ①材料 ②管理 ③機具 ④人工 之成本。

5. (3) 總浮時的意義與作用，下列敘述何者為非？ ①區別作業的急迫性 ② 判斷工作路徑的優先性 ③各自作業浮時相加即為整個工作的總浮時 ④判別作業可休息的時間 。

解析

總浮時：一作業項目，在不影響整個工程之完工期限下，其 所能允許延誤之最長時間。

6. (4) 已獲價值 (earned value) 的計算，是 ①完成數量乘以預算 ②完成數量乘以單價 ③預定百分比乘以預算 ④完成百分比乘以預算 。

解析

已獲價值也稱實獲值 (Earned Value, EV)，指已實際完成的工作，即實際已完成工作之預算，所以計算方式是由完成百分比乘以單位價值。

7. (1) 已獲價值 (earned value) 的方法中，SPI 是指 ①進度績效指數 ②進度差異 ③成本績效指數 ④成本差異 。

解析

實獲值管理中，時程績效指數 (SPI) 爲 SPI = EV(目前完成)/PV(預定完成)；另有成本績效指數 (CPI) 計算方式爲 CPI = EV(目前完成)/AC(實際完成)。
計算結果大於一表示績效好；小於一表示績效差。

8. (4) 營建工程成本與工期之關係爲 ①互不影響 ②工期越長總成本越低 ③工期越短間接成本越高 ④工期越短直接成本越高 。

9. (2) 請問下列何者不屬於營建工程直接成本？ ①工人費用 ②管理費 ③材料費 ④小包費用 。

10. (1) 請問下列何者不能節省施工直接成本？ ①趕工 ②採用適當的施工程序 ③資源妥善運用 ④減少施工品質不良 。

11. (2) 一般而言，工程管理費用中，百分比最高的是 ①交通維持費 ②管理及利稅 ③品管費 ④安全衛生費 。

12. (3) 請問下列何者不屬於營建工程間接成本？ ①監工人員薪資 ②總公司管理費 ③小包費用 ④安全衛生費 。

解析

間接工程費：指保險費、包商工地管理費與利潤及工程雜項費用、職業安全衛生管理費、環保清潔費、試驗費、工程品管費用及稅捐。

13. (1) 施工成本控制的兩個主要工作，除了差異分析以外，尚有 ①成本預測 ②統計實際成本 ③提出成本報告 ④預算追蹤 。

14. (2) 成本差異等於 ①預算減工程費 ②實際成本減預計成本 ③實際成本除以預 計成本 ④實際成本減預測成本 。

解析

在實獲值分析法中，有以下關鍵性績效指標：
1、時程變異 (schedule variance, SV) ＝實獲值（EV）
　　－計劃值（PV）
2、成本變異 (cost variance, CV) ＝實獲值（EV）
　　－實際成本（AC）
EV 是實際已完成的活動或交付標的（包含工作分解結構中的工作包）的原本預算（原本預計要花費的成本），AC 是實際已完成的活動或交付標的（包含工作分解結構中的工作包）所實際花費的成本。本題寫差異，所以簡單來說即是這兩個值的差異。

15. (4) 下列何者不是造成成本差異的一般原因？ ①設計變更 ②物價變動 ③進度變更 ④工地主任變動 。

16. (1) 工程施工期間，因業主無法依契約按期計價；承商得採下述動作 ①依契約內容處理 ②停工 ③繼續施工 ④契約終止 。

17. (4) 有關預算達成率，以下何者為非？ ①政府機關的進度指標 ②承包商估驗請款的依據 ③用以比較預算的花費情形 ④承包商最重要的成本數字 。

解析

政府為掌握計畫達成情形，於執行過程中，計算經費實際核銷數、已估驗尚未付款或已施作尚未付款、依合約扣留之保留數、計畫結餘數加總合計值與計畫可支用預算數之比值百分比。

18. (1) 施工計畫的目標應達到品質保證、如期完工、環境如昔、安全無慮及 ①預算如度 ②品質如昔 ③計算無誤 ④預算追加 。

19. (3) 營建工程的物價指數調整，一般契約規定各期超過或減少 5% 才計增減價金，請問下列何者應不是其考量原因？ ①物價變動不大，沒必要爭執 ②原預算或估價也可能高估或低估 ③一般都不會超過 5% ④ 5% 之內承包商可以吸收承擔 。

解析

根據工程會採購契約，契約價金係以總價決標，且以契約總價給付，而其履約有下列情形之一者，得調整之。但契約另有規定者，不在此限。

一、 因契約變更致增減履約項目或數量時，就變更之部分加減賬結算。

二、 工程之個別項目實作數量較契約所定數量增減達百分之五以上者，其逾百分之五之部分，變更設計增減契約價金。未達百分之五者，契約價金不予增減。

三、 與前二款有關之稅捐、利潤或管理費等相關項目另列一式計價者，依結算金額與原契約金額之比率增減之。

20. (4) 有關營建工程的毛利，下列何者為非？ ①收入減工程成本 ②一般只有個位數百分比 ③再減去公司費用得到淨利 ④淨利大於毛利 。

21. (2) 預拌車到達工地時，應先確認 ①坍度 ②運輸時間 ③配比 ④強度 。

22. (1) 道路工程之施工計畫中，下列何者一般不為其分項施工計畫？ ①開挖工程 ②路基工程 ③路面工程 ④排水工程 。

23. (3) 施工計畫書中,通常不包含下列何者內容? ①人力 ②材料進場 ③品質管理 ④設備安裝 。

24. (1) 現場施工時,現場工程師發現無法按施工計畫執行時,應採取下述行動為宜? ①回報工地主任,再由工地主任通報專任工程人員修訂之 ②直接按現況施工 ③回報工地主任修改施工計畫 ④自行修改施工計畫後,按修改之計畫施工 。

25. (3) 施工網圖中,要徑的總浮時皆為 ①-2 ②-1 ③0 ④1 。

解析

要徑有以下特色:
一、要徑之天數為最多。
二、要徑上之作業,其總浮時為零。
三、欲縮短工期,則著重在要徑上。
四、要徑不一定只有一條。

26. (3) 施工日報填寫資料中,由鋼筋數量與鋼筋工出工人數計算工率,不能得出下列何者? ①每工人可完成多少鋼筋量 ②鋼筋作業生產力 ③鋼筋材料合約數量與實際數量的差異 ④每單位鋼筋量需要多少人工數字 。

27. (2) 施工日報應填寫的資料是 ①越多越好 ②能轉成資訊對管理有用 ③越少越好 ④越方便越好 。

28. (3) 有的施工日報依合約價目表,填寫項目的每日使用數量,其結果是 ①可做進度計算 ②可作人員控制 ③只是幫助估驗 ④簡單省事 。

29. (4) 工地遇緊急異常之際,應由何者通報 ①助理工程師 ②專任工程人員 ③建築師 ④工地主任 。

解析

營造業法第32條並明定工地主任應負責辦理之工作為:依施工計畫書執行按圖施工、按日填報施工日誌、工地之人員、

機具及材料等管理、工地勞工安全衛生事項之督導、公共環境與安全之維護及其他工地行政事務、工地遇緊急異常狀況之通報等，對於落實專業分工，確保公共安全及提升工程品質責任重大。營造業之專任工程人員應依工地主任之通報，處理工地緊急異常狀況。

30. (2) 依據「營造業法」規定，施工日誌應由何者填寫？ ①助理工程師 ②工地主任 ③專任工程人員 ④結構技師 。

解析

營造業之工地主任應負責辦理下列工作：
一、依施工計畫書執行按圖施工。
二、按日填報施工日誌。
三、工地之人員、機具及材料等管理。
四、工地勞工安全衛生事項之督導、公共環境與安全之維護及其他工地行政事務。
五、工地遇緊急異常狀況之通報。
六、其他依法令規定應辦理之事項。

31. (3) 「營造業法」中所之資本額，於營造業以股份有限公司設立者，係指 ①實際股份 ②實際資本額 ③實收資本額 ④實收股份 。

解析

第 12 條：營造業之出資種類及其占資本額比率，由中央主管機關定之。
本法所稱資本額，於營造業以股份有限公司設立者，係指實收資本額。

32. (1) 下列何者資料具整合之功能？ ①施工日報 ②材料檢驗紀錄 ③出工人員統計 ④機具使用記錄 。

33. (1) 下列何者管理得當，使得施工成本較易掌握？ ①人員 ②機具 ③設備 ④材料 。

34. (1) 施工日誌中，記錄天氣狀況可做為下述何者計算之依據？ ①工作天之工期 ②日曆天之工期 ③驗收之日期 ④交屋之日期 。

35. (2) 材料之採購，通常不列出下列何種資料？ ①規格 ②市場的供應量 ③交貨時間 ④數量 。

36. (4) 機具之管理，通常不統計下列何種資料？ ①使用時間 ②停用時間 ③採購成本 ④操作手人數 。

37. (3) 所謂資源管理，通常不包括下列何者？ ①人員 ②機具 ③供應商 ④材料 。

38. (2) 下列何者不屬於資源配當之工作？ ①預先採購需要的設備 ②假設無限資源之排程 ③運用較少資源換取較長時間完成工作 ④將工程高峰需要之人力拉平 (leveling) 。

39. (3) 關於資源負載圖 (Resource loaded diagram)，下列何者為非？ ①是資源的規劃 ②將資源納入之排程 ③橫軸是成本 ④縱軸是資源數量 。

解析

資源負載圖橫軸是時間軸，縱軸為設備或資源，資源負載（甘特）圖直觀顯示各個設備上的任務安排。

40. (3) 良好的人力資源分派，其資源負載圖 (Resource loaded diagram) 的形狀應為 ①三角形 ②長方形 ③底部寬的梯型 ④菱形 。

41. (1) 材料之市場調查，通常不包括下列何項？ ①新舊 ②產地分布 ③產能與存量 ④價格 。

42. (4) 物料之驗收，通常不包括下列何項？ ①數量清點 ②規格查驗 ③品質檢驗 ④價格 。

43. (2) 關於物料之儲存，下列何者爲非？ ①待驗與驗妥之材料應分別放置 ②材料之取用應依後進先出原則 ③存放順序先重後輕 ④價格昂貴、體積小之物件，可採櫃架儲存 。

44. (1) 露天儲放材料之應注意事項，下列何者爲非？ ①不定期檢查 ②注意週圍排水 ③加蓋 ④墊高 。

45. (1) 施工材料之採購與存放政策，不考量下列何者？ ①製造成本 ②購置成本 ③保管費 ④缺料成本 。

46. (2) 工程計價款應由誰向業主申請？ ①建築師 ②承包商 ③材料小包 ④業主自行給付 。

解析

> 爲減少承包公共工程承包商的資金壓力，公共工程契約實務往往有估驗付款的規定，讓承包商以定期就已完成的工作數量，在施工期間，向業主申請估驗付款。

47. (3) 一般而言，下列何種溝通方式的成本最高？ ①規定 ②程序 ③會議 ④報告 。

48. (4) 施工前之資料送審，通常不包括下列何者？ ①計畫書 ②施工圖 ③樣品及廠商資料 ④小包之資格 。

解析

> 施工前資料送審包含：
>
> 1.2 工作範圍
>
>   1.2.1 品質計畫
>
>   1.2.2 施工計畫
>
>   1.2.3 施工圖
>
>   (1) 施工製造圖
>
>   (2) 工作圖
>
>   1.2.4 廠商資料
>
>   1.2.5 樣品
>
>   1.2.6 實品大樣

49. (4) 下列何者是開會有效率之原因之一？ ①會議前未發議程 ②主持人未進入狀況 ③會議紀錄未有效記載 ④適當之討論與結論 。

50. (3) 一般而言，下列何種報表的位階較高？ ①數量計算表 ②材料檢驗表 ③施工日誌 ④人工統計表 。

51. (4) 某工地於民國 97 年 4 月 1 日開工，其中 5 月 31 日及 7 月 5 日下雨，9 月份因模板工未進場施工而停工，10 月份因業主變更設計停工，同年 12 月 5 日完工，試以工作天計算其工期為 ① 186 ② 195 ③ 205 ④ 216 日。

解析

工作天：假如工期 30 天，可以扣除週休與例假日，還有天候影響導至無法正常施工，所以是以實際工作天來計算。工作天之計算：12 月 5 日減去 4 月 1 日兩個日期相差 248 天，模板工無法進場為承包商自己問題，日期照算，業主變更則減去工作天 30 天，中間有兩天扣除，總共為 248-30-2=216天。（起始日這天有算入工作日；中止日這天不算入工作日）。

52. (1) 預拌混凝土由預拌廠運至澆置地點之時間應在 ① 90 ② 120 ③ 150 ④ 300 分鐘以內。

解析

預拌混凝土自加水拌和起至運送澆置於最後位置之時間止不可超過 [1.5 小時] 於此時間內而未澆置之任何混凝土均拒絕使用。

53. (2) 某大樓的樓版正在澆置混凝土時，突然天空下起大雨；現場工程師應該如何處置？ ①立即回報主任，等待回應 ②暫停澆置作業，回報工地主任後，立即按規定留設施工縫，待氣候變晴再施作 ③不用管下雨，繼續施工 ④繼續施工，但在樓版表面灑水泥即可 。

54. (3) 安全支撐工程正在實施同步預壓時，油壓表 B 與其他油壓表數據不同，現場工程師應該如何處置？ ①立即回報主任，等待回應 ②係油壓表不靈光，拿鐵鎚敲一下即可 ③先暫停同步預壓，待校正油壓表後，再繼續加壓 ④將螺栓轉緊即可 。

55. (2) 某工地正在外牆吊線時，發現 3 樓與 4 樓的窗台並未在同一條線，現場工程師應該如何處置？ ①依 4 樓為準，修正 3 樓 ②立即檢核施工圖，確認窗台位置後，再調整 ③依 3 樓為準，修正 4 樓 ④依 1 樓為準 。

56. (2) 某工地 3 樓地版澆置混凝土後，隔天放樣卻發現 4 樓柱位與 3 樓柱位偏離將近 1m，現場工程師應該如何處置？ ①依放樣結果，繼續施工 ②暫停施工，回報工地主任，轉請結構技師重新分析結構後再施工 ③將柱筋切除，移至放樣位置 ④與鋼筋及模板工頭討論後再施工 。

57. (4) 某工地某日鋼筋工出工數為 30 個人，但工地主任卻記為 40 個人，現場工程師應該如何處置？ ①依據主任為準 ②自行更正即可 ③與主任討論人數，再決定人數 ④與主任確認人數，更正後並回報公司 。

58. (2) 某工地某日鋼筋工正在綁紮柱筋，卻發現搭接長度位置位於梁柱接頭，現場施工人員應該如何處置？ ①檢核搭接長度是否足夠即可 ②依據施工圖，確認位置是否符合，再回報工地主任處理 ③自行判斷，趕快施工即可 ④ 將鋼筋工更換，並繼續施作 。

解析

根據營造業法第 26 條規定如下：營造業承攬工程，應依照工程圖樣及說明書，製作工地現場施工製造圖及施工計畫書，負責施工。其中依照工程圖樣及說明書，製作工地現場施工製造圖及施工計畫書。

59. (4) 某工地 3 樓地版澆置混凝土時，樓版突然倒塌，現場工程師應該如何處置？ ①繼續施工 ②回報工地主任 ③立即搶救傷患 ④立即停工，搶救傷患，並回報工地主任處理 。

60. (4) 工地鋼筋進料，出貨單上載明鋼筋為 #6，長度 14m，共 300 支，鋼筋總重約為 ① 6.5 ② 7.5 ③ 8.5 ④ 9.5 噸。

解析

CNS 規範名稱 D19，編號 #6，直徑 (mm) 為 19.1，面積 (cm²) 為 2.865，單位重 (kg/m) 為 2.25，因此 14m 一支為 31.5kg，300 支共 9450kg，加上誤差值接近 9.5 噸。

61. (4) 某工地於民國 97 年 4 月 1 日開工，其中 4 月 5 日及 7 月 31 日下雨、8 月份因業主變更設計停工、9 月 1 日至 15 日因鋼筋工未進場施作而停工，同年 11 月 30 日完工，試以日曆天計算工期，其工期為 ① 180 ② 181 ③ 211 ④ 213 日。

解析

日曆天：假如工期 30 天，無論假日、例假日，依照合約規範，從開工或簽約日起算。日曆天之計算：11 月 30 日減去 4 月 1 日兩個日期相差 243 工作天，惟 8 月份因業主變更設計停工應減少一個月日曆天，因此實際惟 213 天。

62. (2) 施工計畫中，應由誰來負責擬定揚重計畫 ①工地工程師 ②工地主任 ③專任工程人員 ④建築師 。

63. (3) 工地遇緊急異常之通報應由誰負責 ①工程師 ②建築師 ③工地主任 ④專任工程人員 。

解析

營造業之工地主任應負責辦理下列工作：
一、依施工計畫書執行按圖施工。
二、按日填報施工日誌。
三、工地之人員、機具及材料等管理。
四、工地勞工安全衛生事項之督導、公共環境與安全之維護及其他工地行政事務。
五、工地遇緊急異常狀況之通報。
六、其他依法令規定應辦理之事項。

64. (2) 某工地於某日召開業主協調會，該次會議載明應採用連續壁作為擋土工法，但承攬合約內卻載明以鋼板樁施工。若你是承包商現場工程師應該如何處置？ ①依該次會議記錄施工並依記錄計價 ②回報工地主任依合約規定辦理相關事宜 ③依原合約施工 ④回報承商負責人向業主辦理變更 。

65. (124)有關「全民督導公共工程實施方案」，下列哪些屬於全國民眾共同督促改善之情形？ ①施工品質不良 ②有無偷工減料嫌疑 ③公務人員貪瀆案件 ④ 公共工程危害環境生態 。

解析

民眾發現公共工程有下列情形者，應敘明正確位置及標案名稱，依規定通報：

一、規劃設計不周：如道路排水坡度不良、號誌規劃不當、道路曲線不佳，未設置無障礙設施、擋土牆未設置洩水孔等。

二、工程品質不良：如路面有坑洞、人行道凹凸不平、新建水溝通水不良或擋土牆未背填級配及無預留洩水孔等。

三、安全措施不足：如鷹架固定不良、支撐鬆散不牢、支撐強度不夠、未設置圍籬或圍籬占用道路或因施工導致鄰房產生裂縫等。

四、環境衛生不佳：如營建廢棄土亂倒、工地泥濘、污廢水隨意排放、塵土飛揚或施工噪音干擾等。

五、工程進度緩慢：如施工進度緩慢、停工時間過長或超過告示牌原定完工期限而未完工等。

六、其他：除檢舉不法、法令疑義及建築管理（如違建、違章查報、既成巷道認定等）外之公共工程缺失。

66. (123)有關公共工程品質之敘述，下列哪些為錯誤？ ①施工品質由監造單位認定，承商僅負責施工作業，不負責工程品質 ②施工問題由分包商與監造單位自行解決即可 ③同一工程經由不同人監造其品質自然應有所不同 ④承包商應依規定建立施工品質管制系統並落實執行 。

67. (12) 下列敘述哪些為良好瀝青路面應具備之品質特性？ ①有足夠之強度，以承受交通荷重，抵抗塑性變形之能力，不致於使路面發生扭曲變形現象 ②路面受荷重時，底層雖發生變形或撓度，但不龜裂，而能恢復之性質 ③不用承受重複輪重所引起之彎曲作用 ④瀝青混合物中之瀝青含量越高越可抵抗交通荷重及氣候影響之下所產生之粒料鬆散及剝脫等現象 。

解析

良好的瀝青路面應具以下品質特性：
一、穩定性（Stability）：有足夠之強度，以承受交通荷重，抵抗塑性變形之能力，不致於使路面發生扭曲變形現象。
二、柔性（Flexibility）：係指路面受荷重時，底層雖發生變形或撓度，但不龜裂，而能恢復之性質。
三、耐久性（Durability）：瀝青混合物中有足夠之瀝青含量及足夠之粒料強度，以抵抗交通荷重及氣候影響之下所產生之粒料鬆散及剝脫等現象。
四、抗疲勞性（Fatigue Resistance）：可承受重複輪重所引起之彎曲作用而不龜裂。
五、抗滑性（Skid Resistance）：抵抗車輪剎車滑動之能力。
六、工作性（Workability）：瀝青拌合料具相當流動性，使易於鋪築和滾壓，而不致於發生粒料分離現象，以及能達到應有之壓實度。
七、緻密性（Impermeability）：防止空氣與水份滲入之能力。

68. (34) 瀝青混凝土路面之品質檢驗項目包括 ①光滑度 ②抗壓強度 ③平坦度 ④鋪築厚度 。

69. (124) 混凝土到達現場澆置前，材料檢驗項目應包括下列哪些？ ①送料單 ②氯離子測試 ③圓柱試體壓驗 ④坍度測試 。

70. (123) 對材料設備的品質管制，於材料設備送審核定階段，供應商應管制下列哪些項目？ ①檢核採購契約規定與產品是否符合 ②配合業主或承包商做說明或驗廠 ③提供符合產品之相關資料 ④依時程供料。

71. (124) 有關施工計畫書及品質計畫書之審核流程,下列敘述哪些為正確? ①由施工廠商辦理 ②由監造單位實質審查 ③須由專案管理廠商審查 ④由主辦機關負責核定或備查 。

72. (124) 有關「公共工程施工品質管理制度」,下列哪些敘述為正確? ①廠商負責建立第一級施工品質管制系統 ②監造單位負責建立第二級施工品質保證系統 ③主辦機關負責建立第三級施工品質查核機制 ④中央及直轄市、縣(市)政府應成立工程施工查核小組 。

解析

施工品質管制系統:為達成工程品質目標,應由廠商建立施工品質管制系統。施工品質保證系統:為確保工程的施工成果能符合設計及規範,監造單位應建立施工品質保證系統,成立監造組織,訂定監造計畫,辦理施工及材料設備之抽(查)驗作業。施工品質查核機制:為確認工程品質管理工作執行之成效,主管機關採行工程施工品質查核,以客觀超然的方式,評定工程品質優劣等級。依據工程施工查核小組作業辦法,為使行政院所屬部會行處局署院及直轄市、縣(市)政府工程施工查核小組,確實依政府採購法定期查核所屬(轄)機關工程品質及進度等事宜。

73. (123) 營造施工現場之交通維持計畫,其內容需包含下列哪些項目? ①工程計畫概要 ②週邊道路現況 ③交通衝擊分析 ④交通維持財務計畫 。

74. (23) 承包工程施工廠商對於相關施工項目須進行自主檢查,下列哪些人員應在施工自主檢查表上簽字? ①專任工程人員 ②工地負責人 ③現場工程師 ④登錄之品管人員 。

75. (134) 下列哪些項目應包含在施工預定進度圖表中? ①每月預定進度 ②施工人力 ③ S–曲線圖 ④施工項目 。

76. (234) 製作整體施工計畫時,下列哪些內容需包含在內? ①財務管理計畫 ②環境保護執行與溝通計畫 ③驗收移交管理計畫 ④緊急應變及防災計畫 。

整體施工計畫製作內容,除主管機關、主辦機關或監造單位另有規定外,應包括工程概述、開工前置作業、施工作業管理、整合性進度管理、假設工程計畫、測量計畫、分項工程施工管理計畫、設施工程施工管理計畫、勞工安全衛生管理計畫、緊急應變及防災計畫、環境保護執行與溝通計畫、施工交通維持及安全管制措施及驗收移交管理計畫,合計十三章,內容得視工程特性調整。

77. (123) 公共工程使用進口材料時,在交貨時須附有下列哪些證明文件? ①出廠檢驗證明 ②品質管制文件 ③進口證明 ④報價單 。

78. (23) 下列有關工程施工要徑(critical path)特性之敘述,哪些為正確? ①要徑上仍有少許寬裕時間 ②要徑為縮短工期之主要路徑 ③要徑即為工期最長之路徑 ④要徑只有一條 。

79. (124) 工程施工日誌應包含下列哪些內容? ①施工人力 ②施工機具 ③監造人力 ④施工進度 。

要徑上的活動可以持續時間決定專案的工期,且所有活動的持續時間加起來就是專案的工期。且要徑上的任何活動其中任何一個活動延遲,都會導致整個專案完成時間的延遲,因此只要將要徑上的活動時間縮短,把資源投入到關鍵活動上,就可達到使用最少資源來達成縮短工期的目標。要徑可用來決定一個專案的最短可能時間,但卻可能不只一條要徑。

80. (134) 有關堆高機之操作,下列何者正確? ①堆高機接近貨物之前,應先予以停止 ②堆高機扶起貨物,即可啟動行駛 ③不得超載其負荷重量 ④所裝之物料高度不得妨礙司機視線 。

1. (1) 測設水平板樁需用下列何種儀器？ ①水準儀 ②平板儀 ③光波測距儀 ④羅盤儀 。

2. (3) 測定建築物位置時，常使用之儀器爲何？ ①平板儀 ②六分儀 ③經緯儀 ④羅盤儀 。

3. (3) 地面上 P 點坐標爲 (100，100) 公尺，Q 點坐標爲 (140，130) 公尺，則二點距離應爲 ① 30 公尺 ② 40 公尺 ③ 50 公尺 ④ 60 公尺。

解析

兩點距離公式 $= \sqrt{(X2-X1)^2+(Y2-Y1)^2}$，因此爲 $\sqrt{(140-100)^2+(130-100)^2}=50$。

4. (3) 測距尺中間下垂，使量得之距離 ①減少 ②不變 ③增加 ④無法預測 。

5. (2) 測量水平樁，使用的主要儀器爲 ①光波測距儀 ②水準儀 ③平板儀 ④羅盤儀 。

6. (3) 水平標樁用於溝渠施工，可定出 ①溝渠寬度 ②溝渠鋼筋用量 ③溝渠高低及方向 ④溝渠彎道 。

7. (4) 下列各項水平板樁之用途，何者爲錯誤？ ①作爲決定房屋角隅點之依據 ②作爲填挖土方之基準 ③表示房屋之邊緣 ④作爲施工安全措施。

8. (1) 平坦地採用視距測量觀測，若不論計儀器和人爲等誤差，此時標尺讀數爲上絲 1.584 公尺，下絲 1.219 公尺，已知儀器視距乘常數爲 100，視距加常數爲 0，則測站距標尺爲？ ① 36.50 ② 40.15 ③ 136.50 ④ 140.15 公尺。

解析

視距測量公式爲：$D = KL + C$，因此爲上絲 1.584 – 下絲 1.219 乘上視距乘常數 K 爲 100 加上加常數 C 爲 0 得出答案 36.50 公尺。

9. (2) 一般建築測量多用下列何種測距法？ ①視距法 ②卷尺測距法 ③精密基線測距法 ④電子測距儀測距法 。

10. (1)用以標定中心線位置最方便又準確之儀器為 ①經緯儀 ②平板儀 ③水準儀 ④直角稜鏡 。

11. (4)下列敍述，何者不屬於假設工程 ①整地及基地標點 ②放樣及標板 ③鷹架及踏板 ④結構體之灌注 。

12. (4)在工程施工時，將縮尺之設計圖，利用儀器或量具在建地地面上，測出足尺之建築物輪廓，此作業過程，稱為 ①整地 ②定點 ③測點 ④放樣。

13. (4)在結構體工程某一層樓地板完成施工後，欲組構上一層梁版模板時，有時會在柱鋼筋離樓地一公尺位置作水平記號，主要目的在控制結構體的： ① 方位 ②面積 ③鋼筋用量 ④高程 。

14. (2)使用水準儀及標尺求兩點間之高程差測量屬於 ①對向水準測量 ②直接水準測量 ③間接水準測量 ④氣壓水準測量 。

解析

高程測量（又稱水準測量）之目的在於觀測地面點位間之相對高程差值，並由已知高程點位推算未知點位之高程值。一般可利用水準儀（level）直接測定水平視線在二水準尺上之讀數，求得該二水準尺地面高程差，此種方法也稱直接水準測量（direct leveling）。

15. (2)水準器中之氣泡，若偏左側則表示 ①右側較高 ②右側較低 ③兩側同高 ④與兩側高低無關 。

16. (4)水準測量後視與前視之讀數分別為 2.123 及 1.034 公尺，則前視點較後視點 ①低 1.089 公尺 ②低 1.890 公尺 ③高 1.890 公尺 ④高 1.089 公尺 。

解析

整置水準儀於定點，對標尺行後視，得 b1，對轉點 T1 行前視，得 f1，則二點之高程差為；h1 ＝ b1–f1(後視 – 前視)。因此高程差為 2.123–1.034 得到 +1.089，因此為高 1.089 公尺。

17. (2)視線高為 12.678 公尺，間視之讀數為 0.608 公尺，則間視點之高程
　　 為 ① 13.287 公尺 ② 12.070 公尺 ③ 12.700 公尺 ④ 13.270 公尺。

解析

> 間視點之高程為視線高 – 讀數。12.678 公尺 – 0.608 公尺
> =12.070 公尺。

18. (1)水準測量後視讀為 2.345 公尺，前視讀數為 0.608 公尺，則間視點之
　　 高程為 ① +1.300 公尺 ② –1.300 公尺 ③ +0.900 公尺 ④ –0.700 公
　　 尺。

19. (3)整置水準儀須：①定心後再定平 ②先定平再定心 ③定平即可 ④定心
　　 即可。

20. (4)以水平視線後視一高程為 200.010 公尺之已知點，及標尺讀數為
　　 1.990 公尺，則視線之高度為 ① 198.020 公尺 ② 200.000 公尺
　　 ③ 201.980 公尺 ④ 202.000 公尺。

解析

> 視線高度為後視 200.010 公尺（已知高度）＋標尺讀數 1.990
> 公尺（視線對上標尺高度），得 202.000 公尺。

21. (3)方位角 200°，方向角應該為： ① 20° ② 40° ③ S20° W ④ N 40° W。

解析

> 方向角（Bearing）乃一平面角，是
> 直線與南北方向線間所夾之角。與方
> 位角不同者，方向角從南北起算，角
> 度值在零度及九十度之間。方向角之
> 表出方式乃是在角度值之前以南北
> 字樣表示，其後則出東西字樣，所以
> 此題為 S20° W。

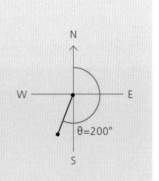

22. (2) 用水準儀觀測，分別置於 A，B 兩點上之水準尺，測讀出標尺讀數分別為 A：1.423 公尺及 B：0.468 公尺，若 B 點高程為 144.624 公尺，則 A 點高程為 ① 140.579 公尺 ② 143.669 公尺 ③ 145.685 公尺 ④ 146.969 公尺 。

解析

後視 (已知點) – 前視 (未知點) =0.468 –1.423 ＝ – 0.955，加上目前高程 144.624 得出 A 點高程 143.669 公尺。

23. (2) 切於水準面之直線稱為 ①垂直線 ②水平線 ③平行線 ④基準線 。

24. (3) 水準測量中對某點僅施行前視而不施行後視者，稱為 ①轉點 ②水準點 ③中間點 ④正視點 。

25. (2) 水準標點 A 之高程為 21.157 公尺，B 之高程為 21.166 公尺，今自 A 點觀測至 B 點，後視讀數和為 16.420 公尺，前視讀數和為 16.431 公尺，其水準閉合差：① +0.020 公尺 ② –0.020 公尺 ③ + 0.002 公尺 ④ –0.002 公尺 。

解析

後視讀數和 16.420 – 前視讀數和 16.431= – 0.011，而實際上 AB 點高程差為 21.157 – 21.166= – 0.009，因此閉合差為 – 0.002 公尺。

26. (3) 水準測量後視點高程為 102.345 公尺，後視讀數為 2.321 公尺，前視讀數為 4.250 公尺，則前視點高程為 ① 98.095 ② 100.024 ③ 100.416 ④ 104.274 公尺。

解析

後視 2.321– 前視 4.250 ＝ –1.929，加上後視點高程 102.345 公尺得 100.416 公尺。

27. (3)水準測量中於讀定標尺前後應該檢查 ①距離是否相等 ②儀器是否定心 ③氣泡是否居中 ④角度是否紀錄 。

28. (3)測量地面上各點之高低狀態者稱之 ①地形測量 ②距離測量 ③水準測量 ④路線測量 。

29. (1)水準測量時能減少水準儀下陷影響之方法為 ①踏實尺墊 ②交互觀測法 ③對向觀測法 ④前後視距離相等 。

30. (4)水準測量中後視與前視和之差為兩點之 ①中誤差 ②儀器差 ③閉合差 ④高程差 。

31. (3)水準測量常用下列何者表示精度？ ①中誤差 ②高程差 ③閉合差 ④儀器差。

32. (1)測量儀器在烈日曝曬之下，會使 ①氣泡不易居中 ②儀器轉動困難 ③照準點模糊 ④十字絲變形 。

33. (3)下列直接水準測量敍述，以何者最重要？ ①標尺必須垂直豎立 ②前視與後視之距離相等 ③來回施測二次之較差不超過公差 ④水準儀整置於穩固之場所 。

34. (3)水準點 A 之高程為 25.621 公尺，B 之高程為 46.854 公尺，今自 A 點觀測至 B 點，前視讀數和為 87.945 公尺，後視讀數和為 109.189 公尺，則其閉合差為 ① +0.110 公尺 ② –0.110 公尺 ③ +0.011 公尺 ④ –0.011 公尺 。

解析

後視讀數和為 109.189 公尺減去前視讀數和為 87.945 公尺 =21.244 公尺，B 之高程為 46.854 公尺減去 A 之高程為 25.621 公尺為 21.233 公尺，兩者差距即為閉合差為 21.244 公尺減 21.233 公尺 =+0.011 公尺。

35. (3)水準點 A 之高程為 51.157 公尺，B 之高程為 51.166 公尺，今自 A 點觀測至 B 點，後視讀數和為 6.420 公尺，前視讀數和為 6.431 公尺，則水準閉合差為 ① –0.011 公尺 ② +0.009 公尺 ③ –0.020 公尺 ④ –0.002 公尺 。

後視讀數和爲 6.420 公尺減去前視讀數和爲 6.431 公尺
= –0.011 公尺，B 之高程爲 51.166 公尺減去 A 之高程爲
51.157 公尺爲 0.009 公尺，兩者差距即爲閉合差爲 –0.011
公尺減 0.009 公尺 = –0.020 公尺。

36. (3) 測量時因測量者之疏忽或精神不集中，常使測量之結果發生 ①偶差
②系統誤差 ③錯誤 ④閉合差 。

37. (3)某導線之縱線閉合差爲 8 公分，橫線閉合差爲 6 公分，如該導線全
長爲 250 公尺，則導線精度爲 ① 1/1500 ② 1/1800 ③ 1/2500 ④ 1/
5000 。

導線之閉合差計算 = $\sqrt{(0.08)^2+(0.06)^2}$=0.1，0.1 公尺 /250
公尺 =1/2500。

38. (4)N 多邊形偏角總和應等於 ① （N+2）×180° ② （N–2）×180° ③
180° ④ 360°。

39. (2)緯距差（ΔY）爲 0.12 公尺，經距差（ΔX）爲 0.26 公尺時，導線閉
合差約爲 ① 0.24 公尺 ② 0.29 公尺 ③ 0.37 公尺 ④ 0.45 公尺 。

閉合差：任何測量數據皆帶有偶然誤差，導線測量所
得之各夾角與各段距離長度，亦皆帶有偶然誤差。
$\sqrt{(0.12)^2+(0.26)^2}$=0.29 公尺。

40. (1)一導線邊長 500 公尺，方位角爲 45°，則其橫距及縱距分別爲
① +353.553 公尺、+353.553 公尺 ② +353.553 公尺、–353.553 公
尺 ③ –353.553 公尺、–353.553 公尺 ④ –353.553 公尺、+353.553
公尺 。

解析

方位角位於第一象限，因此為 +,+（橫距及縱距皆是正值）；
500xsin45°=353.55m；500xcos45°=353.55m。

41. (3) 下列有關導線測量之敘述，何者正確？ ①N 邊形閉合導線之內角和應等於（N+2）×180° ②四邊形閉合導線應觀測 8 個內角 ③測角之精度要與量距之精度配合 ④導線測量只能作平面位置控制，不能作高程控制 。

42. (1)凡方向角含 E 字者，其經距符號為 ①正 ②負 ③正負均可 ④沒有符號 。

43. (2) 如一測線長為 200 公尺，其方位角為 240°，則其縱（緯）距為 ① +100 公尺 ② −100 公尺 ③ −173.2 公尺 ④ +173.2 公尺 。

解析

240 度為第三象限，因此為 −,−（負，負）（橫距及縱距皆是負值）；200xcos60°=100，因此為 −100。

44. (2)20" 之角度誤差對於 100m 之距離，相對應之距離誤差約 ① 0.1 公分 ② 1 公分 ③ 3 公分 ④ 4 公分 。

45. (3) 導線邊長 100 公尺，如照準標偏離地面點位 0.5 公分，則影響於水平角之誤差為 ① 6" ② 8" ③ 10" ④ 15 " 。

46. (4) 一般導線測量，起始點與終點為同一點時稱為 ①自由導線 ②附和導線 ③連續導線 ④閉合導線 。

47. (3) 測∠BAC 角及量 AC 之距離，以定 C 點，稱為 ①三邊測量 ②四角測量 ③導線測量 ④三角測量 。

48. (4) 下列有關水準測量應注意事項，何者錯誤？ ①前、後視距離約略相等 ②觀測時視線應穩定 ③轉點須以尺墊鋪地 ④整置水準儀處需土質疏鬆，以便腳架易插入 。

49. (3) 下列有關視距測量的敘述，何者正確？ ①常使用在精度較高的量距 ②正常的視距測量要配合鋼捲尺量距 ③配合視距絲可間接測距 ④常使用在距離大於 6 公里以上的長距離量距 。

> 視距測量是利用經緯儀、水準儀的望遠鏡內十字絲分劃板上的視距絲在視距尺（水準尺）上讀數，根據光學和幾何學原理，同時測定儀器到地面點的水平距離和高差的一種方法。

50. (1) 道路實施縱橫斷面測量，除了能提供路面坡度設計參考外，還有下列那項功能？ ①能計算土方挖填量 ②可以校正水準儀誤差 ③具有衛星定位功能 ④消除水準管軸誤差 。

51. (2) 兩點間距離為 200 公尺，捲尺量距誤差為 0.1 公尺，試求量距精度為何？ ①$\frac{1}{1000}$ ②$\frac{1}{2000}$ ③$\frac{1}{3000}$ ④$\frac{1}{4000}$。

52. (3) 傾斜地量得距離為 300 公尺，垂直角度為 60°，試求水平距離為何？ ① 250 公尺 ② 200 公尺 ③ 150 公尺 ④ 100 公尺 。

> 300 公尺 xcos60° (1/2)=150 公尺。

53. (1) 某段距離丈量 4 次，分別為 100.0 公尺、100.2 公尺、100.3 公尺、100.3 公尺，試求該段距離之最或是值？ ① 100.2 公尺 ② 100.3 公尺 ③ 100.4 公尺 ④ 100.5 公尺 。

54. (1) 水準儀進行 A、B 標尺讀數，若 A 標尺讀數小於 B 標尺讀數，表示 ①A 高於 B ②A 低於 B ③一樣高 ④無法得知 。

55. (4) 地面高 5 公尺，以水準儀測量標尺讀數為 1.25 公尺，試求儀器高為何？ ① 3.75 公尺 ② 4.55 公尺 ③ 5.85 公尺 ④ 6.25 公尺 。

> 5 公尺（地面高）+1.25 公尺（標尺讀數高）=6.25 公尺（視平線高度＝儀器高）。

56. (2)經緯儀天頂距與垂直角之和應等於 ① 60° ② 90° ③ 120° ④ 180° 。

57. (1)經緯儀觀測天頂距 52°，換算水平角為 ① 48° ② 52° ③ 66° ④ 90° 。

58. (2)當方向角為 S26° 38'W 時，試求方位角為何？ ① 173° 22' ② 206° 38' ③ 276° 22' ④ 296° 38' 。

解析

判斷此角度為第三象限，因此 26° 38' 加上 180° 即為 206° 38'。

59. (4)經緯儀望遠鏡之縱轉就是望遠鏡繞著下列何者迴轉？ ①視準軸 ②垂直軸 ③水準軸 ④水平軸 。

60. (4)下列何種項目為假設工程？ ①連續壁施工 ②鋼筋組立 ③基礎開挖 ④鷹架 。

61. (4)建築技術規則施工篇第 156 條，對於工作台四周上設置扶手、護欄下之垂直空間不超過下列何者？ ① 20 公分 ② 40 公分 ③ 60 公分 ④ 90 公分 。

解析

工作台上四周應設置扶手護欄，護欄下之垂直空間不得超過 90 公分，扶手如非斜放，其斷面積不得小於 30 平方公分。

62. (4)營建工程中，為了建設構造物工程，需要設置臨時設備，均稱為 ①一般工程 ②特殊工程 ③基礎工程 ④假設工程 。

63. (1)實施導線測量時，測距精度為 $\frac{1}{10000}$，則測角精度應小於 ① 20 ② 30 ③ 40 ④ 50 秒。

64. (2)已知座標點 A（200，100）出發，實施導線測量，至另一點座標 B（201，99），試求距離閉合差為何？ ① 1 公尺 ② $\sqrt{2}$ 公尺 ③ $\sqrt{3}$ 公尺 ④ 3 公尺 。

65. (2) 下列那一種方法可消除經緯儀盤面水準管誤差？ ①正倒鏡觀測 ②半半改正法 ③分中法（雙倒鏡法） ④螺旋氣泡居中法 。

66. (4) 下列何種導線測量的精密度最低？ ①一等導線 ②二等導線 ③三等導線 ④四等導線 。

67. (1) 有一測線的方位角爲 220°，則其方向角應爲 ① S40° W ② S40° E ③ N40° E ④ N50° W 。

68. (2) 下列何者不是普通經緯儀的主要用途？ ①測水平角 ②測距 ③間接高程測量 ④測天頂距 。

69. (4) 下列有關全測站經緯儀的敍述，何者錯誤？ ①結合電子測距 ②可量距離與角度 ③測量結果可直接顯示在儀器螢幕上 ④使用水準尺讀數。

70. (4) 定樁法的用途爲 ①校正經緯儀視準軸誤差 ②校正經緯儀橫軸誤差 ③校正水準儀不垂直誤差 ④校正水準儀視準軸誤差 。

71. (1) 空間中兩相交直線投影於水平面上所構成之交角， 稱爲 ①水平角 ②垂直角 ③方向角 ④方位角 。

72. (3) 下列面積水準測量的敍述，何者錯誤？ ①又稱爲水準地形測量 ②經常用於運動場、工廠、飛機場等建築工程基地 ③適用於大範圍、地形起伏大的區域 ④經由外業測量之高稱及平面位置，可計算土方量 。

73. (2)有關測量儀器之維護及施測時應注意事項,下列何者最不恰當? ①儀器架設後必須至少留一人看守 ②儀器移位搬運時,要將儀器扛於肩上 ③施測中若遇下雨,要停止測量工作 ④儀器安置在斜坡時,應使一腳架於上坡處而另兩腳架於下坡處 。

74. (1)下列何種測量儀器最適用於遠程測距? ①微波測距儀 ②視距儀 ③測距桿 ④平板儀 。

75. (4)有關使用一般電子測距儀測距時應注意之事項,下列敘述何者不正確? ①每一測線應至少測距二次 ②儀器與稜鏡之間不可被連續阻擋 15 秒以上 ③陽光甚強時,稜鏡要以傘遮住陽光 ④在望遠鏡視界內可同時使用二組稜鏡 。

76. (4)以經緯儀測量一三角形內角,得其三個角度之觀測值,分別為 42° 12' 38",80° 39'07",56° 08'06",,試求三內角之觀測角誤差為 ① +6" ② –7" ③ +8" ④ –9" 。

解析

> 三者相加,42° 12'38"+ 80° 39'07"+56° 08'06" 為 178° 59'51",三角形內角和 180° –178° 59'51" 得 1° 00'09",因此觀測值比實際少 1° 00'09"。

77. (1)用 20 公尺、50 公尺及 100 公尺長之捲尺分別量 372 公尺之距離時,下列 敘述何者正確? ①使用 20 公尺捲尺之精度最小 ②使用 50 公尺捲尺之誤差最小 ③使用 50 公尺捲尺之精度最大 ④使用 100 公尺捲尺之誤差最大 。

78. (4)已知 A、B 兩點間距離大約 50 公尺且地形平坦,下列何種測距方式所得精度最佳? ①採用步測法,進行三次後取平均值 ②採用目測法,進行四次後取平均值 ③採用 30 公尺長布捲尺,配合目測定線法 ④採用 30 公尺長鋼捲尺,配合經緯儀定線法 。

79. (2) 水準儀之水準軸若不垂直於直立軸，則應採用下列何種方法校正？ ① 木樁法 ②半半校正法 ③正倒鏡法 ④前後視距離相等 。

80. (2) 垂直角觀測得正倒鏡數據為 92° 03'05" 與 267° 57'05"，則該經緯儀的指標差為 ① 1" ② 5" ③ 10" ④ 20" 。

81. (2) 下列關於儀器維護原則，何者錯誤？ ①望遠鏡鏡頭表面若有輕微的塵埃，在不妨礙視線的情況下，可暫不處裡 ②儀器在工地淋雨或受潮後，應存於儀器箱內，待過夜後送請檢修 ③儀器使用完畢後，各微動螺旋均應轉至居中位置 ④三腳架不可充當板凳 。

82. (4) 六邊形之閉合導線，理論上之內折角總和應為 ① 360° ② 480° ③ 660° ④ 720° 。

83. (3) 已知 A、B 兩點座標，在測站 P 以電子測距儀觀測得距離，進而求出 P 點之座標，稱為 ①三角測量 ②導線測量 ③三邊測量 ④支距測量 。

84. (4) 經緯儀視準軸校正之目的，在於 ①使視準軸與水準軸平行 ②使視準軸與水準軸垂直 ③使視準軸與直立軸垂直 ④使視準軸與橫軸垂直 。

85. (2) 經緯儀測某一固定點，正倒鏡分別得天頂距 76° 48'20"、283° 11'30"，則縱角應為 ①－ 13° 11'35" ②＋ 13° 11'35" ③－ 103° 11'35" ④＋ 103° 11'35" 。

86. (3) 自子午線北端起，順時針方向量至測線的水平角，稱為 ①折角 ②方向角 ③方位角 ④磁偏角 。

87. (1) 設方位角（A，B）＝ 225° 30'，則（B，A）應為 ① 45° 30' ② 85° 30' ③ 105° 30' ④ 185° 30' 。

88. (4) 下列水準器表示方法，何者靈敏度最高？ ① 30"/2mm ② 20"/2mm ③ 10"/2mm ④ 5"/2mm 。

89. (4) 測量地形圖比例尺為，已知兩點間之圖面距離為 50 公分，兩點間之實際高程差為 25 公尺，試問兩點間之平均坡度應為 ①$\frac{1}{100}$ ②$\frac{1}{200}$ ③$\frac{1}{300}$ ④$\frac{1}{500}$ 。

90. (4) 逐差水準測量用於 ①近距離測量 ②深山地區 ③河谷 ④遠且較平坦 。

91. (2)導線距離閉合差爲 20 公分，導線總長爲 3600 公尺，試問導線精度爲何？① $\frac{1}{200}$ ② $\frac{1}{300}$ ③ $\frac{1}{400}$ ④ $\frac{1}{500}$ 。

92. (4)利用電子測距儀觀測兩測站點間之水平距離，不需要量測 ①縱角 ②溫度 ③氣壓 ④儀器高 。

93. (2)有關測量須知之敍述，下列何者正確？ ①在烈日下施測，不可撐傘遮陽，以免影響觀測 ②外業施測與內業整理，均屬於測量作業之範圍 ③測量儀器搬移至下一測站時，應鬆開所有制動螺旋 ④測量讀數記錄讀數錯誤時，勿須覆誦應立卽修改 。

94. (3)自動水準儀檢測，發現自動補正器功能不正常，應如何校正？ ①以半半改正法校正 ②調整微傾螺旋 ③送回原廠，由專家檢修 ④調整十字絲校正螺旋 。

95. (3)天頂距式之垂直度盤，正鏡時測得之天頂距爲 95° 10'20"，若無指標差，則倒鏡時照準同一目標之天頂距讀數應爲 ① 174° 49'40" ② 185° 10'20" ③ 264° 49'40" ④ 275° 10'20" 。

解析

天頂距 (γ)=(正鏡 – 倒鏡 +360°)/2
γ=(95° 10'20"–x° y'z"+360°)/2
=95° 10'20"。倒除回得 x、y、z 分別爲 264° 49'40"。

96. (3)水準測量時，保持前後視距離概略相等，可消除下列何種誤差？ ①轉點水準尺沉陷誤差 ②水準軸不垂直直立軸 ③視準軸誤差 ④水準尺底端磨損 。

97. (3)經緯儀電子度盤的敍述，何者正確？ ①採游標方式讀數 ②直接刻劃讀數 ③採用編碼方式或光柵刻劃 ④折射稜鏡組可將度盤讀數折射於讀數窗 。

98. (3)經緯儀望遠鏡縱轉前後之水平角讀數相差 ① 1° ② 90° ③ 180° ④ 270° 。

99. (3)有關面積水準測量的敍述，何者錯誤？ ①又稱爲水準地形測量 ②經常應用於運動場、工廠、飛機場等建築工程基地 ③適用於大範圍、地形起伏大的區域 ④經由外業測量之高程及平面位置，可計算土方量 。

100. (1) 經緯儀採正倒鏡觀測，其目的在消除 ①儀器誤差 ②人為誤差 ③自然誤差 ④錯誤 。

101. (2) 導線測量外業所得之角度與距離觀測量，經過導線計算，所求得最終成果為導線點的 ①天頂距 ②坐標 ③內角 ④水平距 。

102. (4) 進行結構體工程之高程基準線測定時，不需要下列何種設備？ ①自動水準儀 ②雷射水準儀 ③水線 ④羅盤儀 。

103. (2) 水準儀之水準軸不垂直於直立軸，應採用下列何種方法校正？ ①木椿法 ②半半校正法 ③正倒鏡法 ④前後視距離相等 。

解析

半半改正為校正水準器之方法，其目的在使水準軸與儀器之垂直軸互相垂直。
校正方法：旋轉基座定平螺旋，使氣泡居中，然後將水準管繞垂直軸旋轉 180°，查看氣泡仍否居中，如不復居中，則用水準管兩端之改正螺旋，改正氣泡偏差之半，其餘一半用定平螺旋改正之。

104. (2) 測試自動水準儀補償器時，當瞄準水準尺後，需要調整 ①微動螺旋 ②十字絲校正螺絲 ③腳螺絲 ④微傾螺旋 。

105. (4) 關於全測站經緯儀與光學經緯儀的比較，下列敘述何者正確？ ①兩者均具有資料儲存功能 ②光學經緯儀採用電子度盤 ③兩者均具有測微鼓 ④全測站經緯儀可直接測距 。

106. (4) 已知 A、B 兩點，擬測出延長方向於 C 點，不需要採用下列何種設備或方法？ ①經緯儀 ②測針 ③正倒鏡 ④複測法 。

107. (3) 垂直角觀測得正倒鏡數據為 92° 03'10" 與 267° 57'10"，則該經緯儀的指標差為 ① 1" ② 5" ③ 10" ④ 20" 。

解析

當經緯儀之望遠鏡水平時，垂直角讀數應為 0°，或天頂距之讀數應 90°。如讀數不為 0°或 90°，則其誤差稱為指標差。因此 92° 03'10" 加 267° 57'10"=360° 00'20"，20" 除以二（正倒鏡）得 10" 為指標差。

108. (1)應用自動水準儀進行水準測量時，下列敘述何者錯誤？ ①不用定平 ②不用定心 ③儀器上設置有圓盒水準器 ④望遠鏡傾斜不超過 10' 時，補償器會自動恢復視線水平 。

109. (2)水準測量時水準儀照準已知高程點上之標尺，稱爲 ①前視 ②後視 ③間視 ④側視 。

110. (3)機場跑道整地工程，釘置木樁於四周，以水準儀測定各木樁整地後 之設計高程，並標記於木樁上，作爲整地之參考。此項量工作稱爲： ①水平角測量 ②定線及角度測設 ③水平基準線設定 ④導線測量 。

111. (4)水準測量豎立標尺之點，兼作前視及後視讀數者， 稱爲 ①後視點 ②前視點 ③間視點 ④轉點 。

112. (2)有關電子經緯儀之敘述，下列何者錯誤？ ①主要用途爲測量水平 角、垂直角、定線、視距測量等 ②可與一般水準儀組成全測站電子 經緯儀 ③藉由發射紅外線光，透過光柵或編碼辨識讀數 ④觀測之角 度直接顯示於螢幕，不需要讀游標度盤 。

113. (1)若經緯儀之視準軸未垂直於橫軸，可以使用下列何種方法檢測？ ① 雙倒鏡法 ②半半校正法 ③水平旋轉法 ④等角測量法 。

解析

雙倒鏡法：用來檢測視準軸未垂直於橫軸 (SS ⊥ HH)，適用 於水平度盤刻劃不夠精密之經緯儀（雙軸、複測）。

114. (4)以正倒鏡觀測法校正經緯儀之橫軸 (水平軸)，其目的爲何？ ①檢測 橫軸垂直於水準軸 ②檢測橫軸平行於水準軸 ③檢測橫軸平行於垂直 軸 ④檢測橫軸垂直於垂直軸 。

115. (1)導線測量之起點及終點爲不同位置之已知控制點，則此種導線測量 稱爲 ①附合導線測量 ②自由展開導線測量 ③閉合導線測量 ④三等 導線測量 。

116. (1) 下列有關電子測距儀之敘述，何者正確？ ①測距誤差，分為固定及比例誤差兩部分 ②望遠鏡世界內同時出現兩組以上稜鏡，不會影響測距精度 ③不同廠牌測距儀與稜鏡重新搭配，不需再行檢定稜鏡(儀器)常數 ④測距儀直接朝向太陽觀測，不會損壞儀器 。

117. (1) 水準器中之氣泡，若偏右側，則表示 ①右側較高 ②右側較低 ③兩側同高 ④與兩側高低無關 。

118. (4) 半半改正法可以消除經緯儀之下列何種儀器誤差？ ①橫軸(或稱水平軸)誤差 ②水平度盤偏心誤差 ③視準軸誤差 ④水準管軸誤差 。

119. (4) 直接水準測量時，A 點標尺讀數為 1.235m，B 點標尺度讀數為 1.430m，若已知 A 點之高程為 20.750m，則下列敘述何者正確？ ①後視讀數為 1.430m ②視準軸高為 22.180m ③ A 點較 B 點為低 ④ A、B 兩點之高程差為 -0.195 m 。

120. (2) 經緯儀望遠鏡物鏡中心，與十字絲中心的連線稱之為 ①水準管軸 ②視準軸 ③垂直軸 ④水平軸 。

121. (2) 經緯儀定心誤差屬於 ①儀器誤差 ②人為誤差 ③自然誤差 ④系統誤差。

122. (1) 整置經緯儀一般 ①定心後再定平 ②定平後再定心 ③定心即可 ④定平即可 。

123. (4) 經緯儀望遠鏡之水準器水準軸應與何者平行？ ①十字絲縱線 ②垂直軸 ③ 水平軸 ④視準軸 。

124. (4) 經緯儀望遠鏡之縱轉就是望遠鏡繞 ①照準軸 ②垂直軸 ③水準軸 ④水平軸(或稱橫軸)之迴轉 。

125. (2) 鋼管支柱為模板支撐之支柱時，高度超越 3.5 公尺時，高度每多少公尺內應設置足夠強度之縱向、橫向之水平繫條，以防止支柱之移動？ ① 1.5 ② 2.0 ③ 2.5 ④ 3.0 。

126. (1) 以鋼管構式之護欄裝置，其上欄杆、中欄杆、杆柱之直徑均不得小於多少公分？ ① 3.8 ② 4.5 ③ 6 ④ 7.2 。

127.(1) 施工架上工作板重疊之長度不得小於 ① 20 公分 ② 30 公分 ③ 40 公分 ④ 50 公分 。

128.(2) 施工架在適當之垂直、水平距離處與構造物妥實連接，其間隔在垂直方向以不超過多少公尺為限？ ① 4.5 ② 5.5 ③ 6.5 ④ 7.5 。

129.(1) 雇主為維持施工架及施工構台之穩定，下列敘述何者錯誤？ ①施工架可與混凝土模板支撐連接 ②應以斜撐作適當而充分之支撐 ③施工架及施工構台基礎地面應平整 ④不當材料不得用以建造或支撐施工架 。

130.(2) 高度在 2 公尺以上構台之覆工板等板料間隙應在多少公分以下？ ① 2 ② 3 ③ 4 ④ 5 。

131.(3) 依「營造安全衛生設施標準」規定，為防止勞工作業時墜落，雇主設置之護欄高度應為多少公分以上？ ① 60 ② 75 ③ 90 ④ 120 。

132.(2) 下列有關堆高機操作，何者錯誤？ ①堆高機接近貨物之前，應先予以停止 ②堆高機扶起貨物，即可起動行駛 ③不得超載其負荷重量 ④所裝之物料高度不得妨礙司機視線 。

133.(1) 容納工人 50 人以上之室內工作場所，應設置適當通路二處，且其人行道不得小於 ① 1.0 ② 1.5 ③ 2.0 ④ 2.5 公尺。

134.(4) 起重機在高壓線附近工作時，應至少保持多少公尺以上之安全距離？ ① 1.0 ② 1.5 ③ 2.0 ④ 3.0 。

135.(1) 下列有關營建載貨用升降機，何者錯誤？ ①營建載貨用升降機除載送貨物外亦可乘載人員 ②營建載貨用升降機之使用不得超過積載荷重 ③營建載貨用升降機如瞬間風速超過每秒 35 公尺以上時，應增設拉索 ④營建載貨用升降機每月實施定期檢查 。

136.(4) 下列有關載貨物吊籠之安全規定，下列何者錯誤？ ①規定強風、大雨等惡劣氣候下禁止工作 ②每月實施升降裝置之安全檢查 ③每日實施鋼索之安全檢查 ④工人戴安全帽進入作業範圍下方 。

137.(3) 營建工程噪音管制標準中測量地點是以工程周界外幾公尺位置測定之？ ① 5 ② 10 ③ 15 ④ 20 。

138.(4) 雇主對水泥、石灰等袋裝材料之儲存，其堆放高度不得超過幾層？ ① 4 ② 6 ③ 8 ④ 10 。

139.(3) 雇主對於在高度在 2 公尺以上之作業場所，有遇強風、大雨等惡劣氣候致勞工有墜落危險時應 ①有安全防護措施，繼續工作 ②因工期將近，繼續趕工 ③應使勞工停止作業 ④繼續工作 。

140.(3) 在濕潤場所、鋼板上或鋼筋上使用電動機具，為防止漏電而生感電危害，應於各該電路設置適合其規格之什麼設備？ ①變壓器 ②電錶箱 ③漏電斷路器 ④無須要 。

141.(3) 下列何者不屬於防墜落設施？ ①護欄 ②安全索 ③絕緣防護套管 ④防護網 。

142.(2) 超過 8 公尺以上之階梯，應每隔多少公尺設置一處平台？ ① 3 ② 7 ③ 10 ④ 12 。

143.(4) 雇主對於懸吊施工架、懸臂或突梁式施工架之構築拆除及重組等組配作業，應選下列何種作業主管？ ①擋土支撐 ②模板支撐 ③鋼構組配 ④施工架組配 。

144.(3) 以鋼管施工架為模板支撐之支柱時，於最上層及每隔多少層以內，模板支撐之側面、架面及交叉斜撐材面之方向每隔 ① 2 ② 3 ③ 5 ④ 7 架以內應設置足夠強度之水平繫條，以防止支柱之移位。

145.(4) 雇主為維持施工架之穩定，施工架在適當之垂直、水平距離處與構造物妥實連接，其間隔在垂直方向以不超過 ① 2 ② 3.5 ③ 5 ④ 5.5 公尺。

146.(1) 下列有關施工架之敘述，下列何者錯誤？ ①施工架上可放置運轉機動設備 ②施工架上之荷重不得超過其載重 ③應以斜撐材料作適當而充分之支撐 ④鬆動之材料不得作為施工架固定及支撐用 。

147.(4) 固定或拆除施工架時，應設置寬度多少公分以上之施工架踏板，且使勞工佩掛安全帶以策安全？ ① 15 ② 20 ③ 25 ④ 30 。

148.(2) 依照法令規定，營造施工架應多久定期實施驗查一次以上？ ①每日 ②每週 ③每月 ④每三個月 。

149.(4) 依營造安全衛生設施標準，工作架水平架板之厚度不得小於 ① 1 ② 2 ③ 3 ④ 3.5 公分。

150.(3) 下列何者不屬於防墜落設施？ ①護欄 ②安全帶 ③絕緣防護套管 ④ 安全網 。

151.(3) 下列敘述何者錯誤？ ①施工架上放置或搬運物料時，避免發生突發 之振動 ②施工架上不得放置或運轉動力機械設備 ③勞工可在施工架 使用梯子、合梯等從事作業 ④施工架之載重限制應於明顯處標示 。

152.(4) 雇主對於工作用階梯之設置，其斜度不得大於 ① 15 度 ② 30 度 ③ 45 度 ④ 60 度 。

153.(2) 雇主對於工作用階梯之設置，其梯級面深度不得小於 ① 10 公分 ② 15 公分 ③ 20 公分 ④ 25 公分 。

154.(2) 雇主架設之通道傾斜超過幾度以上時，應設置踏條或採取防止溜滑 之措施？ ① 10 ② 15 ③ 20 ④ 25 。

155.(3) 雇主設置之固定梯子，其頂端應突出板面 ① 40 ② 50 ③ 60 ④ 70 公分以上。

156.(4) 雇主設置之固定梯子，其梯長連接超過 6 公尺時，應每隔多少公尺 以下設一平台？ ① 6 ② 7 ③ 8 ④ 9 。

157.(2) 雇主如設置傾斜路代替樓梯時，傾斜路之斜度不得大於 ① 15 度 ② 20 度 ③ 25 度 ④ 30 度 。

158.(4) 雇主對勞工於石綿板、鐵皮板、瓦、木材、茅草、塑膠等材料構築 之屋頂從事作業時，為防止勞工踏穿墜落，應於屋架上設置適當強 度，且寬度在多少公分以上之踏板或裝設安全護網？ ① 10 ② 15 ③ 20 ④ 30 。

159.(3) 雇主對於電氣設備，下列敘述何者錯誤？ ①不得使用未知或不明規 格之電氣器具 ②防止工作人員感電之設備，如有損壞，立即修護 ③ 發電室旁可設置管理人員之床、衣物等 ④電動機械之操作開關，不 得設置於工作人員跨越之處 。

160.(23)直接水準測量時，水準尺愈向前傾斜，則 ①讀數愈大，誤差愈小 ②讀數愈小，誤差愈小 ③讀數愈大，誤差愈大 ④讀數愈小，誤差愈大 。

161. (134)雇主對於構築施工架及施工構台之材料，下列哪些規定為正確？ ①使用之木材，不得施以油漆 ②使用之竹材，其竹尾末梢外徑 10 公分以上之圓竹為限 ③使用之木材，不得有顯著損及強度之裂隙、木結等，並應完全剝除樹皮 ④使用鋼材等金屬材料，應符合 CNS4750 鋼管施工架之規範 。

解析

營造安全衛生設施標準第 43 條：
雇主對於構築施工架之材料，應依下列規定辦理：
一、不得有顯著之損壞、變形或腐蝕。
二、使用之竹材，應以竹尾末梢外徑 4 公分以上之圓竹為限，且不得有裂隙或腐蝕者，必要時應加防腐處理。
三、使用之木材，不得有顯著損及強度之裂隙、蛀孔、木結、斜紋等，並應完全剝除樹皮，方得使用。
四、使用之木材，不得施以油漆或其他處理以隱蔽其缺陷。
五、使用之鋼材等金屬材料，應符合國家標準 CNS 4750 鋼管施工架同等以上抗拉強度。

162. (234)雇主為維持施工架及施工構臺之穩定，下列哪些規定為正確？ ①施工架在適當之垂直、水平距離處與構造物妥實連接，其間隔在垂直方向以每 12 公尺，水平方向每 9 公尺為限 ②獨立之施工架在該架最後拆除前，至少應有 1/3 之踏腳桁不得移動，並使之與橫檔或立柱紮牢 ③施工架及施工構臺不得與混凝土模板支撐或其他臨時構造連接 ④應以斜撐材作適當而充分之支撐 。

解析

營造安全衛生設施標準第 45 條：
雇主為維持施工架及施工構臺之穩定，應依下列規定辦理：
一、施工架及施工構臺不得與混凝土模板支撐或其他臨時構造連接。
二、以斜撐材作適當而充分之支撐。

三、施工架在適當之垂直、水平距離處與構造物妥實連接，
其間隔在垂直方向以不超過五點 5 公尺，水平方向以不
超過 7.5 公尺爲限。但獨立而無傾倒之虞或已依第 59 條
第四款規定辦理者，不在此限。

四、因作業需要而局部拆除繫牆桿、壁連座等連接設施時，
應採取補強或其他適當安全設施，以維持穩定。

五、獨立之施工架在該架最後拆除前，至少應有三分之一之
踏腳桁不得移動，並使之與橫檔或立柱紮牢。

六、鬆動之磚、排水管、煙囪或其他不當材料，不得用以建
造或支撐施工架及施工構臺。

163. (134) 有關施工架設置使用之規定，下列哪些敍述爲正確？ ①活動式板
料使用木板時，寬度如大於 30 公分時，厚度應在 6 公分以上 ②活
動式板料使用木板時，寬度應在 20 公分以上時，厚度應在 2.5 公
分以上 ③高度 2 公尺以上施工架工作臺寬度應在 40 公分以上 ④
雇主不得使勞工在施工架上使用梯子、合梯或踏凳等從事作業 。

164. (24) 以水準儀觀測 A、B、C 三點處水準尺，若得讀數分別爲 1.213 m、
1.481m、及 1.734m，則下列哪些正確？ ①B 比 A 高 0.268m
②C 比 B 低 0.253m ③ C 比 A 高 0.521m ④ A 點高程爲三點最
高 。

165. (12) 在一 1/500 地圖中呈現圖幅大小約爲 30cm×40cm，下列有關其
所涵蓋面積之敍述，哪些正確？ ①其中一邊長約爲 150 公尺 ②
總面積約爲 3 公頃 ③ 其中一邊長約爲 120 公尺 ④總面積約爲
12 公頃 。

解析

1/ 500 地圖 30cm×40cm，則實際大小爲邊長 150 公尺乘邊
長 200 公尺，面積 30000 平方公尺，因 10000 平方公尺爲
一公頃，因此總面積約爲 3 公頃。

166. (234) 測量儀器之望遠鏡，下列哪些並非透鏡中心與十字絲交點之連
線？ ①視準軸 ②垂直軸 ③水平軸 ④水準軸 。

167. (23) 台灣、琉球嶼、綠島、蘭嶼及龜山島等地區之投影方式採用橫麥
卡托投影經差二度分帶，其相關子午線包括 ①東經 118 度 ②東
經 120 度 ③東經 122 度 ④東經 124 度 。

168. (24) 等高線地形圖中呈現橢圓形封閉線所表示的地形可為： ①鞍部 ②山頭 ③ 斷崖 ④窪地 。

169. (123) 下列哪些等高曲線 (contours) 為在等高線圖中出現之製圖名稱？ ①計曲線 ②首曲線 ③助曲線 ④豎曲線 。

170. (234) 下列哪些測量儀器不具有光波測距的功能？ ①全測站電子經緯儀 ②羅盤儀 ③六分儀 ④方向經緯儀 。

171. (124) 使用經緯儀測設角度前，必須精確定心與定平；在此過程中，須 使用下列哪些裝置？ ①光學對點器 ②圓盒水準器 ③測微鼓 ④踵 定螺旋 。

172. (12) 當測量量測約 1000 公尺的距離時，下列哪些儀器的精度可在 1 公分以內？①電子測距儀 ②鋼鋼捲尺配合拉力計 ③經緯儀視距 ④衛星定位儀 。

173. (134) 測量使用經緯儀觀測時，若望遠鏡內十字絲不夠清晰，下列哪些 動作無法調整清晰度？ ①調物鏡焦距 ②調目鏡焦距 ③精確校準 水平 ④精確定心 。

174. (123) 下列哪些方法可防止測量成果產生錯誤？ ①增加觀測次數 ②小 心讀數及檢核記錄 ③正倒鏡觀測 ④進行尺長改正 。

175. (123) 下列哪些測量儀器不適用於現地直接測繪平面圖？ ①衛星定位儀 ②水準儀 ③六分儀 ④平板儀 。

176. (14) 應用經緯儀進行角度測量，採用正倒鏡觀測的處理方式，下列哪 些潛在誤差仍無法消除？ ①度盤刻劃不均勻誤差 ②視準軸誤差 ③橫軸誤差 ④直立軸誤差 。

解析

正倒鏡觀測可消除下列誤差：
1. 視準軸誤差
2. 水平軸（橫軸）誤差
3. 視準軸偏心誤差
4. 指標差

177. (24) 下列哪些電子測距儀不需主副機對測？ ①微波測距儀 ②雷射測距儀 ③雷達測距儀 ④紅外線測距儀 。

178. (124) 建築物變形測量的內容可包含下列哪些項目？ ①日照變形觀測 ②風振觀測 ③施工誤差觀測 ④裂縫觀測 。

179. (134) 有關假設工程之敘述，下列哪些為正確？ ①行人安全走廊之淨高至少為 2.4 公尺 ②五層以下建築物施工時，須採用金屬圍籬 ③行人安全走廊之淨寬至少需 1.2 公尺 ④應設置臨時廁所，其不可排放至公共排水溝內 。

解析

依照建築物施工中妨礙交通及公共安全改善方案：

安全走廊之淨寬至少 1.20 公尺，淨高至少 2.40 公尺，其使用之材料為鋼鐵材、木料、金屬料應堅固安全美觀，其頂面應設置鋼板（厚度 1.50 公厘以上）頂側緣應設置 20 公分寬以上之封板，以防止物料墜落。

建築物施工場所，如於基地內設置工寮及臨時廁所時，應隨時保持清潔，其臨時廁所應有簡易化糞池設備，以維公共衛生。

180. (24) A 點座標 (5680.460,7458.320)，A 至 B 方位角 320° 10'00"，距離 220.168m，下列敘述哪些為正確？ ① B 點橫座標 5539.340 ② B 點縱座標 7627.389 ③ AB 點橫距差 -141.080m ④ AB 點縱距差 +169.069m 。

181. (234) A 點坐標 (3200.468,5436.760)，B 點坐標 (3303.116,5368.169)，下列敘述哪些為正確？ ① AB 距離 123.654m ② AB 方位角 123°45'05" ③ BA 方位角 303°45'05" ④ AB 方向角 S56°14'55"E 。

182. (23) 單曲線半徑 R=300m，外偏角 △ =+10°20'30"，下列敘述哪些為正確？ ①切線長 T=37.511m ②曲線長 L=54.149m ③矢距長 E=1.226m ④長弦 C=23.075m 。

183. (12) 單曲線各部份之名稱，下列敘述哪些為正確？ ① I.P. 為交點 ② B.C. 為曲線起點 ③ E.C. 為曲線中點 ④ M.C. 為曲線終點 。

184. (134) 已知單曲線外偏角 △ =+30°20'40"，半徑 R=300m，B.C. 椿號為 2k+345.678，B.C. 坐標 (2000,4000)，B.C 至 I.P. 方位角 102°03'04"，下列敍述哪些為正確？ ① B.C 至 2k+400.000，中間椿弦切角 =5°11'15" ② B.C 至 2k+400.000，水平距離 =24.248m ③ 2k+400.000 中間椿橫坐標 2051.811 ④ 2k+400.000 中間椿縱坐標 3983.924 。

185. (124) 參考如下經緯儀測角記錄表，下列敍述哪些為正確？ ①正鏡值為 32°09'54" ②倒鏡值為 32°09'58" ③正倒鏡值平均 32°10'00" ④正倒鏡值平均 32°09'56" 。

解析

測站	觀測點	鏡位	讀數
O	A	正	00-00-06
		倒	180-00-04
	B	正	32-10-00
		倒	212-10-02

186.(123) 下列哪些為正倒鏡之目的？ ①檢核錯誤 ②消除視準軸誤差 ③消除十字絲偏斜誤差 ④消除垂直軸偏心誤差 。

187.(14) 下列哪些為增加測回數之目的？ ①提高測量精度 ②為增加偶然誤差 ③為改善測量儀器垂直軸誤差 ④產生多餘觀測值 。

188.(23) 下列何者測量時，對角度夾角有大小限制？ ①導線測量 ②三角測量 ③三邊測量 ④偏角測量 。

189.(134) 地形測量中，下列哪種時機適用光線法施測？ ①大比例測圖時 ②通視不良之複雜地形 ③展望點良好處 ④近距離地物測定 。

190.(134) 為防止堆置物料倒塌、崩塌或掉落，下列防護措施何者正確？ ①限制物料堆置高度 ②禁止人員進入該場所 ③採用繩索綑綁 ④採用護網、擋椿等防護措施 。

1. (1) 建築基地施作反循環基樁，其目的爲何？ ①承載上部結構 ②保護鄰地 ③地質改良 ④止水 。

解析

反循環基樁工法爲利用鑽頭將泥土或岩石攪爛成泥水之後，透過空心鑽桿將泥水吸至地面上之沉澱池內，讓泥土自然沉澱後棄運，而經沉澱之泥水，經過水路再自然回流到鑽孔中，以維持孔內之水位高度，以避免鑽掘中孔壁發生崩坍情形。所用反循環式鑽掘混凝土基樁作爲承載基樁。

2. (3) 建築基地於地下開挖階段，若開挖底面爲砂土層時，下列何者無須檢討？ ①砂湧 ②湧水 ③隆起 ④貫入度 。

3. (4) H 型鋼支撐之主要目的爲下列何者？ ①止水 ②止漏 ③臨時模板 ④支撐水平土壓力 。

4. (4) 下列何者會使基樁極限承載力降低？ ①基樁正摩擦力 ②基樁基底承載力 ③基樁樁身摩擦力 ④基樁負摩擦力 。

5. (4) 擋土牆檢討穩定性時，其中抗滑安全係數 （ FS ） 長期載重狀況應爲 ①≧ 1 ②≧ 1.2 ③≧ 1.3 ④≧ 1.5 。

解析

擋土牆抵抗滑動之安全係數，於長期載重狀況應大於 1.5，於地震時應大於 1.2。安全係數之計算原則爲：
安全係數 = 作用於牆前被動土壓力 + 牆底摩擦力作用於牆背之側壓力

6. (2) 下列何者爲擋土牆檢討穩定性時之項目？ ①個別安全係數 ②整體滑動之穩定性 ③整體安全係數 ④個別滑動之穩定性 。

7. (4) 連續壁單元數的劃分是依據下列何種因素決定？ ①移動吊車車身長度 ② 連續壁厚度 ③連續壁深度 ④機具每刀有效開挖範圍 。

整體穩定性：

擋土牆設計時應檢核沿擋土牆底部土層滑動之整體穩定性，其安全係數於長期載重狀況時應大於 1.5，於地震時應大於 1.2，考慮最高水位狀況之安全係數應大於 1.1。惟考慮最高水位狀況時，可不同時考慮地震狀況。

8. (1) 下列何者為地盤改良之目的？ ①改善透水性 ②增加主動土壓力 ③增加側向土壓力 ④改善基樁承載力 。

9. (3) 下列何者為土壤平鈑載重試驗（Plate Loading Test）之目的？ ①滲透係數 ②土壓力 ③沉陷量 ④水壓力 。

平鈑載重試驗 (Plate Loading Test)：

是指透過圓形或方形平鈑及載重設備，以漸進式階層加壓或減壓的方式，得到平鈑下方載重與沉陷量之關係曲線，間接求得土壤應變模數及路基反力模數，並藉此判別土壤之承載力是否合乎規範要求，而有關基礎承載力之推估會因為土壤種類不同，可能為沉陷量或剪力強度控制。

10. (2) 單樁的極限承載力係由樁底的承載力與下列何者之和？ ①樁底摩擦力 ②樁身摩擦力 ③樁身承載力 ④樁身滲透係數 。

11. (3) 地錨係藉由下列何者施加拉力傳遞至堅實的地層中，以達到穩定地盤之功能？ ①鋼筋 ②鋼梁 ③鋼腱 ④混凝土 。

12. (4) 開挖隆起分析之安全係數（FS）應為多少？ ①≧ 1.0 ② =1.0 ③≦ 1.2 ④≧ 1.2 。

解析

安全係數：

(1) 貫入安全係數 FS = Pp/Pa 大於 1.5。

(2) 隆起安全係數 FS = Su*Nc/γ* △ H 大於 1.2。

(3) 砂湧 FS = γ_sub*(D1+2*D2)/γ_w* △ Hw 大於 2.0。

(4) 上舉 FS = (γ1*h1+γ2*h2)/γ_w* △ Hw 大於 1.2。

13. (1)開挖隆起分析之安全係數（FS）係由抗滑力距及下列何者之比 ①滑動力距 ②抗傾力距 ③傾倒力距 ④抗剪力 。

解析

依照建築物基礎構造設計規範：開挖底面下方土層係軟弱黏土時，應檢討其抵抗底面隆起之穩定性，本題之標準答案應為 3 較正確 (目前勞動部公告標準答案 1)。可依下列公式計算其安全性：

$$FS = \frac{M_r}{M_d} = \frac{X \int_0^{\frac{\pi}{2}+\alpha} S_u(Xd\theta)}{W \cdot \frac{X}{2}} \geq 1.2$$

式內

M_r ＝抵抗力矩（tf-m/m）

M_d ＝傾覆力矩（tf-m/m）

S_u ＝黏土之不排水剪力強度（tf/m²）

X ＝半徑（m）

W ＝開挖底面以上，於擋土設施外側 X 寬度範圍內土壤重量與地表上方載重（q）之重量和（tf/m）

14. (3)擋土壁體之貫入度分析之安全係數（FS）係由主動土壓力及下列何者至最下層支撐力距之比值？ ①抗剪力 ②滑動力 ③被動土壓力 ④傾倒力距 。

解析

擋土壁應有足夠之貫入深度，使其於兩側之側向壓力作用下，具足夠之穩定性。擋土壁之貫入深度 D，可依下列公式計算其安全性：

$$FS = \frac{F_P L_P + M_S}{F_A L_A} \geq 1.5$$

式內

F_A ＝最下階支撐以下之外側作用側壓力（有效土壓力＋水壓力之淨值）之合力（tf/m）

L_A ＝作用點距最下階支撐之距離（m）

M_S ＝擋土設施結構體之容許彎矩值（tf-m/m）

F_P ＝最下階支撐以下之內側作用側土壓力之合力（tf/m）

L_P ＝作用點距最下階支撐之距離（m）

15. (4)擋土壁體之貫入度分析之安全係數（FS）應爲 ①≧1 ②≧1.2 ③≧1.25 ④≧1.5 。

16. (4)下列何者無法求得現地土壤之強度？ ①標準貫入度試驗（SPT）②錐貫入試驗（CPT）③孔內側向加壓試驗（PMT）④震波探測 。

17. (2)土壤因側向受壓，使得側向土壓力逐漸增加，當達到極限平衡狀態時，其側向土壓力稱爲 ①主動土壓力 ②被動土壓力 ③靜止動土壓力 ④靜制動土壓力 。

18. (1)由土壤中加入某種材料以強化土體，藉由該材料的抗拉強度以抵擋土體的側向變形所產生的應力，此種土壤稱爲？ ①加勁土壤 ②主動土壤 ③被動土壤 ④抗拉土壤 。

19. (2)地層的傾向與坡面的傾向相反者稱爲？ ①順向坡 ②逆向坡 ③順插坡 ④斜交坡 。

解析

順向坡、逆向坡是地質上岩層走向及地形坡度方向的關係。順向坡表示岩層走向與坡向相同；逆向坡表示岩層走向與坡向相反。

順向坡　　　　　逆向坡

20. (3)基樁完成後，必須靜置一定時間，其原因為基樁施工時會產生或激發？ ①負摩擦力 ②正摩擦力 ③超額孔隙水壓 ④反水壓 。

21. (2)下列何者不是裝設安全觀測系統之益處？ ①確實掌握施工情況之變化 ②可以減少地質改良之費用 ③分析研判施工中所遭遇問題之癥結 ④提供實測結果以回饋原設計 。

22. (1)下列何者不是發生大地工程問題之主要因素？ ①預算不足 ②資料不足 ③自然因素 ④分析及設計不完善 。

23. (4)黏土層開挖在施工的過程中，無須分析下列的狀況？ ①貫入度 ②上舉力 ③隆起 ④砂湧 。

24. (4)下列何者不是穩定液之功能？ ①防止開挖壁面崩坍 ②保持土砂懸浮在穩定液中 ③避免地下水滲透進入溝槽之滲水現象 ④過濾水質 。

25. (4)標準貫入度之夯錘落距規定，下列何者為真？ ① 15mm ② 30 mm ③ 50mm ④ 76mm 。

解析

標準貫入試驗：
本題選項應有誤，應為 cm 並非 mm。本試驗方式乃於鑽桿上端連接附裝有鐵砧之滑桿，將 63.5kg 之夯錘套入滑桿內，使夯錘自由落下，打擊鐵砧。夯錘用麻繩吊取，落錘高度 760mm（30in），夯擊取樣器使之入土 30.48cm 時所需之錘數，即為標準貫入試驗之打擊數 N 值。開始夯擊取樣之前，首先夯擊入土 15.24cm 後再以每 15.24cm 計數一次，分別記錄，直到擊入土中 30.48cm 或擊數達到 100 為止。

26. (2)土方開挖在施工的過程中，下列何者無須分析？ ①隆起 ②基樁承載力 ③上舉力 ④貫入深度 。

27. (4)擋土壁體貫入在開挖底面下地盤內之深度，必須經由下列何項之檢討結果而決定？ ①施工承商 ②工程進度 ③工程預算 ④確保開挖底面之穩定性 。

28. (3)當監測儀器所量測之讀數會造成超過設計極限，有危及施工安全時，此極限值定義為？ ①警戒值 ②報告值 ③行動值 ④保存值 。

29. (3)監測儀器中傾度儀是用來量測下列何者之側向變位？ ①中間柱 ②水平支撐 ③擋土壁 ④圍令 。

解析

大地工程的現場調查可評估土壤的強度和穩定。傾度儀可監測位移，對於穩定性做直接的測量，一般傾度儀監測在明顯影響擋土牆前即可發現牆後土壤的位移。

30. (1)下列何者為高壓噴射止水樁之目的？ ①防止漏水 ②擋土壁 ③地錨 ④圍令 。

31. (1)擋土安全支撐施工時，圍苓與擋土牆間之縫隙以何種材料填入並搗實？ ① 混凝土 ②土壤 ③岩石塊 ④砂 。

32. (4)擋土安全支撐之中間柱浮起可能是由於土壤發生隆起破壞、向內擠進或下列因素造成？ ①砂湧 ②管湧 ③滲水 ④上舉破壞 。

33. (2)擋土安全支撐之支撐蛇行變形最可能是由於施工不良或下列何因素所引起？ ①支撐上置放重物 ②支撐所受軸力過大 ③滲水 ④上舉破壞。

34. (2)土方開挖時，若發生鄰房傾斜之事件，應採取下列何種措施？ ①不用理會，繼續施工 ②立即停工，採取應變措施 ③向業主報告後，即可施工 ④將鄰房居民勸導後，即可施工 。

35. (1)開挖工程之設計、施工與下列何者最為密切？ ①地層分佈狀況 ②施工進度 ③專業承商素質 ④施工預算 。

36. (2)建築工程發生損鄰事件，最常在下列何一階段？ ①建築物外牆貼磁磚時 ②開挖施工階段 ③建築物完工交屋時 ④建築物結構體完成時 。

37. (1)土壤係一種行為極複雜的材料，具有非線性、非均向性、粘滯性，且受時間效應及下列可種因素影響？ ①孔隙水 ②挖土機的重量 ③土方開挖方式 ④混凝土抗壓強度 。

38. (3) 地下水位的回復造成土壤孔隙壓力上升，使得土壤強度降低，以致擋土結構主動側壓力提高，被動側壓力降低，擋土結構的側向位移增加，造成臨近結構物何者增加？ ①重量 ②摩擦力 ③沉陷 ④抗剪角 。

39. (4) 極軟弱粘土層除 N 值偏低外，何者亦高？ ①細顆粒 ②砂質土壤 ③礫石 ④含水量 。

> **解析**
>
> 極軟弱土層之定義為單軸壓縮強度在 0.2 kgf/cm² (20kPa) 以下之黏土層或粉土層，且粘土地層常含水量高及滲透性低。

40. (1) 軟弱粘土之自然含水量過高，故其剪力強度偏低且何者甚大？ ①壓縮性 ②摩擦力 ③安息角 ④抗剪角 。

41. (1) 所謂有效粒徑（Effective size）為粒徑分佈曲線上，累積通過百分比為多少所對應之粒徑 ① 10 ② 20 ③ 30 ④ 40 。

> **解析**
>
> 有效粒徑（Effective Size）：
> 粒徑分佈曲線上，通過百分比為 10% 時，其所相應之土粒直徑 D10。

42. (1) 所謂反循環係指下列系統與一般鑽探原理相反？ ①用水系統 ②油壓系統 ③電力系統 ④鑽桿鑽掘方向 。

43. (1) 反循環機樁完成後，通常為改良基樁之樁底因下列何者沒有清理完整，而必須施作樁底面的灌漿改良？ ①泥漿 ②混凝土塊 ③地下水 ④礫石 。

44. (4) 基樁套管貫入深度不足或貫入粗砂層而產生管湧現象，或樁底附近因承受較大之超載及振動而造成液化現象，須加長套管或採取何種措施後再重新施工？ ①穩定液稠度增加 ②停止供水 ③水量加大 ④拔起套管回填黏土後 。

45. (1)基樁施工時當鑽孔至高透水性土層時，容易發生逸水，而使水位急遽下降，須緊急補充泥水或使用下列何種材料穩定孔壁？ ①穩定液 ②水泥 ③細骨材 ④粗骨材 。

46. (3)基樁施工時，使用套管之目的為保護 ①施工機具 ②穩定液稠度 ③孔壁 ④出土管 。

47. (4)基樁施工時，應如何處理空打部位？ ①用混凝土灌滿 ②不用處理 ③用地下水灌滿 ④回填礫石材 。

48. (1)基樁之穩定液之比重約為多少？ ① 1.02 ～ 1.06 ② 2.50 ～ 2.70 ③ 3.0 ～ 4.2 ④ 4.5 ～ 5.0 。

49. (1) 穩定液主要使鑽掘孔安定，並防止下列下列何者事件發生？ ①坍孔 ②出水 ③斷樁 ④鋼筋籠上浮 。

50. (2)土壤中之何種土質拌合清水所產生之泥水為極佳之穩定液？ ①砂質土 ②可塑性土 (粘性土) ③礫石灰是 ④火山灰 。

51. (1)穩定液一般為調配何種材料配合使用？ ①皂土 ②水泥 ③礫石灰 ④火山灰 。

解析

穩定液是在挖掘過程當中導溝內所流動的液體，藉由液體內的化學成分 (皂土) 使土壤面吸收這些成分後達到土面穩定的效果，外觀看起來有點黏稠狀。皂土應為均質、不含有砂質及不純物之火山土，其膨脹度應達 8 ～ 13 倍。

52. (2)穩定液之比重測定方法可採用？ ①水垂計測定 ②重量法測定 ③超音波測定 ④水位井測定 。

53. (1)廢棄穩定液析離後之水液，其懸浮固體含量在多少 ppm 以下才能排放至工區外之排水系統？ ① 30 ② 200 ③ 500 ④ 1000 。

54. (3)下列何種黏土常做為穩定液之皂土材料？ ①高嶺土 ②伊利土 ③蒙脫土 ④紅土 。

55. (1)下列何者為岩體分類（Rock Mass Classification）評分之項目？ ①岩石材料強度 ②隙縫填充材 ③破裂指數（Fracture Index）④岩心回收率（Core Recovery）。

解析

> 台灣岩體分類與隧道支撐系統（PCCR 系統）岩體分類法依據地質材料特性、岩體相關強度特性、岩體對水的敏感性，並參考岩層地質年代劃分岩盤為 A、B、C、D 四種類別。

56. (1) 下列何者為地盤改良工法？ ①置換工法 ②連續壁工法 ③ PC 排樁工法 ④抽砂工法 。

57. (1)下列何者為主要考量地盤改良工法的因素？ ①地質狀況 ②勞工安全 ③預算 ④進度 。

58. (3)靜止土壓係數 K_O，主動土壓係數 K_A，以及被動土壓係數 K_P，三者之間的關係為： ① $K_O > K_A > K_P$ ② $K_A > K_O > K_P$ ③ $K_P > K_O > K_A$ ④ $K_P > K_A > K_O$ 。

解析

> - 靜止土壓力是指擋土牆不發生任何方向的位移，牆後土體施於牆背上的土壓力。
> - 主動土壓力是指擋土牆在牆後土體作用下向前發生移動，致使牆後填土的應力達到極限平衡狀態時，牆後土體施於牆背上的土壓力。
> - 被動土壓力是指擋土牆在某種外力作用下向後發生移動而推擠填土，致使牆後土體的應力達到極限平衡狀態時，填土施於牆背上的土壓力。
> - 三種土壓力在量值上的關係為：主動土壓力 $K_A <$ 靜止土壓力 $K_O <$ 被動土壓力 K_P 。

59. (4)統一土壤分類法中，下類何者不是土壤分類描述之代號？ ① ML ② CL ③ GW ④ SH 。

60. (2)土壤力學三軸試驗中，UU 試驗稱為 ①壓密不排水（剪力）試驗 ②不壓密不排水試驗 ③壓密排水試驗 ④不壓密排水試驗 。

61. (3)預壓密土壤之滲透性較預壓前為 ①高 ②相等 ③低 ④無法比較 。

62. (2)有關滲流試驗之描述，下列何者錯誤？ ①滲透係數值與土壤孔隙比有關 ②滲透係數之量測值與使用的流體無關 ③滲劉量與水力梯度成正比 ④滲流量與試體長度成反比 。

63. (4)土壤試驗中與直剪試驗相比較，下列何者是三軸試驗之優點？ ①沿預定水平面剪壞 ②試體處於靜止土壓狀態 ③甚易操作 ④可控制排水條件 。

64. (3)下列有關土壤粒徑之描述，何者錯誤？ ①黏土粒徑小於 0.002 mm ②黏土可通過 #200 篩 ③小於 0.002mm 者一定是黏土 ④粉土（沈泥）也有可能小於 0.002mm 。

65. (1)預壓密土壤之剪力強度較預壓前為 ①高 ②等 ③小 ④無法比較 。

66. (4)有關標準貫入試驗之描述，下列何者錯誤？ ①無法得到連續貫入值 N ②可取得土樣 ③操作易有人為誤差 ④取得土樣適合進力學試驗 。

67. (2)以黏土進行無圍壓縮試驗，破壞時之圍壓為 80kN/m²，則黏土之凝聚力為：① 20kN/m² ② 40kN/m² ③ 80kN/m² ④ 4320kN/m² 。

68. (3)預壓密土壤之壓縮性較預壓前為 ①高 ②相等 ③小 ④無法比較 。

69. (3)土層的厚度及外加載重條件相同時，下列種土壤沉陷量最大？ ①正常壓密黏土 ②過壓密黏土 ③壓密中黏土 ④無法比較 。

70. (3)有關土壤試驗中十字片剪試驗，下列敘述何者錯誤？ ①最適合軟弱土壤 ②試驗結果會受土壤塑性之影響 ③高塑性土壤會低估其剪力強度 ④試驗結果需依土壤的塑性指數作修正 。

71. (3)土壤粒徑分析試驗中，200 號篩 (US200#) 之篩孔尺寸為多少 mm ？ ① 0.015 ② 0.050 ③ 0.075 ④ 5 。

72. (3)砂土之有效摩擦角為 ，依據試驗結果，Jaky(1944) 所建議估計砂土靜止土壓係數之經驗式為：① $K_0=1-\tan \Phi'$ ② $K_0=1-\cos \Phi'$ ③ $K_0=1-\sin \Phi'$ ④ $K_0=1-\tan \Phi'$。

73. (2) 對黏土進行三種三軸不排水剪力試驗，包括飽和 (saturated) 不壓密 (unconsolidated) 不排水受剪 (undrained shear) 試驗 (SUU)、不飽和 (unsaturated) 不壓密 (unconsolidated) 不排水受剪 (undrained shear) 試驗 (UUU) 及壓密 (consolidated) 不排水受剪 (undrained shear) 試驗 (CU)。下列何者是上述三種試驗所得不排水剪力強度之排序？ ① UUU > CU > SUU ② CU > UUU > SUU ③ UUU > SUU > CU ④ CU > SUU > UUU 。

74. (3) 標準貫入試驗 (standard penetration test，SPT) 係以 63.5kg 之重錘，以 75cm 落距自由落下打擊鑽桿前端之劈管取樣器，使其貫入土層中 45cm，並記錄每貫入 15cm 之打擊數，分別為 N1，N2，N3，以判定土層之軟硬。所謂 SPT-N 值是指：① N3 ② N1+N2 ③ N2+N3 ④ N1+N2+N3 。

75. (1) 依「建築物基礎構造設計規範」規定，若建物基礎採版基時，基地鑽探孔之深度應為基礎版寬的 ① 2 ② 4 ③ 5 ④ 6 倍以上。

解析

鑽探深度鑽孔深度如用版基時，應為建築物最大基礎版寬之兩倍以上或建築物寬度之 1.5 倍至 2 倍；如為椿基或墩基時，至少應達預計椿長加 3 公尺。

76. (3) 深開挖監測儀器中，傾度管 (slope indicator) 是用量測下列何者物理量？①地表沈陷 ②地中沈陷 ③地層或結構側移 ④開挖面隆起量 。

77. (2) 下列那一種地盤改良方法較不適用於粘土層？ ①預壓排水法 ②振動法 ③排水帶排水法 ④生石灰攪拌法 。

78. (4) 下列那一種土壤之過壓密比（OCR）是小於 1 ？ ①飽和土壤 ②正常壓密土壤 ③過壓密土壤 ④壓密中土壤 。

解析

過壓密土：

過去所受過的最大有效應力與目前讓土所受的有效應力之比，稱為該土之過壓密比。過壓密比大於一之土，為過壓密

土；過壓密比等於一之土，爲正常壓密土；過壓密土小於一
之土，爲壓密未完成土。

79. (4)影響粘土抗剪強度特性之最主要因素爲 ①顆粒形狀 ②粒徑分佈 ③相
對密度 ④含水量 。

80. (4)下列那一種破壞情況之牆位移量最大？ ①緊密砂之主動破壞 ②緊密
砂之被動破壞 ③硬粘土之主動破壞 ④軟粘土之被動破壞 。

81. (2)在統一土壤分類法中，粗粒土壤主要依據下列何種特性作爲分類之原
則？ ①含水量 ②粒徑分佈 ③阿太堡限度 ④液限與塑性指數 。

82. (4)土壤沉陷特性中，下列何者不成立？ ①主要壓密沉陷量與時間有關
②主要壓密沉陷量與孔隙水壓力有關 ③二次壓密沉陷量與時間有關
④二次壓密沉陷量與孔隙水壓力有關 。

83. (2)統一土壤分類法中符號「GM」代表？ ①良好級配礫石 ②沉泥質礫石
③黏土質礫石 ④沉泥質砂土 。

解析

統一土壤分類法之土壤分類表，可查出土樣爲何種分類之土
壤。
第一個字母之符號與第二個字母符號定義如下：
G (Gravel)：礫石及礫石土壤。　　W (Well)：優良級配。
S (Sand)：砂石及砂質土壤。　　　P (Poorly)：不良級配。
M (Silty)：無機質沉泥及極細砂。　H (High)：高塑性。
C (Clay)：無機質粘土。　　　　　L (Low)：低塑性。
O (Organic)：有機質沉泥及粘土。
Pt(Peat)：泥炭土 (Peat)。
本分類法適合一般營建工程上土壤之分類用。

84. (3)軟弱黏土層之現地強度，最適合下列那一項試驗求得？ ①標準貫入試
驗 ②直接剪力試驗 ③十字片剪試驗 ④平鈑載重試驗 。

85. (3) 下列假設那一項不是蘭金 (Rankine) 土壓力理論之必要條件？ ①土壤為均質且等向 ②土壤破壞面為平面 ③牆身與土壤間有摩擦力？ ④地表面為水平面 。

86. (4) 下列何種基礎之建造是使被挖出之土重等於建築物之預定重量？ ①連梁基礎 ②筏式基礎 ③聯合基礎 ④補償基礎 。

解析

補償式基礎是建在地面下足夠深度，使結構物的重量不超過或少超過挖除的土體重，以減少由結構物附加荷載引起地基沉陷的整體基礎。

87. (2) 下列有關無限邊坡穩定分析之敘述，何者錯誤？ ①對均質黏土而言，黏土愈深，其安全係數愈低 ②對砂性土壤而言，其安全係數與深度有關 ③對砂性土壤而言，平行滲流導致安全係數低 ④對砂性土壤而言，其安全係數與 tan ∮ 成正比 。

88. (2) 現地區分粉土與黏土之簡易判斷法中，下列敘述何者錯誤？ ①以指尖捏擠乾燥土樣，容易粉碎者為粉土 ②置濕潤土樣於手掌心，輕搖使水分滲出土壤表面，再以指尖輕壓之，水分消失者為黏土 ③以刀片削乾燥土樣，有光澤者為黏土，粉土則較無光澤 ④憑經驗以指尖搓揉土壤顆粒，可以區分粉土與黏土 。

89. (2) 下列方法中何者不適用於砂質地盤之改良，以防止地震時發生液化問題？ ①動力壓密工法 ②排水帶工法 ③碎石樁工法 ④擠壓砂樁工法 。

90. (2) 就凝聚性土壤而言，有關夯實作用之敘述，下列何者錯誤？ ①夯實為含水量，夯實能量與土壤性質等因素之函？ ②夯實為利用機械能，讓土壤重新排列，以減少其孔隙比，達到 100% 飽和 ③濕側夯實土較具方向性 ④在低應力範圍，乾側夯實土壓縮性比濕側夯實土低 。

91. (1) 壓縮係數 Cc 與液性指數、孔隙比、含水量之間的關係，下列何者正確？ ①液性指數愈高，壓縮係數 Cc 愈高 ②孔隙比愈低，壓縮係數 Cc 愈高 ③孔隙比愈高，壓縮係數 Cc 低 ④液性指數愈高，壓縮係數 Cc 愈低 。

92. (2)影響砂土抗剪角 ∮ 之因素，何者最重要？ ①含水量 ②孔隙比 ③透水性 ④黏性 。

93. (4)擋土牆要求的主要條件下列何者爲非？ ①安全性 ②經濟性 ③施工性 ④美觀性 。

94. (1)乾土單位重在某深度達最大值，然後隨深度之增加而減小。這是因爲地表缺少何者之故？ ①圍壓 ②有效應力 ③孔隙水壓 ④含水量 。

95. (1)夯實之施工要求係以何者試驗所得 γ_{dmax} 與 OMC 爲參考？ ①標準夯實試驗 ②承載試驗 ③試樁試驗 ④抽水試驗 。

96. (1)夯實（Compaction）係使相對薄層土壤緊密，並 ①提高剪力強度 ②降低剪力強度 ③增加壓縮性 ④增加透水性 。

97. (1)安全支撐之中間樁係在地下室開挖過程中，在基地內適當之間距構築之樁柱，其用途是 ①用以支承整個鋼支撐系統所承受之荷重 ②兼作水平鋼支撐系統側向支撐之用，以增加鋼支撐之無支撐長度 ③用以支承鋼支撐系統所承受之拉力 ④兼作水平鋼支撐系統垂直向支撐之用，以增加鋼支撐之無支撐長度 。

98. (1)內支撐之目的在於土方開挖後，做爲 ①平衡土壤側向壓力之壓力構材 ②減少土壤側向壓力之拉力構材 ③平衡土壤垂直向壓力之拉力構材 ④平衡土壤垂直向壓力之壓力構材 。

99. (4)深開挖預壓（preloading）之基本理念係於支撐架設當中，施以預期該支撐於下一階段開挖中所承受側壓力（lateral pressure）之若干百分比，使支撐能事先受力，以減少擋土結構於下一開挖階段之變形量（deflection）。其效益爲何，下列何者錯誤？ ①減少擋土結構之變形量 ②減少擋土結構之撓曲量 ③減少因擋土結構變形而導致之週圍及鄰房建築物沉陷、傾斜量 ④增加因擋土結構變形而導致之週圍及鄰房建築物沉陷、傾斜量 。

100. (4)統一土壤分類法中符號「SM」代表？ ①良好級配砂土 ②沉泥質礫石 ③黏土質礫石 ④沉泥質砂土 。

解析

統一土壤分類法之土壤分類表，可查出土樣為何種分類之土壤。

第一個字母之符號與第二個字母符號定義如下：

G (Gravel)：礫石及礫石土壤。　　W (Well)：優良級配。

S (Sand)：砂石及砂質土壤。　　　P (Poorly)：不良級配。

M (Silty)：無機質沉泥及極細砂。　H (High)：高塑性。

C (Clay)：無機質粘土。　　　　　L (Low)：低塑性。

O (Organic)：有機質沉泥及粘土。

Pt(Peat)：泥炭土 (Peat)。

本分類法適合一般營建工程上土壤之分類用。

101. (1)統一土壤分類法中符號「SW」代表？ ①良好級配砂土 ②沉泥質礫石 ③黏土質礫石 ④沉泥質砂土 。

102. (2)原生弱面是指在何種作用時所產生之介面？ ①風化 ②成岩 ③結晶 ④地震 。

103. (1)基樁承受側向力時，以土壤反力為縱軸，以基樁側向位移為橫軸，所繪出之曲線稱為 ① p-y 曲線 ② r-m 曲線 ③ p-x 曲線 ④ p-p 曲線 。

104. (3)地質調查無法了解 ①地層剖面 ②地下水位 ③鄰房住戶人數 ④地質狀況 。

105. (3)黏性土壤基礎開挖之際，無須檢討 ①貫入度 ②上舉 ③砂湧 ④漏水 。

106. (2)土方開挖之際，挖方機具在開挖過程中，若有越挖越多土方卻無法到達預訂高程，此土層可能為 ①砂性土壤 ②黏性土壤 ③礫石土壤 ④岩石 。

107. (2)土方開挖之際，因下雨天造成挖土機俱無法移動，此土層可能為 ①砂性土壤 ②黏性土壤 ③礫石土壤 ④岩石 。

108. (3)土方開挖之際，若要選擇止水性佳之擋土壁，應選 ①預壘樁 ②鋼軌樁 ③連續壁 ④鋼鈑樁 。

地下連續牆（slurry wall）也稱爲連續壁或槽壁，地下連續壁爲眾多擋土工法的其中一種，其含有較佳的剛性、止水性及安全性，其壁體可直接作爲地下室外牆，成爲主體結構的一部份。

109. (2) 弱面與水平面相交的直線方向稱爲 ①傾向 ②走向 ③順向 ④傾角 。

110. (4) 弱面與水平面所夾最大銳角稱爲 ①傾向 ②走向 ③順向 ④傾角 。

111. (1) 與弱面走向非正交方向的傾角稱爲 ①視傾角 ②假傾角 ③傾向 ④眞傾角 。

112. (1) 影響地形發育的因素很多，但以台灣地形而言，主要因素有 ①板塊運動 ②造岩運動 ③風化 ④結晶 。

113. (4) 砂質土壤構成之地層，在無擋土設施下，其開挖高度不得超過 ① 2 ② 3 ③ 4 ④ 5 公尺。

114. (1) 挖土機、推土機及卡車等行駛之車道最大坡度不得超過 ① 15 度 ② 20 度 ③ 30 度 ④ 35 度 。

AASHTO 分類法係依據土壤之成分、塑性指數、液性限度及分類指數 (Group Index；G.I.) 等性質，將土壤粗分爲 A-1 至 A-7 七大類，另將泥炭土列入 A-8 類，以作爲路基材料使用。AASHTO 分類法中，分類指數之大小，可作爲判斷路基材料使用之工程性質或適應性之優劣，亦卽 G.I. 爲 0 時，該土壤係最佳，G.I. 值愈大，則代表土壤之工程性質愈差。

115. (3) 易於引起崩壞之地層，其開挖之傾斜度不得超過 ① 15 度 ② 30 度 ③ 45 度 ④ 60 度 。

116. (2) 隧道豎坑之通道，長度超過 15 公尺時，應每隔多少公尺設置一處平台？ ① 5 ② 10 ③ 15 ④ 20 。

117. (23) 於建築工程擋土設計時，應考慮下列哪些因素？ ①施工進度 ②擋土設施之材料強度 ③擋土設施之水密性 ④施工人數 。

118. (13) AASHTO 土壤分類係依據下列哪些性質分類？ ①土壤成分 ②液性密度 ③塑性指數 ④剪力強度 。

119. (14) 建築工程擋土結構系統之勁度與下列哪些因素有關？ ①構材彈性模數 ②構材塑性指數 ③構材拉力強度 ④構材斷面慣性矩 。

120. (234) 基礎開挖施作地下室結構體完成後，由於抽拔中間柱時將形成孔洞，地下水容易因爲摩擦阻抗減小的關係，夾帶土砂往上滲流；在有可能產生此種砂湧災害的工址，下列哪些方法不適合處理中間柱，以避免砂湧發生？ ①截斷中間柱 ②拔除中間柱 ③增長中間柱長度 ④不斷的打擊中間柱，以貫穿黏土層 。

121. (14) 下列哪些爲基礎施工時，可能發生管湧之條件？ ①砂性土壤 ②基地內外水位差小 ③黏性土壤 ④地下水位高 。

122. (124) 基礎施工災害發生後，下列哪些非爲判斷鄰近給水或排水管線是否受損斷裂所選擇的處理方式？ ①施作止水排樁 ②進行止水灌漿 ③加色劑灌注 ④地盤改良 。

123. (24) 下列有關基礎施工之敍述哪些爲正確？ ①開挖面隆起不會造成地下水位上升 ②土壤依其顆粒粒徑的大小可分爲粗顆粒土壤及細顆粒土壤兩種 ③影響黏性土壤的工程性質之主因爲顆粒排列的緊密度 ④爲預防因地質鬆軟以致基礎施工災害，可以採用地盤改良方式處理 。

124. (123) 下列哪些施工情況會造成支撐系統破壞的災害？ ①超挖 ②支撐架設不足 ③斜撐與圍苓接合螺栓承力不足 ④依規定施加支撐預力 。

解析

依目前專家學者之研究，擋土支撐設施之破壞因素可歸納如下：

1. 不當之開挖或超挖，導致架構不穩定。
2. 使用材料不當，勁度不足，發生彎曲變形。
3. 支撐安裝精度不良或連接鈑之螺栓未絞緊，易產生鬆動。

4. 接頭、接合部補強方式不佳，產生挫屈。

5. 支撐架設時機不當，造成擋土壁的變形。

6. 支撐間隔過大造成壁體變形。

7. 支撐負荷之載重過大，產生挫屈。

8. 重型機械等地表上方載重過大，造成支撐架構之不穩定。

9. 支撐預力過大造成擋土壁體接縫裂開。

125. (23) 有關水位觀測井之量測原理，下列敘述哪些錯誤？ ①利用連通管原理 ②無時間延遲效應 ③豎管之直徑沒有限制 ④人工量測水位高程 。

126. (123) 小管短管推進工法中，下列哪些工作井之施作不需利用搖管機？ ①鋼軌板條工法 ②鋼鈑樁工法 ③預壘樁工法 ④圓形鋼套環工法 。

127. (12) 反循環基樁施工時，起管前應先確認下列哪些事項？ ①基樁鑽掘深度已達設計深度 ②樁底到達承載層 ③由施工者自行認定 ④穩定液濃度須符合設計值 。

128. (23) 連續壁採用特密管澆置水中混凝土，下列哪些敘述不正確？ ①澆置作業需連續實施，中途不得停止 ②混凝土實際澆灌量小於預估值尚屬正常現象 ③澆灌時特密管不得埋入已灌注之混凝土中 ④特密管使用後應迅速去除附著之混凝土 。

解析

特密管用來澆置水中混凝土，如地下連續壁工程。以特密管進行混凝土澆置時，特密管間距以不大於 3m 為原則，一般置放兩支特密管，澆置時混凝土儘可能平均澆置於各特密管，特密管應插入混凝土中深度大於 1.5m，而預估量應為實際澆灌量，如過少可能產生劣質混凝土。

129. (124) 建築物排水系統，下列哪些為應安裝之必要衛生設備？ ①存水彎 ②通氣管 ③節流閥 ④清潔口 。

130. (123) 擋土支撐設置後開挖進行中，因大雨後致使地層有明顯變化時，或觀測系統顯示土壓變化未按預期行徑時，應檢查擋土支撐結構，下列何項為其檢查步驟？ ①構材之有否損傷、變形、移位及脫落 ②支撐桿之鬆索狀況 ③構材之連接部分、固定部分及交叉部分之狀況 ④立即抽排開挖面之積水 。

乙 工作項目 06：結構工程

1. (3) 下列何者對混凝土強度之影響最大？ ①水泥廠牌 ②濕治養護 ③水灰比 ④拌合溫度 。

2. (4) 下列有關鋼筋混凝土結構特性之敘述，何者不正確？ ①耐久性 ②自重大 ③ 具防火性 ④拆除修改容易 。

3. (3) 混凝土澆注後需予養護，下列何種養護方法所需時間最短？ ①護膜養護法 ②生石灰養護法 ③高壓蒸汽養護法 ④濕治法 。

4. (3) 混凝土澆置施工時，常需在現場進行取樣及試驗，下列何者並不屬之？ ①混凝土抗壓試體製作 ②氯離子含量試驗 ③混凝土配比試驗 ④坍度試驗 。

5. (2) 混凝土在凝結硬化過程中體積會發生變化。一般水中混凝土硬化後最後之體積會： ①收縮 ②膨脹 ③不變 ④上層收縮下層膨脹 。

6. (4) 一般鋼筋混凝土構件之單位體積重約為 ① 1500 ② 1800 ③ 2100 ④ 2400 公斤 / 立方公尺。

解析

建築技術規則建築構造篇第一章 第三節載重：
建築物構造之靜載重，應予按實核計。建築物應用各種材料之單位體積重量，應不小於表中所列，不在表中之材料，應按實計算重量。
表中就有 " 水泥混凝土 " 2300 公斤 / 立方公尺、" 鋼筋混凝土 " 2400 公斤 / 立方公尺。

7. (2) 混凝土規範規定簡支梁之主鋼筋至少須有多少量應延伸入支點？ ① 2/3 ② 1/2 ③ 1/ 3 ④ 1/4 。

8. (1) 一般結構用型鋼、鋼筋及造船用鋼板多為 ①硬鋼 ②超軟鋼 ③軟鋼 ④淨面鋼 。

9. (3) 一般工程所使用的水泥，其比重 (取最接近之整數值) 約為 ① 1 ② 2 ③ 3 ④ 4 。

10. (3)混凝土混合劑可改變混凝土性能，下列何種混合劑之簡稱為「AE 劑」？
① 速凝劑 ②緩凝劑 ③輸氣劑 ④減水劑 。

解析

輸氣劑 (A.E)：增強混凝土對冰凍融解之抵抗性，進而增加耐久性。

11. (1)在混凝土混合劑之使用中，氯化鈣 ($CaCl_2$) 是屬於 ①速凝劑 ②緩凝劑 ③輸氣劑 ④減水劑 。

12. (2)下列何種混凝土混合劑最不適用於特別需要混凝土早強之工程？ ①速凝劑 ②緩凝劑 ③閃凝劑 ④強塑劑 。

13. (2)坍度試驗常用於測定新拌混凝土之稠度，一般若不使用泵送車，直接澆注之鋼筋混凝土板、梁、牆等，最適用的坍度值約為 ① 0~5cm ② 10~15cm ③ 20~25cm ④ 25~30cm 。

14. (2)坍度試驗所使用標準坍度錐之高度為 ① 25 ② 30 ③ 35 ④ 40 公分。

15. (3)混凝土坍度試驗時，若混凝土之形狀呈現斜向塌陷，則表示該混凝土 ①工作度良好 ②剪力強度過大 ③塑性不佳 ④粒料均勻 。

16. (1)適用於大壩施工、蓄水池及水庫等之特殊混凝土為 ①巨積混凝土 ② 輕質混凝土 ③噴凝土 ④無坍度混凝土 。

17. (3)下列何者不屬於「高性能混凝土」之特性？ ①強度高 ②坍度高 ③水化熱高 ④水密性高 。

解析

高性能混凝土（high performance concrete, HPC）由波特蘭水泥、水、粗細粒料及摻料以一定比例混合形成之。相較於傳統混凝土，高性能混凝土具有高流動性（工作度）、高強度、高水密性與耐久性等性能。

18. (2)下列結構類型中，何者目前在國內所佔的比例最高？ ①鋼結構 ②鋼筋混凝土結構 ③鋼骨鋼筋混凝土結構 ④預鑄式 RC 結構 。

19. (4)下列何種混凝土摻合劑可改善混凝土之工作度、增加其凍融抵抗性？ ①減氣劑 ②防水劑 ③緩凝劑 ④輸氣劑 。

20. (2)混凝土拌合時加入著色料可改變顏色。若混凝土加入氧化鐵會呈現 ①綠色 ②紅色 ③藍色 ④黃色 。

21. (3)下列建築物施工法中，何種可同時進行地下與地上結構物之施工？ ①水平支撐工法 ②地錨工法 ③逆築工法 ④斜坡明塹工法 。

22. (4)下列何種工具在模板放樣時並不會使用？ ①水線 ②墨斗 ③捲尺 ④鳥頭鉤 。

23. (4)在鋼筋混凝土結構施工中，為確保鋼筋保護層，需使用墊塊。下列何種材料最不適合作為墊塊使用？ ①水泥砂漿 ②鋼筋 ③高密度塑膠 ④木材 。

24. (1)下列敘述何者不是混凝土內部震動器的正確使用方法？ ①應多震動鋼筋 ②應保持垂直插入 ③不宜觸及模板 ④每次的插入距離應適宜 。

25. (1)國內一般所稱之水灰比（W/C），是指混凝土之拌合水和水泥的 ①重量比 ② 體積比 ③表面積比 ④質量比 。

26. (2)骨材的細度模數 (FM) 越大，係指該骨材之顆粒越 ①粗 ②細 ③圓 ④尖 。

解析

細度模數在 ASTM 定義為篩分析時殘留在標準篩上骨材百分率之累積值除以 100 所得之值。 Ø 細度模數通常僅用於細骨材的計算。細骨材的細度模數應介於 2.3 至 3.1 之間，細度模數僅能表示骨材之粗細程度，細度模數越大表示顆粒越粗。

27. (3)依據 CNS 之規定，水泥之儲存超過多久，即須進行性質測試，以確保其品質 ①一年 ②六個月 ③三個月 ④一個月 。

28. (2)依據 CNS，f'c 是指多少天齡期混凝土之抗壓強度？ ① 60 天 ② 28 天 ③ 7 天 ④ 3 天 。

29. (2)在道路的鋪面中所謂「剛性路面」是指 ①瀝青路面 ②混凝土路面 ③柏油路面 ④橡膠路面 。

30. (2)依 CNS 規定，第 III 型波特蘭水泥亦稱爲 ①普通水泥 ②低熱水泥 ③早強水泥 ④抗硫水泥 。

解析

1. 波特蘭第一型水泥：
   此種水泥之應用至廣、鐵路、電力、道路、橋梁、軍事及一般建築等工程均用之。
2. 波特蘭第二型水泥：
   此種水泥所發生之水化熱量較少，並能抵抗中度硫酸鹽之浸蝕作用，常用名稱爲「改良型波特蘭水泥」。
3. 波特蘭第三型水泥：
   在 3～5 天之間所能發展之強度需能相當於普通水泥 28 天所發展者，常用名稱爲「早強水泥」，特別適用於搶救道路。
4. 波特蘭第四型水泥：
   其特性爲硬化時所發生之水化熱僅爲普通水泥之 70% 左右，且此種水泥之水合熱發展速率恆保持在一最低限度內，可以減少混凝土崩壞之危險，又稱爲「低熱水泥」和「巨積水泥」。
5. 波特蘭第五型水泥：
   具有抵抗硫酸鹽浸蝕之特性，適用於抗酸蝕、下水道、地下室、溫泉區等特殊環境之工程，常用名稱爲「抗硫水泥」。

31. (3)對於懸臂梁，其主筋（拉力鋼筋）應配置在梁之 ①中間 ②底部 ③頂部 ④ 隨便位置 。

32. (3)下列何者通常不是混凝土結構產生裂縫之原因？ ①載重過大 ②鋼筋間距過密 ③混凝土強度過高 ④混凝土未適當養護 。

33. (4)下列有關鋼筋之稱號，何者與其他不屬同一尺寸？ ① #9 鋼筋 ② 9 分鋼筋 ③ 28 鋼筋 ④ D9 鋼筋 。

34. (2)依據混凝土規範，圓形鋼筋混凝土柱內之豎筋至少須配置 ① 4 ② 6 ③ 8 ④ 10 根。

35. (3)鋼筋稱號 SD280W 中之「280」代表的是下列何者？ ①鋼筋直徑 ②鋼筋斷面積 ③鋼筋強度 ④鋼筋長度 。

解析

SD280 是國際規範用在「鋼筋混凝土的鋼筋」種類的符號，SD 是 Deformed Steel（竹節鋼筋，另一種為 Round 光面鋼筋），280 是它們的降伏強度（Yield Strength）。SD280W 其中之 W 是 weldable 代表是可銲接的。

36. (1)鋼筋稱號 SD420W 中之「W」代表的是下列何者？ ①可銲鋼筋 ②寬紋竹節鋼筋 ③水淬鋼筋 ④高強度鋼筋 。

37. (3)依照鋼筋編號的原則可以推斷：#8 鋼筋之斷面積應是 #4 鋼筋之 ① 2 ② 3 ③ 4 ④ 6 倍。

38. (3)鋼筋加工一般須以冷彎方式彎曲，但若直徑達多少 mm 以上則可加熱後彎曲？ ① 36mm ② 32 mm ③ 28mm ④ 25mm 。

39. (1)下列有關鋼筋混凝土建築物牆體內配管埋設之位置，何者最不適宜？ ①地下室之外牆內 ②地面層之外牆內 ③隔間牆內 ④隔戶牆內 。

40. (2)鋼筋混凝土大梁如需開孔，下列開孔位置何者最不適宜？ ①大梁中央 ②大梁與柱之接頭處 ③大梁淨跨距 1/3 處 ④大梁淨跨距 1/4 處 。

41. (4)下列有關土木結構物之設計載重，何者不屬於靜載重？ ①樓板自重 ② 1/2B 磚牆 ③屋頂粉光層 ④機具設備 。

42. (3)以下各種混凝土構築類型，何者最不適用於地上層房屋建築結構？ ①鋼筋混凝土 ②預力混凝土 ③預壘混凝土 ④預鑄混凝土 。

43. (1)以下各種混凝土類型，何者之簡稱通常並不使用「PC」？ ①預拌混凝土 ② 預力混凝土 ③無筋混凝土 ④預鑄混凝土 。

44. (4)所謂「圬工構造」係指下列何者？ ①木材構造 ②混凝土構造 ③預鑄式構造 ④磚石構造 。

45. (3)我國建築有關混凝土部份規範之訂立大多參考下列何種規範？ ①日本 JIS ②德國 DIN ③美國 ACI ④英國 BS 。

46. (2)除非特別訂製，國內鋼筋工廠一般所製作的最小號變形（或竹節）鋼筋爲 ① #2 ② #3 ③ #4 ④ #5 。

47. (3)一般混凝土 7 天的壓力強度通常約是 28 天壓力強度的 ① 1/ 4 ② 1/2 ③ 2 /3 ④ 4/5 。

48. (1)除非特別訂製，爲避免運輸不便、重量過重，國內鋼筋工廠所生產之鋼筋長度通常不會超過 ① 10 公尺 ② 20 公尺 ③ 30 公尺 ④ 35 公尺 。

49. (4) 對於隧道斷面，一般所稱之「仰拱」爲隧道之 ①頂部 ②側牆靠頂部 ③側牆靠底部 ④底部 。

50. (1)下列何者不是混凝土規範中主鋼筋或箍筋標準彎鉤角度？ ① 45°② 90°③ 135°④ 180°。

51. (4)在鋼筋續接法中，下列何種最節省鋼筋材料，且施工現場所需設備最少 ①疊接法 ②瓦斯壓接法 ③銲接法 ④使用鋼筋續接器 。

52. (2)依據混凝土規範，平行鋼筋除 35 公厘直徑以上者外，可捆紮成束作爲單根應用，但每束不得超過 ① 3 根 ② 4 根 ③ 5 根 ④ 6 根 。

53. (2)鋼筋併接如使用銲接，則銲接頭之拉力強度應達到鋼筋降伏應力之幾倍？ ① 1 倍 ② 1.25 倍 ③ 1. 5 倍 ④ 1.75 倍 。

解析

其抗拉強度至少應達到鋼筋規定降伏強度下限值之 1.25 倍或鋼筋抗拉強度規定值。伸長率應達到母材鋼筋伸長率規定值以上。

54. (3)正常拌和之混凝土材料其化學性質通常屬於 ①鹽性 ②酸性 ③鹼性 ④中性 。

55. (1) 鋼筋混凝土撓曲斷面，以力學性能而言，下列何者應是較經濟斷面？
①Ｔ型斷面 ②梯形斷面 ③矩形斷面 ④圓形斷面 。

56. (3) 下列何種鋼筋混凝土構件通常不需配置剪力鋼筋 ①梁 ②柱 ③擴展基
腳 ④地梁 。

57. (2) 鋼筋混凝土結構之安全若有疑慮，可執行載重試驗，而載重試驗須在混
凝土澆置後多少天方可進行？ ① 28 天 ② 56 天 ③ 84 天 ④ 112 天 。

58. (2) 依據混凝土結構設計規範規定，鋼筋混凝土柱內埋管其內徑不大於
多少 mm， 亦不得違反防火之規定 ① 30mm ② 50mm ③ 75mm ④
100 mm 。

59. (4) 下列何種構築類型之建築物最不適合地震頻繁的地區？ ①梁柱構架式
構造 ②板柱或箱式構造 ③綜合整體式構造 ④磚石疊砌式構造 。

60. (1) 下列各種建築物構成單元，何者與建築結構系統最無關聯？ ①門窗
②樓梯 ③樓板 ④梁柱 。

61. (1) 下列何種牆體不適宜作為承重牆？ ①石膏板牆 ②鋼筋混凝土牆 ③混
凝土牆 ④空心磚牆 。

62. (3) 砌築磚牆時，每砌一層磚塊俗稱為 ①一道 ②一底 ③一皮 ④一度 。

63. (1) 砌築紅磚磚牆時，每日之砌築高度應不得超過 ① 1 公尺 ② 1．8 公尺
③ 2.4 公尺 ④ 3.0 公尺 。

解析

根據建築物磚構造設計及施工規範：
砌磚時應四周同時並進，每日所砌高度不得超過 1 公尺，收
工時須砌成階梯形接頭，其露出於接縫之水泥砂漿應在未凝
固前刮去，並用草蓆或監造人核可之覆蓋物遮蓋妥善養護。

64. (3) 使用下列何種磚塊砌造磚牆時，磚塊必須保持乾燥狀態？ ①紅磚 ②
青磚 ③ 混凝土空心磚 ④耐火磚 。

65. (4)下列何種構件最不適於使用鋼筋混凝土材料 ①擋土牆 ②基礎 ③壓力構件 ④拉力構件 。

66. (4)下列何種試驗不是檢驗混凝土工作度之方法？ ①坍度試驗 ②流度試驗 ③ Vee-Bee 稠度測定儀試驗 ④抗壓試驗 。

67. (1)有關新拌混凝土之工作性，下列何者為一般常用之試驗方法？ ①坍度試驗 ②鑽心試驗 ③抗壓試驗 ④抗彎試驗 。

解析

1. 混凝土拌合後之稠度或流動性為構成工作度好壞之重要因素，其稠度之一般以坍度表示之，故須作坍度試驗。

2. 坍度試驗施作法，係以上徑 10cm，下徑 20cm，高 30cm 的白鐵皮（約 16 塊）製，截頭圓錐形試驗管，放置於水密性的平板上，將剛拌好的混凝土分三次澆入筒內，每次以搗桿平均搗 25 次，最後將頂面刮除抹平，垂直往上徐徐提起試驗筒，混凝土即有若干下坍，其自試驗筒頂下坍的高度稱為坍度（單位 mm)。

68. (3)混凝土配比設計的水灰比愈低，則下列性質何者不正確？ ①強度愈高 ②水密性愈高 ③工作度愈高 ④耐久性愈高 。

69. (3)拌合混凝土時以飛灰取代部分水泥，將增加混凝土的 ①初期強度 ②水化熱 ③工作度 ④用水量 。

70. (1)混凝土模板間之縫隙應予封補，以避免漏漿。下列何者最不適宜作為封補材料？ ①普通三夾板 ②鍍鋅鐵皮 ③美耐板 ④耐水性夾板 。

71. (4)下列何種材料最不適宜用來修補混凝土澆置後產生之蜂窩？ ①樹脂砂漿 ②無收縮砂漿 ③混凝土 ④石灰砂漿 。

72. (2) 依據混凝土試驗規範，混凝土抗壓圓柱試體製作後，脫模時間最短不得早於 ① 12 小時 ② 20 小時 ③ 24 小時 ④ 48 小時 。

解析

舊版 CNS 1231 規定試體須於製作後 20~48 小時間脫模，但目前新版已刪除不用。

73. (3)依據混凝土試驗規範,混凝土抗壓圓柱試體製作後,脫模時間最長不
　　得超過 ① 24 小時 ② 36 小時 ③ 48 小時 ④ 72 小時 。

74. (2)依據混凝土試驗規範,製作混凝土標準抗壓圓柱試體時,需分幾層填
　　入混凝土? ① 2 ② 3 ③ 4 ④ 5 。

解析

　　根據 CNS 1231 規定工地採用搗棒搗實法:需要分成 3 層,
　　每層搗 25 次。

75. (2)依據混凝土試驗規範,製作混凝土標準抗壓圓柱試體時,需分層填入
　　混凝土,每層需以搗棒搗實 ① 15 次 ② 25 次 ③ 35 次 ④ 55 次 。

76. (4)依據混凝土試驗規範,製作混凝土標準抗壓圓柱試體所使用搗棒之直
　　徑為 ① 1/4 英吋 ② 3 /8 英吋 ③ 1 /2 英吋 ④ 5/ 8 英吋 。

77. (1)下列何者不屬於土木工程膠結性材料? ①金鋼砂 ②水泥 ③環氧樹脂
　　④瀝青 。

78. (3)一般水泥混凝土之「pH 值」約為 ① 5 ～ 7 ② 8 ～ 10 ③ 11 ～ 13
　　④ 14 以上 。

79. (3)依據混凝土規範,對於鋼筋混凝土大梁,同一斷面使用之鋼筋尺寸種
　　類,不得多於幾種? ①一種 ②二種 ③三種 ④四種 。

80. (4)依據混凝土規範,鋼筋直徑超過多少則不得使用搭接方式續接?
　　① 25 公厘 ② 28 公厘 ③ 32 公厘 ④ 35 公厘 。

81. (3)依據混凝土規範,室內鋼筋混凝土梁、柱主筋之最小保護層厚度為 ①
　　2.0 公分 ② 3.0 公分 ③ 4.0 公分 ④ 5.0 公分 。

82. (3) 砌造磚石牆壁所使用之水泥砂漿,其水泥及砂之比不得低於 1:3。
　　該比值為 ①重量比 ②質量比 ③容積比 ④表面積比 。

83. (3)普通磚除了整塊磚之外,尚有分割不同體積規格之半磚。下列何者體
　　積與半磚相同? ①半條磚 (羊羹) ②二五磚 ③七五磚 ④半半條磚 。

以下為常見之紅磚各種切割尺寸：

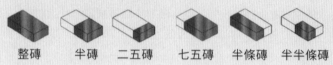

整磚　半磚　二五磚　七五磚　半條磚　半半條磚

84. (2)工地使用拌合機攪拌混凝土，全部材料裝進拌合機後，至少須轉動多久始可傾出使用？ ①1 分鐘 ②1.5 分鐘 ③2 分鐘 ④3 分鐘 。

85. (3)混凝土澆注過程中，因中斷時間過長，以致先澆灌之混凝土已達初凝，使得先後澆注之混凝土間產生接縫。此接縫稱為 ①施工縫 ②收縮縫 ③冷縫 ④伸縮縫 。

86. (3)在鋼筋混凝土結構施工程序中，下列何者若發生缺失時，修改最困難？ ① 測量放樣 ②組立模板 ③綁紮鋼筋 ④澆置混凝土 。

87. (1)下列鋼結構焊接之檢驗方法，何者最不適用於上下鋼柱之間之焊道檢驗？ ①磁粉探傷法 ②超音波法 ③X 光照相法 ④目視檢驗法 。

88. (2)下列何種化學性質最易導致鋼材料銹蝕？ ①鹽性 ②酸性 ③鹼性 ④中性。

89. (4) 下列何種化學元素在鋼之成份中一般認為屬於有害之雜質？ ①錳 ②碳 ③矽 ④硫 。

1. 碳：含碳量越高，剛的硬度就越高，但是它的可塑性和韌性就越差。
2. 硫：是鋼中的有害雜物，含硫較高的鋼在高溫進行壓力加工時，容易脆裂，通常叫作熱脆性。
3. 錳：能提高鋼的強度，能消弱和消除硫的不良影響，並能提高鋼的淬透性，含錳量很高的高合金鋼（高錳鋼）具有良好的耐磨性和其它的物理性能。
4. 矽：它可以提高鋼的硬度，但是可塑性和韌性下降，電工用的鋼中含有一定量的矽，能改善磁性能。

90. (2)下列有關符合現行耐震設計柱箍筋間距之敍述，何者正確？ ①柱箍筋由上至下全部等距配置 ②柱上下端箍筋間距較中間段密 ③柱中間段箍筋間距較上下端密 ④柱下半部箍筋間距較上半部密 。

91. (2)混凝土澆注於斜面時，若無特殊因素，其澆築方向應為 ①由上往下 ②由下往上 ③由左往右 ④由裡往外 。

92. (4)下列何種結構目前被認為對於全球環境影響最小？ ①鋼筋混凝土結構 ②鋼骨混凝土結構 ③鋼骨鋼筋混凝土結構 ④鋼結構 。

93. (3)下列何種結構之英文縮寫為「SRC」？ ①鋼筋混凝土結構 ②鋼骨混凝土結構 ③鋼骨鋼筋混凝土結構 ④鋼結構 。

94. (4)對於大型鋼板切割之方式，下列何者目前國內鋼構廠使用最多？ ①機械切割 ②雷射切割 ③電氣切割 ④氣體火燄切割 。

95. (4)在「型鋼」乃為具固定斷面尺寸之鋼構件，其製造方式一般不採用 ①冷軋成形 ②熱軋成形 ③銲接組合 ④模具鑄造 。

96. (3)鋼板銲接有時需要加溫或預熱，下列何者不屬於預熱之條件？ ①鋼板厚度 ②鋼板強度 ③銲接時氣壓 ④銲接時氣溫 。

97. (3)天候會影響鋼結構銲接作業，下列何種狀況並不必暫停露天銲接？ ①雨天 ②大霧 ③氣壓過高 ④零下溫度 。

98. (1)下列何種焊接姿勢之難度最高？ ①仰焊 (OH) ②立焊 (V) ③立面平焊 (H) ④平焊 (F) 。

解析

1. 平銲（1G）：此法之銲條朝下，以水平方向銲接。此種銲接姿勢最簡單也最常用，施工品質比較容易控制。電銲工工作時應儘量採用這種姿勢。

2. 橫銲（2G）：電銲道的方向為立面的橫方向，可從左向右電銲，亦可從右向左電銲。

3. 立銲（3G）：為立向之銲道從下向上的電銲，稱為立銲，又名垂直銲。如果從上向下電銲，一般俗稱漏銲，在正規之電銲工作是不允許的。

4. 仰銲（4G）：即銲條朝上的銲接方式，又稱爲頭頂銲。此種銲接方法最困難，故必須經驗豐富的電銲工才能勝任。設計時應儘量少用此種設計。

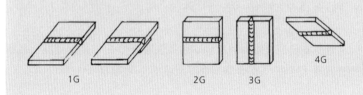

99. (3) 下列各種型鋼構件斷面，何者最不適宜作爲「撓曲構材」？ ① I 型鋼 (S) ②角鋼 (L) ③鋼板 (PL) ④槽型鋼 (C) 。

100. (2) 鋼結構構件因接合或其他配合施工之需求須進行開孔，下列開孔方式，何者最不適當？ ①機械切割開孔 ②氣體火燄切割開孔 ③孔機鑽孔 ④沖孔 。

101. (4) 鋼結構接頭螺栓出廠時表面保有之潤滑油膜何時方可去除？ ①螺栓開箱時 ②螺栓安裝前 ③螺栓安裝鎖緊時 ④螺栓接頭塗佈漆膜前。

102. (4) 下列有關鋼結構接頭螺栓穿插鎖緊之程序，何者正確？ ①每穿插一個螺栓後立即鎖緊 ②每次穿插一排螺栓即可開始鎖緊 ③先穿插接頭半數螺栓即可開始鎖緊 ④接頭螺栓全數穿插後才開始鎖緊 。

103. (1) 鋼結構之假安裝最常在何處進行？ ①鋼構廠內儲料區 ②工地現場附近空地 ③工地現場儲料區 ④工地現場安裝位置旁邊 。

104. (1) 鋼結構進行假安裝時，主構件間接頭之間隙最大不得超過 ① 3 mm ② 5mm ③ 10mm ④ 12mm 。

105. (1) 鋼結構相同尺寸之柱梁接頭，若採用螺栓接合，下列何種接合型式需要的螺栓數量最多？ ①剛接型式 ②半剛接型式 ③簡接型式 ④半簡接型式 。

106. (2) 混凝土施工時，爲確保先後澆置混凝土能完全黏著，須設置 ①隔離縫 ②施工縫 ③伸縮縫 ④假縫 。

107. (4) 下列何者不是施工規範許可使用的鋼筋續接方法？ ①搭接 ②壓接 ③續接器 ④彎接 。

108. (1) 一般建築物拆模之先後順序為？ ①柱模－梁側模－版模－梁底模 ②柱模－梁底模－梁側模－版模 ③梁底模－梁側模－版模－柱模 ④梁側模－版模－柱模－梁底模 。

109. (4) 下列有關模板之敘述，何者是錯誤？ ①側模於澆置混擬土 24 小時後可以拆模 ②梁與樓板之模板，其中央處約提高 1 /300 ～ 1/500 ③柱牆的基部應預留適當之清潔口 ④模版繫結之鐵件，宜使用硬度較大之生鐵製品 。

110. (2) 水泥中何種熟料礦物對混凝土抗壓強度正面影響最大？ ①矽酸三鈣及鋁酸三鈣 ②矽酸三鈣及矽酸二鈣 ③矽酸二鈣及鋁酸三鈣 ④鋁酸三鈣及鐵酸四鈣 。

解析

混凝土抗壓強度正面影響最大是矽酸二鈣 (C2S) 及矽酸三鈣 (C3S) 成分。

111. (3) 水泥在研磨製作的過程中會加入少量的石膏，其主要的原因為何？ ①調節顏色 ②磨粉容易 ③延緩凝結時間 ④於早期水化過程中防止其風化 。

112. (2) 將特定混擬土斷面弱化，俾所有乾縮產生之裂紋，能吸收於該弱化接縫，此種接縫屬下列何者？ ①施工縫 ②收縮縫 ③伸縮縫 ④隔離縫 。

113. (4) 模板工程之規劃、設計及結構係下列何者之法定責任？ ①負責建築物設計之建築師 ②負責建築物結構之結構設計師 ③承包建築物之營造業法定負責人 ④承包建築物之營造業專任工程人員 。

114. (2) 下列何種行為對混凝土品質有絕對不良影響，應於品質控制過程中，採取必要之預防機制？ ①混擬土澆置完成後，鋪蓋麻袋，並在其上撒水 ②混擬 土澆置過程中加水，提昇工作度 ③混擬土之拌合，至顏色及稠度均勻為止④依照製造廠商標準規範，使用化學摻料 。

115. (2) 混凝土配比設計中，水與水泥用量之比值稱為 ①水固比 ②水灰比 ③灰固比 ④固水比 。

> **解析**
>
> 水灰比也叫水灰比率是指混凝土中水的用量与水泥用量的重量比值。水灰比 =W/C，W= 水重、C= 水泥重。

116. (3) 下列那種試驗是檢驗混凝土工作度之方法？ ①抗彎試驗 ②抗拉試驗 ③坍度試驗 ④抗壓試驗 。

117. (1) 若普通磚之孔隙率愈高，則下列何者亦較高？ ①吸水率 ②硬度 ③耐凍融性 ④抗壓強度 。

118. (3) 下列四種鋼鐵材料中，何者之含碳量可達 2% 以上？ ①中碳鋼 ②低碳鋼 ③鑄鐵 ④純鐵 。

119. (2) 營建工程所用之碳鋼，若含碳量增加，則 ①延性增加 ②強度增加 ③硬度降低 ④銲接性增加 。

120. (4) 鋼筋材料進場目視檢討時不包括 ①外觀品質 ②標誌 ③出廠證明 ④單位質量 。

121. (1) 鋼筋在混凝土中，一般而言鋼筋是很難生銹腐蝕的，因為混凝土具 ①高鹼性 ②中性 ③酸性 ④高酸性所以在鋼筋表面形成一層鈍態膜，可防有害物 質入侵。

122. (4) 混凝土拌合時，常加入 AE 劑（空氣輸入劑）其使用目的為 ①增加強度 ② 減輕比重 ③增加耐水性 ④增加施工軟度（稠度）。

123. (3) 預拌混凝土之進場時檢驗不包括下列那些項目 ①進料單 ②氯離子測試 ③圓柱試體試驗 ④坍度測試 。

124. (4) 混凝土澆築計畫，不包括 ①澆築區之範圍及劃分 ②澆築順序 ③機具及人員組織配置 ④混凝土鑽心處理標準作業程序 。

125. (4) 混凝土澆置後，模板與露面之混凝土應連續保持潮濕多少 ① 24 小時 ② 48 小時 ③ 4 天 ④ 7 天 。

126. (2) 牆、柱等結構體，應分層澆築混凝土，每層高度約爲 ① 30 ② 45 ③ 60 ④ 90 公分。

127. (2) 柱、牆等結構體之施工縫，爲防止混凝土蜂窩發生，在澆築混凝土前，可 ①澆水泥漿 ②舖墊同水灰比水泥砂漿 3 ～ 5 公分厚 ③舖墊一般水泥砂漿 3 ～ 5 公分 ④澆水潤濕 。

128. (2) 混凝土施工作業中，適當分區、分層或分段進行澆置之目的爲避免產生下列何者情況？ ①施工縫 ②冷縫 ③伸縮縫 ④隔離縫 。

129. (4) 模板工程中有再撐（reshoring）一詞，它的意義是 ①澆置混凝土之前，再檢查支撐是否確實 ②於模板支撐架之後，再補充部分支撐以確保安全 ③於混凝土澆置後，發現部分支撐鬆動，將鬆動部分再撐緊 ④混擬土拆模之後，把支撐再架設回去 。

解析

所謂「再撐」係指將混凝土模板及支撐拆下後，又將支撐物回撐之施工技術。爲加速模板的使用提早拆模做支撐，也稱爲回撐。再撐一般在用於混凝土灌注，還未達規範強度時模板要加速使用，做提早拆模，並再支撐。

130. (2) 下列有關混凝土化學摻料之敍述，何者不正確？ ①添加輸氣劑可以增加混凝土之水密性 ②使用緩凝劑可以增加水泥之水化速率 ③工程上所稱之強塑劑，就是一種高性能減水劑 ④使用速凝劑可以提升混凝土之早期強度 。

131. (2) 金屬材料之延性，可用下列何者表示？ ①蒲松比 ②伸長率 ③彈性模數 ④降伏強度 。

132. (2) 下列有關水泥之性質，何者是用篩析法進行測試？ ①強度 ②細度 ③稠度 ④流度 。

133. (1) 下列何種岩石，最常用來作爲製成水泥之原料？ ①石灰岩 ②石英岩 ③玄武岩 ④花崗岩 。

134. (4) 下列有關混凝土骨材細度模數之敍述，何者不正確？ ①細度模數英文學名簡稱為 FM ②細度模數愈大，表示骨材愈粗 ③根據 CNS1240 之規定，粗骨材之細度模數在 5.5～7.5 之間為最佳 ④不同級配之骨材，其細度模數一定不相等 。

解析

細度模數簡稱 FM、細度模數越大骨材越粗；細度模數越小骨材越細；5.5～7.5 之間為最佳材質，不同級配的骨材可能有相同的細度模數。

135. (1) 模板搬運時，下列敍述何者錯誤？ ①在高處裝置或吊運模板，下方需有工作人員指揮 ②注意模板上是否有殘留鐵釘 ③模板必需排列整齊 ④模板搬運時不得碰撞 。

136. (3) 以木材為模板支撐支柱，支柱底部須固定於有足夠強度之基礎上，且每根支柱淨高不得超過幾公尺？ ① 2 ② 3 ③ 4 ④ 5 。

137. (2) 模板吊運作業，下列何者錯誤？ ①應加導引繩索 ②吊離地面時直接吊起③應調派指揮人員 ④鋼繩索要緊固 。

138. (4) 下列有關鋼筋混凝土作業之敍述何者錯誤？ ①鋼筋應分類整齊儲放 ②從事鋼筋作業之勞工應戴手套 ③吊送鋼筋時應防滑落 ④鋼筋可放於施工架上方便施工 。

139. (12) 建築工程因增加模板套數申請縮短各樓層申報間隔案，其中維護安全計畫書內容應包括下列內容？ ①施工進度表 ②使用模板套數 ③施工小包班數 ④施工人數 。

140. (14) 建築工程因增加模板套數申請縮短各樓層申報間隔案，應檢具下述人員簽章縮短樓層勘驗之維護安全計畫書？ ①承造人專任工程人員 ②建築師 ③ 業主 ④監造人 。

141. (12) 下述何者為模板之撓度規定不得超過模板支撐間距之範圍內？ ① 1 /360 ② 1/240 ③ 1/ 120 ④ 1 / 200 。

142. (23) 模板施工時難免有木屑等雜物堆積底部或彎折處，爲便於清理，應在適當位置，底部設置臨時清理口？ ①版 ②梁 ③柱 ④基礎版 。

143. (34) 模板工程設計之安全考慮主要針對下述載重？ ①結構活載重 ②風載重 ③施工載重 ④結構靜載重 。

144. (12) 模板面塗敷脫模劑或鋪設無吸水性之襯料，目的爲何？ ①爲防止模板自混凝土吸收水份 ②爲防止模板被混凝土黏結 ③爲了安全 ④爲了防水 。

145. (14) 模板組立應符合模板施工圖之規定，且在混凝土澆置前至少應檢查下列有關項目？ ①模板配置之位置 ②模板價格 ③模板重量 ④混凝土澆置面高度標記 。

146. (12) 鋼筋施工圖須按設計圖說，針對鋼筋之加工和排置的需要而製作，內容通常包含？ ①結構平面圖 ②鋼筋明細表 ③水電平面圖 ④建築平面圖 。

147. (14) 混凝土保護層目的？ ①保護鋼筋抵抗其他之侵蝕 ②抵抗側向力 ③保護裝修飾面 ④保護鋼筋抵抗天候 。

148. (34) 鋼構造施工圖中，梁以下述英文字母代表？ ①F ②C ③B ④G 。

149. (12) 下述何者爲鋼結構主要構材所使用之材質？ ①建築結構用軋鋼料 ②銲接結構用軋鋼料 ③銲接結構用水粹鋼料 ④建築結構用水粹鋼料 。

解析

鋼結構主要構材所使用之材質，約分爲三類：

1. 銲接性良好之「建築結構用」以及「銲接結構用」軋鋼料。
2. 可使用於銲接結構之薄板材、冷軋加工材及鑄鋼等鋼材。
3. 使用於非銲接結構之鋼鐵材料。

150. (12) 下述溫度爲一般鋼材加熱整型或彎曲加工之溫度之範圍內？ ① 600°C ② 550°C ③ 660°C ④ 700°C 。

151. (14) 鋼梁預拱之加工可採用下述幾種方法？ ①機械冷壓整形 ②冷加工整形 ③物理熱壓整形 ④熱加工整形 。

152. (23) 工程開工前須依契約或圖說將下述規定選擇適當的條件進行模擬試驗以建立銲接程序規範書作爲施工依據？ ①銲接工人國籍 ②母材 ③銲材 ④焊條長度 。

153. (23) 鋼構預裝時應檢查項目爲？ ①焊條長度 ②尺寸 ③方向性 ④母材重量 。

154. (12) 柱構件安裝時相鄰四支鋼柱頂中心對角線誤差值之範圍爲？ ①內柱不得超過 3mm ②外柱不得超過 6mm ③內柱不得超過 6mm ④外柱不得超過 3 mm。

解析

第02391章－公共工程技術資料庫之 3.5.3 預裝檢查與精度：

(1) 預裝各階段應使用精確之測量儀器，隨時測定垂直度、直線度、對角線等相關尺度，以確保安裝之精度。

(2) 測量時應考慮氣溫、日照對構件尺度之影響。

(3) 預裝除尺度檢查外，並應對預裝狀態、方向性、工地安裝之施工性及構件之製品精度、外觀等多方面予以確認。

(4) 構件接合處，其螺栓孔之錯開量 1mm 以下，間隙 3mm 以下。

(5) 鋼構件之預裝精度，應符合本章之相關規定。

(6) 預裝之精確度，應符合圖說及施工規範要求，並留有詳細完整之檢查紀錄。

1. (1) 緊急供電系統之電源，裝設發電機及蓄電池之處所，應為何構造？ ①防火 ②防水 ③防震 ④防污 。

2. (2) 給水管路試驗，採分段試驗時，應將該段內除最高開口外之所有開口密封，並灌水使該段內管路最高接頭處有多少公尺以上之水壓？ ①3 ② 3.3 ③ 4.2 ④ 5 。

解析

> 分段試驗時，應將該段內除最高開口外之所有開口密封，並灌水使該段內管路最高接頭處有 3.3 公尺以上之水壓。

3. (3) 煙罩之構造，與易燃物料間之距離不得小於多少公分？ ① 15 ② 30 ③ 45 ④ 60 。

4. (1) 撒水頭之配置，在正常情形下應採何種方式？ ①對錯 ②平行 ③正三角 ④等腰三角 。

5. (4) 昇降機出入口處之樓地板面，應與機廂地板面保持平整，其與機廂地板面邊緣之間隙，不得大於多少公分？ ① 1 ② 2 ③ 3 ④ 4 。

解析

> 建築技術規則第 110 條：昇降機出入口處之樓地板面，應與機廂地板面保持平整，其與機廂地板面邊緣之間隙，不得大於 4 公分。

6. (2) 昇降機房面積須大於昇降機道水平面積之 ① 1 ② 2 ③ 3 ④ 4 倍，但機械配設及管理上如無問題，並經主管建築機關核准者不在此限。

7. (1) 避雷導線須與電燈電力線、電話線、瓦斯管離開多少公尺以上，但避雷導線與電燈電線、電話線、瓦斯管間有靜電隔離者，不在此限。 ① 1 ② 1.5 ③ 2.5 ④ 3 。

避雷針安裝、避雷設備之安裝應依下列規定：

1. 避雷導線須與電燈電力線、電話線、瓦斯管離開 1 公尺以上，但避雷導線與電燈電線、電話線、瓦斯管間有靜電隔離者，不在此限。

2. 距離避雷導線在 1 公尺以內之金屬落水管、鐵樓梯、自來水管等應用 14 平方公厘以上之銅線予以接地。

3. 避雷針導線除煙囪、鐵塔等面積甚小得僅設置一條外，其餘均應至少設置二條以上，如建築物外周長超過 100 公尺，每超過 50 公尺應增裝一條，其超過部份不足 50 公尺者得不計，並應使各接地導線相互間之距離儘量平均。

4. 接地須用厚度 1.4 公厘以上之銅板，其大小不得小於 0.35 平方公尺，或使用 2.4 公尺長 19 公厘直徑之鋼心包銅接地棒 2 支以上（一般施工都是三處）。

5. 導線應儘量避免連接。

6. 導線轉彎時其彎曲半徑須在 20 公分以上。

7. 導線每隔 2 公尺須用適當之固定器固定於建築物上。

8. 避雷銅導線從地基配線上來建築物時，因爲毛細管原理，必須做好兩道防水處理。

8. (3) 依屋內線路裝置規則規定多少伏（特）以下之電壓爲低壓？ ① 250 ② 500 ③ 600 ④ 1200 。

屋內線路電壓按其高低可分爲低壓、高壓及特別高壓等三級：

1. 低壓：600V 及其以下之電壓。

2. 高壓：超過 600V，但未超過 25000V 之電壓。

3. 特高電壓：超過 25000V 以上之電壓。

9. (2) 裝置消防立管之建築物，送水口距離基地地面之高度不得大於多少公尺，並不得小於 0.5 公尺？ ① 0.5 ② 1.0 ③ 1.5 ④ 1.8 。

10. (1)給水排水管路之配置，未設公共污水下水道或專用下水道之地區，沖洗式廁所排水及生活雜排水皆應納入污水處理設施加以處理，污水處理設施之放流口應高出排水溝經常水面多少公分以上？ ① 3 ② 10 ③ 15 ④ 20 。

解析

建築技術規則建築設備篇第 29 條：
未設公共污水下水道或專用下水道之地區，沖洗式廁所排水及生活雜排水均應納入污水處理設施加以處理，污水處理設施之放流口應高出排水溝經常水面 3 公分以上。

11. (2)撒水頭四週，應保持多少公分以上之淨空間？ ① 45 ② 60 ③ 75 ④ 100 。

12. (2)以銅板作爲特種地接線工程，如設施所設置之位置易使人員觸及之處時，接地銅板應埋入地下多少公尺以上？ ① 1 ② 1.5 ③ 1.8 ④ 2.1 。

13. (1)接地線之絕緣皮應何何種顏色？ ①綠色 ②藍色 ③紅色 ④白色 。

14. (2)配電箱鋼板厚度應在多少公厘以上？ ① 1.0 ② 1.2 ③ 1.5 ④ 2.0 。

15. (3)屋內配線最小線徑，如使用單線直徑應爲多少公厘以上？ ① 1.6 ② 1.8 ③ 2.0 ④ 2.2 。

解析

用戶用電設備裝置規則第 12 條：
一般配線之導線最小線徑依下列規定辦理：
一、 電燈、插座及電熱工程選擇分路導線之線徑，應以該導線之安培容量足以承載負載電流，且不超過電壓降限制爲準；其最小線徑除特別低壓設施另有規定外，單線直徑不得小於 2.0 公厘，絞線截面積不得小於 3.5 平方公厘。
二、 電力工程選擇分路導線之線徑，除應能承受電動機額定電流之 1.25 倍外，單線直徑不得小於 2.0 公厘，絞線截面積不得小於 3.5 平方公厘。
三、 導線線徑在 3.2 公厘以上者，應用絞線。
四、高壓電力電纜之最小線徑如附表。

16. (2)舞台之電氣設備，舞台燈之分路，每路最大負荷不得超過多少安培？
    ① 10 ② 20 ③ 30 ④ 40 。

17. (4)舞台之電氣設備，凡簾幕馬達使用電刷型式者，其外殼須為多少百分
    比之密閉型者？ ① 25 % ② 50 % ③ 75% ④ 100 % 。

18. (3)更衣室內之燈具不得使用吊管或鏈吊型，燈具離樓地板面高度低於多
    少公尺者，並應加裝燈具護罩？ ① 1.5 ② 2.0 ③ 2.5 ④ 3.0 。

19. (2)為保護高層建築物或危險品倉庫遭受雷擊，建築物高度在 ① 10 ② 20
    ③ 40 ④ 60 公尺以上者，應裝設避雷設備。

解析

下列建築物應有符合本節所規定之避雷設備：
1. 建築物高度在 20 公尺以上者。
2. 建築物高度在 3 公尺以上並作危險物品倉庫使用者（火藥
庫、可燃性液體倉庫、可燃性氣體倉庫等）。

20. (2)為保護高層建築物或危險品倉庫遭受雷擊，作危險品倉庫使用者，（火
    藥庫、可燃性液體倉庫、可燃性瓦斯倉庫等）高度在多少公尺以上應
    裝設避雷設備？ ① 1.5 ② 3 ③ 3.6 ④ 5.2 。

21. (2) 採富蘭克林避雷針者，避雷針針尖與受保護地面周邊所形成之圓錐體
    即為避雷針之保護範圍，而此圓錐體之頂角之一半即謂保護角，普通
    建築物之保護角不得超過多少度？ ① 45 ② 60 ③ 70 ④ 80 。

解析

建築技術規則 設計與施工篇第 21 條：
避雷設備受雷部之保護角及保護範圍，應依下列規定：
1. 受雷部採用富蘭克林避雷針者，其針體尖端與受保護地面
   周邊所形成之圓錐體即為避雷針之保護範圍，此圓錐體之
   頂角之一半即為保護角，除危險物品倉庫之保護角不得超
   過 45 度外，其他建築物之保護角不得超過 60 度。
2. 受雷部採用前款型式以外者，應依本規則總則編第四條規
   定，向中央主管建築機關申請認可後，始得運用於建築物。

22. (1)採富蘭克林避雷針者，避雷針針尖與受保護地面周邊所形成之圓錐體即為避雷針之保護範圍，而此圓錐體之頂角之一半即謂保護角，危險品倉庫之保護角不得超過多少度？ ① 45 ② 60 ③ 70 ④ 80 。

23. (2)避雷針導線除煙囪、鐵塔等面積甚小得僅設置一條外，其餘均應至少設置 多少條以上，如建築物外周長超過 100 公尺，每超過 50 公尺應增裝一條，其超過部份不足 50 公尺者得不計，並應使各接地導線相互間之距離儘量平均。 ① 1 ② 2 ③ 3 ④ 4 。

24. (2)給水進水管之大小，應能足量供應該建築物內及其基地各種設備所需水量，但不得小於多少公厘？ ① 13 ② 19 ③ 21 ④ 25 。

25. (3)排水及通氣管路完成後，應依規定加水壓試驗，並應保持多少分鐘而無滲漏現象為合格。 ① 30 ② 45 ③ 60 ④ 90 。

解析

> 建築技術規則建築設備篇 第 28 條（管路試驗）：
> 給水管路全部或部份完成後，應加水壓試驗，試驗壓力不得小於 10 公斤／平方公分或該管路通水後所承受最高水壓之一倍半，並應保持 60 分鐘而無滲漏現象為合格。

26. (4)設備落水口至存水彎堰口之垂直距離，不得大於多少公分？ ① 5 ② 10 ③ 30 ④ 60 。

27. (2) 衛生設備之封水深度不得小於 5 公分，並不得大於多少公分？ ① 8 ② 10 ③ 15 ④ 30 。

28. (4)建築物內排水系統之清潔口，管徑 100 公厘以下之排水橫管，清潔口間距不得超過 15 公尺，管徑 125 公厘以上者，不得超過多少公尺？ ① 10 ② 15 ③ 20 ④ 30 。

29. (2) 建築物內排水系統之清潔口，排水立管底端及管路轉向角度大於 ① 30 ② 45 ③ 60 ④ 75 度以上時，均應裝設清潔口。

30. (1)建築物內排水系統通氣管，採個別通氣管管徑不得小於排水管徑之半數，並不得小於多少公厘？ ① 30 ② 45 ③ 60 ④ 75 。

31. (1) 貫穿屋頂之通氣管應伸出屋面多少公分以上，向大氣開放？ ① 15 ②
20 ③ 30 ④ 45 。

解析

通氣管之末端設計應符合下列規定：
1. 貫穿屋頂之通氣管，應伸出屋面 15 公分以上，向大氣開放。
2. 屋頂供遊憩或作爲庭園、運動場、曬物場等用途時，主通氣管伸出屋面高度不得小於 1.5 公尺。管之末端兼作其他用途時，不得妨礙原通氣功能。
3. 通氣管末端接近本建築物或鄰接建築物之出入口、窗、換氣口等位置時，通氣管末端向大氣開放之開口部位置，應較該換氣用開口部之上端高 60 公分以上，或應距各換氣用開口部分水平距離 3 公尺以上。
4. 貫穿外壁之通氣管末端，應爲不阻礙通氣管機能之構造。
5. 通氣管末端之開口部，不得位於建築物凸出部位之下部。
6. 通氣口有凍結而閉塞之顧慮者，通氣口之內徑應在 75 公釐以上；此通氣口徑增大時，應與建物內部或屋頂、外壁之內面相離 300 公釐以上。

32. (2)建築物排水中含有油脂、沙粒、易燃物、固體物等有害排水系統或公共下水道之操作者，應在排入公共排水系統前，依規定砂或較重固體之截留器，其封水深度不得小於多少公分？ ① 10 ② 15 ③ 20 ④ 30 。

33. (1) 裝設洗手槽時，以每多少公分長度相當於一個洗面盆？ ① 45 ② 50 ③ 55 ④ 60 。

34. (4)排水管管徑及坡度，橫支管及橫主管管徑超過 75 公厘時，其坡度不得小於？ ① 1/30 ② 1/50 ③ 1/75 ④ 1/ 100 。

解析

建築技術規則 建築設備篇第 32 條（排水管）：

排水管管徑及坡度，應依下列規定：

1. 橫支管及橫主管管徑小於 75 公厘（包括 75 公厘）時，其坡度不得小於 50 分之一，管徑超過 75 公厘時，不小於百分之一。
2. 因情形特殊，橫管坡度無法達到前款規定時，得予減小，但其流速每秒不得小於 60 公分。

35. (2)消防栓之消防立管管系竣工時，應作加壓試驗，試驗壓力不得小於每平方公分多少公斤？ ① 10 ② 14 ③ 20 ④ 25 。

36. (2)消防栓之消防立管之裝置，同一建築物內裝置立管在多少支以上時，所有立管管頂及管底均應以橫管相互連通，每支管裝接處應設水閥，以便破損時能及時關閉。 ① 1 ② 2 ③ 3 ④ 4 。

37. (1)消防栓距離樓地板面之高度，不得大於 1.5 公尺，並不得小於多少公分？ ① 30 ② 60 ③ 75 ④ 100 。

38. (2) 撒水頭迴水板與其下方隔間牆頂或櫥櫃頂之間距，不得小於多少公分？ ① 30 ② 45 ③ 60 ④ 80 。

解析

撒水頭裝置位置與結構體之關係，應依下列規定：

1. 撒水頭之迴水板，應裝置成水平，但樓梯上得與樓梯斜面平行。
2. 撒水頭之迴水板與屋頂板，或天花板之間距，不得小於 8 公分，且不得大於 40 公分。
3. 撒水頭裝置於梁下時，迴水板與梁底之間距不得大於 10 公分，且與屋頂板，或天花板之間距不得大於 50 公分。
4. 撒水頭四週，應保持 60 公分以上之淨空間。

39. (2)裝有自動警報逆止閥之自動撒水系統，應配置查驗管，其管徑不得小於多少公厘？ ① 15 ② 25 ③ 40 ④ 60 。

40. (2)裝有自動警報逆止閥之自動撒水系統，應配置查驗管，其查驗管控制閥距離地板面之高度，不得大於多少公尺？ ① 1.2 ② 2.1 ③ 2.4 ④ 4.2 。

解析

每一裝有自動警報逆止閥之自動撒水系統，應與下列規定，配置查驗管：
1. 管徑不得小於 25 公厘。
2. 出口端配裝平滑而防銹之噴水口，其放水量應與設備編第 59 條規定相符。
3. 查驗管應接裝在建築物最高層或最遠支管之末端。
4. 查驗管控制閥距離地板面之高度，不得大於 2.1 公尺。

41. (2)裝設火警自動警報器之建築物，應依規定，劃定火警分區，每一分區之任一邊長，不得超過多少公尺？ ① 30 ② 50 ③ 70 ④ 80 。

42. (2)探測器裝置位置，設有排氣口時，應裝置於排氣口週圍多少公尺範圍內？ ① 0.5 ② 1.0 ③ 1.2 ④ 1.5 。

解析

探測器裝置位置，應依下列規定：
1. 應裝置在天花板下方 30 公分範圍內。
2. 設有排氣口時，應裝置於排氣口週圍 1 公尺範圍內。
3. 天花板上設出風口時，應距離該出風口 1 公尺以上。
4. 牆上設有出風口時，應距離該出風口 3 公尺以上。
5. 高溫處所，應裝置耐高溫之特種探測器。

43. (2)探測器裝置位置，天花板上設出風口時，應距離該出風口多少公尺以上？ ① 0.5 ② 1 ③ 1.2 ④ 1.5 。

44. (3)探測器裝置位置，牆上設有出風口時，應距離該出風口多少公尺以上多少？ ① 1 ② 2 ③ 3 ④ 4 。

45. (2)手動報警機高度，離地板面之高度不得小於 1.2 公尺，並不得大於多少公尺多少？ ① 1.3 ② 1.5 ③ 1.8 ④ 2.1 。

解析

手動報警機、標示燈及火警鈴之裝置位置，應依下列規定：
1. 應裝設於火警時人員避難通道內適當而明顯之位置。
2. 手動報警機高度，離地板面之高度不得小於 1.2 公尺，並不得大於 1.5 公尺。
3. 標示燈及火警警鈴距離地板面之高度，應在 2 公尺至 2.5 公尺之間，但與手動報警機合併裝設者，不在此限。
4. 建築物內裝有消防立管之消防栓箱時，手動報警機、標示燈、及火警警鈴應裝設在消火栓箱上方牆上。

46. (2)報警機標示燈及火警警鈴距離地板面之高度，應在 2 公尺至多少公尺之間，但與手動報警機合併裝設者，不在此限。 ① 2.3 ② 2.5 ③ 2.8 ④ 3 。

47. (2)火警受信總機火警表示裝置之燈泡，每分區至少應有多少個並聯，以免因 燈泡損壞而影響火警？ ① 1 ② 2 ③ 3 ④ 4 。

48. (1)火警自動警報器之配線，埋設於屋外或有浸水之虞之配線，應採用電纜外套金屬管，並與電力線保持多少公分以上之間距多少？ ① 30 ② 50 ③ 80 ④ 120 。

49. (1)風管與機械設備連接處，應設置石棉布或經中央主管建築機關認可之其他不燃材料製造之避震接頭，接頭長度不得大於 ① 25 ② 50 ③ 75 ④ 100 公分。

50. (2)防火閘板之設置位置及構造，應以不銹材料製造，並有 ① 1 ② 1.5 ③ 2 ④ 3 小時以上之防火時效。

解析

防火閘板之設置位置及構造，應依下列規定：
1. 風管貫穿具有一小時防火時效之分間牆處。
2. 設備編第 92 條第六款規定之管道間開口處。
3. 供應二層以上樓層之風管系統：

一、垂直風管在管道間上之直接送風口及排風口，或此垂直風管貫穿樓地板後之直接送回風口。

二、支管貫穿管道間與垂直主風管連接處。

4. 未設管道間之風管貫穿防火構造之樓地板處。

5. 以熔鍊或感溫裝置操作閘板，使溫度超過正常運轉之最高溫度達攝氏二十八度時，防火閘板即自動嚴密關閉。

6. 關閉時應能有效阻止空氣流通。

7. 火警時，應保持關閉位置，風管即使損壞，防火閘板應仍能確保原位，並封閉該構造體之開口。

8. 應以不銹材料製造，並有一小時半以上之防火時效。

9. 應設有便於檢查及養護防火閘門之手孔，手孔應附有緊密之蓋。

51. (4)排煙管應伸出屋面至少 1 公尺。排煙管出口距離鄰地境界線、進風口及基地地面不得小於多少公尺？ ① 1.5 ② 2 ③ 2.5 ④ 3 。

52. (3)依規定濾脂網之構造，與水平面所成角度不得小於多少度？ ① 15 ② 30 ③ 45 ④ 60 。

53. (2)燃氣用具連接供氣管路之連接管，得為金屬管或橡皮管。橡皮管長度不得超過多少公尺，並不得隱蔽在構造體內或貫穿樓地板或牆壁。 ① 1.5 ② 1.8 ③ 2.1 ④ 2.5 。

54. (3)連接煙罩之排煙管，與易燃物料間之距離，不得小於多少公分？ ① 15 ② 30 ③ 45 ④ 60 。

55. (4)機械通風設備及空氣調節設備之風管構造，除垂直風管外，風管應設有清除內部灰塵或易燃物質之清掃孔，清掃孔間距以多少公尺為宜？ ① 3 ② 4 ③ 5 ④ 6 。

解析

除垂直風管外，風管應設有清除內部灰塵或易燃物質之清掃孔，清掃孔間距以 6 公尺為度。

56. (4)同一機道內昇降機所裝機廂數，不得超過多少部？ ① 1 ② 2 ③ 3 ④ 4 。

解析

供昇降機廂上下運轉之昇降機道，應依下列規定：
1. 昇降機道內除機廂及其附屬之器械裝置外，不得裝置或設置任何物件，並應留設適當空間，以保持機廂運轉之安全。
2. 同一昇降機道內所裝機廂數，不得超過四部。
3. 除出入門及通風孔外，昇降機道四周應為防火構造之密閉牆壁，且有足夠強度以支承機廂及平衡錘之導軌。
4. 昇降機道內應有適當通風，且不得與昇降機無關之管道兼用。
5. 昇降機出入口處之樓地板面，應與機廂地板面保持平整，其與機廂地板面邊緣之間隙，不得大於 4 公分。

57. (2)昇降機於同一樓層不得設置超過多少處之出入口？ ① 1 ② 2 ③ 4 ④ 6 。

58. (14)建築物給水管路之相關規定，下列哪些敘述為正確？ ①不得埋設於排水溝內 ②給水管路可依需要與其他用途管路相連接 ③應與排水溝保持 5 公分以上之間隔 ④與排水溝相交時，應在排水溝之頂上通過 。

59. (13)建築物內排水系統之清潔口，其裝置規定下列敘述哪些為正確？ ①排水立管底端及管路轉向角度大於 45 度處，均應裝設清潔口 ②地面下排水橫管管徑大於 150 公厘時，每 45 公尺或管路作 90 度轉向處，均應設置陰井代替清潔口 ③管徑 100 公厘以下之排水橫管，清潔口間距不得超過 15 公尺 ④ 清潔口可接裝必要設備或地板落水 。

解析

建築物內排水系統之清潔口，其裝置應依下列規定：
1. 管徑 100 公厘以下之排水橫管，清潔口間距不得超過 15 公尺，管徑 125 公厘以上者，不得超過 30 公尺。
2. 排水管立管底端及管路轉向角度 45 度處，均應裝設清潔口。

3. 隱蔽管路之清潔口應延伸與牆面或地面齊平，或延伸至屋外地面。

4. 清潔口不得接裝任何設備或地板落水。

5. 清潔口口徑大於 75 公厘（包括 75 公厘）者，其周圍應保留 45 公分以上之空間，小於 75 公厘者，30 公分以上。

6. 排水管管徑小於 100 公厘（包括 100 公厘）者，清潔口口徑應與管徑相同。大於 100 公厘時，清潔口口徑不得小於 100 公厘。

7. 地面排水橫管管徑大於 300 公厘時，每 45 公尺或管路作 90 度轉向處，均應設置陰井代替清潔口。

60. (234) 建築物內排水系統通氣管之裝置規定，下列敍述哪些為正確？ ①通氣支管與通氣主管之接頭處，應高出最高溢水面 30 公分 ②除大便器外、通氣管與排水管之接合處，不得低於該設備存水彎堰口高度 ③無法裝設通氣管之櫃臺水盆之存水彎可免接裝個別通氣管 ④個別通氣管管徑不得小於排水管管徑之半數 。

解析

建築物內排水系統通氣管，其裝置應依下列規定：

1. 每一衛生設備之存水彎皆須接裝個別通氣管，但利用濕通氣管、共同通氣管或環狀通器管，及無法裝通氣管之櫃台水盆等不在此限。

2. 個別通器管管徑不得小於排水管徑之半數，並不得小於 30 公厘。

3. 共同通器管或環狀通氣管管徑不得小於排糞或排水管之管管徑之半，或小於主通氣管管徑。

4. 通氣管管徑，視其所連接之衛生設備數量及本身長度而定，管徑之決定應依左表規定：

5. 凡裝設有衛生設備之建築物，應裝設一支以上主通氣管直通屋頂，並伸出屋面 15 公分以上。

6. 屋頂供遊憩或其他用途者，主通氣管伸出屋面高度不得小於 1.5 公尺，並不得兼作旗桿、電視天線等用途。

7. 通氣支管與通氣主管之接頭處，應高出最高溢水面 15 公分，橫向通氣管亦應高於溢水面 15 公分。

8. 除大便器外，通氣管與排水管之接合處，不得低於該設備存水彎堰口高度。

9. 存水彎與通氣管間距離，不得小於表列規定。

10. 排水立管連接十支以上之排水之管時，應從頂層算起，每十個支管處接一補通氣管，補助通氣管之上端接通氣立管，佔於地板面 90 公分以上，補助通氣管之管徑應與通氣立管管徑相同。

11. 衛生設備中之水盆及地板落水，如因裝置地點關係，無法接裝通氣管時，得將其存水彎及排水管之管徑，照設備編第 32 條第三款及第五款表列管徑放大兩級。

61.(134) 下列哪些處所需要設置漏電斷路器？ ①工地施工中之臨時電 ②辦公室照明 ③遊樂場所之電動遊樂設備 ④路燈、庭園燈 。

62.(134) 下列哪些為電氣設備接地之目的？ ①防止感電 ②增加電源容量 ③防止靜電感應 ④防止設備損壞 。

63.(123) 為檢討排水坡度以利排水，管路施工界面高程圖應包含下列哪些？ ①道路之高程 ②排水溝之高程 ③各樓層高程 ④各樓層面積。

64.(124) 建築物排水系統，下列哪些為應安裝之必要衛生設備？ ①存水彎 ②通氣管 ③節流閥 ④清潔口 。

65.(124) 有關電銲機之操作，下列何者正確？ ①配線及把手絕緣良好 ②操作開關應設置於電焊機附近 ③電焊機線圈絕緣良好，外殼不須接地 ④在潮濕場所施工，電焊機應以絕緣體墊高 。

1. (2) 對於核計勞工所得有無低於基本工資，下列敍述何者有誤？ ①僅計入在正常工時內之報酬 ②應計入加班費 ③不計入休假日出勤加給之工資 ④不計入競賽獎金 。

2. (3) 下列何者之工資日數得列入計算平均工資？ ①請事假期間 ②職災醫療期間 ③發生計算事由之前 6 個月 ④放無薪假期間 。

3. (1) 下列何者，非屬法定之勞工？ ①委任之經理人 ②被派遣之工作者 ③部分工時之工作者 ④受薪之工讀生 。

4. (4) 以下對於「例假」之敍述，何者有誤？ ①每 7 日應休息 1 日 ②工資照給 ③出勤時，工資加倍及補休 ④須給假，不必給工資 。

5. (4) 勞動基準法第 84 條之 1 規定之工作者，因工作性質特殊，就其工作時間，下列何者正確？ ①完全不受限制 ②無例假與休假 ③不另給予延時工資 ④勞雇間應有合理協商彈性 。

6. (3) 依勞動基準法規定，雇主應置備勞工工資清冊並應保存幾年？ ① 1 年 ② 2 年 ③ 5 年 ④ 10 年 。

7. (4) 事業單位僱用勞工多少人以上者，應依勞動基準法規定訂立工作規則？ ① 200 人 ② 100 人 ③ 50 人 ④ 30 人 。

8. (3) 依勞動基準法規定，雇主延長勞工之工作時間連同正常工作時間，每日不得超過多少小時？ ① 10 ② 11 ③ 12 ④ 15 。

9. (4) 依勞動基準法規定，下列何者屬不定期契約？ ①臨時性或短期性的工作 ②季節性的工作 ③特定性的工作 ④有繼續性的工作 。

10. (1) 依職業安全衛生法規定，事業單位勞動場所發生死亡職業災害時，雇主應於多少小時內通報勞動檢查機構？ ① 8 ② 12 ③ 24 ④ 48 。

11. (1) 事業單位之勞工代表如何產生？ ①由企業工會推派之 ②由產業工會推派之 ③由勞資雙方協議推派之 ④由勞工輪流擔任之 。

12. (4) 職業安全衛生法所稱有母性健康危害之虞之工作，不包括下列何種工作型態？ ①長時間站立姿勢作業 ②人力提舉、搬運及推拉重物 ③輪班及夜間工作 ④駕駛運輸車輛 。

13. (1)職業安全衛生法之立法意旨為保障工作者安全與健康，防止下列何種
災害？ ①職業災害 ②交通災害 ③公共災害 ④天然災害 。

14. (3)依職業安全衛生法施行細則規定，下列何者非屬特別危害健康之作
業？ ①噪音作業 ②游離輻射作業 ③會計作業 ④粉塵作業 。

15. (3)從事於易踏穿材料構築之屋頂修繕作業時，應有何種作業主管在場執
行主管業務？ ①施工架組配 ②擋土支撐組配 ③屋頂 ④模板支撐 。

16. (1)對於職業災害之受領補償規定，下列敘述何者正確？ ①受領補償權，
自得受領之日起，因 2 年間不行使而消滅 ②勞工若離職將喪失受領補
償 ③勞工得將受領補償權讓與、抵銷、扣押或擔保 ④須視雇主確有
過失責任，勞工方具有受領補償權 。

17. (4)以下對於「工讀生」之敘述，何者正確？ ①工資不得低於基本工資之
80% ②屬短期工作者，加班只能補休 ③每日正常工作時間得超過 8
小時 ④國定假日出勤，工資加倍發給 。

18. (3)經勞動部核定公告為勞動基準法第 84 條之 1 規定之工作者，得由勞
雇雙方另行約定之勞動條件，事業單位仍應報請下列哪個機關核備？
①勞動檢查機構 ②勞動部 ③當地主管機關 ④法院公證處 。

19. (3)勞工工作時手部嚴重受傷，住院醫療期間公司應按下列何者給予職業
災害補償？ ①前 6 個月平均工資 ②前 1 年平均工資 ③原領工資 ④基
本工資 。

20. (2)勞工在何種情況下，雇主得不經預告終止勞動契約？ ①確定被法院判
刑 6 個月以內並諭知緩刑超過 1 年以上者 ②不服指揮對雇主暴力相向
者 ③經常遲到早退者 ④非連續曠工但 1 個月內累計達 3 日以上者 。

21. (3)對於吹哨者保護規定，下列敘述何者有誤？ ①事業單位不得對勞工申
訴人終止勞動契約 ②勞動檢查機構受理勞工申訴必須保密 ③為實施
勞動檢查，必要時得告知事業單位有關勞工申訴人身分 ④任何情況
下，事業單位都不得有不利勞工申訴人之行為 。

22. (4)勞工發生死亡職業災害時，雇主應經以下何單位之許可，方得移動或
破壞現場？ ①保險公司 ②調解委員會 ③法律輔助機構 ④勞動檢查機
構 。

23. (4)職業安全衛生法所稱有母性健康危害之虞之工作，係指對於具生育能力之女性勞工從事工作，可能會導致的一些影響。下列何者除外？ ①胚胎發育 ②妊娠期間之母體健康 ③哺乳期間之幼兒健康 ④經期紊亂 。

24. (3)下列何者非屬職業安全衛生法規定之勞工法定義務？ ①定期接受健康檢查 ②參加安全衛生教育訓練 ③實施自動檢查 ④遵守安全衛生工作守則 。

25. (2)下列何者非屬應對在職勞工施行之健康檢查？ ①一般健康檢查 ②體格檢查 ③特殊健康檢查 ④特定對象及特定項目之檢查 。

26. (4)下列何者非為防範有害物食入之方法？ ①有害物與食物隔離 ②不在工作場所進食或飲水 ③常洗手、漱口 ④穿工作服 。

27. (1)有關承攬管理責任，下列敘述何者正確？ ①原事業單位交付廠商承攬，如不幸發生承攬廠商所僱勞工墜落致死職業災害，原事業單位應與承攬廠商負連帶補償及賠償責任 ②原事業單位交付承攬，不需負連帶補償責任 ③承攬廠商應自負職業災害之賠償責任 ④勞工投保單位即為職業災害之賠償單位 。

28. (4)依勞動基準法規定，主管機關或檢查機構於接獲勞工申訴事業單位違反本法及其他勞工法令規定後，應為必要之調查，並於幾日內將處理情形，以書面通知勞工？ ① 14 ② 20 ③ 30 ④ 60 。

29. (4)依職業安全衛生教育訓練規則規定，新僱勞工所接受之一般安全衛生教育訓練，不得少於幾小時？ ① 0.5 ② 1 ③ 2 ④ 3 。

30. (3)我國中央勞工行政主管機關為下列何者？ ①內政部 ②勞工保險局 ③勞動部 ④經濟部 。

31. (4)對於勞動部公告列入應實施型式驗證之機械、設備或器具，下列何種情形不得免驗證？ ①依其他法律規定實施驗證者 ②供國防軍事用途使用者 ③輸入僅供科技研發之專用機 ④輸入僅供收藏使用之限量品 。

32. (4)對於墜落危險之預防設施，下列敘述何者較為妥適？ ①在外牆施工架等高處作業應盡量使用繫腰式安全帶 ②安全帶應確實配掛在低於足下之堅固點 ③高度 2m 以上之邊緣開口部分處應圍起警示帶 ④高度 2m

以上之開口處應設護欄或安全網。

33. (3)下列對於感電電流流過人體的現象之敍述何者有誤？ ①痛覺 ②強烈痙攣 ③血壓降低、呼吸急促、精神亢奮 ④顏面、手腳燒傷。

34. (2)下列何者非屬於容易發生墜落災害的作業場所？ ①施工架 ②廚房 ③屋頂 ④梯子、合梯。

35. (1)下列何者非屬危險物儲存場所應採取之火災爆炸預防措施？ ①使用工業用電風扇 ②裝設可燃性氣體偵測裝置 ③使用防爆電氣設備 ④標示「嚴禁煙火」。

36. (3)雇主於臨時用電設備加裝漏電斷路器，可減少下列何種災害發生？ ①墜落 ②物體倒塌、崩塌 ③感電 ④被撞。

37. (3)雇主要求確實管制人員不得進入吊舉物下方，可避免下列何種災害發生？ ①感電 ②墜落 ③物體飛落 ④缺氧。

38. (1)職業上危害因子所引起的勞工疾病，稱爲何種疾病？ ①職業疾病 ②法定傳染病 ③流行性疾病 ④遺傳性疾病。

39. (4)事業招人承攬時，其承攬人就承攬部分負雇主之責任，原事業單位就職業災害補償部分之責任爲何？ ①視職業災害原因判定是否補償 ②依工程性質決定責任 ③依承攬契約決定責任 ④仍應與承攬人負連帶責任。

40. (2)預防職業病最根本的措施爲何？ ①實施特殊健康檢查 ②實施作業環境改善 ③實施定期健康檢查 ④實施僱用前體格檢查。

41. (1)以下爲假設性情境：「在地下室作業，當通風換氣充分時，則不易發生一氧化碳中毒或缺氧危害」，請問「通風換氣充分」係指「一氧化碳中毒或缺氧危害」之何種描述？ ①風險控制方法 ②發生機率 ③危害源 ④風險。

42. (1)勞工爲節省時間，在未斷電情況下清理機臺，易發生危害爲何？ ①捲夾感電 ②缺氧 ③墜落 ④崩塌。

43. (2)工作場所化學性有害物進入人體最常見路徑為下列何者？ ①口腔 ②呼吸道 ③皮膚 ④眼睛 。

44. (3)於營造工地潮濕場所中使用電動機具，為防止漏電危害，應於該電路設置何種安全裝置？ ①閉關箱 ②自動電擊防止裝置 ③高感度高速型漏電斷路器 ④高容量保險絲 。

45. (3)活線作業勞工應佩戴何種防護手套？ ①棉紗手套 ②耐熱手套 ③絕緣手套 ④防振手套 。

46. (4)下列何者非屬電氣災害類型？ ①電弧灼傷 ②電氣火災 ③靜電危害 ④雷電閃爍 。

47. (3)下列何者非屬電氣之絕緣材料？ ①空氣 ②氟氯烷 ③漂白水 ④絕緣油 。

48. (3)下列何者非屬於工作場所作業會發生墜落災害的潛在危害因子？ ①開口未設置護欄 ②未設置安全之上下設備 ③未確實配戴耳罩 ④屋頂開口下方未張掛安全網 。

49. (2)在噪音防治之對策中，從下列哪一方面著手最為有效？ ①偵測儀器 ②噪音源 ③傳播途徑 ④個人防護具 。

50. (4)勞工於室外高氣溫作業環境工作，可能對身體產生之熱危害，以下何者非屬熱危害之症狀？ ①熱衰竭 ②中暑 ③熱痙攣 ④痛風 。

51. (2)勞動場所發生職業災害，災害搶救中第一要務為何？ ①搶救材料減少損失 ②搶救罹災勞工迅速送醫 ③災害場所持續工作減少損失 ④ 24 小時內通報勞動檢查機構 。

52. (3)以下何者是消除職業病發生率之源頭管理對策？ ①使用個人防護具 ②健康檢查 ③改善作業環境 ④多運動 。

53. (1)下列何者非為職業病預防之危害因子？ ①遺傳性疾病 ②物理性危害 ③人因工程危害 ④化學性危害 。

54. (3)對於染有油污之破布、紙屑等應如何處置？ ①與一般廢棄物一起處置 ②應分類置於回收桶內 ③應蓋藏於不燃性之容器內 ④無特別規定，以方便丟棄即可 。

55. (3)下列何者非屬使用合梯,應符合之規定? ①合梯應具有堅固之構造 ②合梯材質不得有顯著之損傷、腐蝕等 ③梯腳與地面之角度應在 80 度以上 ④有安全之防滑梯面 。

56. (4)下列何者非屬勞工從事電氣工作,應符合之規定? ①使其使用電工安全帽 ②穿戴絕緣防護具 ③停電作業應檢電掛接地 ④穿戴棉質手套絕緣 。

57. (3)為防止勞工感電,下列何者為非? ①使用防水插頭 ②避免不當延長接線 ③設備有金屬外殼保護即可免裝漏電斷路器 ④電線架高或加以防護 。

58. (3)電氣設備接地之目的為何? ①防止電弧產生 ②防止短路發生 ③防止人員感電 ④防止電阻增加 。

59. (2)不當抬舉導致肌肉骨骼傷害或肌肉疲勞之現象,可稱之為下列何者? ①感電事件 ②不當動作 ③不安全環境 ④被撞事件 。

60. (3)使用鑽孔機時,不應使用下列何護具? ①耳塞 ②防塵口罩 ③棉紗手套 ④護目鏡 。

61. (1)腕道症候群常發生於下列何種作業? ①電腦鍵盤作業 ②潛水作業 ③堆高機作業 ④第一種壓力容器作業 。

62. (3)若廢機油引起火災, 最不應以下列何者滅火? ①厚棉被 ②砂土 ③水 ④乾粉滅火器 。

63. (1)對於化學燒傷傷患的一般處理原則,下列何者正確? ①立即用大量清水沖洗 ②傷患必須臥下,而且頭、胸部須高於身體其他部位 ③於燒傷處塗抹油膏、油脂或發酵粉 ④使用酸鹼中和 。

64. (2)下列何者屬安全的行為? ①不適當之支撐或防護 ②使用防護具 ③不適當之警告裝置 ④有缺陷的設備 。

65. (4)下列何者非屬防止搬運事故之一般原則? ①以機械代替人力 ②以機動車輛搬運 ③採取適當之搬運方法 ④儘量增加搬運距離 。

66. (3)對於脊柱或頸部受傷患者，下列何者不是適當的處理原則？ ①不輕易移動傷患 ②速請醫師 ③如無合用的器材，需 2 人作徒手搬運 ④向急救中心聯絡 。

67. (3)防止噪音危害之治本對策爲 ①使用耳塞、耳罩 ②實施職業安全衛生教育訓練 ③消除發生源 ④實施特殊健康檢查 。

68. (1)進出電梯時應以下列何者爲宜？ ①裡面的人先出，外面的人再進入 ②外面的人先進去，裡面的人才出來 ③可同時進出 ④爭先恐後無妨 。

69. (1)安全帽承受巨大外力衝擊後，雖外觀良好，應採下列何種處理方式？ ①廢棄 ②繼續使用 ③送修 ④油漆保護 。

70. (4)下列何者可做爲電氣線路過電流保護之用？ ①變壓器 ②電阻器 ③避雷器 ④熔絲斷路器 。

71. (2)因舉重而扭腰係由於身體動作不自然姿勢，動作之反彈，引起扭筋、扭腰及形成類似狀態造成職業災害，其災害類型爲下列何者？ ①不當狀態 ②不當動作 ③不當方針 ④不當設備 。

72. (3)下列有關工作場所安全衛生之敍述何者有誤？ ①對於勞工從事其身體或衣著有被污染之虞之特殊作業時，應備置該勞工洗眼、洗澡、漱口、更衣、洗濯等設備 ②事業單位應備置足夠急救藥品及器材 ③事業單位應備置足夠的零食自動販賣機 ④勞工應定期接受健康檢查 。

73. (2)毒性物質進入人體的途徑，經由那個途徑影響人體健康最快且中毒效應最高？ ①吸入 ②食入 ③皮膚接觸 ④手指觸摸 。

74. (3)安全門或緊急出口平時應維持何狀態？ ①門可上鎖但不可封死 ②保持開門狀態以保持逃生路徑暢通 ③門應關上但不可上鎖 ④與一般進出門相 同，視各樓層規定可開可關 。

75. (3)下列何種防護具較能消減噪音對聽力的危害？ ①棉花球 ②耳塞 ③耳罩 ④碎布球 。

76. (3)流行病學實證研究顯示，輪班、夜間及長時間工作與心肌梗塞、高血壓、睡眠障礙、憂鬱等的罹病風險之關係一般爲何？ ①無相關性 ②呈負相關 ③呈正相關 ④部分爲正相關，部分爲負相關 。

77. (2)勞工若面臨長期工作負荷壓力及工作疲勞累積，沒有獲得適當休息及充足睡眠，便可能影響體能及精神狀態，甚而較易促發下列何種疾病？ ①皮膚癌 ②腦心血管疾病 ③多發性神經病變 ④肺水腫 。

78. (2)「勞工腦心血管疾病發病的風險與年齡、吸菸、總膽固醇數值、家族病史、生活型態、心臟方面疾病」之相關性為何？ ①無 ②正 ③負 ④可正可負 。

79. (2)勞工常處於高溫及低溫間交替暴露的情況、或常在有明顯溫差之場所間出入，對勞工的生(心)理工作負荷之影響一般為何？ ①無 ②增加 ③減少 ④不一定 。

80. (3)「感覺心力交瘁，感覺挫折，而且上班時都很難熬」此現象與下列何者較不相關？ ①可能已經快被工作累垮了 ②工作相關過勞程度可能嚴重 ③工作相關過勞程度輕微 ④可能需要尋找專業人員諮詢 。

81. (3)下列何者不屬於職場暴力？ ①肢體暴力 ②語言暴力 ③家庭暴力 ④性騷擾 。

82. (4)職場內部常見之身體或精神不法侵害不包含下列何者？ ①脅迫、名譽損毀、侮辱、嚴重辱罵勞工 ②強求勞工執行業務上明顯不必要或不可能之工作 ③過度介入勞工私人事宜 ④使勞工執行與能力、經驗相符的工作 。

83. (1)勞工服務對象若屬特殊高風險族群，如酗酒、藥癮、心理疾患或家暴者，則此勞工較易遭受下列何種危害？ ①身體或心理不法侵害 ②中樞神經系統退化 ③聽力損失 ④白指症 。

84. (3)下列何種措施較可避免工作單調重複或負荷過重？ ①連續夜班 ②工時過長 ③排班保有規律性 ④經常性加班 。

85. (3)一般而言下列何者不屬對孕婦有危害之作業或場所？ ①經常搬抬物件上下階梯或梯架 ②暴露游離輻射 ③工作區域地面平坦、未濕滑且無未固定之線路 ④經常變換高低位之工作姿勢 。

86. (3)長時間電腦終端機作業較不易產生下列何狀況？ ①眼睛乾澀 ②頸肩部僵硬不適 ③體溫、心跳和血壓之變化幅度比較大 ④腕道症候群 。

87. (1)減輕皮膚燒傷程度之最重要步驟為何？ ①儘速用清水沖洗 ②立即刺破水泡 ③立即在燒傷處塗抹油脂 ④在燒傷處塗抹麵粉 。

88. (3)眼內噴入化學物或其他異物，應立即使用下列何者沖洗眼睛？ ①牛奶 ②蘇打水 ③清水 ④稀釋的醋 。

89. (3)石綿最可能引起下列何種疾病？ ①白指症 ②心臟病 ③間皮細胞瘤 ④巴金森氏症 。

90. (2)作業場所高頻率噪音較易導致下列何種症狀？ ①失眠 ②聽力損失 ③肺部疾病 ④腕道症候群 。

91. (2)下列何種患者不宜從事高溫作業？ ①近視 ②心臟病 ③遠視 ④重聽 。

92. (2)廚房設置之排油煙機為下列何者？ ①整體換氣裝置 ②局部排氣裝置 ③吹吸型換氣裝置 ④排氣煙囪 。

93. (3)消除靜電的有效方法為下列何者？ ①隔離 ②摩擦 ③接地 ④絕緣 。

94. (4)防塵口罩選用原則，下列敘述何者有誤？ ①捕集效率愈高愈好 ②吸氣阻抗愈低愈好 ③重量愈輕愈好 ④視野愈小愈好 。

95. (3)「勞工於職場上遭受主管或同事利用職務或地位上的優勢予以不當之對待，及遭受顧客、服務對象或其他相關人士之肢體攻擊、言語侮辱、恐嚇、威脅等霸凌或暴力事件，致發生精神或身體上的傷害」此等危害可歸類於下列何種職業危害？ ①物理性 ②化學性 ③社會心理性 ④生物性 。

96. (1)有關高風險或高負荷、夜間工作之安排或防護措施，下列何者不恰當？ ①若受威脅或加害時，在加害人離開前觸動警報系統，激怒加害人，使對方抓狂 ②參照醫師之適性配工建議 ③考量人力或性別之適任性 ④獨自作業，宜考量潛在危害，如性暴力 。

97. (2)若勞工工作性質需與陌生人接觸、工作中需處理不可預期的突發事件或工作場所治安狀況較差，較容易遭遇下列何種危害？ ①組織內部不法侵害 ②組織外部不法侵害 ③多發性神經病變 ④潛涵症 。

98. (3)以下何者不是發生電氣火災的主要原因？ ①電器接點短路 ②電氣火花 ③電纜線置於地上 ④漏電 。

99. (2)依勞工職業災害保險及保護法規定，職業災害保險之保險效力，自何時開始起算，至離職當日停止？ ①通知當日 ②到職當日 ③雇主訂定當日 ④勞雇雙方合意之日 。

100. (4)依勞工職業災害保險及保護法規定，勞工職業災害保險以下列何者為保險人，辦理保險業務？ ①財團法人職業災害預防及重建中心 ②勞動部職業安全衛生署 ③勞動部勞動基金運用局 ④勞動部勞工保險局 。

1. (3) 請問下列何者「不是」個人資料保護法所定義的個人資料？ ①身分證號碼 ②最高學歷 ③綽號 ④護照號碼 。

2. (4) 下列何者「違反」個人資料保護法？ ①公司基於人事管理之特定目的，張貼榮譽榜揭示績優員工姓名 ②縣市政府提供村里長轄區內符合資格之老人名冊供發放敬老金 ③網路購物公司為辦理退貨，將客戶之住家地址提供予宅配公司 ④學校將應屆畢業生之住家地址提供補習班招生使用 。

3. (1) 非公務機關利用個人資料進行行銷時，下列敘述何者「錯誤」？ ①若已取得當事人書面同意，當事人即不得拒絕利用其個人資料行銷 ②於首次行銷時，應提供當事人表示拒絕行銷之方式 ③當事人表示拒絕接受行銷時，應停止利用其個人資料 ④倘非公務機關違反「應即停止利用其個人資料行銷」之義務，未於限期內改正者，按次處新臺幣 2 萬元以上 20 萬元以下罰鍰 。

4. (4) 個人資料保護法規定為保護當事人權益，多少位以上的當事人提出告訴，就可以進行團體訴訟？ ① 5 人 ② 10 人 ③ 15 人 ④ 20 人 。

5. (2) 關於個人資料保護法之敘述，下列何者「錯誤」？ ①公務機關執行法定職務必要範圍內，可以蒐集、處理或利用一般性個人資料 ②間接蒐集之個人資料，於處理或利用前，不必告知當事人個人資料來源 ③非公務機關亦應維護個人資料之正確，並主動或依當事人之請求更正或補充 ④外國學生在臺灣短期進修或留學，也受到我國個人資料保護法的保障 。

6. (2) 下列關於個人資料保護法的敘述，下列敘述何者錯誤？ ①不管是否使用電腦處理的個人資料，都受個人資料保護法保護 ②公務機關依法執行公權力，不受個人資料保護法規範 ③身分證字號、婚姻、指紋都是個人資料 ④我的病歷資料雖然是由醫生所撰寫，但也屬於是我的個人資料範圍 。

7. (3) 對於依照個人資料保護法應告知之事項，下列何者不在法定應告知的事項內？ ①個人資料利用之期間、地區、對象及方式 ②蒐集之目的 ③蒐集機關的負責人姓名 ④如拒絕提供或提供不正確個人資料將造成之影響 。

8. (2) 請問下列何者非為個人資料保護法第 3 條所規範之當事人權利？ ①查詢或請求閱覽 ②請求刪除他人之資料 ③請求補充或更正 ④請求停止蒐集、處理或利用 。

9. (4) 下列何者非安全使用電腦內的個人資料檔案的做法？ ①利用帳號與密碼登入機制來管理可以存取個資者的人 ②規範不同人員可讀取的個人資料檔案範圍 ③個人資料檔案使用完畢後立即退出應用程式，不得留置於電腦中 ④為確保重要的個人資料可即時取得，將登入密碼標示在螢幕下方 。

10. (1) 下列何者行為非屬個人資料保護法所稱之國際傳輸？ ①將個人資料傳送給經濟部 ②將個人資料傳送給美國的分公司 ③將個人資料傳送給法國的人事部門 ④將個人資料傳送給日本的委託公司 。

11. (1) 有關專利權的敘述，何者正確？ ①專利有規定保護年限，當某商品、技術的專利保護年限屆滿，任何人皆可運用該項專利 ②我發明了某項商品，卻被他人率先申請專利權，我仍可主張擁有這項商品的專利權 ③專利權可涵蓋、保護抽象的概念性商品 ④專利權為世界所共有，在本國申請專利之商品進軍國外，不需向他國申請專利權 。

12. (4) 下列使用重製行為，何者已超出「合理使用」範圍？ ①將著作權人之作品及資訊，下載供自己使用 ②直接轉貼高普考考古題在 FACEBOOK ③以分享網址的方式轉貼資訊分享於 BBS ④將講師的授課內容錄音分贈友人 。

13. (1) 下列有關智慧財產權行為之敘述，何者有誤？ ①製造、販售仿冒註冊商標的商品不屬於公訴罪之範疇，但已侵害商標權之行為 ②以 101 大樓、美麗華百貨公司做為拍攝電影的背景，屬於合理使用的範圍 ③原作者自行創作某音樂作品後，即可宣稱擁有該作品之著作權 ④著作權是為促進文化發展為目的，所保護的財產權之一 。

14. (2) 專利權又可區分為發明、新型與設計三種專利權，其中發明專利權是否有保護期限？期限為何？ ①有，5 年 ②有，20 年 ③有，50 年 ④無期限，只要申請後就永久歸申請人所有 。

15. (1) 下列有關著作權之概念，何者正確？ ①國外學者之著作，可受我國著作權法的保護 ②公務機關所函頒之公文，受我國著作權法的保護 ③

著作權要待向智慧財產權申請通過後才可主張 ④以傳達事實之新聞報導，依然受著作權之保障 。

16. (2)僱人於職務上所完成之著作，如果沒有特別以契約約定，其著作人為下列何者？ ①雇用人 ②受僱人 ③雇用公司或機關法人代表 ④由雇用人指定之自然人或法人 。

17. (1)任職於某公司的程式設計工程師，因職務所編寫之電腦程式，如果沒有特別以契約約定，則該電腦程式重製之權利歸屬下列何者？ ①公司 ②編寫程式之工程師 ③公司全體股東共有 ④公司與編寫程式之工程師共有 。

18. (3)某公司員工因執行業務，擅自以重製之方法侵害他人之著作財產權，若被害人提起告訴，下列對於處罰對象的敘述，何者正確？ ①僅處罰侵犯他人著作財產權之員工 ②僅處罰雇用該名員工的公司 ③該名員工及其雇主皆須受罰 ④員工只要在從事侵犯他人著作財產權之行為前請示雇主並獲同意，便可以不受處罰 。

19. (1)某廠商之商標在我國已經獲准註冊，請問若希望將商品行銷販賣到國外，請問是否需在當地申請註冊才能受到保護？ ①是，因為商標權註冊採取屬地保護原則 ②否，因為我國申請註冊之商標權在國外也會受到承認 ③不一定，需視我國是否與商品希望行銷販賣的國家訂有相互商標承認之協定 ④不一定，需視商品希望行銷販賣的國家是否為WTO 會員國 。

20. (1)受僱人於職務上所完成之發明、新型或設計，其專利申請權及專利權如未特別約定屬於下列何者？ ①雇用人 ②受僱人 ③雇用人所指定之自然人或法人 ④雇用人與受僱人共有 。

21. (4)任職大發公司的郝聰明，專門從事技術研發，有關研發技術的專利申請權及專利權歸屬，下列敘述何者錯誤？ ①職務上所完成的發明，除契約另有約定外，專利申請權及專利權屬於大發公司 ②職務上所完成的發明，雖然專利申請權及專利權屬於大發公司，但是郝聰明享有姓名表示權 ③郝聰明完成非職務上的發明，應即以書面通知大發公司 ④大發公司與郝聰明之雇傭契約約定，郝聰明非職務上的發明，全部屬於公司，約定有效 。

22. (3)有關著作權的下列敘述何者不正確？ ①我們到表演場所觀看表演時，不可隨便錄音或錄影 ②到攝影展上，拿相機拍攝展示的作品，分贈給朋友，是侵害著作權的行為 ③網路上供人下載的免費軟體，都不受著作權法保護，所以我可以燒成大補帖光碟，再去賣給別人 ④高普考試題，不受著作權法保護 。

23. (3)有關著作權的下列敘述何者錯誤？ ①撰寫碩博士論文時， 在合理範圍內引用他人的著作，只要註明出處，不會構成侵害著作權 ②在網路散布盜版光碟，不管有沒有營利，會構成侵害著作權 ③在網路的部落格看到一篇文章很棒，只要註明出處，就可以把文章複製在自己的部落格 ④將補習班老師的上課內容錄音檔，放到網路上拍賣，會構成侵害著作權 。

24. (4)有關商標權的下列敘述何者錯誤？ ①要取得商標權一定要申請商標註冊 ②商標註冊後可取得 10 年商標權 ③商標註冊後，3 年不使用，會被廢止商標權 ④在夜市買的仿冒品，品質不好，上網拍賣，不會構成侵權 。

25. (1)下列關於營業秘密的敘述，何者不正確？ ①受雇人於非職務上研究或開發之營業秘密，仍歸雇用人所有 ②營業秘密不得為質權及強制執行之標的 ③營業秘密所有人得授權他人使用其營業秘密 ④營業秘密得全部或部分讓與他人或與他人共有 。

26. (1)下列何者「非」屬於營業秘密？ ①具廣告性質的不動產交易底價 ②須授權取得之產品設計或開發流程圖示 ③公司內部管制的各種計畫方案 ④客戶名單 。

27. (3)營業秘密可分為「技術機密」與「商業機密」，下列何者屬於「商業機密」？ ①程式 ②設計圖 ③客戶名單 ④生產製程 。

28. (1)甲公司將其新開發受營業秘密法保護之技術，授權乙公司使用，下列何者不得為之？ ①乙公司已獲授權，所以可以未經甲公司同意，再授權丙公司使用 ②約定授權使用限於一定之地域、時間 ③約定授權使用限於特定之內容、一定之使用方法 ④要求被授權人乙公司在一定期間負有保密義務 。

29. (3)甲公司嚴格保密之最新配方產品大賣，下列何者侵害甲公司之營業秘密？ ①鑑定人 A 因司法審理而知悉配方 ②甲公司授權乙公司使用其配方 ③甲公司之 B 員工擅自將配方盜賣給乙公司 ④甲公司與乙公司協議共有配方 。

30. (3)故意侵害他人之營業秘密，法院因被害人之請求，最高得酌定損害額幾倍之賠償？ ① 1 倍 ② 2 倍 ③ 3 倍 ④ 4 倍 。

31. (4)受雇者因承辦業務而知悉營業秘密，在離職後對於該營業秘密的處理方式，下列敘述何者正確？ ①聘雇關係解除後便不再負有保障營業秘密之責 ②僅能自用而不得販售獲取利益 ③自離職日起 3 年後便不再負有保障營業秘密之責 ④離職後仍不得洩漏該營業秘密 。

32. (3)按照現行法律規定， 侵害他人營業秘密，其法律責任為： ①僅需負刑事責任 ②僅需負民事損害賠償責任 ③刑事責任與民事損害賠償責任皆須負擔 ④刑事責任與民事損害賠償責任皆不須負擔 。

33. (3)企業內部之營業秘密，可以概分為「商業性營業秘密」及「技術性營業秘密」二大類型，請問下列何者屬於「技術性營業秘密」？ ①人事管理 ②經銷據點 ③產品配方 ④客戶名單 。

34. (3)某離職同事請求在職員工將離職前所製作之某份文件傳送給他，請問下列回應方式何者正確？ ①由於該項文件係由該離職員工製作，因此可以傳送文件 ②若其目的僅為保留檔案備份，便可以傳送文件 ③可能構成對於營業秘密之侵害，應予拒絕並請他直接向公司提出請求 ④視彼此交情決定是否傳送文件 。

35. (1)行為人以竊取等不正當方法取得營業秘密，下列敘述何者正確？ ①已構成犯罪 ②只要後續沒有洩漏便不構成犯罪 ③只要後續沒有出現使用之行為便不構成犯罪 ④只要後續沒有造成所有人之損害便不構成犯罪 。

36. (3)針對在我國境內竊取營業秘密後，意圖在外國、中國大陸或港澳地區使用者，營業秘密法是否可以適用？ ①無法適用 ②可以適用，但若屬未遂犯則不罰 ③可以適用並加重其刑 ④能否適用需視該國家或地區與我國是否簽訂相互保護營業秘密之條約或協定 。

37. (4)所謂營業秘密，係指方法、技術、製程、配方、程式、設計或其他可用於生產、銷售或經營之資訊，但其保障所需符合的要件不包括下列何者？ ①因其秘密性而具有實際之經濟價值者 ②所有人已採取合理之保密措施者 ③因其秘密性而具有潛在之經濟價值者 ④一般涉及該類資訊之人所知者 。

38. (1)因故意或過失而不法侵害他人之營業秘密者，負損害賠償責任該損害賠償之請求權，自請求權人知有行為及賠償義務人時起，幾年間不行使就會消滅？ ① 2 年 ② 5 年 ③ 7 年 ④ 10 年 。

39. (1)公務機關首長要求人事單位聘僱自己的弟弟擔任工友，違反何種法令？ ①公職人員利益衝突迴避法 ②刑法 ③貪污治罪條例 ④未違反法令 。

40. (4)依新修公布之公職人員利益衝突迴避法（以下簡稱本法）規定，公職人員甲與其關係人下列何種行為不違反本法？ ①甲要求受其監督之機關聘用兒子乙 ②配偶乙以請託關說之方式，請求甲之服務機關通過其名下農地變更使用申請案 ③甲承辦案件時，明知有利益衝突之情事，但因自認為人公正，故不自行迴避 ④關係人丁經政府採購法公告程序取得甲服務機關之年度採購標案 。

41. (1)公司負責人為了要節省開銷，將員工薪資以高報低來投保全民健保及勞保，是觸犯了刑法上之何種罪刑？ ①詐欺罪 ②侵占罪 ③背信罪 ④工商秘密罪 。

42. (2)A 受僱於公司擔任會計，因自己的財務陷入危機，多次將公司帳款轉入妻兒戶頭，是觸犯了刑法上之何種罪刑？ ①洩漏工商秘密罪 ②侵占罪 ③詐欺罪 ④偽造文書罪 。

43. (3)某甲於公司擔任業務經理時，未依規定經董事會同意，私自與自己親友之公司訂定生意合約，會觸犯下列何種罪刑？ ①侵占罪 ②貪污罪 ③背信罪 ④詐欺罪 。

44. (1)如果你擔任公司採購的職務，親朋好友們會向你推銷自家的產品，希望你要採購時，你應該 ①適時地婉拒，說明利益需要迴避的考量，請他們見諒 ②既然是親朋好友，就應該互相幫忙 ③建議親朋好友將產品折扣，折扣部分歸於自己，就會採購 ④可以暗中地幫忙親朋好友，進行採購，不要被發現有親友關係便可 。

45. (3)小美是公司的業務經理，有一天巧遇國中同班的死黨小林，發現他是公司的下游廠商老闆。最近小美處理一件公司的招標案件，小林的公司也在其中，私下約小美見面，請求她提供這次招標案的底標，並馬上要給予幾十萬元的前謝金，請問小美該怎麼辦？ ①退回錢，並告訴小林都是老朋友，一定會全力幫忙 ②收下錢，將錢拿出來給單位同事們分紅 ③應該堅決拒絕，並避免每次見面都與小林談論相關業務問題 ④朋友一場，給他一個比較接近底標的金額，反正又不是正確的，所以沒關係。

46. (3)公司發給每人一台平板電腦提供業務上使用，但是發現根本很少在使用，為了讓它有效的利用，所以將它拿回家給親人使用，這樣的行為是 ①可以的，這樣就不用花錢買 ②可以的，反正放在那裡不用它，也是浪費資源 ③不可以的，因為這是公司的財產，不能私用 ④不可以的，因為使用年限未到，如果年限到報廢了，便可以拿回家。

47. (3)公司的車子，假日又沒人使用，你是鑰匙保管者，請問假日可以開出去嗎？ ①可以，只要付費加油即可 ②可以，反正假日不影響公務 ③不可以，因為是公司的，並非私人擁有 ④不可以，應該是讓公司想要使用的員工，輪流使用才可。

48. (4)阿哲是財經線的新聞記者，某次採訪中得知 A 公司在一個月內將有一個大的併購案，這個併購案顯示公司的財力，且能讓 A 公司股價往上飆升。請問阿哲得知此消息後，可以立刻購買該公司的股票嗎？ ①可以，有錢大家賺 ②可以，這是我努力獲得的消息 ③可以，不賺白不賺 ④不可以，屬於內線消息，必須保持記者之操守，不得洩漏。

49. (4)與公務機關接洽業務時，下列敘述何者「正確」？ ①沒有要求公務員違背職務，花錢疏通而已，並不違法 ②唆使公務機關承辦採購人員配合浮報價額，僅屬偽造文書行為 ③口頭允諾行賄金額但還沒送錢，尚不構成犯罪 ④與公務員同謀之共犯，即便不具公務員身分，仍會依據貪污治罪條例處刑。

50. (3)公司總務部門員工因辦理政府採購案，而與公務機關人員有互動時，下列敘述何者「正確」？ ①對於機關承辦人，經常給予不超過新台幣 5 佰元以下的好處，無論有無對價關係，對方收受皆符合廉政倫理規範 ②招待驗收人員至餐廳用餐，是慣例屬社交禮貌行為 ③因民俗節慶公開舉辦之活動，機關公務員在簽准後可受邀參與 ④以借貸名義，餽贈財物予公務員，即可規避刑事追究。

51. (1)與公務機關有業務往來構成職務利害關係者，下列敘述何者「正確」？
①將餽贈之財物請公務員父母代轉，該公務員亦已違反規定 ②與公務機關承辦人飲宴應酬為增進基本關係的必要方法 ③高級茶葉低價售予有利害關係之承辦公務員，有價購行為就不算違反法規 ④機關公務員藉子女婚宴廣邀業務往來廠商之行為，並無不妥 。

52. (4)貪污治罪條例所稱之「賄賂或不正利益」與公務員廉政倫理規範所稱之「餽贈財物」，其最大差異在於下列何者之有無？ ①利害關係 ②補助關係 ③隸屬關係 ④對價關係 。

53. (4)廠商某甲承攬公共工程，工程進行期間，甲與其工程人員經常招待該公共工程委辦機關之監工及驗收之公務員喝花酒或招待出國旅遊，下列敘述何者正確？ ①公務員若沒有收現金，就沒有罪 ②只要工程沒有問題，某甲與監工及驗收等相關公務員就沒有犯罪 ③因為不是送錢，所以都沒有犯罪 ④某甲與相關公務員均已涉嫌觸犯貪污治罪條例 。

54. (1)行（受）賄罪成立要素之一為具有對價關係，而作為公務員職務之對價有「賄賂」或「不正利益」，下列何者「不」屬於「賄賂」或「不正利益」？ ①開工邀請公務員觀禮 ②送百貨公司大額禮券 ③免除債務 ④招待吃米其林等級之高檔大餐 。

55. (1)下列關於政府採購人員之敘述，何者為正確？ ①不可主動向廠商求取，偶發地收取廠商致贈價值在新臺幣500元以下之廣告物、促銷品、紀念品 ②要求廠商提供與採購無關之額外服務 ③利用職務關係向廠商借貸 ④利用職務關係媒介親友至廠商處所任職 。

56. (4)下列有關貪腐的敘述何者錯誤？ ①貪腐會危害永續發展和法治 ②貪腐會破壞民主體制及價值觀 ③貪腐會破壞倫理道德與正義 ④貪腐有助降低企業的經營成本 。

57. (3)下列有關促進參與預防和打擊貪腐的敘述何者錯誤？ ①提高政府決策透明度 ②廉政機構應受理匿名檢舉 ③儘量不讓公民團體、非政府組織與社區組織有參與的機會 ④向社會大眾及學生宣導貪腐「零容忍」觀念 。

58. (4)下列何者不是設置反貪腐專責機構須具備的必要條件？ ①賦予該機構必要的獨立性 ②使該機構的工作人員行使職權不會受到不當干預 ③提

供該機構必要的資源、專職工作人員及必要培訓 ④賦予該機構的工作人員有權力可隨時逮捕貪污嫌疑人 。

59. (2)為建立良好之公司治理制度，公司內部宜納入何種檢舉人制度？ ①告訴乃論制度 ②吹哨者（whistleblower）管道及保護制度 ③不告不理制度 ④非告訴乃論制度 。

60. (2)檢舉人向有偵查權機關或政風機構檢舉貪污瀆職，必須於何時為之始可能給與獎金？ ①犯罪未起訴前 ②犯罪未發覺前 ③犯罪未遂前 ④預備犯罪前 。

61. (4)公司訂定誠信經營守則時，不包括下列何者？ ①禁止不誠信行為 ②禁止行賄及收賄 ③禁止提供不法政治獻金 ④禁止適當慈善捐助或贊助 。

62. (3)檢舉人應以何種方式檢舉貪污瀆職始能核給獎金？ ①匿名 ②委託他人檢舉 ③以真實姓名檢舉 ④以他人名義檢舉 。

63. (4)我國制定何種法律以保護刑事案件之證人，使其勇於出面作證，俾利犯罪之偵查、審判？ ①貪污治罪條例 ②刑事訴訟法 ③行政程序法 ④證人保護法 。

64. (1)下列何者「非」屬公司對於企業社會責任實踐之原則？ ①加強個人資料揭露 ②維護社會公益 ③發展永續環境 ④落實公司治理 。

65. (1)下列何者「不」屬於職業素養的範疇？ ①獲利能力 ②正確的職業價值觀 ③職業知識技能 ④良好的職業行為習慣 。

66. (4)下列行為何者「不」屬於敬業精神的表現？ ①遵守時間約定 ②遵守法律規定 ③保守顧客隱私 ④隱匿公司產品瑕疵訊息 。

67. (4)下列何者符合專業人員的職業道德？ ①未經雇主同意，於上班時間從事私人事務 ②利用雇主的機具設備私自接單生產 ③未經顧客同意，任意散佈或利用顧客資料 ④盡力維護雇主及客戶的權益 。

68. (4)身為公司員工必須維護公司利益，下列何者是正確的工作態度或行為？ ①將公司逾期的產品更改標籤 ②施工時以省時、省料為獲利首

要考量，不顧品質 ③服務時首先考慮公司的利益， 然後再考量顧客權益 ④工作時謹守本分，以積極態度解決問題 。

69. (3)身為專業技術工作人士，應以何種認知及態度服務客戶？ ①若客戶不瞭解，就儘量減少成本支出，抬高報價 ②遇到維修問題，儘量拖過保固期 ③主動告知可能碰到問題及預防方法 ④隨著個人心情來提供服務的內容及品質 。

70. (2)因為工作本身需要高度專業技術及知識，所以在對客戶服務時應如何？ ①不用理會顧客的意見 ②保持親切、真誠、客戶至上的態度 ③若價錢較低，就敷衍了事 ④以專業機密為由，不用對客戶說明及解釋 。

71. (2)從事專業性工作，在與客戶約定時間應 ①保持彈性，任意調整 ②儘可能準時，依約定時間完成工作 ③能拖就拖，能改就改 ④自己方便就好，不必理會客戶的要求 。

72. (1)從事專業性工作，在服務顧客時應有的態度為何？ ①選擇最安全、經濟及有效的方法完成工作 ②選擇工時較長、獲利較多的方法服務客戶 ③為了降低成本，可以降低安全標準 ④不必顧及雇主和顧客的立場 。

73. (1)當發現公司的產品可能會對顧客身體產生危害時，正確的作法或行動應是 ①立即向主管或有關單位報告 ②若無其事，置之不理 ③儘量隱瞞事實，協助掩飾問題 ④透過管道告知媒體或競爭對手 。

74. (4)以下那一項員工的作為符合敬業精神？ ①利用正常工作時間從事私人事務 ②運用雇主的資源，從事個人工作 ③未經雇主同意擅離工作崗位 ④謹守職場紀律及禮節，尊重客戶隱私 。

75. (2)如果發現有同事，利用公司的財產做私人的事，我們應該要 ①未經查證或勸阻立即向主管報告 ②應該立即勸阻，告知他這是不對的行為 ③不關我的事，我只要管好自己便可以 ④應該告訴其他同事，讓大家來共同糾正與斥責他 。

76. (2)小禎離開異鄉就業，來到小明的公司上班，小明是當地的人，他應該：①不關他的事，自己管好就好 ②多關心小禎的生活適應情況，如有困難加以協助 ③小禎非當地人，應該不容易相處，不要有太多接觸 ④小禎是同單位的人，是個競爭對手，應該多加防範 。

77. (3)小張獲選為小孩學校的家長會長,這個月要召開會議,沒時間準備資料,所以,利用上班期間有空檔非休息時間來完成,請問是否可以? ①可以,因為不耽誤他的工作 ②可以,因為他能力好,能夠同時完成很多事 ③不可以,因為這是私事,不可以利用上班時間完成 ④可以,只要不要被發現 。

78. (2)小吳是公司的專用司機,為了能夠隨時用車,經過公司同意,每晚都將公司的車開回家,然而,他發現反正每天上班路線,都要經過女兒學校,就順便載女兒上學,請問可以嗎? ①可以,反正順路 ②不可以,這是公司的車不能私用 ③可以,只要不被公司發現即可 ④可以,要資源須有效使用 。

79. (2)如果公司受到不當與不正確的毀謗與指控,你應該是: ①加入毀謗行列,將公司內部的事情,都說出來告訴大家 ②相信公司,幫助公司對抗這些不實的指控 ③向媒體爆料,更多不實的內容 ④不關我的事,只要能夠領到薪水就好 。

80. (3)筱珮要離職了,公司主管交代,她要做業務上的交接,她該怎麼辦? ①不用理它,反正都要離開公司了 ②把以前的業務資料都刪除或設密碼,讓別人都打不開 ③應該將承辦業務整理歸檔清楚,並且留下聯絡的方式,未來有問題可以詢問她 ④盡量交接,如果離職日一到,就不關他的事 。

81. (4)彥江是職場上的新鮮人,剛進公司不久,他應該具備怎樣的態度 ①上班、下班,管好自己便可 ②仔細觀察公司生態,加入某些小團體,以做為後盾 ③只要做好人脈關係,這樣以後就好辦事 ④努力做好自己職掌的業務,樂於工作,與同事之間有良好的互動,相互協助 。

82. (4)在公司內部行使商務禮儀的過程,主要以參與者在公司中的何種條件來訂定順序? ①年齡 ②性別 ③社會地位 ④職位 。

83. (1)一位職場新鮮人剛進公司時,良好的工作態度是 ①多觀察、多學習,了解企業文化和價值觀 ②多打聽哪一個部門比較輕鬆,升遷機會較多 ③多探聽哪一個公司在找人,隨時準備跳槽走人 ④多遊走各部門認識同事,建立自己的小圈圈 。

84. (1)乘坐轎車時,如有司機駕駛,按照乘車禮儀,以司機的方位來看,首位應為 ①後排右側 ②前座右側 ③後排左側 ④後排中間 。

85. (4)根據性別工作平等法，下列何者非屬職場性騷擾？ ①公司員工執行職務時，客戶對其講黃色笑話，該員工感覺被冒犯 ②雇主對求職者要求交往，作爲僱用與否之交換條件 ③公司員工執行職務時，遭到同事以「女人就是沒大腦」性別歧視用語加以辱罵，該員工感覺其人格尊嚴受損 ④公司員工下班後搭乘捷運，在捷運上遭到其他乘客偷拍 。

86. (4)根據性別工作平等法，下列何者非屬職場性別歧視？ ①雇主考量男性賺錢養家之社會期待，提供男性高於女性之薪資 ②雇主考量女性以家庭爲重之社會期待，裁員時優先資遣女性 ③雇主事先與員工約定倘其有懷孕之情事，必須離職 ④有未滿 2 歲子女之男性員工，也可申請每日六十分鐘的哺乳時間 。

87. (3)根據性別工作平等法，有關雇主防治性騷擾之責任與罰則，下列何者錯誤？ ①僱用受僱者 30 人以上者，應訂定性騷擾防治措施、申訴及懲戒辦法 ②雇主知悉性騷擾發生時，應採取立即有效之糾正及補救措施 ③雇主違反應訂定性騷擾防治措施之規定時，處以罰鍰即可，不用公布其姓名 ④雇主違反應訂定性騷擾申訴管道者，應限期令其改善，屆期未改善者，應按次處罰 。

88. (1)根據性騷擾防治法，有關性騷擾之責任與罰則，下列何者錯誤？ ①對他人爲性騷擾者，如果沒有造成他人財產上之損失，就無需負擔金錢賠償之責任 ②對於因教育、訓練、醫療、公務、業務、求職，受自己監督、照護之人，利用權勢或機會爲性騷擾者，得加重科處罰鍰至二分之一 ③意圖性騷擾，乘人不及抗拒而爲親吻、擁抱或觸摸其臀部、胸部或其他身體隱私處之行爲者，處 2 年以下有期徒刑、拘役或科或併科 10 萬元以下罰金 ④對他人爲性騷擾者，由直轄市、縣（市）主管機關處 1 萬元以上 10 萬元以下罰鍰 。

89. (1)根據消除對婦女一切形式歧視公約 (CEDAW)，下列何者正確？ ①對婦女的歧視指基於性別而作的任何區別、排斥或限制 ②只關心女性在政治方面的人權和基本自由 ③未要求政府需消除個人或企業對女性的歧視 ④傳統習俗應予保護及傳承，卽使含有歧視女性的部分，也不可以改變 。

90. (2)學校駐衛警察之遴選規定以服畢兵役男性作爲遴選條件之一，根據消除對婦女一切形式歧視公約 (CEDAW)，下列何者錯誤？ ①服畢兵役

者仍以男性爲主，此條件已排除多數女性被遴選的機會，屬性別歧視 ②此遴選條件雖明定限男性，實務上不屬性別歧視 ③駐衛警察之遴選應以從事該工作所需的能力或資格作爲條件 ④已違反 CEDAW 第 1 條對婦女的歧視 。

91. (1)某規範明定地政機關進用女性測量助理名額，不得超過該機關測量助理名額總數二分之一，根據消除對婦女一切形式歧視公約 (CEDAW)，下列何者正確？ ①限制女性測量助理人數比例，屬於直接歧視 ②土地測量經常在戶外工作，基於保護女性所作的限制，不屬性別歧視 ③此項二分之一規定是爲促進男女比例平衡 ④此限制是爲確保機關業務順暢推動，並未歧視女性 。

92. (4)根據消除對婦女一切形式歧視公約 (CEDAW) 之間接歧視意涵，下列何者錯誤？ ①一項法律、政策、方案或措施表面上對男性和女性無任何歧視，但實際上卻產生歧視女性的效果 ②察覺間接歧視的一個方法，是善加利用性別統計與性別分析 ③如果未正視歧視之結構和歷史模式，及忽略男女權力關係之不平等，可能使現有不平等狀況更爲惡化 ④不論在任何情況下，只要以相同方式對待男性和女性，就能避免間接歧視之產生 。

93. (3)關於菸品對人體的危害的敘述，下列何者「正確」？ ①只要開電風扇、或是空調就可以去除二手菸 ②抽雪茄比抽紙菸危害還要小 ③吸菸者比不吸菸者容易得肺癌 ④只要不將菸吸入肺部，就不會對身體造成傷害 。

94. (4)下列何者「不是」菸害防制法之立法目的？ ①防制菸害 ②保護未成年免於菸害 ③保護孕婦免於菸害 ④促進菸品的使用 。

95. (1)有關菸害防制法規範，「不可販賣菸品」給幾歲以下的人？ ① 20 ②19 ③ 18 ④ 17 。

96. (1)按菸害防制法規定，對於在禁菸場所吸菸會被罰多少錢？ ①新臺幣 2 千元至 1 萬元罰鍰 ②新臺幣 1 千元至 5 千元罰鍰 ③新臺幣 1 萬元至 5 萬元罰鍰 ④新臺幣 2 萬元至 10 萬元罰鍰 。

92. (1)按菸害防制法規定，下列敘述何者錯誤？ ①只有老闆、店員才可以出面勸阻在禁菸場所抽菸的人 ②任何人都可以出面勸阻在禁菸場所抽菸的人 ③餐廳、旅館設置室內吸菸室，需經專業技師簽證核可 ④加油站屬易燃易爆場所，任何人都要勸阻在禁菸場所抽菸的人 。

98. (3)按菸害防制法規定，對於主管每天在辦公室內吸菸，應如何處理？ ①未違反菸害防制法 ②因為是主管，所以只好忍耐 ③撥打菸害申訴專線檢舉 (0800-531-531) ④開空氣清淨機，睜一隻眼閉一睜眼 。

99. (4)對電子煙的敘述，何者錯誤？ ①含有尼古丁會成癮 ②會有爆炸危險 ③含有毒致癌物質 ④可以幫助戒菸 。

100. (4)下列何者是錯誤的「戒菸」方式？ ①撥打戒菸專線 0800-63-63-63 ②求助醫療院所、社區藥局專業戒菸 ③參加醫院或衛生所所辦理的戒菸班 ④自己購買電子煙來戒菸 。

1. (1) 世界環境日是在每一年的那一日？ ① 6 月 5 日 ② 4 月 10 日 ③ 3 月 8 日 ④ 11 月 12 日 。

2. (3) 2015 年巴黎協議之目的爲何？ ①避免臭氧層破壞 ②減少持久性污染物排放 ③遏阻全球暖化趨勢 ④生物多樣性保育 。

3. (3) 下列何者爲環境保護的正確作爲？ ①多吃肉少蔬食 ②自己開車不共乘 ③鐵馬步行 ④不隨手關燈 。

4. (2) 下列何種行爲對生態環境會造成較大的衝擊？ ①種植原生樹木 ②引進外來物種 ③設立國家公園 ④設立自然保護區 。

5. (2) 下列哪一種飲食習慣能減碳抗暖化？ ①多吃速食 ②多吃天然蔬果 ③多吃牛肉 ④多選擇吃到飽的餐館 。

6. (3) 小明隨地亂丟垃圾，遇依廢棄物清理法執行稽查人員要求提示身分證明，如小明無故拒絕提供，將受何處分？ ①勸導改善 ②移送警察局 ③處新臺幣 6 百元以上 3 千元以下罰鍰 ④接受環境講習 。

7. (1) 飼主遛狗時，其狗在道路或其他公共場所便溺時，下列何者應優先負清除責任？ ①主人 ②清潔隊 ③警察 ④土地所有權人 。

8. (3) 四公尺以內之公共巷、弄路面及水溝之廢棄物，應由何人負責清除？ ①里辦公處 ②清潔隊 ③相對戶或相鄰戶分別各半清除 ④環保志工 。

9. (1) 外食自備餐具是落實綠色消費的哪一項表現？ ①重複使用 ②回收再生 ③環保選購 ④降低成本 。

10. (2) 再生能源一般是指可永續利用之能源，主要包括哪些：A. 化石燃料 B. 風力 C. 太陽能 D. 水力？ ① ACD ② BCD ③ ABD ④ ABCD 。

11. (3) 何謂水足跡，下列何者是正確的？ ①水利用的途徑 ②每人用水量紀錄 ③消費者所購買的商品，在生產過程中消耗的用水量 ④水循環的過程 。

12. (4) 依環境基本法第 3 條規定，基於國家長期利益，經濟、科技及社會發展均應兼顧環境保護。但如果經濟、科技及社會發展對環境有嚴重不良影響或有危害時，應以何者優先？ ①經濟 ②科技 ③社會 ④環境 。

13. (4)爲了保護環境,政府提出了 4 個 R 的口號,下列何者不是 4R 中的其中一項? ①減少使用 ②再利用 ③再循環 ④再創新 。

14. (2)逛夜市時常有攤位在販賣滅蟑藥,下列何者正確? ①滅蟑藥是藥,中央主管機關爲衛生福利部 ②滅蟑藥是環境衛生用藥,中央主管機關是環境保護署 ③只要批貨,人人皆可販賣滅蟑藥,不須領得許可執照 ④滅蟑藥之包裝上不用標示有效期限 。

15. (1)森林面積的減少甚至消失可能導致哪些影響:A. 水資源減少 B. 減緩全球暖化 C. 加劇全球暖化 D. 降低生物多樣性? ① ACD ② BCD ③ ABD ④ ABCD 。

16. (3)塑膠爲海洋生態的殺手,所以環保署推動「無塑海洋」政策,下列何項不是減少塑膠危害海洋生態的重要措施? ①擴大禁止免費供應塑膠袋 ②禁止製造、進口及販售含塑膠柔珠的清潔用品 ③定期進行海水水質監測 ④淨灘、淨海 。

17. (2)違反環境保護法律或自治條例之行政法上義務,經處分機關處停工、停業處分或處新臺幣五千元以上罰鍰者,應接受下列何種講習? ①道路交通安全講習 ②環境講習 ③衛生講習 ④消防講習 。

18. (2)綠色設計主要爲節能、生態與下列何者? ①生產成本低廉的產品 ②表示健康的、安全的商品 ③售價低廉易購買的商品 ④包裝紙一定要用綠色系統者 。

19. (1)下列何者爲環保標章?① ② ③ ④  。

20. (2)「聖嬰現象」是指哪一區域的溫度異常升高? ①西太平洋表層海水 ②東太平洋表層海水 ③西印度洋表層海水 ④東印度洋表層海水 。

21. (1)「酸雨」定義爲雨水酸鹼值達多少以下時稱之? ① 5.0 ② 6.0 ③ 7.0 ④ 8.0 。

22. (2)一般而言,水中溶氧量隨水溫之上升而呈下列哪一種趨勢? ①增加 ②減少 ③不變 ④不一定 。

23. (4) 二手菸中包含多種危害人體的化學物質，甚至多種物質有致癌性，會危害到下列何者的健康？ ①只對 12 歲以下孩童有影響 ②只對孕婦比較有影響 ③只有 65 歲以上之民眾有影響 ④全民皆有影響 。

24. (2) 二氧化碳和其他溫室氣體含量增加是造成全球暖化的主因之一，下列何種飲食方式也能降低碳排放量，對環境保護做出貢獻：A. 少吃肉，多吃蔬菜；B. 玉米產量減少時，購買玉米罐頭食用；C. 選擇當地食材；D. 使用免洗餐具，減少清洗用水與清潔劑？ ① AB ② AC ③ AD ④ ACD 。

25. (1) 上下班的交通方式有很多種，其中包括：A. 騎腳踏車；B. 搭乘大眾交通工具；C. 自行開車，請將前述幾種交通方式之單位排碳量由少至多之排列方式為何？ ① ABC ② ACB ③ BAC ④ CBA 。

26. (3) 下列何者「不是」室內空氣污染源？ ①建材 ②辦公室事務機 ③廢紙回收箱 ④油漆及塗料 。

27. (4) 下列何者不是自來水消毒採用的方式？ ①加入臭氧 ②加入氯氣 ③紫外線消毒 ④加入二氧化碳 。

28. (4) 下列何者不是造成全球暖化的元凶？ ①汽機車排放的廢氣 ②工廠所排放的廢氣 ③火力發電廠所排放的廢氣 ④種植樹木 。

29. (2) 下列何者不是造成臺灣水資源減少的主要因素？ ①超抽地下水 ②雨水酸化 ③水庫淤積 ④濫用水資源 。

30. (4) 下列何者不是溫室效應所產生的現象？ ①氣溫升高而使海平面上升 ②北極熊棲地減少 ③造成全球氣候變遷，導致不正常暴雨、乾旱現象 ④造成臭氧層產生破洞 。

31. (4) 下列何者是室內空氣污染物之來源：A. 使用殺蟲劑；B. 使用雷射印表機；C. 在室內抽煙；D. 戶外的污染物飄進室內？ ① ABC ② BCD ③ ACD ④ ABCD 。

32. (1) 下列何者是海洋受污染的現象？ ①形成紅潮 ②形成黑潮 ③溫室效應 ④臭氧層破洞 。

33. (2) 下列何者是造成臺灣雨水酸鹼 (pH) 值下降的主要原因？ ①國外火山噴發 ②工業排放廢氣 ③森林減少 ④降雨量減少 。

34. (2)水中生化需氧量 (BOD) 愈高，其所代表的意義為下列何者？ ①水為硬水 ②有機污染物多 ③水質偏酸 ④分解污染物時不需消耗太多氧 。

35. (1)下列何者是酸雨對環境的影響？ ①湖泊水質酸化 ②增加森林生長速度 ③土壤肥沃 ④增加水生動物種類 。

36. (2)下列何者是懸浮微粒與落塵的差異？ ①採樣地區 ②粒徑大小 ③分布濃度④物體顏色 。

37. (1)下列何者屬地下水超抽情形？ ①地下水抽水量「超越」天然補注量 ②天然補注量「超越」地下水抽水量 ③地下水抽水量「低於」降雨量 ④地下水抽水量「低於」天然補注量 。

38. (3)下列何種行為無法減少「溫室氣體」排放？ ①騎自行車取代開車 ②多搭乘公共運輸系統 ③多吃肉少蔬菜 ④使用再生紙張 。

39. (2)下列那一項水質濃度降低會導致河川魚類大量死亡？ ①氨氮 ②溶氧 ③二氧化碳 ④生化需氧量 。

40. (1)下列何種生活小習慣的改變可減少細懸浮微粒 ($PM_{2.5}$) 排放，共同為改善空氣品質盡一份心力？ ①少吃燒烤食物 ②使用吸塵器 ③養成運動習慣 ④每天喝 500cc 的水 。

41. (4)下列哪種措施不能用來降低空氣污染？ ①汽機車強制定期排氣檢測 ②汰換老舊柴油車 ③禁止露天燃燒稻草 ④汽機車加裝消音器 。

42. (3)大氣層中臭氧層有何作用？ ①保持溫度 ②對流最旺盛的區域 ③吸收紫外線 ④造成光害 。

43. (1)小李具有乙級廢水專責人員證照，某工廠希望以高價租用證照的方式合作，請問下列何者正確？ ①這是違法行為 ②互蒙其利 ③價錢合理即可 ④經環保局同意即可 。

44. (2)可藉由下列何者改善河川水質且兼具提供動植物良好棲地環境？ ①運動公園 ②人工溼地 ③滯洪池 ④水庫 。

45. (1)台北市周先生早晨在河濱公園散步時，發現有大面積的河面被染成紅色，岸邊還有許多死魚，此時周先生應該打電話給那個單位通報處理？ ①環保局 ②警察局 ③衛生局 ④交通局 。

46. (3) 台灣地區地形陡峭雨旱季分明,水資源開發不易常有缺水現象,目前推動生活污水經處理再生利用,可填補部分水資源,主要可供哪些用途:A. 工業用水、B. 景觀澆灌、C. 飲用水、D. 消防用水? ① ACD ② BCD ③ ABD ④ ABCD 。

47. (2) 台灣自來水之水源主要取自 ①海洋的水 ②河川及水庫的水 ③綠洲的水 ④灌溉渠道的水 。

48. (1) 民眾焚香燒紙錢常會產生哪些空氣污染物增加罹癌的機率: A. 苯、B. 細懸浮微粒 ($PM_{2.5}$)、C. 二氧化碳 (CO_2)、D. 甲烷 (CH_4)? ① AB ② AC ③ BC ④ CD 。

49. (1) 生活中經常使用的物品,下列何者含有破壞臭氧層的化學物質? ①噴霧劑 ②免洗筷 ③保麗龍 ④寶特瓶 。

50. (2) 目前市面清潔劑均會強調「無磷」,是因為含磷的清潔劑使用後,若廢水排至河川或湖泊等水域會造成甚麼影響? ①綠牡蠣 ②優養化 ③秘雕魚 ④烏腳病 。

51. (1) 冰箱在廢棄回收時應特別注意哪一項物質,以避免逸散至大氣中造成臭氧層的破壞? ①冷媒 ②甲醛 ③汞 ④苯 。

52. (1) 在五金行買來的強力膠中,主要有下列哪一種會對人體產生危害的化學物質? ①甲苯 ②乙苯 ③甲醛 ④乙醛 。

53. (2) 在同一操作條件下,煤、天然氣、油、核能的二氧化碳排放比例之大小,由大而小為: ①油>煤>天然氣>核能 ②煤>油>天然氣>核能 ③煤>天然氣>油>核能 ④油>煤>核能>天然氣 。

54. (1) 如何降低飲用水中消毒副產物三鹵甲烷? ①先將水煮沸,打開壺蓋再煮三分鐘以上 ②先將水過濾,加氯消毒 ③先將水煮沸,加氯消毒 ④先將水過濾,打開壺蓋使其自然蒸發 。

55. (4) 自行煮水、包裝飲用水及包裝飲料,依生命週期評估排碳量大小順序為下列何者? ①包裝飲用水>自行煮水>包裝飲料 ②包裝飲料>自行煮水>包裝飲用水 ③自行煮水>包裝飲料>包裝飲用水 ④包裝飲料>包裝飲用水>自行煮水 。

56. (1) 下列何者不是噪音的危害所造成的現象? ①精神很集中 ②煩躁、失眠 ③緊張、焦慮 ④工作效率低落 。

57. (2)我國移動污染源空氣污染防制費的徵收機制爲何？ ①依車輛里程數計費 ②隨油品銷售徵收 ③依牌照徵收 ④依照排氣量徵收 。

58. (2)室內裝潢時，若不謹慎選擇建材，將會逸散出氣狀污染物。其中會刺激皮膚、眼、鼻和呼吸道，也是致癌物質，可能爲下列哪一種污染物？ ①臭氧 ②甲醛 ③氟氯碳化合物 ④二氧化碳 。

59. (1)下列哪一種氣體較易造成臭氧層被嚴重的破壞？ ①氟氯碳化物 ②二氧化硫 ③氮氧化合物 ④二氧化碳 。

60. (1)高速公路旁常見有農田違法焚燒稻草，除易產生濃煙影響行車安全外，也會產生下列何種空氣污染物對人體健康造成不良的作用？ ①懸浮微粒 ②二氧化碳 (CO_2) ③臭氧 (O_3) ④沼氣 。

61. (2)都市中常產生的「熱島效應」會造成何種影響？ ①增加降雨 ②空氣污染物不易擴散 ③空氣污染物易擴散 ④溫度降低 。

62. (3)廢塑膠等廢棄於環境除不易腐化外，若隨一般垃圾進入焚化廠處理，可能產生下列那一種空氣污染物對人體有致癌疑慮？ ①臭氧 ②一氧化碳 ③戴奧辛 ④沼氣 。

63. (2)「垃圾強制分類」的主要目的爲：A. 減少垃圾清運量 B. 回收有用資源 C. 回收廚餘予以再利用 D. 變賣賺錢？ ① ABCD ② ABC ③ ACD ④ BCD 。

64. (4)一般人生活產生之廢棄物，何者屬有害廢棄物？ ①廚餘 ②鐵鋁罐 ③廢玻璃 ④廢日光燈管 。

65. (2)一般辦公室影印機的碳粉匣，應如何回收？ ①拿到便利商店回收 ②交由販賣商回收 ③交由清潔隊回收 ④交給拾荒者回收 。

66. (4)下列何者不是蚊蟲會傳染的疾病？ ①日本腦炎 ②瘧疾 ③登革熱 ④痢疾 。

67. (4)下列何者非屬資源回收分類項目中「廢紙類」的回收物？ ①報紙 ②雜誌 ③紙袋 ④用過的衛生紙 。

68. (1)下列何者對飲用瓶裝水之形容是正確的：A. 飲用後之寶特瓶容器爲地球增加了一個廢棄物；B. 運送瓶裝水時卡車會排放空氣污染物；C. 瓶裝水一定比經煮沸之自來水安全衛生？ ① AB ② BC ③ AC ④ ABC 。

69. (2)下列哪一項是我們在家中常見的環境衛生用藥？ ①體香劑 ②殺蟲劑 ③洗滌劑 ④乾燥劑 。

70. (1)下列哪一種是公告應回收廢棄物中的容器類：A. 廢鋁箔包 B. 廢紙容器 C. 寶特瓶？ ① ABC ② AC ③ BC ④ C 。

71. (1)下列何種廢紙類不可以進行資源回收？ ①紙尿褲 ②包裝紙 ③雜誌 ④報紙 。

72. (4)小明拿到「垃圾強制分類」的宣導海報， 標語寫著「分 3 類，好OK」，標語中的分 3 類是指家戶日常生活中產生的垃圾可以區分哪三類？ ①資源、廚餘、事業廢棄物 ②資源、一般廢棄物、事業廢棄物 ③一般廢棄物、事業廢棄物、放射性廢棄物 ④資源、廚餘、一般垃圾 。

73. (3)日光燈管、水銀溫度計等，因含有哪一種重金屬，可能對清潔隊員造成傷害，應與一般垃圾分開處理？ ①鉛 ②鎘 ③汞 ④鐵 。

74. (2)家裡有過期的藥品，請問這些藥品要如何處理？ ①倒入馬桶沖掉 ②交由藥局回收 ③繼續服用 ④送給相同疾病的朋友 。

75. (2) 台灣西部海岸曾發生的綠牡蠣事件是與下列何種物質污染水體有關？ ①汞 ②銅 ③磷 ④鎘 。

76. (4)在生物鏈越上端的物種其體內累積持久性有機污染物 (POPs) 濃度將越高，危害性也將越大，這是說明 POPs 具有下列何種特性？ ①持久性 ②半揮發性 ③高毒性 ④生物累積性 。

77. (3)有關小黑蚊敘述下列何者爲非？ ①活動時間以中午十二點到下午三點爲活動高峰期 ②小黑蚊的幼蟲以腐植質、青苔和藻類爲食 ③無論雄性或雌性皆會吸食哺乳類動物血液 ④多存在竹林、灌木叢、雜草叢、果園等邊緣地帶等處 。

78. (1)利用垃圾焚化廠處理垃圾的最主要優點爲何？ ①減少處理後的垃圾體積 ②去除垃圾中所有毒物 ③減少空氣污染 ④減少處理垃圾的程序 。

79. (3)利用豬隻的排泄物當燃料發電，是屬於下列那一種能源？ ①地熱能 ②太陽能 ③生質能 ④核能 。

80. (2)每個人日常生活皆會產生垃圾，下列何種處理垃圾的觀念與方式是不正確的？ ①垃圾分類，使資源回收再利用 ②所有垃圾皆掩埋處理，垃圾將會自然分解 ③廚餘回收堆肥後製成肥料 ④可燃性垃圾經焚化燃燒可有效減少垃圾體積 。

81. (2)防治蟲害最好的方法是 ①使用殺蟲劑 ②清除孳生源 ③網子捕捉 ④拍打 。

82. (2)依廢棄物清理法之規定，隨地吐檳榔汁、檳榔渣者，應接受幾小時之戒檳班講習？ ①2 小時 ②4 小時 ③6 小時 ④8 小時 。

83. (1)室內裝修業者承攬裝修工程，工程中所產生的廢棄物應該如何處理？ ①委託合法清除機構清運 ②倒在偏遠山坡地 ③河岸邊掩埋 ④交給清潔隊垃圾車 。

84. (1)若使用後的廢電池未經回收，直接廢棄所含重金屬物質曝露於環境中可能產生那些影響？ A.地下水污染、B.對人體產生中毒等不良作用、C.對生物產生重金屬累積及濃縮作用、D.造成優養化 ① ABC ② ABCD ③ ACD ④ BCD 。

85. (3)那一種家庭廢棄物可用來作爲製造肥皂的主要原料？ ①食醋 ②果皮 ③回鍋油 ④熟廚餘 。

86. (2)家戶大型垃圾應由誰負責處理？ ①行政院環境保護署 ②當地政府清潔隊 ③行政院 ④內政部 。

87. (3)根據環保署資料顯示，世紀之毒「戴奧辛」主要透過何者方式進入人體？ ①透過觸摸 ②透過呼吸 ③透過飲食 ④透過雨水 。

88. (2)陳先生到機車行換機油時，發現機車行老闆將廢機油直接倒入路旁的排水溝，請問這樣的行爲是違反了 ①道路交通管理處罰條例 ②廢棄物清理法 ③職業安全衛生法 ④飲用水管理條例 。

89. (1)亂丟香菸蒂，此行爲已違反什麼規定？ ①廢棄物清理法 ②民法 ③刑法 ④毒性化學物質管理法 。

90. (4)實施「垃圾費隨袋徵收」政策的好處爲何：A.減少家戶垃圾費用支出 B.全民主動參與資源回收 C.有效垃圾減量？ ① AB ② AC ③ BC ④ ABC 。

91. (1)臺灣地狹人稠，垃圾處理一直是不易解決的問題，下列何種是較佳的因應對策？ ①垃圾分類資源回收 ②蓋焚化廠 ③運至國外處理 ④向海爭地掩埋 。

92. (2)臺灣嘉南沿海一帶發生的烏腳病可能為哪一種重金屬引起？ ①汞 ②砷 ③鉛 ④鎘 。

93. (2)遛狗不清理狗的排泄物係違反哪一法規？ ①水污染防治法 ②廢棄物清理法 ③毒性化學物質管理法 ④空氣污染防制法 。

94. (3)酸雨對土壤可能造成的影響，下列何者正確？ ①土壤更肥沃 ②土壤液化 ③土壤中的重金屬釋出 ④土壤礦化 。

95. (3)購買下列哪一種商品對環境比較友善？ ①用過即丟的商品 ②一次性的產品 ③材質可以回收的商品 ④過度包裝的商品 。

96. (4)醫療院所用過的棉球、紗布、針筒、針頭等感染性事業廢棄物屬於 ①一般事業廢棄物 ②資源回收物 ③一般廢棄物 ④有害事業廢棄物 。

97. (2)下列何項法規的立法目的為預防及減輕開發行為對環境造成不良影響，藉以達成環境保護之目的？ ①公害糾紛處理法 ②環境影響評估法 ③環境基本法 ④環境教育法 。

98. (4)下列何種開發行為若對環境有不良影響之虞者，應實施環境影響評估：A. 開發科學園區；B. 新建捷運工程；C. 採礦。 ① AB ② BC ③ AC ④ ABC 。

99. (1)主管機關審查環境影響說明書或評估書，如認為已足以判斷未對環境有重大影響之虞，作成之審查結論可能為下列何者？ ①通過環境影響評估審查 ②應繼續進行第二階段環境影響評估 ③認定不應開發 ④補充修正資料再審 。

100. (4) 依環境影響評估法規定，對環境有重大影響之虞的開發行為應繼續進行第二階段環境影響評估，下列何者不是上述對環境有重大影響之虞或應進行第二階段環境影響評估的決定方式？ ①明訂開發行為及規模 ②環評委員會審查認定 ③自願進行 ④有民眾或團體抗爭 。 ② AC ③ BC ④ ABC 。

1. (3) 依能源局「指定能源用戶應遵行之節約能源規定」，下列何場所未在其管制之範圍？ ①旅館 ②餐廳 ③住家 ④美容美髮店 。

2. (1) 依能源局「指定能源用戶應遵行之節約能源規定」，在正常使用條件下，公眾出入之場所其室內冷氣溫度平均值不得低於攝氏幾度？ ① 26 ② 25 ③ 24 ④ 22 。

3. (2) 下列何者為節能標章？ ① ② ③ ④ 。

4. (4) 各產業中耗能佔比最大的產業為 ①服務業 ②公用事業 ③農林漁牧業 ④能源密集產業 。

5. (1) 下列何者非節省能源的做法？ ①電冰箱溫度長時間調在強冷或急冷 ②影印機當 15 分鐘無人使用時，自動進入省電模式 ③電視機勿背著窗戶或面對窗戶，並避免太陽直射 ④汽車不行駛短程，較短程旅運應儘量搭乘公車、騎單車或步行 。

6. (3) 經濟部能源局的能源效率標示分為幾個等級？ ① 1 ② 3 ③ 5 ④ 7 。

7. (2) 溫室氣體排放量：指自排放源排出之各種溫室氣體量乘以各該物質溫暖化潛勢所得之合計量，以 ①氧化亞氮 (N_2O) ②二氧化碳 (CO_2) ③甲烷 (CH_4) ④六氟化硫 (SF_6) 當量表示。

8. (4) 國家溫室氣體長期減量目標為中華民國 139 年溫室氣體排放量降為中華民國 94 年溫室氣體排放量百分之多少以下？ ① 20 ② 30 ③ 40 ④ 50 。

9. (2) 溫室氣體減量及管理法所稱主管機關，在中央為下列何單位？ ①經濟部能源局 ②行政院環境保護署 ③國家發展委員會 ④衛生福利部 。

10. (3) 溫室氣體減量及管理法中所稱：一單位之排放額度相當於允許排放 ① 1 公斤 ② 1 立方米 ③ 1 公噸 ④ 1 公擔 之二氧化碳當量。

11. (3) 下列何者不是全球暖化帶來的影響？ ①洪水 ②熱浪 ③地震 ④旱災 。

12. (1) 下列何種方法無法減少二氧化碳？ ①想吃多少儘量點，剩下可當廚餘回收 ②選購當地、當季食材，減少運輸碳足跡 ③多吃蔬菜，少吃肉 ④自備杯筷，減少免洗用具垃圾量 。

13. (3) 下列何者不會減少溫室氣體的排放？ ①減少使用煤、石油等化石燃料 ②大量植樹造林，禁止亂砍亂伐 ③增高燃煤氣體排放的煙囪 ④開發太陽能、水能等新能源 。

14. (4) 關於綠色採購的敘述，下列何者錯誤？ ①採購回收材料製造之物品 ②採購的產品對環境及人類健康有最小的傷害性 ③選購產品對環境傷害較少、污染程度較低者 ④以精美包裝為主要首選 。

15. (1) 一旦大氣中的二氧化碳含量增加，會引起那一種後果？ ①溫室效應惡化 ②臭氧層破洞 ③冰期來臨 ④海平面下降 。

16. (3) 關於建築中常用的金屬玻璃帷幕牆，下列敘述何者正確？ ①玻璃帷幕牆的使用能節省室內空調使用 ②玻璃帷幕牆適用於臺灣，讓夏天的室內產生溫暖的感覺 ③在溫度高的國家，建築使用金屬玻璃帷幕會造成日照輻射熱，產生室內「溫室效應」 ④臺灣的氣候濕熱，特別適合在大樓以金屬玻璃帷幕作為建材 。

17. (4) 下列何者不是能源之類型？ ①電力 ②壓縮空氣 ③蒸汽 ④熱傳 。

18. (1) 我國已制定能源管理系統標準為 ① CNS 50001 ② CNS 12681 ③ CNS 14001 ④ CNS 22000 。

19. (4) 台灣電力股份有限公司所謂的三段式時間電價於夏月平日（非週六日）之尖峰用電時段為何？ ① 9：00~16：00 ② 9：00~24：00 ③ 6：00~11：00 ④ 16：00~22：00 。

20. (1) 基於節能減碳的目標，下列何種光源發光效率最低，不鼓勵使用？ ①白熾燈泡 ② LED 燈泡 ③省電燈泡 ④螢光燈管 。

21. (1) 下列哪一項的能源效率標示級數較省電？ ① 1 ② 2 ③ 3 ④ 4 。

22. (4) 下列何者不是目前台灣主要的發電方式？ ①燃煤 ②燃氣 ③核能 ④地熱 。

23. (2) 有關延長線及電線的使用，下列敘述何者錯誤？ ①拔下延長線插頭時，應手握插頭取下 ②使用中之延長線如有異味產生，屬正常現象不須理會 ③應避開火源，以免外覆塑膠熔解，致使用時造成短路 ④使用老舊之延長線，容易造成短路、漏電或觸電等危險情形，應立即更換 。

24. (1)有關觸電的處理方式，下列敘述何者錯誤？ ①立即將觸電者拉離現場 ②把電源開關關閉 ③通知救護人員 ④使用絕緣的裝備來移除電源 。

25. (2)目前電費單中，係以「度」為收費依據，請問下列何者為其單位？ ① kW ② kWh ③ kJ ④ kJh 。

26. (4)依據台灣電力公司三段式時間電價(尖峰、半尖峰及離峰時段)的規定，請問哪個時段電價最便宜？ ①尖峰時段 ②夏月半尖峰時段 ③非夏月半尖峰時段 ④離峰時段 。

27. (2)當電力設備遭遇電源不足或輸配電設備受限制時，導致用戶暫停或減少用電的情形，常以下列何者名稱出現？ ①停電 ②限電 ③斷電 ④配電 。

28. (2)照明控制可以達到節能與省電費的好處，下列何種方法最適合一般住宅社區兼顧節能、經濟性與實際照明需求？ ①加裝 DALI 全自動控制系統 ②走廊與地下停車場選用紅外線感應控制電燈 ③全面調低照明需求 ④晚上關閉所有公共區域的照明 。

29. (2)上班性質的商辦大樓為了降低尖峰時段用電，下列何者是錯的？ ①使用儲冰式空調系統減少白天空調電能需求 ②白天有陽光照明，所以白天可以將照明設備全關掉 ③汰換老舊電梯馬達並使用變頻控制 ④電梯設定隔層停止控制，減少頻繁啟動 。

30. (2)為了節能與降低電費的需求，家電產品的正確選用應該如何？ ①選用高功率的產品效率較高 ②優先選用取得節能標章的產品 ③設備沒有壞，還是堪用，繼續用，不會增加支出 ④選用能效分級數字較高的產品，效率較高，5 級的比 1 級的電器產品更省電 。

31. (3)有效而正確的節能從選購產品開始，就一般而言，下列的因素中，何者是選購電氣設備的最優先考量項目？ ①用電量消耗電功率是多少瓦攸關電費支出，用電量小的優先 ②採購價格比較，便宜優先 ③安全第一，一定要通過安規檢驗合格 ④名人或演藝明星推薦，應該口碑較好 。

32. (3)高效率燈具如果要降低眩光的不舒服，下列何者與降低刺眼眩光影響無關？ ①光源下方加裝擴散板或擴散膜 ②燈具的遮光板 ③光源的色溫 ④採用間接照明 。

33. (1)一般而言，螢光燈的發光效率與長度有關嗎？ ①有關，越長的螢光燈管，發光效率越高 ②無關，發光效率只與燈管直徑有關 ③有關，越長的螢光燈管，發光效率越低 ④無關，發光效率只與色溫有關 。

34. (4)用電熱爐煮火鍋，採用中溫 50% 加熱，比用高溫 100% 加熱，將同一鍋水煮開，下列何者是對的？ ①中溫 50% 加熱比較省電 ②高溫 100% 加熱比較省電 ③中溫 50% 加熱，電流反而比較大 ④兩種方式用電量是一樣的 。

35. (2)電力公司為降低尖峰負載時段超載停電風險，將尖峰時段電價費率（每度電單價）提高，離峰時段的費率降低，引導用戶轉移部分負載至離峰時段，這種電能管理策略稱為 ①需量競價 ②時間電價 ③可停電力 ④表燈用戶彈性電價 。

36. (2)集合式住宅的地下停車場需要維持通風良好的空氣品質， 又要兼顧節能效益，下列的排風扇控制方式何者是不恰當的？ ①淘汰老舊排風扇，改裝取得節能標章、適當容量高效率風扇 ②兩天一次運轉通風扇就好了 ③結合一氧化碳偵測器，自動啟動 / 停止控制 ④設定每天早晚二次定期啟動排風扇 。

37. (2)大樓電梯為了節能及生活便利需求，可設定部分控制功能，下列何者是錯誤或不正確的做法？①加感應開關， 無人時自動關燈與通風扇 ②縮短每次開門 / 關門的時間 ③電梯設定隔樓層停靠，減少頻繁啟動 ④電梯馬達加裝變頻控制 。

38. (4)為了節能及兼顧冰箱的保溫效果，下列何者是錯誤或不正確的做法？①冰箱內上下層間不要塞滿，以利冷藏對流 ②食物存放位置紀錄清楚，一次拿齊食物，減少開門次數 ③冰箱門的密封壓條如果鬆弛，無法緊密關門，應儘速更新修復 ④冰箱內食物擺滿塞滿，效益最高 。

39. (2)就加熱及節能觀點來評比，電鍋剩飯持續保溫至隔天再食用，與先放冰箱冷藏，隔天用微波爐加熱，下列何者是對的？ ①持續保溫較省電 ②微波爐再加熱比較省電又方便 ③兩者一樣 ④優先選電鍋保溫方式，因為馬上就可以吃 。

40. (2)不斷電系統 UPS 與緊急發電機的裝置都是應付臨時性供電狀況；停電時，下列的陳述何者是對的？ ①緊急發電機會先啟動，不斷電系統 UPS 是後備的 ②不斷電系統 UPS 先啟動，緊急發電機是後備的 ③兩者同時啟動 ④不斷電系統 UPS 可以撐比較久 。

41. (2)下列何者為非再生能源？ ①地熱能 ②焦煤 ③太陽能 ④水力能 。

42. (1)欲降低由玻璃部分侵入之熱負載，下列的改善方法何者錯誤？ ①加裝
深色窗簾 ②裝設百葉窗 ③換裝雙層玻璃 ④貼隔熱反射膠片 。

43. (1)一般桶裝瓦斯 (液化石油氣) 主要成分為 ①丙烷 ②甲烷 ③辛烷 ④乙炔
及丁烷。

44. (1)在正常操作，且提供相同使用條件之情形下，下列何種暖氣設備之能
源效率最高？ ①冷暖氣機 ②電熱風扇 ③電熱輻射機 ④電暖爐 。

45. (4)下列何種熱水器所需能源費用最少？ ①電熱水器 ②天然瓦斯熱水器
③柴油鍋爐熱水器 ④熱泵熱水器 。

46. (4)某公司希望能進行節能減碳，為地球盡點心力，以下何種作為並不恰
當？ ①將採購規定列入以下文字：「汰換設備時首先考慮能源效率 1
級或具有節能標章之產品」 ②盤查所有能源使用設備 ③實行能源管理
④為考慮經營成本，汰換設備時採買最便宜的機種 。

47. (2)冷氣外洩會造成能源之消耗，下列何者最耗能？ ①全開式有氣簾 ②
全開式無氣簾 ③自動門有氣簾 ④自動門無氣簾 。

48. (4)下列何者不是潔淨能源？ ①風能 ②地熱 ③太陽能 ④頁岩氣 。

49. (2)有關再生能源的使用限制，下列何者敘述有誤？ ①風力、太陽能屬間
歇性能源，供應不穩定 ②不易受天氣影響 ③需較大的土地面積 ④設
置成本較高 。

50. (4)全球暖化潛勢(Global Warming Potential, GWP) 是衡量溫室氣體對全
球暖化的影響，下列之 GWP 哪項表現較差？ ① 200 ② 300 ③ 400
④ 500 。

51. (3)有關台灣能源發展所面臨的挑戰，下列何者為非？ ①進口能源依存度
高，能源安全易受國際影響 ②化石能源所占比例高，溫室氣體減量壓
力大 ③自產能源充足，不需仰賴進口 ④能源密集度較先進國家仍有改
善空間 。

52. (3) 若發生瓦斯外洩之情形，下列處理方法何者錯誤？ ①應先關閉瓦斯爐或熱水器等開關 ②緩慢地打開門窗，讓瓦斯自然飄散 ③開啟電風扇，加強空氣流動 ④在漏氣止住前，應保持警戒，嚴禁煙火 。

53. (1) 全球暖化潛勢 (Global Warming Potential, GWP) 是衡量溫室氣體對全球暖化的影響，其中是以何者為比較基準？ ① CO_2 ② CH_4 ③ SF_6 ④ N_2O 。

54. (4) 有關建築之外殼節能設計，下列敘述何者有誤？ ①開窗區域設置遮陽設備 ②大開窗面避免設置於東西日曬方位 ③做好屋頂隔熱設施 ④宜採用全面玻璃造型設計，以利自然採光 。

55. (1) 下列何者燈泡發光效率最高？ ① LED 燈泡 ②省電燈泡 ③白熾燈泡 ④鹵素燈泡 。

56. (4) 有關吹風機使用注意事項，下列敘述何者有誤？ ①請勿在潮濕的地方使用，以免觸電危險 ②應保持吹風機進、出風口之空氣流通，以免造成過熱 ③應避免長時間使用，使用時應保持適當的距離 ④可用來作為烘乾棉被及床單等用途 。

57. (2) 下列何者是造成聖嬰現象發生的主要原因？ ①臭氧層破洞 ②溫室效應 ③霧霾 ④颱風 。

58. (4) 為了避免漏電而危害生命安全，下列何者不是正確的做法？ ①做好用電設備金屬外殼的接地 ②有濕氣的用電場合，線路加裝漏電斷路器 ③加強定期的漏電檢查及維護 ④使用保險絲來防止漏電的危險性 。

59. (1) 用電設備的線路保護用電力熔絲（保險絲）經常燒斷，造成停電的不便，下列何者不是正確的作法？ ①換大一級或大兩級規格的保險絲或斷路器就不會燒斷了 ②減少線路連接的電氣設備，降低用電量 ③重新設計線路，改較粗的導線或用兩迴路並聯 ④提高用電設備的功率因數 。

60. (2) 政府為推廣節能設備而補助民眾汰換老舊設備，下列何者的節電效益最佳？ ①將桌上檯燈光源由螢光燈換為 LED 燈 ②優先淘汰 10 年以上的老舊冷氣機為能源效率標示分級中之一級冷氣機 ③汰換電風扇，改裝設能源效率標示分級為一級的冷氣機 ④因為經費有限，選擇便宜的產品比較重要 。

61. (1)依據我國現行國家標準規定,冷氣機的冷氣能力標示應以何種單位表示? ① kW ② BTU/h ③ kcal/h ④ RT 。

62. (1)漏電影響節電成效,並且影響用電安全,簡易的查修方法為 ①電氣材料行買支驗電起子,碰觸電氣設備的外殼,就可查出漏電與否 ②用手碰觸就可以知道有無漏電 ③用三用電表檢查 ④看電費單有無紀錄 。

63. (2)使用了 10 幾年的通風換氣扇老舊又骯髒,噪音又大,維修時採取下列哪一種對策最為正確及節能? ①定期拆下來清洗油垢 ②不必再猶豫,10 年以上的電扇效率偏低,直接換為高效率通風扇 ③直接噴沙拉脫清潔劑就可以了,省錢又方便 ④高效率通風扇較貴, 換同機型的廠內備用品就好了 。

64. (3)電氣設備維修時,在關掉電源後,最好停留 1 至 5 分鐘才開始檢修,其主要的理由為下列何者? ①先平靜心情,做好準備才動手 ②讓機器設備降溫下來再查修 ③讓裡面的電容器有時間放電完畢,才安全 ④法規沒有規定,這完全沒有必要 。

65. (1)電氣設備裝設於有潮濕水氣的環境時,最應該優先檢查及確認的措施是?①有無在線路上裝設漏電斷路器 ②電氣設備上有無安全保險絲 ③有無過載及過熱保護設備 ④有無可能傾倒及生鏽 。

66. (1)為保持中央空調主機效率,每隔多久時間應請維護廠商或保養人員檢視中央空調主機? ①半年 ② 1 年 ③ 1.5 年 ④ 2 年 。

67. (1)家庭用電最大宗來自於 ①空調及照明 ②電腦 ③電視 ④吹風機 。

68. (2)為減少日照降低空調負載,下列何種處理方式是錯誤的? ①窗戶裝設窗簾或貼隔熱紙 ②將窗戶或門開啟,讓屋內外空氣自然對流 ③屋頂加裝隔熱材、高反射率塗料或噴水 ④於屋頂進行薄層綠化 。

69. (2)電冰箱放置處,四周應至少預留離牆多少公分之散熱空間,以達省電效果? ① 5 ② 10 ③ 15 ④ 20 。

70. (2)下列何項不是照明節能改善需優先考量之因素? ①照明方式是否適當 ②燈具之外型是否美觀 ③照明之品質是否適當 ④照度是否適當 。

71. (2)醫院、飯店或宿舍之熱水系統耗能大，要設置熱水系統時，應優先選用何種熱水系統較節能？ ①電能熱水系統 ②熱泵熱水系統 ③瓦斯熱水系統 ④重油熱水系統 。

72. (4)如下圖， 你知道這是什麼標章嗎？ ①省水標章 ②環保標章 ③奈米標章 ④能源效率標示 。

73. (3)台灣電力公司電價表所指的夏月用電月份（電價比其他月份高）是為 ① 4/1 ～ 7/31 ② 5/1 ～ 8/31 ③ 6/1 ～ 9/30 ④ 7/1 ～ 10/31 。

74. (1)屋頂隔熱可有效降低空調用電，下列何項措施較不適當？ ①屋頂儲水隔熱 ②屋頂綠化 ③於適當位置設置太陽能板發電同時加以隔熱 ④鋪設隔熱磚 。

75. (1)電腦機房使用時間長、耗電量大，下列何項措施對電腦機房之用電管理較不適當？ ①機房設定較低之溫度 ②設置冷熱通道 ③使用較高效率之空調設備 ④使用新型高效能電腦設備 。

76. (3)下列有關省水標章的敘述何者正確？ ①省水標章是環保署為推動使用節水器材，特別研定以作為消費者辨識省水產品的一種標誌 ②獲得省水標章的產品並無嚴格測試，所以對消費者並無一定的保障 ③省水標章能激勵廠商重視省水產品的研發與製造，進而達到推廣節水良性循環之目的 ④省水標章除有用水設備外，亦可使用於冷氣或冰箱上 。

77. (2)透過淋浴習慣的改變就可以節約用水，以下的何種方式正確？ ①淋浴時抹肥皂，無需將蓮蓬頭暫時關上 ②等待熱水前流出的冷水可以用水桶接起來再利用 ③淋浴流下的水不可以刷洗浴室地板 ④淋浴沖澡流下的水，可以儲蓄洗菜使用 。

78. (1)家人洗澡時，一個接一個連續洗，也是一種有效的省水方式嗎？ ①是，因為可以節省等熱水流出所流失的冷水 ②否，這跟省水沒什麼關係，不用這麼麻煩 ③否，因為等熱水時流出的水量不多 ④有可能省水也可能不省水，無法定論 。

79. (2)下列何種方式有助於節省洗衣機的用水量？ ①洗衣機洗滌的衣物盡量裝滿，一次洗完 ②購買洗衣機時選購有省水標章的洗衣機，可有效節約用水 ③無需將衣物適當分類 ④洗濯衣物時盡量選擇高水位才洗的乾淨 。

80. (3)如果水龍頭流量過大，下列何種處理方式是錯誤的？ ①加裝節水墊片或起波器 ②加裝可自動關閉水龍頭的自動感應器 ③直接換裝沒有省水標章的水龍頭 ④直接調整水龍頭到適當水量 。

81. (4)洗菜水、洗碗水、洗衣水、洗澡水等的清洗水，不可直接利用來做什麼用途？ ①洗地板 ②沖馬桶 ③澆花 ④飲用水 。

82. (1)如果馬桶有不正常的漏水問題，下列何者處理方式是錯誤的？ ①因為馬桶還能正常使用，所以不用著急，等到不能用時再報修即可 ②立刻檢查馬桶水箱零件有無鬆脫，並確認有無漏水 ③滴幾滴食用色素到水箱裡，檢查有無有色水流進馬桶，代表可能有漏水 ④通知水電行或檢修人員來檢修， 徹底根絕漏水問題 。

83. (3)「度」是水費的計量單位，你知道一度水的容量大約有多少？ ① 2,000 公升 ② 3000 個 600cc 的寶特瓶 ③ 1 立方公尺的水量 ④ 3 立方公尺的水量 。

84. (3)臺灣在一年中什麼時期會比較缺水 (即枯水期)？ ① 6 月至 9 月 ② 9 月至 12 月 ③ 11 月至次年 4 月 ④臺灣全年不缺水 。

85. (4)下列何種現象不是直接造成台灣缺水的原因？ ①降雨季節分布不平均，有時候連續好幾個月不下雨，有時又會下起豪大雨 ②地形山高坡陡，所以雨一下很快就會流入大海 ③因為民生與工商業用水需求量都愈來愈大，所以缺水季節很容易無水可用 ④台灣地區夏天過熱，致蒸發量過大 。

86. (3)冷凍食品該如何讓它退冰，才是既「節能」又「省水」？ ①直接用水沖食物強迫退冰 ②使用微波爐解凍快速又方便 ③烹煮前盡早拿出來放置退冰 ④用熱水浸泡，每 5 分鐘更換一次 。

87. (2)洗碗、洗菜用何種方式可以達到清洗又省水的效果？ ①對著水龍頭直接沖洗，且要盡量將水龍頭開大才能確保洗的乾淨 ②將適量的水放在

盆槽內洗濯,以減少用水 ③把碗盤、菜等浸在水盆裡,再開水龍頭拼命沖水 ④用熱水及冷水大量交叉沖洗達到最佳清洗效果 。

88. (4)解決台灣水荒(缺水)問題的無效對策是 ①興建水庫、蓄洪(豐)濟枯 ②全面節約用水 ③水資源重複利用,海水淡化⋯ 等 ④積極推動全民體育運動 。

89. (3)如下圖,你知道這是什麼標章嗎? ①奈米標章 ②環保標章 ③省水標章 ④節能標章 。

90. (3)澆花的時間何時較為適當,水分不易蒸發又對植物最好? ①正中午 ②下午時段 ③清晨或傍晚 ④半夜十二點 。

91. (3)下列何種方式沒有辦法降低洗衣機之使用水量,所以不建議採用? ①使用低水位清洗 ②選擇快洗行程 ③兩、三件衣服也丟洗衣機洗 ④選擇有自動調節水量的洗衣機,洗衣清洗前先脫水 1 次 。

92. (3)下列何種省水馬桶的使用觀念與方式是錯誤的? ①選用衛浴設備時最好能採用省水標章馬桶 ②如果家裡的馬桶是傳統舊式,可以加裝二段式沖水配件 ③省水馬桶因為水量較小,會有沖不乾淨的問題,所以應該多沖幾次 ④因為馬桶是家裡用水的大宗,所以應該儘量採用省水馬桶來節約用水 。

93. (3)下列何種洗車方式無法節約用水? ①使用有開關的水管可以隨時控制出水 ②用水桶及海綿抹布擦洗 ③用水管強力沖洗 ④利用機械自動洗車,洗車水處理循環使用 。

94. (1)下列何種現象無法看出家裡有漏水的問題? ①水龍頭打開使用時,水表的指針持續在轉動 ②牆面、地面或天花板忽然出現潮濕的現象 ③馬桶裡的水常在晃動,或是沒辦法止水 ④水費有大幅度增加 。

95. (2)蓮蓬頭出水量過大時,下列何者無法達到省水? ①換裝有省水標章的低流量(5 ～ 10 L/min) 蓮蓬頭 ②淋浴時水量開大,無需改變使用方法 ③洗澡時間盡量縮短,塗抹肥皂時要把蓮蓬頭關起來 ④調整熱水器水量到適中位置 。

96. (4)自來水淨水步驟,何者爲非? ①混凝 ②沉澱 ③過濾 ④煮沸 。

97. (1)爲了取得良好的水資源,通常在河川的哪一段興建水庫? ①上游 ②中游 ③下游 ④下游出口 。

98. (1)台灣是屬缺水地區,每人每年實際分配到可利用水量是世界平均值的約多少? ①六分之一 ②二分之一 ③四分之一 ④五分之一 。

99. (3)台灣年降雨量是世界平均值的 2.6 倍,卻仍屬缺水地區,原因何者爲非? ①台灣由於山坡陡峻,以及颱風豪雨雨勢急促,大部分的降雨量皆迅速流入海洋 ②降雨量在地域、季節分佈極不平均 ③水庫蓋得太少 ④台灣自來水水價過於便宜 。

100. (3) 電源插座堆積灰塵可能引起電氣意外火災,維護保養時的正確做法是? ①可以先用刷子刷去積塵 ②直接用吹風機吹開灰塵就可以了 ③應先關閉電源總開關箱內控制該插座的分路開關 ④可以用金屬接點清潔劑噴在插座中去除銹蝕 。

6 營造工程管理術科考題分析

1. 一般土木建築工程圖說之判讀與繪製

考題重點

甲級		
	1	公共工程基本圖 – 基本圖詳細資料
	2	施工大樣圖
	3	標準配筋詳圖

乙級		
	1	CNS11567 建築製圖標準
	2	施工大樣圖
	3	製圖規範
	4	標準配筋詳圖
	5	建築技術規則
	6	公共工程基本圖 – 基本圖詳細資料

甲級

年份	術科考試類型
111	斷面剖面圖級配筋計算
110	施工製造圖
109	公共工程製圖手冊製圖標準圖例
108	梁穿孔鋼筋補強詳圖
107	U 型排水溝剖面圖
106	瀝青路面構造剖面圖
104	擋土牆剖面圖
103	道路工程平面圖
102	抿石子施工大樣圖
101	滲透陰井剖面詳圖
100	樓梯配筋圖
99	斬石子施工大樣圖
98	石英磚地坪施工大樣圖
97	外牆磁磚施工計畫
97	樓板角隅補強配筋圖

乙級

甲級

Q **001**　# 營甲 97

某建築樓高 25 層（高度為 4m+3.2mx24=80.8m），外牆採二丁掛磚，二階段施工，請繪製立面簡圖、並說明外牆磁磚施工計畫及繪圖內容。

A **001**

磁磚計畫（外牆）：

1. 磁磚尺寸，橫縫（約 6 ～ 8mm）豎縫（約 2 ～ 3mm），確定尺寸後開始施行磁磚計畫。

2. 外牆屬於大面積磁磚計畫，主要需確定為全整磚或可以用直立磚收邊為兩種完全不同的磁磚計畫。

   外牆磁磚計畫如果為全整磚，需先整理結構尺寸外露梁及柱尺寸，結構尺寸不適合整磚時，泥作打底需配合加大至整磚，甚至窗戶尺寸也需配合調整，所以還需加繪泥作剖面詳圖訂定泥作打底厚度。

   如果可以用直立磚收尾的磁磚計畫，基本上就只需交代各種不同外牆磁磚施作範圍及直立磚收尾尺寸，其他的現場工班就會自行處理了。

3. 外牆陽角需註明施作方式，正蓋、半蓋、斜尖嘴。

4. 如外牆有多種不同尺寸磁磚需特別注意在哪個陰角相接，或用造型勾縫相接，為磁磚計畫的細部詳圖。

5. 外牆磁磚計畫最容易疏忽的通常都是陽台倒吊該如何施作未標示及滴水線未繪製（滴水線未規劃會造成雨水亂跑及美觀欠佳）。

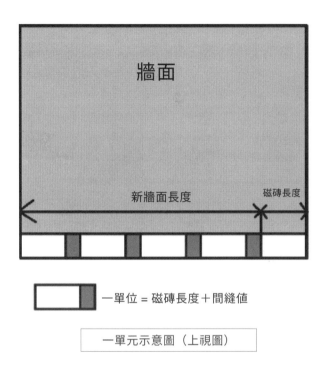

一單位 = 磁磚長度＋間縫值

一單元示意圖（上視圖）

（一）根據磁磚計畫數據，於結構體中匯出牆面的專屬磁磚鋪設線。

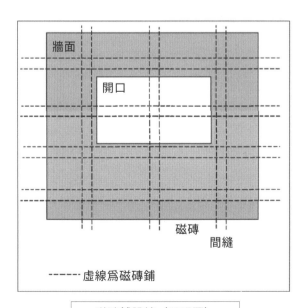

磁磚鋪設線（正視圖）

（二）調整開口部分，依照磁磚鋪設線，適當地移動開口，依照法規允許，並將其擴大或縮減，甚至加入設計，且其移動量及增加量不會超過一個磁磚距離。

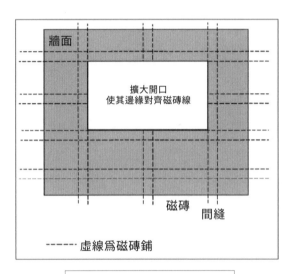

開口設計（正視圖）

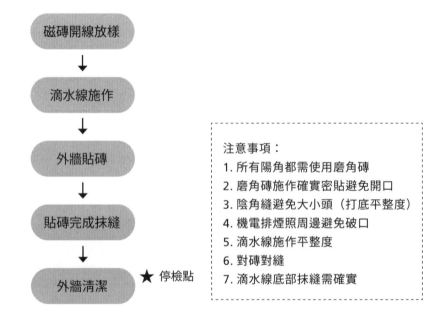

外牆貼磚施工流程及停檢點

A. 打底面檢查：檢驗粉刷平整度。

B. 磁磚放樣檢查：依據分割圖施工面之中間基準線，磁磚規格區劃放樣墨線。

C. 磁磚舖貼：

　1. 舖貼應掃淨及濕潤，磚縫應平直。

　2. 舖貼時黏著劑應均勻塗在施工面。

　3. 水平及垂直 1.5m 範圍內順差不得超過 3mm。

D. 填縫施作：

　1. 填縫至少應於磁磚舖貼二日以上方可施工。

　2. 填縫寬度不得小於 3mm，深度不得小於 3mm 或大於 13mm。

E. 塞水路：

　1. 窗邊須留 0.8 ～ 1cm 塞水路。

F. 磁磚面清洗及外觀檢查：

　1. 磁磚面不得有雜質。

　2. 磁磚貼著不得有中空。

　3. 磁磚面不得有破損或缺角。

•二丁掛平磚尺寸 (mm)： 60x227x11mm

•總樓層高度：80.8m

•高度總層數：80.8mx100 / (6+1)=1155 層

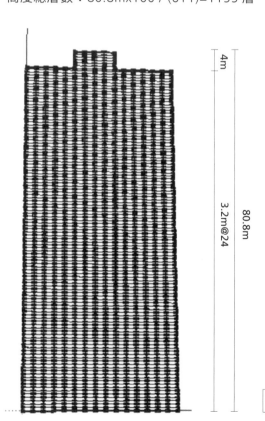

模擬外牆二丁掛拼貼成果圖

請以簡圖（無比例尺規定，但需具有比例原則）繪製並標示：
(一) 雙向樓板角隅補強配筋圖。
(二) 結構柱不同尺寸（上層 30cmx30cm、下層 40cmx40cm）柱鋼筋接頭圖。

(一)

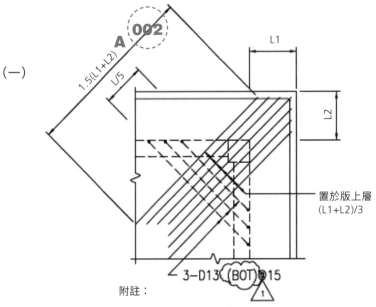

置於版上層
(L1+L2)/3

3–D13 (BOT) @15

附註：

1. 若只有單邊有版外挑時，則上層補強筋不必挑出，彎入柱及梁內同上圖。

2. "L" 為樓板長向跨距。

雙向樓板角隅補強配筋圖

(二)

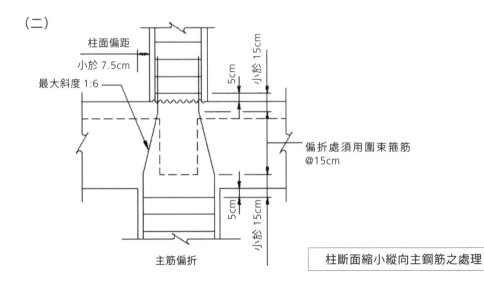

柱面偏距
小於 7.5cm

最大斜度 1:6

5cm
小於 15cm

偏折處須用圍束箍筋
@15cm

5cm
小於 15cm

主筋偏折

柱斷面縮小縱向主鋼筋之處理

Q 003 #營甲98

有一建物走廊，地面採石英磚地坪（軟底工法施作），請依所提供之條件完成

（一）施工大樣圖（比例不限，但須符合比例原則）及

（二）施工程序。相關條件如下：

1. 原結構層（210kgf/cm² pc 厚度 15 公分，拍漿整平）。

2. 粘貼層材質（益膠泥）。

3. 面層貼 200mmx200mmx7mm 石質磁磚

4. 間縫採樹脂黏著劑填縫寬 2 ～ 3mm。

5. 伸縮縫（PU 彈性材寬度 1 公分）。

6. 條件不足可自行假設。

A 003

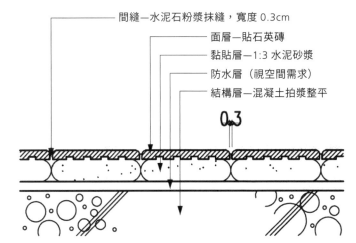

間縫—水泥石粉漿抹縫，寬度 0.3cm
面層—貼石英磚
黏貼層—1:3 水泥砂漿
防水層（視空間需求）
結構層—混凝土拍漿整平

石英磚地坪（軟底工法）

有一建物走廊，地面採斬石子地坪工法施作，請依所提供之條件完成

（一）施工大樣圖（比例不限，但須符合比例原則）

（二）施工程序。相關條件如下：

1. 原結構層（210kgf/cm^2 pc 厚度 15cm，拍漿整平）。
2. 粉底層採 1:3 水泥砂漿粉平厚 15mm
3. 面層採本色水泥加寒水石斬琢
4. 伸縮縫 PU 彈性材寬度 1cm。
5. 邊帶及轉角處 15mm 不斬琢
6. 條件不足可自行假設。

A 004

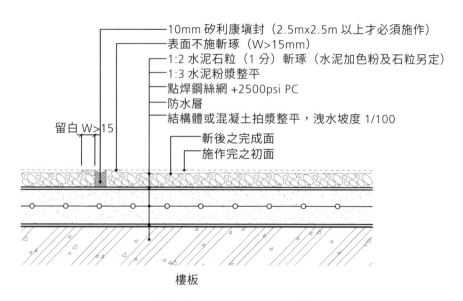

10mm 矽利康填封（2.5mx2.5m 以上才必須施作）
表面不施斬琢（W>15mm）
1:2 水泥石粒（1 分）斬琢（水泥加色粉及石粒另定）
1:3 水泥粉漿整平
點焊鋼絲網 +2500psi PC
防水層
結構體或混凝土拍漿整平，洩水坡度 1/100

斬後之完成面
施作完之初面

留白 W>15

樓板

斬石子地坪施工大樣詳圖

Q 005 # 營甲 100

試繪製一鋼筋混凝土建築物之七階樓梯（如圖）配筋圖，需註明鋼筋尺度及其箍筋間距，條件不足可自行假設？

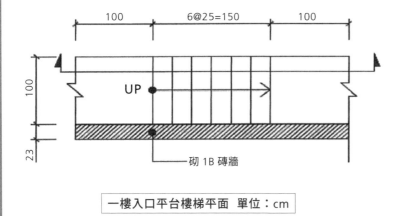

一樓入口平台樓梯平面 單位：cm

A 005

懸臂式樓梯：

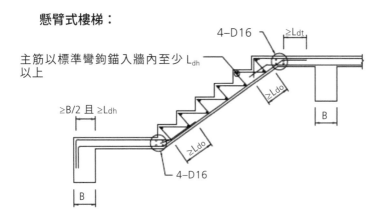

Q 006 # 營甲 101

有一公園排水系統考量土壤自然滲水的功能，採用「滲透陰井」以達到較佳之儲集滲透效果，試繪製「滲透陰井」剖面詳圖（比例不限，但須符合比例原則），條件不足可自行假設。

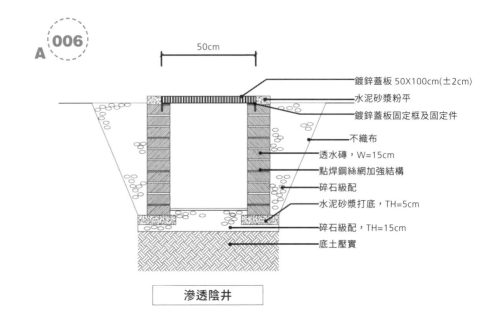

A 006

50cm

鍍鋅蓋板 50X100cm(±2cm)
水泥砂漿粉平
鍍鋅蓋板固定框及固定件
不織布
透水磚，W=15cm
點焊鋼絲網加強結構
碎石級配
水泥砂漿打底，TH=5cm
碎石級配，TH=15cm
底土壓實

滲透陰井

Q 007   # 營甲 102

請依下列之條件繪製抿石子牆面施工大樣圖（比例不限，但須符合比例原則），條件不足部份可自行假設。

1. 結構層：RC 牆面或磚造牆面，厚度自行假設。
2. 粉底層：1:3 水泥砂漿厚度 1.5cm 以上。
3. 粘貼層：益膠泥厚度自行假設。
4. 面層：1 分宜蘭石或同等材料，厚度自行假設。
5. 伸縮縫：填縫膠袋縫，寬度 1cm。

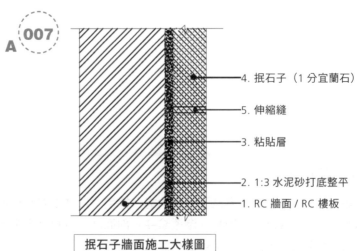

A 007

4. 抿石子（1 分宜蘭石）
5. 伸縮縫
3. 粘貼層
2. 1:3 水泥砂打底整平
1. RC 牆面 / RC 樓板

抿石子牆面施工大樣圖

Q 008 #營甲 103

道路工程平面圖中應表達之內容有哪些？

A 008

一般道路工程平面圖包含起終點，並在道路中心線位置自起點每 20m 標示里程以 0K+000、0K+020、0K+004、0K+060……一直標示至終點、並以『道路中心樁座標表』列出直線段及曲線段分別標示長度，曲線起點與終點之半徑、轉角值，起點與終點之樁號、座標、方位角，切線交點座標、曲線長及弦長等，工程師於施工前應依據此座標資料實地放樣。

Q 009 #營甲 104

請繪製一混凝土重力式擋土牆剖面圖，該圖應能表達其構造型式、使用材質及附屬構件（如洩水孔及透水材料）之規格、材質等以及擋土牆與鄰接地面線之相對關係（尺寸及比例請自行合理假設）。

A 009

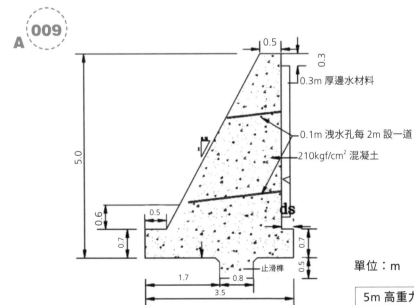

5m 高重力式擋土牆標準圖

單位：m

請繪製道路工程之柔性路面構造剖面圖（須含粗級配瀝青混凝土及密級配瀝青混凝土）。

A **010**

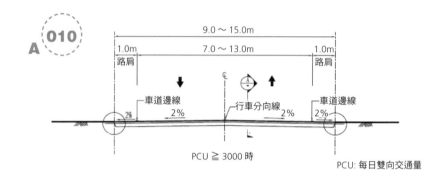

舖設黏層 ———— 密級配瀝青混凝土 (3/8 ", 1/2 " 或其他類)，厚度 5cm
舖設透層 ———— 粗級配瀝青混凝土 (3/4 ",1 " 或其他類)，厚度 10cm
———— 碎石級配底層，厚度 35cm
———— 路基頂層下方 30cm 內應依規定夯實

A-A 剖面圖

柔性路面剖面圖

Q **011** # 營甲 107

請依下列條件繪製道路 U 型溝剖面圖，並標註詳細尺寸：

（一） PC 打底：厚度 5cm、寬 100cm，混凝土抗壓強度 140 kgf/cm^2。

（二） 鋼筋混凝土水溝主體：外側牆高 80cm、寬 80cm（兩側溝壁厚度皆爲 20cm）、內側採用 U 型排水斷面，其底部半徑爲 20cm，溝底最小混凝土厚度爲 20cm，混凝土抗壓強度 210kgf/cm^2。

（三） 鋼筋混凝土水溝蓋版：厚度 20cm、寬 80cm，混凝土抗壓強度 210kgf/cm^2，置中每 50 公分設置 3" 洩水孔 1 處。

（四） 繪製比例不限，但需符合比例原則，其他未提供之條件，請自行合理假設。（配分 20 分）

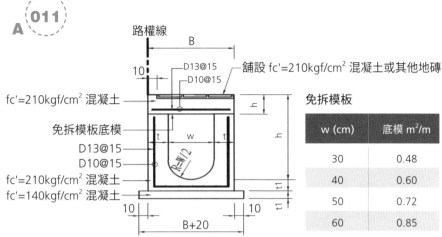

路權線

B

10

D13@15
D10@15

舖設 fc'=210kgf/cm² 混凝土或其他地磚

fc'=210kgf/cm² 混凝土

免拆模板底模

D13@15
D10@15

fc'=210kgf/cm² 混凝土
fc'=140kgf/cm² 混凝土

10   10

B+20

t   w   t

R=W/2

h

h

t1
t1

免拆模板

w (cm)	底模 m²/m
30	0.48
40	0.60
50	0.72
60	0.85

人行道 U 型側溝斷面圖

Q 012 # 營甲 108

試繪下圖所示之梁穿孔（如圖中之虛線）的鋼筋補強詳圖（比例不限，但需符合比例原則），包括橫筋、斜筋、補強箍筋及上、下箍筋並加以標示。

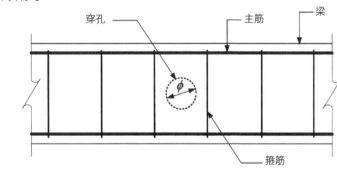

穿孔   主筋   梁

φ

箍筋

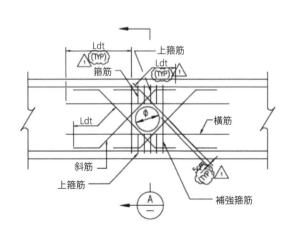

Ldt
上箍筋
箍筋
Ldt
(TYP)
(TYP)

Ldt

φ

橫筋

斜筋
上箍筋

補強箍筋

A

開口直徑 補強筋	Φ < 100	100≤ Φ < 200	200≤ Φ < 300	300≤ Φ < 400
補強箍筋	4–D13	4–D13	4–D16	4–D19
斜筋	8–D13	8–D13	8–D16	8–D19
橫筋	–	4–D13	4–D16	4–D19
上下箍筋	–	3–D13	4–D13	6–D13

Q 013 # 營甲 109

請依公共工程製圖手冊製圖標準圖例及 CNS 建築製圖回答下列圖形之名稱。

圖例名稱類別	圖形	名稱	圖例名稱類別	圖形	名稱
地形圖、地貌	⊕	(一)	鋼材及電銲	⟋	(六)
地形圖、地貌	▫	(二)	建築材料構造	▨	(七)
鋼材及電銲	⟋◯	(三)	建築材料構造	◯	(八)
鋼材及電銲	⟙	(四)	建築材料構造	▨	(九)
鋼材及電銲	⟊◯	(五)	門窗	⊗	(十)

A 013

圖例名稱類別	圖形	名稱	圖例名稱類別	圖形	名稱
地形圖、地貌	⊕	道路中心樁	鋼材及電銲	⟋	塡角銲
地形圖、地貌	▫	水準點	建築材料構造	▨	磚
鋼材及電銲	⟋◯	圓周銲	建築材料構造	◯	級配
鋼材及電銲	⟙	工地銲	建築材料構造	▨	石材
鋼材及電銲	⟊◯	圓周工地銲	門窗	⊗	旋轉門

Q 014 # 營甲 110

請列舉 5 項施工製造圖中應包含之項目？

A 014

施工製造圖應包括但不限於下列項目：

1. 製造、裝配、佈置、放樣圖。
2. 完整之材料明細表。
3. 製造廠商之圖說。
4. 佈線及控制示意圖（視需要而定）。
5. 適用之部分型錄或全套型錄。
6. 性能及測試數據。
7. 施工承攬廠商按規範規定所設計之永久性結構、設備及系統之圖說。
8. 規範中所規定之其他圖說。

Q 015 # 營甲 111

試繪下圖為某建築物 2 樓梁配筋圖（斷面 45cm × 70cm），請繪製該梁 A-A 及 B-B 處之斷面剖面圖，並計算此梁之箍筋數量（繪圖比例不限，但需符合比例原則，計算部分需列計算式）。

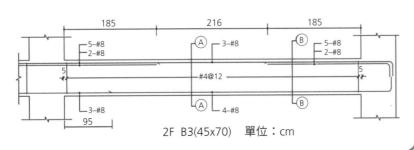

2F B3(45x70)　單位：cm

A

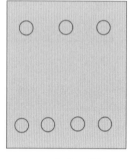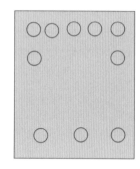

70cm

A-A　45cm

B-B

箍筋數量：

總箍筋數：(185*2+216)/12+1=45 個

箍筋長度：((45-4*2)+(70-4*2))*2+7.62*2=212.24cm

總箍筋長度：45*212.24=9550.8cm

總箍筋重量：9559.8/100*0.994=94.9kg

Q 016　# 營甲 112

一般土木建築工程圖說之判讀與繪製，請依下圖地梁 (Fb1) 鋼筋配筋圖，回答下述問題：

（一）上層主筋號數、支數、單支加工長度（公分）、總長度（公分）及總重量（公斤）爲何？

（二）下層主筋號數、支數、單支加工長度（公分）、總長度（公分）及總重量（公斤）爲何？

（三）腰筋主筋號數、支數、單支加工長度（公分）、總長度（公分）及總重量（公斤）爲何？

（四）肋筋 (箍筋) 號數、支數、單支加工長度（公分）、總長度（公分）及總重量（公斤）爲何？

題示，#4(D13) 鋼筋單位重 0.994 公斤 / 公尺、#8(D25) 鋼筋單位重 3.98 公斤 / 公尺。計算至小數點後二位，並四捨五入。

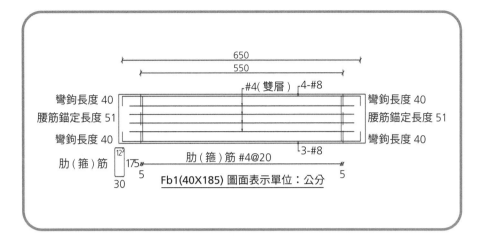

Fb1(40X185) 圖面表示單位：公分

（一）上層主筋號數：#8(D25)、支數 4 支、單支加工長度=650+40X2=730(公分)、總長度 730X4=2920(公分) 及總重量 29.20X3.98=116.22(公斤)。

（二）下層主筋號數：#8(D25)、支數 3 支、單支加工長度=650+40X2=730(公分)、總長度 730X3=2190(公分) 及總重量 21.90X3.98=87.16(公斤)。

（三）腰筋主筋號數：#4(D13)、支數 8 支（雙層）、單支加工長度=550+51X2=652(公分)、總長度 652X8=5216(公分) 及總重量 =52.16X0.994=51.84(公斤)。

（四）肋筋（箍筋）號數：#4(D13)、支數 (550-5X2)X20+1=28、單支加工長度：30X2+175X2+12X2=434(公分)、總長度=434X28=12152(公分) 及總重量 121.52X0.994=120.79（公斤)。

Q 001 # 營乙 97

請以簡圖（無比例尺規定，但需具有比例原則繪製下圖之結構柱及地梁端部其配筋詳圖。

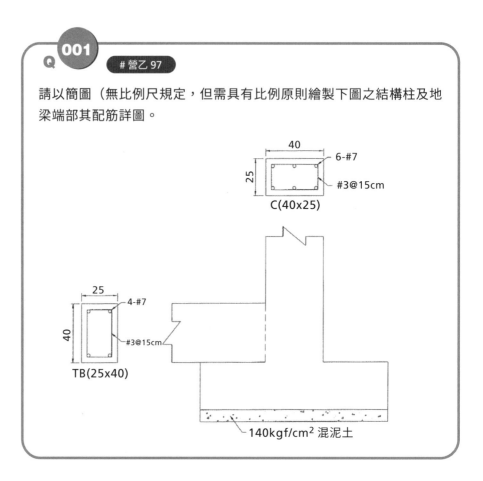

C(40x25)

TB(25x40)

140kgf/cm² 混泥土

A **001**

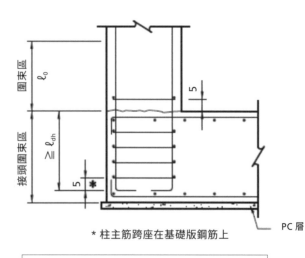

* 柱主筋跨座在基礎版鋼筋上

邊柱與角柱在版式基礎內之圍束箍筋

Q 002　 # 營乙 97

請依下圖繪製（無比例尺規定，但需具有比例原則）繪製四種結構擋土牆施工縫設置位置及說明相關規定。

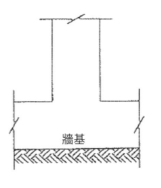

牆基

A 002

混凝土砌牆面及混凝土擋土牆等，除契約圖另有規定外，每隔 10m 應設一道垂直縮縫兼施工縫，每隔 20 ～ 30m 應設一道伸縮縫，其寬度至少為 1.5cm，構造及填縫材料等應依照契約圖之規定設置。

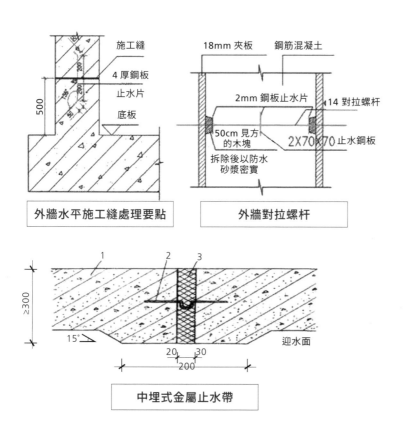

中埋式金屬止水帶

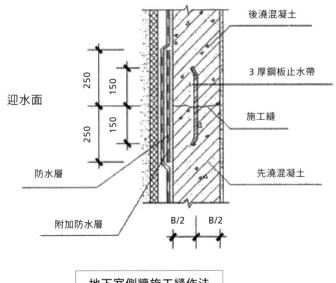

後澆混凝土

3 厚鋼板止水帶

施工縫

先澆混凝土

迎水面

防水層

附加防水層

地下室側牆施工縫作法

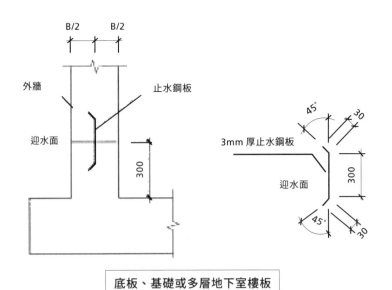

外牆

止水鋼板

迎水面

3mm 厚止水鋼板

迎水面

底板、基礎或多層地下室樓板

混凝土接縫之設置依位置可分水平接縫及垂直接縫二種；接縫依功能又可區分為施工縫、伸縮縫、收縮縫等三種。

1. 施工縫、伸縮縫

施工縫應設置於對結構強度影響最小之處。除按工程圖說或施工計畫設置之預定施工縫外；若有需設置非預定之施工縫（如遇大雨、混凝土運輸不及或其他施工問題致混凝土澆置中斷），其施工縫之設置位置、形狀及處理方式須以書面經監造單位同意。

2. 施工縫之位置應符合下列規定

(1) 版、小梁及大梁之施工縫應設置於其垮度中央三分之一範圍內。

(2) 大梁上之施工縫應設置於至少離相交小梁兩倍梁寬之處。

(3) 牆及柱之施工縫應設於其與小梁、大梁或版交接之頂部或底部。

(4) 施工縫宜與主鋼筋垂直。

(5) 除設計圖說另有規定外，小梁、大梁、托肩、柱頭版及柱冠須與樓板同時澆置。

3. 水平與垂直施工縫或伸縮縫之位置及細節應依設計圖說施工，設計圖說未提供位置或細節圖說時，廠商可自行繪製施工縫或伸縮縫之詳細圖說併接縫設置之位置圖，送監造工程司審查同意後施工。

除契約另有規定及依結構計算需求外，垂直向施工縫及伸縮縫之設置間距以不超過 20m 為原則。

4. 接縫如有應力傳遞或避免位移時應使用剪力鋼筋橫穿施工縫或伸縮縫，如混凝土之厚度足夠且混凝土剪力榫之強度可抵抗應力傳遞或側向位移時，可設計使用混凝土剪力榫。施工縫如已設計有與接縫垂直之鋼筋者，可免設剪力筋或混凝土剪力榫；伸縮縫所設置之剪力筋需使一端固定另一端能自由伸縮。增設之止水帶或剪力筋須經監造工程司同意後辦理。

伸縮縫接縫應以適當材料填塞及隔開，俾利混凝土有熱漲冷縮及變位之功能。除契約另有規定外，填塞材料可使用保力龍、發泡棉。

5. 施工縫之處理

除契約另有規定外，施工縫之處理規定如下：

(1) 為施工縫粘結性，澆置銜接混凝土前應清除已硬化混凝土表面之乳沫及鬆動物質，露出良好堅實之混凝土，凹凸深度約 0.6cm 達露出粗粒料程度，以形成連接。

(2) 接縫表面之清除打毛工作應使用高壓水、噴濕砂法或其他經核可之方式處理。

(3) 施工縫應先將表面清理溼潤後覆以與原混凝土相同水灰比之水泥砂漿，厚度 1.5cm ～ 2.5cm，在水泥漿初凝前澆置混凝土。澆置水泥砂漿前應保持澆置面濕潤。

6. 清理接縫之混凝土表面時應避免損及止水帶。

7. 沿預力鋼材方向、埋設物或開孔處，應避免設置接縫。

Q 003　# 營乙 98

請依中華民國國家標準（CNS）規定，說明 A、M、S、P 符號所代表之圖號及 LL 符號所代表之構造符號各爲何。

A 003

1. A：建築圖
2. M：空調及機械設備圖
3. S：結構圖
4. P：給排水設備圖
5. LL：下弦構材

Q 004　# 營乙 98

請依所提供之條件完成牆面面磚施工大樣圖（比例不限，但須符合比例原則。相關條件如下：
1. 原結構層（210kgf/cm² RC 厚度 15cm）。
2. 粉刷層 1:3 水泥砂漿，厚 1.5cm
3. 粘貼層材質（益膠泥）。
4. 面層貼 20cm×20cm×7mm 磁磚
5. 間縫採樹脂粘著劑填縫寬 2 ～ 3mm。
6. 伸縮縫（PU 彈性材寬度 1cm）。
7. 條件不足可自行假設。

A (004)

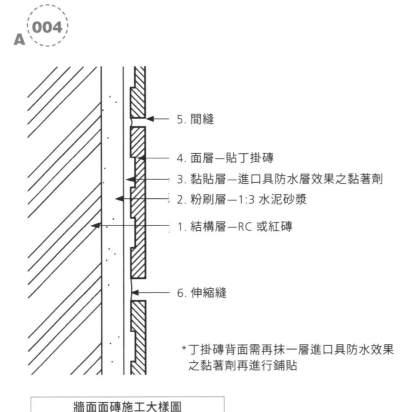

5. 間縫

4. 面層—貼丁掛磚

3. 黏貼層—進口具防水層效果之黏著劑

2. 粉刷層—1:3 水泥砂漿

1. 結構層—RC 或紅磚

6. 伸縮縫

*丁掛磚背面需再抹一層進口具防水效果
　之黏著劑再進行鋪貼

牆面面磚施工大樣圖

Q (005)　# 營乙 99

請依中華民國國家標準（CNS）規定，說明 E、G、F、L 符號所代表
之圖號及 CS 符號所代表之構造符號各為何。

 A (005)

E: 電氣設備圖

G: 瓦斯設備圖

F: 消防設備圖

L: 環境景觀植栽圖

CS: 懸臂板

營乙 99

請依所提供之條件完成牆面斬石子施工大樣圖（比例不限，但須符合比例原則）。相關條件如下：

1. 原結構層（210kgf/cm² RC 厚度 15cm）。
2. 粉底層 1:3 水泥砂漿，厚 15mm
3. 粘貼層材質（純水泥漿）。
4. 面層貼 1.2 分宜蘭石
5. 表面斬琢深度 3mm，留邊 15mm 不斬琢。
6. 伸縮縫（PU 彈性材寬度 1cm）。
7. 條件不足可自行假設。

A **006**

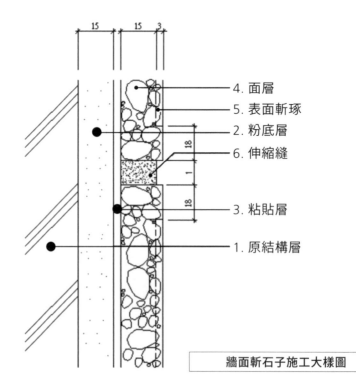

| 15 | 15 | 3 |

- 4. 面層
- 5. 表面斬琢
- 2. 粉底層
- 6. 伸縮縫
- 3. 粘貼層
- 1. 原結構層

牆面斬石子施工大樣圖

Q 007　#營乙100

請採用 10x10x10cm 之花崗岩石材繪製軟性（透水性）之走道鋪面（比例不限，但須符合比例原則），條件不足部份可自行假設。

A 007

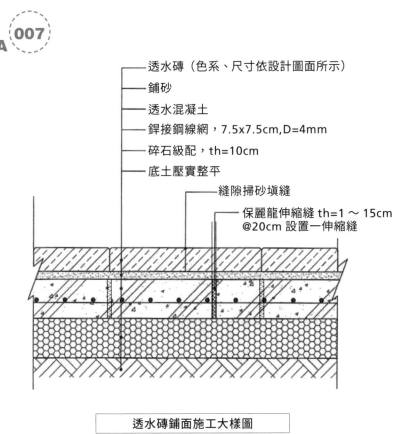

透水磚（色系、尺寸依設計圖面所示）
鋪砂
透水混凝土
銲接鋼線網，7.5x7.5cm,D=4mm
碎石級配，th=10cm
底土壓實整平
縫隙掃砂填縫
保麗龍伸縮縫 th=1 ～ 15cm @20cm 設置一伸縮縫

透水磚鋪面施工大樣圖

Q **008**

請依下列之條件繪製石塊牆面施工大樣圖（比例不限，但須符合比例原則），條件不足部份可自行假設。

1. 面層 : 砌石塊，粒徑 6cm 以上。
2. 黏貼層 :140kgf/cm² PC 厚度依粒徑大小調整。
3. 結構層 :210kgf/cm² PC，厚度 15cm。
4. 間縫 :1:3 水泥砂漿填縫，寬度 2cm。
5. 補強筋 :#8 鍍鋅鋼絲。

A

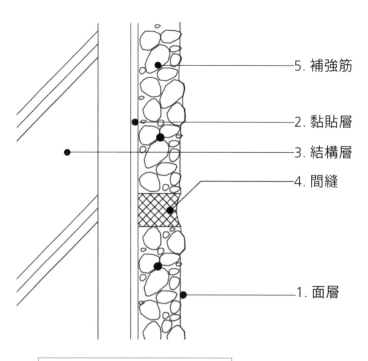

5. 補強筋

2. 黏貼層

3. 結構層

4. 間縫

1. 面層

石塊牆面施工大樣圖

#營乙 101

請繪製具 1 小時防火時效之輕隔間詳圖。

A 009

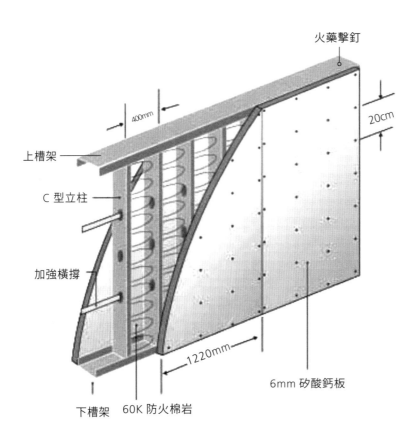

火藥擊釘

400mm

20cm

上槽架

C 型立柱

加強橫撐

1220mm

6mm 矽酸鈣板

下槽架　60K 防火棉岩

Q 010 #營乙101

請依「建築技術規則」第 60 條規定，繪製下列停車位平面圖並標註最小淨高：

1. 兩種室內一般停車位之規格？
2. 兩種室內機械停車位之規格？
3. 室外大客車停車位之規格？

A 010

1. 每輛停車位為寬 2.5m，長 5.5m。但停車位角度在三十度以下者，停車位長度為 6m。大客車每輛停車位為寬 4m，長 12.4m。

2. 設置於室內之停車位，其五分之一車位數，每輛停車位寬度得寬減 20cm。但停車位長邊鄰接牆壁者，不得寬減，且寬度寬減之停車位不得連續設置。

3. 機械停車位每輛為寬 2.5m，長 5.5m，淨高 1.8m 以上。但不供乘車人進出使用部分，寬得為 2.2m，淨高為 1.6m 以上。

4. 設置汽車昇降機，應留設寬 3.5m 以上、長 5.7m 以上之昇降機道。

5. 基地面積在 1500m² 以上者，其設於地面層以外樓層之停車空間應設汽車車道（坡道）。

6. 車道供雙向通行且服務車位數未達五十輛者，得為單車道寬度；五十輛以上者，自第五十輛車位至汽車進出口及汽車進出口至道路間之通路寬度，應為雙車道寬度。但汽車進口及出口分別設置且供單向通行者，其進口及出口得為單車道寬度。

7. 實施容積管制地區，每輛停車空間（不含機械式停車空間）換算容積之樓地板面積，最大不得超過 40m²。前項機械停車設備之規範，由內政部另定之。

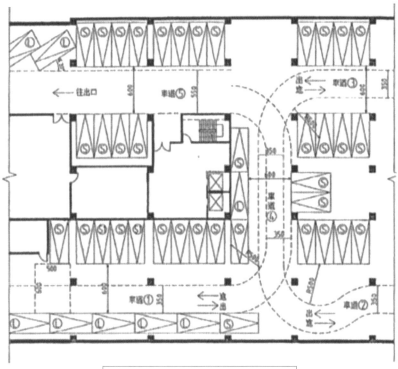

建築技術規則之停車位示意圖

1. 車道①、②、③車位數均未達五十輛，車道得爲單車道寬度。
2. 車道①、②、④合計車位數未達五十輛，車道④得爲單車道寬度。
3. 主要車道⑤服務之車位數爲車道①、②、③、④之合計達五十輛以上，應爲雙車道寬度。
4. Ⓢ每輛停車位爲寬 2.5m，長 5.5m。

   Ⓛ停車位角度在 30 度以下者，停車位長度爲 6m。

   ⓈⅠ五分之一車位數，每輛停車位寬度不得連續設置。
5. 停車位角度超過 60 度者，其停車位前方應留設深 6m，寬 5m 以上之空間。

Q 011

地質鑽探報告中判讀地質狀況有 N 值及 RQD 兩種檢討指標（如下圖所示），請說明其中文名稱並簡述其意義？

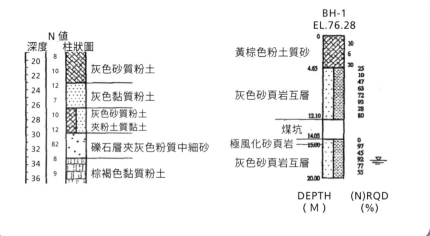

A 011

一、標準貫入試驗 N 值：原係用於研判地層之軟弱或緊密程度，甚至利用 N 值來判定承載層之深度。

二、岩石品質指標(RQD)：指一地質鑽孔中，其岩心長度超過 10 公分部分者之總長度，與該次鑽孔長度之百分比。

Q 012　# 營乙 103

何謂竣工圖？其主要表明之內容有哪些？

A 012

竣工圖是建築工程完工後，反映建築工程竣工實貌的工程圖紙，是真實記錄各種地上、地下建築物、構築物等情況的技術文件。竣工圖包含下列內容：

1、綜合竣工圖
2、建築竣工圖
3、結構竣工圖
4、室內裝修工程竣工圖
5、建築給水、排水與空調系統竣工圖
6、瓦斯竣工圖
7、建築電氣竣工圖
8、智慧建築工程竣工圖
9、通風空調竣工圖
10、地上部分的道路、綠化、庭院照明、噴泉等竣工圖
11、地下部分的各種市政、電力、電信管線等竣工圖

Q 013　# 營乙 103

請說明建築之結構平面圖表達之方式與規則，並繪一草圖表示之（請以徒手繪製即可，條件不足請自行合理假設）。

圖名	主要內容	備考
結構平面圖	載明： （一）基礎、屋頂、屋頂突出物及各層結構平面。 （二）柱、梁、板、牆、基礎、電梯、電扶梯、樓梯之位置、編號及尺度。 （三）註明材料規範、基土或基樁之承力等必要說明事項。	（一）一層、地下室及基礎平面應繪製地界線及建築線。 （二）座標應與建築平面圖一至。 （三）鋼筋標稱依 CNS 560（鋼筋混凝土用鋼筋）之規定。
結構詳圖	載明：基礎、柱、梁、樓板、牆、樓梯及其他各部結構詳圖。	

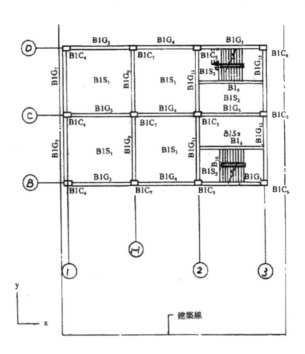

地下一層結構平面圖 1:200

Q 014 # 營乙 104

下圖為鋁窗檻（面磚類窗台板）剖面詳圖，請說明標號（1）～（5）位置應標註之內容。

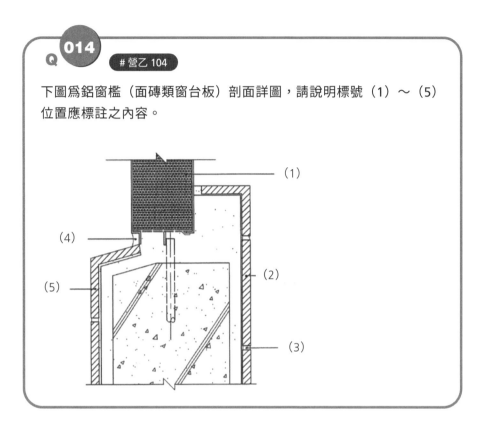

A 014

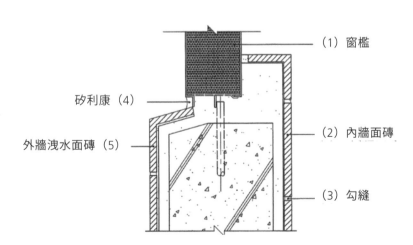

(1) 窗檻

矽利康（4）

外牆洩水面磚（5）

(2) 內牆面磚

(3) 勾縫

Q 015 # 營乙 104

請繪製一 RC 製 U 型排水溝剖面圖，應能表達其中之各部份尺寸、使用材料 之規格、表面施作方式與地界（路權線）之相對關係。（比例及尺寸請自行合理假設）

A 015

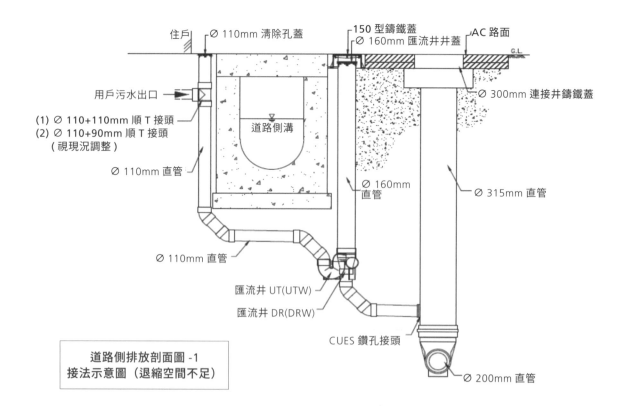

住戶｜ Ø 110mm 清除孔蓋　150 型鑄鐵蓋　AC 路面
Ø 160mm 匯流井井蓋　G.L.

用戶污水出口

(1) Ø 110+110mm 順 T 接頭
(2) Ø 110+90mm 順 T 接頭
　（視現況調整）

道路側溝

Ø 110mm 直管

Ø 160mm 直管

Ø 300mm 連接井鑄鐵蓋

Ø 315mm 直管

Ø 110mm 直管

匯流井 UT(UTW)

匯流井 DR(DRW)

CUES 鑽孔接頭

Ø 200mm 直管

**道路側排放剖面圖 -1
接法示意圖（退縮空間不足）**

Q 016 # 營乙 105

下圖為樓梯鋼材欄杆下端剖面詳圖，請說明標號（1）～（5）位置應標註之內容。

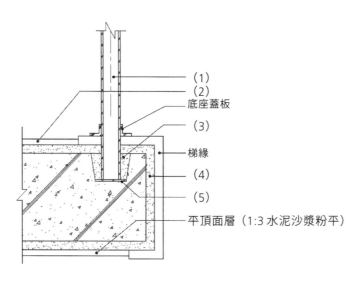

（1）
（2）
底座蓋板
（3）
梯緣
（4）
（5）
平頂面層（1:3 水泥沙漿粉平）

A 016

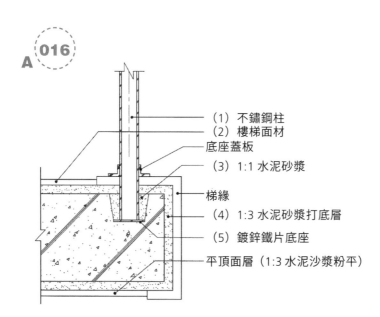

（1）不鏽鋼柱
（2）樓梯面材
底座蓋板
（3）1:1 水泥砂漿
梯緣
（4）1:3 水泥砂漿打底層
（5）鍍鋅鐵片底座
平頂面層（1:3 水泥沙漿粉平）

Q 017 # 營乙 105

下圖為屋頂通氣管剖面詳圖，請說明標號（1）～（5）位置應標註之內容。

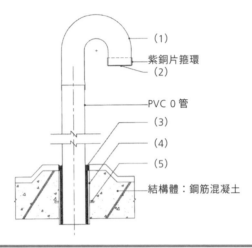

A 017

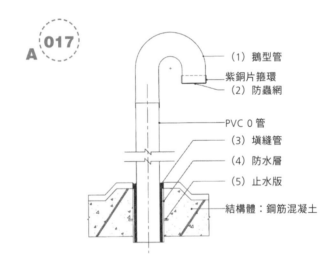

(1) 鵝型管
紫銅片箍環
(2) 防蟲網

PVC 0 管
(3) 填縫管
(4) 防水層
(5) 止水版

結構體：鋼筋混凝土

Q 018 # 營乙 106

繪製工程圖說中，若有（1）隱藏線、（2）尺寸線、（3）輪廓線、（4）中心線、（5）剖面線，互相重疊時，請依優先順序列出。

（3）輪廓線 →（1）隱藏線 →（4）中心線 →（5）剖面線→（2）尺寸線

Q 019 # 營乙 106

請依 CNS11567-A1042 建築製圖規定說明下列結構圖基本符號為何？ （一）F:（二）SS:（三）W:（四）RS:（五）C:

A 019

（一）F：基腳　　　　（四）RS：屋頂版

（二）SS：樓梯梯版　　（五）C：柱

（三）W：牆

Q 020 # 營乙 107D 卷

建築平面圖標註尺寸時其尺寸線若有（1）牆位線、（2）柱位線、（3）開口線　（4）總尺寸；請由外而內依序列出標註順序。

(4) 總尺寸 > (2) 柱位線 > (1) 牆位線 > (3) 開口線

Q 021 #營乙 107

一懸臂式鋼筋混凝土擋土牆之設計圖顯示如下圖。其中鋼筋之配置以編號表示,其鋼筋稱號及間距如下表。請於答案卷上繪出下表並於配置編號標示各配筋應屬之位置編號。

配置編號	鋼筋稱號	鋼筋間距 (cm)
②	D16	20
④	D16	20
①	D13	30
③	D13	20
⑤	D13	30
⑥	D13	30

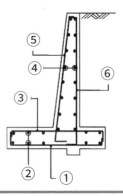

A 021

配置編號	鋼筋稱號	鋼筋間距 (cm)
②	D16	20
④	D16	20
①	D13	30
③	D13	20
⑤	D13	30
⑥	D13	30

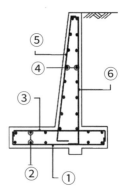

Q 022 #營乙 108

請根據建築製圖之 CNS 國家標準回答下列問題:
(一) 請繪出以下消防設備符號:
1. 消防栓箱、2. 偵煙型火警探測器、3. 自動灑水水管。
(二) 請繪出以下給水及衛生設備符號:
1. 逆止閥、2. 雨水排水管。

A 022

（一）1. 消防栓箱 **FMC**

  2. 偵煙型火警探測器

  3. 自動灑水水管 **– A S –**

（二）1. 逆止閥

  2. 雨水排水管 ——RD——

Q 023　#營乙 108

請依序回答下列問題：

（一）一柱配筋圖上標記箍筋採用 D10 鋼筋、主筋採用 D32 鋼筋，
其中之 D10 一般稱為 3 號（#3）鋼筋，則 D32 為幾號鋼筋？
若主筋採用 8 號（#8）鋼筋，則在圖上會標記 D 多少？

（二）依 CNS 建築製圖規定圖號之英文代號原則，S 及 E 分別代表
為何種圖？

（三）建造執照申請圖上，著紅色之一長一點的虛線（—·—·—）表
示何意？

A 023

（一）D32 為 10 號鋼筋（鋼筋換算：10x3+2=32）
8 號（#8）鋼筋，則在圖上會標記 D25
（鋼筋換算：8x3+1=25）

（二）S 代表結構圖
E 代表電氣設備圖

（三）建造執照著紅色之一長一點的虛線為建築線

依據 CNS 國家標準建築製圖規定，下列消防設備符號代表爲何？請依序作答。

（一）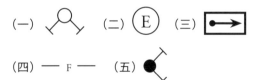　（二）Ⓔ　（三）▣→

（四）— F —　（五）●⊣

A **024**

（一）⟨⟩ ：消防送水口　（四）— F — ：消防水管

（二）Ⓔ ：緊急照明燈　（五）●⊣ ：自動灑水送水口

（三）▣→ ：避難方向指標

Q **025** #營乙109

請依下圖回答問題（圖面尺寸單位爲公分）：（配分 25 分，各 5 分）
（一）1F 高程 (公分)。（二）1F 樓層高度 (公分)。（三）地面高程 (公分)。四 建築物高度 (公分)。（五）1F 落地門之上方氣窗開啟方式。

A **025**

（一）1F 高程（公分）：50CM
（二）1F 樓層高度（公分）：460CM
（三）地面高程（公分）：0CM
（四）建築物高度（公分）：1050CM
（五）1F 落地門之上方氣窗開啟方式：雙拉窗

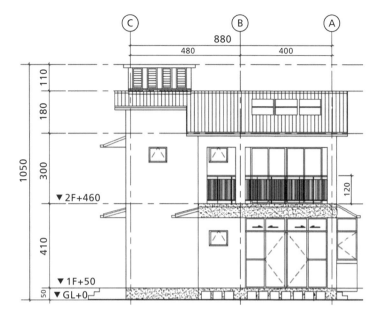

Q 026 #營乙 110

請說明「工作圖」之意義爲何？並請列舉 3 種施工項目類型工作圖。

A 026

（一）「工作圖」係指施工承攬廠商施作臨時性結構之施工圖樣。

（二）諸如臨時性擋土設施、開挖支撐、地下水控制系統、模板及施
工架，及其他爲施工所需、但不屬契約工作完成後一部分之工
程。

Q 027 #營乙 110

一般土木建築工程圖說之判讀與繪製
依 CNS 建築製圖圖號之英文代號原則，請分別說明 A、F、P、M、
W 分別代 表爲何種圖？

A 027

（一）　A ：建築圖
（二）　F ：消防設備圖
（三）　P ：給水，排水及衛生設備圖
（四）　M：空調及機械設備圖
（五）　W：汙水處理設施圖

Q 028　# 營乙 111

依據 CNS11567 建築製圖規定說明下列圖例名稱分別為何？

（一）　
（二）
（三）

（四）
（五）

A 028

（一）單拉門　　　　（四）坡道
（二）雙開窗　　　　（五）固定窗
（三）電梯

Q 029　# 營乙 112

依據 CNS 國家標準建築製圖規定，請依據回答下列設備符號之名稱。

符號類別	符號	名稱
消防設備符號		（一）
消防設備符號		（二）
消防設備符號	PBL	（三）
給排水及衛生設備符號		（四）
給排水及衛生設備符號		（五）

A 029

（一）火警受信總機　　（四）逆止閥
（二）出口標示燈　　　（五）閘閥
（三）綜合盤

Q 030　# 營乙 112

請依下圖勒腳牆剖面圖，回答（一）～（五）之材料、構造圖例名稱。

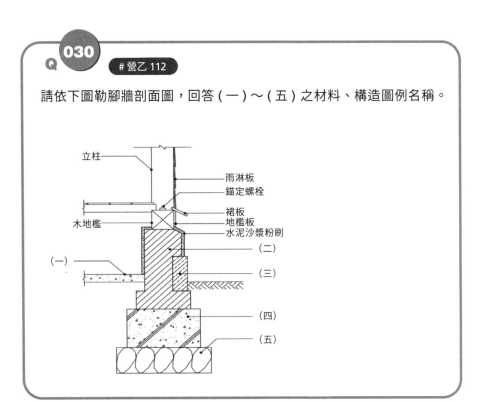

A 030

勒腳是建築物外牆的牆腳，即建築物的外牆與室外地面或散水部分的接觸牆
體部位的加厚部分。

（一）pc 打底層　　　（四）鋼筋混凝土基腳
（二）紅磚　　　　　（五）卵石層
（三）石材

6 營造工程管理術科考題分析

2. 基本法令

考題重點

甲級		
	1	建築法
	2	營造業法
	3	建築技術規則

乙級		
	1	建築法
	2	營造業法
	3	建築技術規則

甲級

年份	術科考試類型
111	公共工程汛期工地防災減災作業要點　汛期自主檢查
111	建築工程及民間工程剩餘土石方
111	建築技術規則第 1 條　名詞定義 耐水、耐燃、耐火材料
111	營造業法～ 62 條　工地主任之處分
111	建築法 8 ～ 10 條、～ 28 條　主要構造、改建、使用執照
110	營建工程空氣污染防治設施管理辦法第 6 條
110	營造業法～ 3 條　契約之定義
110	政府採購法～ 20 條　選擇性招標
110	營造業法～ 32 條　工地主任應辦理之工作
110	營造業法～ 3 條　統包、聯合承攬、技術士
109	各級營造業審議委員會之執掌
109	營造業法～ 27 條　營繕工程之承攬契約應記載之事項
108	建築法～ 78 條　無須請領拆除執照
108	營造業法～ 35 條　專任工程人員應負責辦理工作

年份	術科考試類型
107	建築工程必須勘驗部分申報表按設計圖說施中，應查核及監督之施工項目
106	建築技術規則〜64 條 地基調查
105	建築法〜32 條 工程圖樣及說明書之內容
103	營造業法〜32,35 條 工地主任及專任工程人員應負責辦理之事項
103	建築法〜8,9 條 建築主要構造＋建造行爲
102	營造業法〜8 條 專業營造業登記之專業工程項目
101	營造業法〜3 條 工地主任，技術士，專任工程人員用語定義
101	建築法〜60 條 監造賠償責任
100	營造業法〜35 條 專任工程人員應負責辦理工作
99	營造業法〜27 條 營繕工程承攬契約應記載哪些事項
98	營造業法〜35 條 專任工程人員應負責辦理工作

乙級

年份　術科考試類型

100　政府採購法　採購四項金額規定
100　建築法〜58 條　勒令停工或修改與強制拆除
100　營造業法〜27 條　契約內容之主要項目
99　營造業法〜7 條　綜合營造業分幾種資本額
98　營造業法〜32 條　工地主任應負責辦理哪些工作
97　營造業法〜27 條　營繕工程之承攬契約，應記載事項為何

甲級

Q **001** #營甲 98

依「營造業法」之規定，營造業之專任工程人員應負責辦理之事項爲何？

A **001**

營造業法第 35 條

營造業之專任工程人員應負責辦理下列工作：

一、查核施工計畫書，並於認可後簽名或蓋章。

二、於開工、竣工報告文件及工程查報表簽名或蓋章。

三、督察按圖施工、解決施工技術問題。

四、依工地主任之通報，處理工地緊急異常狀況。

五、查驗工程時到場說明，並於工程查驗文件簽名或蓋章。

六、營繕工程必須勘驗部分赴現場履勘，並於申報勘驗文件簽名或蓋章。

七、主管機關勘驗工程時，在場說明，並於相關文件簽名或蓋章。

八、其他依法令規定應辦理之事項。

Q **002** #營甲 99

依「營造業法」之規定，營繕工程承攬契約應記載哪些事項？

營造業法 第 27 條

營繕工程之承攬契約，應記載事項如下：

一、契約之當事人。

二、工程名稱、地點及內容。

三、承攬金額、付款日期及方式。

四、工程開工日期、完工日期及工期計算方式。

五、契約變更之處理。

六、依物價指數調整工程款之規定。

七、契約爭議之處理方式。

八、驗收及保固之規定。

九、工程品管之規定。

十、違約之損害賠償。

十一、契約終止或解除之規定。

前項實施辦法，由中央主管機關另定之。

Q 003　# 營甲 100

依「營造業法」之規定，營造業之專任工程人員應負責辦理之事項為何？

營造業法第 35 條

營造業之專任工程人員應負責辦理下列工作：

一、查核施工計畫書，並於認可後簽名或蓋章。

二、於開工、竣工報告文件及工程查報表簽名或蓋章。

三、督察按圖施工、解決施工技術問題。

四、依工地主任之通報，處理工地緊急異常狀況。

五、查驗工程時到場說明，並於工程查驗文件簽名或蓋章。

六、營繕工程必須勘驗部分赴現場履勘，並於申報勘驗文件簽名或蓋章。

七、主管機關勘驗工程時，在場說明，並於相關文件簽名或蓋章。

八、其他依法令規定應辦理之事項。

Q **004** # 營甲 101

依「建築法」之規定，建築物由監造人負責監造，其施工不合規定或肇致起造人蒙受損失時，賠償責任有哪些規定。

A 004

建築法第 60 條

建築物由監造人負責監造，其施工不合規定或肇致起造人蒙受損失時，賠償責任，依下列規定：

一、監造人認為不合規定或承造人擅自施工，至必須修改、拆除、重建或予補強，經主管建築機關認定者，由承造人負賠償責任。

二、承造人未按核准圖說施工，而監造人認為合格經直轄市、縣 (市)(局) 主管建築機關勘驗不合規定，必須修改、拆除、重建或補強者，由承造人負賠償責任，承造人之專任工程人員及監造人負連帶責任。

Q **005** # 營甲 101

依「營造業法」之規定，試說明「營造業」、「工地主任」、「技術士」、「專任工程人員」之用語定義。

A 005

營造業法第 3 條

本法用語定義如下：

一、營繕工程：係指土木、建築工程及其相關業務。

二、營造業：係指經向中央或直轄市、縣(市) 主管機關辦理許可、登記，承攬營繕工程之廠商。

三、綜合營造業：係指經向中央主管機關辦理許可、登記，綜理營繕工程施工及管理等整體性工作之廠商。

四、專業營造業：係指經向中央主管機關辦理許可、登記，從事專業
　　工程之廠商。

五、土木包工業：係指經向直轄市、縣(市) 主管機關辦理許可、登記，
　　在當地或毗鄰地區承攬小型綜合營繕工程之廠商。

六、統包：係指基於工程特性，將工程規劃、設計、施工及安裝等部
　　分或全部合併辦理招標。

七、聯合承攬：係指二家以上之綜合營造業共同承攬同一工程之契約
　　行為。

八、負責人：在無限公司、兩合公司係指代表公司之股東；在有限公
　　司、股份有限公司係指代表公司之董事；在獨資組織係指出資人
　　或其法定代理人；在合夥組織係指執行業務之合夥人；公司或商
　　號之經理人，在執行職務範圍內，亦為負責人。

九、專任工程人員：係指受聘於營造業之技師或建築師，擔任其所承
　　攬工程之施工技術指導及施工安全之人員。其為技師者，應稱主
　　任技師；其為建築師者，應稱主任建築師。

十、工地主任：係指受聘於營造業，擔任其所承攬工程之工地事務及
　　施工管理之人員。

十一、技術士：係指領有建築工程管理技術士證或其他土木、建築相
　　　關技術士證人員。

Q 006 #營甲 102

依「營造業法」之規定，專業營造業有哪些專業工程之登記項目。

A 006

營造業法第 8 條

專業營造業登記之專業工程項目如下：

一、鋼構工程。

二、擋土支撐及土方工程。

三、基礎工程。

四、施工塔架吊裝及模板工程。

五、預拌混凝土工程。

六、營建鑽探工程。

七、地下管線工程。

八、帷幕牆工程。

九、庭園、景觀工程。

十、環境保護工程。

十一、防水工程。

十二、其他經中央主管機關會同主管機關增訂或變更，並公告之項目。

Q 007 # 營甲 103

請依「建築法」規定分別說明下列問題：

（一）建築物之主要構造為何？

（二）所稱「建造」係指哪些行為？

A 007

（一）建築法第 8 條

本法所稱建築物之主要構造，為基礎、主要梁柱、承重牆壁、樓地板及屋頂之構造。

（二）建築法第 9 條

本法所稱建造，係指下列行為：

一、新建：為新建造之建築物或將原建築物全部拆除而重行建築者。

二、增建：於原建築物增加其面積或高度者。但以過廊與原建築物連接者，應視為新建。

三、改建：將建築物之一部分拆除，於原建築基地範圍內改造，而不增高或擴大面積者。

四、修建：建築物之基礎、梁柱、承重牆壁、樓地板、屋架及屋頂，其中任何一種有過半之修理或變更者。

Q **008**

\# 營甲 103

依營造業法之規定，試各列舉 3 項說明工地主任及專任工程人員應負責辦理之事項為何？

A **008**

營造業法第 32 條

營造業之工地主任應負責辦理下列工作：

一、依施工計畫書執行按圖施工。

二、按日填報施工日誌。

三、工地之人員、機具及材料等管理。

四、工地勞工安全衛生事項之督導、公共環境與安全之維護及其他工地行政事務。

五、工地遇緊急異常狀況之通報。

六、其他依法令規定應辦理之事項。

營造業承攬之工程，免依第 30 條規定置工地主任者，前項工作，應由專任工程人員或指定專人為之。

營造業法第 35 條

營造業之專任工程人員應負責辦理下列工作：

一、查核施工計畫書，並於認可後簽名或蓋章。

二、於開工、竣工報告文件及工程查報表簽名或蓋章。

三、督察按圖施工、解決施工技術問題。

四、依工地主任之通報，處理工地緊急異常狀況。

五、查驗工程時到場說明，並於工程查驗文件簽名或蓋章。

六、營繕工程必須勘驗部分赴現場履勘，並於申報勘驗文件簽名或蓋章。

七、主管機關勘驗工程時，在場說明，並於相關文件簽名或蓋章。

八、其他依法令規定應辦理之事項。

Q 009 #營甲 105

請依「建築法」說明工程圖樣及說明書之內容爲何？

A 009

建築法第 32 條

工程圖樣及說明書應包括下列各款：

一、基地位置圖。

二、地盤圖，其比例尺不得小於一千二百分之一。

三、建築物之平面、立面、剖面圖，其比例尺不得小於二百分之一。

四、建築物各部之尺寸構造及材料，其比例尺不得小於三十分之一。

五、直轄市、縣（市）主管建築機關規定之必要結構計算書。

六、直轄市、縣（市）主管建築機關規定之必要建築物設備圖說及設
　　備計算書。

七、新舊溝渠及出水方向。

八、施工說明書。

Q 010 #營甲 106

建築基地應依據建築物之規劃及設計辦理地基調查，地基調查方式包
括資料蒐集、現地探勘或地下探勘，請依「建築技術規則」規定，說
明哪些建築物應進行地下探勘？又地下探勘之調查點數量規定爲何？

A 010

建築技術規則第 64 條

五層以上或供公眾使用建築物之地基調查，應進行地下探勘。四層以
下非供公眾使用建築物之基地，且基礎開挖深度爲 5 公尺以內者，得
引用鄰地既有可靠之地下探勘資料設計基礎。無可靠地下探勘資料可
資引用之基地仍應依第一項規定進行調查。但建築面積 600 平方公
尺以上者，應進行地下探勘。

Q 011 # 營甲 107

依據內政部公告「建築工程必須勘驗部分申報表（B14-2）所列「按設計圖說施工」中，應查核及監督之施工項目為何？

 A 011

建築工程必須勘驗部分申報表（B14-2）之三、按設計圖說施工：

一、放樣工程
二、地質改良工程
三、基礎工程
四、模板工程
五、混凝土工程
六、鋼筋（鋼骨）工程
七、基地環境雜項工程
八、其他

 Q 012 # 營甲 108

請依「營造業法」說明營造業之專任工程人員應負責辦理哪些工作？

A 012

營造業法第 35 條
營造業之專任工程人員應負責辦理下列工作：
一、查核施工計畫書，並於認可後簽名或蓋章。
二、於開工、竣工報告文件及工程查報表簽名或蓋章。
三、督察按圖施工、解決施工技術問題。

四、依工地主任之通報，處理工地緊急異常狀況。

五、查驗工程時到場說明，並於工程查驗文件簽名或蓋章。

六、營繕工程必須勘驗部分赴現場履勘，並於申報勘驗文件簽名或蓋章。

七、主管機關勘驗工程時，在場說明，並於相關文件簽名或蓋章。

八、其他依法令規定應辦理之事項。

Q 013　# 營甲 108

請依「建築法」規定哪些情況下，一般建築物拆除無須請領拆除執照？

A 013

建築法第 78 條

建築物之拆除應先請領拆除執照，但下列各款之建築物，無第 83 條規定情形者不在此限：

一、第 16 條規定之建築物及雜項工作物。

二、因實施都市計畫或拓闢道路等經主管建築機關通知限期拆除之建築物。

三、傾頹或朽壞有危險之虞必須立即拆除之建築物。

四、違反本法或基於本法所發布之命令規定，經主管建築機關通知限期拆除或由主管建築機關強制拆除之建築物。

Q 014　# 營甲 109

請依據「各級營造業審議委員會設置要點」說明營造業審議委員會之執掌爲何？

營造業審議委員會職掌如下：

一、關於營造業撤銷或廢止登記事項之審議。

二、關於營造業獎懲事項之審議。

三、關於專任工程人員及工地主任處分案件之審議。

Q **015**

#營甲 109

請依「營造業法」說明營繕工程之承攬契約應記載之事項為何請至少列舉 7 項。

A **015**

營造業法第 27 條：

營繕工程之承攬契約，應記載事項如下：

一、契約之當事人。

二、工程名稱、地點及內容。

三、承攬金額、付款日期及方式。

四、工程開工日期、完工日期及工期計算方式。

五、契約變更之處理。

六、依物價指數調整工程款之規定。

七、契約爭議之處理方式。

八、驗收及保固之規定。

九、工程品管之規定。

十、違約之損害賠償。

十一、契約終止或解除之規定。

前項實施辦法，由中央主管機關另定之。

Q 016 # 營甲 110

請說明何謂統包、聯合承攬、工程轉交及技術士。

A 016

一、 統包：係指基於工程特性，將工程規劃、設計、施工及安裝等部分或全部合併辦理招標。

二、 聯合承攬：係指二家以上之綜合營造業共同承攬同一工程之契約行為。

三、 工程轉交：綜合營造業承攬之營繕工程或專業工程項目，除與定作人約定需自行施工者外，得交由專業營造業承攬，其轉交工程之施工責任，由原承攬之綜合營造業負責，受轉交之專業營造業並就轉交部分，負連帶責任。

四、 技術士：係指領有建築工程管理技術士證或其他土木、建築相關技術士證人員。

Q 017 # 營甲 110

依據「營造業法」規定，營造業之工地主任應負責辦理工作有哪些？

A 017

營造業法第 32 條：

營造業之工地主任應負責辦理下列工作：

一、 依施工計畫書執行按圖施工。

二、 按日填報施工日誌。

三、 工地之人員、機具及材料等管理。

四、 工地勞工安全衛生事項之督導、公共環境與安全之維護及其他工地行政事務。

五、 工地遇緊急異常狀況之通報。

六、 其他依法令規定應辦理之事項。

Q 018 # 營甲 110

依據「政府採購法」規定機關辦理公告金額以上之採購，符合哪些情形者，得採選擇性招標？

政府採購法第 20 條：

機關辦理公告金額以上之採購，符合下列情形之一者，得採選擇性招標：

一、經常性採購。

二、投標文件審查，須費時長久始能完成者。

三、廠商準備投標需高額費用者。

四、廠商資格條件複雜者。

研究發展事項。

Q 019 # 營甲 110

試分別說明下列名詞：

（一）工程契約：

（二）分包契約：

（三）買賣契約：

（四）租賃契約：

（五）勞務供給契約：

A 019

（一）工程契約：謂當事人約定，一方爲他方完成一定之工作，他方俟工作完成，給付報酬之契約。約定由承攬人供給材料者，其材料之價額，推定爲報酬之一部。

（二）分包契約：得標廠商得將採購分包予其他廠商。稱分包者，謂非轉包而將契約之部分由其他廠商代爲履行。

（三）買賣契約：稱買賣者，謂當事人約定一方移轉財產權於他方，他方支付價金之契約。當事人就標的物及其價金互相同意時，買賣契約卽爲成立。

（四）租賃契約：稱租賃者，謂當事人約定，一方以物租與他方使用收益，他方支付租金之契約。

（五）勞務供給契約：通常指顧問機構，依定業主（政府招標機關）要求完成工程規劃、設計及監造等專業服務工作。

Q 020　# 營甲 110

依照「營建工程空氣污染防治設施管理辦法」之規定回答下列問題：
（一）營建工程進行期間，應於營建工地周界設置哪些設施？
（二）有關第一級營建工程及第二級營建工程，上述阻隔設施之相關規定爲何？請詳述之。

A 020

營建工程空氣污染防治設施管理辦法　第 6 條：

（一）營建業主於營建工程進行期間，應於營建工地周界設置定著地面之全阻隔式圍籬及防溢座。

（二）屬第一級營建工程者，其圍籬高度不得低於 2.4m；屬第二級營建工程者，其圍籬高度不得低於 1.8m。但其圍籬座落於道路轉角或轉彎處 10m 以內者，得設置半阻隔式圍籬。

Q 021 # 營甲 111

請說明下列名詞之意義。
（一）建築物之主要構造：
（二）建築物之改建：
（三）建築物設備：
（四）建築執照之使用執照：

A 021

（一）　建築法第 8 條
　　　　本法所稱建築物之主要構造，為基礎、主要樑柱、承重牆壁、
　　　　樓地板及屋頂之構造。
（二）　建築法第 9 條
　　　　改建：將建築物之一部分拆除，於原建築基地範圍內改造，
　　　　而不增高或擴大面積者。
（三）　建築法第 10 條
　　　　本法所稱建築物設備，為敷設於建築物之電力、電信、煤氣、
　　　　給水、污水、排水、空氣調節、昇降、消防、消雷、防空避難、
　　　　污物處理及保護民眾隱私權等設備。
（四）　建築法第 28 條
　　　　使用執照：建築物建造完成後之使用或變更使用，應請領使
　　　　用執照。

Q 022 # 營甲 111

請依「營造業法」規定回答下列問題：
（一）承攬建築物高度 36 公尺以上工程之工地主任，於施工期間同
時兼任其他營造工地主任之業務，依「營造業法」第 62 條規定，按
其情節輕重應受處分規定有哪些？
（二）營造業工地主任依「營造業法」第 62 條規定，達到何種累計
處分者，應廢止其工地主任執業證？

（一） 營造業法第 62 條

營造業工地主任違反第 30 條第 2 項、第 31 條第 5 項、第 32 條第 1 項第 1 款至第 5 款或第 41 條第 1 項規定之一者，按其情節輕重，予以警告或三個月以上一年以下停止執行營造業工地主任業務之處分。

（二） 營造業工地主任經依前項規定受警告處分三次者，予以三個月以上一年以下停止執行營造業工地主任業務之處分；受停止執行營造業工地主任業務處分期間累計滿三年者，廢止其工地主任執業證。

前項工地主任執業證自廢止之日起五年內，其工地主任不得重新申請執業證。

Q 023　#營甲 111

請依據建築技術規則規定說明下列用語定義：

（一）耐水材料：

（二）不燃材料：

（三）耐燃材料：

（四）防火時效：

（一） 耐水材料：磚、石料、人造石、混凝土、柏油及其製品、陶瓷品、玻璃、金屬材料、塑膠製品及其他具有類似耐水性之材料。

（二） 不燃材料：混凝土、磚或空心磚、瓦、石料、鋼鐵、鋁、玻璃、玻璃纖維、礦棉、陶瓷品、砂漿、石灰及其他經中央主管建築機關認定符合耐燃一級之不因火熱引起燃燒、熔化、破裂變形及產生有害氣體之材料。

（三） 耐燃材料：耐燃合板、耐燃纖維板、耐燃塑膠板、石膏板及其他經中央主管建築機關認定符合耐燃三級之材料。

（四） 防火時效：建築物主要結構構件、防火設備及防火區劃構造遭受火災時可耐火之時間。

Q 024 # 營甲 111

請回答下列有關建築工程及民間工程剩餘土石方處理事宜：

（一）如何取得直轄市、縣（市）政府核發之剩餘土石方流向證明文件？

（二）違規棄置建築工程剩餘土石方者，應由直轄市、縣（市）政府勒令承造人按規定限期清除違規現場，回復原土地使用目的與功能，逾期未清除回復原使用目的與功能者，得依「建築法」第 58 條規定，給予何種處分？

A 024

（一）建築工程應由承造人或使用人於工地實際產出剩餘土石方前，將擬送往之收容處理場所之地址及名稱報直轄市、縣（市）政府備查後，據以核發剩餘土石方流向證明文件。

（二）建築法第 58 條：

建築物在施工中，直轄市、縣（市）（局）主管建築機關認有必要時，得隨時加以勘驗，發現下列情事之一者，應以書面通知承造人或起造人或監造人，勒令停工或修改；必要時，得強制拆除。

Q 025 # 營甲 111

試依據「公共工程汛期工地防災減災作業要點」說明汛期之定義，並列舉 4 項汛期工地防災減災自主檢查表之檢查項目。

A 025

一、防汛災害風險辨識
二、防救災文件資料

三、防救災措施應變準備

四、工地臨時構造物

五、工地排水設施

六、工地大型機械設備

七、工地開挖及土石挖填方

八、工地水文及邊坡變化

九、工地防汛缺口

十、工地垃圾、雜物及廢棄物

十一、工地施工器材

十二、工地電力系統

十三、工地房舍、辦公室及倉庫

Q **026** # 營甲 112

請回答下列問題：

（一）列舉 5 項營造業應設置技術士之專業工程有哪些？

（二）營造業專業工程「庭園、景觀工程」，其特定施工項目為「造園景觀施工、植生綠化及養護」時，請列舉 2 項可設置之技術士種類。

A 026

（一）

一、鋼構工程

二、基礎工程

三、施工塔架吊裝及模版工程

四、庭園、景觀工程

五、防水工程

六、預拌混凝土工程

（二）

一、造園景觀（造園施工）

二、園藝

Q 027 # 營甲 112

請依營造業法說明下列名詞：
（一）營繕工程。
（二）綜合營造業。
（三）專業營造業。
（四）土木包工業。

A 027

（一）營繕工程：係指土木、建築工程及其相關業務。
（二）綜合營造業：係指經向中央主管機關辦理許可、登記，綜理營
　　　繕工程施工及管理等整體性工作之廠商。
（三）專業營造業：係指經向中央主管機關辦理許可、登記，從事專
　　　業工程之廠商。
（四）土木包工業：係指經向直轄市、縣（市）主管機關辦理許可、
　　　登記，在當地或毗鄰地區承攬小型綜合營繕工程之廠商。

Q 028 # 營甲 112

請依據「政府採購法」規定，說明保證金之種類？

A 028

一、預付款還款保證金。
二、履約保證金。
三、保固保證金。
四、差額保證金。
五、植栽工程養護期保證金。

Q 001   # 營乙 97

依「營造業法」之規定，營繕工程之承攬契約，應記載事項爲何？請詳述之。

A 001

營造業法第 27 條
營繕工程之承攬契約，應記載事項如下：
一、契約之當事人。
二、工程名稱、地點及內容。
三、承攬金額、付款日期及方式。
四、工程開工日期、完工口期及工期計算方式。
五、契約變更之處理。
六、依物價指數調整工程款之規定。
七、契約爭議之處理方式。
八、驗收及保固之規定。
九、工程品管之規定。
十、違約之損害賠償。
十一、契約終止或解除之規定。
前項實施辦法，由中央主管機關另定之。

Q 002   # 營乙 98

依「營造業法」之規定，營造業之工地主任應負責辦理哪些工作？

營造業法第 32 條

營造業之工地主任應負責辦理下列工作：

一、依施工計畫書執行按圖施工。

二、按日填報施工日誌。

三、工地之人員、機具及材料等管理。

四、工地勞工安全衛生事項之督導、公共環境與安全之維護及其他工地行政事務。

五、工地遇緊急異常狀況之通報。

六、其他依法令規定應辦理之事項。

Q 003 # 營乙 99

綜合營造業可分為那幾種？其資本額各為多少？

營造業法第 7 條

綜合營造業分為甲、乙、丙三等：

一、甲等綜合營造業：新臺幣 2250 萬元以上

二、乙等綜合營造業：新臺幣 1200 萬元以上

三、丙等綜合營造業：新臺幣 360 萬元以上

Q 004 # 營乙 100

依「建築法」第 58 條之規定，請列舉 5 項建築物在施工中，主管建築機關發現何種情事時，應以書面通知承造人或起造人或監造人，勒令停工或修改；必要時，得強制拆除？

A 004

建築法第 58 條
建築物在施工中，直轄市、縣(市)（局）主管建築機關認有必要時，得隨時加以勘驗，發現下列情事之一者，應以書面通知承造人或起造人或監造人，勒令停工或修改；必要時，得強制拆除：
一、妨礙都市計畫者。
二、妨礙區域計畫者。
三、危害公共安全者。
四、妨礙公共交通者。
五、妨礙公共衛生者。
六、主要構造或位置或高度或面積與核定工程圖樣及說明書不符者。
七、違反本法其他規定或基於本法所發布之命令者。

Q 005 # 營乙 101

依「營造業法」之規定，應置工地主任之工程金額或規模為何？

A (005)

營造業法施行細則第 18 條
本法第 30 條所定應置工地主任之工程金額或規模如下：
一、承攬金額新臺幣 5000 萬元以上之工程。
二、建築物高度 36 公尺以上之工程。
三、建築物地下室開挖 10 公尺以上之工程。
四、橋梁柱跨距 25 公尺以上之工程。

Q 006 #營乙 102

依營造業法第 32 條規定，營造業之工地主任應負責辦理哪些工作？

A (006)

營造業法第 32 條
營造業之工地主任應負責辦理下列工作：
一、依施工計畫書執行按圖施工。
二、按日填報施工日誌。
三、工地之人員、機具及材料等管理。
四、工地勞工安全衛生事項之督導、公共環境與安全之維護及其他工
　　地行政事務。
五、工地遇緊急異常狀況之通報。
六、其他依法令規定應辦理之事項。

Q 007 # 營乙 102

依「建築法」規定凡在建築工地使用機械施工者，應遵守哪些規定？

A 007

建築法第 65 條

凡在建築工地使用機械施工者，應遵守下列規定：

一、不得作其使用目的以外之用途，並不得超過其性能範圍。

二、應備有掣動裝置及操作上所必要之信號裝置。

三、自身不能穩定者，應扶以撐柱或拉索。

Q 008 # 營乙 103

依「營造業法」所稱聯合承攬定義為何？其聯合承攬工程時，共同簽具之聯合承攬協議書內容應包括之項目為何？

A 008

一、聯合承攬：係指二家以上之綜合營造業共同承攬同一工程之契約行為。

二、營造業法第 24 條

營造業聯合承攬工程時，應共同具名簽約，並檢附聯合承攬協議書，共負工程契約之責。

前項聯合承攬協議書內容包括如下：

一、工作範圍。

二、出資比率。

三、權利義務。

參與聯合承攬之營造業，其承攬限額之計算，應受前條之限制。

Q 009 # 營乙 103

依「營造業法」之規定，試說明「綜合營造業」、「專業營造業」、「土木包工業」之用語定義。

A 009

營造業法第 3 條

一、綜合營造業：係指經向中央主管機關辦理許可、登記，綜理營繕工程施工及管理等整體性工作之廠商。

二、專業營造業：係指經向中央主管機關辦理許可、登記，從事專業工程之廠商。

三、土木包工業：係指經向直轄市、縣(市)主管機關辦理許可、登記，在當地或毗鄰地區承攬小型綜合營繕工程之廠商。

Q 010 # 營乙 104

依據「營造業法」第 30 條之規定，營造業承攬一定金額或一定規模以上之工程，其施工期間，若未依規定設置工地主任，其罰則為何？

A 010

營造業法第 56 條營造業違反第 11 條、第 18 條第二項、第 23 條第一項、第 26 條、第 30 條第一項、第 33 條第一項、第 40 條或第 42 條第一項規定者，按其情節輕重，予以警告或三個月以上一年以下停業處分。

營造業於五年內受警告處分三次者，予以三個月以上一年以下停業處分；於五年內受停業處分期間累計滿三年者，廢止其許可。

Q 011 #營乙 105

請依「營造業法」之規定，試說明「統包」、「聯合承攬」、「負責人」之用語定義。

A 011

營造業法第 3 條

一、統包：係指基於工程特性，將工程規劃、設計、施工及安裝等部分或全部合併辦理招標。

二、聯合承攬：係指二家以上之綜合營造業共同承攬同一工程之契約行為。

三、負責人：在無限公司、兩合公司係指代表公司之股東；在有限公司、股份有限公司係指代表公司之董事；在獨資組織係指出資人或其法定代理人；在合夥組織係指執行業務之合夥人；公司或商號之經理人，在執行職務範圍內，亦為負責人。

Q 012 #營乙 105

建築物在施工中，直轄市、縣(市)（局）主管建築機關認有必要時，得隨時加以勘驗，若發現哪些情事之一者，應以書面通知承造人或起造人或監造人，勒令停工或修改；必要時，得強制拆除。

建築法第 58 條

建築物在施工中,直轄市、縣(市)（局）主管建築機關認有必要時,
得隨時加以勘驗,發現下列情事之一者,應以書面通知承造人或起造
人或監造人,勒令停工或修改;必要時,得強制拆除:

一、妨礙都市計畫者。

二、妨礙區域計畫者。

三、危害公共安全者。

四、妨礙公共交通者。

五、妨礙公共衛生者。

六、主要構造或位置或高度或面積與核定工程圖樣及說明書不符者。

七、違反本法其他規定或基於本法所發布之命令者。

Q **013** #營乙 106

請依「危險性工作場所審查暨檢查辦法」之規定列舉 5 項屬丁類危險
性工作場所之營造工程。

丁類危險性工作場所,指下列之營造工程:

一、建築物高度在 80 公尺以上之建築工程。

二、單跨橋梁之橋墩跨距在 75 公尺以上或多跨橋梁之橋墩跨距在 50
　　公尺以上之橋梁工程。

三、採用壓氣施工作業之工程。

四、長度 1000 公尺以上或需開挖 15 公尺以上豎坑之隧道工程。

五、開挖深度達 18 公尺以上,且開挖面積達 500 平方公尺之工程。

六、工程中模板支撐高度 7 公尺以上、面積達 330 平方公尺以上者。

Q 014 # 營乙 107

依「營造業法」規定，請列舉 5 項承攬工程手冊之內容應包含之項目？

A 014

營造業法第 19 條
承攬工程手冊之內容，應包括下列事項：
一、營造業登記證書字號。
二、負責人簽名及蓋章。
三、專任工程人員簽名及加蓋印鑑。
四、獎懲事項。
五、工程記載事項。
六、異動事項。
七、其他經中央主管機關指定事項。

Q 015 # 營乙 108

依「建築法」之規定建築執照分為哪四種？並請分述其申請時機。

A 015

建築法第 28 條
建築執照分下列四種：
一、 建造執照：建築物之新建、增建、改建及修建，應請領建造執照。
二、 雜項執照：雜項工作物之建築，應請領雜項執照。
三、 使用執照：建築物建造完成後之使用或變更使用，應請領使用執照。
四、 拆除執照：建築物之拆除，應請領拆除執照。

Q 016 # 營乙 109

依據「政府採購法」訂定之採購契約要項規定，如公共工程廠商履約
結果經機關驗收有重要瑕疵者，機關得定相當期限，要求廠商改善、
拆除、重作、退貨或換貨，並得訂明逾期未改正應繳納違約金。若廠
商不於期限內改正者，機關得採行哪些措施？

A 016

政府採購法第 72 條：

機關辦理驗收時應製作紀錄，由參加人員會同簽認。驗收結果與契
約、圖說、貨樣規定不符者，應通知廠商限期改善、拆除、重作、退
貨或換貨。其驗收結果不符部分非屬重要，而其他部分能先行使用，
並經機關檢討認為確有先行使用之必要者，得經機關首長或其授權人
員核准，就其他部分辦理驗收並支付部分價金。

驗收結果與規定不符，而不妨礙安全及使用需求，亦無減少通常效用
或契約預定效用，經機關檢討不必拆換或拆換確有困難者，得於必要
時減價收受。其在查核金額以上之採購，應先報經上級機關核准；未
達查核金額之採購，應經機關首長或其授權人員核准。

驗收人對工程、財物隱蔽部分，於必要時得拆驗或化驗。

Q 017 # 營乙 109

依營造業專業工程特定施工項目，說明鋼構工程於鋼構構件吊裝及組
裝等施工項目，應設置之技術士種類為何？

A 017

一、一般手工電銲

二、半自動電銲

三、氫氣鎢極電銲

四、測量

五、建築塗裝

Q 018 # 營乙 109

依「營繕工程承攬契約應記載事項實施辦法」所定工程品管之規定應載明品質管制、工地安全及衛生、工地環境清潔及維護、交通維持措施，其中品質管制、工地安全及衛生分別應包括哪些事項？

A 018

依據法規所定工程品管之規定，應載明下列事項：

一、品質管制：

　　（一）自主檢查。

　　（二）材料及施工檢驗程序。

　　（三）矯正及預防措施。

二、工地安全及衛生：

　　（一）危害因素及安全衛生規定應採取之措施。

　　（二）承攬管理應採取之安全衛生管理措施。

　　（三）墜落、倒塌崩塌、感電災害類型之防止計畫。

　　（四）假設工程組拆前、中、後設置查驗點實施查驗。

三、工地環境清潔及維護。

四、交通維持措施。

Q 019 # 營乙 110

依「營造業法施行細則」相關規定，應置工地主任之工程金額或規模為何？

A 019

營造業法施行細則第 18 條規定，本法第 30 條所定應置工地主任之工程金額或規模如下：
一、承攬金額新臺幣五千萬元以上之工程。
二、建築物高度 36m 以上之工程。
三、建築物地下室開挖 10m 以上之工程。
四、橋樑柱跨距 25m 以上之工程。

Q 020 # 營乙 110

依「營造業法」第 30 條，營造業承攬一定金額或一定規模以上之工程，其施工期間，應於工地設置工地主任，其設置之工地主任於施工期間，不得同時兼任其他營造工地主任之業務，若違反規定應受相關罰則為何？

A 020

營造業法第 62 條
一、 營造業工地主任違反第 30 條第 2 項、第 31 條第 5 項、第 32 條第 1 項第 1 款至第五款或第 41 條第 1 項規定之一者，按其情節輕重，予以警告或三個月以上一年以下停止執行營造業工地主任業務之處分。

二、營造業工地主任經依前項規定受警告處分三次者，予以三個月以上一年以下停止執行營造業工地主任業務之處分；受停止執行營造業工地主任業務處分期間累計滿三年者，廢止其工地主任執業證。

三、前項工地主任執業證自廢止之日起五年內，其工地主任不得重新申請執業證。

Q 021　# 營乙 110

請解釋下列名詞：
（一）磚造建築物：
（二）加強磚造建築物：
（三）加強混凝土空心磚造建築物：

A 021

（一）磚造建築物：以紅磚、砂灰磚並使用灰漿砌造而成之建築物稱為磚造建築物。

（二）加強磚造建築物：磚結構牆上下均有鋼筋混凝土過梁或基礎；左右均有鋼筋混凝土加強柱。過梁與加強柱應在磚牆砌造完成之後再澆置混凝土，使過梁與加強柱能與磚牆緊密固結連成一體。不符合上述規定之鋼筋混凝土構架填充磚牆建築物，鋼筋混凝土造部分應按鋼筋混凝土構架設計之。

（三）加強混凝土空心磚造建築物：以混凝土空心磚使用灰漿砌造，並以鋼筋補強構築而成之建築物，稱為加強混凝土空心磚造建築物。牆體須在插入補強鋼筋及與鄰磚組成之空心部分填充混凝土或水泥砂漿。

補充

結構牆：　承受本身重量及本身所受水平力外，並承載及傳遞其他水平及
　　　　　垂直載重之牆壁，稱為結構牆。

非結構牆：只承受自身重量及其所受水平力外，不再承載及傳遞其他水
　　　　　平及垂直載重之牆壁，稱為非結構牆。

分割面積：各結構牆壁中心線所區劃而成之區域面積，作為區劃邊界之
　　　　　牆壁應符合規範之牆頂過梁規定，頂部需有鋼筋混凝土過梁
　　　　　與其他牆體連結。

Q 022　# 營乙 111

依「營造業法」規定，請列舉 5 項專業營造業登記之專業工程項目。

營造業法第 8 條，專業營造業登記之專業工程項目如下：

一、鋼構工程。

二、擋土支撐及土方工程。

三、基礎工程。

四、施工塔架吊裝及模版工程。

五、預拌混凝土工程。

六、營建鑽探工程。

七、地下管線工程。

八、帷幕牆工程。

九、庭園、景觀工程。

十、環境保護工程。

十一、 防水工程。

十二、 其他經中央主管機關會同主管機關增訂或變更，並公告之項
　　　　目。

Q 023 #營乙 111

請說明「營造業法」所指工地主任之用語定義為何？另外，專任工程人員及工地主任，在工地遭遇緊急異常狀況時，應如何分工？

A 023

一、工地主任：係指受聘於營造業，擔任其所承攬工程之工地事務及施工管理之人員。

二、營造業之工地主任應負責辦理下列工作：工地遇緊急異常狀況之通報。

三、營造業之專任工程人員應負責辦理：依工地主任之通報，處理工地緊急異常狀況。

Q 024 #營乙 111

請依「建築技術規則」規定說明下列名詞：

（一）承重牆：

（二）分間牆：

（三）防火時效：

（四）帷幕牆：

（五）陽臺：

A 024

（一）承重牆：承受本身重量及本身所受地震、風力外並承載及傳導
　　　其他外壓力及載重之牆壁。
（二）分間牆：分隔建築物內部空間之牆壁。
（三）防火時效：建築物主要結構構件、防火設備及防火區劃構造遭
　　　受火災時可耐火之時間。
（四）帷幕牆：構架構造建築物之外牆，除承載本身重量及其所受之
　　　地震、風力外，不再承載或傳導其他載重之牆壁。
（五）陽臺：直上方有遮蓋物者稱為陽臺。

 Q 025 ＃營乙 111

請依建築法分別說明「公眾用建築物」、「公有建築物」、「增建」、
「使用執照」及「主要構造」之意義。

 A 025

一、公眾用建築物：為供公眾工作、營業、居住、遊覽、娛樂及其
　　他供公眾使用之建築物。
二、公有建築物：為政府機關、公營事業機構、自治團體及具有紀
　　念性之建築物。
三、增建：於原建築物增加其面積或高度者。但以過廊與原建築物
　　連接者，應視為新建。
四、使用執照：建築物建造完成後之使用或變更使用，應請領使用
　　執照。
五、主要構造：為基礎、主要樑柱、承重牆壁、樓地板及屋頂之構造。

Q 026 #營乙 112

依建築技術規則規定，指經中央主管建築機關認可符合何種性質之建材稱為綠建材。

A 025

建築技術規則建築設計施工編 第 299 條
綠建材：指經中央主管建築機關認可符合生態性、再生性、環保性、健康性及高性能之建材。

Q 027 #營乙 112

請依建築法第 32 條規定，列舉 5 項工程圖樣及說明書應包括之項目。

A 027

建築法 第 32 條
工程圖樣及說明書應包括下列各款：
一、基地位置圖。
二、地盤圖，其比例尺不得小於一千二百分之一。
三、建築物之平面、立面、剖面圖，其比例尺不得小於二百分之一。
四、建築物各部之尺寸構造及材料，其比例尺不得小於三十分之一。
五、直轄市、縣（市）主管建築機關規定之必要結構計算書。
六、直轄市、縣（市）主管建築機關規定之必要建築物設備圖說及設備計算書。
七、新舊溝渠及出水方向。
八、施工說明書。

Q **028**   # 營乙 112

營造業登記專業工程項目為「基礎工程」之擋土牆時，請說明可設置之技術士種類為何？

A **028**

一、鋼筋
二、模板
三、測量
四、混凝土

專業工程	特定施工項	技術士種類	工程規模	設置人數標準
基礎工程	一、擋土牆 二、地下連續壁 三、基樁 四、地錨	一、鋼筋 二、模板 三、測量 四、混凝土	公共工程之該專業工程金額為新臺幣八千萬元以上，未達一億五千萬元者。	該專業工程施工項目施工期間，應於工地設置任一職類技術士一人以上。
			公共工程之該專業工程金額為新臺幣一億五千萬元以上，未達二億五千萬元者。	該專業工程施工項目施工期間，應於工地設置任一職類技術士合計二人以上。
			公共工程之該專業工程金額為新臺幣二億五千萬元以上，未達五億元者。	該專業工程施工項目施工期間，應於工地設置任一職類技術士合計三人以上。
			公共工程之該專業工程金額為新臺幣五億元以上者。	該專業工程施工項目施工期間，應於工地設置任一職類技術士合計五人以上。

考題重點

甲級	1	土方挖填計算
	2	角度距離計算
	3	高程距離計算

乙級	1	水準儀校正與計算
	2	高程測量的計算
	3	誤差的種類與防止

甲級

年份	術科考試類型
111	放樣之測量儀器測定標示
111	方格法土方之挖填方計算
110	經緯儀之各軸關係
109	水平距離測量及高程差計算
108	經緯儀 高程距離計算
107	距離計算
106	經緯儀 高程距離計算
105	經緯儀 角度距離計算
104	角度距離計算
103	道路高程 土方挖方數量計算
102	水準測量 土方挖填方數量計算
101	水準測量 土方挖填方數量計算
100	水準測量 土方挖填方數量計算
99	電子測距儀 電子測距原理
98	水準測量 土方挖填方數量計算
97	導線測量 導線測量作業程序

乙級

甲級

Q 001 #營甲 97

請說明導線測量之作業程序。

A 001

1. 導線點之選擇及標誌埋設
2. 導線邊長測量
3. 角度測量
4. 導線測量之計算

Q 002 #營甲 98

某一工地擬進行地面整平工程實施面積水準測量測樁分布及水準測量
結果如圖所示,

(1) 請計算全區最低點以上之土方量。

(2) 請計算平均地盤高程。

(3) 以挖填方整地後之地盤高程為 3.00m,請計算土方之運棄量。

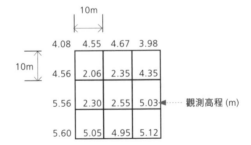

最低點爲 2.06m，每點高程 −2.06

2.02	2.49	2.61	1.92
2.5	0	0.29	2.29
3.5	0.24	0.49	2.97
3.54	2.99	2.89	3.06

$[h_1]$=2.02+1.92+3.06+3.54=10.54m

$[h_2]$=2.49+2.61+2.29+2.97+2.89+2.99+2.5+3.5=22.24m

$[h_3]$=0

$[h_4]$=0+0.29+0.24+0.49=1.02m

1. 最低點以上土方量 V=$\dfrac{10 \times 10}{4}$ (1x10.54+2x22.24+3x0+4x1.02)=25x59.1=1477.5m³

2. 平均地盤程 H=1477.5/10x10x9+2.06=3.7m

3. 土方棄土量 =（3.7-3）x9x10x10=630m³

營甲 99

Q 003

試說明電子測距原理？

A 003

測距原理基本可以歸結爲測量光往返目標所需要時間，然後通過光速 c=299792458m/s 和大氣折射係數 n 計算出距離 D。由於直接測量時間比較困難，通常是測定連續波的相位。

Q 004

下圖為經面積水準測量後之高程（如 P1 至 P16 所示），請回答下列各項：

1. 該基地最低高程點為何？
2. 如以最低高程點為挖土基準點，則其挖方量為若干？（請列出計算式）
3. 如鬆方係數為 0.25，則挖方運棄量為若干？（請列出計算式）

點號	高程 (M)	點號	高程 (M)
P1	11.2	P9	12.3
P2	12.4	P10	13.1
P3	12.8	P11	13.8
P4	13.5	P12	14.6
P5	11.8	P13	13.3
P6	12.6	P14	12.8
P7	13.1	P15	13.4
P8	14.2	P16	13.8

A 004

1. 該基地最低高程點 P1=11.2

2.

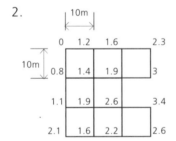

$[h_1]=0+2.3+3+3.4+2.6+2.1=13.4m$

$[h_2]=1.2+1.6+0.8+1.1+1.6+2.2=8.5m$

$[h_3]=1.9+2.6=4.5m$

$[h_4]=1.4+1.9=3.3m$

最低點以上土方量 $V= \dfrac{10 \times 10}{4}(1 \times 13.4+2 \times 8.5+3 \times 4.5+4 \times 3.3)=25 \times 57.1=1427.5m^3$

3. 鬆方係數 0.25

挖方運棄量為 $1427.5*(1+0.25)=1784.4m^3$

Q **005**

營甲 101

圖為經面積水準測量後各點之高程（如等高線所示，單位為公尺），
請回答下列各項：

1. 該基地最高高程點為何？

2. 如欲挖至 EL 為 0m 則其挖方量為若干？（請列出計算式）

3. 如欲使挖土量與填土量相等時，則整地高程為若干？（請列出計算式）

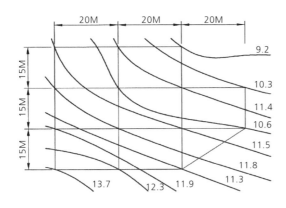

A **005**

1. 最高點高程 13.7m

2.

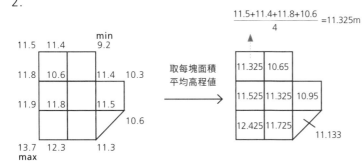

$$\frac{11.5+11.4+11.8+10.6}{4}=11.325m$$

取每塊面積平均高程值

min 9.2

11.5	11.4	
11.8	10.6	11.4	10.3
11.9	11.8	11.5	
			10.6
13.7	12.3	11.3	

max

11.325	10.65	
11.525	11.325	10.95
12.425	11.725	11.133

挖至 0M 土方量 V

長方形土方量總和 V1=

15*20*(11.325+10.65+11.525+11.325+10.95+12.425+11.725)

=23977.5m³

三角形土方量 V2=

20*15/2*(11.5+10.6+11.3/3)=1670m³

挖方量 V=V1+V2=23977.5M³+1670M³=25647.5m³

總面積 A=15*20*7+15*20/2=2250m²

3. 整地高程 H=25647.5M³/2250M²=11.399m

Q 006

營甲 102

下圖為經面積水準測量後各點之高程（m），請回答下列各項：

1. 該基地最高高程點為何？

2. 欲於範圍內開挖至 H=26m 則整地時剩餘或不足之土量為若干？
（請列出計算式）

3. 如欲使挖土量與填土量平衡時，應以多少標高整地？
（請列出計算式）

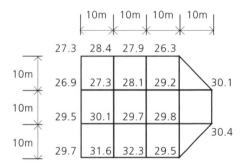

1.該基地最高點高程 32.3m

2.3429.15m³

3.高程除以個數 524.1/18=29.1m

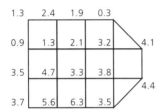

平均高程

當開挖至 26m 時

1. 方形土方量 V1= 10*10(1.475+1.925+1.875+2.45+2.8+3.2+
   3.875+4.225+4.925+4.325)=3107.5m³

2. 三角形土方量 V2=1/2*10*10*(2.533+3.9)=321.65m³

當開挖至 26M 時剩餘土方量
V=V1+V2=3107.5M³+321.65M³=3429.15m³

3.總面積 A=10*10*10+1/2*10*10*2=1100m²
   挖除土方 V=3429.15m³

挖填平衡高程 H=26M+3429.15/1100=29.117m

營甲 103

如圖所示為一開挖路段之實測橫斷面圖，圖上各點數據，橫線上部標示各點高程，橫線下部標示各點至路基中心線之距離，試求此橫斷面之挖方總面積為何？（四捨五入計算至整數位）

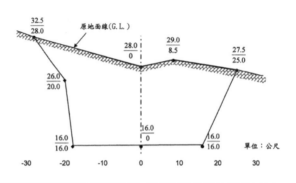

A 007

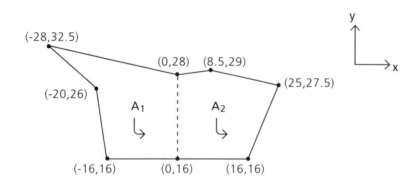

$A_1 = \dfrac{1}{2}\begin{vmatrix} -16 & 0 & 0 & -28 & -20 & -16 \\ 16 & 16 & 28 & 32.5 & 26 & 16 \end{vmatrix}$

$= \dfrac{1}{2}\Big|[(-256+0+0+(-728)+(-320))]-[(-416+(-650)+(-764)+0+0]\Big| = \dfrac{1}{2}\Big|-1304-(-1800)\Big| = \dfrac{546}{2} = 273m^2$

$A_2 = \dfrac{1}{2}\begin{vmatrix} 0 & 16 & 25 & 8.5 & 0 & 0 \\ 16 & 16 & 27.5 & 29 & 28 & 16 \end{vmatrix}$

$= \dfrac{1}{2}\Big|(0+440+725+238)-(0+0+233.75+400+256)\Big| = \dfrac{1}{2}\Big|1403-889.75\Big| = \dfrac{513.25}{2} = 256.625m^2$

$A = A_1 + A_2 = 273 + 256.625 = 529.625m^2$　　　　挖方總面積為 $529.625m^2$

Q 008 # 營甲 104

如下圖所示，已知 $\overline{AB}$=10.000m，$\overline{BC}$=2.501m，角 B 為垂直角，試求：（配分 20 分）

（一）$\overline{AC}$ 距離，$\overline{AC}$ = ？

（二）α 角 = ？

（三）β 角 = ？

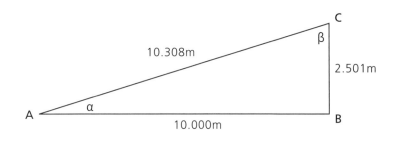

A 008

（一）$\overline{AC}$= $\sqrt{10^2+2.501^2}$=10.308m

CosA=(10.308*10.308+10m*2.501)/2*10.308*10

（二）α=14° 02'30"

（三）β=75° 57'30"

三角形求邊、角 已知兩邊及一夾角 （餘弦定理求邊）	說明：已知 Sa,Sb 和∠c 求 Sc, ∠a, ∠b Sc²=a²+b²-2*Sa*Sb*cos c ∠a, ∠b 用正弦定理求		頂角	°	'	"	已知邊		所求邊	
			c	90	00	00	Sa	10.000		
			a	75	57	30	Sb	2.501	Sc=	10.308
			b	14	02	30				

 # 營甲 105

已知 A(567.890，321.012)，B(543.210，234.568)，C(456.779，246.890)及 D(468.979，369.966)，試求：

（一）$\overline{BD}$ 方位角，φbd= ？

（二）$\overline{BD}$ 距離，$\overline{BD}$ = ？

（三）若經緯儀設置在 D 點，後視 B 點，前視 E 點，水平角角度觀測如下表，$\overline{DE}$ 距離 =100.00m，試求 E 點之 X 坐標，Y 坐標。

測點 D	觀測點 B	正	00–00–00
		倒	180–00–00
	觀測點 E	正	35–00–00
		倒	215–00–00

A 009

（一）Φbd=Tan^{-1}[(468.979–543.210)/(369.966–234.568)]=298'44'00m

（二）$\overline{BD}$= $\sqrt{(468.979–543.210)^2+(369.966–234.568)^2}$=154.411m

（三）E (451.404,194.924)

	距離	水平角				X	Y		X	Y
		°	'	"						
坐標正算	100.000	0	00	000	角點	543.210	234.568	後點		
		35	00	000	求點 1	451.404	194.924	求點 2		
坐標反算	距離	方位角			A	X	Y	B	X	Y
	154.411	298	44	00		468.979	369.966			234.568

Q 010 #營甲 106

使用電子測距經緯儀，測站在 A 點，儀器高 =1.360m，稜鏡在 B 點，B 點樁頂高程為 360.188m，稜鏡高 (Z) 為 1.856m，測量垂直角 α=+12°30'40" 和斜距 S=120.548m，試求 A 點樁頂高程和 AB 點的水平距離 D ？（請詳列計算過程）

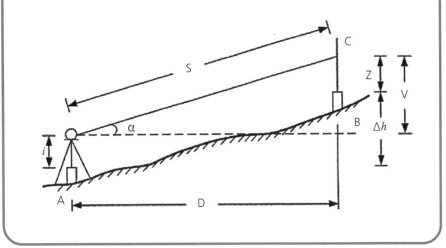

A 010

1. A 點樁頂高程 =360.188+1.856−1.360-120.548*SIN12°30'40"
   =334.57m

2. D=120.548*COS12°30'40"=117.67m

Q 011

營甲 107

如下圖示，α= 40°、β= 60°、CE 垂直 $\overline{AB}$，$\overline{AC}$ 長度 $L_{\overline{AC}}$=156.649m，$\overline{BC}$ 長度 $L_{\overline{BC}}$ =116.269m，試求 $\overline{AE}$、$\overline{BE}$ 的長度爲何？（請詳列計算過程）

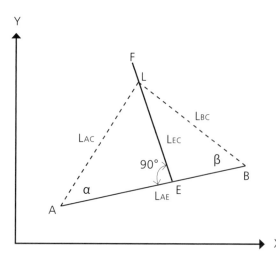

A 011

三角形求邊 已知兩角一邊 （正弦定理求邊）	說明：如右圖所示，在角度欄輸任兩個角值和在已知邊欄輸入任意一邊的值即可計算。		頂角	°	'	"	已知邊		所求邊	
			a	40	00	00	Sa	116.269	Sa=	116.269
			b	60	00	00			Sb=	156.649
			c						Sc=	178.134
三角形求邊 已知兩角一邊 （正弦定理求邊）	說明：如右圖所示，在角度欄輸任兩個角值和在已知邊欄輸入任意一邊的值即可計算。		頂角	°	'	"	已知邊		所求邊	
			a	90	00	00	Sa	116.269	Sa=	116.269
			b	60	00	00			Sb=	100.692
			c						Sc=	58.135
三角形求邊、角 已知兩邊及一夾角 （餘弦定理求邊）	說明：已知 Sa,Sb 和 ∠c 求 Sc, ∠a, ∠b Sc²=a²+b²–2*Sa*Sb*cos c ∠a, ∠b 用正弦定理求		頂角	°	'	"	已知邊		所求邊	
			c	80	00	00	Sa	116.269	Sc=	178.135
			a	40	00	00	Sb	156.649		
			b	60	00	00				

求得 $\overline{AB}$ 總長 178.134m，$\overline{BE}$ 長 58.135m，$\overline{AE}$ 長 119.999m

Q 012 # 營甲 108

使用經緯儀，測站在 A 點，儀器高 i=1.560m，標尺在 B 點，B 點樁頂高程爲 255.680m，由 A 點觀測 B 點，望遠鏡中，上中下絲讀數分別爲 2.588m、2.212m、1.836m，垂直角 =α+10°20'30"，試求 A 點的樁頂高程和 AB 點間的水平距離 D ？（請詳列計算過程）

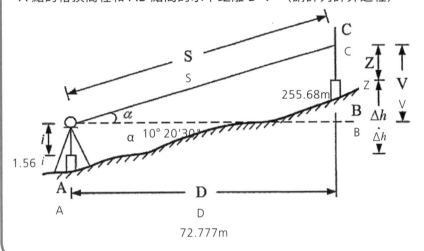

A 012

一. 水平距離

$D = K \times L \times \cos^2\alpha + C$

$= 100 \times (2.588-1.836) \times \cos^2(10°20'30") + 0$

$= 72.777m$

二. A 高程 = B 高程 $-\Delta h$

$= B$ 高程 $- (i+V-Z)$

$= B$ 高程 $- (i+D \times \tan\alpha - Z)$

$= 255.680 - (1.560 + 72.777 \times \tan(10°20'30") - 2.212)$

$= 243.051$

Q 013

營甲 109

某道路工程 A、B 兩點，已知 A 點高程爲 100.036 公尺，於 A 點架設經緯儀，儀器高 i=1.468 公尺，B 點設置橫距桿，橫距桿長 2 公尺，覘標高 Z=1.354 公尺。由 A 點觀測 B 點之橫距桿上兩端覘標間水平夾角爲 2° 05'00"，其垂直角爲俯角 5° 10'20"。試列算式並求（一）AB 兩點間之水平距離（二）B 點之高程。

A 013

（一）求 AB 兩點間之水平距離 S ？
已知橫距桿長 b=2m；水平夾角 θ=2° 05'00"
AB 兩點間之水平距離 S=b/2×cot(θ/2)
S=2/2×cot(2° 05'00"/2)
=1×cot(1° 02'30")
=1×[1/ tan(1° 02'30")]
=1×(1/0.01818) ≒ 55m

（二）求 B 點高程 H_B ？
已知 H_A=100.036m；儀器高 i=1.468m；覘標高 Z=1.354m；垂直角 α =5° 10'20"；S=55m。
H_B = H_A +(S×tanα)+i-Z
=100.036+(55×tan5° 10'20")+1.468-1.354
=100.036+ (55×0.09052)+1.468-1.354
≒ 105.129m

Q 014 #營甲 110

經緯儀有哪 4 個軸？其相互間的基本幾何關係為何？

A 014

經緯儀之結構有四個主軸分別為直立軸、橫軸、視準軸、水準軸。
有關於各主軸間
（一）水準軸應垂直於直立軸。
（二）橫軸垂直於直立軸。
（三）視準軸垂直於橫軸。
（四）視準軸、橫軸、直立軸應交於一點。

Q 015 #營甲 111

測定及標示出各種工程設計物在土地上的位置，稱為放樣，放樣之種類依測量儀器分為哪幾種？

A 015

（一）捲尺放樣。
（二）水準儀放樣。
（三）經緯儀放樣。
（四）全站儀放樣。

某基地經劃分每邊爲 10 公尺之方格共有 14 格，而每一方格木樁處地面之高程如下圖所示，若基地整地後之預定高程爲 30 公尺，試計算需填或挖方量爲多少立方公尺？（未列算式不予計分）

A 016

H1:2+(-1)+4+2+3=10
H2:2+0+1+2+2+3+2+5+(-3)+3+5+0=22
H3:-4
H4:1+(-4)+(-3)+(-2)+0+3=-6

挖方 V=10*10/4*(1*10+2*22+3*(-4)+4*(-4))=650m^3

若以一個全刻劃長爲 50 公尺之鋼捲尺測量 A 點至 B 點之水平距離得到 125.100 公尺，而此 50 公尺之鋼捲尺與標準尺相比較後發現其只有 49.992 公尺，試計算出：
（一）A 點至 B 點實際之水平距離？
（二）A 點至 B 點長度之精度？

A 017

（一）　125.100/50X49.992=125.0799 公尺。
（二）　測量成果之優劣，可依據誤差之大小來評定，也就是中誤差愈大，測量成果愈差，精度愈低，反之則高。精度之計算可以推算誤差值爲：
　　　　絕對精度 =(50-49.992)/49.992=1.6　10^{-4}=1/6250。

乙級

Q 001 # 營乙 97

請說明導線測量之定義及其使用時機。

A 001

順序連接相鄰兩測點成連續折線者稱為導線（Traverse），各測點稱為導線點（Traverse Point）。測量導線之距離、角度、高程及計算導線點線面座標值的作業統稱為導線測量（Traverse Surveying）。

Q 002 # 營乙 98

何謂高程三角測量、視距測量？

A 002

高程三角測量 （Trigonometric Leveling）：
根據距離及垂直角度計算兩點間之高程差。

視距高程測量 （Stadia Leveling）：
使用視距儀器測定標尺上兩視距絲間之讀數或角度，以幾何關係計算兩點間之高程差。

某工地進行直接水準測量,已知測點 A 之高程爲 15.315m,測點 A、TP1、 TP2、TP3、B 之水準尺讀數如下表,試計算測點 B 之高程。

測站	尺上讀數 (m)		高程差 (m)		高程	備註
	後視 b	前視 f	+	−	m	
A	1.512				15.315	
TP1	1.634	1.322				
TP2	1.255	1.457				
TP3	1.789	1.056				
B		1.855				

A **003**

測站	尺上讀數 (m)		高程差 (m)		高程	備註
	後視 b	前視 f	+	−	m	
A	1.512				15.315	
TP1	1.634	1.322	0.19		15.505	
TP2	1.255	1.457	0.177		15.682	
TP3	1.789	1.056	0.199		15.881	
B		1.855		0.066	15.815	
總和	6.19	5.69	0.566	0.066		
差值	0.5		0.5			

Q 004 # 營乙 100

請說明高程測量中，爲減少誤差值，水準尺分劃檢驗之項目爲何？

A 004

水準尺刻劃改正：水準尺的刻劃是儘量使每一刻劃等距離，但事實上，仍會有微小的偏差，以每對尺的平均變形比例 e 來做改正，其改正量如下：水準尺刻劃改正 $= e \times \Delta H$ 其中 e 爲每對尺的平均變形比例，單位：mm/m。ΔH 爲測站（setup）高差，單位：m。

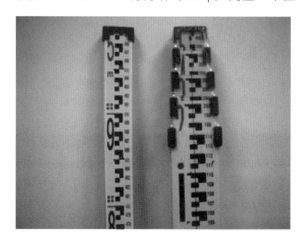

Q 005 # 營乙 101

爲保證水平角觀測達到規定之精度，請說明經緯儀水平角測量必須滿足之條件爲何。

A 005

1. 定心（光學定心器）
2. 定平（調腳螺旋，使水準氣泡居中）
3. 消除視差（調目鏡，使十字絲清晰）
4. 尋找目標及聚焦（調物鏡焦距）
5. 精密對正目標
6. 讀水平讀數，後視（BS，Back Sight）
   （a）正鏡（Face Left，縱角度盤在左）（Direct）
   （b）倒鏡（Face Right，縱角度盤在右）（Reverse）
7. 讀水平讀數，前視（FS，Fore Sight）
   （a）（b）同 6
8. 前視之正倒鏡平均值減去後視之正倒鏡平均值為由後視方向順時針轉至前視方向之水平角值。
9. 重複 4、5、6、7 以提升品質（精度）

Q 006   # 營乙 102

請列舉 5 項說明量距測量中誤差之來源。

A 006

1. 錯誤：
   (1) 讀數（報數）錯誤。
   (2) 記錄錯誤。
   (3) 誤認量尺之起點。
   (4) 整尺段的次數記錯。

2. 系統誤差：
(1) 量尺與標準尺在同一情況下長度不符。
(2) 因溫度昇降之尺長改變。
(3) 因拉力變化之尺長改變。
(4) 量尺中部懸空，拉力不足時，形成垂曲產生之懸垂誤差。

3. 偶然誤差：
(1) 尺之端末精確對準量距起終點。
(2) 讀數不準確。
(3) 斜坡量距時垂球未垂準。
(4) 微小拉力變化所引起的尺長改變未系統誤差改正時，視為偶然誤差。

Q 007　# 營乙 103

設 A 點的高程已知，欲求 B 點的高程，但因 A、B 二點距離大於 400 公尺，且無法通視，要分為六段施測，每段距離約 65 公尺。施測後，水準觀測紀錄如下表：
（一）請自行製表將表中未完成之部分計算填入。
（二）請說明後視及前視讀數加總後之數據意義為何？

測站	水準尺讀數		高程差 (m)		高程	備註
	後視	前視	+	-	m	
S6	1.415	1.601				B 點未知高程
S5	1.842	1.216			50.879	TP5
S4	1.308	1.733				TP4
S3	1.796	1.554			50.678	TP3
S2	0.876	1.221				TP2
S1	1.523	0.992				TP1
					50.25	A 點已知高程
加總	8.76	8.317				

A 007

（一）

測站	水準尺讀數		高程差 (m)		高程	備註
	後視	前視	+	-	m	
S6	1.415	1.601		0.186	50.693	B 點未知高程
S5	1.842	1.216	0.626		50.879	TP5
S4	1.308	1.733		0.425	50.253	TP4
S3	1.796	1.554	0.242		50.678	TP3
S2	0.876	1.221		0.345	50.436	TP2
S1	1.523	0.992	0.531		50.781	TP1
					50.25	A 點已知高程
加總	8.76	8.317	1.399	0.956		

（二）可檢核高程差是否計算正確

　　　水準尺加總 =8.76–8.317=0.443m

　　　高層差加總 =1.399–0.956=0.443m

Q 008　# 營乙 103

經緯儀的設置必須符合定心與定平兩個條件，試回答下列問題

（一）說明定心與定平的意義。

（二）請簡述定心與定平的步驟與要領。

（一）定心與定平的意義：

1. 定心：經緯儀之中心應與地上測點一致，亦即是使二者在同一垂直線上，稱為定心。

2. 定平：使水平度盤盤面水平，亦即使直立軸鉛垂，稱為定平，可用盤面水準器以伸縮三腳架及調整儀器腳螺旋為之。

（二）定心與定平的步驟：

1. 精確定心：以光學對點器及鬆開基座固定螺旋移動經緯儀，或鬆開平移制動鈕移動經緯儀，進行精確定心。

2. 精確定平：調整儀器之腳螺旋將管狀水準器精確定平，步驟如下：

   （1）旋鬆儀器水平方向制動螺旋（固定螺旋），旋轉望遠鏡使管狀水準器與儀器之某二腳螺旋平行。

   （2）將該二腳螺旋同時等量向外或向內旋轉，調整水準器氣泡至中央。

   （3）旋轉望遠鏡 90°，再以另一腳螺旋向外或向內旋轉，使氣泡居中。

   （4）如此往返 90°重複調平至望遠鏡在任何方向，水準氣泡均保持中央位置，則水準儀已安置完成。

   （5）重複 1. ～ 2.，直至同時達到精確定心，精確定平。

#營乙 104

請列出並說明水準儀之三軸為何？

1. 視準軸：視準軸垂直於直立軸。
2. 水準管軸：視準軸平行於水準管軸。
3. 直立軸：直立軸與水準管軸垂直。

Q 010 # 營乙 104

請說明測量誤差之種類，及其產生之原因。

A 010

一、系統誤差（Systematic errors，又稱累積誤差）：

1. 此種誤差發生之原因甚爲明顯，常有一定規律，且爲具有累積影響性質之誤差。
2. 在同一環境或相同之狀況，其所發生誤差之大小、方向（正或負）亦必相同。
3. 此種誤差可依其發生之定律去除之。
4. 定差：測量儀器閉化而生之誤差，稱爲定差（Constant errors）

二、錯誤（Mistake or Blunder）：

1. 係指觀測者缺乏經驗，或因精神緊張，生理缺陷而發生。
2. 其值恆大，且出現不一，可從別組觀測值比較而去除之。

三、偶然誤差（Accidental errors）：

1. 乃爲系統誤差消除後仍然留洋在觀測值中之小誤差。
2. 如溫度驟然間之急遽變化而使儀器膨縮，大氣折光影響觀測者之視覺，風之吹動，土質鬆弛影響儀器之水平而生、誤差等皆屬偶然誤差。
3. 因其值均甚微小，故爲觀測不易察覺。
4. 偶然誤差之符號可爲止、且出現之機率幾相等，相互間可被抵消。
5. 累積性誤差與相消性誤差之差異：在測量上所發生之誤差，應須瞭解其累積性或爲相消性，因累積性誤差與觀測次數遞增，爲數較大，而相消性誤差，爲數較小，則影響甚微。
6. 偶然誤差係指施測無法控制之誤差，不論使用如何精密儀器，施測方法如何嚴謹，偶然誤差之發生依然是不可避免。
7. 偶然誤差之特性爲：
   (1) 同一測量重複觀測多次等。絕對正負誤差發生之之會有相等之趨向。
   (2) 誤差爲正或爲負，均有大小之限界，大於此限之誤差，不可能發生。
   (3) 絕對值小之誤差比絕對大之誤差發生之機會有較多之趨向。

Q 011　# 營乙 105

請分別敍述在測量工程中，測繪及放樣之定義。

A 011

測繪：應用各種儀器與方法，以決定點與點間之相互之角度（方向）、
　　　距離及高程差等關係，進而依規定之比例尺繪製成圖之技術，
　　　謂之測量，亦稱測繪。

放樣：卽測設，將設計圖上之角度，方向，距離，高差設置於工地現
　　　場。

Q 012　# 營乙 105

任何的測量作業成果中均存在有不可避免的誤差，而誤差來源爲何？
請說明之。

A 012

1. 儀器誤差（instrumental errors）：
　　起因於儀器裝置及校正不完善所致。譬如量尺刻度的不均勻不準確

2. 人爲誤差（personal errors）—觀測者：
　　起因於人之視力與反應能力不同所致。

3. 自然誤差（natural errors）—外在環境：
　　起因於日曬、風吹、溫度及大氣之折光與磁針偏差等自然現象之變
　　化所致。

已知 A、B 二點為控制點，為求新點 C，請分別以三邊法、支距法、導線法繪圖說明之。

A **013**

三邊法：A、B 二點已知，欲求 C 點，可量 AC，BC 而定之

支距法：A、B 二點已知，由 C 點或 D 點作 CD ⊥ AB，並量 CD，決定 C 點之位置

導線法：由已知二點 A、B 量 AC 及 ∠CAB，可定 C 點

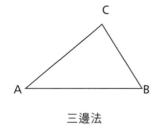

三邊法

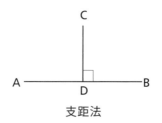

支距法

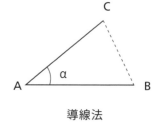

導線法

何謂電子水準儀？請說明電子水準儀相較於傳統水準儀有何優點？

A **014**

電子水準儀，是一種量測觀測點高程差的測量儀器，主要用於工程現場之水準測量。

電子水準儀相較於傳統水準儀有核心高精度的自動補償系統，既使在腳架並非完全水平的狀況下，也能提供您一個精準水平面參考。應用在整地，道路施工、機台安裝，鋼構安裝、平整度檢查……等，各種需要水平，或者建立坡度的場合。

Q 015 # 營乙 108

電子測距儀之測距精度為 ±(5mm+5ppm)，測距 2km 時，其量測精度與準確度為何（請詳列計算過程）？

A 015

第一個數值 5mm，代表儀器的固定誤差，主要是由儀器加常數的測定誤差、對中誤差、測相誤差造成的，固定誤差與測量的距離無關。即不管測量的實際距離多遠，測距儀都將存在小於該值的固定誤差。

第二個數值 5ppm*D（公里）代表比例誤差，其中的 5 是比例誤差係數，它主要由儀器頻率誤差、大氣折射率誤差引起。ppm 表示百萬分之（幾），D 則是全站儀或者測距儀實際測量的距離值，單位為公里。隨著實際測量距離的變化，以上提到的誤差部分便會按比例變化。

對於一台測距精度為 5mm+5ppm 的測距儀，當被測量距離為 2 公里時，儀器的測距精度為 5mm+5ppm*2（公里）= ±15mm。

Q 016 # 營乙 109

一道路路線平面圖上 2 個點 A、B，A 點之 (X,Y) 座標為 (100m, 100m)、B 點為 (273.205m, 200m)，試問：（需列算式）

（一）AB 測線的長度為多少 m ？

（二）由 A 點連至 B 點之 AB 測線的方位角為多少度？方向角為多少度？

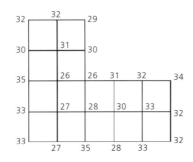

A 點座標（100,100）

B 點座標（273.205,200）

① $\overline{AB} = \sqrt{(273.205-100)^2+(200-100)^2}$

$\quad = \sqrt{173.205^2+100)^2} \fallingdotseq 200m$

② $\Phi_{AB}=\tan^{-1}\dfrac{173.205}{100} \fallingdotseq 60°$

③ 方向角 $=N60°E$

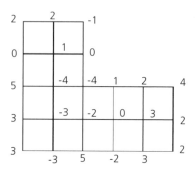

單位：公尺

Q 017　# 營乙 109

已知某道路之單曲線，其曲線率半徑 R=200 公尺、弧長 =20 公尺，請問其相對應之弦長爲若干？

A 017

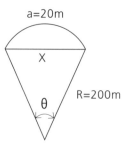

$a=R×θ \rightarrow θ=\dfrac{20}{200}×\dfrac{1}{\pi}×180°=5°43'46''$

$Sin\dfrac{θ}{2}=\dfrac{X}{R} \rightarrow X=Sin\dfrac{5°43'46''}{2}×200 \fallingdotseq 10m$

弦長 $=2X \fallingdotseq 2×10=20m$（19.992m）

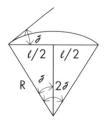

弦長 $\ell=2R\sin\dfrac{\ell}{2}=C-\dfrac{C^3}{24R^2}$

以半徑 R=200m，整弧 c=20m 代入，得弧弦差 s=c-l=0.8cm，誤差非常小；故一般以整弦 l=20m 代替整弧 c=20m 來計算較方便。

Q 018   # 營乙 110

如圖所示，已知對稱形二次拋物線之豎曲線第一縱坡度 +3%，第二縱坡度 -4%，豎曲線長度 Lc=300m，豎曲線上交點 P.V.I 之樁號為 10k+520.00，其高程為 203.568m，試求表中編號 (1) ～ (5) 豎曲線上坡度線上之高程 (整樁採用 50m)。

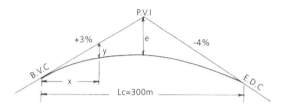

樁號	縱坡度	坡度線上之高程 (m)
(B.V.C) 10k+370	+3%	199.068
10k+400		(1)
10k+450		(2)
10k+500		(3)
(P.V.I) 10k+520		203.568
10k+550	-4%	202.368
10k+600		(4)
10k+650		(5)
(E.V.C) 10k+670		197.568

A 018

樁號	距離 A(與第一樁距離)	縱坡度 B	高程差 =A*B	高程 = 後高程 + 高程差	
10k+370	0		0	199.068	
10k+400	30	0.03	0.9	199.968	(1)
10k+450	80	0.03	2.4	201.468	(2)
10k+500	130	0.03	3.9	202.968	(3)
10k+520	150	0.03	4.5	203.568	
10k+550	120	-0.04	-4.8	202.368	
10k+600	70	-0.04	-2.8	200.368	(4)
10k+650	20	-0.04	-0.8	198.368	(5)
10k+670	0		0	197.568	

Q 019 #營乙110

請回答下列問題：

（一）何謂水準點 (B.M.)？

（二）何謂水準測量之後視？

（三）已知點 A 之高程為 52.430m，欲測點 B 之高程；將水準儀置於點 A、B 之間，觀測 A 點之標尺讀數為 1.315m，觀測 B 點之標尺讀數為 2.590m，則 B 點之高程為多少 m(需列計算式)？

A 019

（一）水準點：水準尺所立的點，其目的為測得該點為高程。

（二）後視：水準儀先觀測已知高程點之標尺。

（三）52.43+(1.315-2.590)=51.155。

Q 020 #營乙111

如下之平面圖所示，傾斜地上三點 A、B、C 在同一測線上，已知 A 和 B 二點間之高程差為 20m，B 和 C 之高程差 15m，今量得 AB 及 BC 之傾斜距離分別為 300.666m 及 200.562m，則 AC 之水平距離為多少 m？(請列算式，未列計算式不予計分)。

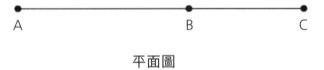

平面圖

A 020

$AB=\sqrt{(300.666)^2-20^2}=300.000m$

$BC=\sqrt{(200.562)^2-15^2}=200.000m$

$AC=AB+BC=500.000m$

Q 021

營乙 112

如下圖自動水準儀所示，請回答下列(一)至(五)之構件名稱及功能。

(一)→
(三)
(二)
(四)
(五)

A 021

（一）目鏡
（二）圓形水準氣泡
（三）調焦裝置
（四）水平微調裝置
（五）整平螺絲

6 營造工程管理術科考題分析

4. 假設工程與施工機具

考題重點

甲級	1	施工綱要規範
	2	安全圍籬的設置
	3	各類施工機械的比較與優缺點、施工特性

| 乙級 | 1 | 施工架 |
| | 2 | 臨時假設工程 |

甲級

年份　術科考試類型

104	假設工程　公共管線系統種類
103	施工機具　打樁機具
102	假設工程　公共管線
102	假設工程　何謂假設工程
102	假設工程　施工臨時設施及管制之範圍
101	施工機具　起重機械操作應注意事項。
100	假設工程　安全圍籬規定事項
99	假設工程　安全圍籬設施及配置內容及應注意事項
99	施工機具　捲揚機吊料時，應依何規定
98	施工機具　車輛系營建機械
97	施工機具　安裝計畫與使用計畫之項目及內容
97	樓板角隅補強配筋圖

乙級

年份　術科考試類型

108	假設工程　施工架之種類
107	施工機具　建築法　第 65 條使用機械施工者，應遵守哪些規定
106	假設工程　槽化導向設施
102	假設工程　臨時房屋及設置用途
99	假設工程　假設工程有那些工項
98	假設工程　道路工程假設項目
97	施工機具　1. 吊籠 2. 鏈裝機 3. 羊腳滾

甲級

Q 001 # 營甲 97

施工機具使用前,應事先充分了解機械器具等之性能、極限能量及操作相關規定,請說明安裝計畫與使用計畫之項目及內容。

A 001

1. 前言
2. 工程概述
3. 範圍及專語定義
4. 施工作業職掌組織表
5. 人力計劃編組
6. 材料、設備品管檢驗計劃
7. 品管組織管理計劃
8. 設備採購、運輸、進場計劃
9. 設備安裝計劃
10. 檢驗,測試,調整工作計劃
11. 教育訓練、維修及保固計劃
12. 各式品管檢驗記錄表格
13 突發事件之應變計劃
14. 施工進度表

Q 002 # 營甲 98

請列舉營建工程施工中所稱車輛系營建機械 7 種。

A 002

車輛機械係指能以動力驅動且自行活動於非特定場所之車輛、車輛系營建機械、堆高機等。前項所稱車輛系營建機械,係指推土機、平土

機、鏟土機、碎物積裝機、刮運機、鏟刮機等地面搬運、裝卸用營建機械及動力鏟、牽引鏟、拖斗挖泥機、挖土斗、斗式掘削機、挖溝機等掘削用營建機械及打樁機、拔樁機、鑽土機、轉鑽機、鑽孔機、地鑽、夯實機、混凝土泵送車等基礎工程用營建機械。

Q 003 #營甲99

營建工程施工場所，顧主使勞工以捲揚機等吊運料時，應依何規定辦理。

A 003

職業安全衛生設施規則第 155 條之一
雇主使勞工以捲揚機等吊運物料時，應依下列規定辦理：
一、安裝前須核對並確認設計資料及強度計算書。
二、吊掛之重量不得超過該設備所能承受之最高負荷，且應加以標示。
三、不得供人員搭乘、吊升或降落。但臨時或緊急處理作業經採取足以防止人員墜落，且 採專人監督等安全措施者，不在此限。
四、吊鉤或吊具應有防止吊舉中所吊物體脫落之裝置。
五、錨錠及吊掛用之吊鏈、鋼索、掛鉤、纖維索等吊具有異狀時應即修換。
六、吊運作業中應嚴禁人員進入吊掛物下方及吊鏈、鋼索等內側角。
七、捲揚吊索通路有與人員碰觸之虞之場所，應加防護或有其他安全設施。
八、操作處應有適當防護設施，以防物體飛落傷害操作人員，如採坐姿操作者應設坐位。
九、應設有防止過捲裝置，設置有困難者，得以標示代替之。
十、吊運作業時，應設置信號指揮聯絡人員，並規定統一之指揮信號。
十一、應避免鄰近電力線作業。
十二、電源開關箱之設置，應有防護裝置。

請說明營建工地安全圍籬設施及配置內容及應注意之事項。

A 004

安全圍籬設施及配置內容及應注意之事項：

1. 材料：建築物施工場所應於基地四周以密閉式之鋼鐵或金屬板（1.2 公厘厚以上）、木板（150 公分厚以上）、夾板（0.9 公分厚以上）等 材料設置高度在 2.4 公尺以上定著於基地上之安全圍籬。

2. 設置範圍：五層以上建築物或應設行人安全走廊地區兩旁建築物施工時，應採用鋼鐵或金屬圍籬。但施工場所利用原有磚造圍牆或臨接山坡地、河川、湖泊等天然屏障或四周空曠未開闢且無鄰房居住地區，無礙於公共安全經主管建築機關核准者不在此限。

3. 底座：安全圍籬底部和地表間空隙，須設金屬板或混凝土防溢座，使基地用水不致溢到基地外。

4. 施工門：車輛出入設置鐵捲門或軌道式活動密閉門，除車輛出入外應隨時封閉，並不得任意遷移。

5. 告示牌：於車輛進出口處設置告示牌（尺寸約 1.5 公尺 x1 公尺），標示工程名稱，建造執照號碼、設計人、監造人、承造人等有關工程內容摘要。開挖面積在 3000 平方公尺以上工地且多面臨路者，應於每一鄰向距離出入口每 50 公尺處增設一告示牌。僅對向雙面鄰路者，應於各面增設一告示牌。

6. 顏色：以整齊劃一之顏色為原則。如需設置廣告者，應經主管建築機關核准，其管理要點由主管建築機關另訂之。

7. 警示標誌：於圍籬突出轉角處張貼警示標誌圖樣。

8. 警示燈：於圍籬突出、轉角、施工大門處設立警示燈，以利夜間人車注意。

9. 拒馬：結構體完成鷹架、圍籬拆除後，整理環境時，於借用道路範圍內，須圍妥 1.2 公尺以上拒馬，並隨時清掃整理，以維持工地整潔。

Q 005 # 營甲 100

營建工地設置安全圍籬，請回答下列 5 項規定事項爲何？

1. 材料、尺寸及高度。
2. 設置範圍。
3. 底座。
4. 施工門。
5. 警示燈。

A 005

1. 材料：建築物施工場所應於基地四周以密閉式之鋼鐵或金屬板（1.2
   公厘厚以上）、木板（150 公分厚以上）、夾板（0.9 公分厚以上）
   等 材料設置高度在 2.4 公尺以上定著於基地上之安全圍籬。
2. 設置範圍：五層以上建築物或應設行人安全走廊地區兩旁建築物
   施工時，應採用鋼鐵或金屬圍籬。但施工場所利用原有磚造圍牆
   或臨接山坡地、河川、湖泊等天然屏障或四周空曠未開闢且無鄰
   房居住地區，無礙於公共安全經主管建築機關核准者不在此限。
3. 底座：安全圍籬底部和地表間空隙，須設金屬板或混凝土防溢座，
   使基地用水不致溢到基地外。
4. 施工門：車輛出入設置鐵捲門或軌道式活動密閉門，除車輛出入
   外應隨時封閉，並不得任意遷移。
5. 警示燈：於圍籬突出、轉角、施工大門處設立警示燈，以利夜間
   人車注意。

Q 006 # 營甲 101

試列舉 5 項說明營建工程中起重機械操作應注意事項。

A 006

1. 突然的按下全速開關或起重機從全速使其急驟停止，運轉將受衝擊，使荷物激烈擺動，這種粗暴的運轉，是絕對禁止的，必須運轉圓滑。
2. 運轉中，起重機如發生異常的聲音、震動及發熱所生的臭味應立即停止，並調查其原因，向上級主管報告。
3. 運轉中停電時，控制把手，應退回停止的位置，拉下總開關，等待送電。
4. 吊物不可橫拉，斜吊等起重動作。
5. 將貨物捲上至一定高度後，在開始做水平動作。
   （一般以貨物下端與地面垂直高度 2 公尺為標準。）
6. 運轉中不可將貨物吊在空中，就停機休息。
7. 吊荷若經過他人頭上時應有警報使其避開，最好吊荷通過時不可有人在荷物下。
8. 運轉中，不可作清掃、檢點、給油等工作。
9. 關於屋外的起重機，可能受強風影響時（可能颱風來襲時）對於起重機的防止逸走裝置如錨等之作用要 正常，並應接受上級主管指示，做好必要的措施。
10. 以兩台起重機並聯共吊一物時，操作時、吊掛作業者、指揮者，事前一定要做充分之協調溝通。
11. 起重機或吊車在平時運轉中，不可讓阻擋器有碰撞。
12. 不可在荷物底下來操作。
13. 荷物不可在易倒、易夾之位置來做運轉工作。
14. 不可乘坐吊物或在吊物上操作。
15. 不可邊拉著荷物，或在荷物前面，引進著荷物而運轉
16. 在操作運轉起重機時，邊走邊看清前方，左右方，並跟隨在荷物後方，隨時確認位置。

17. 吊鉤吊及荷物，宜在看得很清楚之位置于做運轉工作，不易看清時，應依信號指示操作。
18. 每個動作之按鈕開關要表示清楚，操時務必確認，不可錯誤。
19. 吊荷有搖擺時，不可續做吊升、橫行、直行、旋轉等動作，一定要待其停止方可做其他動作。
20. 將按鈕開關電纜斜拉操作時，不可在斜拉的位置放手。

Q 007 　# 營甲 102

請列舉 5 項說明行政院工程會施工綱要規範之施工臨時設施及管制之範圍。

A 007

本章所謂之施工臨時設施及管制之範圍，應至少包括下列各項：
1. 工地之使用、整備及排水，棄土及雜物之處理以及環境清理。
2. 衛生設施。
3. 交通維持。
4. 臨時房舍及監工站。
5. 公共管線設施。
6. 工程告示牌及標誌牌。
7. 工地會議室。
8. 出入工區管制。
9. 施工圍籬。
10. 各式施工構台及施工架。

Q 008 # 營甲 102

何謂假設工程？ 並列舉 4 項工程項目簡述之。

A 008

假設工程：爲便於工程之施工而建造之臨時設施。

一般假設工程是多，舉例如下：

1. 工作場地→堆置材料、材料加工、機具作業。
2. 假設建築物→工寮、倉庫、工務所、工地宿舍、廚房、廁所。
3. 假設圍牆→圍籬、圍牆、交通錐、混凝土塊。
4. 施工架→鷹架、帆布、防護網。
5. 水電空調設備。
6. 擋土設施→連續壁、鋼板樁、混凝土樁、鋼絲網、噴凝土、支撐鋼梁、地錨。
7. 交通設施→施工便道、便橋、軌道、碼頭。
8. 機械設備→洗車設備、起重機、預拌廠。

Q 009 # 營甲 102

工程範圍或鄰接之區域，施工前應以試挖等方式進行現場調查，以確認可能受施工作業影響公共管線之位置，施工期間應避免公共管線受損壞或破裂。請回答下列問題：

1. 完工後，是否繪製或修正管線圖說併入竣工圖送審？
2. 施工期間，承包商是否應負責維持施工期間所有受施工影響管線（包括接戶管）之正常功能？
3. 管線預定遷移日期前，應由誰來聯繫管線所屬單位？
4. 若遷移之設施爲多個管線單位所共用時，則最少應多少天前聯繫？

1. 於工程範圍或鄰接之區域，施工前應以試挖等方式進行現場調查以確認可能受施工作業影響之公共管線之位置，繪製或修正管線圖說併入工作圖送審。
2. 除另經工程司認可外，承包商應負責維持施工期間所有受施工影響管線（包括接戶管）之正常功能。
3. 凡指定非為承包商遷移之公共管線，應由管線所屬單位遷移。承包商應負責在預定遷移日期前，與管線所屬單位聯繫。
4. 若遷移之設施為多個管線單位所共用時，則最少應提前 [60 日] 聯繫。

Q **010**　# 營甲 103

請回答下列問題：

（一）打樁機具設備之組成有哪些？

（二）打樁機之類型，依其打設作用模式區分為哪些？

（三）打樁施工過程需注意之事項為何？請至少列舉 4 項說明之。

預鑄基樁或鋼橋於工廠製造完成後運送至工地，以打樁機將基樁打入地層內。

（一）打樁機具設備：

施工機具之組成包括有：起重機、基樁導架、打樁機等。

（二）打樁機之類型，依其打設作用模式區分為：錘擊式錘、振動棒錘、壓頂式打樁機。

（三）打樁施工檢查重點

打擊樁施工過程需注意之事項如下：

1. 施工安全注意事項：
   （1）基樁吊運、堆放安全
   （2）打樁機、導架組裝及移動安全
   （3）基樁吊掛固定於導架作業
   （4）打樁衝擊、夾傷之防止
2. 打樁施工可能之震動對鄰近建築物之影響
3. 接棒準確性及銜接固定強度
4. 樁頭處理

Q **011**　# 營甲 104

營建工程施工時對於公共管線系統必須保護，雖然具管轄權之公共管線單位擁有執行拆除、遷移及重建之工作責任，但是所有其他工作仍應由承包商負責。試列舉至少 5 種公共管線系統。

A **011**

1. 電力
2. 電信
3. 自來水（含工業給水）
4. 雨污水
5. 瓦斯
6. 輸油
7. 特殊管線等及路燈、號誌、監視器等公共設施

Q 012 # 營甲 104

請分別依據工地竊案、工地成為治安死角、工地人員暴動及以工地為媒介侵入鄰房等工地治安問題，說明解決參考準則。

A 012

工地治安問題	工地治安解決準則
工地竊案	1. 加強人員及車輛出入管制 2. 裝設 RFID 工地安全管理系統 3. 加強巡邏發揮守望相助的力量 4. 裝設工地無線監控系統
工地成為治安死角	1. 加強人員及車輛出入管制 2. 裝設 RFID 工地安全管理系統 3. 加強巡邏發揮守望相助的力量 4. 裝設工地無線監控系統
工地人員暴動	1. 保障外勞在台之勞動權盆 2. 人性化管理
以工地為媒介侵入鄰房	1. 加強人員及車輛出入管制 2. 裝設工地無線監控系統 3. 裝設 RFID 工地安全管理系統 4. 緊鄰鄰房之鷹架上應加設不易破壞之安全圍籬

請回答下列有關全套管基樁施工法之機具設備問題：

（一）取土設備有哪些？

（二）套管驅動設備（搖管器）之主要構件有哪？

（三）其他附屬機具設備有哪些？

A **013**

（一）1. 取土設備

取土設備可分為旋鑽機及吊車配抓斗兩種型式。

（1）旋鑽機主要係將施鑽用之桁架、鑽桿、齒輪變速箱等配於吊車底盤上形成一完整之鑽掘機具，鑽掘時可利用取土工具（如取土桶、螺旋鑽等）將土取出，以達鑽孔之目的。

（2）取土桶：可用於砂土層，岩層及有地下水時。

（3）螺旋鑽：可用於黏土層，卵礫石，軟岩層及無地下水時。

（4）吊車配抓斗。

A. 吊車

其主要功用為配合操作使用抓斗、破碎錘、清泥桶等進行掘挖，以及配合進行吊裝及拆卸套管、吊放鋼筋籠與特密管等工作。

B. 抓斗

遇到大卵石，抓斗無法取出時，必須使用重錘將其擊碎後再取出。遇到地下水時，由於抓斗中土石將會隨地下水流失，因此必須加配清泥桶設備。

（二）套管驅動設備（搖管器）

套管驅動設備係指將套管壓入地下及將套管拔出之設備，故其使用時需考慮下列之因素，選擇適宜性能之搖管器：

（1）樁徑大小及樁深。

（2）土質材料對套管之附著力、扭力、圍束壓力。

（3）作業方式及配屬設備。

施工作業時其搖管器係安裝於主吊車上，以主吊車之重量提供套管扭轉作業之反力，並以搖管器及套管的重量迫使套管向下推進，其構成主件爲重型鋼基座、油壓動力系統及套管，茲分述如下：

（1）重型鋼基座一由三對油壓千斤頂所組成，分別控制套管之扭轉、上下推舉及套管鎖定等作用。

（2）油壓動力系統—利用此油壓系統可操作搖管機基座上之油壓千斤頂，形成扭轉力矩將套管搖動、提舉、鎖定。

（3）套管一由鋼管製成兩端設置有接頭，其最前端（底部）設有鋸齒狀之刃口或裝設特製之切削刀。

（三）其他附屬機具設備

（1）履帶式吊車

（2）傾卸卡車

（3）沉水式幫浦

（4）電焊機

（5）特密管

（6）土砂箱（沉澱處理池）

（7）超音波垂直度檢驗儀

（8）給水設備

（9）電力設備

（10）排水設備等

試說明於隧道鑽炸開挖輪進作業循環中,其作業項目及所需機具。

A 014

鑽炸工法作業內容及使用之機具		
作業項目	使用機具	作業內容
鑽孔	手提鐵機鑽堡	以鑽機(手提鐵機、油壓機械式鑽堡等)按預先設定之孔位(孔位布設圖)鑽掘出爆孔。
裝藥	手工具	將炸藥、雷管、導線先行裝妥後,以竹片等工具引導插入鑽孔中,並施予填塞。
引爆	激發器	啟動激發器(Exciter)使電流經導線傳導引爆雷管點燃炸藥,使瞬間產生巨量爆震力以將鑽孔外周岩體撐裂。
排煙	送風機抽風機	將爆破所產生之煙塵迅速抽離開挖面,以免沿隧道飄散,污濁作業場所,至無法進行施工作業。
浮石清除	挖溝機清喳機	將開炸後流至於隧道壁面上之不穩定岩塊〈削〉清除,以免後續作業過程脫落危及人員、機具之安全及 支撐之強度、穩定性。
支撐架設	裝載機架設機	以 H 型鋼或鋼筋加工成之鋼(Steel Rib)組撐於隧道壁,以防止發生變形。噴凝土一將隧道壁面施噴一層薄層混凝土薄殼 岩釘一於開挖出露之隧道壁面鑽孔置入鋼棒及速凝之 固結材料(水泥漿、樹酯等)以使周邊地層之岩塊連結 形成支撐拱圈,與噴凝土及鋼支堡結合以支撐並控制 隧道之變形,達到穩定之效果。
計測	鋼捲尺伸縮儀變位儀	NATM 工法之要旨在控制隧道變形下完成隧道支撐。故需利用計測儀器量測隧道應變及支撐應力之變化情形,以即時調整加強支撐強度,以避免隧道變形過劇,而致損壞。

Q 015 # 營甲 106

試舉出 7 種以上土方工程中開挖及填土作業使用之機具。

A 015

1. 鋤土機　　　5. 小型鏟土機
2. 抓斗挖土機　6. 牽引剷土機
3. 拖斗挖泥機　7. 堆土機
4. 動力鏟

Q 016 # 營甲 106

請依施工場所之環境、地形、地質、水文、天候等因素說明施工機械在哪些作業環境下,可能引致危害狀況發生?

A 016

1. 斜坡上作業:傾倒、滑落
2. 高處作業:倒塌、崩塌
3. 軟弱地層:異常沈降
4. 地下土〈岩〉壓、水壓:異常沈降
5. 供電設備近接作業〈電能〉:爆炸、感電
6. 鄰近河川、海岸:傾倒、異常沈降
7. 緊臨既有建築物施工:碰撞
8. 強風、豪雨、落雷、地震:感電

Q 017 # 營甲 107

依「公共工程汛期工地防災減災作業要點」規定，各工程汛期施工應
啟動工地防災機制，辦理防災減災，請回答汛期施工檢查問題：

（一）汛期施工檢查項目「工地臨時構造物」有哪些？

（二）汛期施工檢查項目「工地大型機械設備」有哪些？

（三）汛期施工檢查項目「工地開挖及土石挖填方」有哪些？

A 017

（一）工地臨時構造物：施工圍籬、支撐架、鷹架、防護網、告示牌
　　　等臨時構造物應加強牢固。

（二）工地大型機械設備：吊車、吊塔等大型揚昇機械設備應予繫接
　　　錨錠，束制穩固；必要時予以撤離。

（三）工地開挖及土石挖填方：對基礎、工作井開挖、土石挖填方、
　　　山坡地水土保持設施部分應進行檢查及監控，並加強相關安全
　　　保護措施。

Q 018 # 營甲 108

近年來營造施工技術日新月異，機械製造技術日益精良，請說明施工
技術與機具之發展趨勢為何？

A 018

1. 產能大幅提高
2. 操作簡單
3. 施工精確度提高
4. 技術勞力需求度降低
5. 作業安全性提高
6. 低污染、無公害之作業方式
7. 自動化乃至無人化之發展

Q 019 # 營甲 108

為防止施工機械發生作業災害，其具體之防範對策有哪些？

A 019

施工機械災害之防範 具體之防範對策如下列：
1. 作業計畫之討修訂（安全評估）
2. 訂定安全作業標準（SOP）
3. 設置安全管理組織及人員
4. 成立協議組織、訂定協議計畫
5. 設置安全防護設施
6. 教育訓練及從業人員資格管理
7. 自主檢查（機具維修保養、機具檢點、安全設施檢查等）
8. 執行動態安全管理（配合施工作業實施狀況機動辦理）

Q 020 # 營甲 108

營建工程選擇機具、設備考量條件之因素為何？

A 020

營建工程選擇機具、設備之因素如下：
1. 功率　　　　4. 操作性
2. 品質　　　　5. 安全性
3. 作業需求　　6. 環境維護

工地一般常用的起重機有哪些請列舉 4 種。

A 021

卡車起重機	卡車起重機 積載型卡車起重機	伸臂伸縮式 伸臂不伸縮式
輪行起重機	輪行起重機 （拖車起重機） 越野起重機	伸臂伸縮式 伸臂不伸縮式
履帶起重機	履帶起重機	伸臂伸縮式 伸臂不伸縮式
鐵路起重機	鐵路起重機 救援起重機 衍樑架設起重機	
水上起重機	固定式起重機 起伏式水上起重機 迴轉式水上起重機	

移動式起重機分類及型式一覽表

Q **022**
營甲 110

請列舉 5 項施工架有關防止人體墜落之自主檢查項目。

A 022

（一）工作台採固定板料，應鋪滿踏板（如採木板板料厚度不得小於 3.5cm），踏板間、踏板之工作用板料之縫隙及不得大於 3cm，支撐點至少應有兩處以上且無脫落或移位之虞。

（二）工作台應鋪以緊接之踏板，工作台四周應設上欄杆（90cm 以上）及中欄杆。

（三）施工架上有人員時不得移動施工架。

（四）施工架上有人員施工時應固定制輪避免滑動。

（五）作業人員上下應使用內梯。

（六）應依結構力學原理妥為設計，置備施工圖說，指派所僱專任工程人員簽章確認強度計算書及施工圖說。但依營建法規等不須設置專任工程人員者，得由具專業技術及經驗之人員為之。

（七）應建立按施工圖說施作之查驗機制。

（八）施工架內、外側應設置交叉拉桿。

（九）施工架高度 1.5 公尺以上應設置安全之上下設備。

（十）施工架之材料不得有顯著之損壞、變形或腐蝕。

Q 023　# 營甲 111

試列舉 5 項說明工程施工使用移動式起重機吊掛搭乘設備搭載，或吊升人員作業時須注意事項。

A 023

起重升降機具安全規則 第 38 條

雇主使用移動式起重機吊掛搭乘設備搭載或吊升人員作業時，應依下列規定辦理：

（一）搭乘設備及懸掛裝置（含熔接、鉚接、鉸鏈等部分之施工），應妥予安全設計，並事前將其構造設計圖、強度計算書及施工圖說等，委託中央主管機關認可之專業機構簽認，其簽認效期最長二年；效期屆滿或構造有變更者，應重新簽認之。

（二）起重機載人作業前，應先以預期最大荷重之荷物，進行試吊測試，將測試荷物置於搭乘設備上，吊升至最大作業高度，保持五分鐘以上，確認其平衡性及安全性無異常。該起重機移動設置位置者，應重新辦理試吊測試。

（三）確認起重機所有之操作裝置、防脫裝置、安全裝置及制動裝置等，均保持功能正常；搭乘設備之本體、連接處及配件等，均無構成有害結構安全之損傷；吊索等，無變形、損傷及扭結情形。

（四）起重機作業時，應置於水平堅硬之地盤面；具有外伸撐座者，應全部伸出。

（五）起重機載人作業進行期間，不得走行。進行升降動作時，勞工位於搭乘設備內者，身體不得伸出箱外。

（六）起重機載人作業時，應採低速及穩定方式運轉，不得有急速、突然等動作。當搭載人員到達工作位置時，該起重機之吊升、起伏、旋轉、走行等裝置，應使用制動裝置確實制動。

（七）起重機載人作業時，應指派指揮人員負責指揮。無法派指揮人員者，得採無線電通訊聯絡等方式替代。

Q 024 ＃營甲 111

試列舉 5 項水泥混凝土鋪面之施工機具。

A 024

（一）震動棒
（二）整平刮板
（三）動力夯實機
（四）整平機
（五）動力修面機
（六）整體粉光機

Q 025 ＃營甲 112

某建築物樓高 140 公尺，屋頂裝有內爬式塔式吊車，面臨高架捷運線僅 10 公尺。請至少說明五項拆除內爬式塔式吊車時應注意事項。

塔吊裝拆作業的注意事項：

一、施工用起重設備支腿應打在牢固的地面上，墊必要的木板或方木。

二、斜吊、側吊、攬吊選擇適當的的吊點位置和輔助牽引等措施。

三、2m 以上的高空作業須有安全保護，雨天及風力大於五級時停止作業，施工中途遇風雨時必須將塔機安裝處於安全狀態。

四、升降作業時起重臂決不得轉向，並設專人保護。

五、裝拆必須嚴格按施工方案所要求順序進行，安裝起重臂前沿不應加配重，未裝配重不得起吊重物。拆卸時應先拆配重後拆起重臂。

六、檢查塔機各連接部件是否齊全、可靠、有效，其吊、索具等上否安全。

#營甲 112

工程施工之臨時用電若向台電公司申請接電使用時，在工程初期之假設工程階段，請至少列舉 5 項說明臨時電工程在規劃與施工時應注意事項。

臨時用電規劃設計應檢討事項：

一、繪製系統單線圖及配置圖。

二、負載分析檢討。

三、故障電流計算及斷路器啟斷容量之檢討。

四、保護協調檢討。

五、電壓降計算及檢討。

六、功率因數改善檢討。

七、接地系統計算及檢討。

Q 001　#營乙 97

請說明下列各項施工機具之用途。
1. 吊籠　2. 鏟裝機　3. 羊腳滾

A 001

1. 吊籠：吊籠是一種因應高處作業而發展的施工機具被大量使用於高層、超高層大樓與工廠建築物中，進行高處清潔、油漆、焊接、組裝等作業。
2. 鏟裝機：主要用於鏟裝土壤砂石等散狀物料及進行鏟挖作業。
3. 羊腳滾：滾筒上有一隻隻的腳，有細腳的也有粗腳的，細腳的叫羊腳滾，粗腳的叫象腳滾，而且幾乎都不會震動。這類壓路滾用於黏性土質土壤之滾壓。

Q 002　#營乙 98

（1）何謂假設工程。（2）一般道路工程施工，試列舉五項假設工程項目。

A 002

（1）所謂假設工程即於施工時配合工程之進行而設置的臨時工程，於完工時即行拆除，如：工寮、事務所、鷹架、整地、臨時的動力照明設備、防護設備、臨時道路等。

（2）1. 假設圍籬　　　　4. 防塵網
　　　2. 臨時水　　　　5. 假設道路
　　　3. 臨時電

Q 003 # 營乙 99

營建工程中假設工程有那些工項？請列舉五項說明之。

A 003

1. 施工圍籬
2. 鷹架
3. 臨時水電
4. 臨時道路
5. 工務所

Q 004 # 營乙 102

請列舉 5 種營建工地臨時房屋及設置用途。

A 004

1. 工務所：辦公室
2. 宿舍：員工休息
3. 會議室：開會用
4. 樣品室：放置樣品
5. 警衛室：給警衛用

Q 005 # 營乙 106

請列舉 5 項施工交通管制與安全設施所使用之「槽化導向設施」。

A 005

1. 槽化導向設施
2. 拒馬
3. 交通錐
4. 混凝土護欄（分隔石）
5. 警示桶
6. 直立導標

Q 006 # 營乙 107

依據建築法，凡在建築工地使用機械施工者，應遵守哪些規定？

A 006

建築法第 65 條（機械施工）

凡在建築工地使用機械施工者，應遵守下列規定：

一、不得作其使用目的以外之用途，並不得超過其性能範圍。

二、應備有掣動裝置及操作上所必要之信號裝置。

三、自身不能穩定者，應扶以撐柱或拉索。

Q 007 # 營乙 108

請依結構型式列舉 5 項施工架之種類。

A 007

1. 固定式施工架：施工架除地面外與其他構造物有固定之連接，稱之為固定式施工架。此類施工架多用於結構工程的垂直方向，並藉主體結構工程施以固定。

2. 活動式施工架：施工架除地面外，與其他構造物並未固定連接。

3. 移動式施工架：施工架除地面外，與其他構造物並未連接，同時移動施工架時，該施工架不須拆解即可移動，無論其移動方式係屬自備動力或其他外力移動。一般下方多設有輪子以方便移動。

4. 滿堂架：施工架組合整體規模較大，可能為固定式與活動式之混合組合，其規模一般指高度 3 公尺以上，長寬高比例接近或寬度長度遠大於高度甚或充滿整個結構物的內部，故此稱為滿 堂架。此類施工架多用於大面積之作業：如禮堂內部裝修等。

5. 懸吊式施工架：施工架之固定方式係以吊索方式自上方垂下，始
   可到達作業位置者。懸吊式施工架多用於垂直方向無上下設備可
   使用者：如洗窗機、吊籠等。

6. 懸臂式施工架：懸臂式施工架係以懸臂方式自固定端延伸到作業
   位置者稱之。本類施工架多用於土木工程中，如：橋梁工程懸臂
   工法所使用之工作車等。

Q 008　# 營乙 112

根據建築技術規則建築設計施工編，有關建築工程之工作台、走道及
階梯之設置規定，試問下列①、②、③、④、⑤、⑥及⑦欄位數值各
爲多少？

（一）凡離地面或樓地板面 ① 公尺以上之工作台，應舖以密接之板
　　　料；工作台至少應低於施工架立柱頂②公尺以上。

（二）階梯之架設，其高度在 8 公尺以上，應每③公尺以下設置平台
　　　一處。

（三）走道及階梯之架設，其坡度應爲④度以下，其爲 15 度以上者
　　　應加釘間距小於⑤公分之止滑板條，並應裝設適當高度之扶手；
　　　走道木板之寬度不得小於⑥公分，其兼爲運送物料者，不得小
　　　於⑦公分。

A 008

（一）凡離地面或樓地板面 2 公尺以上之工作台，應舖以密接之板料；
　　　工作台至少應低於施工架立柱頂 1 公尺以上。

（二）階梯之架設，其高度在 8 公尺以上，應每 7 公尺以下設置平台
　　　一處。

（三）走道及階梯之架設，其坡度應爲 30 度以下，其爲 15 度以上者
　　　應加釘間距小於 30 公分之止滑板條，並應裝設適當高度之扶
　　　手；走道木板之寬度不得小於 30 公分，其兼爲運送物料者，
　　　不得小於 60 公分。

6 營造工程管理術科考題分析

5. 結構體工程

年份　術科考試類型

107	鋼結構工程　鋼結構品質管制的內容
106	混凝土工程　低強度材料 (CLSM)
106	鋼結構工程　鋼結構試裝
105	模板工程　模板組立與拆除的時機
105	鋼結構工程　鋼結構電銲姿勢
104	混凝土工程　綠混凝土性質與條件
104	鋼結構工程　非破壞檢測方式及適用銲道之類型
104	預力混凝土　預力混凝土預力值
103	混凝土工程　蜂窩處理時機及修補建議
103	鋼筋工程　鋼筋腐蝕的因素
102	解釋名詞　1. 濕式構造 2. 乾式構造 3. 擋土牆 4. 護坡
102	解釋名詞　1. 密封料 2. 覆蓋料 3. 崁縫料 4. 熱塑性材料 5. 熱凝性材料
101	混凝土工程　混凝土澆置計畫
101	混凝土工程　混凝土施工過程應注意事項
101	磚牆工程　磚牆施工應注意事項
100	混凝土工程　澆置完成後應如何保護
100	木構造 (建築技術規則)　木構造構材防腐要求
99	混凝土工程　冷縫的缺點
99	鋼結構工程　鋼結構一般電銲方法
98	鋼結構工程　鋼構安裝工程計劃書
98	混凝土工程　混凝土澆置工程時 , 應注意事項
98	模板工程　鋼管支柱為模板支撐之支柱
97	混凝土工程　冷縫及浮水兩種原因
97	混凝土工程　混凝土拆模後 , 一般養護之方法

乙級

年份　術科考試類型

111 混凝土工程　地震減損其強度的方法
111 混凝土工程　混凝土用的化學摻料
111 混凝土工程　脫模劑應注意之事項
110 鋼結構工程　外觀品質檢查重點

年份	術科考試類型
110	混凝土工程 澆置前檢查項目
109	混凝土工程 澆置計畫內容
109	鋼結構 非破壞性檢驗方法
108	模板工程 鋼模的優缺點
108	混凝土工程 混凝土養護目的方法
107	解釋名詞 1. 泛水 2. 犬走
107	鋼筋工程 鋼筋續接之方式及要求
106	混凝土工程 既有混凝土表面應如何處理
106	混凝土工程 提高混凝土水密性的方式
106	混凝土工程 混凝土施工縫接面處理的原則
105	模板工程 鋼管支撐架支撐
105	鋼筋工程 竹節鋼筋 (D10-D25) 之單位質量及 標稱直徑
105	磚牆工程 紅磚和空心磚計算
105	混凝土工程 蜂窩避免
104	混凝土工程 塑性乾縮裂縫
104	混凝土工程 澆置現場人員
103	模板工程 傳統模板及支撐的各部構造名稱
103	混凝土工程 蒸汽養護法
103	混凝土工程 保護層墊塊
102	混凝土工程 混凝土坍度試驗結果
102	混凝土工程 棒狀振動器搗實混凝土
102	鋼結構工程 鋼結構基本接合型式可分為哪二類
101	鋼筋工程 竹節鋼筋優缺點
101	混凝土工程 混凝土凝結收縮
100	混凝土工程 預力損失
100	混凝土工程 假凝現象
99	鋼筋工程 鋼筋工程查驗
99	模板工程 模板塌垮之原因
98	鋼筋工程 鋼筋工程查驗
98	模板工程 混凝土工程施工之安全衛生及環保要求
97	混凝土工程 混凝土品質管制試驗的項目
97	模板工程 模板組立施工時一般的要求

甲級

Q 001 # 營甲 97

請說明混凝土拆模後，一般養護之方法爲何？

A 001

除使用液膜養護劑外，可使用下列養護方法：

1. 混凝土養護應在澆置完成混凝土於表面浮水消失後卽速進行養護。
2. 混凝土養護，可以在其表面滯水或以麻布、防水膠布、油毛紙及細砂等適當材料完全覆蓋。覆蓋材料應直接鋪蓋於混凝土表面上，並隨時保持濕潤。
3. 養護期間不得損害覆蓋材料、防水養護布或混凝土表面。
4. 接臨時水定時噴灑水。

Q 002 # 營甲 97

說明混凝土產生冷縫及浮水兩種原因並提出防止方法。

A 002

冷縫：

在氣溫 25℃以下，澆置混凝土，如停頓 120 分鐘再接續澆置，或氣溫 25℃以上停頓 100 分鐘再接續，其接縫稱爲「冷縫」。冷縫發生這些弊病之原因，乃爲停頓時間超過上述時間，新的混凝土與先澆置已初凝之混凝土組織無法合成一體，兩者之間產生之隙縫，造成弊病。所以冷縫可以說是施工問題，澆置混凝土前，先擬定澆置混凝土計畫書詳細規劃，以避免發生或減少其不良後果。

新澆置之混凝土無法與已澆置之混凝土黏結成一體而形成之縫隙。一般在熱天或有風之狀況下，因高溫及水分蒸發消失太快，最易發生冷縫現象。

改善策略如下：

1. 添加緩凝劑：使先澆置之混凝土不會過度硬化或凝結。
2. 控制澆置計畫：避免混凝土之先後作業發生無法銜接之現象。
3. 增加黏結力：在先澆置之混凝土上澆置一層水灰比相同之水泥砂漿，再澆置新混凝土。

泌水：

混凝土水化作用多餘的水份會上浮，形成泌水現象。對混凝土會產生下述影響：

1. 降低強度：泌水之毛細管道在硬化後將形成連續性之毛細孔隙，降低強度。
2. 組織不均：泌水上升造成上部密度小而下部密度大。
3. 造成浮泥：泌水上升時常夾帶水泥顆粒而形成浮泥。
4. 降低握持力：泌水上升若遇到鋼筋或粗顆粒時，將受阻而滯積其下方，使粗粒料及鋼筋與混凝土間之握持力降低。

改善策略如下：

1. 降低用水量：在工作性容許範圍內，應盡量降低水灰比。 需避免澆置過程中加水，而降低混凝土強度。
2. 加速水化作用速度：加速凝劑或提高 C3A 含量。
3. 增加粘滯性：使用卜作嵐材料或增加水泥細度。
4. 切斷水份上升路徑：使用輸氣劑，形成不連續孔隙，阻斷水份上升路徑。

Q 003 # 營甲 97

營建工地常採用可調鋼管支柱爲模板支撐之支柱，請說明相關法令之規定。

 A 003

營造安全衛生設施標準第 135 條

雇主以可調鋼管支柱爲模板支撐之支柱時，應依下列規定辦理：

1. 可調鋼管支柱不得連接使用。
2. 高度超過 3.5m 公尺者，每隔 2m 內設置足夠強度之縱向、橫向之水平繫條，並與牆、柱、橋墩等構造物或穩固之牆模、柱模等妥實連結，以防止支柱移位。
3. 可調鋼管支撐於調整高度時，應以制式之金屬附屬配件爲之，不得以鋼筋等替代使用。
4. 上端支以梁或軌枕等貫材時，應置鋼製頂板或托架，並將貫材固定其上。

Q 004 # 營甲 98

請說明混凝土澆置工程時，應注意事項爲何？請列舉 5 項說明之。

A 004

澆置計畫中應考慮之主要項目：
1. 澆置面積及數量
2. 人力分配
3. 使用機具
4. 工地佈置
5. 混凝土輸送
6. 澆置時間
7. 澆置區域劃分
8. 澆置順序
9. 施工縫位置
10. 搗實方法
11. 養護方法
12. 特殊狀況處理

Q 005　# 營甲 98

鋼構安裝工程計劃書內容為何？請列舉 10 項說明之。

A 005

現場安裝計畫：
1. 安裝人員組織。
2. 運輸計畫：構件襯墊及包裝方式、運輸路線規畫、超長、超高、超寬構件處理、卸料及堆料場所佈置。
3. 吊裝系統：臨時支撐規畫，吊裝機具、吊索及臨時設備安排，
4. 吊裝規畫：吊裝順序，拱度、精度控制及檢測方法。
5. 螺栓施工：螺栓鎖緊方法、塗裝方式、檢驗方法及防護措施。
6. 工地塗裝：施工架規畫、鎖緊順序及檢查方法。
7. 工地安全措施及管理。
8. 各式品管表格。

Q 006 #營甲99

鋼結構一般電銲方法有哪些？

A 006

銲接方法：
1. 被覆電弧銲接（SMAW--Shield Metal Arc Welding）
2. 氣體遮護電弧銲接（GMAW--Gas Metal Arc Welding）
3. 包藥銲線電弧銲接（FCAW--Flux-Cored Arc Welding）
4. 潛弧銲接（SAW--Submerged Arc Welding）
5. 電熱熔渣銲接（ESW--Electro Slag Welding）
6. 電熱氣體銲接（EGW--Electro Gas Welding）
7. 植釘銲接（SW--Stud Welding）等 7 類

Q 007 #營甲99

何謂冷縫？混凝土冷縫的缺點有哪些，其因應對策爲何？

A 007

澆置混凝土，如停頓時間太久，再接續灌，其接縫稱爲「冷縫」。冷縫發生這些弊病之原因，乃爲停頓時間超過上述時間，新的混凝土與先澆置已初凝之混凝土組織無法合成一體，兩者之間產生之隙縫，造成弊病。所以冷縫可以說是施工問題，澆置混凝土前，先擬定澆置混凝土計畫書詳細規劃，以避免發生或減少其不良後果。

新澆置之混凝土無法與已澆置之混凝土黏結成一體而形成之縫隙。一般在熱天或有風之狀況下，因高溫及水分蒸發消失太快，最易發生冷縫現象。

改善策略如下：
1. 添加緩凝劑：使先澆置之混凝土不會過度硬化或凝結。
2. 控制澆置計畫：避免混凝土之先後作業發生無法銜接之現象。
3. 增加黏結力：在先澆置之混凝土上澆置一層水灰比相同之水泥砂漿，再澆置新混凝土。

Q 008 ＃營甲 100

請依「建築技術規則」之規定，說明一般木構造構材防腐要求，應符合哪些規定？

A 008

木構造各構材防腐要求，應符合下列規定：
一、木構造之主要構材柱、梁、牆板及木地檻等距地面 1 公尺以內之部分，應以有效之防腐措施，防止蟲、蟻類或菌類之侵害。
二、木構造建築物之外牆板，在容易腐蝕部分，應鋪以防水紙或其他類似之材料，再以鐵絲網塗敷水泥砂漿或其他相等效能材料處理之。
三、木構造建築物之地基，須先清除花草樹根及表土深 30 公分以上。

Q 009 #營甲100

試說明混凝土工程於澆置完成後應如何保護？

1. 除非採用加速養護或另有規定外，混凝土的養護時間應視水泥的水化作用及達成適當強度之需求儘可能延長，且不得少於 7 天。
2. 養護期間應保持模板潮溼。
3. 採用液膜養護時，所使用材料應與預備施作於混凝土表面之防水材料或其他材料相容。
4. 混凝土養護應在澆置完成混凝土於表面浮水消失後即速進行養護。
5. 混凝土養護，可以在其表面帶水或以麻布、防水膠布、油毛紙及細砂等適當材料完全覆蓋。覆蓋材料應直接鋪蓋於混凝土表面上，隨時保持濕潤。
6. 養護期間不得損害覆蓋材料、防水養護布或混凝土表面。

Q 010 #營甲101

請依「建築物磚構造施工規範」規定，列舉 7 項說明磚牆施工應注意事項。

A 010

紅磚牆體砌築須依下列規定：

1. 運送至現場的磚塊應完好無缺。產品應保持乾燥，並與土壤隔離。搬運磚塊應防止斷角或破裂。

2. 磚塊於砌築前應充分灑水至飽和面乾狀態，以使砌築時不吸收水泥砂漿內水份為判定標準。

3. 清除施工面之污物、油脂及雜物。

4. 砌牆位置須按圖先畫線於地上，並將每皮磚牆逐皮繪於標尺上，然後據以施工。

5. 確認所有管線開孔及埋設物的位置。

6. 砌疊之接縫，在垂直方向必須將接縫每層錯開，並隔層整齊一致，保持美觀。圖上如未特別註明，所用磚牆一概用英國式砌法，即一皮丁磚一皮順磚相間疊砌。

7. 砌磚時各接觸面應佈滿水泥砂漿，每塊磚拍實擠緊，使完工後之外牆在下雨時不致滲水入內。磚縫厚度不得大於 10 公釐，亦不得小於 8 公釐，且應上下一致。磚砌至頂層得預留 2 層磚厚，改砌成傾斜狀如此填縫較易。磚縫填滿水泥砂漿後可於接觸面加舖龜格網，減少裂隙。

8. 砌磚時應四週同時並進，每日所砌高度不得超過 1 公尺，收工時須砌成階梯形接頭，其露出於接縫之水泥砂漿應在未凝固前刮去，並用草蓆或監造人核可之覆蓋物遮蓋妥善養護。

9. 牆身及磚縫須力求橫平豎直，並隨時用線錘及水平尺校正，牆面發現不平直時，須拆除重做。

10. 牆內應裝設之鐵件或木磚均須於砌磚時安置妥善，木磚應為楔形並須塗柏油兩度等防腐蝕處理措施。

11. 新做牆身勒腳、門頭、窗盤、簷口、壓頂等突出部分應加以保護。

12. 降雨及強風時之施工：

(1) 遇有降雨或強風而無法持續施工時，應立即中止施工。

(2) 因降雨而有雨水可能滲入已疊砌部分之砌體單元空心部之虞時，應以遮蓋物等加以覆蓋，以防雨水滲入。

(3) 因強風而有可能造成已疊砌部分之砌體單元發生傾倒之虞時，應採取防止傾倒之有效措施。

Q 011

請列舉 7 項說明混凝土施工過程應注意事項。

A 011

一、預拌混凝土運抵工地品人員應執行下列品管控制：

1. 首先查看貨單上開始拌合至抵達工地是否以超過初凝時間 90 分鐘，如已超過則應予拒收不得使用。

2. 未超過初凝時間應測定其坍度，坍度之測定可先以目測憑經驗決定之，如有可能超出坍度之容許範圍，應做坍度試驗。

3. 應隨機對進場之混凝土進行混凝土氯離子含量檢測。

4. 坍度符合規定者，需再依規範決定是否做強度試驗之試體，完成後得繼續澆置混凝土。

二、混凝土壓送：

1. 混凝土經泵浦車加壓及配管，將混凝土壓送至澆灌地點。

2. 輸送管之配置不得直接接觸模板或鋼筋，及損壞已完成之建築物。

3. 水平方向配管可沿澆置層配置，若配管於樓板上時，需墊橡膠輪胎以減少震動，但不可固定於柱筋、梁筋。

4. 直方向配管可利用昇降坑道、外牆等垂直向配管，並以鐵線加以緊結，但不可固結鷹架上。

5. 壓送管線儘量縮短保持成一直線，使彎頭之數目減至最少，以期阻力之最小。

三、混凝土之澆置：

1. 混凝土之澆置需依規劃之動線，標高進行施工。

2. 澆置混凝土時不可加水。

3. 混凝土應連續澆置或以適當高度分層澆置，澆置時應防止骨料分離及冷縫現象、浮水現象。

4. 混凝土澆置速度須與搗實工作適當配合，以免模板上堆置太多混凝土受壓過大而發生變形（須有水電工顧管，鋼筋工顧鋼筋，模板工顧模，以備發生意外狀況時，緊急搶修）。

5. 搗實混凝土時須使用振動機，使用振動機時應垂直插入混凝土中。

6. 澆置柱及牆的混凝土時，須直接先由梁之部份將混凝土澆入，儘量避免由地板澆入。

7. 有開口之牆壁應以木槌敲擊，確定灌滿漿否。

8. 3m 以上（含）高度之牆柱不可一次澆置，至少分二次澆置。

9. 梁之澆置作業以梁之兩端開始為宜。

10. 澆置版時應以遠端開始，使每次新灌混凝土均能緊接已灌置之混凝土，完成面之水平誤差不得超出 5cm ～ 10cm。

11. 澆置陽台欄杆，須保持同一水平高度澆置，水平誤差不得超 10cm。

12. 應儘量澆置接近其應澆置之位置，不得將大量混凝土澆注於某一點任其流動，應增加移動之作業及搗實作業。

13. 有窗戶之混凝土牆，在同一區劃分內應先澆置至窗台之水平高度並俟其混凝土初擬後再行澆置至窗頂。

四、混凝土之搗實：

1. 以振動棒搗實，使用間隔應在 60cm 以內，且應保持連續震動 5-10 秒。

2. 搗實是否足夠可由下觀察：是否仍有氣泡上升，如無氣泡上升而且聲音無變化時表已搗實。

3. 模板邊緣鋼筋及振動機四周之混凝土表面砂漿開始滿溢，表振動已夠。

4. 振動棒不得直接震動鋼筋。

Q 012 #營甲 101

混凝土澆置計畫應包含哪些內容？

第一章、工程概述
　　　　　一、工程概要
　　　　　二、工程內容
　　　　　三、工程位置
　　　　　四、運輸時間

第二章、材料試規格及試驗
　　　　　一、材料規格
　　　　　二、混凝土材料試驗

第三章、施工作業程序要領及注意事項
　　　　　一、準備工作
　　　　　二、施工方法
　　　　　三、檢驗
　　　　　四、清理
　　　　　五、保護

第四章、混凝土施工安全衛生
　　　　　一、拌合車混凝土運送
　　　　　二、混凝土泵送
　　　　　三、混凝土澆置

第五章、突發狀況和緊急措施

請解釋下列營建工程材料定義。

1. 密封料：   4. 熱塑性材料：
2. 覆蓋料：   5. 熱凝性材料：
3. 嵌縫料：

A 013

1. 密封料：封材料是指填充於建築物構件的接合部位及其它縫隙內，具有氣密性、水密性，能隔斷室內外能量和物質交換的通道，同時對牆板、門窗框架、玻璃等構件具有粘結、固定作用的材料。
2. 覆蓋料：使用防塵布或其他不透氣覆蓋物緊密覆蓋及防止載運物料掉落地面之防制設施。
3. 崁縫料：常用於窗框崁縫 1. 水泥砂漿崁縫 2. 複合式防水材料塗佈 3. 矽利康填縫。
4. 熱塑性材料：熱塑性聚合物是一種聚合物，指具有加熱後軟化、冷卻時固化、可再度軟化等特性的塑膠。
5. 熱凝性材料：遇熱會凝固之材料。

Q 014 # 營甲 102

請說明下列各項之定義。

1. 濕式構造：
2. 乾式構造：
3. 擋土牆：
4. 護坡：

1. 濕式構造（wet construction）：運用水泥等黏著材，需等待乾燥與養護。

2. 乾式構造（dry construction）：模矩及廠製化、單元組裝、天候因素、房屋工業化（housing industry）。

3. 擋土牆為一建於斜坡的建築物，用以加固土坡或石坡。防止山崩，防止土塊和石塊落下，以保護行人和附近建築物的安全，亦可防止水土侵蝕。

4. 依護坡的功能可將其概分為兩種：

（1）僅為抗風化及抗沖刷的坡面保護工，該保護工並不承受側向土壓力，如噴凝土護坡、格框植生護坡、植生護坡等均屬此類，僅適用於平緩且穩定無滑動之虞的邊坡上。

（2）提供抗滑力之擋土護坡，大致可區分為：（a）剛性自重式擋土牆（如：砌石擋土牆、重力式擋土牆、倚壁式擋土牆、懸壁式擋土牆、扶壁式擋土牆）；

（3）柔性自重式擋土牆（如：蛇籠擋土牆、框條式擋土牆、加勁式擋土牆）；

（4）錨拉式擋土牆（如：錨拉式格梁擋土牆、錨拉式排樁擋土牆）。

Q 015 # 營甲 103

試回答下列問題：

（一）列舉至少四種造成鋼筋混凝土中鋼筋腐蝕的因素。

（二）說明鋼筋發生腐蝕之機制（原理與過程）。

A 015

（一）

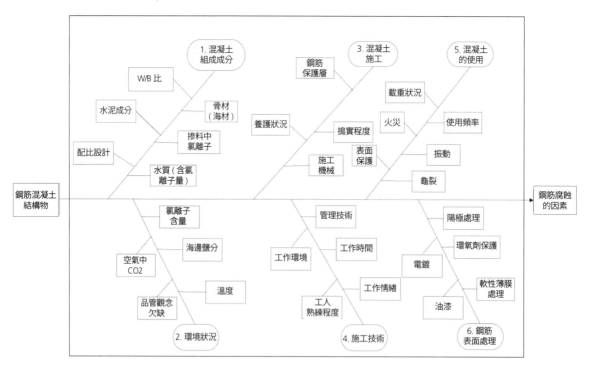

(二) 鋼筋腐蝕為漸進的電化學反應，其腐蝕機理過程如圖 A ～ E 所示。

腐蝕為漸近的電化學反應，其腐蝕機理過程如圖所示。

(1) 在鹼性環境下，鋼筋表面會生成鈍態的氧化鐵保護膜，鋼筋不會腐蝕，如圖 (A) 所示

(2) 當鹼度降低或有氯離子存在時，鈍態的氧化鐵保護膜會被破壞，鋼筋開始腐蝕，如圖 (B) 所示

(3) 自鋼筋放出鐵離子，同時產生電子在鋼筋內部游動，形成陽極反應，如圖 (C) 所示

(4) 在有氧和水同時存在的部位，加上經鋼筋傳導過來的電子生成氫氧根離子，形成陰極反應，如圖 (D) 所示

(5) 向陰極移動，往陽極移動，兩者在鋼筋表面結合生成氫氧化鐵，在繼續氧化形成鐵銹，如圖 (E) 所示

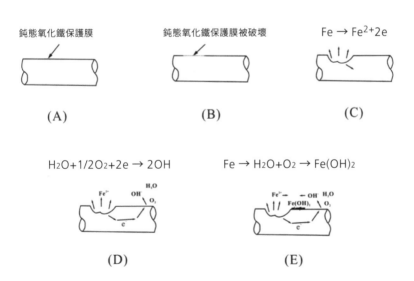

鈍態氧化鐵保護膜

鈍態氧化鐵保護膜被破壞

$Fe \rightarrow Fe^{2}+2e$

(A)   (B)   (C)

$H_2O+1/2O_2+2e \rightarrow 2OH$

$Fe \rightarrow H_2O+O_2 \rightarrow Fe(OH)_2$

(D)   (E)

Q 016　# 營甲 103

混凝土結構體於澆置混凝土後常發生局部蜂窩或孔洞現象，若未達必須敲除重作之限度（面積小於 250cm²，或蜂窩累計面積未達該單元總面積之 0.3% 以上者），試回答下列問題：
（一）　分別依照蜂窩及孔洞發生之狀況及成因分三級定義其嚴重程度（輕微、中度、嚴重），並提出其處理時機及修補建議。
（二）　如何避免工程發生類似問題。

A 016

（一）
1. 蜂窩面積小於 50cm² 或蜂窩累計面積在該單元總面積之 0.1%以下者為合格，可以水泥砂漿修補。
2. 蜂窩面積在 50 至 250cm² 之間或累計面積達該單元之 0.1% 至 0.3% 之間，須就蜂窩處做鑽心試驗，鑑定其修補後之強度是否合格為標準。
3. 蜂窩面積大於 250cm²，或蜂窩累計面積達該單元總面積之 0.3% 以上者，則為不合格，拆除重做。

形成混凝土蜂窩的原因主要如下：
1. 混凝土在振搗時振搗不實，尤其是沒有逐層搗。
2. 混凝土在傾倒入模時，因傾落高度太大而分層。
3. 採用乾硬性混凝土，或施工時混凝土材料配合比控制不嚴，尤其是水灰比太低。
4. 模板不嚴密，澆築混凝土後出現跑漿現象，水泥漿發生流失。
5. 混凝土在運輸過程中已有離析現象。

(二) 控制蜂窩現象的措施：

1. 應當根據混凝土過程的施工情況，例如振搗方式，運送方式，鋼筋尺寸和鋼筋分布情況等等來調整混凝土的配合比；當發現混凝土的工作和易性不理想時，不應當只添加水因為這樣會損害混凝土的強度和耐久性，而是應當調整混凝土的配合比或者改善混凝土的澆築方法。

2. 混凝土的卸料要仔細。任何情況下對混凝土進行卸料時都要注意其關鍵點是要避免離析。混凝土應當垂直卸料，出料口離最終位置越近越好；混凝土不宜流向其指定位置，如果需要移動它們，應當採用大鏟子來進行；完成一車混凝土的卸料後，下一車應當緊挨著前一處的尾部進行，而不要另起一處，最後把它們連起來，因為這樣做往往會在連接處產生蜂窩現象。

3. 模板應當具有足夠的剛度、穩定性和強度，避免振搗混凝土時模板移位；拼縫處應當正確地進行密封，確保不會發生漏漿。

4. 仔細地進行混凝土的振搗操作，避免振搗不實和過分振搗。新的一層混凝土在深度上應當全部振搗到位，振搗點的距離應當保證每一處混凝土不會被遺漏。

當後拉預力混凝土梁於使用千斤頂施拉預力時,千斤頂油壓表上之讀數已達設計拉力,而預力鋼絞線之量測拉長量卻遠不及估算值,試提出 3 種可能的原因及補救的方法。

A 017

後拉法一般係以數條或數十條鋼材作成股(束)同時施拉者居多,類此情況亦應將擬施拉各鋼材長度先整理整齊。

為防多條鋼材糾纏導致長度差,鋼材裝入套管內時於適當的距離用間隔器固定鋼材亦頗為有效。長量測定時,為防鋼腱鬆垂或續接器鬆弛所生之長度被計入而失真,宜預先施予某些適當之拉力後再設置量伸長量之基準點。

除上述者外,施預力作業前應有充分之準備工作,其項目包括下述各項:
1. 瞭解設計圖上所規定事項。
2. 核對混凝土試體強度,是否達到設計圖上所規定者。
3. 核查預力鋼腱試驗之物理性質。
4. 規定施預力順序,假設值與人值並計算鋼腱之伸長量及油壓讀值。
5. 計算預力梁之彈性縮短量及饒度。
6. 預估鋼腱之鑑定滑動量及影響長度。
7. 檢查預力梁之混凝土有無破損、裂紋等。
8. 檢查預力梁之模板是否會阻礙施預力時之變形。
9. 支承位置之底模可否承載施預力後之梁重。
10. 校正千斤頂、油壓機或其他施預力機具。
11. 裝設施預力時之各種安全設施。
12. 安排合適之作業人員。

Q 018　# 營甲 104

鋼結構施工品管中對於銲道檢查常用之非破壞檢測（N. D. T.）方法包括有目視檢測（Vision Test，VT）、滲透液檢測（Penetration Test，PT）、超音波檢測（Ultrasonic Test，UT）、磁粉探傷檢測（Magnetic Test，MT）及放射性檢測（Radiation Test，RT）等，試分別說明前述方法的執行方式及適用銲道之類型。

 A 018

1. 目視檢測（Vision Test，VT）：適用於各類型之銲道、熱影響區及母材之表面。

2. 滲透液檢測（Penetration Test，PT）：適用於各類型銲道及熱影響區之表面檢測。一般常用於替代磁粒 檢測無法施作之情況，如工地仰輯位置、無電力供應地區、接頭 型式極為複雜致影響電磁預磁場分佈等狀況時，多以液滲探傷代為檢測。

3. 超音波檢測（Ultrasonic Test，UT）：適用於各類型半滲透、全滲透接頭之銲道內部缺陷及鋼板夾層檢驗，為目前最為普遍之全滲透接頭銲道之檢測法。

4. 磁粉探傷檢測（Magnetic Test，MT）：適用於各類型之銲道、熱影響區及母材之表面及淺層缺陷。

5. 放射性檢測（Radiation Test，RT）：適用於對接全滲透銲道內缺陷檢測。基於射線對於人體危害之考量，檢測全程人員須管制。

Q 019 # 營甲 105

試說明「綠混凝土」應具備之部份或全部性質與條件。

A 019

1. 有害物質零排放（零污染）：綠混凝土之組成材料中不得含有石綿、毒重金屬之物質，亦不得含放射線物質，亦不得排放有毒廢氣，對人體無任何危害，確保人本健康之前提，這也是唯一排除規定，即凡不合乎有害物質排放標準之混凝土均排除為綠混凝土之可能。

2. 高能源使用效率（節能製程）：綠混凝土於混凝土廠之產製過程中，使用再生能源發電設備，減低耗能機械設備；且綠混凝土可設計具有高流動性質，方便施工，以減少施工能耗。

3. 廢棄物循環再利用（材料環保性）：綠混凝土採用再生資源材料，包括工農業廢棄物（如飛灰、爐石或矽灰、稻殼灰等作嵐摻料）或營建拆除廢棄物（如玻璃、橡膠、磚塊或廢混凝土等），做為膠結材料或再生粗粒料，可達到廢棄物再利用，節能減碳節省資源，降低對環境衝擊。

4. 強度穩定且耐久性佳（永續性能）：綠混凝土產自軟硬體具佳之混凝土廠，在專業（有證照）從業人員操作下，嚴選材料，並應用下作嵐材料，標準製程經過嚴謹品管作業後所產製，強度品質穩定，耐久性能佳。

Q 020   # 營甲 105

鋼結構電銲姿勢可分為幾種？試分別說明之。

A 020

1. 平銲（1G）：此法之銲條朝下，以水平方向銲接。此種銲接姿勢最簡單也最常用，施工品質比較容易控制。電銲工工作時應儘量採用這種姿勢。
2. 橫銲（2G）：電銲道的方向為立面的橫方向，可從左向右電銲，亦可從右向左電銲。
3. 立銲（3G）：為立向之銲道從下向上的電銲，稱為立銲，又名垂直銲。如果從上向下電銲，一般俗稱漏銲，在正規之電銲工作是不允許的。
4. 仰銲（4G）：即銲條朝上的銲接方式，又稱為頭頂銲。此種銲接方法最困難，故必須經驗豐富的電銲工才能勝任。設計時應儘量少用此種設計。

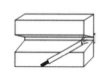

平銲　　　　　橫銲　　　　　立銲　　　　　仰銲

電銲姿勢示意圖

Q 021 # 營甲 105

試說明鋼筋混凝土建築物各樓層梁、柱、版、牆、樓梯等各部傳統模板組立與拆除的時機與時間，並說明其理由。

A 021

組立：柱、牆、梁、版、樓梯：

拆除時機除依規定外，一般得衡量構造物之性質、氣候條件、混凝土抗壓強度之試驗結果及工作條件等決定之。或可參考下列所列以上之時間定之：

(1) 不受外力之柱、牆及基礎側模 40hr

(2) 受外力之柱、牆及基礎側模 7 天

(3) 梁淨跨距小於 6m 者 14 天

梁淨跨距大於 6m 者 21 天

(4) 版淨跨距小於 6m 者 7 天

版淨跨距大於 6m 者 10 天

註：工程司得視混凝土試體 7 天期齡之抗壓強度酌予增加。

Q 022 # 營甲 106

鋼結構在工廠製造時有時須辦理「試裝」作業，試述：

(一) 試裝的目的：

(二) 試裝的需求：

(三) 試裝需要確認的內容：

（一）預裝又稱假組立，主要是各單元構件製作完成檢測後，對於各局部結構所採取整體或分節之預裝，以了解相互接合部接合之情況及現場安裝之施工難易性。

（二）試裝的需求：
　　　1. 工程契約規定須預裝者。
　　　2. 結構物複雜度高，有必要先預裝以確定組合構件之精度者。

（三）參見鋼構造建築物鋼結構施工規範

預裝檢查項目表		
項次	檢查項目	檢查內容
1	預裝狀態	1. 構物之支持狀態，地面受載重影響程度。 2. 連結處締緊螺栓及導孔栓之使用狀態。
2	尺寸	跨徑、拱度、長、寬、高之尺度，加工位置，孔距等。
3	方向性	1. 構造物之安裝方向。 2. 固定，可動方向及縱、橫、斷面方向等。
4	工地螺栓孔之加工	1 用量孔規測定貫通率及阻塞率。 2. 測定孔之錯開量。
5	連接處接合之狀態	工地銲接接頭處之間隙，平整度，密接度狀態。
6	附屬設施之安裝狀態	安全設施、排水、電管、走道等。
7	確定工地施工性	螺栓旋轉，架設作業可能性。
8	銲道外觀	銲疤、銲蝕、搭疊、其他。
9	瓦斯切割外觀	缺口、割痕等。
10	鋼料外觀	疤痕、損傷、龜裂等。

Q 023　# 營甲 106

試說明控制性低強度材料（CLSM）之構想、目前在國內的主要用途、材料成分及其材料性質需求。

A 023

CLSM 之用途為具備自我充填，替代級配 28 天抗壓強度不超過 1200psi，84kg/cm^2，使之可便利將來以人工或機具方式再開挖的超低強度水泥質材料。故一般可替代土石液壓後作為結構填方或回填之用，由於其具自我充填的特性，故不需滾壓，適用於狹小或機具無法進入而需壓送機壓送的場所替代土石回填，例如大型管線開挖後的回填工程、狹窄的壕溝內回填、路面或建築物下面孔洞的回填以及一般基礎回填等。

CLSM 工程特性：
1. 高流動性：易澆置，免搗實，開挖斷面小
2. 自充填，自平整，孔洞填塞
3. 省力，省機具，施工安全性高
4. 低強度：與夯壓土壤強度相當，易再開挖
5. 早硬固：縮短工期，減少交通衝擊
6. 水泥質：可有效控制沈陷
7. 可使用回收材料：環保，成本低
8. 可染色：辨別管線類別

CLSM 之特色、功能：
1. 施工快速，毋需分層夯實，沈陷量穩定
2. 成本與傳統級配回填料相近
3. 替代日益枯竭之優良級配料並方便再開挖
4. 為廢土再生應用及維持土方平衡的絕佳方法

材料成分：
　　水泥、剩餘土石、早強劑、水、粗細骨材、爐石、飛灰

Q 024 #營甲 107

鋼結構的施工需要執行品質管制，試就材料、尺寸及電銲作業部分，說明其品質管制的內容。

A 024

進料品質管制：
1. 查驗原製廠產品檢驗合格證明書
2. 厚度檢查
3. 缺陷整修
4. 物理性質及化學成份抽驗
5. 超過 19mm 鋼板以超音波探傷檢測夾層
6. 焊材試驗
7. 鋼板表面喷砂除锈、噴塗 15um 無機鋅粉底漆

尺寸品質管制：
1. 落樣檢核
2. 自動瓦斯切割（速度控制、火口距離、氧氣壓力、預熱火陷）切割面檢查
3. (1) 表面粗糙度 (2) 凹陷深度 (3) 熔渣 (4) 上緣熔融 (5) 直角度
4. 開槽、加工螺栓孔 NC 鑽進法（孔徑精度、邊距、間距量測）開槽面檢查。

電銲作業品質管制：
1. 核對材種及材質
2. 電焊機配置
3. 電焊人員檢試
4. 焊材乾燥裝置
5. 作業場地
6. 電源供給
7. 防風雨設備
8. 加墊裝置

9. 焊接步驟

10. 檢查開槽

11. 母材清理、預垫

12. 固定焊件

13. 進行電焊

14. 多層焊之各焊面清理

15. 中、厚鋼板開槽銲背副處理

16. 焊接部位檢查（NDT 非破壞檢驗、目視、磁粉探傷、滲透液）

Q 025 # 營甲 107

試說明下列特殊混凝土之定義，並至少各舉 1 項其可能的工程應用？

（一）預壘混凝土：

（二）無坍度混凝土：

（三）噴凝土：

（四）無收縮混凝土：

A 025

（一）預壘混凝土：

係將粒料預先排置在模板內，然後以水泥砂漿，通常摻加卜作嵐及強塑劑摻料，灌入其粒料之空隙內所造成之混凝土。此種混凝土主要用在修復工作、反應爐之施工、橋墩、水下結構物、或需要建築外觀特性之混凝土。

（二）無坍度混凝土：

亦稱近零坍度混凝土，通常坍度極低，用於剛性路面，機場道路。

（三）噴凝土：

用高壓機器噴出水泥沙漿，該沙漿凝結時間快速，常用於邊坡搶修工程。

（四）無收縮混凝土：

混凝土縮收量極少，常用鋼構柱頭底板與混凝土接合用。

Q 026 # 營甲 107

請敘述營造工程於每一車預拌混凝土送達工地卸料前，應要求混凝土材料供應商提送一份混凝土出貨單，其應填註之資料（內容）有哪些？請至少列出 10 項。

A 026

1. 客戶名稱
2. 交貨地點
3. 送貨規格
7. 28 天設計強度
8. 坍度大小
9. 骨材大小

4. 交貨數量
5. 累計車次
6. 累計方數
10. 出車時間
11. 過磅資料
12. 客戶簽收

Q 027 # 營甲 108

混凝土工程因施工及設計需要須設置各種接縫，試列舉 4 種混凝土構造物常用之接縫種類，並說明其設置目的。

A 027

1. 施工縫：施工所需要設置的接縫。混凝土澆置數量過大，受限於混凝土供料，在澆置時規劃施工縫。
2. 冷縫：冷縫是指混凝土在澆置過程中因不可預料因素導致澆置中斷，且混凝土已過初凝時間，而後繼續澆置混凝土，前後混凝土形成的裂縫。
3. 收縮縫：混凝土乾燥以後會收縮，因體積之縮減產生的變化。
4. 伸縮縫：伸縮縫是指施工時預先留的縫隙，為避免混凝土因溫度變化，產生熱脹冷縮而破壞建築物的裂縫。

Q 028 # 營甲 108

試說明何謂「自充填混凝土（SCC）」及其材料特性需求，並簡述檢驗該特性之試驗方法。

A 028

充填混凝土係指澆置過程中不需施加振動搗實，完全藉由其自身之重力而填充至鋼筋與鋼筋間及鋼筋與模板間各角落之特殊混凝土。
SCC 相關試驗：

1. 坍流度試驗：坍流度、坍流度達 50cm 所需時間。
2. V 型漏斗流出時間試驗：新拌 SCC 完全流出 V 型漏斗下方出口所需時間。
3. 間隙通過試驗（箱型）：新拌 SCC 由 A 槽靜置 1 分鐘後流至 B 槽之高度。

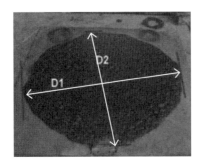

箱型試驗
（Box-Test）儀器

V 漏斗及支撐台

Q 029 　# 營甲 109

試說明開挖工程擋土之鋼支撐系統由放樣至架設完成之順序為何？

A 029

一、開挖區內打設中間柱。

二、進行第一階段開挖。

三、在開挖面上方安裝橫擋，然後架設水平支撐，施加預力。

四、重複步驟二至三，直至預定開挖深度。

五、構築建築物基礎。

六、拆除基礎上方支撐。

七、構築樓版。

八、重複步驟六及七，直至地面層樓版構築完畢。

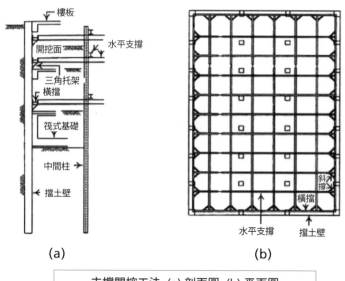

支撐開挖工法 (a) 剖面圖 (b) 平面圖

Q 030 ＃營甲 109

試述工地混凝土坍度試驗步驟及抗壓試體製作步驟。

A 030

混凝土坍度試驗步驟：

1. 先以抹布濕潤坍度模具，然後將其置於一不吸水之鐵板平面上，並用雙腳踏緊腳片以固定模具。

2. 將新拌和好之混凝土分三次澆置於頂部直徑 10cm，底部直徑 20cm 及高 30cm 之圓錐筒內，每層以長 60cm 之搗棒搗實 25 次，應均勻地分佈於各層之斷面，每次搗實須穿透該層且恰接觸下一層表面為止。

3. 最後以刮刀將頂端刮平，然後保持垂直方向輕輕將圓錐筒提起，於 3 ～ 7 秒時間內等速提起 300mm 之距離，混凝土隨即下坍，量測坍陷後混凝土高度，由填充試體至提起模具，必須於 2.5 分鐘內完成。

混凝土抗壓試體製作步驟：

1. 抗壓試體模內面塗上一薄層脫模劑，例如礦油、潤滑油或輕黃油，確實栓緊各螺栓。

2. 按設計配比稱取水泥、砂、粗骨材及適量水,拌和時需多加 10% 餘量。

3. 拌和時,先以類似之混凝土配料或超量水泥砂漿之混凝土試拌之,以補償可能貼附於拌和機上之水泥砂漿。

4. 將粗骨材及部分水加入拌和機,拌和之,並陸續加入細骨材、水泥及水,拌和 3 分鐘後,停置 3 分鐘,最後再拌 2 分鐘即完成拌和。

5. 量測混凝土坍度,依據坍度大小選取填實混凝土之方法:

   A. 坍度小於 1 吋時,分兩層每層以振動機分三點搗實。

   B. 坍度大於 3 吋時,利用搗棒分三層,每層搗實 25 次,最後以木槌敲擊模側使空氣及搗棒痕跡消失。

   C. 坍度介於 13 吋時,可採用任意方法搗實,不論何種方式搗實或振動機之頭需深入下層 1 吋。

6. 將拌合完成之混凝土灌置於圓柱模內,填模完畢後,將表面刮平,並蓋上玻璃板以防止水分蒸發,移置於恆溫恆濕箱中。

7. 養護 24 小時後拆模,放入清水中養護,到達試驗齡期後,取出試體,將表面不平處以石膏蓋平,以便試體表面能均勻受壓。

8. 將試體置於萬能試驗機上加壓,以每秒 1.4 ～ 3.4kg/ cm^2 之負荷增加率,施力於試體,直至試體破壞為止,並記錄最大荷重值 P。

Q 031 # 營甲 109

試列舉 7 項模板塌垮之主要原因。

A 031

模板塌垮主要原因:

一、模板選用不當

二、支撐選用不當

三、緊結不當

四、震動過當

五、支柱沉陷

六、細部組合之疏失

七、設計不當或配置不當

八、施工載重不均勻

Q 032 ＃營甲 110

請回答下列問題：
（一）請說明混凝土之「假凝」現象爲何？
（二）如何消除假凝現象？

A 032

（一）水泥淨漿或水泥砂漿加水攪拌後不久，在沒有放出大量熱的情
　　　況下迅速變硬，不需另外加水重新攪拌後仍能恢復其塑性的現
　　　象稱爲假凝。
（二）重新攪拌。

Q 033 ＃營甲 110

請回答下列問題：
（一）何謂水膠比？
（二）若混凝土配比設計結果：水爲 160kg/m³、水泥爲 320kg/m³、
　　　飛灰爲 55kg/m³、爐石粉爲 25kg/m³，請列計算式計算其水膠
　　　比爲何？

A 033

（一）水膠比：水膠比是指每立方混凝土用水量與所有膠凝材料用量
　　　的比值。
（二）160/(320+55+25)=0.4

Q 034 # 營甲 111

屋頂防水層施作後，請列出軟底隔熱磚施作順序。

A 034

（一）隔熱磚施工前：

檢查施工地坪是否堅固、有無浮起、龜裂、不良附著物或油垢，應確實清理後、方可進行隔熱磚施工（清理動作不在本範圍內），如地坪為防水層，應檢查防水層是否有破損、氣泡、厚度不足，是否符合施工條件要求。

隔熱磚進場前應確定鋪設高度、洩水流向、鋪設範圍或有無特殊施工要求：如洩水施工坡度為 1/100、預留截水溝 15 ～ 30cm 等。

隔熱磚施作區域如有排水設施，應先測試該管道是否堵塞，避免日後洩水功能不良。

（二）隔熱磚施工中：

採濕式軟底施工（厚砂漿工法）以水泥砂漿（1:3 比例加水攪拌）厚度約 2 ～ 4cm，攪拌量以 3 小時施作範圍為基準，確保水泥砂漿與防水層充分結合。

隔熱磚施工時磚之縱橫線應以水線拉直，磚與磚面交接處平順完整，牆邊與柱位切順貼齊。

伸縮縫於施工時每 3 米見方一併安裝或預留寬度事後以彈性材料填補。

磚間以石粉水泥混合抹縫，填縫後磚面應以海棉擦拭清潔，如有其他隔熱磚專用填縫劑可替代之。

（三）隔熱磚施工完成：

施工期間與完成後須管制人員進出。

完工後 2 日內避免重壓踩踏導致磚底鬆脫，以確保工程品質。

Q 035 　#營甲111

請列舉 4 項鋼骨構造物之鋼材防火覆蓋方式。

A 034

（一）成形板張貼法
（二）（岩綿）噴著覆蓋法
（三）粉刷（塗刷）覆蓋法
（四）澆置覆蓋法
（五）隔膜（層）覆蓋法
（六）疊砌覆蓋法

Q 036 　#營甲111

請至少列舉 4 項鋼結構銲接方法。

A 036

（一）對焊
（二）填角焊
（三）塞孔焊
（四）緣角焊

Q 037 # 營甲 112

請依序回答下列問題：

（一）請說明無收縮水泥之特性。

（二）請至少說明五項無收縮水泥材料應用在逆打（築）工程之梁柱接頭施工時的施工計畫內容應包含之事項。

A 037

（一）無收縮水泥砂漿不得有收縮作用（即收縮率為 0%），依據 ASTM C827 試驗之規定，終凝時膨脹率為 0.0 ～ 4.0%，另依據 ASTM C1090 試驗之規定，硬固後 1,3,14 及 28 天之膨脹率為 0.0 ～ 0.4%。

（二）逆打接頭無收縮施工計畫：

　　　一、施工流程
　　　二、施工說明
　　　三、使用材料
　　　四、使用機具
　　　五、人員組織
　　　六、安全注意事項
　　　七、無收縮水泥灌注自主檢查表

Q 038 # 營甲 112

為避免因配管施工不當，而致混凝土澆置後之完成面產生龜裂或蜂窩之現象；請列舉 5 項柱、牆、樓板出線匣及配管施工時應注意之事項。

A 038

一、 樓板配管未注意管路間距，過於密集交叉重疊影響混凝土澆築容易造成粒料分離。

二、 管道間樓板各式配管密度過高，且配管排列凌亂。

三、 管道、管線或套管埋置（非穿越構材）於混凝土中時，管內徑不大於版牆或樑之 1/3 且不大於 50mm，中心間距不得小於 3 倍管徑。

四、 管路配設於柱箍筋外，保護層不足，水電管路引下牆面勿緊貼模板，應保留足夠保護層，且管路應置於雙層筋內。

五、 管路出口應以管帽保護，以避免雜物侵入，影響佈線作業。

Q 039　# 營甲 112

混凝土配合比設計之結果如下表，但現場使用骨材表面游離水之含量爲細骨材 3%，粗骨材 1%，試依含水量調整配合求取現場每 m³ 混凝土之（一）水泥、（二）拌合水、（三）細骨材、（四）粗骨材等各項用量 (kg)。

設計配合比（每 m³）

水灰比	水 (kg)	細骨材 (kg)（面乾內飽和）	粗骨材 (kg)（面乾內飽和）
0.45	175	600	1180

細骨材游離水含量 600kgX3%=18kg；
粗骨材游離水含量 1180kgX1%=118kg；
水 175kg+ 細骨材游離水 18kg+ 粗骨材游離水 118kg=311kg。
水灰比 = 水泥砂漿或水泥混凝土中，拌和用水量與水泥重量之比。
1. 水灰比 (W/C=0.45)，311/0.45= 水泥用量 691.11kg。
2. 拌合水：175kg。
3. 細骨材：600kg。
4. 粗骨材：1180kg。

#營甲 112

依據模板作業安全檢查重點及注意事項，爲防止模板倒塌之災害，模板支撐之支柱應依規定實施檢查重點爲何？

一、 以可調鋼管爲支柱時，可調鋼管支柱不得連接使用，高度超過
3.5 公尺以上時，高度每 2 公尺內應設置足夠強度之縱向、橫向
水平繫條。可調鋼管支撐於調整高度時，應以制式之金屬附屬
配件爲之，不得以鋼筋等替代使用。

二、 以排架（框式施工架）爲模板支撐之支柱時，應依規定設置交
叉斜撐材、水平繫條、橫架、鋼製頂板。支撐底部應以可調型
基腳座鈑調整在同一水平面。

三、 需訂定拆模時間表，構造物安全強度達到拆模時間前，不得拆
除模板。

四、 模板支撐之材料，不得有明顯之損壞、變形或腐蝕。

Q 001 #營乙 97

鋼筋混凝土工程中，模板組立的優劣，對混凝土影響頗鉅，請說明模板組立施工時一般的要求。

模板組立時應注意事項：

1. 模板工須熟練，避免工作效率的低落及浪費資材、爆模等現象。
2. 埋設物如螺栓、木楔、插筋、配管等宜妥爲核對。
3. 梁及樓模板應在中央提高 1/300 ～ 1/500 之跨距作爲施工預拱。
4. 預留清潔口作爲澆置前清洗之用。
5. 穿鐵線或螺栓的孔蓋儘量使用電鑽，且應特別小心水管及迴路被鑽破孔。
6. 混凝土澆置前檢查鐵卡、鐵扣器是否鬆動或脫落。
7. 檢查模板是否與鋼筋保持適當距離。
8. 支撐應加斜撐，其柱下應加墊木板承受，避免不均勻沈陷。
9. 混凝土澆置時，應留置數名模板工人巡視，以防模板爆模。
10. 組立及澆置時，應注意板位置的正確。

Q 002 #營乙 97

請回答下列問題：

（一）列舉 5 項新拌混凝土品質管制試驗的項目爲何？

（二）列舉 5 項裝修工程計畫項目爲何？

（一）新拌混凝土品質管制試驗的項目：
 1. 溫度測試
 2. 坍度試驗
 3. 氯離子試驗
 4. 流度
 5. 混凝土抗壓試體
 6. 含氣量

（二）裝修工程計畫項目：
 1. 進度
 2. 成本
 3. 工序
 4. 圖說
 5. 施工規範

 # 營乙 98

混凝土工程施工之安全衛生及環保要求為何？

1. 進入工地要穿安全鞋戴安全帽
2. 施工人員勿在壓送管下施工
3. 混凝土車出工地要洗輪胎
4. 壓送車洗車要指定位置
5. 輸送管配置不得接觸模板、鋼筋、水平方向配管於樓板上每 2m～3m 間及彎管處須以輪胎襯墊保護鋼筋
6. 直立壓送管不可以固定在鷹架上
7. 勿站在鷹架上泵送混凝土
8. 壓送搗築施工須人員管制
9. 用延長線須架高
10. 樓板周圍無鷹架時需要有安全欄杆

Q 004 # 營乙 98

請說明鋼筋工程於施工中，其應注意施工要點為何？

A 004

1. 號數與數量檢驗
2. 保護層厚度檢驗
3. 補強鋼筋檢驗
4. 排列層次與間距檢驗
5. 表面清潔及完整
6. 錨碇及彎鉤長度檢驗
7. 其他圖說及規範之特別規定

Q 005 # 營乙 99

請說明混凝土工程中模板塌垮之原因。

A 005

1. 模板選用不當
2. 支撐選用不當
3. 緊結不當
4. 震動過當
5. 支柱沉陷
6. 細部組合之疏失
7. 設計不當或配置不當
8. 施工載重不均勻

Q 006 # 營乙 99

請說明鋼筋工程於施工後，其應注意之施工要點為何？

A 006

1. 檢查各類鋼筋之尺寸、間距、彎折位置是否按設計圖之規定，尤其是韌性結構柱梁接頭之箍筋及繫列位置應照設計錯開，鋼筋應支墊並紮牢。
2. 檢查鋼筋表面是否潔淨，不得含油污、污鏽、泥土及其他有害物。
3. 檢查鋼筋表面是否合乎規定。
4. 檢查鋼筋之彎鉤、搭接長度及位置是否合乎規定。
5. 檢查鋼筋綁紮是否牢固。
6. 不得使用不同等級之鋼筋。

Q 007 # 營乙 100

何謂假凝？如何消除假凝現象？

A 007

「假凝」是混凝土拌合完成後，不久即產生的硬化現象，此刻只要透過在拌合，即可回復到良好工作性的現象。

假凝發生得原因為半水石膏再結晶為二水石膏所造成，另一種原因為過量的「鈣釩石反應」，吸附了 32 個莫耳水分子，產生針狀結晶物的鈣釩石，使工作性變差。

試述預力混凝土預力損失的原因。

A 008

1. 預力鋼材在錨定處之滑動
2. 混凝土之彈性縮短
3. 混凝土之潛變
4. 混凝土之收縮
5. 預力鋼材應力之鬆弛
6. 預力筋件之摩擦損失

Q #營乙100

請列舉 5 種使用合梯時應注意事項。

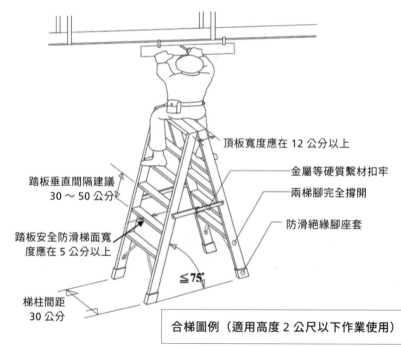

踏板垂直間隔建議
30 ~ 50 公分

踏板安全防滑梯面寬
度應在 5 公分以上

梯柱間距
30 公分

頂板寬度應在 12 公分以上

金屬等硬質繫材扣牢

兩梯腳完全撐開

防滑絕緣腳座套

≦75°

合梯圖例（適用高度 2 公尺以下作業使用）

* 資料來源：勞動部 勞工安全研究所

1. 合梯應具堅固構造，材質不得有顯著損傷、腐蝕。
2. 合梯適用於 2m 以下之高度作業使用。兩梯腳間應有硬質堅固繫材扣牢，並應有安全梯面之踏板。
3. 梯柱間之間距最小寬度在 30cm 以上。
4. 合梯梯柱應全開，與地板張開夾角成 75°度以內使用（4:1 之比）。
5. 建議踏板在合梯全開時之垂直間隔為 30cm ～ 35cm，踏板安全梯面寬度為 5cm 以上，合梯頂板寬度 12cm 以上為宜。
6. 合梯如以木片、鐵管等材料製成，因無安全之梯面，兩梯腳間又無法以堅固之硬質繫材扣牢，易發生傾到，故建議不採用木片、鐵管等材料製成合梯。
7. 作業人員使用合梯時，應以面對爬梯之方式上下。作業人員絕不可站立於合梯之頂板上作業，避免發生傾倒墜落災害。
8. 作業高度超過 2m 以上時，不得使用合梯作業，應設置安全之工作台或使用高空工作車。

 # 營乙 101

請回答下列問題：
1. 何謂混凝土凝結收縮。
2. 何謂乾縮。

1. 混凝土凝結收縮：
水泥與水產生水化作用，C3A 發生水化熱水泥開始凝結，自由水持續蒸發混凝土發生緩慢收縮，此一過程由終凝開始結束於混凝土強度成長完成時。

2. 乾縮：
水泥在塑性收縮凝結過程中，因為水分的逐漸消失，而發生收縮現象。

Q 011 # 營乙 101

試述竹節鋼筋（異形鋼筋）在施工上之優缺點？

A 011

竹節鋼筋之優點：
1. 增加與混凝土間之握裹力。
2. 減少搭接及錨定長度。
3. 增加抗拉強度。
4. 減少混凝土裂縫寬度。

竹節鋼筋之缺點：
1. 鋼筋底下易積水，造成鋼筋腐蝕及降低混凝土強度。
2. 影響混凝土澆置作業，易造成蜂窩。

Q 012 # 營乙 102

請依「建築技術規則」說明鋼結構基本接合型式可分為哪二類？

A 012

建築技術規則第 236 條
鋼結構之基本接合型式分為下列二類：
一、完全束制接合型式：係假設梁及柱之接合為完全剛性，構材間之
　　交角在載重前後能維持不變。
二、部分束制接合型式：係假設梁及柱間，或小梁及大梁之端部接合
　　無法達完全剛性，在載重前後構材間之交角會改變。設計接合或
　　分析整體結構之穩定性時，如需考慮接合處之束制狀況時，其接
　　頭之轉動特性應以分析方法或實驗決定之。部分束制接合結構應
　　考慮接合處可容許非彈性且能自行限制之局部變形。

Q **013** # 營乙 102

使用棒狀振動器搗實混凝土，使用方法正確方能獲得效果，試列舉 5 項說明操作時，應注意哪些事項？

A **013**

振動搗實之作業要項：

1. 澆置應徹底搗實。鋼筋、預埋件周圍及模板角落處應確實搗實。

2. 澆置後，表面若微現游離水泥漿，為內部孔隙已被填滿之指標，此時不得使用振動器作大幅度之振移。

3. 澆置混凝土，應分層水平澆置，每層厚度以用振動器能充分有效振實為度。

4. 振動棒應垂直緩慢插入混凝土中，不得傾斜及接觸鋼筋或振動模板。

5. 振動充分搗實係指混凝土不再排出大氣孔、顏色均勻且表面上粗粒料若隱若現、以及振動棒之音頻由雜亂趨於穩定。振搗時間過短不易搗實，振搗時間過長使混凝土產生析離。

Q **014** # 營乙 102

請簡述下列 (a)、(b)、(c)、(d) 四種 3000psi 混凝土坍度試驗結果圖示名稱及其意義。

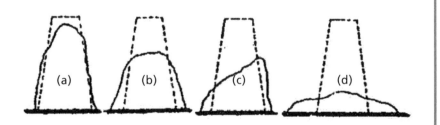

（A）近零坍度：此種混凝土含水量較低，在地坪澆置時，若配合震動器，才可以有良好的工作性及強度。

（B）正常坍度：混凝土含水量適中，工作性與抗壓強度皆適當，

（C）剪力坍度：混凝土抗剪能力差，可能由於水泥材質無法充分產生水化作用進而粘結骨材。

（D）崩陷坍度：混凝土含水量太高或粗細骨材分佈為一貧級配。

營乙 103

為確保鋼筋與模板之間保持相當之保護層，在綁紮鋼筋時需使用支墊或墊塊。試列舉三種不同材質之常用墊塊種類，並分別說明其優缺點及適用位置。

種類	優點	缺點	適用位置
混凝土墊塊	與混凝土同一材質	小容易灌漿時被沖走	地面
塑膠墊塊	便宜易施工	強度不好	牆壁
鋼筋彎折墊	與混凝土同一材質	貴	基礎板

營乙 103

混凝土結構體於混凝土澆置後常使用蒸汽養護法，試分別說明該工法之施工方法、優缺點及適用時機。

用增高溫度來加速水泥的水化反應，增進強度發展，係預鑄混凝土工業最喜歡使用的方法。

優點：

1. 24 小時以內預鑄混凝土製品隨時可以應用；其強度一般等於在自然養護下 28 天的強度。
2. 潛變和收縮顯著變小。
3. 抗硫酸鹽性能好。
4. 抵抗風化能力變強。
5. 養護後濕度較低。

缺點：

1. 耗能。
2. 不經濟。
3. 需專業設備。
4. 施工技術高。
5. 要專人去操作。

Q 017 # 營乙 103

請敘述傳統模板及支撐的各部構造名稱。

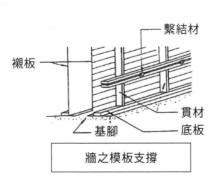

| 樓板模板支撐 | 牆之模板支撐 |

Q 018 # 營乙 104

一般鋼筋混凝土建築結構體澆置混凝土作業時，除了混凝土工班之外，其他諸如模板工班、鋼筋工班及水電工班等皆應有人員留在澆置現場。試分別說明上述各工班人員可能必須處理之事項。

A 018

1. 混凝土工班：澆置、震動、搗實、整平。
2. 模板工班：顧模板，防止爆模。
3. 鋼筋工班：鋼筋有可能沒綁好隨時要補。
4. 水電工班：PVC 管可能斷掉隨時要接管。

Q 019 # 營乙 104

開擴之混凝土鋪面或大面積鋼筋混凝土樓板於澆置混凝土後，其表面常易發生既寬又深之龜裂型裂縫現象（塑性乾縮裂縫）。試提出處理改善建議及如何避免或減少類似裂縫之發生。

A 019

1. 控制混凝土到場時間。
2. 使用緩凝劑。
3. 混凝土終凝前要趕快灌掉。
4. 用伸縮縫控制面積。
5. 降低混凝土內部溫度。
6. 表面養護要確實。

Q 020 # 營乙 105

混凝土結構體於澆置混凝土後常發生混凝土表面有局部蜂窩或孔洞現象，如何避免施工發生類似缺失，請說明之。

A 020

1. 擬定適當澆置計畫書，內容包括澆置進度、澆置順序、施工縫位置、養護方式等，混凝土澆置應視情況分層、分段或分區澆置。
2. 混凝土澆置時鋼筋、預埋件周圍及模板角落處之混凝土應確實搗實。
3. 安裝模板時，應使板面平整，水平及垂直接縫應支撐牢固並保持平直，且應緊密結合，以防水泥砂漿漏失。
4. 修補蜂窩、孔洞時，應在不影響構造物之結構強度下，鑿去薄弱的混凝土與特別突出的粒料顆粒，然後用鋼刷、高壓空氣或壓力水清理表面，再用與原混凝土相同配比混凝土填補搗實。

Q 021 # 營乙 105

一道磚牆長 12m，高 2.8m，磚縫取 1cm，若不計損耗，試分別估算下列大約需要磚塊之數目：（請列出計算式，紅磚之尺寸為：230 mm×110 mm×60mm；混凝土空心磚之尺寸為：390mm×190 mm×190 mm）
（一）使用紅磚砌 1B 磚牆。
（二）使用紅磚砌 1/2B 磚牆。
（三）砌混凝土空心磚牆。

牆面積 =1200x280=336000m^2

（一）使用紅磚砌 1B 磚牆

1B=336000/(11+1)x(6+1)=4000 塊

（二）使用紅磚砌 1/2B 磚牆

1/2B=336000/(23+1)x(6+1)=2000 塊

（三）砌混凝土空心磚牆

空心磚 =336000/(39+1)x(19+1)=420 塊

Q 022　# 營乙 105

請依 CNS 規定說明竹節鋼筋（D10-D25）之單位質量及標稱直徑（請標註至小數點以下兩位）。

A 022

竹節鋼筋標號	標示代號	單位質量 (W) (kg/m)	標稱直徑 (d)(mm)	標稱剖面積 (S)(cm^2)	標稱周長 (cm)
D10	3	0.560	9.53	0.7133	3.0
D13	4	0.994	12.7	1.267	4.0
D16	5	1.56	15.9	1.986	5.0
D19	6	2.25	19.1	2.865	6.0
D22	7	3.04	22.2	3.871	7.0
D25	8	3.98	25.4	5.067	8.0
D29	9	5.08	28.7	6.469	9.0
D32	10	6.39	32.2	8.143	10.1

Q 023　# 營乙 105

請敍述鋼管支撐架支撐受載後，產生受壓桿件挫屈破壞致結構體倒塌可能之原因。

A 023

1. 未經適當設計。
2. 模板支撐長度超過規定。
3. 支撐材料損傷、變形、腐蝕。
4. 水平繫條設置不適當。
5. 混凝土輸送管振動。

Q 024　# 營乙 107

試簡述混凝土施工縫接面處理的原則。

A 024

一般工程之施工縫混凝土接面，在澆置銜接混凝土前須除去水泥乳皮、不良表層及其他雜物，並徹底潔淨後潤濕之，但不可有滯留水。柱或牆之水平施工縫於封模後須以高壓水沖洗雜質（如木屑）使由模板底部之清潔口清出。除必要之潔淨及潤濕處理外，尚須於接面加塗一薄層之水泥漿（coatofcement grout），並在水泥漿初凝前澆置銜接混凝土。但若採用噴砂或高壓水除去水泥乳皮則可不加入水泥漿。

參見內政部營建署《結構混凝土施工規範》

Q 025　# 營乙 107

試簡述提高混凝土水密性的方式有哪些？

A 025

1. 配比：降低水灰比。
2. 摻料加飛灰爐石。
3. 提升骨材細度模數（FM）。
4. 使用水密性好的骨材。
5. 施工震動確實。
6. 摻料加輸氣劑。
7. 提高配比設計強度。
8. 拌合均勻。

Q 026　# 營乙 106

營造工程中混凝土澆置於既有混凝土面上時，既有混凝土表面應如何處理？

A 026

1. 應清除表面上之水泥乳膜、養護劑、雜物、鬆動之混凝土屑及粒料。
2. 將該表面予以打毛成粗糙面以利新舊混凝土之結合。
3. 澆置前將既有混凝土表面予以充分潤濕。
4. 既有混凝土如有裂縫需做防水處理。

Q 027 # 營乙 107

試簡述鋼筋續接之方式及其基本要求。

A 027

鋼筋搭接注意事項：

（一）限 D35 以下之鋼筋使用。

（二）搭接長度：

　　　拉力筋：30 ～ 40 倍鋼筋直徑（一般取 40d）

　　　壓力筋：20 ～ 30 倍鋼筋直徑（一般取 30d）

（三）搭接近可能避免於拉力最大處。

（四）搭接不可全部位於同一斷面處。

Q 028 # 營乙 107

試解釋下列名詞：

（一）泛水：

（二）犬走（散水）：

A 028

（一）泛水：屋面防水層與突出結構之間的防水構造。指屋面挑簷、
　　　女兒牆、高低屋面牆體的防水做法。

（二）犬走：指的是房子牆壁與外側排水溝間的空間，一般大約有
　　　30 ～ 50 公分。一般舊式設計屋簷雨滴會滴在犬走上再流入排
　　　水溝。

Q 029 # 營乙 108

試簡述混凝土養護之主要目的，並列舉常用之養護方法。

A 029

混凝土澆築後 12 小時內應覆蓋保濕養護，養護時間至少 7 天，以保證混凝土中的水泥水化反應所需水份。

1. 滯水法：
水平之混凝土表面因採用滯水法，使其在規定之養護其間內保持浸於水中。（滯水法應該是最好的方法）

優點：可有效控制塑性收縮及乾燥收縮所產生的龜裂，及乾燥收縮所產生的龜裂，當混凝土已顯龜裂時，可用墁刀做二次抹平，可防止龜裂穿透底板。
缺點：影響後續模板之組立及趕工。

2. 澆水法：
澆置完成面，以連續性或間接性灑水於混凝土表面（可裝定時器）。
優點：可降低混凝土表面及內部溫度的落差，防止混凝土水份快速蒸發而龜裂。
缺點：易將混凝土表面漿體沖刷流失剝損，放樣不易。

3. 覆蓋法：
利用覆蓋物材料（麻布，蓆，布，PVC 布）直接鋪蓋於混凝土表面上，並隨時保持溼潤。
優點：保溼，水份不會揮發太快，散熱平均。
缺點：覆蓋後無法後續工作。

4. 護膜法（噴養護劑）：
可有效阻絕濕氣及水份之穿透。
優點：容易噴灑塗布施工，對混凝土之附著性佳。
缺點：只能防止混凝土中水份蒸發，不能持續提供水份。

5. 蒸氣法：

需要早期達到混凝土設計強度或寒冷地區，須對混凝土加熱促進水化作用者。

優點：養護一天旣可到達混凝土設計強度。

缺點：降低混凝土與剛筋握裹力，工廠投資費大，一般工程不適用。

6. 噴霧式灑水法：

以噴霧式的灑水頭噴灑水份於混凝土表面，是最有效防止塑性收縮裂縫的養護方法。噴霧式的灑水頭均佈於整個作業平面，以水霧的方式緩緩且微細地降於混凝土表面，而表面被蒸發的水份就能不斷且不會過多地獲得補充。

Q 030 # 營乙 108

試簡述鋼模的優缺點。

A 030

優點	缺點
1. 施工精度更高。	1. 材料成本貴
2. 具有較高的施工效率	2. 材料重
3. 不吸水	3. 零件貴
4. 不易變形	4. 不可切割
5. 周轉次數高	5. 施工成本貴

Q 031 # 營乙 109

混凝土之澆置計畫有哪些內容請至少列舉 9 項。

A 031

廠商應於混凝土澆置前提出詳細之混凝土澆置計畫，包括：

一、澆置進度。

二、澆置數量。

三、澆置順序。

四、施工縫位置。

五、養護方式。

六、混凝土拌和廠之拌和量。

七、運送至澆置地點之運送量。

八、運送時間。

九、自主檢查表。

Q 032　# 營乙 109

鋼結構工程現場銲接完成後應對其銲接部位的狀況加以檢查是否良好；其非破壞性檢驗方法有哪些？

A 032

CNS	非破壞檢測方法	合格標準
1 CNS 13021	鋼結構銲道目視檢測法 (VT)	銲道外部無裂縫，腐蝕、裂紋、瑕疵、或損傷
2 CNS 13464	鋼結構銲道液滲檢測法 (PT)	銲道外部無瑕疵
3 CNS 13341	鋼結構銲道磁粒檢測法 (MT)	銲道外部無磁粒檢測無裂縫
4 CNS 12618	鋼結構銲道超音波檢測法 (UT)	銲道內部無瑕疵
5 CNS 13020	鋼結構銲道射線檢測法 (RT)	銲道內外部無瑕疵

Q 033

營乙 110

鋼結構工程現場銲接完成後應對其銲接部位的狀況加以檢查是否良試列舉 5 項混凝土結構體完成面外觀品質檢查重點？

A 033

查核細項	綱要基準
(1) 完成面尺寸	柱、梁無變形，尺寸容許誤差 ± 10mm
	開口位置容許誤差 ± 25mm
	樓版中央無下陷變形
	級高、級深容許誤差 ± 5mm
(2) 垂直及水平度	柱面應垂直，垂直容許誤差 ± 20mm/3m
	牆面應垂直，垂直容許誤差 ±20mm/3m
	每層樓地版面高程容許誤差 ±10mm
	水平容許誤差 ±10mm/3m
(3) 蜂窩及裂縫	無蜂窩或空洞
	裂縫寬不超過 2mm
	裂縫長不超過 10cm
	開口、角隅無明顯裂縫
(4) 外觀	表面平整無爆模突起現象
	混凝土顏色無明顯差異 (無冷縫)
	無鋼筋或管線外露
	表面無大量修補痕跡 (不超過檢查點面積 10%)

Q 034 # 營乙 110

模板組立應符合模板施工圖之規定，請至少列舉 5 項混凝土澆置前應檢查之項目。

A 034

查核細項	綱要基準
(1) 模板品質	模板表面平整，無扭曲
	模板整潔，表面無附著物
	模板無過度重複使用／過度修補現象
(2) 模板支撐	支撐間距適當，組立穩固，底座墊板不鬆動滑移
	支撐材無彎曲、破裂或嚴重鏽蝕
	同一木支撐材無搭接兩處以上之現象
	高 2m 以上之垂直木支撐應有水平繫材繫連固定
(3) 模板組立	模板組立完成後無彎曲、膨脹、不平直現象
	垂直容許誤差 ±20mm/3m
	水平容許誤差 ±10mm/3m
	斷面尺寸容許誤差 ±10mm
	平面位置容許誤差 ±25mm
	構件接頭處組立牢固緊密
	倒角、收邊條、壓條裝置妥當
	繫結材、螺栓、鐵絲、隔件及木楔設置牢固
(4) 開口及預埋物	開口部分固定穩固無鬆動現象
	模板內各種預埋物組立穩固不鬆動
	開口有加強支撐

Q 035 # 營乙 111

請列舉 5 項檢測鋼筋混凝土構件因地震減損其強度的方法。

A 035

一、液體注入試驗。
二、反彈錘法。
三、貫入針法。
四、超音波探測法。
五、X-Ray 檢測。
六、鋼筋探測器檢驗。
七、混凝土鑽心取樣。
八、鋼筋拉力試驗。
九、載重試驗。

Q 036 # 營乙 111

模板工程施工時所使用之脫模劑，請列出其選用應注意之事項？

A 036

脫模性形成均勻薄膜且形狀複雜的成形物時，尺寸精確無誤；脫模持續性好；成形物外觀光滑美觀，不因塗刷發粘的脫模劑而招致灰塵的附著；二次加工性能優越。易塗佈性；耐熱性；耐污染性；成型好，生產效率高；穩定性好。與配合劑及材料並用時，其物理、化學性不穩定；不燃性，低氣味，低毒性。

Q 037　# 營乙 111

請至少列舉 5 項混凝土用的化學摻料。

A 037

A 型： 減水劑
B 型： 緩凝劑
C 型： 速凝劑
D 型： 減水緩凝劑
E 型： 減水速凝劑
F 型： 高性能減水劑
G 型： 高性能減水緩凝劑

Q 038　# 營乙 112

一、下列結構體施工時，混凝土灌漿完成後，模板最少拆除時間：
（一）柱、梁及牆之不做支撐側模。
（二）柵肋梁、小梁及大梁底模 (在活載重不大於靜載重時)：
　　　淨跨度小於 3 公尺。
　　　淨跨度 3 公尺至 6 公尺。
　　　淨跨度大於 6 公尺。
（三）拱模 (在活載重不大於靜載重時)。

A 038

（一）3 天。

（二）淨跨度小於 3 公尺：7 天。

淨跨度 3 公尺至 6 公尺：14 天。

淨跨度大於 6 公尺：21 天。

（三）拱模：14 天。

Q 039   `# 營乙 112`

在業界常見加強磚造建築物中，以 1B 磚牆疊砌如圖所示回答下列問題：

（一）如圖 (A) 該層係屬何種疊砌工法？

（二）如圖 (B) 係屬何種疊砌工法？

（三）請依您現場工地實務經驗，加強磚造 R.C 梁、柱於混凝土澆置前，磚牆與 R.C 梁、柱之界面應先行做何項處理？避免混凝土澆置後產生何種情況及現象？

A 039

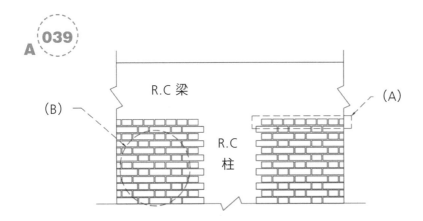

（一）丁砌法

（二）法國式砌法

（三）打毛處理，容易接合不良，產生裂縫，容易漏水。

6 營造工程管理術科考題分析

6. 工程管理

考題重點

甲級　1　品質管理
　　　　2　進度管理
　　　　3　施工管理
　　　　4　成本管理
　　　　5　CPM 網狀圖
　　　　6　施工計畫書
　　　　7　品管七大手法

乙級　1　品質管理
　　　　2　進度管理
　　　　3　施工管理
　　　　4　成本管理
　　　　5　網狀圖的繪製與計算
　　　　6　品管七大手法

甲級

年份	術科考試類型	
111	公共工程施工品質管理制度	三級品管制度
110	施工管理	BIM 的定義及效益
109	施工管理	施工營造風險及對策
108	品質管理	施工品質管理標準訂定依據
108	進度管理	進度可能發生落後的原因
107	品質管理	出品管新 QC 七大手法
106	施工管理	施工管理之作業程序
105	施工管理	分工結構圖
104	施工管理	工程項目

乙級

Q 001 # 營甲 97

請詳述營造工程管理預算編列之目的。

A 001

預算的定義：預算是組織用來有效地規劃及控制的一種重要工具。從企業的總體經營策略、經營計畫及經營目標，將所有職能活動彙整爲整體規劃，並以數字或貨幣量化具體呈現即稱爲「預算」。

預算的功能：規劃、溝通與協調、監控進度、評估績效。

Q 002 # 營甲 98

營建工程影響工進之主要因素有那些？請列舉七項說明之。

A 002

影響工程進度屬於廠商之因素主要爲：

一、財力、管理能力、施工經驗不足，無法有效管控工進時程。

二、遇變故無力承擔風險，無法順利推動工進，甚至停工。

三、低價搶標，洽邀分包廠商費時或分包廠商能力不足。

四、與分包廠商、關連廠商間之界面協調不佳。

五、材料、設備或施工機具供應、裝置延誤。

六、施工錯誤，導致必須拆除重做或改善。

七、發生工安意外事故，遭目的事業主管機關勒令停工，或因未能迅速安善處理引起糾紛（如施工損及鄰近建物等）遭阻擾施工。

八、廠商未能依契約規定時程提送施工計畫、品質計畫、交通維持計畫、剩餘土石方處理計畫..等，未奉准實施前無法施工。

九、未依契約規定履約，遭機關通知暫停執行。

Q **003** #營甲 98

何謂浮時、自由浮時、總浮時、干擾浮時？

1. 浮時：浮時也是一種作業與作業之間的空閒時間，但是即使將這段時間用掉了，也完全不會影響工期以及後續作業的最早開始時間，此外，浮時之存在也完全不被其前行作業所左右。

2. 自由浮時：就是某作業可以延遲的天數，而且此延遲之舉動不但不會使整個工程延誤，同時也不會影響到後續作業的最早開始時間；因此，自由浮時只受同一連鎖關係的先前作業所影響。

3. 總浮時：就是在作業結點之間的最大寬裕時間，這段時間即使被耗用了也不致使整個工程延遲；亦即該作業在進入到下一個結點前，所能允許延誤的最長時間。

4. 干擾浮時：干擾浮時也是由結點間除了作業所需的時間外之部份空閒時間所構成，但是若與自由浮時作比較，則如果將這段時間使用了，則雖然不會影響工期，但是卻會影響其後續作業的最早開始時間。

Q 004 #營甲 99

分項施工計畫書之內容（項目）如何？

A 004

分項施工計畫：

1. 工程範圍概述
2. 人員組織
3. 分項預定進度
4. 分項勞安衛生環境措施
5. 施工圖說
6. 分項品質計畫 （契約工法、數量、材料品質檢討、施工區規劃）

Q 005 #營甲 99

營建工程影響施工估價之因素有那些？請列舉七項說明之。

A 005

影響工程估價成果之因素：

1. 設計之品質標準
2. 契約之限制條件→（1）工程與工作性質（2）計價方式與付款辦法
3. 工地環境→交通與工作區
4. 施工計劃→施工方法與施工管理
5. 其他因素→（1）經濟因素（2）社會因素（3）政治因素

 # 營甲 99

試說明工程管理上所謂之要徑或關鍵路徑之意義及其功能。

要徑法之功用,在於顯示網圖中那些作業為重點作業。因為這些作業毫無寬裕時間可言,亦無可供他們緩衝的時間;正因為如此,要徑上的作業要享有工程資源之優先分配權,若有趕工之需要或有縮短工期之誘因時,這些要徑也是縮短工期之主要目標。

 # 營甲 100

請列舉 5 項說明營造工程施工期間,承包商辦理工程材料採購之原則為何?

1. 廠商之材料規格是否符合圖說。
2. 廠商之技術是否足夠。
3. 廠商之材料品質良率是否穩定。
4. 廠商之材料功能是否達到需求。
5. 廠商之材料價格是否達到預算。

Q 008 #營甲 100

某工程之施工網圖如下圖，請回答下列各問題：

1. 本工程最早可完工的時間？
2. 依據下圖所示，計算並填寫下列工程網圖之各個欄位。
3. 請問本工程之要徑為何？

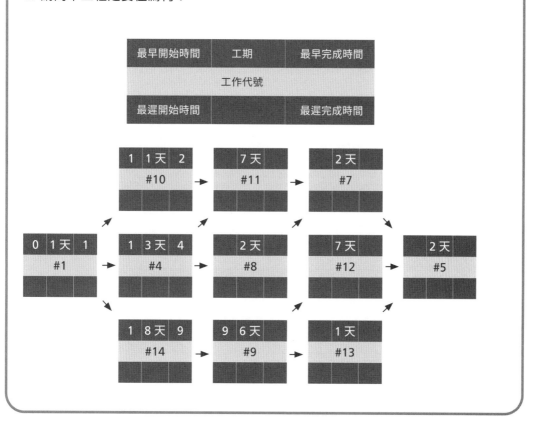

最早開始時間	工期	最早完成時間
	工作代號	
最遲開始時間		最遲完成時間

1. 24 天

2.

最早開始時間	工期	最早完成時間
工作代號		
最遲開始時間		最遲完成時間

1	1天	2
#10		
12		13

→

4	7天	11
#11		
13		20

→

11	2天	13
#7		
20		22

0	1天	1
#1		
0		1

→

1	3天	4
#4		
10		13

→

4	2天	6
#8		
18		20

15	7天	22
#12		
15		22

→

22	2天	24
#5		
22		24

1	8天	9
#14		
1		9

→

9	6天	15
#9		
9		15

→

15	1天	16
#13		
21		22

3. 要徑是 1-14-9-12-5

Q 009 #營甲100

某一 AC 道路工程之規劃如下桿狀圖：

工項名稱（經費）	10 天	20 天	30 天	40 天	50 天
開挖（10 萬）	▨				
壓實（30 萬）	▨▨				
排水箱涵（180 萬）		▨▨			
擋土牆（140 萬）			▨▨		
AC 鋪面（120 萬）			▨▨▨		

假設施工經費平均分攤於每一施工日，請回答下列各項。

1. 請問第 20 日結束時，本工程累計之支出成本為多少萬？
2. 請問第 30 日結束時，本工程之預定施工進度百分比為何？
3. 請繪製本工程之預定進度曲線。（x 水平軸為時間，y 垂直軸為進度百分比）。

A 009

1. 累計 130 萬 (10+30+90=130)
2. 68.75%

預定施工進度百分比如下表：

天數	0	10	20	30	40	50
開挖		10				
壓實		15	15			
排水箱涵			90	90		
擋土牆				70	70	
AC 鋪面				40	40	40
日支出	0	25	105	200	110	40
累積支出	0	25	130	330	440	480
進度	0.00	5.21	27.08	68.75	91.67	100

3.

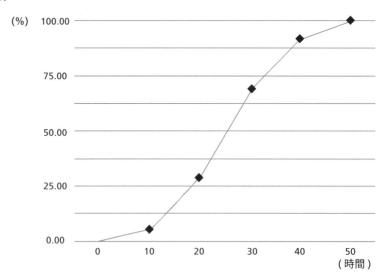

Q 010　# 營甲 101

某橋梁工程，規劃如下桿狀圖：

工項名稱（經費）	10 天	20 天	30 天	40 天	50 天
基礎工程（60 萬）	▨▨▨	▨▨▨			
墩柱結構（240 萬）		▨▨	▨▨▨		
上部結構（120 萬）			▨▨	▨▨▨	

假設施工經費平均分攤於每一施工日，請回答下列 4 項（1、2、3 及 4）問題。

1. 請問第 20 日結束時，本工程之預定施工進度百分比？

2. 請繪製本工程之進度曲線。

（註：X 水平軸為時間，y 垂直軸為進度百分比）

然而因緊急趕工，廠商實際上工程之執行結果，工期大有差異，變成如下結果：

工項名稱（經費）	10 天	20 天	30 天	40 天	50 天
基礎工程（60 萬）	▨▨▨	▨			
墩柱結構（240 萬）		▨▨	▨		
上部結構（120 萬）			▨▨	▨▨▨	

3. 請問第 20 日結束時，本工程之實際施工進度？

4. 請繪製本工程趕工後之進度曲線。（註：x 水平軸為時間，y 垂直軸為進度百分比）

A 010

時間	0	10	20	30	40	50
基礎	0	20	20	20		
墩柱			80	80	80	
上部				40	40	40
成本	0	20	100	140	120	40
累積成本	0	20	120	260	380	420
進度	0	4.76	28.57	61.90	90.48	100

1. 第 20 日結束時，本工程之預定施工進度百分比爲：28.57%。

2. 本工程之進度曲線如下：

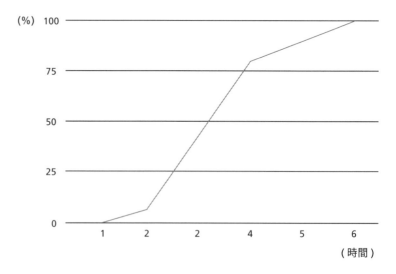

趕工						
時間	0	10	20	30	40	50
基礎	0	30	30			
墩柱			120	120		
上部				40	40	40
成本	0	30	150	160	40	40
累積成本	0	30	180	340	380	420
進度	0	7.14	42.86	80.95	90.48	100

3. 第 20 日結束時，本工程之實際施工進度為：42.86%。

4. 本工程趕工後之進度曲線如下：

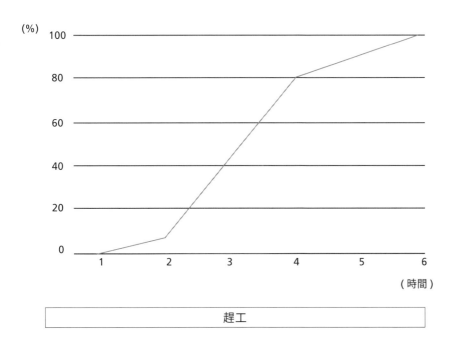

趕工

某橋梁工程,其各項作業之數量、工率及順序如下表所示:

作業	數量	功率	後續作業
A 整地	$200m^3$	$50m^3/day$	B, C
B 基礎開挖	$150m^3$	$75m^3/day$	D, E
C 鋼筋加底	6t	2t/day	D, E
D 配置板基礎鋼筋	2t	1t/day	F
E 組立墩柱側模	$32m^2$	$8m^2/day$	F
F 澆置混凝土	$60m^3$	$60m^3/day$	G, H
G 配置柱鋼筋	5t	1t/day	I
H 拆除側模	$32m^2$	$32m^2/day$	I
I 灌漿	$300m^3$	$100m^3/day$	

一般施工網圖分為:箭線法(工項在箭線上)與結點法(工項在結點上),請回答下列問題。

1. 請利用上方之工項前後關係,採用「結點法」繪製該工程之施工網圖,並利用下圖表達方式,計算每一工項之:最早開始時間、最早完成時間、最遲開始時間,最遲完成時間。

最早開始時間	工期	最早完成時間
	工作代號	
最遲開始時間		最遲完成時間

2. 計算本工程之總工期。

1.

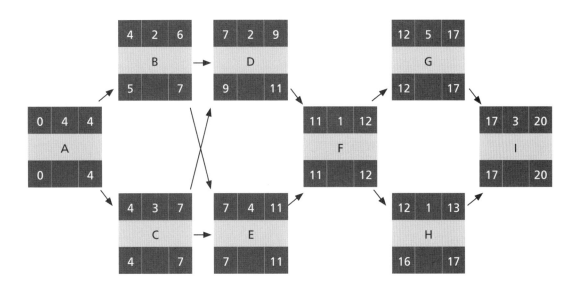

2. 總工期：20 天

假設某 AC 鋪面工程有如下各工項，施作 5 天完工。其施工日誌顯示每日完成數量如下表所示：

工項名稱	各工項之單價（千元）	第 1 天	第 2 天	第 3 天	第 4 天	第 5 天
底層壓實（平方公尺）	2	1	3	4		
表層鋪築（平方公尺）	5		3	2	1	
標線工程（平方公尺）	1			2	1	3

請回答下列問題：

1. 請問各工項每日之完成金額，請製表說明之。
2. 請問施工日報每日應填寫之累計完成進度百分比為何？

A 012

	每日金額				
	第 1 天	第 2 天	第 3 天	第 4 天	第 5 天
底層壓實	2	6	8		
表層鋪築		15	10	5	
標線工程			2	1	3
每日金額	2	21	20	6	3
每日進度 %	3.85	40.38	38.46	11.54	5.77
累積進度 %	3.85	44.23	82.69	94.23	100

Q **013** #營甲 102

假設某營造工程之施工網圖如下圖：

最早開始時間	工期	最早完成時間
工作代號		
最遲開始時間		最遲完成時間

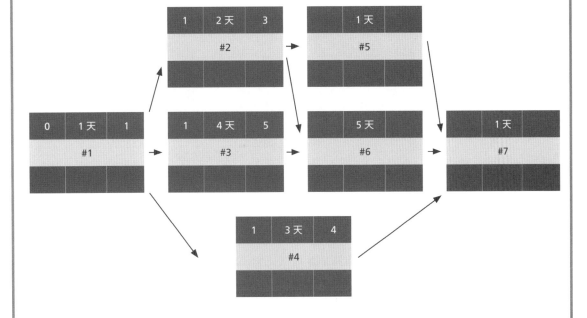

各工項每日所需人力資源（人工數）如下表：

工項代號 #	1	2	3	4	5	6	7
每日所需人工數 #	2	1	3	2	2	3	2

請回答下列問題：

1. 依據上圖所示，計算並填寫工程網圖之各個欄位。
2. 請問本工程之要徑爲何？
3. 資源山積圖常用來監督資源之使用量。假設全部採用「最早開始」
   「最早結束」時間施工，請繪製「第 1 天至第 4 天」所需人工數
   之資源山積圖。

1. 填寫工程網圖之各個欄位：

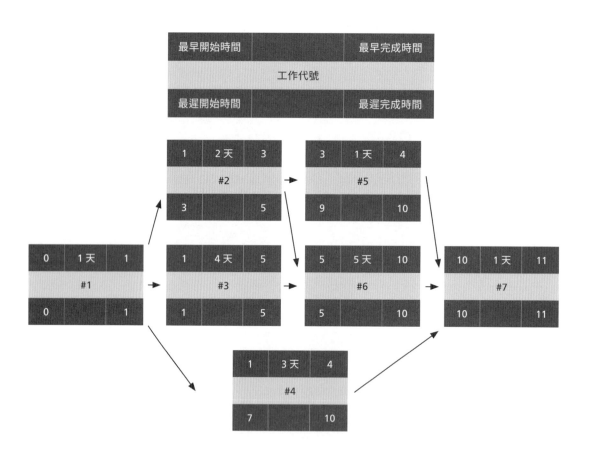

2. 本工程之要徑：1-3-6-7

3. 假設全部採用「最早開始」及「最早結束」時間施工之資源山積圖：

工項＼工期	1	2	3	4	5	6	7	8	9	10	11
1	2										
2		1	1								
3		3	3	3	3						
4		2	2	2							
5				2							
6						3	3	3	3	3	
7											2
累積人數	2	6	6	7	3	3	3	3	3	3	2

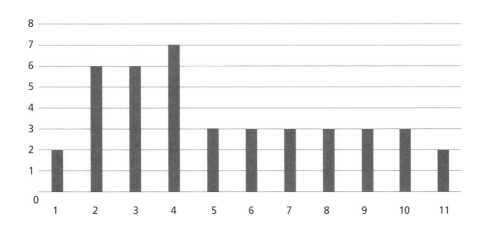

請分別說明施工管理之五要素（5M）及營建工程管理的五大目標。

 A **014**

1. Money 財務的管制；
2. Men 人員的派用、管制與激勵；
3. Materials 材料之選用、送審及損耗的降低；
4. Methods 恰當方法、程序之選用、評估；
5. Management 有效的管理策略及方針，例如：變更程序、計價程序、風險之迴避。

營建管理中對公共工程有所謂的 QCDSE 五大要求：
Q 是 Quality 品質，
C 是 Cost 成本，
D 是 Delivery 工期，
S 是 Safety 安全，
E 是 Environment 環境。
必須達成「品質如式」，「造價如度」，「完工如期」，「安全無恙」，「環境如常」之目標。

營甲 104

請簡述說明下列內容：

（一）興建 4 層樓鋼筋混凝土構造建築物所需之工程項目。

（二）施工日誌之填寫項目。

A 015

（一）

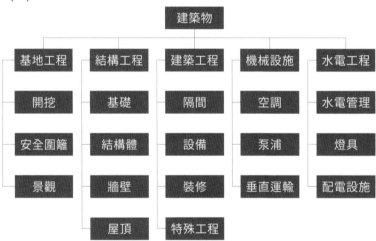

（二）

表報編號：

本日天氣：上午：　　下午：　　　　　　　　填表日期：　年　月　日（星期　）

工程名稱				承攬廠商名稱			
核定工期	天	累計工期	天	剩餘工期	天	工期展延天數	天
開工日期	年　月　日			完工日期	年　月　日		
預定進度 (%)				實際進度 (%)			

一、依施工計畫書執行按圖施工概況（含約定之重要施工項目及完成數量等）：

施工項目	單位	契約數量	本日完成數量	累計完成數量	備註
營造業專業工程特定施工項目					
A					
B					

二、工地材料管理概況（含約定之重要材料使用狀況及數量等）：

材料名稱	單位	設計數量	本日使用數量	累計使用數量	備註

三、工地人員及機具管理（含約定之出工人數及機具使用情形及數量）：

公別	本日人數	累計人數	機具名稱	本日使用數量	累計使用數量

四、本日施工項目是否有須依「營造業專業工程特定施工項目應置之技術士種類、比率或人數標準表」規定應設置技術士之專業工程：□有□無（此項如勾選"有"，則應填寫後附「建築物施工日誌之技術士簽章表」）

五、工地職業安全衛生事項之督導、公共環境與安全之維護及其他工地行政事務：
　（一）施工前檢查事項：
　　　1.實施勤前教育（含工地預防災變及危害告知）：□有 □無
　　　2.確認新進勞工是否提報勞工保險（或其他商業保險）
　　　　資料及安全衛生教育訓練紀錄：□有 □無 □無新進勞工
　　　3. 檢查勞工個人防護具：□有 □無
　（二）其他事項：

六、施工取樣試驗紀錄：

七、通知協力廠商辦理事項：

八、重要事項記錄：

簽章：【工地主任】（註 3）：

建築物施工日誌

Q 016　# 營甲 105

請列舉 4 項說明「分工結構圖」之功用。

A 016

分工結構圖又稱 Work Breakdown Structure，簡稱 WBS：
1. 描述思路的規劃和設計工具。它幫助專案經理和團隊確定和有效地管理專案的工作。
2. 清晰地表示個專案工作之間的相互聯繫的結構設計工具。
3. 展現專案全貌，詳細說明為完成專案所必須完成的各項工作的計畫工具。

Q 017 # 營甲 106

請列舉至少 10 項施工管理之作業程序。

A 017

施工作業程序：
1. 採購管理	7. 圖說管理
2. 品質管理	8. 契約管理
3. 成本管理	9. 人員管理
4. 進度管理	10. 機具設備需求
5. 勞安衛管理	11. 材料倉儲管理
6. 物料管理	12. 交通管理

Q 018 # 營甲 107

請列出品管新 QC 七大手法為何？

A 018

新七大手法：
1. KJ 法 / 親和圖法
2. 關聯圖法
3. 系統圖 / 樹狀圖
4. 箭線圖法
5. 矩陣圖法
6. 矩陣數據分析法
7. PDPC 法 / 過程決策程式圖法

Q 019 # 營甲 108

於整合性進度管理中，請列舉 5 項工程進度可能發生落後的原因。

A 019

影響工程進度屬於廠商之因素主要爲：

1. 財力、管理能力、施工經驗不足，無法有效管控工進時程。
2. 遇變故無力承擔風險，無法順利推動工進，甚至停工。
3. 低價搶標，洽邀分包廠商費時或分包廠商能力不足。
4. 與分包廠商、關連廠商間之界面協調不佳。
5. 材料、設備或施工機具供應、裝置延誤。
6. 施工錯誤，導致必須拆除重做或改善。
7. 發生工安意外事故，遭目的事業主管機關勒令停工，或因未能迅速妥善處理引起糾紛（如施工損及鄰近建物等）遭阻擾施工。
8. 廠商未能依契約規定時程提送施工計畫、品質計畫、交通維持計畫、剩餘土石方處理計畫……等，未奉准實施前無法施工。
9. 未依契約規定履約，遭機關通知暫停執行。

Q 020 # 營甲 108

辦理公共公程時，爲使雙方在施工品質管理有所依據，故於相關文件上訂定「施工品質管理標準」，試說明其訂定之依據爲何？

撰寫品質計畫之依據，如工程契約（含規範及圖說）、技師法、營造業法、公共工程專業技師簽證規則、公共工程施工綱要規範、機關與各廠商間辦理公共工程之履約權責劃分表、廠商之品質系統作業規定等。

其內容至少包括：

（1）作業流程：列出分項工程之施工順序。

（2）管理要項：針對各施工階段，列出管理項目、管理標準、檢查時機、檢查方法、檢查頻率與不符合之處理方式。

（3）管理紀錄。

營甲 109

請說明營造工程施工風險對策之類型及採行優先順位為何？

對不可接受之風險擬定風險對策，並指定執行對策負責人員，於期限內完成。

風險對策之類型依序為消除風險、降低風險、工程控制、管理控制、個人防護具等。

應追蹤、管制風險對策之執行狀況及成效，發覺風險對策無法有效管控風險時，應再行評估，研擬適當之風險對策。

Q 022 # 營甲 110

近年來，營造商應用 BIM 技術針對設計及施工界面整合，來提升工程品質。請回答以下問題：

（一）何謂 BIM。

（二）至少列舉五項 BIM 技術主要預期的效益。

A 022

（一）BIM 也就是建築資訊模型（Building Information Modeling），是建築學、工程學及土木工程的新工具，可由電腦應用程式直接解釋的建築或建築工程資訊模型。 BIM 是指建築物在設計和建造過程中，同時具有建築或工程的數據。這些數據提供程式系統充分的計算依據，使這些程式能根據構件的數據，自動計算出查詢者所需要的準確資訊。不僅是由完整資訊構成，易於統整各方訊息方便建築生命週期的規劃、設計、施工及營運維護等工程與管理的系統技術。

（二）視覺性、協調性、模擬性、優化性、可出圖性。

Q 023 # 營甲 111

請依據行政院頒布之「公共工程施工品質管理制度」，試述公共工程三級品管之分工機制及其負責單位或機關。

A 022

（一）第三層級品管工程施工查核為工程主辦機關或工程會。

（二）第二層級品管品質保證為工程主辦單位或監造單位。

（三）第一層級品管品質管制為承攬廠商。

Q 001 #營乙 97

試述營建業之主要特性及營建管理目標。

A 001

1. 品質如式。
2. 進度如期。
3. 造價如度。
4. 安全無慮。
5. 符合環保。

Q 002 #營乙 97

請說明建築工程施工中造成損鄰之原因。

A 002

1. 挖掘地基。
2. 施工方法不正確。
3. 施工機具的不當操作。
4. 施工車輛壓壞路基等原因所引起。
5. 管湧。
6. 環境汙染。
7. 震動。
8. 碰撞。
9. 傾斜。
10. 邊坡滑動。

Q 003   # 營乙 98

說明工程管理上所謂之要徑或關鍵路徑之功能。

A 003

在網狀圖的各種路線中尋找其最長的可能路徑稱之為要徑（Critical Path）。

對一個專案而言在專案網路圖中最長且耗最多資源的活動路線完成之後，專案才能結束。此最長活動的活動線路就是要徑。

要徑具有以下特點：

1. 要徑上的活動

   持續時間決定專案的工期，且所有活動的持續時間加起來就是專案的工期。

2. 要徑上的任何活動都是「關鍵活動」

   只要其中任何一個活動延遲，都會導致整個專案完成時間的延遲；換句話說，關鍵活動的寬裕時間為 0，要徑即完成專案的作業組合中總寬裕時間為 0 的路徑。

3. 要將專案總工期縮短

   只要將要徑上的活動（也就是關鍵活動）時間縮短，把資源投入到關鍵活動上，就可達到使用最少資源來達成縮短工期的目標。要徑可用來決定一個專案的最短可能時間，同時作為「敏感度分析」的依據。這種方法即為要徑法。

4. 補充說明

   不在要徑上活動之延遲，其延遲時間若少於寬裕時間，便不會影響專案完成之時間；反之則仍會影響專案工期。

Q 004　#營乙 98

營建工程屬於承商影響工進之主要因素有那些？請列舉五項說明之。

A 004

影響工程進度屬於廠商之因素主要為：

一．財力、管理能力、施工經驗不足，無法有效管控工進時程。

二．遇變故無力承擔風險，無法順利推動工進，甚至停工。

三．低價搶標，洽邀分包廠商費時或分包廠商能力不足。

四．與分包廠商、關連廠商間之界面協調不佳。

五．材料、設備或施工機具供應、裝置延誤。

六．施工錯誤，導致必須拆除重做或改善。

七．發生工安意外事故，遭目的事業主管機關勒令停工，或因未能迅
　　速妥善處理引起糾紛（如施工損及鄰近建物等）遭阻擾施工。

八．廠商未能依契約規定時程提送施工計畫、品質計畫、交通維持計
　　畫、剩餘土石方處理計畫……等，未奉准實施前無法施工。

九．未依契約規定履約，遭機關通知暫停執行。

Q 005　#營乙 99

何謂總寬裕時間？最早完工時間？最晚完工時間？

1. 總寬裕時間：

   總寬裕時間（總浮時）＝作業最晚完成時間－作業最早完成時間

2. 最早完工時間：

   表一作業項目在最早開始時間下最早完成之時間

   （EF）i–j ＝（ES）i–j ＋ Dij

3. 最晚完工時間：

   表示在不影響預定工期下，一項作業最晚必完工之時間

   LF ＝ LS+Dij

Q 006 # 營乙 99

營造工程影響施工估價之有那些？ 請列舉五項說明之。

1. 設計圖
2. 施工規範與品質要求
3. 工期
4. 材料種類價格
5. 工資價格

請依下列工程網圖，回答：

1. 本工程最早可完工的時間？

2. 依據下圖所示，計算並填寫下列工程網圖之各個欄位。

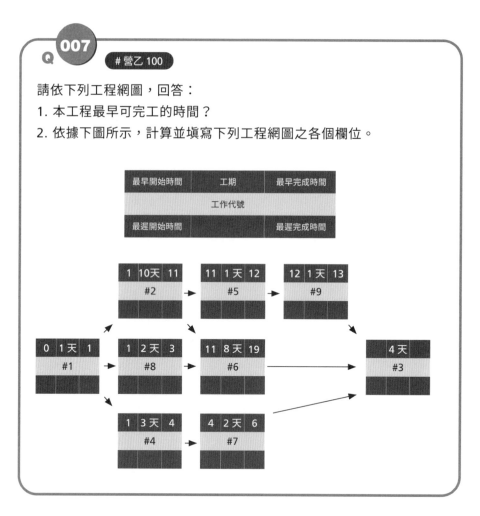

A 007

（一）23 天

（二）

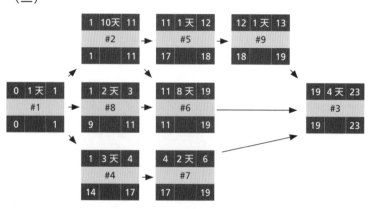

Q 008 # 營乙 100

有一建築工程之規劃如下方之桿狀圖：

工項名稱（經費）	10 天	20 天	30 天	40 天	50 天
基礎工程（60 萬）	\\\\\\\	\\\\\\\	\\\		
1 至 5 樓結構（150 萬）		\\\\\\	\\\\\\	\\\	
裝修工程（90 萬）			\\\\\	\\\\\\	\\\\\

假設施工經費平均分攤於每一施工日，請回答下列各項。

1. 請問第 20 日結束時，本工程之施工進度百分比？
2. 請繪製本工程之進度曲線。（x 水平軸為時間，y 垂直軸為進度百分比）

A 008

（一）總經費：60+150+90=300 萬

　　　基礎工程：20 天完成 40 萬

　　　1 ～ 5 樓結構：20 天完成 50 萬

　　　(40+50) / 300*100=35%

（二）

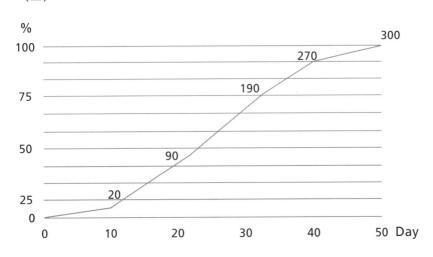

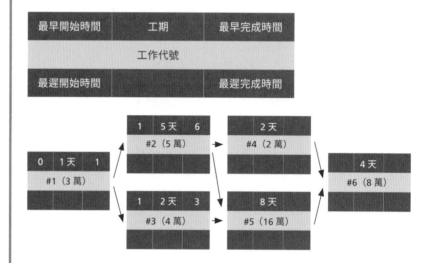

Q 009 # 營乙 101

有一工程，其工程之 CPM 網圖如下圖，請回答下列各項。

最早開始時間	工期	最早完成時間
工作代號		
最遲開始時間		最遲完成時間

1. 請問本工程最早可完工的時間？
2. 繪製並計算工程網圖中每一工項之：最早開始時間、最早完成時間、最遲開始時間，最遲完成時間。
3. 假設施工經費平均分攤於每一施工日。請使用 [最早開始][最早結束]，計算本工程迄第 8 天結束時之總成本支出應為若干金額？

 A 009

1. 18 天
2.

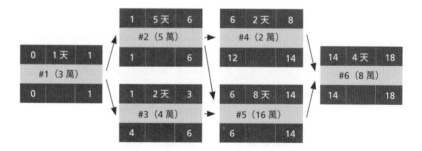

3. 18 萬

天數 工項	1	2	3	4	5	6	7	8	9	10	11	12	13	14	15	16	17	18
#1	3																	
#2		1	1	1	1	1												
#3		2	2															
#4							1	1										
#5							2	2	2	2	2	2	2	2				
#6															2	2	2	2

Q 010 # 營乙 101

假設有一工程，其各項作業之天數及順序如下表：

作業代號與名稱	工期	後續作業
A. 基礎開挖	2day	B, C
B. PC 打底	1day	D, E
C. 鋼筋加底	3day	D, E
D. 配置基礎鋼筋	2day	F
E. 組立基礎側模	4day	F
F. 澆置基礎混凝土	1day	

一般工程網圖分為：箭線法（工項在箭線上）與結點法（工項在結點上），請回答下列各項。

1. 請利用上方之工項前後關係，採用「結點法」繪製該工程之施工網圖。
2. 計算本工程之總工期。
3. 請利用下圖表達方式，計算每一工項之：最早開始時間、最早完成時間、最遲開始時間，最遲完成時間。

最早開始時間	工期	最早完成時間
	工作代號	
最遲開始時間		最遲完成時間

1.

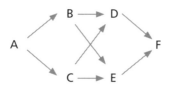

2. 10 天

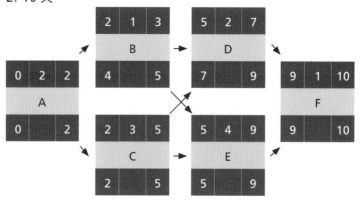

請依表所列條件完成下列作業條件：

1. 繪製箭線式網狀圖（network arrow diagram）。
2. 繪出其要徑（critical path），並計算出其工期。

作業	先行作業	先行日數（天）	作業	先行作業	先行日數（天）
A	–	5	F	B	6
B	A	9	G	E, F, I	7
C	B	8	H	–	4
D	–	3	I	H	6
E	A, D, H	2	J	I	4

A

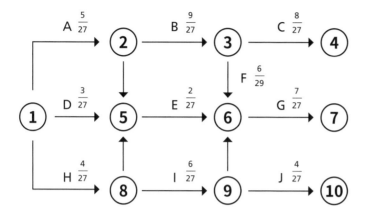

2. 要徑 A-B-F-G

工期 27 天

Q 012　# 營乙 102

假設某工程各項作業之「開始時間」、「結束時間」如下表所示。請繪製該工程之「進度桿狀圖」。

作業	開始時間（第幾天）	結束時間（第幾天）
A. 除草	1	1
B. PC 打底	2	5
C. 鋼筋組立	4	8
D. 組立基礎模板	5	7
E. 側模安裝	7	9
F. 澆置混凝土	8	8
G. 拆模	10	10

六

術科篇——

6.

工程管理

作業	1	2	3	4	5	6	7	8	9	10
A. 除草	▨									
B. PC 打底		▨▨▨▨▨▨								
C. 鋼筋組立				▨▨▨▨▨▨						
D. 組立基礎模板					▨▨▨					
E. 側模安裝							▨▨▨			
F. 澆置混凝土								▨		
G. 拆模										▨

Q 013 # 營乙 104

以繪圖表示工程進度之方法有哪些？請至少列舉 3 種。

---

1. 桿狀圖（Bar-chart）

工項名稱（經費）	10 天	20 天	30 天	40 天	50 天
基礎工程（60 萬）	▨▨▨▨	▨▨▨▨	▨▨▨		
墩柱結構（240 萬）		▨▨▨	▨▨▨▨	▨	
上部結構（120 萬）			▨▨▨	▨▨▨	▨

2. 要徑法（CPM）

最早開始時間	工期	最早完成時間
工作代號		
最遲開始時間		最遲完成時間

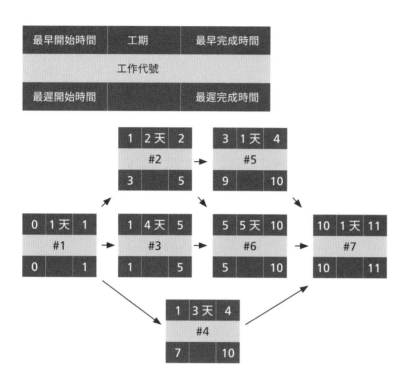

3. 計畫評核術（PERT）

計畫評核圖如下：

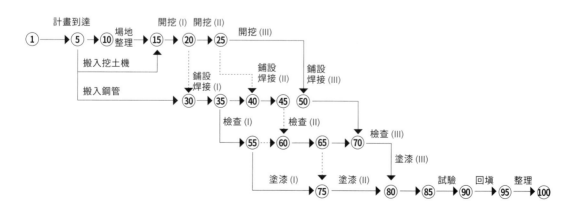

4. 節點圖 Network

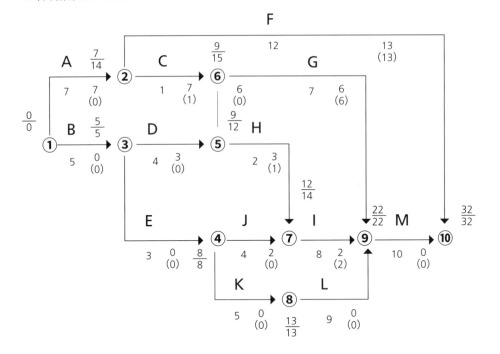

營乙 104

Q 014

請分別以業主、承商及天災等因素敘述可能造成工程進度落後之原因。

A 014

可歸責於機關之因素：

影響工程進度屬於機關之因素主要為：

一.工程用地取得遲緩，地上（下）物未能配合工進完成拆遷。

二.規劃設計考量未臻周全、設計圖說與現況不符等因素，導致停工待辦變更設計，甚至須另籌財源支應。

三.機關或工程司於文書資料之提供或審核上，有明顯或不合理之延遲。

四.建照逾期重新請照，或因發包圖說與建照圖說不符須變更。

五.同一地點多項工程同時施工，未能密切協調配合致互相干擾。

不可歸責於雙方之因素：

一．兩天、颱風、地震、其他天災或不可抗力事故。

二．民眾抗爭。

三．地質情況或地下物與預期有顯著差異。

可歸責於廠商之因素：

一．財力、管理能力、施工經驗不足，無法有效管控工進時程。

二．遇變故無力承擔風險，無法順利推動工進，甚至停工。

三．低價搶標，洽邀分包廠商費時或分包廠商能力不足。

四．與分包廠商、關連廠商間之界面協調不佳。

五．材料、設備或施工機具供應、裝置延誤。

六．施工錯誤，導致必須拆除重做或改善。

七．發生工安意外事故，遭目的事業主管機關勒令停工，或因未能迅速安善處理引起糾紛（如施工損及鄰近建物等）遭阻擾施工。

八．廠商未能依契約規定時程提送施工計畫、品質計畫、交通維持計畫、剩餘土石方處理計畫…等，未奉准實施前無法施工。

九．未依契約規定履約，遭機關通知暫停執行。

Q 015 #營乙 106

依據「公共工程施工品質管理作業要點」規定，「分項品質計畫」之內容，除機關及監造單位另有規定外，應包括哪些？

 A 015

分項品質計畫應包括：

1. 施工要領
2. 施工要領
3. 施工品質管理標準
4. 材料及施工檢驗程序
5. 自主檢查表
6. 設備功能測試運轉與檢測程序與標準

Q 016 # 營乙 106

公共工程通常包括設計、進料、施工、驗收及維護 5 大階段，每一階段之品質管制請列舉一種適當的管制方法。

A 016

1. 設計管制：訂定品質目標、設定材料與施工許可差（規格界限）、工程可靠度分析等。
2. 進料管制（材料管制）：抽樣檢驗、檢驗結果分析、管制圖製作等。
3. 施工管制：訂定製程目標、抽樣檢驗、結果分析、管制圖製作等。
4. 驗收管制：設計抽驗計畫、抽樣檢驗等。
5. 維護管制：預測維護時機、迴歸分析、工程可靠度分析等。

Q 017 # 營乙 107

請列舉 5 項公共工程中品質稽核範圍應包含事項？

A 017

1. 對廠商品質計畫及執行成效之外部稽核。
2. 確認所有施工計畫執行成效之稽核。
3. 對本監造計畫落實狀況之內部稽核。
4. 依作業文件及紀錄確認執行者是否依據作業流程執行。
5. 由成果查證，查報執行成果是否符合作業紀錄且品質無虞。

Q 018 # 營乙 107

請敍述公共工程分項施工計畫應包含之內容？

A 018

分項施工計畫：
1. 工程範圍概述
2. 人員組織
3. 分項預定進度
4. 分項勞安衛生環境措施
5. 分項施工圖說
6. 分項品質計畫

Q 019 # 營乙 108

品管舊 QC 七大手法爲何？

A 019

七大手法：
1. 魚骨圖（石川圖、因果圖、特性要因圖）：可找出問題的根源及肇因。
2. 管制圖：以樣本平均值爲中心，上下各三個標準差爲控制上下限（6 sigma），須注意連續七個點落在平均值上方或下方（Rule of 7）的規則。
3. 直方圖：以統計的方式呈現分布之中間趨向及散布的形狀，不考慮時間的影響。
4. 查檢表（Check sheet）：資料蒐集時使用，統計的數量再以柏拉圖呈現。

5. 柏拉圖：以發生的頻率累計排序的呈現，大多應用於 80/20。

6. 散布圖（Scatter plot）：呈現兩個變數間彼此的相關程度（正相關、負相關及零相關）。

7. 層別法：將資料分類找出其趨勢或特性。

Q 020 # 營乙 108

請說明施工廠商於「施工檢驗程序」中，針對品質管理應辦理之事項為何？

A 020

1. 材料及施工檢驗程序
2. 施工檢驗流程圖
3. 自主檢查表
4. 施工查驗通知及紀錄表
5. 查驗紀錄
5. 查驗照片

Q 021 # 營乙 108

請依據「公共工程施工品質管理作業要點」之規定，列出下列事項於品質計畫內容審查之重點為何？

（一）施工要領：

（二）品質管理標準：

（三）自主檢查表：

（四）不合格品之管制：

（五）文件紀錄管理系統：

A 021

施工要領	□主要作業項目是否有施工要領及施工要領一覽表
	□施工要領之步驟與流程圖
	□施工要領內容是否包括品質要求、施工步驟、使用材料、使用機具及勞安環保規定
	□是否有檢驗及自主檢查停留點
品質管理標準	□管理項目及標準一覽表
	□項目、管理標準、頻率、時機、檢查方法、管理記錄及契約要求標準
	□不符合之處理
自主檢查表	□依工程內容檢討訂定各項施工自主檢查表
	□檢查表內容應包含有檢查項目、檢查標準（管理標準）、檢查值、檢查結果紀錄、查核結果追蹤等
不合格品之管制	□不合格品管理方法之有效性與可行性；檢討經自主檢查、現場檢驗不合格或抽樣試驗結果不合格情形之處理方式及儲存方式（合格、不合格品應於現場區隔儲存）
	□制訂不符合事項蹤管制表，對不合格品後續處置之追蹤管制
文件紀錄管理系統	□文件紀錄管理系統是否完備

Q 022 # 營乙 109

請問品質管制的演進是歷經哪五個階段？

A 022

一、品質是『檢驗』出來的 品質檢驗 (QI)。
二、品質是『製造』出來的 品質管制 (QC)。
三、品質是『設計』出來的 品質保證 (QA)。
四、品質是『管理』出來的 全面品管 (TQC)。
五、品質是『習慣』出來的 全面品保 (TQA)。

Q 023 #營乙110

請說明營建管理之 5 大目標爲何？

A 023

一、進度如期
二、品質如式
三、造價如度
四、安全無慮
五、符合環保

Q 024 #營乙111

請分別說明施工管理之五要素（5m）。

A 024

一、人 (man)
二、機械 (machine)
三、材料 (material)
四、方法 (method)
五、環境 (enviroment)

Q 025　# 營乙 112

請至少列舉五項品管新 QC 七大工具手法。

A 025

一、關連圖

二、KJ 法（親和圖）

三、系統圖

四、矩陣圖

五、矩陣數據解析法

六、箭線圖法

七、過程決策計畫圖

6 營造工程管理術科考題分析

7. 施工計畫與管理

考題重點

甲級
1　整體施工計畫書
2　交通管制計畫
3　緊急防災措施
4　環境保護計畫

甲級

年份　術科考試類型

乙級

營甲

營甲 97

試述長隧道之定義及其施工時可能發生之事故（請以營建管理的觀念思考，勿以大地工程的理論分析）。

一般在台灣而言，長度在 4 公里以上之隧道，就可被歸類爲長公路隧道。以下是可能會遇到的狀況：
1. 挖到水脈
2. 挖到斷層
3. 缺氧
4. 崩坍
5. 爆炸

Q 002
營甲 97

請說明業主要求承商之工程作業品質管理標準及自主檢查表主要之內容。

A 002

1. 檢查時機：本欄係將該表使用之階段別加以區分，可依工作別或工種別。
2. 檢查項目：本欄可將上欄各階段別之重要工作檢查項目一一填入。
3. 設計圖說、規範之檢查標準：將施工品質管理標準表之管理標準填入。
4. 實際檢查情形：將檢查結果詳實紀錄，以便與檢查標準對照是否為允收範圍內。
5. 檢查結果：將檢查結果以"○"或"X"等方式填記，以便追蹤管理。
6. 複查：本欄應將複查時間及複查結果填記。

Q 003　# 營甲 98

整體施工計畫書之內容（項目）如何？

A 003

整體施工計畫：
1. 工程概述
2. 開工前置作業
3. 施工作業管理
4. 進度管理
5. 假設工程計畫
6. 測量計畫
7. 分項施工計畫
8. 設施（備）工程分項施工計畫
9. 勞工安全衛生管理計畫
10. 緊急應變防災（含防汛）計畫
11. 環境保護執行計畫
12. 施工交通維持及安全管制措施
13. 驗收移交管理計畫

Q 004 # 營甲 98

品質計畫製作綱要規定之章節為何，試說明之。

A 004

分項品質計畫：
1. 施工要領
2. 施工品質管理標準
3. 材料及施工檢驗程序
4. 自主檢查表
5. 設備功能測試運轉與檢測程序與標準

Q 005 # 營甲 104

試列舉至少 10 項整體施工計畫項目。

A 005

整體施工計畫：
1. 工程概述
2. 開工前置作業
3. 施工作業管理
4. 進度管理
5. 假設工程計畫
6. 測量計畫
7. 分項施工計畫
8. 設施（備）工程分項施工計畫
9. 勞工安全衛生管理計畫
10. 緊急應變防災（含防汛）計畫

11. 環境保護執行計畫
12. 施工交通維持及安全管制措施
13. 驗收移交管理計畫

Q 006　# 營甲 105

請說明規劃施工預定進度應考量因素。

A 006

工程進度管理之步驟：

1. 計劃階段
　（1）施工計畫→施工順序、施工方法之決定
　（2）進度計畫→工程進度之編製
　（3）使用計畫→材料、機具、資金之應用計畫
2. 實施階段→工程作業之指示與監督
3. 調查階段
　（1）進度管理控制
　（2）作業量管理控制
　（3）資源管理控制
4. 處置階段→進度落後時應修正處理

Q 007　# 營甲 105

請說明屋頂防水層施作後，採軟底工法鋪設隔熱磚之施作順序。

軟式砂漿施工法：

1. 首先檢查底層砂漿或混凝土面不得有乳沫，龜裂等現象，若有油質，灰塵應先行用清水洗淨。

2. 以粘貼產品尺寸，先行規劃平面圖。

3. 測出水平最高點，以此點在每面牆以墨線彈出水平線，判斷需打掉地面凸超高水平面（砂漿底層不可高於 4 公分以上，確保底層強度）。以水泥漿刷洗地面，促使打底時更能密合於混凝土樓面。

4. 以水泥砂比例 1:3 攪拌均勻成溼式水泥砂開始於水平線下料，並用木鏝刀抹平打底，待表面水份下沉後，於打底表面一層少許水泥或高分子樹脂粘著劑，以利磁磚貼擠時，磁磚能完成粘著密合於地坪，貼完磚，應速將磁磚表面之水泥漿擦洗乾淨。

5. 磁磚貼作至磁磚貼作完成至少須 24 小時以上，再以磁磚填縫劑進行填縫。填縫完成，速以海棉沾清水，將磁磚擦洗乾淨，隔日再以乾抹布擦拭表面打光亮麗。

營甲 106

試述營造工程施工計畫中，有關緊急應變及防災計畫的內容應為何？請說明之。

緊急應變及防災計畫：

1. 緊急應變組織
2. 緊急應變連絡系統
3. 防災對策

撰寫說明：

1. 指揮中心可由總指揮及副總指揮等人員所組成，人員編組可分為通訊、急救組／搶救、消防組／交管、機電組／支援組／公關組，應註明各編組之任務，其成員分為組長與組員。指揮中心與人員編組之成員應註明姓名與日夜聯絡電話。搶救機具、設備、器材可分為急救設備、消防設備、搶救機具及補強材料等，應分別註明搶救機具、設備、器材之名稱與數量。

2. 急救體系可分為醫療與消防兩個體系，應分別列表各相關單位之名稱、住址與聯絡電話。

Q 009 # 營甲 106

試述營造工程施工計畫中，對於環境保護的執行應包含哪些項目，請至少列舉 5 項？

A 009

環境保護執行：

1. 環保組織
2. 噪音防制
3. 振動防制
4. 水污染防治
5. 空氣污染防制
6. 廢棄物處理
7. 生態環境保護
8. 睦鄰溝通
9. 其他

Q 010 # 營甲 106

請依據「施工中建築物混凝土氯離子含量檢測實施要點」說明，檢測時檢測人員之資格為何？會同檢測人員是指哪些人員？

A 010

檢測人員及會同檢測人員應於建築物新拌混凝土氯離子含量檢測報告書上簽名蓋章負責。
前項檢測人員指經內政部同意辦理新拌混凝土氯離子含量檢測訓練單位訓練合格之檢測人員。

第一項會同檢測人員指下列人員之一：
1. 建築師派駐工地監造之該事務所從業人員。
2. 營造業專任工程人員。
3. 營造業工地地任。但免依營造業法第 30 條規定置工地者，則同法第 32 條第二項所定之人員。
4. 土木包工業負責人。
5. 承造人派駐工地之經內政部同意辦理新新拌混凝土氯離子含量檢測訓練合格之檢測人員，且該人員不得同時為檢測人員。

Q 011 # 營甲 107

試述施工中交通維持計畫之主要項目為何？

交通維持計畫書應載明下列事項。但縣市政府交通局得視交通衝擊程度要求工程主辦單位為適當之調整或補充：

（一）工程概要：

工程名稱、工程單位（含起造人、監造人、承造人等姓名、地址及電話資料）、工程範圍（含位置圖）、工程期限、工程內容。

（二）施工區域及鄰近道路交通現況分析：

1. 道路系統現況：含路型、路寬及車道配置等道路幾何特性。

2. 交通管制現況：含道路號誌、標誌、標線、槽化、轉向限制、單行道、調撥車道、不平衡車道及速限等管制措施說明。

3. 車流特性現況：包含交通流量、交通組成、行車速率及車流轉向、路段以及路口延滯與服務水準評估等。

4. 路邊、路外停車系統現況。

5. 大眾運輸系統現況：含公車路線、站位及其他大眾運輸系統等。

6. 行人系統現況。

7. 周邊相關交通建設計畫或其他工程之影響。

（三）工程進行說明：

1. 施工階段分期計畫及時程。

2. 施工方法及順序步驟。

3. 占用道路狀況。

（四）交通維持方案：

1. 交通維持方案構想：含車道配置及車流、行人動線導引相關規劃。

2. 交通管制配合措施：含配合各階段車道配置之變化，路口幾何佈設、是否單行或轉向管制、各類交通號誌、標誌及標線更新、槽化設施、停車管制、大眾運輸站位調整及行人動線之規劃等。

3. 交通安全防護措施：含夜間安全設施、施工機具、材料、廢土等之進出方式及夜間照明與警示。

4. 選用訓練合格義交或交通指揮人員之指揮勤務佈署計畫。

5. 應依比例繪製施工路段位置圖及交通管制設施佈設圖。

6. 交通號誌、標誌、標線等交通安全設施物修復施工圖，並於施工後檢具照片備查。

7. 因使用道路施工而減少路邊停車位之改善措施。

（五）交通維持宣導計畫：
含平面新聞、廣播、電視、網路等媒體、廣告及宣導刊物。

（六）緊急應變計畫：

1. 緊急應變之組織架構：含各任務編組及編組之負責人或緊急聯絡人之姓名及聯絡方式。

2. 緊急應變之處理程序：含工區災變及交通事故之處理程序。

3. 醫療、救災或管線等相關單位之緊急聯絡電話。

（七）施工期間擬請相關單位協助配合之事項。

（八）歷次協調會議或會勘紀錄（含辦理情形）及施工區域周邊現場照片及說明。

 # 營甲 107

若某工程之工程預算為新台幣伍仟伍佰萬元整，且無「運轉類機電設備」，請說明「整體品質計畫」之內容包括哪些？

整體品質計畫：

1. 施工要領
2. 施工品質管理標準
3. 材料及施工檢驗程序
4. 自主檢查表
5. 管理責任
6. 不合格品之管制
7. 矯正與預防措施
8. 內部品質稽核
9. 文件記錄管理系統

Q 013 # 營甲 108

請問工程品質管理中所用之管制圖，其上下管制界限之範圍爲何？又以混凝土材料試驗管制圖爲例，其試驗之檢驗結果超出上下管制界線面檢測出異常，請說明其可能異常原因。

A 013

（一）
上下管制幅度（一般稱爲「過程固有界限」），卽流程產出在統計學要求內的界限，一般在中線三個方差以內畫出管制圖

上、下警戒線，中線上下兩個標準差

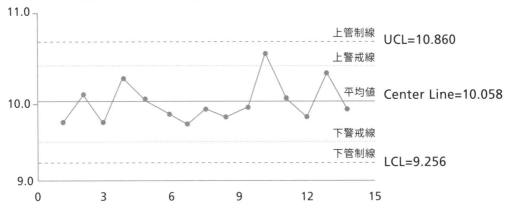

（二）
混凝土檢測異常原因：
1. 混凝土加水
2. 骨材及配不均勻
3. 添加過多摻料
4. 養護不良
5. 試體搬運過程有損傷

Q 014 #營甲108

請說明一般公共工程之整體施工計畫書主要內容爲何？

A 014

1. 整體施工計畫。
2. 工程概述。
3. 開工前置作業。
4. 施工作業管理。
5. 進度管理。
6. 假設工程計畫。
7. 測量計畫。
8. 分項施工計畫。
9. 設施（備）工程分項施工計畫。
10. 勞工安全衛生管理計畫。
11. 緊急應變防災（含防汛）計畫。
12. 環境保護執行計畫。
13. 施工交通維持及安全管制措施。
14. 驗收移交管理計畫。

Q 015 #營甲109

請依據「建築工程施工查核作業參考基準」中，表列分別說明（一）模板品質、（二）模板支撐、（三）模板組立、（四）開口及預埋物等查核細項之綱要基準內容爲何（每細項至少列舉 3 項綱要基準）？

A 015

一、模板品質：

1. 模板規格符合契約要求。

2. 模板表面平整，無破損、扭曲。

3. 模板整潔，表面無附著物。

4. 模板無過度重複使用、過度修補現象（修補面積低於檢查點面積之 20%）。

5. 模板使用前必須塗脫模劑。

6. 滑動模板具有核可之施工計畫書。

二、模板支撐：

1. 模板經結構應力計算。

2. 支撐間距適當，組立穩固，底座墊板不鬆動滑移。

3. 支撐材無彎曲、破裂或嚴重鏽蝕。

4. 同一木支撐材無搭接兩處以上之現象。

5. 高 2m 以上之垂直木支撐應有水平繫材繫連固定。

6. 依據營造安全衛生設施標準第 135 條第 1 項第 2 款之規定：以可調式鋼管支柱作為模板支撐時，高度超過 3.5m 以上時，高度每 2m 內應設置足夠強度之縱向、橫向之水平繫條，以防止支柱之移動。

三、模板組立：

1. 模板組立完成後無彎曲、膨脹、不平直現象

   (1) 垂直容許誤差 ±20mm/3m (2) 水平容許誤差 ±10mm/3m (3) 斷面尺寸容許誤差 ±10mm (4) 平面位置容許誤差 ±25mm。

2. 模板連結緊密，無縫隙不透光。

3. 構件接頭處組立牢固緊密。

4. 倒角、收邊條、壓條裝置妥當。

5. 繫結材、螺栓、鐵絲、隔件及木楔設置牢固。

6. 外牆勿使用套管式繫結材。

7. 模板組立完成後，需清理模板內之殘留雜物如木屑、瓶罐……）。

8. 柱、牆留設清潔孔。

9. 梁預拱值符合規範要求。

四、開口及預埋物：

1. 開口部分固定穩固無鬆動現象。

2. 模板內各種預埋物組立穩固不鬆動。

3. 開口有加強支撐。

4. 窗台板預留灌漿孔。

#營甲 109

依據「工程告示牌及竣工銘牌設置要點」請至少列出 10 項建築物公共工程之工程告示牌應包括之內容。

工 程 主 辦 機 關 名 稱（Title of the Agency）			
工程名稱 （Project　Name）		透視圖或平面位置圖 （Perspective Drawing or Location Plan）	
設計單位 （Designer）			
監造單位 （Construction Supervisor）			
施工廠商 （Contractor）			
工程概要 （Project Descriptions）			
工程效益 （Expected　Benefits）			
施工期間 （Duration）	民國○○年○○月○○日至○○年○○月○○日（DD/MM/YYYY～ DD/MM/YYYY）	經費來源（Budgetary Sources） 1.中央：　　（千元）（Unit:NT$1,000） 2.地方：　　（千元）（Unit:NT$1,000）	
工地主任 （Site　Manager）		電話 （TEL）	
品質管理人員 (Quality Control Engineer)		電話 （TEL）	重要公告事項（Notice） 1. __年（Yr）__月（M）__日（D）： 2. __年（Yr）__月（M）__日（D）：
職業安全衛生管理人員 (Occupational Safety and Health Management Personnel)		電話 （TEL）	
專任工程人員 （Contractor's Professional　Engineer）		電話 （TEL）	
通報專線 （Complaints & Suggestions）	全民督工專線及網址（Hot Line and Web Site）	0800-009-609 https://www.pcc.gov.tw	
	政風單位 （Government Ethics Department）		

320cm

500cm

巨額工程告示牌

Q 017 # 營甲 110

若某工程之預算金額為新臺幣五千萬元，依據「公共工程施工品質管理作業要點」規定，制定整體品質計畫之內容應包括哪些？請至少列舉 7 項。

A 017

新臺幣五千萬元以上工程：計畫範圍、管理權責及分工、施工要領、品質管理標準、材料及施工檢驗程序、自主檢查表、不合格品之管制、矯正與預防措施、內部品質稽核及文件紀錄管理系統等。

Q 018 # 營甲 110

依據行政院公共工程委員會頒布「公共工程施工品質管理作業要點」之規定，請至少列舉 7 項公共工程施工日誌應包含之項目。

A 018

（一）依施工計畫書執行按圖施工概況（含約定之重要施工項目及完成數量等）。

（二）工地材料管理概況（含約定之重要材料使用狀況及數量等）。

（三）工地人員及機具管理。

（四）本日施工項目是否有須依「營造業專業工程特定施工項目應置之技術士種類、比率或人數標準表」規定應設置技術士之專業工程。

（五）工地職業安全衛生事項之督導、公共環境與安全之維護及其他工地行政事務。

（六）施工取樣試驗紀錄。

（七）通知協力廠商辦理事項。

（八）重要事項記錄。

Q 019　# 營甲 112

一般建築構造物開挖及回填工程，承包商須針對施工範圍提出施工計畫，經工程司核可後施工。施工計畫應包括那些必要事項，至少列舉 7 項。

A 019

第 02315 章 開挖及回填中說明：

施工計畫應包括：

一、工作概要。

二、場地佈置圖。

三、施工機具種類。

四、數量及廠牌規格。

五、運輸搬運。

六、工地安全措施。

七、施工順序。

八、工程預定進度。

九、施工紀錄表。

十、異常處理等必要事項。

Q 020 # 營甲 112

請以工程進度管理的理論與實務，回答下述問題：

（一）請分別以業主、承包商、天災及其他等因素，說明造成工程進度落後常見原因爲何？

（二）請簡要說明改善工程進度落後之措施與手段。

A 020

（一）

一、發生不可抗力或不可歸責契約當事人之事故。

二、因天候影響無法施工。

三、機關要求全部或部分停工。

四、因辦理變更設計或增加工程數量或項目。

五、機關應辦事項未及時辦妥。

六、由機關自辦或機關之其他廠商之延誤而影響履約進度者。

七、機關提供之地質鑽探或地質資料，與實際情形有重大差異。

八、因傳染病或政府之行爲，致發生不可預見之人員或貨物之短缺。

九、因機關使用或佔用本工程任何部分，但契約另有規定者，不在此限。

十、其他非可歸責於廠商之情形，經機關認定者。

（二）增加人員、延長工時、替代工法、變更材料、增加機具、人員輪班及重疊分區。

Q 001 #營乙109

請至少說明 5 項「預拌混凝土送貨單」之記載的內容為何？

A 001

預拌混凝土出貨單：

每一車預拌混凝土送達工地卸料前，應提送一份混凝土供應商之證明文件或出貨單，應填註下述資料：

(1) 供應商名稱。

(2) 預拌混凝土廠名稱及地址。

(3) 交貨單編號。

(4) 日期。

(5) 車牌號碼。

(6) 工作名稱：契約編號及位置。

(7) 混凝土數量：以立方公尺計。

(8) 混凝土之等級及型式。

(9) 坍度。

(10) 混凝土裝運時間。

(11) 水泥之型式及廠牌。

(12) 如添加飛灰等礦物摻料，說明其型式及來源。

(13) 水泥重量。

(14) 礦物摻料重量。

(15) 粗粒料之最大粒徑。

(16) 粗、細粒料之重量。

(17) 水膠比。

(18) 化學摻料之種類及數量。

Q 002 # 營乙 109

依行政院公共工程委員會「施工品質管理作業標準」之規定，整體品質計畫之內容，除機關及監造單位另有規定外，新臺幣 1000 萬元以上未達 5000 萬元之工程應包括哪些項目？

 A 002

新臺幣 1000 萬元以上未達 5000 萬元之工程：計畫範圍、管理權責及分工、品質管理標準、材料及施工檢驗程序、自主檢查表及文件紀錄管理系統等。

另一規定監造計畫之內容除機關另有規定外，新臺幣 1000 萬元以上未達 5000 萬元之工程應包括：
監造範圍、監造組織及權責分工、品質計畫審查作業程序、施工計畫審查作業程序、材料與設備抽驗程序及標準、施工抽查程序及標準、文件紀錄管理系統等。

Q 003 # 營乙 110

請列舉 5 項編寫施工計畫前應參考之文件。

A 003

一、工程契約。

二、建造。

三、主要施工項目及數量。

四、地質鑽探報告資料。

五、進度表。

六、施工圖說。

Q 004 # 營乙 110

試至少列舉 5 項整體施工計畫製作之內容。

A 004

一、工程概要。

二、工地研判。

三、施工作業管理。

四、進度管理。

五、施工臨時設施（假設工程計畫）。

六、施工測量。

七、分項工程施工管理。

八、勞工安全衛生管理含查驗點。

九、緊急應變及防災。

十、環境保護執行。

十一、施工交通維持及安全管制措施。

Q 005　# 營乙 110

請列舉 5 項「施工自主檢查表」表單內應包含之項目。

A 005

一、分項工程名稱。
二、檢查項目。
三、設計圖說、規範之檢查標準（定量定性）。
四、實際檢查情形（敘述檢查值）。
五、檢查結果。
六、檢查人員簽名。

Q 006　# 營乙 112

試說明品管人員之工作重點內容。

A 006

公共工程施工品質管理作業要點第 6 條：
品管人員工作重點如下：
一、 依據工程契約、設計圖說、規範、相關技術法規及參考品質計
　　畫製作綱要等，訂定品質計畫，據以推動實施。
二、 執行內部品質稽核，如稽核自主檢查表之檢查項目、檢查結果
　　是否詳實記錄等。
三、 品管統計分析、矯正與預防措施之提出及追蹤改善。
四、 品質文件、紀錄之管理。
五、 其他提升工程品質事項。

6 營造工程管理術科考題分析

8. 契約與規範

考題重點

甲級
1. 政府採購法
2. 公共工程施工日誌
3. 採購契約與要項
4. 公共工程採購之認定
5. 驗收及保固事項

乙級
1. 政府採購法

甲級

年份　術科考試類型

109　政府採購法～ 62 條　採購契約要項保險的種類
109　政府採購法契約文件之內容
108　政府採購法～ 18 條
　　　採購招標方式及其內容可分為哪 3 種
108　工程施工查核小組作業辦法～ 10 條
　　　查核成績丙等處置措施。
107　採購法～ 101 條　刊登政府採購公報
107　採購契約要項 ～ 21 條　契約規格變更
107　暫停給付估驗計價款至情形消滅為止
106　投標廠商資格與特殊或巨額採購認定標準～ 6 條
　　　特殊採購之情形
106　政府採購法施行細則～ 91 條
　　　主驗人員、會驗人員、協驗人員及監驗人員之權責

年份　術科考試類型

105　營繕工程承攬契約應記載事項實施辦法～5 條
　　　依物價指數調整工程款時，契約應載明之事項
104　政府採購法～18 條　押標金不予發還
104　營繕工程承攬契約應記載事項實施辦法～7,8 條
　　　驗收及保固應載明之事項
103　營繕工程承攬契約應記載事項實施辦法～3 條
　　　付款方式爲何
102　採購法～101 條　何種狀況下得以外文爲主
101　優劣的比較，決標紀錄與開標或議價內容
100　公共工程施工日誌　內容包含哪些主要項目
100　採購契約要項第 21 條　契約規格變更
99　 採購法～93 條　無初驗程序之驗收程序
97　 採購契約要項　日曆天及工作天之定義爲何

乙級

年份　術科考試類型

110　公共工程採購契約之環境維護事項包含哪些？
109　政府採購法～63 條　採購契約要項 履約可調整之情形
109　政府採購法～39 條　公共工程契約價金依契約規定可
　　　調整之事項？
108　採購契約要項～21 條　廠商可要求變更契約情形
107　驗收紀錄應記載之事項
106　採購契約要項～34 條　契約價金給付條件
104　工程採購契約範本～21 條　展延工期
100　政府採購法　採購四項金額規定

甲級

Q 001　# 營甲 97

日曆天及工作天之定義爲何？依營繕工程承攬契約應記載事項實施辦法所定工期之計算方式內容爲何？請述明之。

A 001

日曆天：
依照簽約並申報開工日起，無論星期六、日或是例假日都必須算在施工期限內。

工作天：
依照簽約並申報開工日起，遵循政府週休 2 日規定，並依規定假日得予休假。

本契約所稱日（天）數，除已明定爲日曆天或工作天者外，以□日曆天□工作天計算（由甲方於招標時勾選；未勾選者，爲工作天）：

（1）以日曆天計算者，所有日數，包括（2）所載之放假日，均應計入。但投標文件截止收件日前未可得知之放假日，不予計入。

（2）以工作天計算者，下列放假日，均應不計入：

1. 星期六（補行上班日除外）及星期日。但與 2 至 4 放假日相互重疊者，不得重複計算。

2. 依「紀念日及節日實施辦法」規定放假之紀念日、節日及其補假。

3. 行政院人事行政總處公布之調整放假日。

4. 全國性選舉投票日及行政院所屬中央各業務主管機關公告放假者。

5. 免計工作天之日，以不得施工爲原則。廠商如欲施作，應先徵得甲方書面同意，該日數□應；□免計入工期（由甲方於招標時勾選，未勾選者，免計入工期）。

Q 002 # 營甲 99

（1）簡述工程竣工後，無初驗程序之驗收程序。
（2）請簡述工程竣工後，有初驗程序之驗收程序。

A 002

政府採購法施行細則：
第 93 條採購之驗收，有初驗程序者，初驗合格後，除契約另有規定者外，機關應於二十日內辦理驗收，並作成驗收紀錄。
第 94 條採購之驗收，無初驗程序者，除契約另有規定者外，機關應於接獲廠商通知備驗或可得驗收之程序完成後三十日內辦理驗收，並作成驗收紀錄。

Q 003 # 營甲 100

在何種狀況下，廠商若無法依照契約約定的設計圖說及施工規範採購標的時，應敍明理由，檢附規格、功能、效益及價格比較表，徵得機關同意後，以其他規格、功能、效益相同或較優者取代之？

A 003

依採購契約要項第 21 條第 4 款之規定，契約約定之採購標的，其有較契約原標示者更優或對機關更有利情形者，廠商固得在不增加契約價金情形下，敍明理由，檢附規格、功能、效益及價格比較表，徵得機關書面同意後，以其他規格、功能及效益相同或較優者代之。

Q 004 # 營甲 100

請列舉 5 項說明「公共工程施工日誌」格式內容包含哪些主要項目？

A 004

表報編號：

本日天氣：上午：　　下午：　　　填表日期：　年　月　日（星期　）

工程名稱				承攬廠商名稱			
核定 工期	天	累計 工期	天	剩餘 工期	天	工期展延 天數	天
開工日期		年　月　日		完工日期			年　月　日
預定進度 (%)				實際進度 (%)			

一、依施工計畫書執行按圖施工概況（含約定之重要施工項目及完成數量等）：

施工 項目	單位	契約 數量	本日完成 數量	累計完成 數量	備註
營造業專業工程特 定施工項目					
A					
B					

二、工地材料管理概況（含約定之重要材料使用狀況及數量等）：

材料名稱	單位	設計 數量	本日使用 數量	累計使用 數量	備註

三、工地人員及機具管理（含約定之出工人數及機具使用情形及數量）：

公別	本日人數	累計人數	機具名稱	本日使用數量	累計使用數量

四、本日施工項目是否有須依「營造業專業工程特定施工項目應置之技術士種類、比率或人數標準表」規定應設置技術士之專業工程：□有 □無 （此項如勾選"有"，則應填寫後附「建築物施工日誌之技術士簽章表」）

五、工地職業安全衛生事項之督導、公共環境與安全之維護及其他工地行政事務：
　（一）施工前檢查事項：
　　　1.實施勤前教育（含工地預防災變及危害告知）：□有 □無
　　　2.確認新進勞工是否提報勞工保險（或其他商業保險）
　　　　資料及安全衛生教育訓練紀錄：□有 □無 □無新進勞工
　　　3.檢查勞工個人防護具：□有 □無
　（二）其他事項：

六、施工取樣試驗紀錄：

七、通知協力廠商辦理事項：

八、重要事項記錄：

簽章：【工地主任】（註3）：

註：

1. 依營造業法第32條第1項第2款規定，工地主任應按日填報施工日誌

2. 本施工日誌格式僅供參考，惟原則應包含上開欄位，各機關亦得依工程性質及契約約定事項自行增訂之。

3. 本工程依營造業法第30條規定須置工地主任者，由工地主任簽章；依上開規定免置工地主任者，則由營造業法第32條第2項所定之人員簽章。廠商非屬營造業者，由工地負責人簽章。

4. 契約工期如有修正，應填修正後之契約工期，含展延工期及不計工期天數；如有依契約變更設計，預定進度及實際進度應填變更設計後計算之進度。

5. 上開重要事項記錄包含（1）主辦機關及監造單位指示（2）工地遇緊急異常狀況之通報處理情形（3）本日是否由專任工程人員督察按圖施工、解決施工技術問題等。

6. 公共工程屬建築物者，請依內政部99年2月5日台內營字第0990800804號令頒之「建築物施工日誌」填寫。

Q 005 # 營甲 101

契約所含的文件內容若有不一致時，除有特別規定外，請就「日期先後」、「圖面比例大小」、「決標紀錄與開標或議價內容」等三項作判別優劣的比較？

A 005

1. 日期後優於日期前
2. 大比例優於小比例
3. 決標紀錄優於開標或議價內容

Q 006 # 營甲 102

國內工程契約所含的文件一般以中文為主，在何種狀況下得以外文為主？

A 006

契約文字應以中文書寫，其與外文文意不符者，除契約另有規定者外，以中文為準。但下列情形得以招標文件或契約所允許之外文為準：

（一）向國際組織、外國政府或其授權機構辦理之採購。

（二）特殊技術或材料之圖文資料。

（三）以限制性招標辦理之採購。

（四）依政府採購法第 106 條規定辦理之採購。

（五）國際組織、外國政府或其授權機構、公會或商會所出具之文件。

（六）其他經機關認定確有必要者。

Q **007** #營甲 103

依「營繕工程承攬契約應記載事項實施辦法」所定付款方式為何？

A **007**

營造業法第 27 條第 1 項第 3 款所定付款方式，依下列方式之一為之：

一、依契約總價給付。

二、依實際施作之項目及數量給付。

三、部分依契約標示之價金給付，部分依實際施作之項目及數量給付。

Q **008** #營甲 104

依「營繕工程承攬契約應記載事項實施辦法」之規定，對於驗收及保固應載明之事項分別為何？

A **008**

營造業法第 27 條第 1 項第 8 款所定驗收之規定，應載明下列事項：

一、履約標的之完工條件及認定標準。

二、驗收程序。

三、驗收瑕疵處理方式及期限。

營造業法第 27 條第 1 項第 8 款所定保固之規定，應載明下列事項：

一、保固期。

二、保固期內瑕疵處理程序。

Q 009   # 營甲 104

依據「政府採購法」之規定，於哪些情形下，投標廠商所繳納之押標金不予發還，已發還者，予以追繳。

A 009

政府採購法第 31 條

機關對於廠商所繳納之押標金，應於決標後無息發還未得標之廠商。廢標時，亦同。

機關得於招標文件中規定，廠商有下列情形之一者，其所繳納之押標金，不予發還，其已發還者，並予追繳：

一、以偽造、變造之文件投標。

二、投標廠商另行借用他人名義或證件投標。

三、冒用他人名義或證件投標。

四、在報價有效期間內撤回其報價。

五、開標後應得標者不接受決標或拒不簽約。

六、得標後未於規定期限內，繳足保證金或提供擔保。

七、押標金轉換為保證金。

八、其他經主管機關認定有影響採購公正之違反法令行為者。

Q 010   # 營甲 105

依據「營繕工程承攬契約應記載事項實施辦法」之規定，請說明若依物價指數調整工程款時，契約應載明之事項為何？

A 010

營造業法第 27 條第 1 項第 6 款所定依物價指數調整工程款之規定，應載明下列事項：

一、得調整之項目及金額。

二、調整所依據之物價指數及基期。

三、得調整之情形。

四、調整公式。

公共工程驗收時，由機關首長或其授權人員指派適當人員辦理，請分別述明主驗人員、會驗人員、協驗人員及監驗人員之權責爲何？

政府採購法施行細則第 91 條

機關辦理驗收人員之分工如下：

一、主驗人員：主持驗收程序，抽查驗核廠商履約結果有無與契約、圖說或貨樣規定不符，並決定不符時之處置。

二、會驗人員：會同抽查驗核廠商履約結果有無與契約、圖說或貨樣規定不符，並會同決定不符時之處置。但採購事項單純者得免之。

三、協驗人員：協助辦理驗收有關作業。但採購事項單純者得免之。

會驗人員，爲接管或使用機關（單位）人員。

協驗人員，爲設計、監造、承辦採購單位人員或機關委託之專業人員或機構人員。

法令或契約載有驗收時應辦理丈量、檢驗或試驗之方法、程序或標準者，應依其規定辦理。

有監驗人員者，其工作事項爲監視驗收程序。

依「採購契約要項」之規定，機關與廠商因履約而產生爭議時，未能依法令及契約規定達成協議者，得採行之處理方式爲何？

A 012

爭議處理（履約爭議之處理）

契約應訂明機關與廠商因履約而生爭議者，應依法令及契約規定，考量公共利益及公平合理，本誠信和諧，盡力協調解決之。其未能達成協議者，得以下列方式之一處理：

（一）依本法第 85 條之一規定向採購申訴審議委員會申請調解。

（二）符合本法第 102 條規定情事，提出異議、申訴。

（三）提付仲裁。

（四）提起民事訴訟。

（五）依其他法律申（聲）請調解。

（六）依契約或雙方合意之其他方式處理。

Q 013 # 營甲 106

依「投標廠商資格與特殊或巨額採購認定標準」之規定，請列舉 5 種工程採購中可稱為特殊採購之情形。

A 013

投標廠商資格與特殊或巨額採購認定標準第 6 條

工程採購有下列情形之一者，為特殊採購：

一、興建構造物，地面高度超過 50 公尺或地面樓層超過十五層者。

二、興建構造物，單一跨徑在 50 公尺以上者。

三、開挖深度在 15 公尺以上者。

四、興建隧道，長度在 1000 公尺以上者。

五、於地面下或水面下施工者。

六、使用特殊施工方法或技術者。

七、古蹟構造物之修建或拆遷。

八、其他經主管機關認定者。

Q 014 # 營甲 107

廠商於公共工程履約過程中，若有發生哪些情形，機關得依契約約定，暫停給付估驗計價款至情形消滅為止？

A 014

乙方履約有下列情形之一者,甲方得暫停給付估驗計價款至情形消滅
為止:

1. 履約實際進度因可歸責於乙方之事由,落後預定進度達20%以上,
   且經甲方通知限期改善未積極改善者。但乙方如提報 趕工計畫經
   甲方核可並據以實施後,其進度落後情形經甲方認定已有改善者,
   甲方得恢復核發估驗計價款;如因乙方實施趕工計畫,造成甲方管
   理費用等之增加,該費用由乙方負擔。
2. 履約有瑕疵經書面通知改正而逾期未改正者。
3. 未履行契約應辦事項,經通知仍延不履行者。
4. 乙方履約人員不適任,經通知更換仍延不辦理者。
5. 乙方有施工品質不良或其他違反公共工程施工品質管理作業要點
   之情事者。
6. 其他違反法令或違約情形。

 Q 015 　# 營甲 107

請說明公共工程契約約定之採購標的在哪些情形時,廠商得敘明理
由,檢附規格、功能、效益及價格比較表,徵得機關書面同意後,以
其他規格、功能及效益相同或較優者代之?

 A 015

採購契約要項 (廠商要求變更契約)
契約約定之採購標的,其有下列情形之一者,廠商得敘明理由,檢附
規格、功能、效益及價格比較表,徵得機關書面同意後,以其他規格、
功能及效益相同或較優者代之。但不得據以增加契約價金。其因而減
省廠商履約費用者,應自契約價金中扣除。

(一) 契約原標示之廠牌或型號不再製造或供應。
(二) 契約原標示之分包廠商不再營業或拒絕供應。
(三) 因不可抗力原因必須更換。
(四) 較契約原標示者更優或對機關更有利。

Q 016 # 營甲 107

依「政府採購法」規定，請列舉 5 項當廠商有哪些情形時，機關應將其事實及理由通知廠商，並附記如未提出異議者，將刊登政府採購公報。

A 016

採購法第 101 條

機關辦理採購，發現廠商有下列情形之一，應將其事實及理由通知廠商，並附記如未提出異議者，將刊登政府採購公報：

一、容許他人借用本人名義或證件參加投標者。

二、借用或冒用他人名義或證件，或以偽造、變造之文件參加投標、訂約或履約者。

三、擅自減省工料情節重大者。

四、偽造、變造投標、契約或履約相關文件者。

五、受停業處分期間仍參加投標者。

六、犯第 87 條至第 92 條之罪，經第一審為有罪判決者。

七、得標後無正當理由而不訂約者。

八、查驗或驗收不合格，情節重大者。

九、驗收後不履行保固責任者。

十、因可歸責於廠商之事由，致延誤履約期限，情節重大者。

十一、 違反第 65 條之規定轉包者。

十二、 因可歸責於廠商之事由，致解除或終止契約者。

十三、 破產程序中之廠商。

十四、 歧視婦女、原住民或弱勢團體人士，情節重大者。廠商之履約連帶保證廠商經機關通知履行連帶保證責任者，適用前項之規定。

Q 017 # 營甲 108

若公共工程施工品質查核成績評為丙等者，機關除應依契約規定處理外，應有哪些處置措施？

工程施工查核小組作業辦法第 10 條

查核成績列為丙等者，機關除應依契約規定處理外，並應依個案缺失情節檢討人員之責任歸屬後，採取下列之處置：

一、對所屬人員依法令為懲戒、懲處或移送司法機關。

二、對負責該工程之建築師、技師、專任工程人員或工地主任，報請各該主管機關依相關法規予以懲處或移送司法機關。

三、廠商有本法第 101 條第一項各款規定之情形者，依本法第 101 條至第 103 條規定處理。

四、通知監造單位撤換派駐現場人員。

五、通知廠商依契約撤換工地負責人或品管人員或安全衛生人員。

Q 018　# 營甲 108

依「政府採購法」之規定，採購招標方式及其內容可分為哪 3 種？

政府採購法第 18 條

採購之招標方式，分為公開招標、選擇性招標及限制性招標。

1. 本法所稱公開招標，指以公告方式邀請不特定廠商投標。

2. 本法所稱選擇性招標，指以公告方式預先依一定資格條件辦理廠商資格審查後，再行邀請符合資格之廠商投標。

3. 本法所稱限制性招標，指不經公告程序，邀請二家以上廠商比價或僅邀請一家廠商議價。

六 術科篇 8. 契約與規範

Q 019 #營甲 109

依據政府採購法訂定的「採購契約要項」，機關得視採購特性及實際需要，可擇定哪些種類的保險，載明於契約？請至少列舉 5 項。

A 019

政府採購法第 62 條：（保險之種類）機關得視採購之特性及實際需要，就下列保險擇定廠商於履約期間應辦理之保險，並載明於契約：
一、營造綜合保險，得包括第三人意外責任險。
二、安裝綜合保險，得包括第三人意外責任險。
三、雇主責任險。
四、汽機車或航空器等之第三人責任險。
五、營建機具綜合保險、機械保險、電子設備綜合保險或鍋爐保險。
六、運輸險。
七、專業責任險。
八、其他必要之保險。

Q 020 #營甲 109

依據政府採購法訂定的「採購契約要項」契約文件包括哪些內容？

A 020

契約文件包括下列內容：
一、契約本文及其變更或補充。
二、招標文件及其變更或補充。
三、投標文件及其變更或補充。
四、契約附件及其變更或補充。
五、依契約所提出之履約文件或資料。
前項文件，包括以書面、錄音、錄影、照相、微縮、電子數位資料或樣品等方式呈現之原件或複製品。

Q 021 # 營甲 112

承攬廠商於工程查核成績爲丙等者，機關除應依契約規定處理外，並應依個案缺失情節檢討人員之責任歸屬後，採取哪些處置措施？

A 021

工程施工查核小組作業辦法 第 10 條：
查核成績列爲丙等者，機關除應依契約規定處理外，並應依個案缺失情節檢討人員之責任歸屬後，採取下列之處置：
一、 對所屬人員依法令爲懲戒、懲處或移送司法機關。
二、 對負責該工程之建築師、技師、專任工程人員或工地主任，報請各該主管機關依相關法規予以懲處或移送司法機關。
三、 廠商有本法第一百零一條第一項各款規定之情形者，依本法第一百零一條至第一百零三條規定處理。
四、 通知監造單位撤換派駐現場人員。
五、 通知廠商依契約撤換工地負責人或品管人員或安全衛生人員。

Q 022 # 營甲 112

請依據內政部頒布「建築物耐震設計規範及解說」之附錄 A 耐震工程品管第 11 點，說明承造人之書面責任施工聲明須包括事項爲何？

A 022

承造人之書面責任施工聲明須包括下列各項：
一、 了解品質保證計劃之特別規定。
二、 了解品質管制須符合主管建築機關核准之施工規範及文件之規定。
三、 承造廠商之品質管制執行步驟，提送報告之內容方法及提送之頻率。
四、 於承造廠商組織中負責執行品質管制者之資格及職位的確認。
五、 承造人應依設計工程圖樣及相關施工規範之規定及施工機具之容量，製作施工圖或製造圖經專任工程人員簽署送請特別監督人核准後據以施工，以保障工程之品質與安全。

Q 001 #營乙 100

某一裝修工程，擬委託專業廠商施作，雙方簽訂工程承攬契約。請列舉該契約內容之主要項目 5 項以上？

A 001

營造業法第 27 條
營繕工程之承攬契約，應記載事項如下：
一、契約之當事人。
二、工程名稱、地點及內容。
三、承攬金額、付款日期及方式。
四、工程開工日期、完工日期及工期計算方式。
五、契約變更之處理。
六、依物價指數調整工程款之規定。
七、契約爭議之處理方式。
八、驗收及保固之規定。
九、工程品管之規定。
十、違約之損害賠償。
十一、契約終止或解除之規定。
前項實施辦法，由中央主管機關另定之。

Q 002　# 營乙 101

依「政府採購法」規定機關辦理公共工程採購，得依採購案件特性及實際需要訂定投標廠商之基本資格，機關需視採購金額大小依其相關採購監辦授權辦法之程序辦理。請說明工程採購之「巨額採購」、「查核金額」、「公告金額」、「小額採購」等四項金額規定？

A 002

種類	巨額採購	查核金額	公告金額	小額採購
工程	2 億	5 千萬	100 萬	10 萬元以下
財物	1 億	5 千萬	100 萬	10 萬元以下
勞務	2 千萬	1 千萬	100 萬	10 萬元以下

Q 003　# 營乙 104

依據工程採購契約範本之規定，除發生不可抗力或不可歸責契約當事人之事故外，可辦理展延工期之情形有哪些？

A 003

履約期限內，有下列情形之一（且非可歸責於廠商），致影響進度網圖要徑作業之進行，而需展延工期者，廠商應於事故發生或消滅後＿日內（由機關於招標時載明；未載明者，為 7 日）通知機關，並於＿日內（由機關於招標時載明；未載明者，為 45 日）檢具事證，以書面向機關申請展延工期。機關得審酌其情形後，以書面同意延長履約期限，不計算逾期違約金。其事由未逾半日者，以半日計；逾半日未達 1 日者，以 1 日計。

（1） 發生第 17 條第 5 款不可抗力或不可歸責契約當事人之事故。

（2） 因天候影響無法施工。

（3） 機關要求全部或部分停工。

(4) 因辦理變更設計或增加工程數量或項目。

(5) 機關應辦事項未及時辦妥。

(6) 由機關自辦或機關之其他廠商之延誤而影響履約進度者。

(7) 機關提供之地質鑽探或地質資料,與實際情形有重大差異。

(8) 因傳染病或政府之行為,致發生不可預見之人員或貨物之短缺。

(9) 因機關使用或佔用本工程任何部分,但契約另有規定者,不在此限。

(10) 其他非可歸責於廠商之情形,經機關認定者。

Q **004** #營乙 106

依據政府採購法訂定的「採購契約要項」,應於契約內載明契約價金給付條件。其包含項目有哪些?

A **004**

下列契約價金給付條件,應載明於契約:

(一) 廠商請求給付前應完成之履約事項。

(二) 廠商應提出之文件。

(三) 給付金額。

(四) 給付方式。

(五) 給付期限。

契約價金依履約進度給付者,應訂明各次給付所應達成之履約進度及廠商應提出之履約進度報告,由機關核實給付。

Q **005** #營乙 107

機關辦理驗收或部分驗收時應製作紀錄,由辦理驗收人員會同簽認。請列舉 5 項驗收紀錄應記載之事項。

A 005

政府採購法第 96 條：機關依本法第 72 條第 1 項規定製作驗收之紀錄，應記載下列事項，由辦理驗收人員會同簽認。有監驗人員或有廠商代表參加者，亦應會同簽認：

一、有案號者，其案號。

二、驗收標的之名稱及數量。

三、廠商名稱。

四、履約期限。

五、完成履約日期。

六、驗收日期。

七、驗收結果。

八、驗收結果與契約、圖說、貨樣規定不符者，其情形。

九、其他必要事項。

機關辦理驗收，廠商未依通知派代表參加者，仍得為之。驗收前之檢查、檢驗、查驗或初驗，亦同。

Q 006 `# 營乙 108`

依據政府採購法訂定的「採購契約要項」，哪些情形下，廠商可要求變更契約？

 A 006

（廠商要求變更契約）契約約定之採購標的，其有下列情形之一者，廠商得敘明理由，檢附規格、功能、效益及價格比較表，徵得機關書面同意後，以其他規格、功能及效益相同或較優者代之。但不得據以增加契約價金。其因而減省廠商履約費用者，應自契約價金中扣除：

（一）契約原標示之廠牌或型號不再製造或供應。

（二）契約原標示之分包廠商不再營業或拒絕供應。

（三）因不可抗力原因必須更換。

（四）較契約原標示者更優或對機關更有利。

（五）契約所定技術規格違反本法第 26 條規定。

屬前項第四款情形，而有增加經費之必要，其經機關綜合評估其總體效益更有利於機關者，得不受前項但書限制。

Q 007 #營乙 109

依據政府採購法所訂定的「採購契約要項」，試述有關契約價金以總價決標，且以契約總價給付，而其履約有哪 2 種情形，得調整之？

A 007

契約價金係以總價決標，且以契約總價給付，而其履約有下列情形之一者，得調整之。但契約另有規定者，不在此限。

（一）因契約變更致增減履約項目或數量時，得就變更之部分加減賬結算。

（二）工程之個別項目實作數量較契約所定數量增減達百分之十以上者，其逾百分之十之部分，得以變更設計增減契約價金。未達百分之十者，契約價金得不予增減。

（三）與前二款有關之稅捐、利潤或管理費等相關項目另列一式計價者，依結算金額與原契約金額之比率增減之。

Q 008 #營乙 110

請列舉 4 項公共工程契約價金依契約規定得依物價、薪資或其指數調整者，應於契約載明之事項。

採購契約要項第 39 條：

契約價金依契約規定得依物價、薪資或其指數調整者，應於契約載明下列事項：

（一）得調整之項目及金額。

（二）調整所依據之物價、薪資或其指數及基期。

（三）得調整及不予調整之情形。

（四）調整公式。

（五）廠商應提出之調整數據及佐證資料。

（六）管理費及利潤不予調整。

（七）逾履約期限之部分，以契約規定之履約期限當時之物價、薪資或其指數為當期資料。但逾期履約係可歸責於機關者，不在此限。

營乙 110

公共工程採購契約規定工地環境維護事項應有哪些？請至少列舉 5 項。

工地環境維護事項：

（一）施工場地及週邊地區排水系統設施之維護及改善。

（二）工地圍籬之設置及維護。

（三）工地內外環境清潔及污染防治。

（四）工地施工噪音之防治。

（五）工地週邊地區交通之維護及疏導事項。

其他有關當地交通及環保目的事業主管機關規定應辦事項。

6 營造工程管理術科考題分析

9. 勞工安全與衛生

考題重點

甲級
1　建築技術規則
2　職業安全衛生法
3　職業安全衛生設施規則
4　營造安全衛生設施標準
5　營建工程空氣污染防制設施管理辦法

乙級
1　職業安全衛生設施規則
2　營造安全衛生設施標準
3　職業安全衛生法
4　營建工程空氣污染防制設施管理辦法

甲級

年份	術科考試類型
111	職業安全衛生法第 37 條　事業單位工作場所發生職業災害，雇主應即採取之措施
110	營建工程空氣汙染防制設施管理辦法之名詞定義
109	營建工程空氣污染防制設施管理辦法第 9 條　地表有效抑制粉塵之防制設施
109	噪音、空氣汙染、水汙染及廢棄物之管制措施
108	營造安全衛生設施標準第 11 條　雇主對於工作場所人員及車輛機械出入口處
107	職業安全衛生設施規則～ 29-1 條　局限空間
106	職業安全衛生設施規則第 21-1 條　設置適當交通號誌、標示或柵欄等設施
105	建築技術規則建築設計施工編第 154 條　挖土、鑽井及沉箱等工程時，應採取哪些必要安全措施

年份	術科考試類型
105	職業安全衛生法第 37 條　哪些職業災害，雇主應於 8 小時內通報勞動檢查機構
105	營造安全衛生設施標準第 17 條　墜落災害防止設施
105	起重升降機具安全規則第 63 條　起重機吊掛作業應注意之事項
104	營建工程空氣污染防制設施管理辦法～ 9 條　抑制粉塵
105	營造安全衛生設施標準第 36 條　雇主對於袋裝材料之儲存
104	職業安全衛生設施規則第 155-1 條　捲揚機等吊運物料
103	營造安全衛生設施標準～ 52 條　斜籬繫牆桿
103	職業安全衛生法施行細則第 41 條　安全衛生工作守則內容
103	營造安全衛生設施標準第 42 條　施工架組配作業
102	營造安全衛生設施標準第 17 條　墜落災害防止計畫
102	加強公共工程勞工安全衛生管理作業要點　廠商安全衛生管理計畫之內容
102	職業安全衛生設施規則第 99 條　起重機具用以吊掛物件之鋼纜不得再使用之規定
101	職業安全衛生法～ 27 條　防止職業災害，原事業單位應採取之必要措施有哪些
101	勞工安全衛生設施規則　局限空間危害防止計畫之內容為何
101	建築技術規則第 157 條　架設工程臨時性走道及階梯之相關規定
100	勞工安全衛生法施行細則第 14 條　有立即危險之虞
100	勞工安全衛生法施行細則第 38 條　定期或不定期進行協議哪些安全工作事項
99	營建工程空氣污染防制設施管理辦法～ 8 條　抑制粉塵
99	勞工安全衛生法施行細則第 38 條　定期或不定期進行協議哪些安全工作事項

乙級

年份　術科考試類型

103　營造安全衛生設施標準～59 條　施工架應考量因素
102　職業安全衛生設施規則～29-2 條　局限空間
102　職業安全衛生設施規則～159 條　雇主對物料之堆放
101　營造安全衛生設施標準～33 條　雇主對於工區砂、
　　　石等之堆積
100　營造安全衛生設施標準～37 條　雇主對於管料之儲存
100　營造安全衛生設施標準～21 條　工區設置之護蓋
99　　勞工安全衛生組織管理及自動檢查辦法～69 條
　　　作業事項實施檢點
99　　營建工程空氣污染防制設施管理辦法～7 條　抑制粉塵
99　　營造安全衛生設施標準～37 條　雇主對於管料之儲存
99　　職業安全衛生法～27 條　防止職業災害，原事業單位
　　　應採取之必要措施有哪些
98　　營建工程空氣污染防制設施管理辦法～12 條
　　　抑制粉塵
98　　營造安全衛生設施標準～21 條　雇主對於工區設置之
　　　護蓋
98　　營造安全衛生設施標準～33 條　工區砂、石等之堆積
97　　營建工程空氣污染防治設施管理辦法～6 條
　　　全阻隔式圍籬及防溢座
97　　營造安全衛生設施標準～69 條　露天開挖作業

甲級

Q 001 #營甲 97

依「營造安全衛生設施標準」，對於鋼構之吊運、組配作業，應按哪些規定辦理？

A 001

營造安全衛生設施標準第 148 條

雇主對於鋼構吊運、組配作業，應依下列規定辦理：

一、吊運長度超過 6 公尺之構架時，應在適當距離之二端以拉索捆紮拉緊，保持平穩防止擺動，作業人員在其旋轉區內時，應以穩定索繫於構架尾端，使之穩定。

二、吊運之鋼材，應於卸放前，檢視其確實捆妥或繫固於安定之位置，再卸離吊掛用具。

三、安放鋼構時，應由側方及交叉方向安全支撐。

四、設置鋼構時，其各部尺寸、位置均須測定，且妥為校正，並用臨時支撐或螺栓等使其充分固定，再行熔接或鉚接。

五、鋼梁於最後安裝吊索鬆放前，鋼梁二端腹鈑之接頭處，應有二個以上之螺栓裝妥或採其他設施固定之。

六、中空格柵構件於鋼構未熔接或鉚接牢固前，不得置於該鋼構上。

七、鋼構組配進行中，柱子尚未於二個以上之方向與其他構架組配牢固前，應使用格柵當場栓接，或採其他設施，以抵抗橫向力，維持構架之穩定。

八、使用 12 公尺以上長跨度格柵梁或桁架時，於鬆放吊索前，應安裝臨時構件，以維持橫向之穩定。

九、使用起重機吊掛構件從事組配作業，其未使用自動脫鉤裝置者，應設置施工架等設施，供作業人員安全上下及協助鬆脫吊具。

Q 002 # 營甲 97

依「營造安全衛生設施標準」，對於勞工從事施工架組配作業時，應注意哪些安全注意事項？

A 002

營造安全衛生設施標準第 42 條

雇主使勞工從事施工架組配作業，應依下列規定辦理：

一、將作業時間、範圍及順序等告知作業勞工。

二、禁止作業無關人員擅自進入組配作業區域內。

三、強風、大雨、大雪等惡劣天候，實施作業預估有危險之虞時，應即停止作業。

四、於紮緊、拆卸及傳遞施工架構材等之作業時，設寬度在 20 公分以上之施工架踏板，並採取使勞工使用安全帶等防止發生勞工墜落危險之設備與措施。

五、吊升或卸放材料、器具、工具等時，要求勞工使用吊索、吊物專用袋。

六、構築使用之材料有突出之釘類均應釘入或拔除。

七、對於使用之施工架，事前依本標準及其他安全規定檢查後，始得使用。

勞工進行前項第四款之作業而被要求使用安全帶等時，應遵照使用之。

Q 003 # 營甲 97

依「建築技術規則」之規定，對建築工程之工作台與走道等相關設施有何規定？請詳述之。

A 003

工作台之設置應依下列規定：

一、凡離地面或樓地板面 2 公尺以上之工作台應鋪以密接之板料：

    1. 固定式板料之寬度不得小於 40 公分，板縫不得大於 3 公分，
其支撐點至少應有二處以上。

    2. 活動板之寬度不得小於 20 公分，厚度不得小於 3.6 公分，長
度不得小於 3.5 公尺，其支撐點至少有三處以上，板端突出支
撐點之長度不得少於 10 公分，但不得大於板長十八分之一。

    3. 二重板重疊之長度不得小於 20 公分。

二、工作台至少應低於施工架立柱頂 1 公尺以上。

三、工作台上四周應設置扶手護欄，護欄下之垂直空間不得超過 90
公分，扶手如非斜放，其斷面積不得小於 30 平方公分。

走道及階梯之架設應依下列規定：

一、坡度應為 30 度以下，其為 15 度以上者應加釘間距小於 30 公分
之止滑板條，並應裝設適當高度之扶手。

二、高度在 8 公尺以上之階梯，應每 7 公尺以下設置平台一處。

三、走道木板之寬度不得小於 30 公分，其兼為運送物料者，不得小
於 60 公分。

Q 004   # 營甲 98

營建工程施工場所，對於高壓氣體之儲存，應注意事項為何。

A 004

職業安全衛生設施規則第 108 條

雇主對於高壓氣體之貯存，應依下列規定辦理：

一、貯存場所應有適當之警戒標示，禁止煙火接近。

二、貯存周圍 2 公尺內不得放置有煙火及著火性、引火性物品。

三、盛裝容器和空容器應分區放置。

四、可燃性氣體、有毒性氣體及氧氣之鋼瓶，應分開貯存。

五、應安穩置放並加固定及裝妥護蓋。

六、容器應保持在攝氏四十度以下。

七、貯存處應考慮於緊急時便於搬出。

八、通路面積以確保貯存處面積百分之二十以上為原則。

九、貯存處附近，不得任意放置其他物品。

十、貯存比空氣重之氣體，應注意低窪處之通風。

Q 005　# 營甲 99

依照「營造安全衛生設施標準」之規定，試述護欄設置之安全規定。

A 005

營造安全衛生設施標準第 20 條

雇主依規定設置之護欄，應依下列規定辦理：

一、具有高度 90 公分以上之上欄杆、高度在 35 公分以上，55 公分以下之中間欄杆或等效設備（以下簡稱中欄杆）、腳趾板及杆柱等構材。

二、以木材構成者，其規格如下：

　　1. 上欄杆應平整，且其斷面應在 30 平方公分以上。

　　2. 中間欄杆斷面應在 25 平方公分以上。

　　3. 腳趾板高度應在 10 公分以上，厚度在 1 公分以上，並密接於地盤面或樓板面鋪設。

　　4. 杆柱斷面應在 30 平方公分以上，相鄰間距不得超過 2 公尺。

三、以鋼管構成者，其上欄杆、中間欄杆及杆柱之直徑均不得小於 3.8 公分，杆柱相鄰間距不得超過 2.5 公尺。

四、採用前二款以外之其他材料或型式構築者，應具同等以上之強度。

五、任何型式之護欄，其杆柱、杆件之強度及錨錠，應使整個護欄具有抵抗於上欄杆之任何一點，於任何方向加以 75 公斤之荷重，而無顯著變形之強度。

六、除必須之進出口外，護欄應圍繞所有危險之開口部分。

七、護欄前方 2 公尺內之樓板、地板，不得堆放任何物料、設備，並不得使用梯子、合梯、踏凳作業及停放車輛機械供勞工使用。但護欄高度超過堆放之物料、設備、梯、凳及車輛機械之最高部達 90 公分以上，或已採取適當安全設施足以防止墜落者，不在此限。

八、以金屬網、塑膠網遮覆上欄杆、中欄杆與樓板或地板間之空隙者，依下列規定辦理：

　　1. 得不設腳趾板。但網應密接於樓板或地板，且杆柱之間距不得超過 1.5 公尺。

　　2. 網應確實固定於上欄杆、中欄杆及杆柱。

　　3. 網目大小不得超過 15 平方公分。

　　4. 固定網時，應有防止網之反彈設施。

 006　# 營甲 98

依照「營造安全衛生設施標準」之規定，雇主對於高度 2 公尺以上之工作場所，勞工作業有墜落之虞者，應如何訂定墜落災害防止計畫，採取適當墜落災害防止設施？

營造安全衛生設施標準第 17 條

雇主對於高度 2 公尺以上之工作場所，勞工作業有墜落之虞者，應訂定墜落災害防止計畫，依下列風險控制之先後順序規劃，並採取適當墜落災害防止設施：

一、經由設計或工法之選擇，儘量使勞工於地面完成作業，減少高處作業項目。

二、經由施工程序之變更，優先施作永久構造物之上下設備或防墜設施。

三、設置護欄、護蓋。

四、張掛安全網。

五、使勞工佩掛安全帶。

六、設置警示線系統。

七、限制作業人員進入管制區。

八、對於因開放邊線、組模作業、收尾作業等及採取第一款至第五款
　　規定之設施致增加其作業危險者，應訂定保護計畫並實施。

營建工程空氣污染防制設施管理辦法第 9 條

營建業主於營建工程進行期間，應於營建工地內之裸露地表，採行下
列有效抑制粉塵之防制設施之一：

一、覆蓋防塵布或防塵網。

二、舖設鋼板、混凝土、瀝青混凝土、粗級配或其他同等功能之粒料。

三、植生綠化。

四、地表壓實且配合灑水措施。

五、配合定期噴灑化學穩定劑。

六、配合定期灑水。

前項防制設施應達裸露地面積之百分之五十以上；屬第一級營建工程
者，應達裸露地面積之百分之八十以上。

Q 008 # 營甲 99

依「勞工安全衛生設施規則」之規定，雇主對車輛出入或有導致交通事故之虞之工作場所，應如何設置適當之交通號誌、標示或柵欄？

A 008

勞工安全衛生設施規則第 21 條之一

雇主對於有車輛出入、使用道路作業、鄰接道路作業或有導致交通事故之虞之工作場所，應依下列規定設置適當交通號誌、標示或柵欄：

一、交通號誌、標示應能使受警告者清晰獲知。

二、交通號誌、標示或柵欄之控制處，須指定專人負責管理。

三、新設道路或施工道路，應於通車前設置號誌、標示、柵欄、反光器、照明或燈具等設施。

四、道路因受條件限制，永久裝置改為臨時裝置時，應於限制條件終止後即時恢復。

五、使用於夜間之柵欄，應設有照明或反光片等設施。

六、信號燈應樹立在道路之右側，清晰明顯處。

七、號誌、標示或柵欄之支架應有適當強度。

八、設置號誌、標示或柵欄等設施，尚不足以警告防止交通事故時，應置交通引導人員。前項交通號誌、標示或柵欄等設施，道路交通主管機關有規定者，從其規定。

Q 009 # 營甲 99

依「勞工安全衛生法施行細則」之規定，協議組織應由原事業單位召集之，並定期或不定期進行協議哪些安全工作事項？

A 009

勞工安全衛生法施行細則第 38 條

本法第 27 條第一項第一款規定之協議組織，應由原事業單位召集之，並定期或不定期進行協議下列事項：

一、安全衛生管理之實施及配合。

二、勞工作業安全衛生及健康管理規範。

三、從事動火、高架、開挖、爆破、高壓電活線等危險作業之管制。

四、對進入局限空間、有害物作業等作業環境之作業管制。

五、電氣機具入廠管制。

六、作業人員進場管制。

七、變更管理。

八、劃一危險性機械之操作信號、工作場所標識（示）、有害物空容器放置、警報、緊急避難方法及訓練等。

九、使用打樁機、拔樁機、電動機械、電動器具、軌道裝置、乙炔熔接裝置、電弧熔接裝置、換氣裝置及沉箱、架設通道、施工架、工作架台等機械、設備或構造物時，應協調使用上之安全措施。

十、其他認有必要之協調事項。

Q 010　　# 營甲 99

營建業主於營建工程進行期間，應於營建工地內之車行路徑，採行哪些有效抑制粉塵之防制設施？

A 010

營建工程空氣污染防制設施管理辦法第 8 條

營建業主於營建工程進行期間，應於營建工地內之車行路徑，採行下列有效抑制粉塵之防制設施之一：

一、舖設鋼板。

二、舖設混凝土。

三、舖設瀝青混凝土。

四、舖設粗級配或其他同等功能之粒料。前項防制設施需達車行路徑面積之百分之五十以上；屬第一級營建工程者，需達車行路徑面積之百分之八十以上。洗車設施至主要道路之車行路徑，應符合第一項之規定。

Q 011 # 營甲 100

依「勞工安全衛生法施行細則」之規定，協議組織應由原事業單位召集之，並定期或不定期進行協議哪些安全工作事項，請列舉 5 項說明之。

A 011

勞工安全衛生法施行細則第 38 條

本法第 27 條第一項第一款規定之協議組織，應由原事業單位召集之，並定期或不定期進行協議下列事項：

一、安全衛生管理之實施及配合。

二、勞工作業安全衛生及健康管理規範。

三、從事動火、高架、開挖、爆破、高壓電活線等危險作業之管制。

四、對進入局限空間、有害物作業等作業環境之作業管制。

五、電氣機具入廠管制。

六、作業人員進場管制。

七、變更管理。

八、劃一危險性機械之操作信號、工作場所標識（示）、有害物空容器放置、警報、緊急避難方法及訓練等。

九、使用打樁機、拔樁機、電動機械、電動器具、軌道裝置、乙炔熔接裝置、電弧熔接裝置、換氣裝置及沉箱、架設通道、施工架、工作架台等機械、設備或構造物時，應協調使用上之安全措施。

十、其他認有必要之協調事項。

Q 012 # 營甲 100

依「勞工安全衛生法施行細則」之規定，請列舉 4 項說明「有立卽危險之虞」之情況爲何？

A 012

勞工安全衛生法施行細則第 14 條

一、自設備洩漏大量危險物或有害物，致有立卽發生爆炸、火災或中毒等危險之虞時。

二、從事河川工程、河堤、海堤或圍堰等作業，因強風、大雨或地震，致有立卽發生危險之虞時。

三、從事隧道等營建工程或沉箱、沉筒、井筒等之開挖作業，因落磐、出水、崩塌或流砂侵入等，致有立卽發生危險之虞時。

四、於作業場所有引火性液體之蒸氣或可燃性氣體滯留，達爆炸下限值之百分之三十以上，致有立卽發生爆炸、火災危險之虞時。

五、於儲槽等內部或通風不充分之室內作業場所，從事有機溶劑作業，因換氣裝置故障或作業場所內部受有機溶劑或其混存物污染，致有立卽發生有機溶劑中毒危險之虞時。

六、從事缺氧危險作業，致有立卽發生缺氧危險之虞時。

七、其他經中央主管機關指定有立卽發生危險之虞時之情形。

Q 013 # 營甲 101

請依「建築技術規則」說明下列對於架設工程臨時性走道及階梯之相關規定：

1. 坡度之相關規定。

2. 如坡度超過 15 度（含）之特別規定。

3. 階梯高度之相關規定。

4. 人行之鋪設走道木板寬度爲何。

5. 兼爲運送物料之鋪設走道木板寬度爲何。

建築技術規則第 157 條：

1. 坡度應爲 30 度以下，
2. 其爲 15 度以上者應加釘間距小於 30 公分之止滑板條，並應裝設適當高度之扶手。
3. 高度在 8 公尺以上之階梯，應每 7 公尺以下設置平台一處。
4. 走道木板之寬度不得小於 30 公分，
5. 兼爲運送物料者，不得小於 60 公分。

Q 014 # 營甲 101

依「勞工安全衛生設施規則」之規定，雇主使勞工於局限空間從事作業前， 應先確認危害事項及訂定危害防止計畫，請列舉 5 項說明危害防止計畫之內容爲何？

危害防止計畫應依作業可能引起之危害訂定下列事項：

一、局限空間內危害之確認。

二、局限空間內氧氣、危險物、有害物濃度之測定。

三、通風換氣實施方式。

四、電能、高溫、低溫及危害物質之隔離措施及缺氧、中毒、感電、塌陷、被夾、被捲等危害防止措施。

五、作業方法及安全管制作法。

六、進入作業許可程序。

七、提供之防護設備之檢點及維護方法。

八、作業控制設施及作業安全檢點方法。

九、緊急應變處置措施。

Q **015**　# 營甲 101

依「勞工安全衛生法」之規定，事業單位與承攬人、再承攬人分別僱用勞工共同作業時，原事業單位應採取哪些必要措施防止職業災害之發生，請列舉 5 項說明之。

A **015**

職業安全衛生法第 6 條

雇主對下列事項應有符合規定之必要安全衛生設備及措施：

一、防止機械、設備或器具等引起之危害。

二、防止爆炸性或發火性等物質引起之危害。

三、防止電、熱或其他之能引起之危害。

四、防止採石、採掘、裝卸、搬運、堆積或採伐等作業中引起之危害。

五、防止有墜落、物體飛落或崩塌等之虞之作業場所引起之危害。

六、防止高壓氣體引起之危害。

七、防止原料、材料、氣體、蒸氣、粉塵、溶劑、化學品、含毒性物質或缺氧空氣等引起之危害。

八、防止輻射、高溫、低溫、超音波、噪音、振動或異常氣壓等引起之危害。

九、防止監視儀表或精密作業等引起之危害。

十、防止廢氣、廢液或殘渣等廢棄物引起之危害。

十一、防止水患或火災等引起之危害。

十二、防止動物、植物或微生物等引起之危害。

十三、防止通道、地板或階梯等引起之危害。

十四、防止未採取充足通風、採光、照明、保溫或防濕等引起之危害。

雇主對下列事項，應妥為規劃及採取必要之安全衛生措施：

一、重複性作業等促發肌肉骨骼疾病之預防。

二、輪班、夜間工作、長時間工作等異常工作負荷促發疾病之預防。

三、執行職務因他人行為遭受身體或精神不法侵害之預防。

四、避難、急救、休息或其他為保護勞工身心健康之事項。

前二項必要之安全衛生設備與措施之標準及規則，由中央主管機關定之。

Q 016 # 營甲 102

請列舉 5 項說明營造起重機具用以吊掛物件之鋼纜不得再使用之規定。

A 016

職業安全衛生設施規則第 99 條

雇主不得以下列任何一種情況之吊掛之鋼索作爲起重升降機具之吊掛用具：

一、鋼索一撚間有百分之十以上素線截斷者。

二、直徑減少達公稱直徑百分之七以上者。

三、有顯著變形或腐蝕者。

四、已扭結者。

職業安全衛生設施規則第 102 條

雇主對於吊鏈或未設環結之鋼索，其兩端非設有吊鉤、鉤環、鏈環或編結環首、壓縮環首者，不能作爲起重機具之吊掛用具。

Q 017 # 營甲 102

依「加強公共工程勞工安全衛生管理作業要點」之規定，機關（構）辦理查核金額以上工程採購，應於招標文件內明定廠商應提報安全衛生管理計畫，請列舉 7 項說明廠商安全衛生管理計畫之內容爲何。

A 017

1. 工作環境或作業危害之辨識、評估及控制。

2. 機械、設備或器具之管理。

3. 危害性化學品之標示及通識。

4. 有害作業環境之採樣策略規劃及監測。

5. 危險性工作場所之製程或施工安全評估事項。

6. 採購管理、承攬管理與變更管理事項。

7. 安全衛生作業標準之訂定。

8. 定期檢查、重點檢查、作業檢點及現場巡視。

9. 安全衛生教育訓練。

10. 個人防護具之管理。

11. 健康檢查、管理及促進事項。

12. 安全衛生資訊之蒐集、分享及運用。

13. 緊急應變措施。

14. 職業災害、虛驚事故、影響身心健康事件之調查處理及統計分析。

15. 安全衛生管理紀錄及績效評估措施。

16. 其他安全衛生管理措施。

Q 018　# 營甲 102

依「營造安全衛生設施標準」之規定，雇主對於高度 2 公尺以上之工作場所，勞工作業有墜落之虞者，應如何訂定墜落災害防止計畫，採取適當墜落災害防止設施，請列舉 5 項說明之。

A 018

1. 護欄（護蓋）
2. 安全網
3. 安全帽
4. 安全帶
5. 安全母索

依「營造安全衛生設施標準」之規定，雇主使勞工從事施工架組配作業時，應依哪些規定辦理，請列舉五項說明？

A **019**

營造安全衛生設施標準第 42 條

雇主使勞工從事施工架組配作業，應依下列規定辦理：

一、將作業時間、範圍及順序等告知作業勞工。

二、禁止作業無關人員擅自進入組配作業區域內。

三、強風、大雨、大雪等惡劣天候，實施作業預估有危險之虞時，應即停止作業。

四、於紮緊、拆卸及傳遞施工架構材等之作業時，設寬度在 20 公分以上之施工架踏板，並採取使勞工使用安全帶等防止發生勞工墜落危險之設備與措施。

五、吊升或卸放材料、器具、工具等時，要求勞工使用吊索、吊物專用袋。

六、構築使用之材料有突出之釘類均應釘入或拔除。

七、對於使用之施工架，事前依本標準及其他安全規定檢查後，始得使用。

勞工進行前項第四款之作業而被要求使用安全帶等時，應遵照使用之。

請依相關法規規定列舉五項說明「安全衛生工作守則」之內容爲何？

A 020

職業安全衛生法施行細則第 41 條

1. 事業之勞工安全衛生管理及各級之權責
2. 機械、設備或器具之維護及檢查。
3. 工作安全與衛生標準
4. 教育與訓練
5. 健康指導及管理措施
6. 急救與搶救
7. 防護設備之準備、維持與使用
8. 事故通報與報告
9. 其他有關安全衛生事項

Q 021 # 營甲 104

營建工程中施工架作業屬於假設工程，施工架之搭設及拆除作業必須
考慮安全性。依照「營造安全衛生設施標準」之相關規定，施工架之
安全裝置包括安全斜籬及繫牆桿。試回答下列問題：

（一）安全斜籬之設置目的與作用。
（二）繫牆桿之設置目的。

A 021

（一）斜籬：斜籬係設置於施工架上做為防止物體飛落造成災害之延
伸構造，依建築技術規則施工篇之規定應向外延伸最少為 2 公
尺，強度須能抗 7 公斤之重自 30 公分以 30 度自由落下而不
受破壞，若以鐵皮製造者，鐵皮厚度最少為 1.2 公厘。

（二）為施工架與主結構體連結之桿件，繫牆桿主要在提供施工架抵
抗橫向位移之能力，以保持工架垂直，並確保施工架與主結構
之距離，俾利於諸如模板組立之工作便利。

Q 022 # 營甲 104

依「職業安全衛生設施規則」之規定，請列舉 5 項說明以捲揚機等吊運物料時，應注意哪些安全事項？

A 022

職業安全衛生設施規則第 155-1 條
雇主使勞工以捲揚機等吊運物料時，應依下列規定辦理：

一、安裝前須核對並確認設計資料及強度計算書。

二、吊掛之重量不得超過該設備所能承受之最高負荷，且應加以標示。

三、不得供人員搭乘、吊升或降落。但臨時或緊急處理作業經採取足以防止人員墜落，且採專人監督等安全措施者，不在此限。

四、吊鉤或吊具應有防止吊舉中所吊物體脫落之裝置。

五、錨錠及吊掛用之吊鏈、鋼索、掛鉤、纖維索等吊具有異狀時應即修換。

六、吊運作業中應嚴禁人員進入吊掛物下方及吊鏈、鋼索等內側角。

七、捲揚吊索通路有與人員碰觸之虞之場所，應加防護或有其他安全設施。

八、操作處應有適當防護設施，以防物體飛落傷害操作人員，如採坐姿操作者應設坐位。

九、應設有防止過捲裝置，設置有困難者，得以標示代替之。

十、吊運作業時，應設置信號指揮聯絡人員，並規定統一之指揮信號。

十一、應避免鄰近電力線作業。

十二、電源開關箱之設置，應有防護裝置。

Q 023 # 營甲 104

雇主對於袋裝材料之儲存，依據「營造安全衛生設施標準」規定應如何辦理，以保持其材料之穩定？

A 023

營造安全衛生設施標準第 36 條
雇主對於袋裝材料之儲存,應依下列規定辦理,以保持穩定;
一、堆放高度不得超過十層。
二、至少每二層交錯一次方向。
三、五層以上部分應向內退縮,以維持穩定。
四、交錯方向易引起材料變質者,得以不影響穩定之方式堆放。

Q 024　　# 營甲 104

依「營建工程空氣污染防制設施管理辦法」規定,營建業主於營建工程進行期間,應於營建工地內之裸露地表,採行有效抑制粉塵之防制設施,請列舉 5 項說明?

A 024

營建工程空氣污染防制設施管理辦法第 9 條
營建業主於營建工程進行期間,應於營建工地內之裸露地表,採行下列有效抑制粉塵之防制設施之一:
一、覆蓋防塵布或防塵網。
二、舖設鋼板、混凝土、瀝青混凝土、粗級配或其他同等功能之粒料。
三、植生綠化。
四、地表壓實且配合灑水措施。
五、配合定期噴灑化學穩定劑。
六、配合定期灑水。
前項防制設施應達裸露地面積之百分之五十以上;屬第一級營建工程者,應達裸露地面積之百分之八十以上。

Q 025

請說明起重機吊掛作業應注意之事項。

A 025

起重升降機具安全規則第 63 條

雇主對於使用起重機具從事吊掛作業之勞工,應使其辦理下列事項:

一、確認起重機具之額定荷重,使所吊荷物之重量在額定荷重值以下。

二、檢視荷物之形狀、大小及材質等特性,以估算荷物重量,或查明其實際重量,並選用適當吊掛用具及採取正確吊掛方法。

三、估測荷物重心位置,以決定吊具懸掛荷物之適當位置。

四、起吊作業前,先行確認其使用之鋼索、吊鏈等吊掛用具之強度、規格、安全率等之符合性;並檢點吊掛用具,汰換不良品,將堪用品與廢棄品隔離放置,避免混用。

五、起吊作業時,以鋼索、吊鏈等穩妥固定荷物,懸掛於吊具後,再通知起重機具操作者開始進行起吊作業。

六、當荷物起吊離地後,不得以手碰觸荷物,並於荷物剛離地面時,引導起重機具暫停動作,以確認荷物之懸掛有無傾斜、鬆脫等異狀。

七、確認吊運路線,並警示、清空擅入吊運路線範圍內之無關人員。

八、與起重機具操作者確認指揮手勢,引導起重機具吊升荷物及水平運行。

九、確認荷物之放置場所,決定其排列、放置及堆疊方法。

十、引導荷物下降至地面。確認荷物之排列、放置安定後,將吊掛用具卸離荷物。

十一、其他有關起重吊掛作業安全事項。

Q 026 # 營甲 105

依「營造安全衛生設施標準」之規定，雇主對於高度 2 公尺以上之工作場所，勞工作業有墜落之虞者，應訂定墜落災害防止計畫，依風險控制之先後順序，規劃並採取適當墜落災害防止設施。請依序說明風險控制前 5 項之內容？

A 026

營造安全衛生設施標準第 17 條

雇主對於高度 2 公尺以上之工作場所，勞工作業有墜落之虞者，應訂定墜落災害防止計畫，依下列風險控制之先後順序規劃，並採取適當墜落災害防止設施：

一、經由設計或工法之選擇，儘量使勞工於地面完成作業，減少高處作業項目。

二、經由施工程序之變更，優先施作永久構造物之上下設備或防墜設施。

三、設置護欄、護蓋。

四、張掛安全網。

五、使勞工佩掛安全帶。

六、設置警示線系統。

七、限制作業人員進入管制區。

八、對於因開放邊線、組模作業、收尾作業等及採取第一款至第五款規定之設施致增加其作業危險者，應訂定保護計畫並實施。

Q 027 # 營甲 105

請依「職業安全衛生法」說明事業單位勞動場所發生哪些職業災害，雇主應於 8 小時內通報勞動檢查機構？

A 027

職業安全衛生法第 37 條

事業單位工作場所發生職業災害，雇主應即採取必要之急救、搶救等措施，並會同勞工代表實施調查、分析及作成紀錄。

事業單位勞動場所發生下列職業災害之一者，雇主應於八小時內通報勞動檢查機構：

一、發生死亡災害。

二、發生災害之罹災人數在三人以上。

三、發生災害之罹災人數在一人以上，且需住院治療。

四、其他經中央主管機關指定公告之災害。

勞動檢查機構接獲前項報告後，應就工作場所發生死亡或重傷之災害派員檢查。

事業單位發生第二項之災害，除必要之急救、搶救外，雇主非經司法機關或勞動檢查機構許可，不得移動或破壞現場。

Q 028   # 營甲 105

請依「建築技術規則建築設計施工編」規定，凡進行挖土、鑽井及沉箱等工程時，應採取哪些必要安全措施？

A 028

建築技術規則建築設計施工編第 154 條

凡進行挖土、鑽井及沉箱等工程時，應依下列規定採取必要安全措施：

一、應設法防止損壞地下埋設物如瓦斯管、電纜，自來水管及下水道管渠等。

二、應依據地層分布及地下水位等資料所計算繪製之施工圖施工。

三、靠近鄰房挖土，深度超過其基礎時，應依本規則建築構造編中有關規定辦理。

四、挖土深度在 1.5 公尺以上者，除地質良好，不致發生崩塌或其周
　　圍狀況無安全之慮者外，應有適當之擋土設備，並符合本規則建
　　築構造編中有關規定設置。

五、施工中應隨時檢查擋土設備，觀察周圍地盤之變化及時予以補
　　強，並採取適當之排水方法，以保持穩定狀態。

六、拔取板樁時，應採取適當之措施以防止周圍地盤之沉陷。

Q 029 # 營甲 106

依「職業安全衛生設施規則」規定，雇主對於有車輛出入、使用道路
作業、鄰接道路作業或有導致交通事故之虞之工作場所，應如何設置
適當交通號誌、標示或柵欄等設施？

A 029

職業安全衛生設施規則第 21-1 條

雇主對於有車輛出入、使用道路作業、鄰接道路作業或有導致交通事
故之 虞之工作場所，應依下列規定設置適當交通號誌、標示或柵欄：

一、交通號誌、標示應能使受警告者清晰獲知。

二、交通號誌、標示或柵欄之控制處，須指定專人負責管理。

三、新設道路或施工道路，應於通車前設置號誌、標示、柵欄、反光
　　器、照明或燈具等設施。

四、道路因受條件限制，永久裝置改為臨時裝置時，應於限制條件終
　　止後 即時恢復。

五、使用於夜間之柵欄，應設有照明或反光片等設施。

六、信號燈應樹立在道路之右側，清晰明顯處。

七、號誌、標示或柵欄之支架應有適當強度。

八、設置號誌、標示或柵欄等設施，尚不足以警告防止交通事故時，
　　應置交通引導人員。 前項交通號誌、標示或柵欄等設施，道路
　　交通主管機關有規定者，從其規定。

Q 030 # 營甲 107

雇主使勞工於局限空間從事作業前，應先訂定危害防止計畫，使現場作業主管、監視人員、作業勞工及相關承攬人依循辦理，請說明「危害防止計畫」應包含之事項。

A 030

職業安全衛生設施規則第 29-1 條

雇主使勞工於局限空間從事作業前，應先確認該空間內有無可能引起勞工 缺氧、中毒、感電、塌陷、被夾、被捲及火災、爆炸等危害，有危害之虞者，應訂定危害防止計畫，並使現場作業主管、監視人員、作業勞工及相 關承攬人依循辦理。 前項危害防止計畫，應依作業可能引起之危害訂定下列事項：

一、局限空間內危害之確認。

二、局限空間內氧氣、危險物、有害物濃度之測定。

三、通風換氣實施方式。

四、電能、高溫、低溫及危害物質之隔離措施及缺氧、中毒、感電、塌陷 、被夾、被捲等危害防止措施。

五、作業方法及安全管制作法。

六、進入作業許可程序。

七、提供之防護設備之檢點及維護方法。

八、作業控制設施及作業安全檢點方法。

九、緊急應變處置措施。

Q 031 # 營甲 108

依「營造安全衛生設施標準」之規定，雇主對於工作場所人員及車輛機械出入口處，應依下列規定辦理？

營造安全衛生設施標準第 11 條

雇主對於工作場所人員及車輛機械出入口處,應依下列規定辦理:

一、事前調查地下埋設物之埋置深度、危害物質,並於評估後採取適當防護措施,以防止車輛機械輾壓而發生危險。

二、工作場所出入口應設置方便人員及車輛出入之拉開式大門,作業上無出入必要時應關閉,並標示禁止無關人員擅入工作場所。但車輛機械出入頻繁之場所,必須打開工地大門等時,應置交通引導人員,引導車輛機械出入。

三、人員出入口與車輛機械出入口應分隔設置。但設有警告標誌足以防止交通事故發生者不在此限。

四、應置管制人員辦理下列事項:

　　(一) 管制出入人員,非有適當防護具不得讓其出入。

　　(二) 管制、檢查出入之車輛機械,非具有許可文件上記載之要件,不得讓其出入。

五、規劃前款第二目車輛機械接受管制所需必要之停車處所,不得影響工作場所外道路之交通。

六、維持車輛機械進出有充分視線淨空。

營甲 109

營建業主於營建工程進行期間,應於營建工地內之裸露地表,採行何種有效抑制粉塵之防制設施?

營建工程空氣污染防制設施管理辦法第 9 條:

營建業主於營建工程進行期間,應於營建工地內之裸露地表,採行下列有效抑制粉塵之防制設施之一:

一、覆蓋防塵布或防塵網。

二、舖設鋼板、混凝土、瀝青混凝土、粗級配或其他同等功能之粒料。

三、植生綠化。

四、地表壓實且配合灑水措施。

五、配合定期噴灑化學穩定劑。

六、配合定期灑水。

前項防制設施應達裸露地面積之百分之五十以上；屬第一級營建工程者，應達裸露地面積之百分之八十以上。

Q **033**　# 營甲 109

對於營建工地之噪音管制、空氣污染防治、水污染防治及廢棄物污染防治，請各列舉 3 項管制（防治）措施。

A **033**

（一）噪音振動防制對策可分四種：

一、發生源防制對策。

二、傳輸途徑防制對策傳輸途徑防制對策。

三、受體部分防制對策受體部分防制對策。

四、施工環境管理對策施工環境管理對策。

（二）營建工地之空氣污染防治措施：

營建工程空氣污染防制設施管理辦法第 9 條

營建業主於營建工程進行期間，應於營建工地內之裸露地表，採行下列有效抑制粉塵之防制設施之一：

一、覆蓋防塵布或防塵網。

二、舖設鋼板、混凝土、瀝青混凝土、粗級配或其他同等功能之粒料。

三、植生綠化。

四、地表壓實且配合灑水措施。

五、配合定期噴灑化學穩定劑。

六、配合定期灑水。

前項防制設施應達裸露地面積之百分之五十以上；屬第一級營建工程者，應達裸露地面積之百分之八十以上。

（三）營建工地之水污染防治措施：

水污染防治措施及檢測申報管理辦法第 10 條

營建工地應於施工前，檢具逕流廢水污染削減計畫（以下簡稱削減計畫），報請直轄市、縣（市）主管機關核准，並據以實施。

削減計畫應記載事項，規定如下：

一、基本資料。

二、前條規定之污染削減措施及其工程圖說。

三、目的事業主管機關核發之證明文件影本。

削減計畫有下列情形之一者，營建工地應依其規定期限提出削減計畫之變更，報請直轄市、縣（市）主管機關核准，並據以實施：

一、變更前項第一款或第三款記載事項，應自事實發生之翌日起三十日內辦理。須經目的事業主管機關核准者，自核准後三十日內為之。

二、變更前項第二款記載事項，應於變更前辦理。

三、經主管機關查核發現削減計畫內容不足以維護水體水質，而有污染之虞，經限期改善者，應於改善期限內辦理。

營建工地之削減計畫應於中央主管機關指定之日起，採網路傳輸方式辦理：

一、營建工地之廢棄物污染防治措施。

二、覆蓋物應捆紮牢靠，且邊緣應延伸

三、覆蓋至車斗上緣以下至少 15 公分。

四、車輛機具在離開工地出入口前，應確認所覆蓋之防塵布已捆紮牢靠。

五、運送過程應避免掉落地面，污染環境。

六、載運含水性較高之砂石土方時，建議宜採用密閉式車斗之車輛運送。

Q 034 #營甲 110

請依「營建工程空氣污染防制設施管理辦法」，說明下列營建工地專用名詞：
(一)全阻隔式圍籬、(二)防溢座、(三)防塵網、(四)粗級配。

A 034

(一)全阻隔式圍籬：指全部使用非鏤空材料製作之圍籬。
(二)防溢座：指設置於營建工地圍籬下方或洗車設備四周，防止廢水溢流之設施。
(三)防塵網：指以網狀材料製作，防止粉塵逸散之設施。
(四)粗級配：指舖設地面使用，可防止粉塵逸散之骨材。

Q 035 #營甲 111

某建築工地於二樓版澆置混凝土時，正當高壓輸送車輸送預拌混凝土之際，聽到模板發出吱吱聲響，一瞬間發生二樓版倒塌。此時，負責顧模的作業員（3人）被壓在倒塌的樓版中，而在澆置混凝土的作業員及工程師共有 7 人一同跌落至一樓版，並分別發生輕重傷（無人死亡）。請問，您是工地主任面對此狀況時，該如何處理及善後？請分別按下述情境說明：
(一)災難發生時，處理之方法？
(二)樓版倒塌後，如何善後至二樓版可重新組模之狀態？

A 035

(一)災難發生時，處理之方法？
1、連絡

利用電話、無線電或各種通訊及警報用器具，立即向現場作業人員及週遭人員告知發生災害，促使人員離開危險區域，並儘速向工地負責人及安全衛生小組報告災害的實情。

2、確認

儘量設法暸解災害的實情。

3、避難

災害發生時須迅速地以安全的方法，讓附近所有人員經安全的途徑撤離到安全的處所。同時展開相關救援工作。

4、報告

向單位主管報告災害內容時須按 5W1H 之原則（何人於何時在何處從事何種作業，怎麼發生災害，災害情況如何）來報告。（其中何人指某個廠商之某人）發生重大職業災害時（一次災害的發生，同時有三個人以上罹災或一個人以上死亡），立即通知監造單位、業主及工地主管部門。並由災害發生單位於 8 小時內報告當地政府主管機關、檢查機關。

5、急救處理

請求鄰近人員的協助，救出受災人員，並通知急救人員施以急救處理，如有需要應立即連絡救護車，迅速將傷患送到醫院治療。請派醫師時，應說明下列事項：傷故發生的地點位置。
簡述造成傷害的原因及傷害物的種類（如機具設備、材料、有害物體、液體等）、傷患受傷程度及至目前為止，對患者所作緊急處理情形。

6、交通管制及對外說明

災害地點由警備人員負責管制交通，並加警示標誌，以隔絕看熱鬧人潮，並限制非必要人員進入現場。
現場除搶救人員及重要物品等要要行為外，應保持現場完整，以便為公司及 政府有關單位進行職災害調查所需資料。
工地主任指揮現場搶救工作，必要時得負責對外報告，說明有關災害情形。

7、緊急救援

工地緊急意外事故通報處理流程如表 3 所示。
工地緊急連絡電話號碼如表 3 所示。
工地緊急連絡電話號碼及工地至附近急救醫院路線詳圖張貼於公佈欄、勞工作業場所、明顯處、進出口及各電話旁。

樓版倒塌後，如何善後至二樓版可重新組模之狀態？

1. 物料管理：把能用的留下，不能用的吊離工地。
2. 鋼筋整理：彎折扭曲的鋼筋卸除吊運搬離。
3. 混凝土打石處理。
5. 柱牆部分看有無需要補強處理。
6. 外部鷹架回搭。
7. 檢討模板計算書有無缺失。
8. 一樓版清潔淨空。

Q 036 #營甲 112

試列舉 4 項使用重型鋼架（重型支撐）作為載重量大之混凝土模板或預鑄構材之支撐時，從規劃設計至施工應注意之事項。

A 036

營造安全衛生設施標準第 131 條：

雇主對於模板支撐，應依下列規定辦理：

一、為防止模板倒塌危害勞工，高度在七公尺以上，且面積達三百三十平方公尺以上之模板支撐，其構築及拆除，應依下列規定辦理：

（一）事先依模板形狀、預期之荷重及混凝土澆置方法等，應由所僱之專任工程人員或委由相關執業技師，依結構力學原理妥為設計，置備施工圖說及強度計算書，經簽章確認後，據以執行。

（二）訂定混凝土澆置計畫及建立按施工圖說施作之查驗機制。

（三）設計、施工圖說、簽章確認紀錄、混凝土澆置計畫及查驗等相關資料，於未完成拆除前，應妥為存備查。

（四）有變更設計時，其強度計算書及施工圖說應重新製作，並依本款規定辦理。

二、前款以外之模板支撐，除前款第一目規定得指派專人妥為設計，簽章確認強度計算書及施工圖說外，應依前款各目規定辦理。

三、支柱應視土質狀況，襯以墊板、座板或敷設水泥等方式，以防止支柱之沉陷。

四、支柱之腳部應予以固定，以防止移動。

五、支柱之接頭，應以對接或搭接之方式妥為連結。

六、鋼材與鋼材之接觸部分及搭接重疊部分，應以螺栓或鉚釘等金屬零件固定之。

七、對曲面模板，應以繫桿控制模板之上移。

八、橋梁上構模板支撐，其模板支撐架應設置側向支撐及水平支撐，並於上、下端連結牢固穩定，支柱（架）腳部之地面應夯實整平，排水良好，不得積水。

九、橋梁上構模板支撐，其模板支撐架頂層構臺應舖設踏板，並於構臺下方設置強度足夠之安全網，以防止人員墜落、物料飛落。

乙級

Q 001　# 營乙 97

對於模板之吊運，應注意哪些安全事項？

A 001

營造安全衛生設施標準第 144 條

雇主對於模板之吊運，應依下列規定辦理：

一、使用起重機或索道吊運時，應以足夠強度之鋼索、纖維索或尼龍繩索捆紮牢固，吊運前應檢查各該吊掛索具，不得有影響強度之缺陷，且所吊物件已確實掛妥於起重機之吊具。

二、吊運垂直模板或將模板吊於高處時，在未設妥支撐受力處或安放妥當前，不得放鬆吊索。

三、吊升模板時，其下方不得有人員進入。

四、放置模板材料之地點，其下方支撐強度須事先確認結構安全。

Q 002 #營乙 97

勞工以機械從事露天開挖作業時，應注意哪些事項？

A 002

營造安全衛生設施標準第 69 條
雇主使勞工以機械從事露天開挖作業，應依下列規定辦理：
一、使用之機械有損壞地下電線、電纜、危險或有害物管線、水管等地下埋設物，而有危害勞工之虞者，應妥為規劃該機械之施工方法。
二、事前決定開挖機械、搬運機械等之運行路線及此等機械進出土石裝卸場所之方法，並告知勞工。
三、於搬運機械作業或開挖作業時，應指派專人指揮，以防止機械翻覆或勞工自機械後側接近作業場所。
四、嚴禁操作人員以外之勞工進入營建用機械之操作半徑範圍內。
五、車輛機械應裝設倒車或旋轉警示燈及蜂鳴器，以警示周遭其他工作人員。

Q 003 #營乙 97

依照「營建工程空氣污染防治設施管理辦法」之規定，營建工程分為第一級營建工程及第二級營建工程；其中屬於第一級營建工程進行期間，應於營建工地周界設置定著地面之全阻隔式圍籬及防溢座，其相關規定為何？請詳述之。

營建工程空氣污染防治設施管理辦法第 6 條

營建業主於營建工程進行期間，應於營建工地周界設置定著地面之全阻隔式圍籬及防溢座。屬第一級營建工程者，其圍籬高度不得低於 2.4 公尺；屬第二級營建工程者，其圍籬高度不得低於 1.8 公尺。但其圍籬座落於道路轉角或轉彎處 10 公尺以內者，得設置半阻隔式圍籬。

前項營建工程臨接道路寬度 8 公尺以下或其施工工期未滿三個月之道路、隧道、管線或橋梁工程，得設置連接之簡易圍籬。

前二項營建工程之周界臨接山坡地、河川、湖泊等天然屏障或其他具有與圍籬相同效果者，得免設置圍籬。

Q 004　#營乙 98

依「營造安全衛生設施標準」之規定，雇主對於工區砂、石等之堆積，應如何辦理？

營造安全衛生設施標準第 33 條

雇主對於砂、石等之堆積，應依下列規定辦理：

一、不得妨礙勞工出入，並避免於電線下方或接近電線之處。

二、堆積場於勞工進退路處，不得有任何懸垂物。

三、砂、石清倉時，應使勞工佩掛安全帶並設置監視人員。

四、堆積場所經常灑水或予以覆蓋，以避免塵土飛揚。

Q 005　#營乙 98

依「營造安全衛生設施標準」之規定，雇主對於工區設置之護蓋應如何辦理？

A 005

營造安全衛生設施標準第 21 條

雇主設置之護蓋，應依下列規定辦理：

一、應具有能使人員及車輛安全通過之強度。

二、應以有效方法防止滑溜、掉落、掀出或移動。

三、供車輛通行者，得以車輛後軸載重之二倍設計之，並不得妨礙車輛之正常通行。

四、為柵狀構造者，柵條間隔不得大於 3 公分。

五、上面不得放置機動設備或超過其設計強度之重物。

六、臨時性開口處使用之護蓋，表面漆以黃色並書以警告訊息。

Q 006　　# 營乙 98

營建業主於營建工程進行期間，將營建工地上層具粉塵逸散性之工程材料、砂石、土方或廢棄物輸送至地面或地下樓層，應採行哪些可抑制粉塵逸散之方式？

A 006

營建工程空氣污染防制設施管理辦法第 12 條

營建業主於營建工程進行期間，將營建工地內上層具粉塵逸散性之工程材料、砂石、土方或廢棄物輸送至地面或地下樓層，應採行下列可抑制粉塵逸散之方式之一：

一、電梯孔道。

二、建築物內部管道。

三、密閉輸送管道。

四、人工搬運。

前項輸送管道出口，應設置可抑制粉塵逸散之圍籬或灑水設施。

Q 007　　# 營乙 99

依勞工安全衛生法之規定，事業單位與承攬人、再承攬人分別僱用勞工共同作業時，為防止職業災害，原事業單位應採取哪些必要措施？

A 007

事業單位與承攬人、再承攬人分別僱用勞工共同作業時,爲防止職業災害,原事業單位應採取下列必要措施:

一、 設置協議組織,並指定工作場所負責人,擔任指揮、監督及協調之工作。

二、 工作之連繫與調整。

三、 工作場所之巡視。

四、 相關承攬事業間之安全衛生教育之指導及協助。

五、 其他爲防止職業災害之必要事項。事業單位分別交付二個以上承攬人共同作業而未參與共同作業時,應指定承攬人之一負前項原事業單位之責任。

Q 008 #營乙 99

依營造安全衛生設施標準之規定,雇主對於管料之儲存,應依如何辦理?

A 008

營造安全衛生設施標準第 37 條

雇主對於管料之儲存,應依下列規定辦理:

一、儲存於堅固而平坦之臺架上,並預防尾端突出、伸展或滾落。

二、依規格大小及長度分別排列,以利取用。

三、分層疊放,每層中置一隔板,以均勻壓力及防止管料滑出。

四、管料之置放,避免在電線上方或下方。

Q 009 #營乙 99

營建業主於營建工程進行期間,其所使用具粉塵逸散性之工程材料、砂石、土方或廢棄物,且其堆至於營建工地者,應採行哪些設施來有效抑制粉塵?

營建工程空氣污染防制設施管理辦法第 7 條

營建業主於營建工程進行期間，其所使用具粉塵逸散性之工程材料、砂石、土石方或廢棄物，且其堆置於營建工地者，應採行下列有效抑制粉塵之防制設施之一：

一、覆蓋防塵布。
二、覆蓋防塵網。
三、配置定期噴灑化學穩定劑。

Q 010 #營乙 100

請列舉 5 項說明雇主使勞工從事營造作業時，依「勞工安全衛生組織管理及自動檢查辦法」之規定，針對哪些作業事項實施檢點？

A 010

勞工安全衛生組織管理及自動檢查辦法第 67 條

雇主使勞工從事營造作業時，應就下列事項，使該勞工就其作業有關事項實施檢點：

一、打樁設備之組立及操作作業。
二、擋土支撐之組立及拆除作業。
三、露天開挖之作業。
四、隧道、坑道開挖作業。
五、混凝土作業。
六、鋼架施工作業。
七、施工構台之組立及拆除作業。
八、建築物之拆除作業。
九、施工架之組立及拆除作業。
十、模板支撐之組立及拆除作業。
十一、其他營建作業。

Q **011**　# 營乙 100

請列舉 5 項說明雇主對於工區設置之護蓋，依「營造安全衛生設施標準」之規定，應如何辦理？

A **011**

營造安全衛生設施標準第 21 條
雇主設置之護蓋，應依下列規定辦理：
一、應具有能使人員及車輛安全通過之強度。
二、應以有效方法防止滑溜、掉落、掀出或移動。
三、供車輛通行者，得以車輛後軸載重之二倍設計之，並不得妨礙車輛之正常通行。
四、為柵狀構造者，柵條間隔不得大於 3 公分。
五、上面不得放置機動設備或超過其設計強度之重物。
六、臨時性開口處使用之護蓋，表面漆以黃色並書以警告訊息。

Q **012**　# 營乙 101

依「營造安全衛生設施標準」之規定，雇主對於管料之儲存，應如何辦理？

A **012**

營造安全衛生設施標準第 37 條
雇主對於管料之儲存，應依下列規定辦理：
一、儲存於堅固而平坦之臺架上，並預防尾端突出、伸展或滾落。
二、依規格大小及長度分別排列，以利取用。
三、分層疊放，每層中置一隔板，以均勻壓力及防止管料滑出。
四、管料之置放，避免在電線上方或下方。

Q **013** # 營乙 101

依「營造安全衛生設施標準」之規定,雇主對於工區砂、石等之堆積,應如何辦理?

A **013**

營造安全衛生設施標準第 33 條
雇主對於砂、石等之堆積,應依下列規定辦理:
一、不得妨礙勞工出入,並避免於電線下方或接近電線之處。
二、堆積場於勞工進退路處,不得有任何懸垂物。
三、砂、石清倉時,應使勞工佩掛安全帶並設置監視人員。
四、堆積場所經常灑水或予以覆蓋,以避免塵土飛揚。

Q **014** # 營乙 102

依勞工安全衛生設施規則之規定,雇主對物料之堆放應注意之安全事項,請列舉 5 項說明之。

A **014**

職業安全衛生設施規則第 159 條
雇主對物料之堆放,應依下列規定:
一、不得超過堆放地最大安全負荷。
二、不得影響照明。
三、不得妨礙機械設備之操作。
四、不得阻礙交通或出入口。
五、不得減少自動灑水器及火警警報器有效功用。
六、不得妨礙消防器具之緊急使用。
七、以不倚靠牆壁或結構支柱堆放為原則。並不得超過其安全負荷。

Q 015 # 營乙 102

依勞工安全衛生設施規則之規定，雇主使勞工於局限空間從事作業有危害勞工之虞時，應於作業場所入口顯而易見處所公告哪些注意事項，使作業勞工周知？

A 015

職業安全衛生設施規則第 29-2 條
雇主使勞工於局限空間從事作業，有危害勞工之虞時，應於作業場所入口顯而易見處所公告下列注意事項，使作業勞工周知：
一、作業有可能引起缺氧等危害時，應經許可始得進入之重要性。
二、進入該場所時應採取之措施。
三、事故發生時之緊急措施及緊急聯絡方式。
四、現場監視人員姓名。
五、其他作業安全應注意事項。

Q 016 # 營乙 103

請敘述建築工程設置施工架應考量因素。

A 016

營造安全衛生設施標準第 59 條
雇主對於鋼管施工架之設置，應依下列規定辦理：
一、使用國家標準 CNS4750 型式之施工架，應符合國家標準同等以上之規定；其他型式之施工架，其構材之材料抗拉強度、試驗強度及製造，應符合國家標準 CNS4750 同等以上之規定。
二、前款設置之施工架，於提供使用前應確認符合規定，並於明顯易見之處明確標示。
三、裝有腳輪之移動式施工架，勞工作業時，其腳部應以有效方法固定之；勞工於其上作業時，不得移動施工架。

四、構件之連接部分或交叉部分，應以適當之金屬附屬配件確實連接固定，並以適當之斜撐材補強。但系統式施工架應以輪盤及插銷扣件等組配件連接。

五、屬於直柱式施工架或懸臂式施工架者，應依下列規定設置與建築物連接之壁連座連接：

（一）間距應小於下表所列之值為原則。

鋼管施工架之種類間距（單位：公尺）垂直方向水平方向單管施工架五五點五框式施工架（高度未滿 5 公尺者除外）

（二）應以鋼管或原木等使該施工架構築堅固。

（三）以抗拉材料與抗壓材料合構者，抗壓材與抗拉材之間距應在 1 公尺以下。

六、接近高架線路設置施工架，應先移設高架線路或裝設絕緣用防護裝備或警告標示等措施，以防止高架線路與施工架接觸。

七、使用伸縮桿件及調整桿時，應將其埋入原桿件足夠深度，以維持穩固，並將插銷鎖固。

八、選用於中央主管機關指定資訊網站揭示，符合安全標準且張貼有安全標示之鋼管施工架。

Q 017　# 營乙 103

依相關法規之規定，雇主對擔任哪些作業主管之勞工，應於事前使其接受營造作業主管之安全衛生教育訓練，請至少列舉五項？

A 017

1. 擋土支撐作業主管
2. 模板支撐作業主管
3. 隧道等挖掘作業主管
4. 隧道等襯砌作業主管
5. 施工架組配作業主管
6. 鋼構組配作業主管
7. 露天開挖作業主管
8. 屋頂作業主管

Q 018　# 營乙 103

依照「營造安全衛生設施標準」之規定，雇主對於管料之儲存，應依如何辦理？

A 018

營造安全衛生設施標準第 37 條

雇主對於管料之儲存，應依下列規定辦理：

一、儲存於堅固而平坦之臺架上，並預防尾端突出、伸展或滾落。

二、依規格大小及長度分別排列，以利取用。

三、分層疊放，每層中置一隔板，以均勻壓力及防止管料滑出。

四、管料之置放，避免在電線上方或下方。

Q 019　# 營乙 104

依「職業安全衛生設施規則」之規定，請說明有關使用移動梯之規定為何？

A 019

雇主對於使用之移動梯，應符合下列之規定：

一、具有堅固之構造。

二、其材質不得有顯著之損傷、腐蝕等現象。

三、寬度應在 30 公分以上。

四、應採取防止滑溜或其他防止轉動之必要措施。

Q 020 `# 營乙 104`

依據「營造安全衛生設施標準」規定,露天開挖作業應包括哪些作業項目?

A 020

露天開挖作業:
指露天開挖與開挖區及其鄰近處所相關之作業,包括測量、鋼筋組立、模板組拆、灌漿、管道及管路設置、擋土支撐組拆及搬運作業等。

Q 021 `# 營乙 105`

依「職業安全衛生設施規則」規定,請說明固定梯子之設置應符合哪些規定?

A 021

職業安全衛生設施規則第 37 條
雇主設置之固定梯子,應依下列規定:
一、具有堅固之構造。
二、應等間隔設置踏條。
三、踏條與牆壁間應保持 16.5 公分以上之淨距。
四、應有防止梯子移位之措施。
五、不得有防礙工作人員通行之障礙物。
六、平台如用漏空格條製成,其縫間隙不得超過 30 公厘;超過時,應裝置鐵絲網防護。
七、梯子之頂端應突出板面 60 公分以上。
八、梯長連續超過 6 公尺時,應每隔 9 公尺以下設一平台,並應於距梯底 2 公尺以上部分,設置護籠或其他保護裝置。但符合下列規定之一者,不在此限。

（一） 未設置護籠或其它保護裝置，已於每隔 6 公尺以下設一平
台者。

（二） 塔、槽、煙囪及其他高位建築之固定梯已設置符合需要之
安全帶、安全索、磨擦制動裝置、滑動附屬裝置及其他安
全裝置，以防止勞工墜落者。

九、前款平台應有足夠長度及寬度，並應圍以適當之欄柵。

前項第七款至第八款規定，不適用於沉箱內之梯子。

Q 022　# 營乙 105

請依據「職業安全衛生法」說明「職業災害」、「事業單位」及「勞
工」之定義分別為何？

A 022

職業安全衛生法第 2 條

本法用詞，定義如下：

一、工作者：指勞工、自營作業者及其他受工作場所負責人指揮或監
　　督從事勞動之人員。

二、勞工：指受僱從事工作獲致工資者。

三、雇主：指事業主或事業之經營負責人。

四、事業單位：指本法適用範圍內僱用勞工從事工作之機構。

五、職業災害：指因勞動場所之建築物、機械、設備、原料、材料、
　　化學品、氣體、蒸氣、粉塵等或作業活動及其他職業上原因引起
　　之工作者疾病、傷害、失能或死亡。

Q 023　# 營乙 106

有關雇主針對高度 5 公尺以上施工架之構築及拆除應辦理事項，請依
「營造安全衛生設施標準」之規定回答下列問題：

（一）雇主應指派何人確認強度計算書及施工圖說？又依營建法規等
　　　不須設置前述人員者，雇主應如何為之？

（二）於施工架未完成拆除前，哪些資料應妥存備查？

A 023

營造安全衛生設施標準第 40 條

一、事先就預期施工時之最大荷重，依結構力學原理妥為設計，置備
　　施工圖說，並指派所僱之專任工程人員簽章確認強度計算書及施
　　工圖說。但依營建法規等不須設置專任工程人員者，得由雇主指
　　派具專業技術及經驗之人員為之。

二、建立按施工圖說施作之查驗機制。

三、設計、施工圖說、簽章確認紀錄及查驗等相關資料，於未完成拆
　　除前，應妥存備查。

Q 024　#營乙 106

依「職業安全衛生法」規定，事業單位與承攬人、再承攬人分別僱用
勞工共同作業時，為防止職業災害，原事業單位應採取之必要措施有
哪些？

A 024

職業安全衛生法第 27 條

事業單位與承攬人、再承攬人分別僱用勞工共同作業時，為防止職業
災害，原事業單位應採取下列必要措施：

一、設置協議組織，並指定工作場所負責人，擔任指揮、監督及協調
　　之工作。

二、工作之連繫與調整。

三、工作場所之巡視。

四、相關承攬事業間之安全衛生教育之指導及協助。

五、其他為防止職業災害之必要事項。事業單位分別交付二個以上承
　　攬人共同作業而未參與共同作業時，應指定承攬人之一負前項原
　　事業單位之責任。

Q **025**　# 營乙 107

依「職業安全衛生設施規則」，請說明雇主對於室內工作場所應設置足夠勞工使用之通道規定為何？

A **025**

職業安全衛生設施規則第 31 條
雇主對於室內工作場所，應依下列規定設置足夠勞工使用之通道：
一、 應有適應其用途之寬度，其主要人行道不得小於 1 公尺。
二、 各機械間或其他設備間通道不得小於 80 公分。
三、 自路面起算 2 公尺高度之範圍內，不得有障礙物。但因工作之必要，經採防護措施者，不在此限。
四、 主要人行道及有關安全門、安全梯應有明顯標示。

Q **026**　# 營乙 107

依「營造安全衛生設施標準」規定，露天開挖作業係指露天開挖與開挖區及其鄰近處所相關之作業，其相關之作業包括哪些？

A **026**

營造安全衛生設施標準第 63 條
雇主僱用勞工從事露天開挖作業，為防止地面之崩塌及損壞地下埋設物致有危害勞工之虞，應事前就作業地點及其附近，施以鑽探、試挖或其他適當方法從事調查，其調查內容，應依下列規定：
一、地面形狀、地層、地質、鄰近建築物及交通影響情形等。
二、地面有否龜裂、地下水位狀況及地層凍結狀況等。
三、有無地下埋設物及其狀況。
四、地下有無高溫、危險或有害之氣體、蒸氣及其狀況。依前項調查結果擬訂開挖計畫，其內容應包括開挖方法、順序、進度、使用機械種類、降低水位、穩定地層方法及土壓觀測系統等。

Q 027 # 營乙 107

假設工程中雇主對於鋼材之儲存，應依哪些規定辦理？

A 027

營造安全衛生設施標準第 32 條
雇主對於鋼材之儲存，應依下列規定辦理：
一、預防傾斜、滾落，必要時應用纜索等加以適當捆紮。
二、儲存之場地應為堅固之地面。
三、各堆鋼材之間應有適當之距離。
四、置放地點應避免在電線下方或上方。
五、採用起重機吊運鋼材時，應將鋼材重量等顯明標示，以便易於處理及控制其起重負荷量，並避免在電力線下操作。

Q 028 # 營乙 108

施工構台遭遇 4 級以上地震時，為確保勞工之作業安全，請依「營造安全衛生設施標準」規定，說明在勞工於施工構台上作業前，應確認主要構材哪些狀況或變化？

A 028

營造安全衛生設施標準第 62-2 條
雇主於施工構台遭遇強風、大雨等惡劣氣候或四級以上地震後或施工構台局部解體、變更後，使勞工於施工構台上作業前，應依下列規定確認主要構材狀況或變化：
一、支柱滑動或下沈狀況。
二、支柱、構台之梁等之損傷情形。
三、構台覆工板之損壞或舖設狀況。

四、支柱、支柱之水平繫材、斜撐材及構台之梁等連結部分、接觸部
分及安裝部分之鬆動狀況。

五、螺栓或鉚釘等金屬之連結器材之損傷及腐蝕狀況。

六、支柱之水平繫材、斜撐材等補強材之安裝狀況及有無脫落。

七、護欄等有無被拆下或脫落。

前項狀況或變化，有異常未經改善前，不得使勞工作業。

Q 029 # 營乙 108

請依「職業安全衛生設施規則」規定說明「局限空間」。

A 029

職業安全衛生設施規則第 19-1 條
本規則所稱局限空間，指非供勞工在其內部從事經常性作業，勞工進
出方法受限制，且無法以自然通風來維持充分、清淨空氣之空間。

職業安全衛生設施規則第 29-1 條
雇主使勞工於局限空間從事作業前，應先確認該空間內有無可能引起
勞工缺氧、中毒、感電、塌陷、被夾、被捲及火災、爆炸等危害，有
危害之虞者，應訂定危害防止計畫，並使現場作業主管、監視人員、
作業勞工及相關承攬人依循辦理。

前項危害防止計畫，應依作業可能引起之危害訂定下列事項：

一、局限空間內危害之確認。

二、局限空間內氧氣、危險物、有害物濃度之測定。

三、通風換氣實施方式。

四、電能、高溫、低溫及危害物質之隔離措施及缺氧、中毒、感電、
塌陷、被夾、被捲等危害防止措施。

五、作業方法及安全管制作法。

六、進入作業許可程序。

七、提供之防護設備之檢點及維護方法。

八、作業控制設施及作業安全檢點方法。

九、緊急應變處置措施。

6 營造工程管理術科考題分析

10. 土方工程

考題重點

甲級	1	統一土壤分類法
	2	土方壓實之相關事項
	3	阿太堡試驗及土壤相關試驗
	4	開挖及回填注意事項

甲級

年份	術科考試類型
110	填土之夯實工程檢測標準為何？過度夯實的定義
110	土方工作之施工計畫之包含項目有哪些？
109	土壤夯實之目的及夯實試驗之含水量及乾單位重計算
109	土方工程之斷面面積及平均斷面法計算土方量
108	土方填築滾壓夯實應注意之事項
107	壓實密度，滾壓夯實作業在施工管理重點
107	土資場設置應有的設施
106	工地現場夯實試驗類型
106	土方之開挖或回填至設計高程，其主要相關作業項目內容有哪些？
105	統一土壤分類法
104	剩餘土石填寫代碼部分，B1～B7 各代表何種土質
103	土方計算
102	路堤填築滾壓下雨建議
101	挖方土石分類
101	涵洞或橋梁相鄰地區之路堤土方填築
100	工地密度試驗
100	挖土、推土及運土作業之安全注意事項

乙級

營甲

Q 001 # 營甲 97

請以統一土壤分類法說明 A、B、C、D 分別代表哪種土壤。

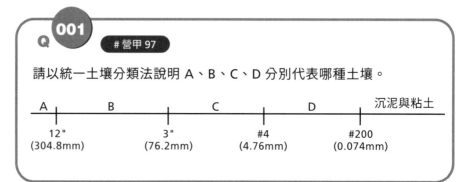

A 001

A= 塊石
B= 卵石
C= 礫石
D= 砂

Q 002 # 營甲 98

地盤在實際的形成過程中，經常含有不同比例混和的片狀形土壤與球狀形土壤，為了解這兩種混和土壤的工程性質，才有土壤分類的需要，請問（1）GC 的中文名稱為何？（2）剪力強度應由 GC 中何種土壤成份控制？其原因為何。

A 002

1. GC 為黏土質礫石。

2. 由統一土壤分類法流程圖（如下圖）可知，GC 細粒料含量 12%
   以上，由於粗粒料的顆粒被細粒料所包覆，粗粒料無法直接接觸
   產生摩擦力，所以土壤剪力強度與透水性由細粒料（黏土 C）控制。

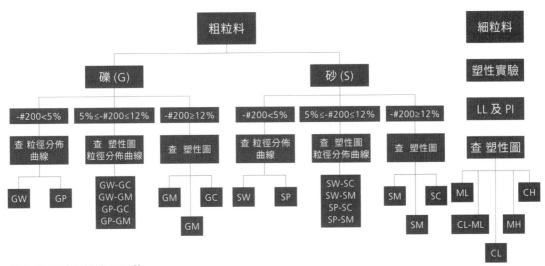

註：-#200 表示通過 200 篩

Q 003　# 營甲 98

填土滾壓後，利用工地密度試驗可求得現場乾土單位重，作為驗收之
依據。挖出之黏性土樣必須先烘乾以獲得乾土重，如果承包商在工地
以炒菜鍋將黏土加熱炒乾，（1）這種方式獲得之乾土重是否正確，
請說明原因。（2）如果不正確，請說明應採用何種方式烘乾黏土。

1. 不正確，原因是片狀形土壤的含水量由吸附水層及自由水層所提供，需要由不同的溫度（熱能）來烘乾，但利用炒菜鍋加熱方式無法控制其溫度，造成不同的含水量及乾土重。

2. 必須採用試驗室內的標準烘箱，才可以控制烘乾能量及時間，一般皆以 105°C 為共同的能量烘乾土樣，才能得到客觀統一的含水量數據。

Q 004 # 營甲 99

（1）請說粘土在下圖中 1～4 區間之狀態。

（2）當粘土含水量達 LL（液性限度）時，請說明此時土壤的剪力強度（承載力）情形。

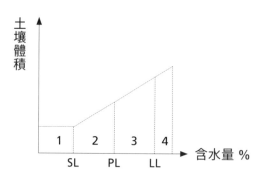

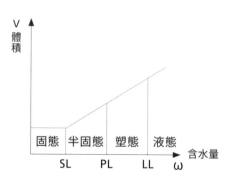

黏土體積與含水量之關係

剪力強度主要由凝聚力（C）與摩擦角（φ）所提供，但是黏土顆粒四周已佈滿水分子，顆粒之間並無實際的接觸，而是隔著黏土顆粒的吸附水層作接觸，所以顆粒之間只有凝聚力 （黏滯力），而並無摩擦角。

當黏土含水量低時，意謂顆粒的吸附水層較薄，黏滯性高，而顆粒間藉由此黏滯性高的吸附水作介面，黏土顆粒間因此形成較高的凝聚力。反之，若含水量高，黏土顆粒的吸附水層較厚，顆粒間由黏滯性較低的自由水層作介面，黏土顆粒間的凝聚力較低。

因此，黏土含水量多寡，影響其黏滯度，而黏滯度影響凝聚力，凝聚力則影響剪力強度的大小。

Q 005 # 營甲 100

試列舉 5 項說明營建工作場所挖土、推土及運土作業之安全注意事項。

A 005

營造安全衛生設施標準第 69 條
雇主使勞工以機械從事露天開挖作業，應依下列規定辦理：
一、使用之機械有損壞地下電線、電纜、危險或有害物管線、水管等地下埋設物，而有危害勞工之虞者，應妥為規劃該機械之施工方法。
二、事前決定開挖機械、搬運機械等之運行路線及此等機械進出土石裝卸場所之方法，並告知勞工。
三、於搬運機械作業或開挖作業時，應指派專人指揮，以防止機械翻覆或勞工自機械後側接近作業場所。
四、嚴禁操作人員以外之勞工進入營建用機械之操作半徑範圍內。
五、車輛機械應裝設倒車或旋轉警示燈及蜂鳴器，以警示周遭其他工作人員。

地盤在實際的形成過程中，經常含有不同比例混和的片狀形土壤與球狀形土壤，為了解這兩種混和土壤的工程性質，才有土壤分類的需要，請回答下列問題：

1. 統一土壤分類為 SC 的土壤，其中文名稱為何？
2. 剪力強度由 SC 的何種組成成分主控？
3. 請說明問題 2 之主控原因？

A **006**

1. SC 為黏土質砂。
2. 由統一土壤分類法流程圖可知，SC 細粒料含量 12% 以上，所以土壤剪力強度與透水性由細粒料（黏土 C）控制。
3. 主控原因：
   (1) 細粒料（黏土 C）含量 12% 以上。
   (2) 黏土可提供凝聚力，增加剪力強度。

字頭		字尾			
主要土壤成分	符號	主要土壤成分之性質	符號	次要土壤成分	符號
礫石（gravel）	G	優良級配（well graded）	G	粉土質（silty）	M
砂（sand）	S	不良級配（poorly graded）	S	黏土質（clayey）	C
粉土或沉泥（silt）	M	低塑性（low plasticity）	M		
黏土（clay）	C	高塑性（high plasticity）	C		
有機土（organic soil）	O		O		
泥炭土（peat）	Pt		Pt		

Q 007   # 營甲 100

石壩壩心填土滾壓後，利用工地密度試驗可求得現場乾土單位重，作爲驗收之依據。挖出之黏性土樣必須先烘乾以獲得乾土重，請問下列問題：

1. 將黏土加熱烘乾的溫度範圍及時間爲何？
2. 請說明必須採用統一烘乾溫度的原因？

A 007

必須採用試驗室內的標準烘箱，才可以控制烘乾能量及時間，一般皆以 105°C 爲共同的能量烘乾土樣，才能得到客觀統一的含水量數據。

Q 008   # 營甲 101

爲了維持涵洞與橋梁結構之安全，在涵洞或橋梁相鄰地區之路堤土方填築，請回答下列問題：

1. 分層壓實的鬆方厚度爲何？
2. 在涵洞兩側壓實的滾壓機具及滾壓方式，應注意哪些事項？

A 008

1. 與涵洞或橋梁相鄰地區之路堤填築，應按 15cm 鬆方厚度分層壓實。
2. 不得使用鏟刀或重型滾壓機具或高性能振動壓路機滾壓。混凝土牆或其他整體式構造物如需兩側填築時，則填築工作應同時進行，每層填築高並應大致相同。

Q 009 # 營甲 102

挖方之土石必須分類，不同分類之挖方，單價也不同。請列舉挖方土石分類為何？

A 009

挖方之土石分類及成份計算：

挖方分普通土、間隔土、軟石及堅石等四類，其定義如後：

普通土：土質鬆軟，用鐵鍬等略加用力即可翻動者。

間隔土：土質堅質，須用洋鎬等挖掘者。凡土中雜有小卵石或鬆動塊石，體積不逾 $0.3m^3$ 者，或大批磚瓦砂礫，或含有許多樹根者均以間隔土計價。

軟石：須用少量炸藥開炸者（石質鬆軟，可用洋鎬尖鋤挖掘，撬棍移動，無須炸藥開炸之鬆石亦以軟石計價）。

堅石：石質堅硬，須用炸藥開炸或開挖機敲擊後始能移去者。

Q 010 # 營甲 103

某營造廠商承攬道路工程，在施築路堤填築滾壓時發生以下之狀況：土方已運送並傾倒分散堆置於填築區，而在攤平滾壓之前開始下雨。若土方土質種類透水性能不佳，試提出處理建議。

A 010

1. 暫停不施工
2. 土方蓋帆布
3. 控制洩水方向，勿讓基地積水
4. 等天氣好再施工

Q 011 # 營甲 104

在餘土運離工地時，需填寫「運送剩餘土石方流向證明文件」（土方四聯單），其中「載運內容」填寫代碼部分，B1 ～ B7 各代表何種土質。

A 011

兩階段申報之土質代碼為 B1 至 B8：

B1 為岩塊、礫石、碎石或沙

B2-1 為土壤與礫石及沙混合物（土壤體積比例少於 30%）

B2-2 為土壤與礫石及沙混合物（土壤體積比例介於 30% 至 50%）

B2-3 為土壤與礫石及沙混合物（土壤體積比例大於 50%）

B3 為粉土質土壤（沉泥）

B4 為黏土質土壤

B5 為磚塊或混凝土塊

B6 為淤泥或含水量大於 30% 之土壤

B7 為連續壁產生之皂土

B8 為營建混合廢棄物（磚、混凝土塊、沙、木材、金屬、玻璃、塑膠等）。

Q 012 # 營甲 105

請回答下列問題：

（一）依據統一土壤分類法規定，GC 的代表之意義各為何？

（二）GC 的剪力強度由何者主控，請說明原因。

(一) 根據統一土壤分類，土壤分為兩大類：

1. 粗顆粒（coarse-grained）土壤有礫石與砂土之特性且通過 200 號篩之比例低於 50%。此類土壤之分類符號以 G 或 S 開頭。G 代表礫石或礫石性土壤，S 代表砂土或砂質土壤。

2. 細顆粒（fine-grained）土壤中通過 200 號篩之比例高於 50%。此類土壤之分類符號可用 M 開頭，代表無機粉土（inorganic silt），C 代表無機黏土（inorganic clay），O 代表有機粉土和黏土。泥炭土（peat）、腐殖土（muck）和其他高度有機之土壤則以 Pt 來代表。

(二) 土壤的剪力強度完全依據粗粒料級配優良與否所控制，不受細粒料影響，可不考慮細粒料的特質，因此，主要土壤成份的特質，可以由粗粒料土壤的粒徑曲線，或級配特性判定土壤的工程性質區分優良級配或不良級配，所以由 G 代表礫石或礫石性土壤主控剪力強度。

Q 013　#營甲 106

道路工程中，原地面與設計高程有差異者，須以土方之開挖或回填至設計高程，其主要相關作業項目內容有哪些？

(一) 繪製道路縱斷面圖

(二) 土方平衡

(1) 以內插法求出各斷面間中心點之原始高程

(2) 由縱斷面圖判斷土方平衡線約位於標高之間，故以試誤法求出各高程挖填方之高度差，當挖填高度差為零時，即為土方平衡線。

(3) 經以試誤法計算後，求得當道路標高為時，其挖填高度差為零，即為土方平衡線。

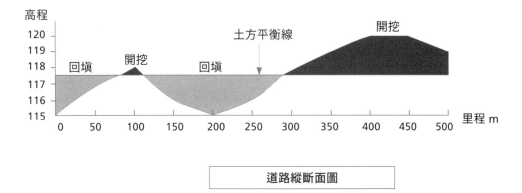

道路縱斷面圖

Q 014 # 營甲 106

試列舉並說明土方工程於工地現場夯實試驗類型。

A 014

工地密度試驗：用來測定現地土壤密度，已檢測現地夯實的成果。

試驗種類：

（一）沙錐法 (ASTM D556-00)

（二）橡皮求法 (ASTM D2167-94)

（三）核子密度儀法 (ASTM D6938-08a)

Q 015 # 營甲 107

依據內政部「營建剩餘土石方處理方案」回答下列問題：

（一）何謂營建工程剩餘土石方？

（二）列舉土石方資源堆置處理場（土資場）設置應有的設施。

A 015

（一）營建剩餘土石方

本方案所指營建工程剩餘土石方之種類，包括建築工程、公共工程及其他民間工程所產生之剩餘泥、土、砂、石、磚、瓦、混凝土塊等，經暫屯、堆置可供回收、分類、加工、轉運、處理、再生利用者，屬有用之土壤砂石資源。

（二）土資場及目的事業處理場所設置應有設施

1. 於入口處豎立標示牌，標示場所核准文號、土石方種類、使用期限、範圍及管理人。

2. 於場所周圍設有圍牆或隔離設施，並設置一定寬度綠帶或植栽圍籬予以分隔，其綠帶得保留原有林木或種植樹木。

3. 出入口應設有清洗設施及處理污水之沈澱池。

4. 應有防止土石方飛散以及導水、排水設施。

5. 遠端監控資訊及紀錄設備。

Q 016　# 營甲 107

土方工程填土後須配合進行滾壓夯實作業，以達到規定之壓實密度，而滾壓夯實作業在施工管理上有哪些重點？

A 016

1. 回填鋪築級配料堆置存放時，應適度灑水防塵土飛揚。

2. 在山坡或斜坡上進行填方，原有之邊坡應先將表土清除後再挖成階梯式或鋸齒式，以防止構成楔塞作用。

3. 構造物之結構回填，應配合結構體施工，俟混凝土之強度已足以抵抗此回填所產生之總外力後，規定分層等量回填壓實。

4. 現場回填密度應以 AASHTO T180 方法試驗。

5. 石方填築滾壓後，若採用液壓檢驗時，應以工地工程司認可之重卡車（後軸雙輪重在 8 公噸以上，每一輪胎壓力 7kg/cm^2）行駛整個路基面至少往返三次，不產生移動或裂痕凹陷者方為合格。

6. 每層回填舖築之材料應儘可能於當日滾壓完成，任何時間如認為有下雨之可能，應立即加以封面滾壓，以防雨水滲入。

7. 回填堅石來自於開挖，則其尺寸不得大於壓實厚度。

8. 回填靠近橋台、擋土牆、翼牆、箱涵、涵管或其他土石構造物之處，除用壓路機滾壓外，亦得用人工手夯或用壓實機壓實，以免損及構造物。

9. 涵管回填未達適當高度前，不得用壓路機滾壓（最少不得少於 60 公分）。

10. 因拆除零星雜物而形成之坑、孔、溝、壕等均須用土壤或其他適當材料回填；回填應分層進行，每層壓實厚度不得超過 30 公分，其夯壓堅實度不得少於鄰近地面。

11. 路基回填後，得用適當工具修刮，使其合於設計之路線，坡度及橫斷面，其公差不得超過 3 公分。

12. 一般路基填方至少每 1000m 做 AASHTO 標準壓實密度試驗一次（錘重 5.5 磅，錘落高度 12 吋，層數 3 層）以隨機取樣法決定試驗樁號及左右位置。

13. 回填整形後立即以 10 公噸以上之 3 輪壓路機或 6 公噸以上之震動壓路機或其他適當機具滾壓至規定密度。

Q 017 # 營甲 108

請說明土方填築滾壓夯實應注意之事項。

A 017

1. 回填工作應依照本規範施工之一切開挖處所，凡未為永久構造物所佔據而形成之空間之回填。

2. 在地下構造物或基礎施工完成後，將模板、支撐、垃圾及其他雜物清除，且基礎混凝土周圍，至少應在澆置混凝土 7 天後，並經工程司檢驗認可後方可回填。回填時應配合其相關工程之施工，依序辦理。

3. 除了另有規定外，應以工程司認可之適當材料回填，回填至原地面高程，或契約圖所示或工程司指示之高程，回填料不得含有機物，木材及其他雜物。

4. 回填區內有積水或流水現象，特別是防水系統，並應先處理妥善後，方可回填。

5. 進行回填工作時，不得損害構造物，應注意勿使回填材料對構造物產生楔塞作用。回填外緣及接坡面可修築成階梯或鋸齒式以防構成楔塞作用。

6. 回填工作應分層填築，每層鬆方厚度不得超過 40cm。除契約圖或契約另有許可外，應使用機械夯實，若空間足夠小型壓路機施工時則其每層鬆方厚度經工程司同意後可增加至 50cm。每層壓實度應達到以 AASHTO T180 試驗求得最大乾密度之 90% 以上。

7. 如構造物兩側均需回填時，應同時進行，並使兩側回填高度儘量保持相同，以平衡兩側所受之土壓力。

8. 回填工作之數量應按契約圖或工程司所示之回填線與契約圖所示開挖線所包圍之體積扣除為永久構造物所佔體積後所得數量計算。

Q 018　# 營甲 109

（一）土壤夯實的目的在於改良其工程性質，請列舉 4 項土壤夯實後可以達到的優點或效果？（二）下圖為土壤夯實試驗的結果；若現場夯實規範要求相對夯實度需大於等於 95%，含水量需為最佳含水量 ±2% 之間，方為合格，則現場夯實土壤之乾單位重（kN/m³）及含水量（%）的要求分別為多少，方能滿足規範合格要求？

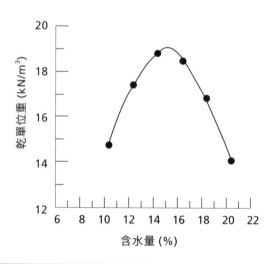

（一）一般土壤壓實後之優點爲：

1. 土壤密度增加，提高承載力，此爲土壤壓密之最大效果。

2. 土壤堅實，透水係數降低，可減少水份之滲透。

3. 土壤孔隙率低，含水量變化少，穩定性高。

4. 土壤體積脹縮範圍小。

5. 承載力均勻，減少差異沉陷。

（二）由乾單位重與含水量之關係曲線圖可得最大乾土單位重爲
$19kN/m^3$，最佳含水量爲 15.5%。

現場夯實土壤之乾單位重（kN/m^3）

大於等於 $19 \times 95\% = 18.05$（kN/m^3）

含水量 (%)=$15.5 \pm 2\%$，13.5 ～ 17.5% 之間。

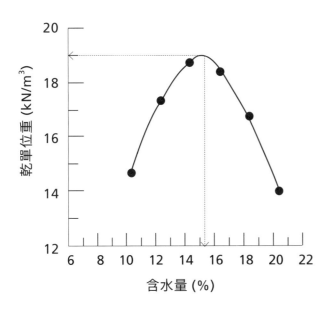

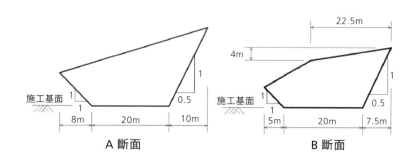

Q **019** # 營甲 109

一山坡地土方工程，已知 A、B 兩斷面相距 20m，斷面如圖所示（請列算式）。（一）計算 A 斷面之面積(m²)。（二）計算 B 斷面之面積(m²)。（三）試以平均斷面法計算 AB 斷面間之土方量 (m³)。

A **019**

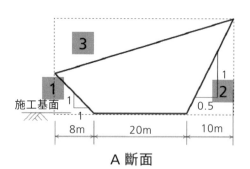

A 斷面

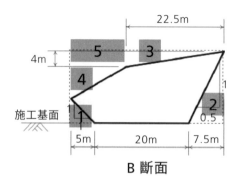

B 斷面

714

（一）A 斷面積 = 全矩形面積 -3 個三角形

全矩形面積 = (8+20+10)*20=760m^2

3 個三角形 = 8*8*1/2+10*20*1/2+38*(20-8) *1/2=360m^2

A 斷面積 760-360=400m^2

（二）B 斷面積 = 全矩形面積 -4 個三角形 -1 個矩形

全矩形面積 = (5+20+7.5)*15=487.5m^2

4 個三角形 = 5*5*1/2+7.5*15*1/2+22.5*4*1/2+(15-4-5)*(5+20+7.5-22.5)*1/2=143.75m^2

1 個矩形 (4)*(5+20+7.5-22.5)=40m^2

B 斷面積 = 487.5-143.75-40=303.75m^2

（三）平均斷面積法 = (A+B)*L*1/2

(400+303.75)*20*1/2=7037.5m^3

Q 020 # 營甲 110

請回答下列問題：

（一）填土之夯實工程，若品質控制規範是根據最終的施工結果訂定標準，則一般是以工地密度試驗所測得之哪二項數據，作為檢測標準？承包商需依規範的要求負責適當的夯實工作。

（二）何謂過度夯實？

（一）最大乾密度與最佳含水量。

（二）若欲得到較大之乾密度，則必須加大夯實能量，但單純加大夯實能量卻無法得到較大之乾密度，而必須同時降低含水量。若不降低含水量而單純加大夯實能量，則土壤乾密度難於加大，是為過度夯實。過度夯實土之強度反而降低，透水性反而變大，有不良後果。

Q 021 # 營甲 110

道路工程之土方工作的施工計畫,應包括哪些項目?請至少列舉 7項。

A 021

施工計畫應包括每一階段之範圍、數量、高度、便道,臨時性或永久性之排水,擋土及水土保持設施等之構築、交通維持、交通運輸路線、安全措施之設置等項目。

Q 022 # 營甲 112

有一基地寬 31 公尺、長 51 公尺,欲設計興建地上 15 層、地下 2 層之建築物。其擋土壁採 50 公分厚之連續壁,每樓層高度皆爲 3 公尺,另外筏基之地梁高度爲 2 公尺,PC 打底厚度爲 10 公分,1 樓樓版高度爲 GL+20 公分,目前基地平均高度爲 GL+10 公分,採全開挖方式施作,試計算地下室開挖之土方量。(未列算式不予計分)

A 022

先計算面積 31X51 米 = 1581m^2,地下兩層每層高度 3 米,加上地梁高度 2 公尺再加上打底厚度 10cm 及一樓樓板及基地高程差 10cm,如下列算式:
31X51X(2X3+2+0.1+0.1) =12964.2m^3

Q **023** # 營甲 112

鑽探過程中，原則上每 1.5 公尺或在土層變化處施作一次標準貫入試驗 (SPT 試驗)。試問：

（一）何謂標準貫入試驗？

（二）標準貫入試驗的 N 值如何決定？

A (023)

（一）標準貫入試驗是現地調查土壤地盤軟硬與相對固結狀態的一種試驗。

（二）計算質量 140 英磅 (63.5 公斤) 的落鎚自由掉落 30 英吋 (75 公分)，而將中空的取樣器打入地盤中 12 英吋 (30 公分) 所需要的鎚擊數， 是謂 N 值。

營乙

Q **001** # 營乙 109

地層鑽探報告中有關土壤的分類常採用統一土壤分類系統，其中粗顆粒土壤包括礫石及砂土，細顆粒土壤包括粉土（沉泥）及黏土，請回答下列問題：（一）粗顆粒土壤和細顆粒土壤的分界為美國標準篩的幾號篩該篩號之孔眼尺寸為多少 mm ？（二）礫石及砂土的分界為美國標準篩的幾號篩？該篩號之孔眼尺寸為多少 mm ？（三）粉土的分類代號為 M，礫石、砂土及黏土的代號分別為何？

A 001

（一）#200，孔眼尺寸 0.075mm

（二）#4，孔眼尺寸 4.75mm

（三）礫石：G　　　　　砂土：S　　　　　黏土：C

土壤種類	字頭——代表土壤種類／符號		字尾——代表土壤特性的描述／符號	
粗粒土壤	礫石（Gravel）	G	優良級配的（Well-graded）	W
			不良級配的（Poorly-graded）	P
	砂（Sand）	S	粉土質的（Slity）	M
			黏土質的（Clayey）	C
細粒土壤	粉土（Slit）	M	有機土（Organic Soil）	H
	黏土（Clay）	C		
	有機土（Organic Soil）	O	高塑性的（Low Plasticity）	L
其他	泥炭土（Peat）	Pt	—	—

統一土壤分類法符號命名原則

Q 002　　#營乙 110

在地質調查報告書中，有關地層分佈，一般會根據鑽探結果，統整基地簡化土層狀況表，請回答該表中出現之符號所代表的物理參數或力學參數名稱爲何？例如 e 代表孔隙比。

（一）γt（二）PI（三）ω（四）c'（五）Su

A 002

（一）γt：土壤單位重

（二）PI：塑性指數

（三）ω：含水量

（四）c'：凝聚力

（五）Su：不排水剪力強度

Q 003 #營乙 110

有關土方工作中：

(一)何謂剩餘土石方「近運利用」？

(二)何謂「餘方遠運處理」？

A 003

(一)將可用之剩餘土石方，運送至本工程範圍內以供再利用時，稱「近運利用」。

(二)前述剩餘土石方材料運送至本工程範圍外予以妥當處理時，稱「餘方遠運處理」。

Q 004 #營乙 112

填方工程各層滾壓完成後，應先作全面目視檢查，然後應做工地密度試驗檢驗現地壓實度；試回答下述問題：

(一)試舉 2 種工地密度的檢驗方法。

(二)若檢驗結果未達規定壓實度，且含水量過低、土質過乾時，應如何處理，以使其達到規定壓實度？

(三)若檢驗結果未達規定壓實度，且含水量過高、土質過濕時，應如何處理，以使其達到規定壓實度？

A 004

(一)CNS 11777 土壤含水量與密度關係試驗法(標準式夯實試驗法) CNS 11777-1 土壤含水量與密度關係試驗法(改良式夯實試驗法)。

(二)如試驗結果未達規定密度時，應繼續滾壓，或以翻鬆灑水後重新滾壓之方法處理，務必達到所規定之密度為止。

(三)如試驗結果未達規定密度時，應繼續滾壓，或以翻曬晾乾後重新滾壓之方法處理，務必達到所規定之密度為止。

6

營造工程管理術科考題分析

11. 地下工程 (含基礎工程)

考題重點

甲級

乙級

甲級

Q 001　#營甲 97

於連續壁施作時，請回答下列問題？
1. 何種單元易有漏漿的現象發生？
2. 當開挖完成時，如何預先得知該單元會發生漏漿的情況？
3. 若可能產生漏漿的狀況時，試說明解決的方法。

A 001

1. 漏漿的情況皆發生於母單元
2. 超音波檢測
3. 漏漿

漏漿的情況皆發生於母單元，雖然母單元鋼筋籠有端板圍束混凝土，但若槽溝壁面有崩坍，使端板與壁面間出現孔隙，在澆置混凝土時，混凝土會經由這孔隙繞過端板，流至預留筋區域並填滿搭接鋼筋，造成將來公單元鋼筋籠無法吊入搭接。若漏漿情況發生時，必須在端板外側倒入碎石，直到超過漏漿的位置，如圖十二所示，利用倒入的碎石與漏出的水泥漿液及穩定液混合後，形成強度較低的劣質預壘混凝土，待母單元混凝土澆置而且公單元挖掘完成後，進行接頭清理時，用箱型鐵衝擊，即可將強度較低的劣質混凝土衝碎後挖除，使得公單元鋼筋籠能夠順利吊放，完成公母單元搭接。

若要避免漏漿的情況發生，可以在母單元兩側端板間包覆帆布，即能將鋼筋籠圍成一個封閉空間，避免漏漿的發生，但是當槽溝壁面崩坍範圍過大時，混凝土推擠帆布擴張，超過帆布所能承受拉伸長度時，帆布會被拉裂發生漏漿，如圖所示。

Q 002 # 營甲 97

連續壁施工前，必須先構築鋼筋混凝土導溝，導溝內灌注穩定液配合
壁體之挖掘，避免發生逸水現象，使導溝內之水位急劇下降，而影響
孔壁坍落，請任意列舉說明導溝的四種功能。

A 002

1. 做為挖掘機器的定規
2. 支撐重機械載種
3. 確保挖掘及鋼筋籠吊放的精度
4. 做為鋼筋籠及特密管臨時掛放的設施

Q 003 # 營甲 97

如下圖所示擋土牆於地下室土方開挖後，牆背地表發生裂縫，請說明
裂縫發生的位置距開挖面的遠近和土壤的什麼性質有關？

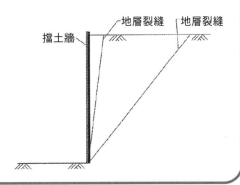

當地下室開挖時，擋土牆兩側土壓不平衡，導致擋土牆向開挖側位移，擋土牆後側地表產生裂縫，級配優良的球狀形土壤內摩擦角大，裂縫距擋土牆較近，而級配不良的球狀形土壤，內摩擦角較小，裂縫距擋土牆較遠。

Q 004 # 營甲 98

地下室基礎開挖過程，管湧災害發生原因為何（至少 3 項），並繪圖說明？

擋土壁管湧之災害

地下擋土壁為一種止水性的擋土結構物，若因施工不慎而產生裂縫，則在裂縫處將形成透水路徑，尤其在具透水性之地層中，地下水位高時，在土體內產生滲流，而於裂縫處，水力坡降大到足以破壞土壤顆粒間的黏結力及摩擦力後，地下水先將土壤中的細顆粒帶出，顆粒間的阻力減少，水力坡降增加，再將較大顆粒的土壤帶出，並一直往上游面延伸，形成滲流管道，此現象稱為管湧（piping）。

管湧現象，在開始時僅是很微弱的水流，然後慢慢形成水路而流量漸增，水與砂均勻的被帶出，並逐漸向地盤內部深入形成管狀。例如在基礎開挖的擋土壁面如有孔洞，若未及時堵住，則壁體外淘空部位更容易充滿周圍之地下水，形成一股巨流加速擴張淘空之破壞範圍，逐次造成其上方鄰近道路及房屋之沉陷，其示意圖如圖所示。

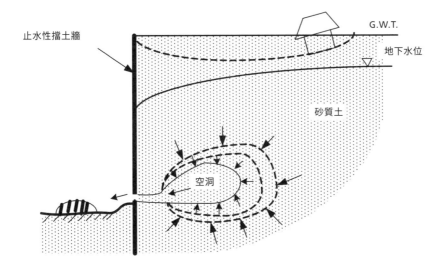

止水性擋土牆

G.W.T.

地下水位

砂質土

空洞

Q 005　# 營甲 98

型鋼支撐係利用 H 型鋼做為地下開挖時擋土壁體之支撐結構，為支持擋土壁所承受之土壓力及水壓力而設置。如果欲觀測水平支撐受力之安全性，必須採用監測儀器，預警支撐挫破壞。

（1）請繪圖說明振弦式應變計在水平支撐斷面裝設之位置，及

（2）請說明振弦式應變計觀測水平支撐之何種受力情形。

（1）

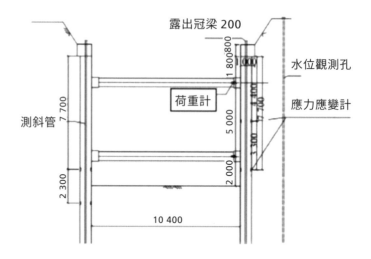

（2）利用一定長度之金屬弦受力後長度之伸縮與相對應之頻率關係
　　而推求應變。在此為量測水平支撐的橫向應變。

施工步驟包括準備作業、鑽孔作業、鋼鍵組立和入腱、灌漿作業及水
泥漿養治作業等。請任意列舉有關灌漿作業的四種施工品質要領。

第一次灌漿
第一次灌漿應慎重實施，俾使地錨能在預定位置完全形成。
　（1）灌漿方法灌漿是從鑽挖孔之最低部開始施灌，灌漿中應確實維
　　　　持孔內平滑之排水與排氣。
　（2）加壓灌漿摩擦抵抗型地錨之第一次灌漿，原則上採用加壓灌漿。

第二次灌漿
地錨體成形後，為填充鑽孔內空隙或為防蝕等而實施之第二次灌漿，
應在不損及錨體機能之條件下執行。

Q 007 # 營甲 99

下圖爲水位觀測井量測地下水位高程之裝置，請分別說明下列問題。

1. 透水層（二）爲自由水層、逸水層、及壓力水層中何者？

2. 皂土封層在本案例之主要功能爲何？

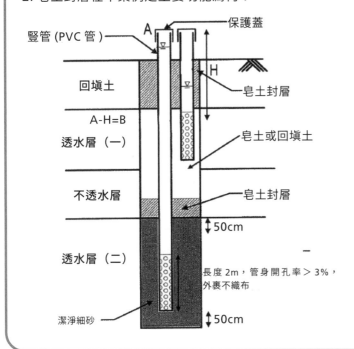

竪管 (PVC 管)
保護蓋
回填土
A-H=B
透水層（一）
H
皂土封層
皂土或回填土
不透水層
皂土封層
50cm
透水層（二）
長度 2m，管身開孔率 > 3%，外裹不織布
潔淨細砂
50cm

A 007

1.1 透水層（一）爲自由水層

1.2 逸水層爲不透水層

1.3 透水層（二）地下水位高於透水層（一）爲壓力水層。

2. 圖中皂土封層有 2 層：

最上層皂土封層功能爲：防止地表水流入回填土及竪管間，避免影響地下水位量測精準度。

最下層皂土封層功能爲：防止透水層（一）與透水層（二）間之地下水流通。

Q 008 # 營甲 99

地下室土方之開挖，使土壤解壓而產生回脹，開挖作業進行至某種深度後，開挖背面（擋土壁外側）土壤重量超過支持該土重之下部黏土抵抗力，開挖底部失去平衡，因而沿著滑動面產生塑性流動，背面土壤向開挖底面內側迴流動，於開挖底面造成鼓起現象，此種現象稱為隆起。

請問：

（1）這種隆起現象最容易發生在何種性質之土壤？

（2）開挖區發生隆起時，擋土壁外側地面將造成何種型式之變化？

A 008

1. 黏土

2.

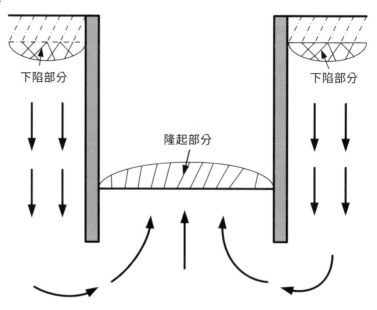

Q 009 # 營甲 100

永久性地錨與臨時性地錨之差異性，請至少列舉 5 項。

A 009

1. 臨時地錨可回收錨座、錨頭及鋼鍵
2. 永久地錨比臨時地錨安全係數較高
3. 永久地錨比臨時地錨鋼鍵材質使用較久
4. 臨時地錨施工速度較快
5. 永久地錨比臨時地錨施工金額較貴

Q 010 # 營甲 100

地下連續壁施工前，必須先構築導溝，導溝的深度必須達到回填土層以下。
地下連續壁挖掘過程，必須採用超泥漿穩定液，來穩定開挖面，請列舉 4 項有關超泥漿穩定液的檢驗項目。

A 010

試驗項目	要求標準
比重〈Kg/m³〉	1.02 ～ 1.10
黏滯度〈秒〉	無地下水：21 ～ 45 有地下水：23 ～ 65
含砂量〈%〉	抓掘中 7% 以下 灌漿前 1% 以下
pH 值	8.5 ～ 11.7

Q011 #營甲101

某一粘土質卵礫石土層的統一土壤分類為 GC，粘土的液性限度為 50%，塑性限度為 20%，含水量約 15%，地下水在地表下 15 公尺，如欲在該土層中採用順打工法，構築地下室，基礎深約 10 公尺，請分別說明下列問題。

1. 在考慮符合經濟與安全的原則下，應採用何種擋土設施？
2. 請列舉選擇該擋土設施的 3 種原因？

A011

1. 應採用鋼軌樁加板條工法的擋土壁。
2. 原因如下：
   (1) 堅硬又具彈性的鋼軌樁容易貫入卵礫石層土壤至設計深度。
   (2) 在地下室開挖階段，由於紅土卵礫石層的自立性佳，容易在鋼軌樁之間裝設木板條，再回填板條後方之空隙。
   (3) 紅土卵礫石層的透水性很低，雖然擋土壁為透水性板條，但是無漏水及管湧的問題。

Q012 #營甲101

基樁完整性試驗，檢驗管應配合鋼筋籠製作時放置預埋，一般預埋之測管為 PVC 管或鐵管，長度係配合基樁之長度（含空打部份之長度），並高出樁頂地面至少 30～50 公分，管底及管頂均應封蓋，安裝時固定於鋼筋籠上。在鋼筋籠吊放完成後，應將完整性試驗管（PVC 管或鐵管）管內灌滿水，再用特密管澆置混凝土。請問基樁完整性試驗的目的及原理各為何？

基樁完整性試驗的原理是利用音波傳遞的原理來施作檢測，基樁若為均質混凝土，其音波傳遞速度是一固定值，若混凝土中含土壤、灰泥或出現蜂窩時，則其音波之傳遞速度將降低。因此超音波檢測依據此種不同品質之混凝土具有不同之音波傳遞時間現象，利用音波檢測儀之收、發波器置於已施工完成基樁之檢測管內，藉由音波傳遞之速度與深度關係圖形，由印表機直接繪出，再依據此記錄曲線圖形與該設備技術文件中所附圖表加以分析研判混凝土品質的良莠及缺陷。

Q 013　#營甲 101

斜坡明挖工法，分別在乾砂、潮砂（不飽和）、及濕砂（飽和）的地盤中進行，假設在三種地盤中砂土的級配及開挖深度皆相同，而且砂土含水量不變，請問斜坡明挖的坡度：

1. 何者最陡？
2. 何者最緩？

（1）潮沙
（2）溼沙

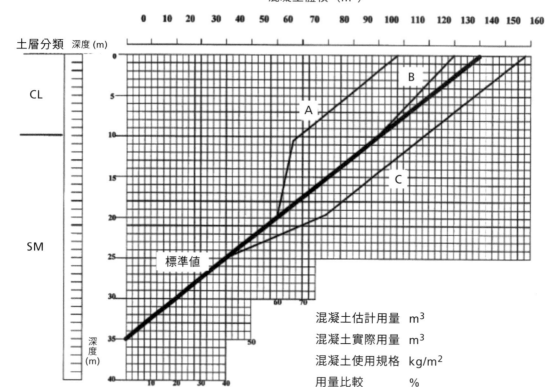

混凝土估計用量　m³
混凝土實際用量　m³
混凝土使用規格　kg/m²
用量比較　　　　%

某一單元地下連續壁（板長 5.7m、板厚 0.7m、板深 35m）混凝土
澆置曲線如下圖所示，請回答下列問題？

1. 忽略鋼筋用量，該單元地下連續壁混凝土的估計用量為多少立方
   公尺。
2. C 曲線可能發生的情況，詳細敘述之。

（1）混凝土數量 =5.7*0.7*35=139.65M3
（2）曲線 C
曲線 C 在 GL-25m ～ GL-20m 處混凝土澆置量有增加情況，
也就是混凝土澆置曲線斜率變小，表示該深度可能發生坍孔情
形。當開挖後，在該處可能有大肚現象，若配合超音波檢測壁
面情形卽可預先得知。

營甲 102

在軟弱的黏土層中進行地下室土方之開挖，開挖作業進行至某種深度
後，開挖背面（擋土壁外側）之土壤重量超過支持該土重之下部黏土
抵抗力，開挖底部失去平衡，因而沿著滑動面產生塑性流動，背面土
壤向開挖底面內側迂迴流動，於開挖底面造成鼓起現象，此種現象稱
爲隆起。請列舉 2 種可阻止塑性流隆起之工法？

塑性流隆起：
黏土的含水量 w 大於液性限度 LL，此時，黏土的黏滯性小，稠度低，
處於液態狀況。因此，土壤會沿著滑動面產生塑性流動，向開挖面底
部流動造成隆起，如圖示。

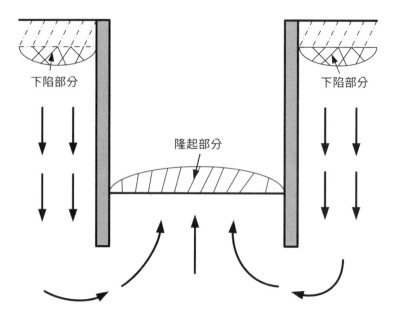

下陷部分

隆起部分

下陷部分

阻止之工法：
1. 地錨工法
2. 微型樁工法

Q **016**　# 營甲 102

依「建築技術規則」之規定，建築物基礎應視基地特性，檢討其穩定性及安全性，並應採取哪些防護措施？

A (016)

建築技術規則第 60 條（基礎土方）

建築物基礎應視基地特性，依下列情況檢討其穩定性及安全性，並採取防護措施：

一、基礎周圍邊坡及擋土設施之穩定性。

二、地震時基礎土壤可能發生液化及流動之影響。

三、基礎受洪流淘刷、土石流侵襲或其他地質災害之安全性。

四、填土基地上基礎之穩定性。

施工期間挖填之邊坡應加以防護，防發生滑動。

Q 017
營甲 103

營建工程爲防止開挖過程中周圍地基之崩塌，並確保進行中各工程所需之作業空間及人員機具安全，以各種可能之擋土設施架設於開挖面使成穩定狀態之臨時構造物。擋土支撐係指爲支撐擋土壁所承受之土壓力、水壓力而設置之設施。

（一） 試列舉至少四種類型之擋土壁。

（二） 請以簡圖示意及分別說明擋土支撐中支撐橫擋、撐梁、支柱、及斜撐或角撐之設置位置與基本功能。

（一）

1. 橫板條

2. 鋼板樁

3. 預壘排樁

4. 拌合樁

5. 連續壁

（二）

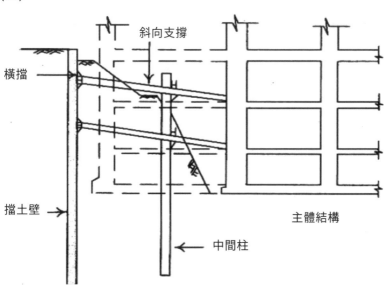

Q 018　# 營甲 103

逆打鋼支柱施工時因定位產生誤差，導致逆打鋼支柱與上部續接柱間偏心接合，二者中間僅以鋼板橫隔板隔開。請分別就產生之影響與如何預防及改善對策加以說明。

A 018

逆打柱吊放：

1. 首先架設經緯儀於樁心控制線 X、Y 二方向（須三部經緯儀），用吊車將鋼支柱豎起後，放入掘削孔內並定位在架台之中央，注意不使其與架台碰觸。

2. 於鋼柱 1/3 高度安置油壓千斤頂及偏微器，鋼柱繼續緩慢放入，於適當高度將鋼柱暫時固定於架台上。

3. 將墨線彈在鋼柱中心，以固定架上之調整固定器依樁心控制線方向校正鋼柱中心。

4. 將鋼柱以吊車將鋼柱吊放至設計高程，再以導柱上之中心標記校正鋼柱中心，並以架台上之千斤頂校正鋼柱高程。

鋼支柱再校正：

1. 混凝土澆灌至預定高度後，鋼支柱須再校正一次，從正交之 X，Y 兩方向，用經緯儀測定鋼支柱之導柱，使柱心能與其合併一致，以經緯儀確認垂直精度後再用水準儀測定其高程是否正確。

2. 依偏微器之讀數用由油壓千斤頂校正鋼柱之垂直度。

注意事項：

1. 基樁中心控制點容許誤差 3mm 以內，並應設置於不易移動及避免重機械通過處。

2. 樁位放樣於 PC 面上後，必須以鋼釘標記並保護之，避免被重機械碾過破壞。

3. 鑽掘孔之水位高度應保持在地下水位以上。

4. 架設經緯儀，每支鋼柱至少需三部經緯儀以上，防止扭轉。

5. 於下鋼柱前，事先多一點方向，防止下鋼柱後儀器被移動而不能通視。

6. 鋼柱下放時，需再次確認編號及方位。

7. 特密管灌漿時下端應保持埋入混凝土中深度 1.5m，換管避免特密管抽出混凝土面造成斷橋。

8. 混凝土粗骨材最大粒徑 2.5cm 最大坍度 18cm。

9. 混凝土澆置前先放置橡皮栓塞，避免穩定液灌入。

Q 019 # 營甲 103

建築基地於地下開挖階段，若發生隆起現象，請問發生原因、地質條件及緊急應變措施。

A 019

開挖底面下方土層係軟弱黏土時，應檢討其抵抗底面隆起之穩定性。隆起破壞之發生，係由於開挖面外土壤載重大於開挖底部土壤之抗剪強度，致使土壤產生滑動而導致開挖面底部土壤產生向上拱起之現象。

應考量擋土壁之變位量及擋土壁背之地面沉陷量，若超過容許值，應增加擋土壁之貫入深度或以地層改良方法增加滑動面土壤之剪力強度。

Q 020 # 營甲 103

某一市區中正進行一鋼構造購物商場地下室工程，請問：

（一）基礎開挖對於鄰近構造物可能造成影響，因此必須設置施工安全監測系統，應監測的項目有哪些？

（二）為完成該地下室工程，依相關規定雇主需派哪些接受教育訓練合格作業主管於現場監督作業？

A 020

（一）

（1）開挖區四周之土壤側向及垂直位移。

（2）開挖區底部土壤之垂直及側向位移。

（3）鄰近結構物及公共設施之垂直位移、側向位移及傾斜角等。

（4）開挖影響範圍內之地下水位及水壓。

（5）擋土設施之受力及變位。

（6）支撐系統之受力與變形。

監測項目	儀器名稱	儀器個數	監測頻率
擋土結構體變形及傾斜	傾度管	處	每逢基地挖土前後，支撐施加預力及拆除前後：平時每週一次，開挖階段每週至少二次，必要時隨時觀測
地下水位及水壓	水壓式水壓計	支	平時每週二次，抽水時每天一次
	水位觀測井	支	平時每週二次，必要時每天二次
開挖面隆起量	隆起桿	支	開挖階段每天至少一次，平時每週二次
支撐應力及應變	振動式應變計	個	每天一次
道路及建築物沉陷量	沉陷觀測釘	個	平時每週一次，必要時隨時觀測
筏式基礎沉陷量	沉陷觀測釘	個	每層澆築混凝土前後，平時每十天一次
擋土壁鋼筋應力	鋼筋計	支	基地開挖時每天一次，平時每週二次

（二）

（1）擋土支撐作業主管。

（2）露天開挖作業主管。

（3）模板支撐作業主管。

（4）鋼構組配作業主管。

Q 021 # 營甲 103

某一地質探查孔鑽獲之資料概述為：孔號 NT-05-02，垂直鑽孔，總深度 40 公尺。地表高程 EL.：20.76 公尺，自孔口～12.05 公尺為崩積塊石；12.05～25.60 公尺為砂質礫石層，礫石粒徑約 2～5 公分；25.60～32.42 公尺為黃棕色砂層；32.42～40 公尺為青灰色片麻岩；地下水位約在孔口下 6.23 公尺；請依上述資料繪出該地質探查孔柱狀圖（含高程及圖例）。

A 021

公尺	地質圖	
0		EL.: 20.76 公尺
5		地下水 6.23 公尺 崩積塊石 12.05 公尺
10		
15		
20		
25		砂質礫石層 25.60 公尺
30		礫石粒徑約 2～5 公分
35		黃棕色砂層 32.42 公尺
40		青灰色片麻岩 40 公尺

Q 022 # 營甲 103

推進工程之土壓平衡式工法，在卵礫石層的地盤中掘進時，為了順利用螺桿以旋轉方式排除開挖之土方，必須在土壓艙中加入作泥材，請列舉二項使用作泥材之功能。

泥材通常以皂土加水攪拌而成泥材之功能如下：
1. 泥材可使挖掘土壤成塑性，不但可降低切削盤之刀刃旋轉的摩擦力，亦可有效排出挖掘土壤。
2. 保持開挖面穩定。

Q　#營甲104

請列舉 7 種擋土支撐系統之支撐架構破壞的因素。

導致支撐架構破壞的因素可歸納如下：
1. 支撐安裝精度不良，產生鬆動。
2. 使用材料不當，勁度不足，發生彎曲變形。
3. 支撐間隔過大，導致壁體變形。
4. 接頭、接合部補強方式不佳，產生挫屈。
5. 支撐架設時機不當，造成擋土壁的變形。
6. 不當之開挖或超挖，導致架構不穩定。
7. 支撐負荷之載重過大，產生挫屈。
8. 重型機械等地表上方載重過大，造成支撐架構之不穩定。
9. 支撐預力過大造成擋土壁體接縫裂開。
10. 支撐系統架設太慢，施工時只考慮施工便利而忽略「時間」之重要性，因為破壞則在開挖後及支撐系統架設前可能發生，故開挖時破壞機率將逐漸增加。
11. 中間樁根入深度不足，結合部分未按標準接合施工，支撐系統之橫擋材之應力條件和斜撐固定與否而造成失敗。

Q 024 # 營甲 104

於一般公路隧道開挖施工中，當進行監測作業時：

（一） 繪圖表示收斂岩釘安裝及其淨空變位量測之位置。

（二） 請以管理基準、預警燈號、計測管理、施工管理說明監測管
理機制。

A 024

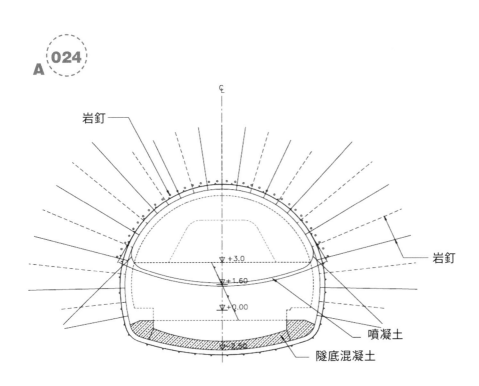

預警等級	管理基準	計測管理	施工管理	主要對策
平常	計測值＜警戒基準或變位增加率減緩	・定時計測及提送報告	・依原計劃施工	—
第一次警戒（綠燈）	控制基準≦計測值＜警戒基準←或變位增加率漸增或噴凝土有局部裂縫，地下水滲出	・向駐地工程司提出報告 ・檢查計測儀器 ・計測每天一次惟變形趨勢平緩後可不需每日測量 ・原因分析	・注意施工作業 ・強化現場狀況之檢查 ・管理對策檢討	—
第二次警戒（黃燈）	警戒基準≦計測值＜行動基準←或變位增加率持續增加或噴凝土有顯著裂縫，地下水滲出	・強化計測管理 ・原因分析 ・檢討管理基準 ・計測每天 1～2 次	・注意施工作業 ・強化現場狀況之檢查 ・實施處理對策	處理對策 A
第三次警戒（紅燈）	計測值≧行動基準←或變位增加率驟增或噴凝土裂縫及地下水滲出，均較第二警戒爲大	・同上 ・計測每天 2 次	・暫時停止開挖工作 ・實施處理對策	處理對策 B

隧道施工預警等級及計測與施工管理方針

Q 025 # 營甲 104

大地或基礎開挖工程如樁基、擋土樁、連續壁、地盤改良、地質鑽探、地下推進及潛盾等施工過程中常會發生「公害」，試列舉並簡述在作業中可能發生之公害種類。

A 025

1. 因噪音及振動等所引起的公害，其原因為：
   (1) 擋土支撐工程施工中，因打樁機械打設擋土設施（鋼板樁、鋼軌樁或型鋼）；(2) 因機械運轉及運土車輛之通行所產生的振動、噪音及飛塵。
   此類公害所造成之影響為：(1) 其噪音及振動讓附近師生作息產生顯著的不快不安感，且妨礙其談話及教學。(2) 對鄰近結構物產生不良影響，其結果有使砂質地盤產生差異沈陷，或使其上方基礎結構不良的古老木造建築承受顯著的損害。

2. 因擋土板樁及支撐設施所引起的公害，其原因：
   (1) 擋土板樁之作業有缺陷：(i) 使擋土背面之土層鬆動，並留有空洞；(ii) 擋土板樁之入土深度不夠引起板樁基部的移動變位及傾斜。
   (2) 因支撐設施有缺陷：(i) 支撐設施材料之強度不夠（屈折）；(ii) 在材料正交部等發生陷入現象；(iii) 水平抗壓材之旋轉（彎曲、滾動）；(iv) 接頭（續接部）之收縮；(v) 抗壓的細長比不適當；(vi) 橫梁裝設時期之延誤；(vii) 橫梁之隆起（上浮）。
   此類公害因開挖部份周圍某擋土背面土層之變位移動的影響，呈現各種不同的形式：
   (1) 周圍地盤表面之下陷及傾斜。
   (2) 鄰近建築物、結構物之差異沈陷、傾倒或移動。
   (3) 連接道路路面之龜裂、下陷，土層內部埋設物之移動、破裂等。

3. 因排水方法所引起的公害，其原因：

(1) 忽視對開挖現場周圍產生不良影響的檢討、考慮之排水方法。

(2) 忽視自板樁孔隙所生之管湧（piping）及板樁基底部份之土壤浮動（boiling）的對策處理之開挖。

(3) 因強迫排水而成乾燥作業，致過份開挖而失去設置支撐保護設施的時期。

其所造成之影響如上述第 2 點類似。

Q #營甲 105

基礎開挖過程中，請分別繪圖並說明開挖面之塑性流隆起災害及擠壓隆起災害發生原因。

塑性流隆起：

黏土的含水量 w 大於液性限度 LL，此時，黏土的黏滯性小，稠度低，處於液態狀況。因此，土壤會沿著滑動面產生塑性流動，向開挖面底部流動造成隆起。

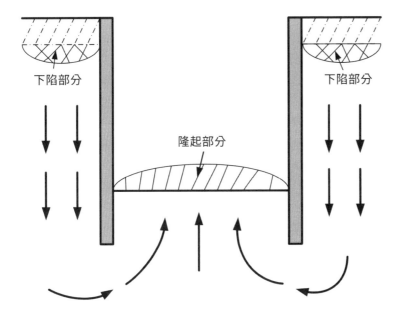

擠壓隆起：

在靠近開挖面處，由於擋土壁向開挖面變形，連帶地把土壤推擠向上，因此產生開挖底面的隆起

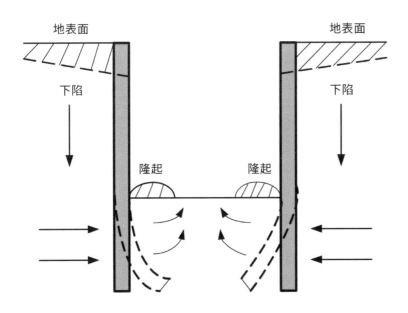

Q 027 # 營甲 105

某建築基地位於級配優良卵礫石層，地下室土方開挖採用斜坡明挖工法，如果地下室基礎構築期間較長，邊坡可能長時間閒置，必須採用斜坡保護時，現有細目地工格網、帆布和掛網噴漿 3 種斜坡保護方法，請回答下列問題：

（一）請依據上述條件，列出此 3 種斜坡保護方法適用的優先順序。
（二）請說明原因。

A 027

（一）帆布—細目地工格網—掛網噴漿。
（二）帆布：因為級配優良，基本防水就可以保護邊坡，但時間久，因太陽照射容易損壞。
細目地工格網：沒防水效果，用來保護土石崩落。
掛網噴漿：除非斜度非常大才需要用，花的錢是最多的，但可以用比較久。

Q 028 # 營甲 106

沉箱於施工作業中應檢查之重點有哪些？

A 028

一、準備工作
  1. 沉箱基腳之位置應依照設計圖並經工程司複測認可後，方可準備製作沉箱。製作之前，應先將地面整理清除平整。
  2. 沉箱基腳之河床地面如高於施工時之河川水位時，應先開挖至水位線以上，然後整平，開始製作沉箱。

3. 沉箱基腳之河床地面如低於施工時之河川水位時，可視河川水
位情況，採用圍堰抽水或導水改道或用砂土築島等方法，經工
程司之同意後處理之。本項工作除設計圖另有規定外，已包含
於相關費用中，不另計價。

二、沉箱製作

1. 沉箱鋼腳，應依照設計圖說尺度製作。安放時須特別注意其位
置、方向及水平之正確。組立模板前後，均應經工程司之檢查
認可。

2. 沉箱混凝土應分節澆置，通常每節長約 3 ～ 5m。除第一節直
接澆置於鋼腳上模板外，其他各節應俟前一節下沉至相當深度
後（水位以上約 [50cm]），再繼續澆置。

3. 沉箱混凝土、模板及鋼筋等之施工，須符合第 03050 章「混凝
土基本材料及施工一般要求」及第 03210 章「鋼筋」之相關之規
定，並應依照設計圖及工程司之指示辦理。

三、沉箱下沉

1. 沉箱澆置混凝土後，須俟混凝土強度達到設計強度之 [50%]
時，始可拆除模板，達到 [70%] 時，始可進行箱內挖掘下沉
工作。

2. 若沉箱下沉，必須藉助外加壓重時，其壓重之局部壓力應低於
混凝土抗壓強度之 [50%]。

3. 沉箱下沉不可在箱外周圍開挖，應採用箱內挖掘辦法。如箱內
積水可以抽乾時，可採用普通人工及機械挖掘；如積水不能抽
乾，則須用抓泥機（Clamshell）或潛水工挖掘，必要時經工
程司之同意，得採用水注法（Water Jet）幫助下沉。

4. 挖掘時應由沉箱中央開始，向四週平均對稱擴展，不可局部挖
掘過深，致使沉箱偏倚。無論用何種方法下沉，均不得損及沉
箱內壁。

5. 沉箱壓重時，應先將箱頂伸出之鋼筋，妥爲彎曲。不可使鋼筋
周圍之混凝土破裂。沉箱與壓重之間，應墊以木塊及草墊，俾
可防止局部應力之集中。壓重應均勻分布於沉箱之四週，以免
沉箱承受偏重而發生偏倚。

6. 沉箱下沉時，應隨時校對其方位與角度，如發現傾斜，應立即
糾正。

7. 使用水中挖掘法下沉時，應隨時注意使箱內水位高出箱外四週
水位，以免箱外水壓大於箱內水壓，而致泥沙自箱底湧入，增
加挖掘工作。

8. 沉箱下沉時，如遇有岩石必須使用爆炸法時，應先徵得工程司之許可，並且不可損及沉箱內壁及其鋼腳。所有炸藥、石方及相關費用，已包含於相關項目內，不另計價。

四、封底

1. 沉箱下沉到達設計深度，經工程司檢驗後，即可進行沉箱底部整理，準備封底。

2. 封底以水中混凝土辦理，施工之方法除特殊情況須經工程司同意者外，應採用特密管施工。

3. 水中混凝土，無論用何種方法施工，均須隨時測量其澆置之深度，並應作多點處觀測，以測得混凝土表面情況是否均勻。

五、水泥砂漿回填灌漿

1. 貫入岩盤之沉箱施築完成後，於沉箱外壁與開挖岩盤面間之空隙，應按設計圖及工程司指示配置灌漿管，以水泥砂漿回填灌漿，增加側壁抵抗力，避免沉箱受外力產生傾斜。

2. 水泥砂漿回填灌漿前，應先確認岩盤深度，由承包商提出施工計畫及預估水泥砂漿數量，經工程司認可後，開始施灌。

3. 水泥砂漿之拌和比及灌漿之壓力工程司得視實際情形調整，原則上水泥砂漿之拌和比約為 1：2，灌漿之壓力在灌漿管出口之淨壓力應不大於 2kgf/cm^2，至進漿率每分鐘少於 1L 即可結束灌漿。

營甲 106

請列舉 5 項建築物基礎開挖時之安全監測項目。

監測項目	儀器名稱	儀器個數	監測頻率
擋土結構體變形及傾斜	傾度管	處	每逢基地挖土前後，支撐施加預力及拆除前後：平時每週一次，開挖階段每週至少二次，必要時隨時觀測
地下水位及水壓	水壓式水壓計	支	平時每週二次，抽水時每天一次
	水位觀測井	支	平時每週二次，必要時每天二次
開挖面隆起量	隆起桿	支	開挖階段每天至少一次，平時每週二次
支撐應力及應變	振動式應變計	個	每天一次
道路及建築物沉陷量	沉陷觀測釘	個	平時每週一次，必要時隨時觀測
筏式基礎沉陷量	沉陷觀測釘	個	每層澆築混凝土前後，平時每十天一次
擋土壁鋼筋應力	鋼筋計	支	基地開挖時每天一次，平時每週二次

Q 030 #營甲 107

雇主對於隧道、坑道設置之支撐，應於每日或四級以上地震後，就哪些事項予以確認，如有異狀時，應即採取補強或整補措施？

A 030

營造安全衛生設施標準第 96 條
對於隧道、坑道設置之支撐，應每日或遇四級以上地震後就下列事項予以確認，如有異狀時，應即採取補強或整補措施：
1. 構材有無損傷、變形、腐蝕、移位及脫落。
2. 構材緊接是否良好。
3. 構材之連接及交叉部分之狀況是否良好。
4. 腳部有無滑動或下沉。
5. 頂磐及側壁有無鬆動。

Q 031 #營甲 107

（一）連續壁施工時，溝槽底部淤泥清除方法有哪些？
（二）施工中加入穩定液之主要功能為何？

（一）　連續壁溝槽底部淤泥清除方法：

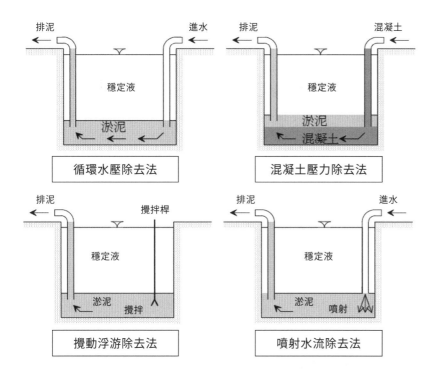

（二）　加入穩定液主要功能為

穩定液之主要功能為：

1. 在開挖孔孔壁面形成不透水薄膜防止坍孔。

2. 防止地下水滲入孔內。

3. 平衡土壓力。

4. 防止開挖孔內泥漿沉澱。

Q 032 #營甲 108

請列舉 5 項建築物基礎擋土式開挖時，穩定性檢核之項目。

 A 032

建築物基礎構造設計規範
擋土式開挖之穩定性分析：
有關擋土式開挖之穩定性，應檢核下列項目：
(1) 貫入深度
(2) 塑性隆起
(3) 砂湧
(4) 上舉
(5) 施工各階段之整體穩定分析

 Q 033 #營甲 108

試簡述地盤改良之灌漿工法為何？並說明其原理與目的。

 A 033

(一) 原理：
   將水泥乳漿黏土水以及各種化學藥劑等灌漿材料押送到地盤之
   空隙內提高止水性或增加地盤強度
(二) 灌漿工法之分類：
   灌漿工法可依其灌漿管設置方法灌漿材料混合方式及灌注過程
   而分類

灌漿工法	灌漿管設置方法			膠凝時間	混合方法	灌注過程
	單管灌注方法	鑽桿工法		長	1.5 shot	上昇式
		多孔管工法				下昇式
	雙重管灌注方法	雙環塞法	套管工法	長	1.0 shot	任意式
			Soletonche 工法			
			雙重多孔管工法			
		雙重管鑽桿法	D.D.S 工法	短	2.0	上昇式
			LAG 工法			
			MT 工法			
	特殊雙重管灌注方法					上昇式

Q 034 　# 營甲 108

請列舉建築物基礎地層改良方法之評估與選擇考量因素。

A 034

建築物基礎構造設計規範
地層改良方法之評估與選擇可考量下列因素進行：

（1）建築物基礎分析結果
（2）天然地層條件
（3）改良方法原理
（4）應用經驗
（5）施工機具與材料
（6）可行性分析
（7）環保要求

Q 035 # 營甲 109

請問潛盾機一般在施工時會構築哪四種工作井？並簡述其主要用途。

A 035

工作井：

為使潛盾機自隧道位置、高程開始潛挖施工需要，自地面施作擋土設施，開挖支撐作成一接近垂直之井筒構造，以提供施工機械、設備安裝、人員及機材進出隧道之通路，稱為「工作井」。

設於隧道起點者稱為「出發井」、設於隧道終點者稱為「到達井」，於隧道路線中途者為「中間井」（用以作潛盾機轉向、檢修或施裝連接構造之用）。

從地面鑽垂直或接近垂直的井深入地底，這類井稱為「豎井」。而在完工之後，有些豎井會保留做為通風、排煙或緊急逃生等用途。

Q 036 # 營甲 109

試舉 5 種深開挖常用監測儀器名稱及其監測項目，例如儀器名稱：鋼筋計，監測項目鋼筋應力。

A 036

一、擋土壁體監測事項：

1. 頂部之水平變化：傾斜計。
2. 變曲變形：傾度管。
3. 土壓力：振動式應變計。
4. 水壓力：水壓式水壓計。
5. 沉陷或上浮：沉陷觀測釘。

二、支撐與橫擋監測事項：
1. 支撐軸力：振動式應變計。
2. 支撐之應變：振動式應變計。
3. 開挖區內地層之隆起變化：隆起桿。

營甲 110

試簡述地下連續壁施工程序。

連續壁施工步驟：
（一）地質鑽探，檢查土質並注意土壤性質，計畫施作的牆厚。
（二）基地放樣、開挖導溝，開挖表土，至原土層，將上層的回填土
　　　挖除。
（三）施做導溝牆，深度至少 1.5 公尺。
（四）挖棄土坑和穩定液槽，依施做的場地開挖坑的大小。
（五）鋪面打設，將地平面用鋼筋混凝土打平，以利後續施工。
（六）穩定池液調配適當稠度，開始循環。
（七）機具進場開挖單元，同時開始黏焊鋼筋籠。
（八）單元開挖至預定深度，使用超音波測量壁體的完整性，允在工
　　　程開挖最深紀錄達地下 30 公尺。
（九）放置鋼筋籠，並且澆灌水泥。
（十）待壁體整周施作完成，連續壁施工告一段落。
（十一）破碎鋪面、坑槽，並且開挖地下室坑洞。
（十二）開挖時必須搭配擋土支撐逐步施作。
（十三）若有連續壁體因開挖造成土石崩落導致壁體不完整，及開挖
　　　　過程中不斷修補或打除，直到達到開挖深度，連續壁工程完
　　　　工。

Q 038 # 營甲 110

請回答下列問題：

（一）試說明開挖工程產生砂湧之原因。

（二）產生砂湧時，基地內、外會發生怎樣的現象？

（三）砂湧之水源可能來源為何？

A 038

（一）砂湧之原因：為開挖面下為透水性良好之土壤時，由於開挖側抽水使內外部有水頭差而引致滲流現象，當上湧滲流水之壓力大於開挖面底部土壤之有效土重時，滲流水壓力會將開挖面內之土砂湧舉而起，造成破壞。

（二）基地內積砂積水，基地外部周圍沉陷。

（三）地下水。

Q 039 # 營甲 110

甲建設公司準備台北市文山區靠景美溪沿岸（非礫石層）興建地下 4 層、 地上 30 層住宅工程、基地面積約 1,500m²，四側距鄰房最小距離為 4m。請 考慮在符合安全的狀況下：（一）最佳的地下擋土工法為何？（二）列舉 3 種地下室開挖及支撐之工法。

A 039

（一）地下連續壁

（二）樁基礎、沉箱基礎、壁樁與壁式基礎等。

Q 040 #營甲 110

請說明建築物地下室支撐開挖工法由整地放樣至地面層樓版完成的施工程序。

A 040

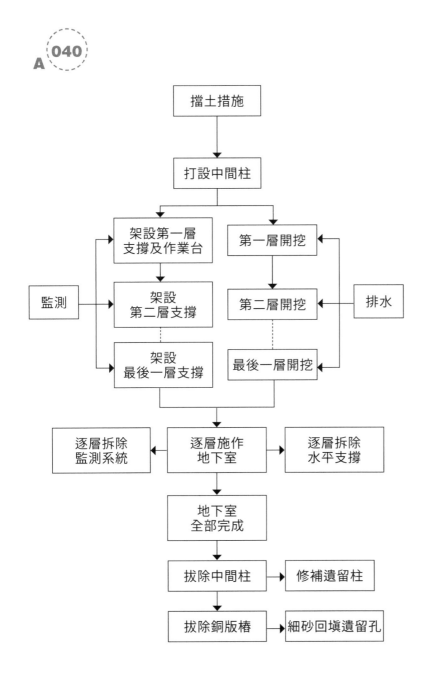

Q **041** #營甲 111

基礎開挖作業（包括擋土壁施作及土壤開挖）可能會造成地盤沉陷；試舉 5 項基礎開挖作業時，包括正常施工狀況及異常狀況，造成地盤沉陷的原因。

A **041**

（一）隆起現象 (heaving)
　　　1. 軟弱黏土地盤引起
　　　2. 水壓引起
（二）砂湧
（三）管湧、泉湧（出泉）、地下水管破裂
（四）積水泡軟樁基腳或支撐柱

Q **042** #營甲 112

有關地下連續壁之施工，試回答下述問題：
（一）為確保混凝土保護層之厚度，鋼筋籠兩側應裝設間隔墊塊。為使槽底處之鋼筋能有適當之保護層厚度，鋼筋籠吊放時，應如何處置？
（二）灌注混凝土應儘速於鋼筋籠吊放後為之，若超過 1 小時以上仍未澆置混凝土，鋼筋籠應如何處置？
（三）每片連續壁單元混凝土實際用量與設計量相差，不得超過 10%；請說明造成實際用量超過設計量的原因為何？實際用量少於設計量的原因為何？

A **042**

（一）混凝土澆置過程中，鋼筋籠須保持固定，不得有移動現象，混凝土保護層應保持在 7.5cm 以上。

（二）灌注混凝土應儘速於鋼筋籠吊放後為之，若超過 1 小時以上仍未澆置混凝土，則應將吊放之鋼筋籠取出，清除附於鋼筋上之淤泥及膨土，並經工程司同意後，始得重新吊放。

（三）混凝土超過設計量的原因：坍孔。

混凝土少於設計量的原因：包泥。

乙級

Q 001 #營乙 97

在砂土層進行止水性之地盤改良時，一般皆採用二重管雙環塞工法，請繪圖說明從裝設灌漿管至灌漿完成之過程。

A 001

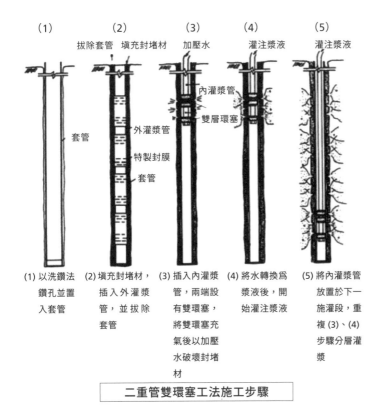

(1)	(2)	(3)	(4)	(5)
	拔除套管　填充封堵材	加壓水	灌注漿液	灌注漿液

內灌漿管

雙層環塞

外灌漿管

特製封膜

套管

套管

(1) 以洗鑽法鑽孔並置入套管

(2) 填充封堵材，插入外灌漿管，並拔除套管

(3) 插入內灌漿管，兩端設有雙環塞，將雙環塞充氣後以加壓水破壞封堵材

(4) 將水轉換為漿液後，開始灌注漿液

(5) 將內灌漿管放置於下一施灌段，重複 (3)、(4) 步驟分層灌漿

二重管雙環塞工法施工步驟

Q 002 #營乙 97

地下工程進行階段，地下水位的高程會影響施工。試以砂土及黏土互層之地質爲背景，說明自由水層、逸水層及壓力水層。

A 002

自由水層：自由水層位在砂質、土壤之間上面沒有不透水層覆蓋。
逸水層：逸水層爲不透水層。
壓力水層：受壓水層的上下，則都覆蓋著不透水層。

Q 003 #營乙 98

反循環基樁及連續壁開挖時，於樁孔及導溝內注入穩定液，避免樁孔及壁溝的崩塌，當挖掘至卵石層時，壁面容易崩塌，請詳細說明防止壁面崩塌的方法。

A 003

防止導溝壁面崩塌防止的辦法：
1. 增加導溝牆尺寸
2. 增加內撐尺寸或減少間距
3. 減輕載重
4. 開挖機等施工機具評估管理
5. 地質不佳實施局部地盤改良

Q 004　# 營乙 98

型鋼支撐及地錨皆可做爲地下室開挖時擋土壁之支撐結構，爲了支撐擋土壁所承受之士壓力及水壓力而設置。請說明：
1. 任舉三種適合採用地錨的條件。
2. 任舉兩種不適合採用地錨的條件。

A 004

（一）地錨工法的優點爲：
（1）對挖掘作業及地下結構工程的作業效率佳
（2）可以縮短工程
（3）適用於淺而面積大的開挖

（二）地錨工法的缺點爲：
（1）無法適用於軟弱土層
（2）在高地下水位的顆粒土壤（砂土或卵礫石土）地盤，地錨施作深度應控制在地下水位 10m 之內
（3）地錨施工品質不佳時，可能會產生較大的地表沉陷

Q 005　# 營乙 99

地下室開挖前，必須配合開挖深度階段式降低地下水，請列舉五種重力式排水工法。

A 005

排水工法
1. 重力式排水工法，包括：
　（1）集水坑排水工法（集水井）

（2）深井工法
（3）明溝排水工法（明渠）
（4）暗溝排水工法（暗渠）

2. 強制式排水工法，包括：
（1）點井工法
（2）電氣滲透工法
（3）真空深井工法

Q 006 # 營乙 99

島區式工法為建築物地下室開挖工法之一，請繪圖並說明島區式工法之施工程序。

A 006

開挖時保留近擋土壁處之土壤成一坡面，以抵抗開挖外側的土壓力，然後先將基地中央區開挖，再構築中央區之結構體，再利用結構體反力架設支撐，然後將周圍的土坡挖除，構築周圍的結構體，最後拆除支撐，這種開挖施工法稱為島區工法。

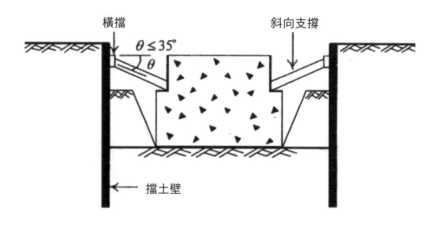

單層支撐之島區工法

Q 007　# 營乙 100

地下基礎開挖期間如果連續壁產生較大的變形量，即可能影響鄰房及施工的安全，因此，必須設法減少連續壁的變形量，而內扶壁爲其中之選項。請問：

1. 內扶壁的施做可分爲 T 型單元和非 T 型單元，請繪圖並說明兩者與連續壁之關係，同時分別敍述兩者抵抗擋土壁變形的機制。
2. 若於深厚軟弱黏土層施做扶壁時，需採用何種形式，並說明選擇之理由。

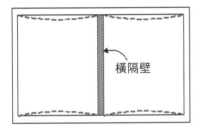

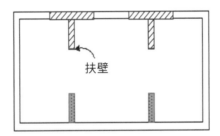

設計扶壁，增加連續壁的慣性矩，增加抵擋側向土壓的能力，達到減少連續壁的變形。圖中的扶壁位於基地內側，在地下室施工時必須打除。對於扶壁的位置，也可轉向，將扶壁轉而設計於開挖區外側，將可免去將來打除的困擾，但是，必須注意扶壁必須位於自有地界之內，以免發生侵權的情形。

Q 008　# 營乙 100

地下連續壁在挖掘過程，可採用皂土穩定液或超泥漿穩定液，抵抗地盤土壓及地下水壓力。請回答下列問題：

1. 地下連續壁在灌注混凝土時，皂土或超泥漿穩定液何者會產生穩定液劣質化的情形？
2. 請詳細說明問題 1 之原因？

A 008

1. 皂土會產生穩定液劣質化的情形。
2. 皂土循環 3 ～ 4 次後即產生劣化，而必須棄置。

Q 009　# 營乙 101

在許多地下工程災變之案例中，民眾生命財產之損失都很可觀，造成
災變的原因雖然很多，但是其中一個非常重要的環節就是地盤改良
的效果不理想，未能達到土體的止水效果。請列舉地盤改良之四個目
的。

A 009

1. 改善剪力特性（防止剪力破壞，減少剪力變形）。
2. 改善壓縮性以減少沉陷量。
3. 改善動態特性（防止液化）。
4. 減少土壤透水性，降低滲流壓減緩流砂及管湧。

Q 010　# 營乙 101

請問水位觀測井是否適用於卵礫石層及沉泥質粘土層？請詳細說明其
原因？

水位觀測井用來控制地下水位，卵礫石層透水性好，可重力排水，就可以控制地下水位，用水位觀測井適用。但沉泥質粘土層透水性不好，要用真空排水出來才能有效控制地下水位，用水位觀測井不適用。

Q 011   # 營乙 102

反循環基樁施工流程，包含下列作業：（a）開挖機械之設置及鑽掘（b）混凝土澆置（c）樁位放樣（d）特密管安放（e）鋼筋籠之吊放及定位（f）整地（g）安放套管，請列出最妥適之施工順序。

反循環基樁施工流程如下：
  （f）整地
  （c）樁位放樣
  （g）安放套管
  （a）開挖機械之設置及鑽掘
  （e）鋼筋籠之吊放及定位
  （d）特密管安放
  （b）混凝土澆置

Q 012   # 營乙 102

今欲興建一地下二層、地上十層的集合住宅建築物，經地基調查發現本基地地盤爲砂質土，而且地下水接近地表，如果擋土設施採用預壘樁，爲了減少滲漏，在預壘樁之間施作高壓噴射灌漿止水樁（CCP），請回答下列問題：

1. 高壓噴射灌漿止水樁（CCP）之灌漿管爲一管、二重管或三重管？
2. 影響高壓噴射灌漿止水樁樁徑與改良強度的因素有哪些？請列舉其中四項。

A 012

1. 高壓噴射灌漿止水樁（CCP）之灌漿管爲一重管。
2. A. 漿液之配比。
   B. 噴漿時鑽桿之迴轉速度。
   C. 噴漿泵送壓力。
   D. 鑽桿提升速度。
   E. 聚液每分鐘灌注量。

Q 013   # 營乙 103

採連續壁開挖時，需在導溝內注入穩定液，當挖掘至卵石層時，壁溝面容易崩塌，請回答下列問題：

（一）如何決定導溝深度。
（二）請列出防止壁面崩塌的任意四種方法。

（一）如何決定導溝深度

一般導溝牆深度約 2 米。（依現況回填土層深度決定，導溝牆需進入原土層，以免抓掘過程中土壁坍孔嚴重）

（二）防止導溝壁面崩塌

1. 增加導溝牆尺寸
2. 增加內撐尺寸或減少間距
3. 減輕載重
4. 開挖機等施工機具評估管理
5. 地質不佳實施局部地盤改良

營乙 103

建築物地下室開挖時採用地錨作爲擋土壁體之支撐結構，請說明下列問題：

（一）任舉三種適合採用地錨的條件。

（二）舉兩種不適合採用地錨的條件。

（一）地錨工法的優點爲：

1. 對挖掘作業及地下結構工程的作業效率佳
2. 可以縮短工程
3. 適用於淺而面積大的開挖

（二）地錨工法的缺點爲：

1. 無法適用於軟弱土層
2. 在高地下水位的顆粒土壤（砂土或卵礫石土）地盤，地錨施作深度應控制在地下水位 10m 之內
3. 地錨施工品質不佳時，可能會產生較大的地表沉陷

Q 015 # 營乙 104

反循環基樁壁挖掘過程，可採用皂土穩定液以穩定開挖面，請列 5 項有關皂土穩定液的檢驗項目。

A 015

項目	範圍（以 20°C爲主）	檢驗法	測定時間及次數
比重	[1.02 ～ 1.22] 1.05（混凝土澆置前）	漿密度天平 (Mud Balance)	鑽挖前後、下雨後、 混凝土澆置前
黏滯性	20 ～ 35 秒	漏斗黏滯性儀 (500/500c.c. Marsh Funnel Viscometer)	每日測定情況同上
濾過度	滲透量少於 15c.c. 泥漿模厚小於 2mm	濾過壓試器測試壓力 (3kgf/cm²)(Filter Press Tester)	每 5 日測定一次
PH 值	7 ～ 12	PH 值顯示儀	混凝土澆置前
含砂量	[小於 5%（使用中）]	200 號篩	每 5 日測定一次

說明：
A. 穩定液須用清水調配，水中不得含有油質、不合規定之酸鹼物、有機物質或其他雜質。穩定液放置 10 小時，水之分離度應在 5% 以內，穩定液保持均勻，放置 6 小時後液面下降應少於 20cm。
B. 上列測定次數爲一般情形下之測量次數，工程司得增減實際測量之次數。同時下雨前後、久置後、停工前及土層有變化情況時，應照工程司之指示，加做必要之試驗。
C. 穩定液控制紀錄至少應包括試驗時間、取樣地點、工作狀況及上表所列之檢驗項目。

Q 016 # 營乙 104

基礎工程於施工前須準備哪些工作？

1. 確實除去障礙物（舊有建築物基礎等）。
2. 研判土質，挖深井並做湧水量之調查。
3. 鄰接建築物基礎之支撐物，埋設管之維護，周圍地盤改良之藥液灌入等，應儘可能在開挖前實施。
4. 基地內殘存之舊水管，下水道管之尾端應予確實處理。又為防備萬一必須確定止水栓之位置及連絡單位。
5. 設置開挖中各種測定工作所需之基準墨線。
6. 預先拍取附有日之鄰近構造物現狀照片（特別是壁面之龜裂等）。

營乙 105

請分別說明於地下工程中，降低地下水位及地盤改良之目的各為何？

基礎工程開挖時常須處理地下水，其目的為：
1. 防止工作面湧水。
2. 防止流砂、管湧之發生。
3. 增加斜坡之穩定，防止崩塌。
4. 減少擋土牆之水壓力。
5. 防止擋土牆背土砂流出。
6. 減輕結構體底板之浮力。
7. 減少隧道、沉箱工程使用壓氣工法時之氣壓。
8. 增加開挖面之穩定。
9. 防止地盤滑動。
10. 增加地盤之剪力強度。

地層改良方法之功能大致可分為下列各項：

1. 增加支承力。
2. 降少變形量。
3. 減小側向土壓力。
4. 防止液化。
5. 增加止水效果或排水效果。
6. 防止坡地之崩滑。
7. 防止土層沖刷、流失。
8. 環境保護。
9. 處理廢棄物。

Q 018　# 營乙 105

請說明連續壁施工法之優點為何？

地下連續壁工法之優點說明如下：

1. 低震動，低噪音，壁體剛性大，變形小，故周圍地盤不致沉陷，地下埋設物不致受損，適用於市區內之施工。
2. 壁厚及配筋不受限制，因而可適用於較深之擋土牆。
3. 止水性佳，亦可作為結構體的一部分。
4. 施工範圍幾可達基地境界線。
5. 適用於所有地盤。

Q 019　# 營乙 106

試說明基礎開挖時，擋土結構面出現大量漏水並夾帶土砂時，常採取之緊急應變工程措施。

擋土牆漏水夾土

1. 立即停止該分區之開挖作業,抽調現場人員全力針對管湧現象進行緊急處置。

2. 凡滲水夾帶砂土時,無論滲漏量多寡,均由現場工程師於第一時間內,將現場預留之砂包圍堵滲漏點,以提供初期濾層作用,減少土砂流失。

3. 若滲漏情況嚴重時,須採取現地土壤,回填管湧處,減少或停止管湧現象,以避免擋土壁破洞持續擴大。

4. 聯絡相關管線單位,檢查基地鄰近之維生管線之分布及閥門位置,並請派員赴現場緊急應變,若有管線破裂,可立即關閉管線進行修補。

5. 在擋土壁外側進行低壓填縫灌漿(LW 工法),出漿口壓力須小於 3.0kg/cm²,緩慢的注入漿液以填補流失砂土形成之空隙,在灌漿過程中應避免出漿口灌漿壓力過大,沖破或擴大原有之擋土壁破洞,造成二次災害,因此灌漿全程需派員檢視發生管湧處之滲水量及吃漿量之變化情形。由於止水灌漿作業的敏感度較大,要求的施工技術很高,因此專業廠商的篩選及督導作業很重要,同時這類緊急應變施工計畫需明確說明灌漿改良範圍、施工方式、灌漿壓力及灌漿量之全程監控機制。

6. 若在在擋土壁外側進行低壓灌漿後,擋土壁之出水量仍無法控制,甚至大量出水,則可考慮緊急灌水或回填級配砂石料,以平衡擋土壁外側之水壓力,避免管湧處之破洞持續增大。採用回填級配砂石料穩定壁體,乃基於級配料有較高之安息角,遇水流較無流動性及日後進行補救動作時易於挖除回收。若採用一般開挖土料回填,勢必在大雨過後變成泥漿而失卻阻擋土壓及水流之效果,況且泥漿將隨水流動而漫溢整個工區,造成開挖區泥濘阻礙搶救作業。

7. 視災害規模,考慮對周邊道路或鄰房基礎施作填充灌漿,以填補可能淘空之區域,強固周邊道路或鄰房基礎,防止損鄰災害擴大。

8. 在管湧附近加設監測設施,訂定監測頻率、安全管理值及通報方式,持續至復工完成為止。

Q 020 #營乙 106

請說明土方開挖前（基地整理、去除障礙物）注意事項有哪些？

A 020

1. 確實除去障礙物（舊有建築物基礎等）。
2. 研判土質，挖深井並做湧水量之調查。
3. 鄰接建築物基礎之支撐物，埋設管之維護，周圍地盤改良之藥液灌入等，應儘可能在開挖前實施。
4. 基地內殘存之舊水管，下水道管之尾端應予確實處理。又為防備萬一必須確定止水栓之位置及連絡單位。
5. 設置開挖中各種測定工作所需之基準墨線。
6. 預先拍取附有日之鄰近構造物現狀照片（特別是壁面之龜裂等）。

Q 021 #營乙 107

鑽探紀錄表應含括（一）基本資料、（二）鑽探內容、（三）地層描述 3 部分；請分別說明其應包含哪些內容？

A 021

（一）基本資料：基本資料計畫編號、計畫名稱、計畫地點、計畫目的、執行單位、計畫開始結束時間。
（二）鑽探內容：鑽孔方法 鑽孔編號、鑽孔上下限、冲洗介質、岩心回收率、取樣方法、SPT-N 值、岩石 RQD、岩心破裂指數。
（三）地層描述：分層描述陵孔編號、分層上下限、分層描述、地下水位。

Q 022 #營乙 107

請回答下列問題：

（一）請列舉 4 個基礎開挖時，「降水」的目的。

（二）試說明基礎開挖之集水坑排水法。

A 022

（一）1. 控制地下水位

　　 2. 方便基礎施工開挖

　　 3. 防止沙湧管湧

　　 4. 防止基礎上舉

（二）集水坑排水法（Shallow Sump drainage）

　　 使地下水自然地流入到設置在較開挖面較低之集水坑內，而後
　　 利用抽水機抽出排至外面。

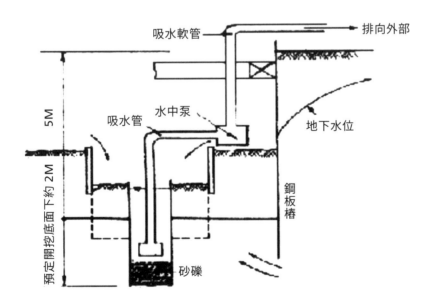

Q 023 #營乙 108

基礎工程於開挖期間，若發生連續壁破洞產生管湧的現象時，可以採取哪些方法緊急處理，以防災情繼續擴大？

A 023

一、 擋土壁面僅滲水不帶砂

1. 出現少量滲水時，在滲水點以無收縮水泥進行表面處理，並埋設包覆濾層之導水管，以利將水導出。

2. 若出現大量滲水時，在滲水點以組模方式進行無收縮水泥灌漿，灌漿前亦需埋設導水管，以利將水導出。

二、 擋土壁面出現滲水且帶砂

1. 立即停止該分區之開挖作業，抽調現場人員全力針對管湧現象進行緊急處置。

2. 凡滲水夾帶砂土時，無論滲漏量多寡，均由現場工程師於第一時間內，將現場預留之砂包圍堵滲漏點，以提供初期濾層作用，減少土砂流失。

3. 若滲漏情況嚴重時，須採取現地土壤，回填管湧處，減少或停止管湧現象，以避免擋土壁破洞持續擴大。

4. 聯絡相關管線單位，檢查基地鄰近之維生管線之分布及閥門位置，並請派員赴現場緊急應變，若有管線破裂，可立即關閉管線進行修補。

5. 在擋土壁外側進行低壓填縫灌漿（LW 工法），出漿口壓力須小於 $3.0kg/cm^2$，緩慢的注入漿液以填補流失砂土形成之空隙，在灌漿過程中應避免出漿口灌漿壓力過大，沖破或擴大原有之擋土壁破洞，造成二次災害，因此灌漿全程需派員檢視發生管湧處之滲水量及吃漿量之變化情形。由於止水灌漿作業的敏感度較大，要求的施工技術很高，因此專業廠商的篩選及督導作業很重要，同時這類緊急應變施工計畫需明確說明灌漿改良範圍、施工方式、灌漿壓力及灌漿量之全程監控機制。

6. 若在在擋土壁外側進行低壓灌漿後，擋土壁之出水量仍無法控制，甚至大量出水，則可考慮緊急灌水或回填級配砂石料，以平衡擋土壁外側之水壓力，避免管湧處之破洞持續增大。採用回填級配砂石料穩定壁體，乃基於級配料有較高之安息角，遇水流較無流動性及日後進行補救動作時易於挖除回收。若採用一般開挖土料回填，勢必在大雨過後變成泥漿而失卻阻擋土壓及水流之效果，況且泥漿將隨水流動而漫溢整個工區，造成開挖區泥濘阻礙搶救作業。

7. 視災害規模，考慮對周邊道路或鄰房基礎施作填充灌漿，以填補可能淘空之區域，強固周邊道路或鄰房基礎，防止損鄰災害擴大。

8. 在管湧附近加設監測設施，訂定監測頻率、安全管理值及通報方式，持續至復工完成為止。

Q 024 # 營乙 108

基礎依深寬比（D_f / B）之大小可分為淺基礎及深基礎兩大類，請說明 D_f 及 B 各代表意義；並分別列舉 2 項淺基礎及深基礎之基礎型式。

A 024

建築物基礎構造設計規範

D_f ＝基礎附近之最低地面至基礎板底面之深度，如鄰近有開挖，須考慮其可能之影響(m)

B ＝矩形基腳之短邊長度，如屬圓形基腳則指其直徑(m)

基礎型式

基礎構造分為下列二種基本型式：

1. 淺基礎：利用基礎板將建築物各種載重直接傳佈於有限深度之地層上者，如獨立、聯合、連續之基腳與筏式基礎等。

2. 深基礎：利用基礎構造將建築物各種載重間接傳遞至較深地層中者，如樁基礎、沉箱基礎、壁樁與壁式基礎等。

Q 025 # 營乙 109

開挖安全監測對基地開挖而言其目的為何？請列舉 5 項。

A 025

一、設計條件之確認：由觀測所得結果與設計採用之假設條件比較，可瞭解該工程設計是否過於保守或冒險，另外可適時提供有關工程變更或補救處理所需之參數。

二、施工安全之掌握：監測系統在整個開挖過程中，可以隨時反應出有關安全措施之行為訊息，作為判斷施工安全與否之指標，具有預警功效。必要時可做為補強措施及緊急災害處理之依據。

三、長期行為之追蹤：對於特殊重要之建築物於完工後，仍可保留部分安全監測系統繼續作長期之觀測追蹤。如地下水位的變化、基礎沉陷等現象，是否超出設計值。

四、責任鑑定之佐證：基礎開挖導致鄰近結構物或其他設施遭波及而損害，由監測系統所得之資料，可提供相當直接的技術性資料以為責任鑑定之參考，以迅速解決紛爭，使工程進度不致受到不利之影響。

五、相關設計之回饋：一般基礎開挖擋土安全之設施與施工，工程經驗往往佔有舉足輕重的地位，而工程經驗皆多半由監測系統所獲得之資料整理累積而成。所以監測系統觀測結果經由整理歸納及回饋分析過程，可了解擋土設施之安全性及其與周遭地盤之互制行為，進而修正設計理論及方法，提升工程技術。

Q 026 #營乙 111

試舉 5 種基礎開挖常用的擋土壁種類。

A 026

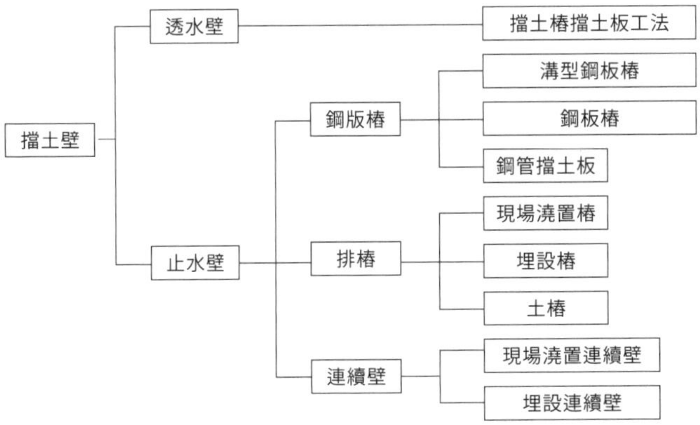

Q 027 #營乙 111

開挖工法包括順打工法及逆打工法；常用的順打工法爲斜坡明挖工法和擋土明挖工法，請回答下列問題：

(一) 何謂斜坡明挖工法。

(二) 何謂擋土明挖工法。

(三) 何謂逆打工法。

A 027

（一）何謂斜坡明挖工法：明挖工法於開挖區內無設置支撐系統，而是利用開挖區四周邊坡，來消除側向土水壓力，並利用土壤的自立性，達到開挖壁面穩定的一種基礎開挖工法。基地整地完成後，由上往下採用斜坡開挖至大底，接著打設 PC 鋪面，然後由下而上施做基礎底版、地樑與各層地下室樓版，直到完成地下室，最後以土石回填建物外牆與邊坡之間隙。

（二）何謂擋土明挖工法：適用於地下結構體等面積形狀大小之開挖。利用擋土壁配合內支撐或外支撐系統，抵擋側向土水壓力。基地首先施作擋土壁，隨即開挖第一階土方，接著架設一層臨時性的水平支撐，並施做臨時施工構台，如此由上往下反覆開挖土方與架設支撐至大底設計深度，當開挖完成後，於底面打設 PC 鋪面，然後施做地樑與基礎水箱，當等待基礎養護至足夠強度後，拆除最下層之臨時支撐，接著往上構築上一層地下結構物，然後等待樓版養護至足夠強度後，以此樓版作為永久水平支撐，再拆除上一層臨時支撐，反覆同樣步驟，由下而上施做直到完成建物。

（三）何謂逆打工法：先行施作擋土壁及預埋基礎柱，施作地面層結構體後，同時上下施作樓層的方式。因為由上而下施作地下樓層的方式故稱之逆打。

Q 028　#營乙112

工程實務中偶有連續壁包泥現象。請回答下列問題：
（一）簡述何謂連續壁包泥。
（二）說明三項預防或解決連續壁包泥的方法。

（一） 連續壁在混凝土灌漿過程中，不慎有地下的泥土、泥沙混入，被包覆在連續壁中。

（二） 1. 連續壁在灌漿的時候，特密管口至少要在混凝土面下 1.5 m，隨著灌漿過程緩慢上提，以避免特密管離開混凝土面後，穩定液或泥沙流入，造成包泥或斷樁。

2. 連續壁在澆灌混凝土時，通常會有兩支特密管，若兩支管上升速度落差很大時也很容易產生包泥狀況。

3. 連續壁通常是跳著施作，分別為公母單元。在公母單元的接合處在灌漿前需要清洗確實。不然也容易產生包泥現象。

#營乙 112

開挖工程常採用 H 型鋼作為支撐系統；試舉五個現場 H 型鋼支撐之檢查項目。

	檢查項目	設計圖說、規範之檢查標準
施工前	施工範圍	是否與設計圖相符
	尺寸	☐鋼板樁 U 型 SP3，L=9m ☐鋼板樁 U 型 SP3，L=13m
施工中	打入深度	☐打入深度 5m ☐打入深度 7m
	是否垂直緊密	垂直偏差不得超過 5cm
	打設後是否有變形	不得變形
	與混凝土接觸處是否以夾板隔離	以 1 分夾板隔離
	拔樁時是否配合進行回填	即刻回填砂

6 營造工程管理術科考題分析

12. 機電與設備

考題重點

甲級　1　各類場所消防安全設備設置標準
　　　2　建築技術規則

乙級　1　建築物給水排水設備設計技術規範
　　　2　建築技術規則
　　　3　用戶用電設備裝置規則

甲級

年份	術科考試類型
111	消防安全設備之警報設備及種類
110	緊急電源連接之設備
109	存水彎的功能與規定
108	接地系統施工應符合之規定
107	各類場所消防安全設備設置標準　自動灑水設備之裝置
106	地下室結構體管路配管種類
105	配電場所設置施工之檢查項目
105	柱與牆壁中預理，水電施作應注意事項
104	建築技術規則
	高層建築物及危險品倉庫裝設避雷設備之規定
104	空調設備中配管應注意之事項
103	建築技術規則 消防栓設置
103	何謂弱電？弱電系統有哪些
102	建築技術規則 給水、排水管路配置之規定
102	建築技術規則 手動報警機、標示燈及火警鈴等裝置位置之規定
101	建築技術規則 給水管路完成，應加水壓試驗之規定
101	建築技術規則 建築物避雷設備之安裝規定
100	建築技術規則 建築物內排水系統之清潔口裝置規定
100	設備接地系統施工規定

乙級

甲級

Q 001　# 營甲 97

請說明建築物樓板澆置混凝土前應考慮之機電設備（水電、消防、空調等）相關注意事項為何？

A 001

1. 預埋樓板下一層天花板照明及機電設備之電源管線。
2. 預埋各衛浴室及廚房內之給水管與排水管、污水管等。
3. 預埋各空調箱室之排水管及穿越樓板之冰水管等空調管套管。
4. 預埋地板插座及電話、資訊電腦等出線口。
5. 預埋鏍栓，以利吊掛排風機等機電設備。
6. 預埋空調小型送風機（FAN COIL）及風機之電源及控制管線。
7. 預埋消防感知器等控制管線及弱電系統之管線。
8. 機電設備置放處之樓板，是否考慮載重而須加強強度，或置放於梁上。
9. 樓板內預埋管線不可過於集中，不然樓板內全為管線，將影響樓板載重強度。
10. 樓板打混凝土前，機電各標工程應依圖詳細檢查管線，是否皆已預埋，相關的水管是否皆已試壓不漏後，才可澆置混凝土。

Q 002 # 營甲 97

請說明列舉建築物屋頂避難平台樓板,其水電、消防、空調等機電設備施工應注意事項。

A 002

1. 緊急排煙機設置位置。
2. 電梯用電源開關箱設置位置。
3. 電極棒設置位置。
4. 電視天線、避雷針及不銹鋼固定架設置位置。
5. 航空障礙燈設置位置。

Q 003 # 營甲 98

請列舉營建工程施工中之管路與給排(污)水衛生設備之介面檢討事項 7 項。

A 003

1. 衛生設備給水管管路平面圖。
2. 排水設備排水支管與排水橫幹管接續圖。
3. 水平排水橫幹管與垂直排水主幹管接續圖。
4. 通氣支管與通氣主立管之接續圖。
5. 通氣支管與排水橫幹管接續圖。
6. 通氣管穿過屋頂板防水、通氣之詳圖。
7. 補助通氣管與排水、通氣主立管接續圖。

Q 004 # 營甲 98

請列舉依建築工程之性質與規模，施工各階段需臨時電之設備 7 項。

 A 004

一般營建工程臨時用電之需求依其施工階段可分成四階段如下：

第一階段：假設工程－為營建工地的準備工程，包括圍籬、工務所、宿舍、臨時用水電消防之引接等整備工程。此階段之臨時用電規劃應考慮爾後的擴充性及相容性。

第二階段：結構體施工－為營建工程中用電量最高的階段。臨時用電規劃應以此階段用電量之擴充性為最大考慮。

第三階段：內部裝修－為營建工地的善後工程。

第四階段：設備試車－為營建工地的完工測試階段，所需電源種類最多，臨時用電規劃應以此階段之用電相容性為最大考慮。

Q 005 # 營甲 99

請列舉，營建工程施工中筏基及地下室配管施工介面整合內容事項 7 項。

A (005)

1. 地下室複壁排水管路。
2. 筏基排水、通氣連通管路。
3. 筏基回填區排水管路。
4. 污（廢）水池位置及排水管路。
5. 消防水池位置及連通管路。
6. 車道截水溝排水管路。
7. 地下室地板落水頭排水管路。
8. 電梯機坑排水檢討。
9. 機械停車機坑排水檢討。
10. 人孔蓋設置位置。
11. 套管尺寸、埋設高度、位置及補強檢討。

Q 006 ＃營甲 99

請說明建築土木工程中以管路箱體介面整合應包括項目 7 種。

A (006)

管路箱體介面整合
1. 配電盤大小尺寸及安裝位置。
2. 受電箱大小尺寸及安裝位置。
3. 電錶箱大小尺寸及安裝位置。
4. 開關箱大小尺寸及安裝位置。
5. 電信配線箱大小尺寸及安裝位置。
6. 電視配線箱大小尺寸及安裝位置。
7. 對講機配線箱大小尺寸及安裝位置。
8. 消防栓、空調箱大小尺寸及安裝位置。

Q 007 # 營甲 100

請說明下列用電設備接地系統施工規定：
1. 採銅板作接地極，其厚度應在多少公厘以上，且與土地接觸之總面面積不得小於 900 平方公分。
2. 採鐵管或鋼管作接地極，其內徑應在多少公厘以上。
3. 銅板作接地極，應埋入地下多少公尺以上。
4. 接地銅棒作接地極，其直徑不得小於多少公厘。
5. 特種及第二種接地，設施於人易觸及之場所時，自地面下多少公尺起至地面 1.8 公尺，均應以絕緣管或板作掩蔽。

A 007

1. 銅板作接地極，其厚度應在 0.7 公厘以上
2. 鐵管或鋼管作接地極，其內徑應在 19 公厘以上
2. 應埋入地下 1.5 公尺以上
3. 接地銅棒作接地極 ，其直徑不得小於 15 公厘
4. 自地面下 0.6 公尺起至地面上 1.8 公尺，均應以絕緣管或板掩蔽。

Q 008 # 營甲 100

請依「建築技術規則」說明建築物內排水系統之清潔口裝置規定：
1. 管徑 100 公厘以下之排水橫管，清潔口間距不得超過多少公尺。
2. 管徑 125 公厘以上者之排水橫管，清潔口間距不得超過多少公尺。
3. 排水立管底端及管路轉向角度大於幾度處，均應裝設清潔口。
4. 地面下排水橫管管徑大於 300 公厘時，每多少公尺或管路作 90 度轉向處，均應設置陰井代替清潔口。
5. 排水管管徑小於 100 公厘（包括 100 公厘）者，清潔口口徑至少應為多少。

1. 管徑 100 公厘以下之排水橫管，清潔口間距不得超過 15 公尺。
2. 管徑 125 公厘以上者，不得超過 30 公尺。
3. 排水管立管底端及管路轉向角度 45 度處，均應裝設清潔口。
4. 地面排水橫管管徑大於 300 公厘時，每 45 公尺或管路作 90 度轉向處，均應設置陰井代替清潔口。
5. 排水管管徑小於 100 公厘（包括 100 公厘）者，清潔口口徑應與管徑相同。大於 100 公厘時，清潔口口徑不得小於 100 公厘。

Q 009 #營甲 101

請依「建築技術規則」說明下列各小題中，建築物避雷設備之安裝規定：
（1）避雷導線與瓦斯管之間距。
（2）導線轉彎時其彎曲半徑須在多少公分以上。
（3）距離避雷導線在 1 公尺以內之金屬落水管、鐵樓梯、自來水管等應使用多少平方公厘以上之銅線予以接地。
（4）導線每隔多少公尺須用適當之固定器固定於建築物上。
（5）避雷系統之總接地電阻應在多少歐姆以下。

（1）1 公尺以上。
（2）彎曲半徑須在 20 公分以上。
（3）14 平方公厘以上之銅線。
（4）2 公尺。
（5）10 歐姆。

建築技術規則第 25 條

避雷設備之安裝應依下列規定：

一、避雷導線須與電力線、電話線、燃氣設備之供氣管路離開 1 公尺以上，但避雷導線與電力線、電話線、燃氣設備之供氣管路間有靜電隔離者，不在此限。

二、距離避雷導線在 1 公尺以內之金屬落水管、鐵樓梯、自來水管等應用 14 平方公厘以上之銅線予以接地。

三、避雷導線除煙囪、鐵塔等面積甚小得僅設置一條外，其餘均應至少設置二條以上，如建築物外周長超過 100 公尺，每超過 50 公尺應增裝一條，其超過部分不足 50 公尺者得不計，並應使各接地導線相互間之距離儘量平均。

四、避雷系統之總接地電阻應在十歐姆以下。

五、接地電極須用厚度 1.4 公厘以上之銅板，其大小不得小於 0.35 平方公尺，或使用 2.4 公尺長 19 公厘直徑之鋼心包銅接地棒或可使總接地電阻在 10 歐姆以下之其他接地材料。接地電極採用銅板之埋設深度，其頂部與地表面之距離應有 1.5 公尺以上，採用接地棒者，應有 1 公尺以上。

六、一個避雷導線引下至二個以上之接地電極以並聯方式連接時，其接地電極相互之間隔應有 2 公尺以上。

七、導線之連接：

（一）導線應儘量避免連接。

（二）導線之連接須以銅焊或銀焊爲之，不得僅以螺絲連接。

八、導線轉彎時其彎曲半徑須在 20 公分以上。

九、導線每隔 2 公尺須用適當之固定器固定於建築物上。

十、不適宜裝設受雷部針體之地點，得使用與避雷導線相同斷面之裸銅線架空以代替針體，其保護角應依本編第 21 條之規定。

十一、鋼構造之建築，直立鋼骨之斷面積 300 平方公厘以上，或鋼筋混凝土建築，而直立主鋼筋均用焊接連接其總斷面積 300 平方公厘時以上，且在底部用 30 平方公厘以上接地線按本條第四款及第五款之規定接地時，可以鋼骨或鋼筋代替避雷導線。

十二、平屋頂之鋼架或鋼筋混凝土建築物如符合本條第十一款之構造，則避雷設備之裝設，其保護角應遮蔽屋頂突出物全部及建築物屋角及邊緣，至於其平屋頂之中間平坦部分之避雷設備得省略之，但危險物品倉庫除外。

Q 010   # 營甲 101

請依「建築技術規則」說明給水管路全部或部份完成後，應加水壓試驗之規定：

（1）試驗壓力不得小於多少（公斤／平方公分）。

（2）試驗壓力並應保持多久時間而無滲漏現象爲合格。

（3）分段試驗時，應將該段內除最高開口之所有開口密封，並灌水使該段內管路最高接頭處有幾公尺以上之水壓。

（4）分層試驗時，應採用何種試驗。

（5）分層試驗時，應使管路任一點均能受到多少公尺以上之水壓。

A 010

（1）10 公斤／平方公分

（2）60 分鐘

（3）3.3 公尺

（4）重疊試驗

（5）3.3 公尺

建築技術規則第 28 條（管路試驗）

給水管路全部或部份完成後，應加水壓試驗，試驗壓力不得小於 10 公斤／平方公分或該管路通水後所承受最高水壓之一倍半，並應保持 60 分鐘而無滲漏現象爲合格。

排水及通氣管路完成後，應依下列規定加水壓試驗，並應保持 60 分鐘而無滲漏現象爲合格，水壓試驗得分層、分段或全部進行：

一、合部試驗時，除最高開口外，應將所有開口密封，自最高開口灌水至滿溢爲止。

二、分段試驗時，應將該段內除最高開口外之所有開口密封，並灌水使該段內管路最高接頭處有 3.3 公尺以上之水壓。

三、分層試驗時，應採用重疊試驗，使管路任一點均能受到 3.3 公尺以上之水壓。

Q 011 # 營甲 102

請依「建築技術規則」說明手動報警機、標示燈及火警鈴等裝置位置之規定：
1. 手動報警機高度，離地板面之高度不得小於多少公尺？
2. 手動報警機高度，離地板面之高度不得大於多少公尺？
3. 標示燈距離地板面之高度，應在多少公尺之間？
4. 火警警鈴距離地板面之高度，應在多少公尺之間，但與手動報警機合併裝設者，不在此限。
5. 建築物內裝有消防立管之消防栓箱時，手動報警機、標示燈及火警警鈴應裝設於消火栓箱何處？

A 011

1. 手動報警機高度，離地板面之高度不得小於 1.2 公尺，並不得大於 1.5 公尺。
2. 1.5 公尺。
3. 標示燈及火警警鈴距離地板面之高度，應在 2 公尺至 2.5 公尺之間，但與手動報警機合併裝設者，不在此限。
4. 2 公尺至 2.5 公尺之間。
5. 建築物內裝有消防立管之消防栓箱時，手動報警機、標示燈、及火警警鈴應裝設在消火栓箱上方牆上。

Q 012 # 營甲 102

請依「建築技術規則」說明給水、排水管路配置之規定：
1. 給水管路不得埋設於排水溝內，並應與排水溝保持多少公分以上之間隔。
2. 給水管路與排水溝相交時，應在排水溝之何處通過。
3. 貫穿防火區劃牆之給水、排水管路，於貫穿處二側各多少公尺範圍內者，應為不燃材料製作之管類。
4. 給水水池及水箱之溢、排水管之出水口，應用何種排水。
5. 未設公共污水下水道或專用下水道之地區，沖洗式廁所排水及生活雜排水皆應納入污水處理設施加以處理，污水處理設施之放流口應高出排水溝經常水面多少公分以上。

1. 給水管路不得埋設於排水溝內，並應與排水溝保持 15 公分以上之間隔。
2. 與排水溝相交時，應在排水溝之頂上通過。
3. 貫穿防火區劃牆之管路，於貫穿處二側各 1 公尺範圍內，應為不燃材料製作之管類。
4. 應用間接排水，並應保持 5 公分以上之空隙。
5. 未設公共污水下水道或專用下水道之地區，沖洗式廁所排水及生活雜排水皆應納入污水處理設施加以處理，污水處理設施之放流口應高出排水溝經常水面 3 公分以上。

#營甲 103

何謂弱電？弱電系統有哪些，請至少列舉 5 項。

一、建築中的弱電主要有兩類，一類是國家規定的安全電壓等級及控制電壓等低電壓電能，有交流與直流之分，交流 36V 以下，直流 24V 以下，如 24V 直流控制電源，或應急照明燈備用電源。另一類是載有語音、圖像、數據等訊息的訊息源，如電話、電視、電腦的資訊。

二、1. 電信設備工程
　　2. 共同天線設備工程
　　3. 電視對講機系統工程
　　4. 中央監視系統設備工程
　　5. 中央監控系統設備工程
　　6. 網路工程

Q 014 #營甲 103

依據「建築技術規則」有關消防栓設備設置之規定,請回答下列問題:
(一)加壓試驗標準規定為何?
(二)消防栓之消防立管裝置規定為何?
(三)每一樓層之每一消防立管,其接裝規定為何?

A 014

建築技術規則第 44 條(試壓)
消防栓之消防立管管系竣工時,應作加壓試驗,試驗壓力不得小於每平方公分 14 公斤,如通水後可能承受之最大水壓超過每平方公分 10 公斤時,則試驗壓力應為可能承受之最大水壓加每平方公分 3.5 公斤。試驗壓力應以繼續維持兩小時而無漏水現象為合格。
第 45 條(立管)消防栓之消防立管之裝置,應依下列規定:
一、管徑不得小於 63 公厘,並應自建築物最低層直通頂層。
二、在每一樓層每 25 公尺半徑範圍內應裝置一支。
三、立管應裝置於不受外來損傷及火災不易殃及之位置。
四、同一建築物內裝置立管在二支以上時,所有立管管頂及管底均應以橫管相互連通,每支管裝接處應設水閥,以便破損時能及時關閉。

Q 015 #營甲 104

請說明空調設備中配管應注意之事項。

A 015

空調工程施工管理重點：

一、水管、電管之吊配管因需配合建築天花板、梁、牆或水電工程之消防管、給排水管、電管吊管，故配管路線需於施工前套圖檢討，避免互相衝突影響冰水管、排水管運轉功能。

二、吊掛機器設備如小型冷氣機、空調箱於柱內之排水管，配管時應確實詳查機器本身之高度加上避震器之高度，定出排水高度以免日後機器設備安裝完成後，機器設備排水高度低於排水管無法排水。

三、直立配管的支撐方面注意事項：

　　1. 軸方向應保持垂直。

　　2. 不受地震影響，須考慮伸縮變化。

　　3. 不可彎曲。

四、配管長度須正確不得有彈起或受壓迫情形。

五、配管時應考慮機器震動之傳達。

六、管架或吊鐵之距離應以下表為原則：

　　1. 25mm 以下水管最大距離 2 公尺 100mm 最大距離 4.2 公尺。

　　2. 40mm 以下水管最大距離 2.5 公尺 125mm 最大距離 5 公尺。

　　3. 50mm 以下水管最大距離 3 公尺 150mm 最大距離 6.3 公尺。

　　4. 65mm 以下水管最大距離 3.3 公尺 200mm 最大距離 7.8 公尺。

　　5. 75mm 以下水管最大距離 3.5 公尺。

　　6. 直立之管路上，管架間之最大距離不可超過 10 呎。（3 公尺）

七、配管應於必要之位置加裝吊架及管架。

八、排水、冰水及冷水管路須依規定之斜度，必要之處應加裝自動釋氣閥。

九、2 吋以上之水管或其吊件應具有伸縮裝置，俾於承受重量後扔可以調整。

十、在管路系統中彎頭以 45 度配置之彎頭較 90 彎頭為佳。

十一、管架或吊件固定於建築物之處，應使用適當大小標準廠家產品之混凝土埋入或鉛錨不得使用木軪。

十二、管架應直接作用於水管本身，不能作用於水管之保溫材料上。

十三、管徑大小變更之處，應使用大小頭不得使用卜伸，所有彎向及交接處應使用管件不得直接插管。

十四、配管全部施工完成，且水壓測試結果確定沒有漏水之後，應於設置於配管底部之排水閥打開，將管內之水及泥、油、殘渣等全部排出。

十五、凡而、接頭、管架等亦應分別使用成型之保溫材料膠合。

十六、明管配管及各閥門須有下列標誌或顏色區分以利維修：

　　1. 冷卻水管出、回水管標示。

　　2. 冰水管出、回管標示。

　　3. 滷水管出、回管標示。

　　4. 機械室路之閥門須作常開或常閉標示。

十七、水路系統完成後乙方必須針對系統做必要之水路平衡調整。

十八、各項機器安裝設備安裝時，應注意日後維修空間是否足夠。

十九、管路水壓試驗，壓力 10kg/cm^2，耐壓時間最少爲 60 分鐘並作紀錄。

二十、配管完成後，試車階段應檢查各管路是否正常無礙。

二十一、幫浦吸入端配管的正確與否，除直接影響幫浦自身性能外同時導致系統整體之供水量。

二十二、膨脹水箱適用於當水溫增加時留有水體積膨脹的餘地以保持系統壓力一定。

二十三、風管之配管主要施工上重點如下：

　　1. 減少氣流之壓力損失：須注意彎曲、分岐部及斷面積改變之情況。

　　2. 空氣之洩漏控制到最小限度：須注意風管之接縫，如有需要風管完成後可先行施以洩漏測試。

　　3. 不可產生噪音、振動：板厚、補強須正確。

Q **016** # 營甲 104

依據「建築技術規則」規定,有關高層建築物及危險品倉庫裝設避雷設備之規定為何?請回答下列問題:
(一)建築物高度為多少時,應設置避雷設備?
(二)避雷設備受雷部之保護角及保護範圍規定為何?

建築技術規則第 19 條
為保護建築物或危險物品倉庫遭受雷擊,應裝設避雷設備。
前項避雷設備,應包括受雷部、避雷導線(含引下導體)及接地電極。

建築技術規則第 20 條
下列建築物應有符合本節所規定之避雷設備:
一、建築物高度在 20 公尺以上者。
二、建築物高度在 3 公尺以上並作危險物品倉庫使用者(火藥庫、可
　　燃性液體倉庫、可燃性氣體倉庫等)。

建築技術規則第 21 條
避雷設備受雷部之保護角及保護範圍,應依下列規定:
一、受雷部採用富蘭克林避雷針者,其針體尖端與受保護地面周邊所
　　形成之圓錐體即為避雷針之保護範圍,此圓錐體之頂角之一半即
　　為保護角,除危險物品倉庫之保護角不得超過 45 度外,其他建
　　築物之保護角不得超過 60 度。
二、受雷部採用前款型式以外者,應依本規則總則編第 4 條規定,向
　　中央主管建築機關申請認可後,始得運用於建築物。

Q 017 # 營甲 105

請說明於「柱與牆壁」中預埋或預留口時，水電、消防、空調等工程施作應注意之事項。

A 017

『柱及牆壁』建築土木與水電、消防、空調等工程或相互之介面：

1. 牆、柱澆置混泥土前，所有需預埋於裡面之機電工程管線，是否皆已預埋？預埋管線是否過多而影響結構安全，皆須考慮。

2. 牆、柱在粉刷前，應檢視各出線口是否皆已預埋，如為磚牆則管線是否打鑿預埋完成，完成後通管沒問題才進行粉刷。

3. 牆、柱如再外包石材或貼壁布，則石材施工時，就應將出線口預留，不可以將出線口予以封閉。

4. 牆、柱澆置混泥土時，出線口處機電常用報紙塞住，以利往後施工，則報紙不可塞了過大，而影響結構安全。

5. 柱內依規定不可預埋管徑大於 2.5"以上之管線。

6. 牆壁如有鐵捲門，鐵捲門之電源電壓規格，是否依照此規格預留？電源位置是否在馬達那邊？如為防火鐵捲門，則天花板上之消防偵煙感知器，是屬建築土木或機電標，應予釐清。

7. 封牆時，是否有機電設備應先進場施工，應配合工進進場，不能造成封牆後，機電設備進場又拆牆施工。

Q 018 # 營甲 105

請說明「配電場所」設置施工之檢查項目。

配電場所之設置

　（1）面積以淨尺寸爲準，最窄處不得小於3m，並配合埋設接地設施。

　（2）配電室淨高至少 2.5m 以上

　（3）配電室通路應保持 1.2m 以上淨寬。

　（4）預埋引進管路之管徑、管數、配置及埋設深度。

營甲 106

請列舉「地下室」結構體管路配管，可能有哪些種類？

1. 給排水、電力、電信、消防、泡沫幹管及冰水管、風管施工位置
　套繪及高度檢討

2. 污排水排放，洩水坡度及界面高程

3. 穿梁套管位置

4. 台電配電室淨高及模板活載重檢討

5. 排風機、風管設定高程及施工位置檢討

6. 燈具與管路或設備位置套繪及檢討

7. 通風管道與排風口位置檢討

8. 消防送水管（含消防栓、撒水、採水等）與 1F 景觀位置之配合

9. 緊急逃生孔位置及面積檢討

Q 020 # 營甲 107

請依據「各類場所消防安全設備設置標準」第 43 條規定，列舉並說明自動灑水設備之裝置。

A 020

自動撒水設備，得依實際情況需要就下列各款擇一設置。但供第 12 條第一款第一目所列場所及第二目之集會堂使用之舞臺，應設開放式：

一、密閉濕式：平時管內貯滿高壓水，撒水頭動作時即撒水。

二、密閉乾式：平時管內貯滿高壓空氣，撒水頭動作時先排空氣，繼而撒水。

三、開放式：平時管內無水，啟動一齊開放閥，使水流入管系撒水。

四、預動式：平時管內貯滿低壓空氣，以感知裝置啟動流水檢知裝置，且撒水頭動作時即撒水。

五、其他經中央主管機關認可者。

Q 021 # 營甲 108

請列舉至少 5 項接地系統施工應符合之規定？

A 021

屋內線路裝置規則第 27 條

接地系統應符合下列規定施工：

一、內線系統接地之位置應再接戶開關電源側之適當場所。

二、以多線式供電之用戶，其中性線應施行內線系統接地。

三、用戶自備電源變壓器，其二次側對地電壓超過 150 伏，採用「設備與系統共同接地」。

四、設備與系統共同接地，其接地線之一端應妥接於接地極，另外一端引至接戶開關箱內，再由該處引出設備接地連接線，不得與一次電源之中性線共同接地。

五、三相四線多重接地供電地區，用戶低壓用電設備與內線系統共同接地時，其自備變壓器之低壓電源系統接地，不得與一次電源之中性線共同接地。

六、接地線以使用銅線為原則，可使用裸線、被覆線或絕緣之接地線。個別被覆或絕緣之接地線，其外觀應為綠色或綠色加一條以上之黃色條文者。

七、14 平方公厘以上絕緣被覆線或僅由電氣技術人員維護管理所使用多芯電纜之芯線，再施工時於每一出現線頭或可接近之處以下列方法之一作永久識別時，可做為接地線，接地導線不得作為其他配線。

（一）在露出部份之絕緣或被覆上加上條紋標誌。

（二）在露出部份之絕緣或被覆上著上綠色。

（三）在露出部份之絕緣或被覆上以綠色之膠帶或自黏性標籤作記號。

八、被接地導線之絕緣皮應使用白色或灰色，以資辨識。

九、低壓電源系統應按下列原則接地：

（一）電源系統經接地後，其對地電壓不超過 150 伏，該電源系統除第九款另有規定外，必須加以接地。

（二）電源系統經接地後，其對地電壓不超過 300 伏者，除另有規定外應加以接地。

（三）電源系統經接地後，其對地電壓超過 300 伏者，不得接地。

（四）電源系統供應電力利用電，其電壓再 150 伏以上，600 伏以下而不加接地者，應加裝接地檢示器。

十、低壓電源系統無需接地者如下：

（一）電氣爐之電路。

（二）易燃性塵埃處所運轉之電氣起重機。

十一、低壓用電設備應加接地者如下：

（一）低壓電動機之外殼

（二）金屬導線管及其連接之金屬箱。

（三）非金屬管連接之金屬配件如配線對地電壓超過 150 伏或配置於金屬建築物上或人可觸及之潮濕處所者。

（四）電纜之金屬外皮。

（五）X 線發生裝置及其鄰近金屬物體。

Q 022　　# 營甲 109

請回答下列問題：
（一）存水彎之功用爲何？（二）衛生器具存水彎之水封深度範圍爲何？

A 022

（一）存水彎形成密封，防止下水道氣體通過排水管進入建築空間。
　　　存水彎可收集頭髮、沙子等雜物，並限制傳遞到其餘的管道，
　　　大多數存水彎可以拆卸進行清洗。

（二）

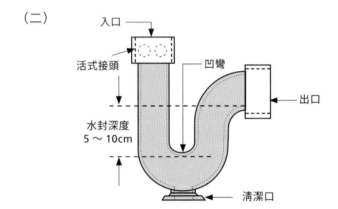

Q 023　　# 營甲 110

請至少列舉 7 項建築物內應接至緊急電源之設備。

A 023

建築技術規則建築設備編第 7 條：
建築物內之下列各項設備應接至緊急電源：
（一）火警自動警報設備。
（二）緊急廣播設備。
（三）地下室排水、污水抽水幫浦。
（四）消防幫浦。
（五）消防用排煙設備。

（六）緊急昇降機。

（七）緊急照明燈。

（八）出口標示燈。

（九）避難方向指示燈。

Q 024 `# 營甲 111`

請問何謂消防安全設備中之警報設備？警報設備之種類包括那 5 項？

A 024

（一）警報設備：指報知火災發生之器具或設備。

（二）警報設備之種類：

　　　1、火警自動警報設備。

　　　2、手動報警設備。

　　　3、緊急廣播設備。

　　　4、瓦斯漏氣火警自動警報設備。

　　　5、一一九火災通報裝置。

Q 025 `# 營甲 112`

高層建築物哪些防災設備之顯示裝置及控制，應設於防災中心？請至少列舉 5 項。

A 025

高層建築物左列各種防災設備，其顯示裝置及控制應設於防災中心：

一、電氣、電力設備。

二、消防安全設備。

三、排煙設備及通風設備。

四、昇降及緊急昇降設備。

五、連絡通信及廣播設備。

六、燃氣設備及使用導管瓦斯者，應設置之瓦斯緊急遮斷設備。

其他之必要設備。

Q 001 # 營乙 97

請說明營建工程垂直管道間與機電設備（水電、消防、空調等）施工應注意事項。

A 001

1. 垂直管道間內配電之匯流排盡量避免與水管施設同一管道間。
2. 垂直管道間之管線如穿越防火區劃區，管線穿越處應用防火材填充。
3. 垂直管道間之管線應有支架固定，以防水鎚振動，造成水管街頭斷裂。
4. 垂直管道間在各層應設有維修口，水管控制 閥處更應有維修口。

Q 002 # 營乙 97

塑膠類管（PVC 管）與配件的連接大部份採用冷間接合法施工，其施工時應注意事項為何？

A 002

冷間接合法

塑膠類管（PVC 管）與配件的連接大部份採用冷間接合法施工，其施工時應注意事項如下：

1. 不可在雨中或管子表面潮濕時施工。
2. 膠接時管、配件和膠合劑應在同一溫度方可施工。
3. 僅可使用天然毛刷，因人工合成毛刷會和膠合劑產生化學作用而溶解。
4. 塗膠合劑不可過量，否則應用乾布把多餘的擦淨。
5. 膠合劑放置地點應離開火源，以防發生火災。
6. 兩管對接時，中心線應保持一直線。
7. 接合處膠合劑塗佈應均勻，並且插入深度應預先作記號。
8. 插入預定膠合深度後，應施壓力 5 ～ 10 秒方可鬆壓（因管配件接合面有錐度，不施壓易滑出，此為冷間接合最大的漏水失敗之原因）。

Q 003　# 營乙 98

為減少金屬配管對建築物強度之影響，施工上應符合何規定。

A 003

用戶用電設備裝置規則第 221 條
金屬管之選定應符合下列規定：

1. 金屬管為鐵、銅、鋼、鋁及合金等製成品。
2. 常用鋼管按其形式及管壁厚度可分為厚導線管、薄導線管、ETM 管（Electric metallic Tubing）及可撓金屬管四種。
3. 金屬管應有足夠之強度，其內部管壁應光滑，以免損傷導線之絕緣。
4. 其內外表面須鍍鋅，但施設於乾燥之室內及埋設於不受潮濕之建物之內者，其內外表面得塗有其他防銹之物質。

Q 004 #營乙 98

請列舉，營建工程施工中給排水、通氣管施工介面檢討事項 5 項。

A 004

1. 衛生設備給水管管路平面圖、大樣圖。
2. 排水設備排水支管與排水橫幹管接續圖。
3. 水平排水橫幹管與垂直排水主幹管接續圖。
4. 通氣支管與通氣主立管之接續圖。
5. 通氣支管與排水橫幹管接續圖。
6. 通氣管穿過屋頂板防水、通氣之詳圖。
7. 補助通氣管與排水、通氣主立管接續圖。
8. 熱水器、洗碗機、淨水器、洗衣機及水槽冷熱水出水栓高度及位置。

Q 005 #營乙 99

請說明建築物防火區劃貫穿部須施作防火填塞者包括何部分。

A 005

1. 貫穿孔道系統：水電管道貫穿防火區劃部分。
2. 構件接縫系統：防火區劃門窗牆天花板部分。
3. 外牆及層間縫：帷幕牆與樓板的層間縫。

Q 006 # 營乙 99

請列舉，營建工程施工中污水與水電配合檢討事項 4 項。

A 006

1. 衛生設備給水管管路平面圖、大樣圖。
2. 排水設備排水支管與排水橫幹管接續圖。
3. 水平排水橫幹管與垂直排水主幹管接續圖。
4. 通氣支管與通氣主立管之接續圖。
5. 通氣支管與排水橫幹管接續圖。
6. 通氣管穿過屋頂板防水、通氣之詳圖。
7. 補助通氣管與排水、通氣主立管接續圖。
8. 熱水器、洗碗機、淨水器、洗衣機及水槽冷熱水出水栓高度及位置。

Q 007 # 營乙 100

給排水設備管路之檢驗、試壓方法，均因用途不同，試驗方法亦有別，請列舉一般試驗方法 5 種。

A 007

1. 目視檢查。
2. 電視檢視（TV 車檢查）。
3. 水壓試驗。
4. 通水試驗。
5. 通氣試驗。

Q 008

營乙 100

請依「建築技術規則」說明建築物裝設避雷導線斷面積之規定：

1. 建築物高度在 30 公尺以下時。
2. 建築物高度超過 30 公尺，但未達 35 公尺時。
3. 建築物高度在 35 公尺以上時。

A 008

建築技術規則第 24 條（導線）

1. 建築物高度在 30 公尺以下時，應使用斷面積 30 平方公厘以上之銅導線；
2. 建築物高度超過 30 公尺，未達 36 公尺時，應用 60 平方公厘以上之銅導線；
3. 建築物高度在 36 公尺以上時，應用 100 平方公厘以上之銅導線。

導線裝置之地點有被外物碰傷之虞時，應使用硬質塑膠管或非磁性金屬管保護之。

Q 009

營乙 101

為避免有關照明、火警探測器及開關、插座等埋設於樓板與柱牆內之管路因施工不當，致樓板及柱牆產生龜裂或蜂窩現象，請列舉 5 項說明施工時應注意事項。

1. 樓板配管應施設於雙層鋼筋中間,並採用高腳型出線,管路與出線接續處接成 S 型,並應避免貼膜。
2. 樓板配管至牆面出線口位置,施工前應再確認牆面放樣位置是否正確。且樓板配管應避免過度集中及交錯重疊,致影響混凝土澆築後之強度及保護層不足。
3. 柱牆之管路應配設於箍筋內,以防混凝土澆築後保護層不足,致柱牆面造成龜裂。
4. 兩出線匣間之配管應避免轉彎,如因現況無法避免,應不得超過四個小於 90 度轉彎,俾利配線及日後更換導線作業。
5. 管路與出線匣施設完成後應以 16 號軟鐵線將管路固定於配筋上,以防脫落。

Q 010 # 營乙 101

請依工程之性質與規模,列舉施工各階段需用臨時電之設備 5 項。

一般營建工程臨時用電之需求依其施工階段可分成四階段如下:

第一階段:假設工程─為營建工地的準備工程,包括圍籬,工務所,宿舍,臨時用水電消防之引接等整備工程此階段之臨時用電規劃應考慮爾後的擴充性及相容性。

第二階段:結構體施工─為營建工程中用電量最高的階段臨時用電規劃應以此階段用電量之擴充性為最大考慮。

第三階段:內部裝修─為營建工地的善後工程。

第四階段:設備試車─為營建工地的完工測試階段,所需電源種類最多,臨時用電規劃應以此階段之用電相容性為最大考慮。

Q 011 # 營乙 102

請列舉 5 項說明何種用電設備或線路，應按規定施行接地外，並在電路上或該等設備之適當處所裝設漏電斷路器。

A 011

用戶用電設備裝置規則第 59 條

下列各款用電設備或線路，應按規定施行接地外，並在電路上或該等設備之適當處所裝設漏電斷路器。

一、建築或工程興建之臨時用電設備。

二、游泳池、噴水池等場所水中及周邊用電設備。

三、公共浴室等場所之過濾或給水電動機分路。

四、灌溉、養魚池及池塘等用電設備。

五、辦公處所、學校和公共場所之飲水機分路。

六、住宅、旅館及公共浴池之電熱水器及浴室插座分路。

七、住宅場所陽台之插座即離廚房水槽 1.8 公尺以內之插座分路。

八、住宅、辦公處所、商場之沉水式用電設備。

九、裝設在金屬桿或金屬構架之路燈、號誌燈、廣告招牌燈。

十、人行地下道、路橋用電設備。

十一、慶典牌樓、裝飾彩燈。

十二、由屋內引至屋外裝設之插座分路。

十三、遊樂場所之電動遊樂設備分路。

Q 012 # 營乙 102

請依「建築技術規則」說明下列各項火警自動警報器設備探測器裝置位置之規定：

1. 在天花板下方幾公分範圍內？

2. 設有排氣口時，應裝置於排氣口周圍幾公尺範圍內？

3. 牆上設有出風口時，應距離該出風口幾公尺以上？

1. 1.5 公尺以上。
2. 1 公尺範圍內。
3. 1.5 公尺以上。

建築技術規則第 115 條
探測器之裝置位置，依下列規定：
一、天花板上設有出風口時，除火焰式、差動式分布型及光電式分離
　　型探 測器外，應距離該出風口 1.5 公尺以上。
二、牆上設有出風口時，應距離該出風口 1.5 公尺以上。但該出風口
　　距天花板在 1 公尺以上時，不在此限。
三、天花板設排氣口或回風口時，偵煙式探測器應裝置於排氣口或回
　　風口 周圍 1 公尺範圍內。
四、局限型探測器以裝置在探測區域中心附近為原則。
五、局限型探測器之裝置，不得傾斜 45 度以上。但火焰式探測器，
　　不在此限。

Q **013**　　# 營乙 103

請列舉五項說明出線匣或配電箱與管路接續施工之自主檢查項目。

1. 出線匣及配電箱之材質、規格、厚度是否符合設計圖說規定。
2. 出線匣或配電箱體安裝是否平整。
3. 出線匣或配電箱是否有多餘之開口。
4. 管配至出線匣或配電箱出口長度是否適當。
5. 出線匣或配電箱接管管口是否有施做喇叭口或加套護圈。
6. 喇叭口或護圈口徑應與配管管徑相同，不得縮小。

Q 014 # 營乙 103

建築物中有哪些設備應接至緊急電源，請至少列舉五項？

A 014

1. 火警自動警報設備。
2. 緊急廣播設備。
3. 地下室污、排水抽水泵。
4. 電動消防泵、撒水泵、採水泵或泡沫泵等。
5. 排除因火災而產生濃煙之排煙設備。
6. 避難與消防用專用緊急昇降機。
7. 緊急照明燈、出口標示燈、避難方向指示燈。
8. 緊急用電源插座。

Q 015 # 營乙 104

請說明建築物馬桶施工應注意之事項。

A 015

安裝馬桶注意事項：
1. 安裝前應對排污管道進行全面檢查，看管道內是否有泥砂、廢紙等雜物堵塞。
2. 檢查馬桶安裝位的地面前後左右是否水平，儘可能讓下水口高出地面 2mm～5mm。
3. 水箱進水口看是否漏水。
4. 安裝時看水箱馬桶表面有無裂縫。
5. 看水箱內浮球有無作用。
6. 測試馬桶的排污效果。

Q 016 # 營乙 104

請試列舉 5 項說明建築物屋頂之結構、水電、消防及空調等工程施作時，其相互介面應注意之事項。

A 016

1. 空調冷卻水塔、膨脹水箱是否設置基礎座，而且基礎座是否置於梁上？並檢視冷卻水塔是否有作結構分析，以利使用執照之申請？
2. 屋頂排水管應確實檢查，不可以有堵塞，以妨礙排水。
3. 通氣管應有防水及防倒灌之措施，穿越樓板應作好防水設施。
4. 排風機（消防排煙機）是否設置基礎座，而且基礎座是否置於梁上？
5. 屋頂給水水塔之配管，是否配合水塔混泥土澆置預埋管線，以利進出水管及控制線之施工？
6. 屋頂避雷針位置是否依圖施工？接地線是否完成？
7. 屋頂警示燈是否接電源？

Q 017 # 營乙 105

請說明空調設備之直立配管支撐時應注意事項。

A 017

直立配管的支撐方面注意事項：
1. 軸方向應保持垂直。
2. 不受地震影響，須考慮伸縮變化。
3. 不可彎曲。

Q 018 # 營乙 105

請說明樓板及柱牆之水電配管施工應檢查項目。

A 018

1. 牆、柱澆置混凝土前，所有需預埋於裡面之機電工程管線，是否皆已預埋？預埋管線是否過多而影響結構安全，皆須考慮。

2. 牆、柱在粉刷前，應檢視各出線口是否皆已預埋，如爲磚牆則管線是否打鑿預埋完成，完成後通管沒問題才進行粉刷。

3. 牆、柱如再外包石材或貼壁布，則石材施工時，就應將出線口預留，不可以將出線口予以封閉。

4. 牆、柱澆置混泥土時，出線口處機電常用報紙塞住，以利往後施工，則報紙不可塞了過大，而影響結構安全。

5. 柱內依規定不可預埋管徑大於 2.5" 以上之管線。

6. 牆壁如有鐵捲門，鐵捲門之電源電壓規格，是否依照此規格預留？電源位置是否在馬達那邊？如爲防火鐵捲門，則天花板上之消防偵煙感知器，是屬建築土木或機電標，應予釐清。

7. 封牆時，是否有機電設備應先進場施工，應配合工進進場，不能造成封牆後，機電設備進場又拆牆施工。

Q 019 # 營乙 106

請說明下列名詞之定義：
（一）建築設備
（二）給水排水衛生系統
（三）進水管
（四）自動水栓
（五）衛生器具

（一）建築設備：建築法第十條本法所稱建築物設備，為敷設於建築物之電力、電信、煤氣、給水、污水、排水、空氣調節、昇降、消防、消雷、防空避難、污物處理及保護民眾隱私權等設備。

（二）給水排水衛生系統：在建築物基地範圍內，有關給水、熱水供給、排水、通氣、衛生器具與污水處理設備及系統之總稱。

（三）進水管：由自來水事業單位之配水管至水量計間之管線稱之。

（四）自動水栓：利用感知器自動開關的水栓稱之。

（五）衛生器具：為供給水及盛裝液體或待沖洗之污物，或為將其排出而設置之給水容器、受水容器、排水器具及其附屬品稱之。

\# 營乙 107

請說明「配電盤安裝」應執行之自主檢查項目為何？

1. 是否符合送審圖面與規範。
2. 配電盤箱體規格尺寸符合否。
3. 盤內各項器材是否符合要求。
4. 配電盤製造完成後是否經試驗合格。
5. 配電盤安裝是否適當。
6. 配電盤是否有連接地線。
7. 高壓斷路器廠牌種類是否符合規定。
8. 高壓斷路器之最高電壓、額定電流、啟斷容量是否符合。
9. 高壓斷路器是否為抽出型。
10. 高壓斷路器外殼有否接地。
11. 高壓斷路器測試是否符合規定。

Q 021 # 營乙 108

請依據「建築物給水排水設備設計技術規範」之規定，說明下列衛生設備連接水管之最小口徑（公厘）：

（一）浴缸：

（二）飲水器：

（三）洗面盆：

（四）蓮蓬頭：

（五）水洗馬桶（水箱式）：

A 021

（一）浴缸：40mm

（二）飲水器：30mm

（三）洗面盆：30mm

（四）蓮蓬頭：50mm

（五）水洗馬桶（水箱式）：75mm

Q 022 # 營乙 109

請列舉至少 5 項機電設備常見接地工法。

一、低壓電氣設備之接地保護方式：
- (1) 保護接地法
- (2) 多重保護接地法
- (3) 漏電斷路器保護

二、高壓電氣設備之接地保護方式：
- (1) 非接地系統
- (2) 電阻接地系統
- (3) 直接接地系統

#營乙 110

請至少列舉 5 項營建業之機水電工程項目。

（一）配電盤設備工程
（二）開關箱及分電箱設備工程
（三）開關插座及出線口、接線盒安裝工程
（四）照明燈具安裝工程
（五）發電機設備工程
（六）電梯設備工程
（七）消防設備工程
（八）給排水設備工程
（九）冷凍空調設備工程
（十）建築物自動化系統工程

Q 024 #營乙111

各類建築物使用之給排水衛生設備，包括哪些設備？

A 024

（一）大便器
（二）小便器
（三）洗面盆
（四）浴缸或淋浴

Q 025 #營乙112

機水電設備管線之高程原則，由上而下之優先順序為何？

A 025

（一）電上、風中、水下。
（二）樑下 200mm 空間設置強、弱電纜架。
（三）樑下 200 ～ 400mm 設置消防水管佈管空間。
（四）樑下 400mm ～ 700mm 設置空調。
（五）專業管道，對於設有排煙系統的空間，通常為 400mm ～
　　　900mm 設置為空調、防排煙風管佈管空間。

Q 026 #營乙 112

依據「建築技術規則建築設備編」規定，請說明下列火警探測器相關
裝置位置或種類：
（一）裝置在天花板下方幾公分範圍內？
（二）若設有排氣口時，應裝置於排氣口週圍幾公尺範圍內？
（三）天花板設出風口時，應距離該出風口幾公尺以上？
（四）牆上設有出風口時，應距離該出風口幾公尺以上？
（五）高溫場所，應裝置何種探測器？

建築技術規則建築設備編 第 70 條：
（一）三十公分。
（二）一公尺。
（三）一公尺。
（四）三公尺。
（五）高溫處所，應裝置耐高溫之特種探測器。

18000 營造工程管理甲乙級技術士

每年第二梯考試：報名約 5 月

學科　　學科考試 7 月，術科考試 9 月

術科　　一、一般土木建築工程圖說之判讀與繪製

（一）土木建築工程圖說之判讀
　　◎ 參考：CNS11567 建築製圖
　　◎ 參考：土木技師公會的鋼筋混凝土標準圖
　　◎ 參考：公共工程基本圖彙編
　　◎ 參考：工地主任講義～ ch2.1 土木建築工程圖說之判識

（二）給排水、衛生、消防、設備管線工程圖說判讀
　　◎ 參考：工地主任講義～ ch2.2 機電及管線系統工程圖說之判識

（三）電器管線工程圖說判讀
　　◎ 參考：工地主任講義～ ch2.2 機電及管線系統工程圖說之判識

（四）裝修工程圖說判讀
　　◎ 參考：工地主任講義～ ch3.4 裝修、防水材料檢測之判識

（五）工程圖繪製
　　◎ 參考：工地主任講義～ ch2.3 工程圖說繪製之認知
　　◎ 常用施工大樣　作者：北市建築師公會

（六）弱電系統管線
　　◎ 參考：工地主任講義～ ch3.6 水電、消防材料檢測及判識

二、基本法令

（一）營造業法及有關法令
　　◎ 參考：營造業法
　　◎ 參考：營造業法施行細則
　　◎ 參考：工地主任講義～ ch1.1 營造業法、營造業法施行細則及其子法

（二）建築工程有關基本法令
　　◎ 參考：建築法
　　◎ 參考：建築技術規則
　　◎ 參考：工地主任講義～ ch1.5 建築法、建築管理自治條例及
　　　　　　建築技術規則

（三）政法採購法及公共工程有關法令
　　◎ 參考：政府採購法
　　◎ 參考：營繕工程承攬契約應記載事項實施辦法
　　◎ 參考：工程施工查核小組作業辦法
　　◎ 參考：工地主任講義～ ch1.2 政法採購法及品質管理相關法令法
　　◎ 參考：工地主任講義～ ch11.1 政府採購契約範本

（四）其他與營建工程相關之基本法令
　　◎ 參考：建築物無障礙設施設計規範
　　◎ 參考：營造安全衛生設施標準
　　◎ 參考：職業安全衛生法
　　◎ 參考：職業安全衛生設施規則
　　◎ 參考：營造工程空氣污染防制設施管理辦法
　　◎ 參考：廢棄物清理法
　　◎ 參考：綠建材設計技術規範
　　◎ 參考：汛期工地防災減災自主檢查表
　　◎ 參考：工地主任講義～ ch1.3 環境保護與營建有關法令

三、測量與放樣

（一）高程測量
　　◎ 參考：工地主任講義～ ch4.2 平面位置及高程測量

（二）地物點之平面位置及高程測量
　　◎ 參考：工地主任講義～ ch4.2 平面位置及高程測量

（三）路線測量
　　◎ 參考：工地主任講義～ ch4.3 放樣及施工中檢測
　　◎ 參考：工地主任講義～ ch4.4 路線測量

（四）工程放樣

    ◎ 參考：工程會規範第 01725 施工測量

    ◎ 參考：工地主任講義～ ch4.5 工程放樣

（五）施工中檢測

    ◎ 參考：工地主任講義～ ch4.6 施工中檢測

四、假設工程與施工機具

（一）安全圍籬、安全走廊及安全護欄

    ◎ 參考：工地主任講義～ ch5.1 施工安全設施

（二）臨時建築物及危險物儲藏所

    ◎ 參考：工程會規範第 01500 施工臨時設施及管制

（三）臨時施工通路、便道、通道

    ◎ 參考：工地主任講義～ ch5.3 交通維持設施、佈設與搬移

    ◎ 參考：工程會規範第 01556 交通維持

（四）緊急避難及墜落物之防護

    ◎ 參考：職業安全衛生法

    ◎ 參考：職業安全衛生設施規則

    ◎ 參考：營造安全衛生設施標準

    ◎ 參考：墜落危害預防管理實務

（五）臨時水電及各項支援設備工程

    ◎ 參考：工地主任講義～ ch5.2 臨時水電及各項假設設備

（六）公共設施遷移及鄰近構造物之保護措施

    ◎ 參考：工程會規範第 02252 公共管線系統之保護

（七）公共衛生設施及清潔

（八）工作架（含鷹架及施工架）

    ◎ 參考：CNS4750 鋼管施工架

    ◎ 參考：營造安全衛生設施標準

    ◎ 參考：施工架作業安全檢查重點及注意事項

    ◎ 參考：框式施工架作業安全指引及檢查重點

◎ 參考：移動梯及合梯作業安全檢查重點及基準

(九) 吊裝工程施工機具
◎ 參考：工地主任講義～ ch7.1 施工機具規劃與管理
◎ 參考：起重機具安全規則
◎ 參考：機械設備器具安全標準

五、結構體工程

(一) 木構造工程
◎ 參考：木構造建築物設計及施工技術規範

(二) 磚構造工程（含加強磚造、混凝土空心磚造）
◎ 參考：工程會規範第 04211 砌紅磚
◎ 參考：CNS382-67 建築用普通磚
◎ 參考：建築物磚構造設計及施工規範

(三) 鋼結構工程材料
◎ 參考：土木技師公會的鋼結構標準圖
◎ 參考：工程會規範第 05122 鋼構造
◎ 參考：工程會規範第 05124 建築鋼結構
◎ 參考：建築技術規則～第五章鋼構造
◎ 參考：建築技術規則～第七章鋼骨鋼筋混凝土構造
◎ 參考：工地主任講義～ ch3.1 工程材料 鋼結構

(四) 鋼結構工程製造、吊裝及組立
◎ 參考：鋼構造建築物鋼結構施工規範
◎ 參考：鋼構計畫書
◎ 參考：鋼構工程安裝計畫書

(五) 鋼結構工程檢測
◎ 參考：工程會規範第 05091 章 鋼結構焊接

(六) 混凝土工程材料及配比
◎ 參考：工地主任講義～ ch3.2 混凝土材料檢測及判識
◎ 參考：工地主任講義～ ch9.1 工程結構 模板鋼筋混凝土
◎ 參考：混凝土結構設計規範
◎ 參考：結構混凝土施工規範

◎ 參考：工程會規範第 03310 章 結構用混凝土

◎ 參考：工程會規範第 04061v30 水泥砂漿

◎ 參考：CNS1176-92 混凝土坍度試驗法

◎ 參考：CNS1231-94 工地試體的製作及養護法

◎ 參考：CNS1232-91 混凝土圓柱試體抗壓強度之檢驗法

◎ 參考：CNS1240-91 混凝土粒料

（七）混凝土模板工程

　　◎ 參考：建築技術規則～第六章混凝土構造

　　◎ 參考：工地主任講義～ ch5.2 模板支撐工程

　　◎ 參考：營造安全衛生設施標準

（八）混凝土鋼筋工程

　　◎ 參考：工程會規範第 03210 章 鋼筋

　　◎ 參考：CNS560 A2006 鋼筋混凝土用鋼筋

　　◎ 參考：CNS2111 G2013 金屬材料拉伸試驗法

　　◎ 參考：工地主任講義～ ch3.3 鋼筋材料檢測及判識

（九）混凝土工程之接縫與埋設物

　　◎ 參考：結構混凝土施工規範

（十）混凝土工程之輸送與澆置

　　◎ 參考：結構混凝土施工規範

（十一）混土工程缺陷修補與修飾

　　◎ 參考：結構混凝土施工規範

（十二）混凝土之養護及檢驗

　　◎ 參考：結構混凝土施工規範

（十三）預力混凝土工程

　　◎ 參考：結構混凝土施工規範

（十四）特殊（其他）混凝土工程

　　◎ 參考：結構混凝土施工規範

六、工程管理

(一) 進度管理
◎ 參考：工地主任講義～ ch6.2 進度管理

(二) 成本管理
◎ 參考：工地主任講義～ ch6.3 成本管理

(三) 採購管理
◎ 參考：工地主任講義～ ch6.5 物料管理與分包商協調

(四) 品質管理
◎ 參考：工地主任講義～ ch6.4 品質管理
◎ 參考：公共工程施工品質管理作業要點
◎ 參考：品質參考計畫書製作綱要
◎ 參考：監造計畫書製作綱要

(五) 人力資源管理
◎ 參考：工地主任講義～ ch6.5 物料管理與分包商協調

(六) 工程風險管理及爭議處理
◎ 參考：營造業安全衛生自主管理作業手冊

七、施工計畫與管理

(一) 施工計畫擬定及執行
◎ 參考：工地主任講義～ ch6.1 施工計畫之研擬與執行

(二) 時程網狀圖
◎ 參考：工地主任講義～ ch6.2 進度管理

(三) 工程報表
◎ 參考：工程會工程報表

(四) 估驗與計價
◎ 參考：工地主任講義～ ch11.1 政府採購契約範本

(五) 品質計畫
◎ 參考：01451 品質計畫

（六）環境保護及執行計畫
　　◎ 參考：工地主任講義～ ch1.4 勞工安全衛生與營造有關法令

（七）防災計畫
　　◎ 參考：工地主任講義～ ch12.5 職業災害事故預防對策

八、契約與規範

（一）合約之編寫
　　◎ 參考：公共工程專案管理契約範本

（二）合約之執行
　　◎ 參考：公共工程履約管理參考手冊

（三）各類小包之契約
　　◎ 參考：營繕工程承攬契約應記載事項實施辦法

（四）爭議處理與仲裁
　　◎ 參考：工地主任講義～ ch11.2 爭議處理

（五）工程保證款及工程保險
　　◎ 參考：工程結算驗收證明書作業流程及填報說明

（六）施工規範
　　◎ 參考：工地會規範第 01330 章 資料送審

九、土方工程

（一）整地
　　◎ 參考：工程會規範 02300 土方工作
　　◎ 參考：經濟部水利署施工規範第 02316 章 構造物開挖

（二）開挖
　　◎ 參考：工程會規範 02260 開挖支撐及保護

（三）運土
◎ 土方數量計算

（四）剩餘土及棄土

（五）回填
◎ 參考：工程會規範 02315 開挖及回填

（六）查核試驗
◎ 參考：工地主任講義～ ch7.2 道路工程施工技術

十、地下工程

（一）地質調查
◎ 參考：工地主任講義～ ch8.1 地質鑽探報告判讀及土方工程
◎ 參考：工地主任講義～ ch8.2 安全監測計畫
◎ 參考：工程會規範 02291 工程施工前鄰近建築物現況調查
◎ CNS5090 A3089 土壤比重試驗法
◎ CNS11776 A3251 土壤粒徑分析試驗法
◎ CNS11777 A3252 土壤含水量與密度關係試驗法
　（標準式夯實試驗法）
◎ CNS11777-1 A3252-1 土壤含水量與密度關係試驗法
　（改良式夯實試驗法）
◎ CNS12387 A3285 工程用土壤分類試驗法
◎ CNS14733 砂錐法測定現場土壤密度試驗法

（二）擋土措施
◎ 參考：工地主任講義～ ch8.3 地盤改良
◎ 參考：工地主任講義～ ch5.3 擋土支撐工程
◎ 參考：工程會規範 02256 臨時擋土支撐工法

（三）抽排水措施
◎ 參考：工地主任講義～ ch8.5 開挖工程、擋土措施及地下水處理

（四）直接基礎
◎ 參考：建築物基礎設計規範
◎ 參考：工地主任講義～ ch2.6 基礎與開挖
◎ 參考：建築技術規則～第二章 基礎構造

（五）樁基礎
　　◎ 參考：建築物基礎設計規範

（六）墩基礎與沉箱
　　◎ 參考：工程會規範 02475 沉箱

（七）連續壁工程
　　◎ 參考：工地主任講義～ ch8.6 開挖工程、擋土措施及地下水處理
　　◎ 參考：工程會規範 02266 連續壁
　　◎ 參考：工程會規範 02270 地下室逆打工法

（八）隧道工程
　　◎ 參考：工地主任講義～ ch7.3 隧道工程施工技術

（九）共同管道
　　◎ 參考：工地主任講義～ ch8.4 基礎工程、管線及構造物防護措施

（十）地下管線
　　◎ 參考：工地主任講義～ ch10.1 給排水衛生工程

十一、機電設備

（一）給排水衛生工程
　　◎ 參考：建築物給水排水設備設計技術規範
　　◎ 參考：工程會規範第 15410 章 給排水及衛生器具

（二）機電工程
　　◎ 參考：屋內線路裝置規則
　　◎ 參考：工地主任講義～ ch6.6 施工管理介面
　　◎ 分支主題 3

（三）昇降梯、電扶梯
　　◎ 參考：工程會規範第 14210 章 電動升降梯
　　◎ 參考：工地主任講義～ ch10.3 昇降梯、電（扶）梯

（四）空調工程
　　◎ 參考：工地主任講義～ ch10.4 空調工程

（五）消防及警報系統工作
　　◎ 參考：各類場所消防安全設備設置標準
　　◎ 參考：緊急應變計畫

附錄 A.

方格題紙及使用說明

本題紙完全仿照正式考試的題本格式，爲一公分見方正方形的稿紙，給予讀者實際寫作的練習機會，可以將前方之術科試題當作『模擬考』，並至術科篇找尋對應的答案作爲練習練筆之使用。

筆者這邊必須再次提醒答題技巧

- 字跡工整
- 段落分明
- 排版清楚
- 句讀明確
- 答題順序確實
- 適當處理寫錯字
- 禁寫簡體字、錯別字、火星文

答題內容（表達與表現）

- 陳述簡潔
- 強調重點
- 詳細說明
- 講求邏輯
- 善用圖示
- 增加可信度和務實
- 避免主觀論述（提出理論）

一. 文獻部分

1. 建築工程管理實務 詹氏書局 陳伯昌
2. 建築工程管理技能檢定 - 學科 技能檢定輔導小組
3. 建築工程管理技能檢定術科 技能檢定輔導小組
4. 建築工程管理技術士歷年術科試題及詳解
   新文京開發出版股份有限公司 孫國勛
5. 建築放樣工作法 詹氏書局 楊紹裘
6. 建築機械理論與實務 日本建築機械研究會
7. 建築工程施工 科技圖書出版社 劉慶禧
8. 各類場所消防安全設備設置標準 詹氏書局
9. 營造法令及勞工安全衛生 (營造工程管理實務 2) 詹氏書局 林明成
10. 裝修工程施工概要 (增修版) 詹氏書局 王乙芳
11. 施工說明書範本 茂榮圖書有限公司 臺北市建築師公會編
12. 乙級建築工程管理技能檢定題庫 考用出版股份有限公司 張淑芬
13. 中國國家標準 CNS11567(民國 90 年版) (修正)
14. 建築製圖總複習 矩陣圖書有限公司 林銘毅
15. 行政院勞工委員會中區辦公室,技術士歷年試題及答案
16. 實力土木編輯委員會,最近十年 (81-90) 土木類試題解析
    (四):設施 , 營管 , 測量
17. 營造法與施工 茂榮圖書股份有限公 葉基棟、吳卓夫
    建築工程管理 (工地、主任、監工) 考照大全:甲級學科 (民國 81 年)
    漢威營建管理顧問有限公司
18. 營建管理概論 現代營建雜誌社 劉福勳
19. 契約與規範 文笙出版社 張德周
20. 水電空調工程實務 詹氏書局 陳修勳
21. 水電工程品質管制實務 詹氏書局 陳志泰
22. 水電工程相關法規彙編 詹氏書局 陳志泰
23. 水電工程規劃與管理 詹氏書局 陳志泰
24. 土木施工法 (五版) 三民 顏榮記
25. 建築材料適用性分析和施工法之配合 詹氏 陳正鈞
26. 新編施工圖繪製法 茂榮 賴建中
27. 圖解建築施工入門:一次精通建築施工的基本知識、工法和應用
    臉譜 原口秀昭 陳彩華

28. 施工疑難全解指南 300QA：一定要懂的基礎工法、監工驗收，照著做不出錯，裝潢好安心！ 麥浩斯 漂亮家居編輯部

29. CSI 見築現場第二冊：營建工程施工「營造與施工流程、分項工程施工要領、施工規範於施工現場之實務運用」 詹氏 王玨

30. 一次就考上的致勝關鍵 主題式土木施工學概要高分題庫〔國民營台電／捷運／中油／鐵路特考〕林志憲 千華數位文化

31. 圖解 S 造建築入門：一次精通鋼骨造建築的基本知識、設計、施工和應用 原口秀昭 陳嘩亭 臉譜

32. 水電施工圖繪製實務手冊 林明德 詹氏

33. 鋼筋模板混凝土工程看照片輕鬆學 謝俊誼 詹氏

34. SS 建築鋼結構工程看照片輕鬆學（二版） 謝俊誼 詹氏

35. 連續壁擋土工程看照片輕鬆學 謝俊誼 詹氏

36. 高強度鋼筋混凝土結構施工手冊 中華民國地震工程學會 中華民國結構工程學會 國家地震工程研究中心 科技圖書

37. 最新建築相關法規實務全集 胡維哲 教育之友

38. 新舊建築基礎開挖工法與案例研討【二版】倪至寬 詹氏

39. 建築工程實務專輯（平裝 - 附光碟） 謝定亞 詹氏

40. CSI 見築現場第四冊：營建行政管理「全流程圖解就不難！建管申報、安衛管制、使照申請一次上手」 王玨 詹氏

41. 營建成本及財務管理（增修三版） 丁建智 詹氏

42. 營建工程管理與實務 羅醒亞 詹氏

43. 營建專案管理知識體系 魏秋建 五南

44. 營建工程之水泥實務 彭治平 弘揚圖書

45. 營建工程監造計畫書 楊新乾 詹氏

46. 鋼筋工程技術發展 台科大營建系 科技圖書

47. 營建工程品質管制（第三版） 林利國 全華圖書

二． 法令部分

1. 內政部 建築法 全國法規資料庫

2. 內政部 營建安全衛生設施標準

3. 內政部 營造業管理規則

4. 內政部 建築技術規則 全國法規資料庫 詹氏書局

5. 內政部營建署　建築物基礎構造設計規範
6. 內政部營建署　鋼骨鋼筋混凝土構造設計規範與解說
7. 審計部　機關營繕工程及購置定製變賣財務稽查條件
8. 台北市政府工務局　台北市建築物施工中妨礙交通及公共安全改善方案中有關規定
9. 台北市、台灣省建築師公會　一般建築工程施工說明書
10. 全國法規資料庫　建築物室內裝修管理辦法
11. 全國法規資料庫　營造業法
12. 全國法規資料庫　營造業工地主任評定回訓及管理辦法
13. 全國法規資料庫　政府採購法
14. 全國法規資料庫　政府採購法施行細則
15. 全國法規資料庫　公寓大廈管理條例
16. 全國法規資料庫　消防法
17. 全國法規資料庫　都市計畫法
18. 全國法規資料庫　職業安全衛生法
19. 全國法規資料庫　職業安全衛生設施標準
20. 各類場所消防安全設備設置標準
21. 行政院環境保護署　噪音管制法
22. 行政院環境保護署　廢棄物清理法
23. 行政院環境保護署　空氣污染防制
24. 行政院公共工程委員會　公共工程施工綱要規範
25. 行政院公共工程委員會　公共工程施工品質管理作業要點
26. 行政院公共工程委員會　公共工程品質管理相關教材
27. 行政院公共工程委員會　公共工程管理法令彙編
28. 行政院公共工程委員會　建築（含設備）工程施工計畫書綱要製作手冊
    中國土木水利工程學會
29. 勞工安全衛生研究所　職業安全衛生法施行細則
30. 勞工安全衛生研究所　營造安全衛生設施標準
31. 勞工安全衛生研究所　機械器具防護標準
32. 勞工安全衛生研究所　起重升降機具安全規則
33. 中華民國安全衛生協會　營造業勞工安全衛生教材
34. 結構混凝土施工規範
35. 內政部營建署　建築物耐震設計規範及解說
36. 內政部營建署　鋼構造建築物鋼結構設計技術規範
37. 內政部營建署　鋼骨鋼筋混凝土構造設計規範與解說

38. 內政部營建署 建築物基礎構造設計規範

39. 內政部營建署 建築物耐風設計規範及解說

40. 工程會 冷軋型鋼構造建築物施工規範

41. 全國法規資料庫 技師法

42. 全國法規資料庫 技師法施行細則

43. 全國法規資料庫 建築師法

44. 全國法規資料庫 建築師法施行細則

45. 台北市建築管理自治條例

46. 都市更新建築容積獎勵辦法

47. 實施都市計畫以外地區建築物管理辦法

48. 實施區域計畫地區建築管理辦法

49. 建築物昇降設備設置及檢查管理辦法

50. 建築物交通影響評估準則

51. 預鑄式建築物污水處理設施管理辦法

52. 建築物機械停車設備設置及檢查管理辦法

53. 建築物使用類組及變更使用辦法

54. 下水道用戶排水設備標準

55. 下水道法

56. 下水道法施行細則下水道工程設施標準

57. 山坡地建築管理辦法

58. 營造業工地主任評定回訓及管理辦法

59. 營造業評鑑辦法

60. 公共工程專業技師簽證規則

61. 廢棄物清理法

62. 營建工程空氣污染防制設施管理辦法

Designer Class 23

營造工程管理全攻略 [全新修訂三版]：
最詳細學術科試題解析，
一次考取技術士證照

作　　者｜陳佑松、江軍
責任編輯｜許嘉芬
美術設計｜莊佳芳
行銷企劃｜洪擘
編輯助理｜劉婕柔

發行人｜何飛鵬
總經理｜李淑霞
社長｜林孟葦
總編輯｜張麗寶
內容總監｜楊宜倩
叢書主編｜許嘉芬

出版｜城邦文化事業股份有限公司 麥浩斯出版
地址｜104 台北市民生東路二段 141 號 8 樓
電話｜02-2500-7578
E-mail｜cs@myhomelife.com.tw

發行｜英屬蓋曼群島商家庭傳媒股份有限公司城邦分公司
地址｜104 台北市民生東路二段 141 號 2 樓
讀者服務專線｜0800-020-299
讀者服務傳真｜02-2517-0999
E-mail｜service@cite.com.tw
劃撥帳號｜1983-3516
劃撥戶名｜英屬蓋曼群島商家庭傳媒股份有限公司城邦分公司

香港發行｜城邦（香港）出版集團有限公司
地址｜香港灣仔駱克道 193 號東超商業中心 1 樓
電話｜852-2508-6231
傳真｜852-2578-9337

馬新發行｜城邦（馬新）出版集團 Cite (M) Sdn Bhd
地址｜41, Jalan Radin Anum, Bandar Baru Sri Petaling,57000 Kuala Lumpur, Malaysia
電話｜603-9056-3833
傳真｜603-9057-6622

總經銷｜聯合發行股份有限公司
電話｜02-2917-8022
傳真｜02-2915-6275

製版印刷｜凱林彩印股份有限公司
版次｜2023 年 10 月 3 版一刷
定價｜新台幣 1350 元

Printed in Taiwan

國家圖書館出版品預行編目 (CIP) 資料

營造工程管理全攻略 [全新修訂三版]：最詳細學
術科試題解析，一次考取技術士證照 / 陳佑松，江
軍作. -- 3 版. -- 臺北市：城邦文化事業股份有限
公司麥浩斯出版：英屬蓋曼群島商家庭傳媒股份
有限公司城邦分公司發行, 2023.10
　　面；　公分 . -- (Designer class ; 23)
ISBN 978-986-408-985-7(平裝)

1.CST: 營建管理 2.CST: 施工管理

441.529　　　　　　　　　　112015615